Johann Ludwig Christ

Naturgeschichte der Bienen, Wespen und Ameisen

bremen
university
press

Johann Ludwig Christ

Naturgeschichte der Bienen, Wespen und Ameisen

ISBN/EAN: 9783955621476

Auflage: 1

Erscheinungsjahr: 2013

Erscheinungsort: Bremen, Deutschland

bremen
university
press

Naturgeschichte,

Klassification und Nomenclatur

der

Insekten

vom

Bienen, Wespen und Ameisengeschlecht;

als der fünften Klasse fünfte Ordnung des Linneischen Natursystems von den Insekten: Hymenoptera. Mit häutigen Flügeln.

Von

J. L. Christ,

Erstern Pfarrer zu Kronenberg an der Höh, der Königl. Kurfürstl. Landwirtschafts-gesellschaft zu Zelle Mitglied.

———❦———

Mit LX. ausgemalten Kupfertafeln in einem besondern Band, und einem ausgemalten Titelkupfer.

Frankfurt am Main 1791
in der Hermannischen Buchhandlung.

Vorbericht.

Zu dem Vorzug unserer aufgeklärten Zeiten gehöret ohnstreitig, daß das Studium der Natur, diese reizende, vortrefliche und nüzliche Wissenschaft, so fleisig getrieben wird, und vom Throne bis zum Pflug so viele Verehrer und Schüler hat, daß es eine Beleidigung für unser helles Zeitalter sein würde, ihr eine Apologie zu schreiben. Die Barbarei und die Nacht des Chaos, worinnen die Naturgeschichte Jahrtausende lang gelegen, ist glüklich vertrieben, Unwissenheit und Irrtum besieget. Es täuschen uns nun keine Märchen, es äffen uns keine Erdichtungen mehr: Wir nahen uns selbst dem Tempel der Natur und dringen nicht selten in ihr innerstes Heiligtum. Wir haben nun gewissere Wege, die Warheit zu entdekken, und das Joch der Vorurteile abzuschütteln. Wir verlassen die irrigen Vorstellungen und ziehen die Natur selbst zu Rathe. — Und wie weit werden es noch unsere Nachkommen bringen, denen unser Säkulum erst die Türe aufgeschlossen hat, so grose und wichtige Schritte seit fünfzig Jahren auch in der Naturlehre gemacht worden? Es ist auch kein Zweifel, daß die Zukunft diese vortrefliche Wissenschaft zu einem hohen Grad der Vollkommenheit bringen werde, da sie so grosen Reiz und Anmut hat, so viel Vergnügen und Nuzzen gewäret, und die stärksten Beweggründe in sich selbst hat, sie mit Eifer und Geduld zu studiren. Sie läßt den aufmerksamen Beobachter nie ohne Belonung, und außer der Freude und dem innigen stillen Vergnügen über eine gemachte neue Entdekkung, beselt sie ihn zugleich immer mit neuen Trieben, mehrere zu machen. Täglich legt sie ihm neue Wunder vor, und läßt

ihn

ihn empfinden, daß die Beschäftigung, die man einer sorgfältigen
Betrachtung der Natur widmet, unter die glüklichsten gehöre. Gewiß! = = denjenigen Menschen muß man mit Mitleiden ansehen, der
diese reizende Wissenschaft verkennet, oder wohl gar als eine niedri-
ge, brodlose Kunst verachtet.   Er ist ein wahrer Fremdling der
Schöpfung und entfernt sich selbst von seiner Bestimmung. Was
soll ihm mehr anliegen, als einen Schöpfer recht kennen zu lernen,
sich zur e w i g e n Vernunft zu erheben, in ihren Gesezzen zu for-
schen und sie anzubeten.   Dieser Hohe und Erhabene hat sich in
dem Reiche der Natur in einer erstaunenswürdigen Gröse gezeigt
und seinen kleinsten Werken das Bild seiner Vollkommenheit auf-
gedrukt.   Und dieser Spiegel ist der würdigste Gegenstand unseres
Verstandes und unseres unsterblichen Geistes ; seine erquikkende
Narung findet er in dem Ausfluß dieser reinen Quelle des Lichts.
Eine Bewunderung nach der andern nimmt uns ein, und reißt uns
hin zur tiefsten Verehrung und innigsten Anbetung der ewigen
Weisheit, wenn wir die Harmonie der Schöpfung, die schöne
Uebereinstimmung aller Teile zu einem Hauptendzwek entdekken:
wenn wir auf dem unabsehlichen Schauplaz der Schöpfung so viele
tausend und tausend Geschlechter und Gattungen erblikken, die alle
ihre besondere Struktur und Eigenschaften haben, die alle zur grosen Kette der Natur gehören, und von der Milbe bis zum Elephanten und bis zum Menschen, ja bis zum Cherub in die Räder eingreifen, woraus die ganze Kunstmaschine der Welt bestehet.

Ein Mensch der auch wenige Einsicht in die schöne Natur hätte,
und sich nicht mit Fleiß auf ihre Kenntniß regte, müßte ganz ohne
Gefühl und Empfindung sein, wenn er sie nicht bei dem ersten aufmerksamen Anblik ihrer Reize aller Betrachtung würdig achten solte.   Sie wird ihm gewiß einige Ausdrükke der Bewunderung zur
Ehre des Schöpfers abzwingen. — Aber welch ein Licht von Kenntniß der Wundermacht des Höchsten, und zugleich von höherem Vergnügen stralt ihm nicht in die Augen, wenn er sich näher in den
Werkstätten der Natur umsiehet! = = Wenn ich mich sonst unter
einen Baum sezte, oder aufs Feld spazierte, um die Schönheiten
der Natur zu betrachten und zu bewundern, so erblikte ich nur die
Schale, ich empfand nur die äußern Schönheiten der Körperwelt:
und doch wallete Freude um mein Herz. Nun sehe ich auf jedes
Gräschen,

Gräschen, iede Blume, ieden Wurm, iedes Insekt: ich finde in iedem mehr als bloſe Schönheit; Vollkommenheit in iedem, in seinen Teilen, in seinem Verhältniß zum Ganzen. Alsdann fließt Schönheit und Vollkommenheit in meiner Sele zusammen, ein unbeschreibliches Vergnügen durchströmet sie, und sie erhebet sich zum Allgegenwärtigen, deſſen Händewerk seine Ehre verkündiget, und von deſſen Weisheit und Güte auch der verachtetste Wurm prediget. — Ich sezze mich unter einen schattenreichen Baum, deſſen Aeste um mein Haupt schweben; ich pflükke ein Blat, und frage es: was verkündigest du mir wohl Merkwürdiges von dem grosen Schöpfer? Ich bewafne mein Auge, um in das Heiligtum der Natur gehen zu können. Aber, Gott! — Welch eine Welt voll Wunder stellt sich hier meinem forschenden Auge dar! Wie weisheitsvoll ist der Bau dieses bezaubernden Grüns, dieses Gewebes von Fasern und Bläschen! Wie unzälich seine Luftlöcher und Mündungen für Waſſer, Thau, frische Luft, salzigte und andere geistige Materien! Wie wunderbar der Lauf seiner Röhren! Wie zierlich seine Einfaſſung! Wie glänzend seine Oberfläche! — Aber wie erstaune ich andernteils wieder über die Anzal der innern Bewoner dieses dünnen Blats! Ich sehe zwischen seinen zarten Häutchen ausgehölte Minen und Straßen, bald gerade bald krummlaufende Gänge. In einigen leben wohl zwanzig bis dreißig gesellschaftliche Minirwürmer beisammen: in andern sind Einsiedler, deren ieder für sich wonet; wie wunderbar und künstlich ist der Bau ihres Körpers und ihrer Saft- und Blutgefäße! Wie vollkommen die Einrichtung und Beschaffenheit ihrer kleinen Gliedmaßen und ihrer Zäne nach ihren Bedürfniſſen, um das Mark des Blattes zu ihrer Narung zu erlangen und dabei dennoch weder das obere noch untere zarte Häutchen, das zu ihrer Bedekkung dienet, zu verlezzen! — Sind nicht diese Glieder und Werkzeuge zu ihrem Endzwek und Absichten eben so grose Werke, als die ungeheuren Glieder des Elephanten und des Wallfisches?

Ich sehe ferner in diesem Spiegel der Allmacht und Weisheit, wie einige von diesen Insekten, welche ihren Perioden in ihrer Blatwelt durchgelebt haben, sich ihrer Verwandlung nahen, und sich ihr Grab bereiten, aus welchem sie bald zu einem neuen Leben hervorgehen sollen. Einige spinnen sich in ihrem Gange, andere

A 3 aber

aber außerhalb auf der untern Seite des Blats ein. Nun sind sie
Puppen und bald kommt teils ein kleiner Schmetterling mit langen
Fülhörnern hervor, dessen Pracht an Gold= und Silberfarben mehr
als königlich, und seine Schönheit die Vorstellung und Bewunde=
rung übersteigt; teils erzeugen sich daraus verwandelte Fliegen,
theils kleine Rüsselkäferchen, iedes nach seiner Art, und fangen ein
neues Leben an. — Du Herr der Heerscharen! ruft mein Herz mit
Entzükken und innigster Anbetung: Wie sind deine Werke so
groß und viel, du hast sie alle weislich geordnet! = =

Hier kommt ein Käfer auf mich zugeflogen, und sezzet sich auf
meine Hand: Da sehe ich an der Rinde des Baumstammes einen
Ohrwurm laufen: Dort kriecht ein Regenwurm aus der Erde.
Ueberall erblikke ich herrliche Denkmale der Weisheit und Güte
meines Schöpfers, die ich unmöglich kaltsinnig übersehen kann.
Ich betrachte an dem Käfer seine harte Flügeldekken, die seinen
Flug langsam und schwerfällig zu machen scheinen, — Eitler, thö=
richter Gedanke und Frage! (dergleichen sich öfters die Menschen in
Absicht auf ihre Schiksale machen) Warum hat der Käfer nicht
Flügel, wie ein Schmetterling, oder wie eine Libelle, um mit weni=
ger Geräusch und stärkerem Flug die Luft zu durchstreichen? = =
Schikte sich wohl zur Lebensart des Käfergeschlechts, das sich bald
in der Erde, bald im faulen Holz der Bäume, bald im Wasser,
im Koth und dergleichen aufhält, eine andere Einrichtung von Flug=
werkzeugen, als diese? Wie geschwind würden die zarten häutigen
Flügel ihre Elasticität verlieren, zusammenschrumpfen und verwei=
chen, wenn sie nicht einen so bequemen und passenden Schuz und
Bedekkung wider Regen und Nässe hätten? Wie bald würden die=
selben beschädigt, zerrissen und zu ihrem Endzwek ganz undienlich
werden, wenn sie unter Erde, Steine, Holz und dergleichen ihrer
Narung und Fortpflanzung wegen kriechen müßten, wo sie nicht
gegen die Rauigkeit anderer Körper verwaret wären? — Und wo=
zu ist dem Käfer bei seiner Lebensart, die seltenes Fliegen erfodert,
ein schneller Flug nötig? Ja dienen nicht selbst die ausgebreiteten
harten Flügeldekken dazu, den schweren Leib bequemer zu tragen,
und die Luft theils mehr zu fangen, theils zu zertheilen.

Aber warum hat die Natur dem Ohrwurm so kurze Flügeldek=
ken verliehen, und den grösesten Theil seines schlanken Leibes unbe=
dekt

dekt gelaſſen? = = Die Naturgeſchichte dieſes Inſekts entdekt uns
hiebei wiederum die weiſeſte Einrichtung des ewigen Verſtandes und
der höchſten Weisheit. Wie würde dieſes Tierchen in den ſchmalen Rizzen und dem engen Raum, worinn es ſich meiſt aufzuhalten,
und ſeiner Narung und übrigen Naturtrieben gemäß zu verkriechen
pflegt, zurecht kommen, ſich wenden und drehen können, wenn ſein
Leib mit langen ſteifen Flügeldekken bepanzert, und ſolcher ſelbſt
nicht ſo glatt, ſchlank und von vielen Beugungen wäre? — Wie
wenig aber dieſe kurzen Flügeldekken der Gröſe der darunter verborgenen feinen Flügel Eintrag thun, zeiget zur Verwunderung
die Entfaltung derſelben. Man ſollte nicht glauben, daß ein ſo
brauchbares Glied von ſolchem Umkreis ſich unter einer ſo kleinen
Dekke beſchränken könnte. Mit Erſtaunen betrachte ich die Kunſt
und Weisheit, mit welcher die Flügel gebrochen und zuſammengele-
get ſind. Keine geometriſche Form in der Welt kann bequemer ſein,
ſolche Falten und Brüche anzunemen. Und dieſe ſo niedlich gefal-
tete groſe Flügel wieder auszubreiten, und ihnen die gehörige
Schwungkraft zu geben, hat der Schöpfer dieſem Thierchen die
Kunſt verliehen, ſolches durch Muskeln, die ſich ſtark zuſammen-
ziehen und ausdehnen laſſen, vermittelſt einiger damit in Verbindung ſtehender Nerven zu bewerkſtelligen.

Aber iener arme Wurm, der ſich aus der Erde herauswindet,
ſolte wohl dieſer von Betracht ſein, und ſeinen Schöpfer verherrlichen? = = Wie könnte es anders ſein, da in der Natur nichts klein
iſt. Eben die Macht, welche die von keinen Sterblichen gezälte
Firſternwelten, gegen deren unendliche Zal ſich unſere Vernunft
empöret, hervorgebracht hat, ſchuf den Wurm, und mit eben der
Weisheit, womit der groſe Baumeiſter des Weltalls dieſen My-
riaden Sonnen ihre Bahn angewieſen, ordnete er auch den Wurm
zur Kette der Natur, und zur Harmonie des Ganzen. Auch er iſt
ein Spiegel ſeiner Gröſe, ein Beweis ſeiner verborgenen Weisheit,
und mit dem Siegel ſeiner Unendlichkeit bezeichnet. — Ich zerſtümm-
le dieſen Regenwurm in zwanzig Stükke, und in kurzer Zeit ſehe
ich eben ſo viele ganze Würmer daraus entſtehen, die wieder eben ſo
leben und ſich fortpflanzen, wie der alte. — Welch ein unergründ-
liches Wunder der Natur! Hier wird die Trennung der Teile,
die ſonſt die nächſte Urſache der Zerſtörung und des Todes iſt, ein

Mittel

Mittel der Vermehrung und eine Ursache, neue Generationen hervorzubringen. Ein gleiches ist längst bekannt von den Polypen. Und noch sonderbarer ist die Wiederauflebung des durchsichtigen Insekts, Seta equina genannt, oder Leeuwenhoeks Rädelwurm, (rotifero) welches man nach Belieben wieder lebendig machen kann, so bald man es wieder in Wasser thut, ob man es gleich einen ganzen Sommer, ia drei Jahre lang in der Sonne oder ieder Hizze hat austroknen lassen und zu aller Bewegung längst unfähig gemacht.

Welche grose und wunderbare Werke thut hier nicht die Natur, die den Schöpfungswundern so nahe kommen; wie viel gröfere und herrlichere Werke kann und wird der Herr der Natur nicht selbst hervorbringen bei iener grosen Wiederherstellung aller Dinge! Wirkt die Natur schon bei der Wiederzeugung mancher Tiere, nach denen ihr eingeprägten Gesezzen so wunderbare Veränderungen: Was soll nicht der Schöpfer selbst durch die unmittelbare Kraft seiner Allmacht bewürken können, wenn iene Zeit und Stunde kommt! Das ergözzende Vorspiel von der Möglichkeit dieser grosen Begebenheit zeigt uns schon die blose Natur; und die Gewisheit davon versiegelt das Zeugnis des Herrn und Urhebers derselbigen.

Sehen wir uns nach vollendeten öfters mühsamen Berufsgeschäften noch tiefer in den Werkstätten der Natur um, um uns zu erholen und neue Kräfte zu sammlen, dabei zwar die Sele auch denkt, aber mit einem solchen Vergnügen, das sie nicht ermüdet: Nehmen wir unsere optischen Werkzeuge zur Hand und betrachten aufmerksam nur eine kleine fast unmerkliche Käsemilbe: Welch eine feine unsere Fassung und Begriffe ganz übersteigende Organisation stellet sich unserem forschenden Auge dar! — Wie gros ist der Schöpfer hier in diesem kleinen Geschöpf! Wie laut prediget dieses stumme Tierchen von der Weisheit und Macht dessen, der den Himmel mit der Spannen misset! = = Ich sehe seine schwarze Augen, die ihm der Schöpfer nicht umsonst gegeben: Wie fein müssen nicht dessen Sehenerven sein, wie künstlich zusammengefüget seine Häutchen: wie zart die darin liegenden Feuchtigkeiten, dadurch das Bild der Gegenstände als durch die Linse fallen und sich auf der

Retina

Retina abbilden! — Ich sehe seine Freßwerkzeuge, wie dieselbe zu seiner Bedürfnis so passend eingerichtet sind: — Ich sehe seinen durchsichtigen Körper, in welchem Herz, Lungen, Pulsadern, Blut, Rükkenmark und alle nötige Triebfedern seines Lebens in Bewegung sind. — Wie fein und künstlich müssen nicht die Gefäße sein zum Kreislauf seiner Säfte, zu ihrer Absonderung, zu ihren verschiedenen Verrichtungen und Endzwek! = = Und gleichwol ist diese Milbe noch lange nicht das kleinste unter denen uns bekannten kleinen Tierchen, ia noch ein Elephant gegen dieselbe. Ein einziger Wassertropfen ist ein Meer, eine Welt, worinnen alles von Bewonern wimmelt. Und diese kleinen Tierchen sind ganz warscheinlich noch nicht die kleinsten, indem sie selbst der Wonplaz anderer noch kleinerer Geschöpfe sein können, die iene für ihre Welt halten. Ja wir können nicht wissen, ob das Sonnenstäubchen nicht auch seine Bewoner habe, die es für eine Welt halten, und diesen ihnen so grosen Körper eben so wenig überschauen, als wir die unzäliche Milchstraswelten. Wie fein müssen nicht erst die Muskeln und Nerven dieser lezteren sein! = = Kurz, wir erreichen die Grenzen der Kreatur weder in dem Kleinen noch Grosen. Die Gröse ihres allmächtigen Urhebers offenbaret sich in beiden Fällen mit gleicher Herrlichkeit, die aber der eingeschränkte Verstand des Menschen nicht fassen kann. Er hat den Wasserfloh mit eben der Weisheit gebildet, mit welcher er tausend Welten zusammenordnete: der Umlauf seiner Säfte gehet eben so regelmäsig, als die Pulsschläge der Erden, die Abwechselungen der Ebbe und Flut, wodurch das Gewässer in ihre unterirdische Adern und Hölungen hineingepresset wird, um in der Erde, in deren engesten Gängen und Eingeweiden zu zirculiren; wobei die Natur auf dem grosen Weltmeer dasienige alle sechs Stunden durch die Bewegung des Mondes verrichtet, was das Herz alle Augenblikke thut. (*) Wenn

***

(*) Jeder Auflauf auf der See dauert etwa über sechs Stunden, und eben so lange hat das Wasser nötig abzulaufen, so, daß zwo solche Abwechslungen des Meers, deren iede aus einer Ebbe und Flut bestehet, 24 Stunden und 49 Minuten erfodern; so wie auch der Mond 24 Stunden und 49 Minuten braucht, wenn er durch eines gewissen Ortes Mittagskreis gegangen ist, um wieder in selbigen zu treten. Und wie er innerhalb dieser Zeit sowol durch den Mittagskreis als den Horizont durch ieden zweimal gegangen ist, so folgt auch allemal eine gewisse Zeit nach seinem iedesmaligen Durchgang durch den Mittagskreis eine Flut in der See, und eine Ebbe nach iedem Durchgang durch den Horizont.

B

Wenn wir nun aber bei Betrachtung der unterschiedlichen Naturwerke, überall — wir mögen nun in unsern Gedanken auf Flügeln des Lichts höhere Welten durchwandern, oder das kleinste Geschöpf der unsichtbaren Welt mit bewafnetem Auge untersuchen — überall den grosen Gott finden, der alles durch seinen allmächtigen Wink hervorgebracht hat: Wenn wir die schöne Ordnung der Schöpfung, den Kreislauf der Dinge, die Harmonie der Natur und Uebereinstimmung aller Teile zum Ganzen ansehen, die alle, wie Räder einer Uhr in einander greifen, alle zum besten Zwek des Ganzen eingerichtet sind: = = Wenn wir allenthalben die Spuren seiner unendlichen Weisheit und seiner verborgenen Wege entdekken: = = Wenn wir heitere Blikke in seine allwaltende Fürsorge werfen: = = Wenn uns die Stralen seiner Liebe und seiner Güte gegen alle seine Geschöpfe und vornemlich gegen seine Verstandswesen in die Augen leuchten: = = Schmekken wir nicht in solchen Kenntnissen zum Voraus das Glük der Auserwälten, die freilich das Werk in dem Werkmeister erkennen, wir aber nur noch den Werkmeister in seinem Werke betrachten? Wie oft muß unser Geist, — erfüllet von Vergnügen über die Herrlichkeit des Herrn der Welten in seinen Geschöpfen, — wünschen, die irdischen Bande des Körpers verlassen zu können, um sich ienseit des Grabes mit neuen anschauenden Kenntnissen zu sättigen, und aus der ewigen Quelle des Lichts zu schöpfen! Ist die vergängliche Natur so schön, wie schön muß nicht der Himmel und die neue Erde sein? = = Empfinden wir ein so lauteres Vergnügen, da wir hier nur noch undeutlich und in einem dunkeln Spiegel sehen; was wird es sein, wenn dort von Angesicht zu Angesicht! — Wenn wir erkennen, wie wir erkannt sind: Wenn uns einmal der unendlich Gütige zu ienen Chören berufen wird, da wir als Bürger des Himmels die Unermeßlichkeit seiner Werke an der Veste des Himmels, die er uns von Weitem zeiget, betrachten: Wenn wir uns, wie sie, von Planeten zu Planeten emporschwingen: Wenn wir ewig von Vollkommenheit zu Vollkommenheit schreiten und unsern Geist unaufhörlich mit neuen anschauenden Kenntnissen der gütigen Gottheit und seiner erhabenen Werke sättigen werden!

Erhöhen wir nun unsern Geist hier auf Erden durch Kenntnis des Schöpfers aus den Werken der Natur, in welchen seine Macht, Weisheit

Weisheit und Güte im schönsten Glanze stralet, so muß unsere Glükseligkeit ienseits des Grabes um so viel gröser sein; denn solche Kenntnisse begleiten uns zu ienem vollkommenern Zustande, wenn auch unsere sinnlichen Werkzeuge im Staube zerfallen. In dergleichen erhabenen Geschäften findet der nach dem göttlichen Bild geschaffene Geist des Menschen eine höchst angenehme, und mit seinem Wesen übereinstimmende Narung, wenn er es wagt, das unendliche, vollkommene, höchstgüt'ge Wesen der Gottheit immer näher zu erforschen, zu bewundern und anzubeten. Dazu hat uns der Schöpfer in die Welt gesezt, uns Augen und Vernunft gegeben. Wer freilich daran keinen Geschmak findet, und blos nach Kenntnissen strebt, die den Wolstand verbessern und Ehre bringen, der kann zwar ein nüzliches Mitglied der menschlichen Gesellschaft und ein brauchbarer Bürger des Staats werden, aber wenigstens zu dem Glük und Vergnügen, das der Naturforscher bei Betrachtung der Werke der Gottheit empfindet, wird sich sein Geist schwerlich emporschwingen. — Gleichwol fodert es gewissermaßen auch die Pflicht unserer erhabenen Religion, indem man Gott auf keine höhere Art von ganzem Herzen verehren kann. Das gröste Gebot, die Liebe Gottes, schließt die Erkenntnis des höchsten Wesens ein, ia sezzet sie voraus. Denn wer Gott nicht kennet, kann ihn auch nicht lieben. Bei der Geschichte des menschlichen Herzens ist es nun aber wider alle Erfarung, und an sich nicht möglich, daß sich das Gemüt nicht zu dem neigen und lenken solte, was es für liebenswürdig erkennet und hält. Wer kann aber in Abrede sein, daß die Betrachtung der Werke Gottes auch im Naturreich nicht wenig dazu beitrage. Entdekken wir allenthalben die Spuren der höchsten Vollkommenheiten des Schöpfers: malet er uns in seinen Geschöpfen die herrlichsten Züge seiner Weisheit und eine unerklärbare Schönheit vor Augen: schmekken und sehen wir unaufhörlich, wie freundlich und gütig er in denselben seie, welch einen beträchtlichen Einfluß sie in die Glükseligkeit seiner vernünftigen Geschöpfe haben: = = muß nicht unser Herz zur innigsten Verehrung und Anbetung, zugleich aber auch zur Liebe dieses gütigsten und vollkommensten Wesens hingezogen werden?

Alleine die Nachforschungen und Beobachtungen, die wir in den Werkstätten der Natur anstellen, sind nicht nur für das Aug

und Herz des verständigen Menschen, sondern sie gewären uns auch
manchen wichtigen Nutzen. Weder der Arzt, noch der Rechtsge-
lehrte, noch der Theolog, noch der Weltweise, noch der Mathema-
tiker, noch der Oekonom vorzüglich, kann die Naturwissenschaft
entbehren. Ihr Einfluß in die Landwirtschaft und den Akkerbau ist
beträchtlich und groß. Wie vieles erkläret uns die Electricität in
Absicht auf die Lehre von den Gewittern, und wie sichtbar ist ihr
Nuzzen, daß wir unter andern nun unsere Kirchen und Gebäude
vermittelst der Wetterleiter gegen den Bliz sicher stellen können. —
Wie viele Beobachtungen haben wir bereits in dem Tierreich, die
uns sehr wichtig sind und wovon die Alten noch nichts wußten; und
wie viele gemeinnüzzige Entdekkungen können wir bei dem weiten
Umfang der Naturgeschichte, und bei dieser reizenden Wissenschaft
noch hoffen, da die tägliche Untersuchungen immer tiefer in die
Natur der tierischen Körper eindringen. — Nur der Blinde, der
von der Farbe urteilt, fragt: Wozu nüzzet uns aber die Insektologie? = = Eben als ob die Insekten, dieses unermeßliche Heer
von kleinen Geschöpfen, nicht zu dem Ganzen gehörten. Welcher
kluge Baumeister aber wird bei einem Gebäude den Schornstein ver-
nachlässigen, weil er kein Zimmer ist, darin man speiset? — Viele
Mittel, der Schädlichkeit mancher Insekten zu steuern, hat man
dem Naturforscher zu danken, der ihre eigentliche Natur und Narung ausgekundschaftet hat. Würde man ohne die Naturgeschichte
der Insekten auch so weit gekommen sein, von den Heuschrekken
ganze Länder so zu reinigen, als wirklich bei guten Anstalten geschiehet, dadurch öfters die gröseste Teurung, ja Hungersnoth ab-
gewendet wird? — Wüßten wir ohne dieselbe, daß der Kornwurm
seinen abgesagten Feind an der grosen Ameise hat, die Raupe an
den Käfern, die Hausgrille an der Feldgrille, die beschwerliche
Bettwanze an der grosen Feld= oder Baumwanze? — So wissen
ie Bauren auf den schweizerischen Alpen die Raupen auf den Bäu-
ien durch die Ameisen zu vertreiben, indem sie den Stamm des
Baums ringsherum mit Harz oder Pech bestreichen, einen Sak
iit Ameisen füllen und denselben an einen Ast aufhängen, da dann
die Ameisen herauskriechen, und in kurzer Zeit alle Raupen
auf dem ganzen Baum umbringen, ohne dem Baum selbst zu
schaden.

Es ist wahr, wir sehen den Nuzzen von vielen unserer Bemühungen und Nachforschungen noch nicht ein, und tausend Sachen werden entdekt, von welchen wir noch nicht wissen, was die Zukunft für Vortheile daraus ziehen werde. Gleichwol können es Bäume sein, die wir iezt pflanzen, und deren Früchte unsere Enkel geniesen. Wir würden viel zu übereilt schliesen, wenn wir ihnen darum sogleich alle Fruchtbarkeit absprechen wolten, weil wir sie noch nicht vollkommen blühen sehen. Unsere Vorältern kannten den wahren Nuzzen von sehr vielen Dingen noch nicht, den wir nun zuversichtlich kennen, und daraus grose Vortheile ziehen. Tausend Sachen haben einen gar geringen Anfang gehabt, und sind in der Folge von der grösesten Wichtigkeit geworden. Wer hätte glauben sollen, daß ein Stükchen Börnstein, das ein Blätchen Papier anziehet, uns zur Elektrisirmaschine und diese auf die Theorie des Donners und auf die Kunst füren würde, Türme, Häuser und Schiffe vor dem Wetterschlag zu verwahren: — Daß das Gelbe im Ei einer Henne uns den Beweis geben würde, daß der Keim im Ei des Weibchens präexistire; — Daß ein wenig Salz und Sand uns Werkzeuge liefern würden, neue Welten zu entdekken, sowol in den entferntesten Planeten, als in Tierchen, die viel tausendmal kleiner sind, als eine Milbe. — Eben darum hat uns die Natur unzälige Vorteile vieler Körper verschwiegen, um unsern Geist zum Fleiß und Nachdenken aufzumuntern, wozu wir mit Vernunft begabet sind.

Freilich ist die Natur unermeßlich, die Reichtümer, welche sie in ihrem Schose verborgen, sind unzälig, Tausende ihrer Geheimnisse unerforschlich, und unser Verstand so eingeschränkt und unvollkommen, daß nicht eine einzige Erzeugung in der Natur, so gar unter den allerbewärtesten, vorkommt, die nicht noch einige dunkle Seiten hätte und die Klugheit des geschiktesten Naturforschers erschöpfte. Allein solten wir deswegen, weil uns die Natur vielfältig ihre Geheimnisse so eifersüchtig verbirgt, aufhören zu versuchen, ihr dieselbe immer mehr abzulernen, sie in ihrer Arbeit zu belauschen, und sie zu nötigen, einen grosen Teil ihrer Geheimnisse zu offenbaren? = = Nur lasset uns den kostbaren Faden der Erfarung nicht einen Augenblik aus der Hand verlieren; sonst wird uns der geringste Wurm ein Labyrint, worin wir uns nothwendig verirren müßten. Die Erfarung gehet über alle Folgerungen. Inzwischen können
nen

nen wir nicht alle Mutmaßungen aus der Physik verbannen, denn solches würde uns die Beobachtungen unnüz machen, und wir würden wenige Schritte weiter thun können. Aber nur müssen wenigstens die Folgerungen sich auf unmittelbare Folgen gründen, sonst zerreißt die Kette, oder wir weichen sehr ab. Es ist eine Regel auch der strengsten Philosophie: Wenn die Natur ein Gesez unveränderlich beobachtet, so dörfen wir nicht davon abgehen, außer in solchen Fällen, wo wir durch sichere und unstreitige Beweise des Gegentheils überzeugt sind. Die analogische Methode ist daher bei Erklärung der Natur sehr vorsichtig und klüglich anzuwenden, weil sie mit Hypothesen und Wahrscheinlichkeiten verknüpft ist, und so viele analogische Verhältnisse z. E. in Erzeugung, Fortpflanzung 2c. durch neuere Entdekkungen umgestossen werden, welche zeigen, daß sich die Natur nicht immer einerlei Wege bediene, sondern verschiedene gehe, um zu einerlei Endzwek zu gelangen. Ob nun also schon die Analogie ein Licht der Naturwissenschaft heisen kann, so zerstreuet sie doch nicht alle Schatten in derselbigen; es verlischt öfters, wenn wir auf solche Körper kommen, die einen grosen Abstand von andern haben. Inzwischen füret sie uns oftmals selbst auf die Beobachtung durch Begriffe, wodurch sie die Gegenstände mit einander verknüpft; und iemehr unsere Erkenntnis in der Natur sich ausbreiten und verbessern wird, ie tiefer wir in die geheime Mechanik der Wesen einzudringen das Glük haben, desto näher werden die mancherlei Warscheinlichkeiten zur Gewißheit kommen. Wenn nur einstweilen unsere Muthmaßungen das Gepräge der Warscheinlichkeit haben: Endlich verwandelt sich durch wiederholte Erfarungen dasienige, was erstlich nur warscheinlich war, in eine zuverläßige Gewisheit.

Werfen wir nun aber unsere Blikke überhaupt auf die Menge und Mannigfaltigkeit und auf die erstaunungswürdige Stufenfolge der geschaffenen Körper, in den dreien Reichen der Natur, so können wir es dem unsterblichen Linne nicht genug Dank wissen, daß er das Eis gebrochen, (*) und vor allen Gelehrten es gewagt

(*) Aristoteles ist zwar der Vater naturhistorischer Werke, und hat durch die Freigebigkeit Alexanders des Grosen unterstüzt, auf die Naturgeschichte der Tiere

wagt hat, ein allgemeines Syſtem über alle drei Reiche der Natur
zu liefern, welches freilich in hundert Jahren nur ein Grundriß zum
Naturſyſtem heiſen wird, ſo wie alle unſere Naturgeſchichten werden Bruchſtükke genennet werden. Die ſyſtematiſche Lehrart in
den Wiſſenſchaften kommt unſerer Faſſung und unſerem Gedächtnis
ſehr zu ſtatten, denn wir haben dabei ein Fundament, worauf wir
gemächlich bauen können. Die Natur ſelbſt hat einen regelmäſigen
Weg erwält, ſich deutlich zu machen, und einem ieden beſondern
Ding einen beſtändigen und unterſcheidenden Karakter eingeprägt,
dadurch man es von einem andern unterſcheiden kann.

Da wir nun aus allen drei Reichen der Natur viele Körper kennen und noch täglich mehrere kennen lernen, die unſern Vorfaren
gänzlich unbekannt waren; da wir der Naturgeſchichte einzelner bekannter Arten auf alle mögliche Weiſe nachſpüren, und die ſchöne
Naturwiſſenſchaft in unſern Tagen das Lieblingsſtudium der Gelehrten und Ungelehrten iſt: ſo nähern wir uns immer einer mehrern
Vollkommenheit eines allgemeinen Naturſyſtems, welches uns alle,
Menſchen möglichbekannte, Naturprodukte und ihre Geſchichte an-
zeige. — Alleine dieſen Tempel der Natur aufzuführen, müſſen wir
mehrere Materialien zuſammenbringen; und zu dieſem Behuf würde die Naturwiſſenſchaft nicht wenig gewinnen, wenn Beobachter
und Freunde der Natur nicht meiſt in allen dreien Reichen derſelben
herumſchweifen, noch ſo viele Zweige der Naturgeſchichte auf einmal vor ſich neimen wollten, ſondern an einem einzigen Zweig, an
einem einzigen kleinen Aſt ſich genügen ließen, ihm ſeine müſige
Stunden zu weihen: und zwar, daß ſich ein ieder an ein ſolches
Geſchlecht halten und daſſelbe auf das gründlichſte zu ſtudiren ſuch-
te, wozu er am beſten Gelegenheit, Luſt und Geſchik hat. — Es
gefiel mir, was der um die Naturwiſſenſchaft verdiente und geſchik-
te Herr Diaconus Schröter in Weimar in ſeinen Abhand-
lungen

Thiere vielen Fleiß gewendet; allein, was beſonders die Naturgeſchichte der Inſekten
betrifft, auſer daß er vielen derſelben griechiſche Namen gegeben, ſo iſt er darin ſehr weit
zurükgeblieben, zumal ihm die nötigen Hülfsmittel dazu, an guten Vergröſerungs-
gläſern u. dergl. ermangelten. Es blieb ſolche in ihrer erſten Kindheit eine Reihe
von .ooo Jahren, und wurde mit unzälichen Irtümern getrübt, bis vor ∞ Jaren
vorzüglich der groſe Gelehrte Swammerdam Doct. Med zu Amſterdam, ſie
in ein helleres Licht ſezte. Nach ihme ſtund der groſe Naturforſcher Linne auf,
und verfertigte ſein unſterbliches Naturſyſtem.

lungen über verschiedene Gegenstände der Naturgeschichte sagt: „daß es nemlich derselben mehr gedienet sei, wenn der Eine die Lithologie, der Andere die Konchyliologie, der Dritte die vierfüssigen Tiere, der Vierte die Vögel, der Fünfte die Fische, der Sechste, die Insekten, der Siebente die Pflanzen, der Achte die Erze, u. s. w bearbeitete. Eines Menschen Arbeit sei es nicht, alle drei Naturreiche durchzustudiren.‟

Dieses bestimmte mich, meine hauptsächlichste Beobachtungen und Bearbeitungen in diesem Fach noch enger einzuschränken, und aus der Insektologie nur etliche, und zwar mit einander verwandte Geschlechter zu erwälen, um zur Naturgeschichte, welche mir in meinen Erholungsstunden bisher nicht wenig Vergnügen darbot, etwas, solte es auch ein Kleines sein, beizutragen. — Wie bei Auffürung eines Gebäudes nicht lauter grose Steine angewendet werden, sondern auch zuweilen kleine nötig sind, um ein Ganzes zu machen, so genüget mir, wenn Liebhaber der schönen und nüzlichen Naturlehre, diese meine Bemühung in einem kleinen Fache der Insektengeschichte (das gleichwol viele Menschenalter erfodert) als ein Fliksteinchen bei dem herrlichen Gebäude der Naturlehre ansehen mögen und ersuche geübtere Entomologen, es weiter zu behauen, zu ordnen, und in sein Räumchen passend zu machen. Auch andere Freunde und Liebhaber der schönen und reichen Natur ersuche ich, bei Entdekkung neuer Arten unserer Klasse, oder der Naturgeschichte, Lebensart und Fortpflanzung eines oder des andern Insekts derselben (welches immer ein herrlicher Gewinn für die Naturlehre ist) entweder durch Supplementen meinen hier gezeichneten Plan zu erweitern, und etwa darnach fortzubauen, oder mich durch Privatbeiträge und Bekanntmachung ihrer Entdekkungen in den Stand zu sezzen, ihn vollständiger und weiter bearbeiten zu können. Dann wer erkennet nicht, wie vieler Menschen vereinigte Aufmerksamkeit und Fleiß erfodert werde, nur in einem einzigen Insektengeschlecht eine gründliche Naturgeschichte seiner meisten Arten liefern zu können. — Man hat seit dreisig Jahren mit dem besten Erfolg so häufig der Naturgeschichte der Schmetterlinge obgelegen, und anbei derselben Schönheiten der Welt vor Augen geleget (auch öfters in vielen überflüßigen Wiederholungen). Wie nötig ist es, wenn wir uns und unsere Nachkommen einem

allge=

allgemeinen Natursystem nähern wollen (wohin doch die Absicht
zielet), daß wir unsere Aufmerksamkeit in dem Insektenreich mehr
theilen, und mehrere dieselbe auch andern Insekten widmen. Hat
schon unsere Klasse nicht immer so viel für das Auge, als der
Schmetterlinge, so ist sie doch gleich wichtig, und hat oft destomehr
für den Verstand; wahre Kenner aber der Verstand und Herz belebenden Naturgeschichte, und dessen, was eigentlich Naturgeschichte ist, suchen nicht blos etwas Augenbelustigendes: Man kann bei-
des mit einander verbinden; es muß aber hauptsächlich auch das Herz
erfreuet werden, und die Bemerkungen und Entdekkungen der sonderbaren Kunst- und Nährtriebe und anderer Merkwürdigkeiten müssen auf die Sele einen woltätigen Einfluß haben, so wie gute Abbildungen das Auge fesseln, und ihre Familienzüge deutlich machen.
Denn die Arten zu finden und ihre Gestalt zu beschreiben, ist nur das
A. B. C. zur Naturwissenschaft, und freilich die ersten Elemente;
aber ihre Oekonomie so gründlich als möglich auszulauschen, sind die
höhern Lectionen, welche grösern Nuzzen schaffen, den Geist belusti-
gen und den Schöpfer noch mehr verherrlichen.

Ich habe nun vorzüglich das Geschlecht der Bienen mit ihren
angrenzenden Geschlechtern erwälet, weil ich besonders mit der
Haushaltung der edlen Honigbienen in ziemlicher Vertraulichkeit
stehe, und eben diese Kenntnis ihrer Lebensart und Merkwürdigkeiten mir bei angestellten Beobachtungen mit den wilden Bienen vieles Licht gegeben, so wie mir diese hinwiederum manches erkläret
und bestätiget haben, was ich bei den edlen Bienen wargenommen.
Insonderheit aber schiene mir diese Wahl desto zwekmäsiger, weil
mir nicht bekannt ist, daß ein Naturforscher diese Klasse, besonders
das Geschlecht der wilden Bienen in einem etwas geraumigen Umfang und ganz besonders vor die Hand genommen, untersucht, erzogen oder zu erziehen Gelegenheit gehabt, noch ihre verschiedene
Arten nach dem Leben und sistematisch vorgestellt habe. Zu diesen
Abbildungen mußte ich mich notwendig entschliesen, weil Beschreibungen von Insekten ohne Abbildung undeutlich und sehr unvollkommen sind. Verschiedene Originale und zum Teil sehr seltene
Stükke habe ich aus der unvergleichlichen und zalreichen Insekten-
sammlung Herrn Gernings in Frankfurt zu Handen bekommen, welcher edelgesinnte Beförderer der Naturgeschichte mich
rümlichst

rümlichst unterstüzzet. Bei der Zeichnung und Ausmalung der Figuren habe ich mich sorgfältigst bemühet, der Natur getreu zu bleiben. — Ich hoffe anbei nicht, daß es mir zum Vorwurf gereichen werde, daß sich etliche Figuren darunter befinden, welche auch in einigen Insektenwerken, wiewol sehr zerstreuet vorhanden sind. Allein meine Gründe werden mich desfalls rechtfertigen. Ich habe z. E. aus dem vortreflichen und theuren Werk des D. Drury von ausländischen Insekten, das wir in keiner deutschen Uebersezzung haben, einige wenige einschalten müssen, um dieses Fach wenigstens in etwas zu ergänzen oder vielmehr zusammenhängender zu machen, da wir zur mehrern Kenntnis der Stufenleiter der Natur auch fremde Geschöpfe kennen müssen, und ein vollständiges Naturſyſtem ſowol als unſere edle Neugier auch dieses verlangt, daß uns die Abweichungen eines und eben deſſelben Körpers aus verſchiedenen Weltgegenden bekannt werden. So iſt z. B. die ganz seltene Hornisse mit zwei ansenlichen und beweglichen Hörnern Tab. XVIII. fig. 2. aus Drury zweiten Band, eine sehr seltene Art. Ueberdas hatte Drury dieſe ſeine Insekten nicht benennet, und ich mußte mir herausnemen, ſie durch ſchikliche Namen zu unſerem Syſtem einzuweihen. Ich hatte dabei das Glük, dasienige Exemplar zu Handen zu bekommen, welches der Verfaſſer selbst besessen hatte, und für sich mit beſonderem Fleiß ausmalen laſſen, das daher vor allen andern, überhaupt zwar ſchönen Exemplarien, dennoch einen groſen Vorzug hat und vortreflich ausgemalet iſt.

Uebrigens habe ich viele unſerer inländiſchen Insekten ſelbst erzogen und Jahre lang ihre Oekonomie beobachtet. Auch bei den Ameiſen habe ich lange Zeit viele genaue Beobachtungen angeſtellet, und bin in der Erforschung der Naturgeſchichte dieſer merkwürdigen Insekten vor vielen ſehr glüklich geweſen, und habe bei ihnen verſchiedene Endekkungen gemacht, die bisher noch nicht bekannt geweſen, und ein ſicheres Licht geben. — Von welchen nur die Beschreibungen mitgeteilet werden, dörften etwa zu ſeiner Zeit die Zeichnungen in Supplementen nachfolgen.

Faſt befürchte ich Mancher Tadel über die strenge Genauigkeit, womit ich die Gestalt, Beschaffenheit und abweichende Gliedmaſſen 2c. beschrieben habe, und vielleicht unter Kleinigkeiten gehören, wenn es anders in der Natur Kleinigkeiten gibt, wo die vollkommenſte

menste Uebereinstimmung und der genaueste Zusammenhang bei der wunderbarsten Mannigfaltigkeit in allem herrscht. Sie macht keine Sprünge, sondern gehet in gar engen Stufen auf ihrer Leiter fort. Die Veränderung, welche sie bei ihren Geschöpfen angebracht, sind so unmerklich, und grenzen so nahe aneinander, daß sie wie die Schattirungen der Farben in einander laufen. Es werden viele Insekten Einer Gattung, die auch nur in der Zeichnung oder sonst etwas verschieden sind, für Naturspiele gehalten, die doch in der That wirkliche Stufen in der Leiter der Natur sind, von welchen unsere Augen oft etliche aufeinanderfolgende gar nicht warnemen. Nur die stärkern Farben iener Schattirungen, die merklichen Karaktere, welche sie unterscheiden, bekommen wir in die Augen. Deswegen sind auch oft unsere Einteilungen, wodurch wir den eingeschränkten Grenzen unserer Erkenntnis zu statten kommen, nicht der Natur ihre. — Ich habe ferner zur Genauigkeit der Beschreibungen einen Maasstab beigefüget, indem ich aus eigener Erfarung habe, in welch einer verdrüßlichen Lage man sich befindet, wenn man, zumal bei Mangel der Kupfer ein Insekt von gleicher Zeichnung und die Beschreibung von einem andern vor sich hat, das aber in der Gröse sehr verschieden und eine ganz andere Art sein kann, zumal bei Insekten, die in einer und eben derselben Gegend zu Hause sind. Man wird mir daher lieber verzeihen, wenn ich zuviel gethan habe, als daß ich zu wenig gethan hätte.

Was die Namen anbetrift, so ist unstreitig, daß sie gute Unterscheidungskaraktere und in der Naturlehre vorzüglich nötig sind. Indessen hat mich die Eitelkeit nicht angewandelt, neue Namen zu ertheilen, wo bereits angenommene vorhanden sind, sie mögen übrigens sein, wie oder von wem sie wollen, da die Abänderungen der Namen allemal sehr verdrüßliche Verwirrung verursacht. Wo ich aber Namen beilegen mußte, habe ich sie soviel möglich entweder von der Gestalt eines ieden Insekts hergenommen, oder von einer besondern Beschaffenheit eines Glieds oder von dessen Eigenschaft. Manche aber mußte ich freilich nur sonst wälen, um sie von andern ihnen änlichen oder angrenzenden zu unterscheiden. Sollte ich aber ebenfalls mir unbemerkt einigen unserer Insektenarten Namen beigelegt haben, welche von andern schon benennet sind, so neme ich die Meinigen einmal vor allemal zurük.

Endlich

Endlich wird man mir zu gute halten, daß ich als ein Verehrer des Linneiſchen Syſtems in Beſchreibung ſeiner fünften Ordnung der Inſekten mit häutigen Flügeln von ſeiner Eintheilung der Geſchlechter etwas abgewichen bin, da er zuerſt die Galläpfelwürmer, dann die Schlupfweſpen, die Holzweſpen, die Raupentödter, die Baſtardweſpen, die Goldweſpen, die Weſpen, die Ameiſen und endlich die Mutillen oder ungeflügelte Bienen geſezt. Linne hat die ganze Stufenleiter der Natur vor Augen gehabt, und wie eines an das andere grenzt und mit einander verwandt iſt, gleichſam in aufſteigender Linie. Ich habe es faſt umgewandt und bin der abſteigenden Linie gefolgt, und habe die vornemſten und Hauptgeſchlechter, davon die folgende noch etwas von ihrem Namen tragen, vorangeſezt. Es wird zur Sache nichts thun, daß ich dieſe Ordnung erwälet, die mir natürlicher ſchiene, da ich aus der Kette der Natur ein Glied beſonders zu betrachten herausgenommen, zumal ich die numerirte Ordnung des Linne iedesmal angezeigt habe. — Die übrige Eintheilung der Arten und Untergattungen habe nicht ängſtlich geſucht, ſondern wie ſie mir am natürlichſten geſchienen, und ihre Karaktere ſo geſchwind als möglich in die Augen fallen, da ich aufrichtig geſtehen muß, daß mir nicht gefallen will, bei Aufſuchung des Karakters eines Inſekts das Mikroſkop brauchen zu müſſen, es ſei denn an ſich ſo klein, daß man ſeine Glieder mit unbewafnetem Auge nicht wohl unterſcheiden kann. — Die Figuren, welche mit einem Sternchen * bezeichnet, ſind zugleich in Vergröſerung vorgeſtellet.

Kronenberg zur Oſtermeſſe 1791.

Der Verfaſſer.

Alphabetiſche

Alphabetische Erläuterungen

verschiedener Worte und Ausdrükke

besonders in Absicht auf die Klasse der Insekten

vom

Bienen, Wespen- und Ameisengeschlecht,

welche von einigen Entomologen verschieden benennet werden. (*)

A.

Adern der Flügel, von einigen Flügelrippen genannt, sind die Nerven derselben, wovon die stärksten nach der Länge laufen, die querstehenden aber zärter und biegsamer sind. — Bei den Bienen und Wespen haben sie sämtlich verschiedene Richtungen und Verbindungen; bei den Ameisen aber sind sie allermeist einförmig laufend.

Abschnitte, siehe Ringe.

After, ist an den Bienen, Wespen und Ameisen das äußerste am Hinterleib, worinn sich unter andern der Stachel befindet, und heißt bei einigen der Schwanz, das Schwanzstük. — Da der Hinterleib dieser Insekten, worinnen sich die Eingeweide befinden, aus verschiedenen Ringen bestehet, so wird dieses After- und Schwanzstük, als der lezte, obschon spizzulaufende hornartige Teil wegen seiner übrigen änlichen Beschaffenheit und Dienst auch zu den Ringen gerechnet, und z. E. gesagt: Der Hinterleib dieser Biene bestehet aus sechs Ringen, wenn sie nemlich, wie meistens, nicht mehr als fünf Ringe und das spiz oder gerundet zulaufende After- oder Schwanzstük hat.

After, so viel als unächt, daher

Afterfüße, sind das Paar Hinterfüße an den Larven oder Afterraupen der Schlupf- oder Blatwespen (Tenthredo).

C 3   After-

(*) Gleichwie es in allen Wissenschaften eine erwünschte Sache wäre, die manche Logomachien aufzuheben und zur Erleichterung vieles beitragen würde, wenn alle, die sie lehren oder davon schreiben und reden, einerlei Worte und Ausdrükke gebrauchten, die am schiklichsten gemält wären, und die Sache, so darunter verstanden wird, am bündigsten und zugleich aufs kürzeste bestimmten und bezeichneten, vorzüglich aber in der Naturlehre; so glaube ich nicht, daß gegenwärtige kurze Erläuterungen überflüßig sein werden, da die Entomologen öfters verschiedene Ausdrükke gebrauchen.

Afterklauen, heisen die zwei kleinen fast unsichtbare Klauen, womit die zwei Hauptklauen am Ende eines ieden Fußblats bei den meisten Bienen und Wespen begleitet sind. S. auch Klauen.

Afterraupen, heisen die raupenänliche Larven der Schlupf= oder Blat= wespen (Tenthredo) weil die wahren Raupen sich in Schmetterlinge verwand= len. — Von diesen lezten unterscheiden sich iene hauptsächlich durch die stärkere Anzal Füße, weil sie ofters bis 22 Füße haben.

Afterschenkel, heisen einige die Hüftbeine, das kurze dikke Glied, woran der eigentliche Schenkel in seiner Artikulation stehet. s. Füße.

Angel, s. Stachel.

Augen, werden zum Unterscheid der Ocellen, (der kleinen Augen auf der Stirne) die grosen nezförmigen Augen genennet, welche sich neben an beiden Seiten des Kopfs unserer Insekten befinden, und bisweilen zwei dikke Wulste bilden. — Es wird weiter unten näher gezeigt werden, daß diese Augen aus viel tausend sechsekigten Flächen bestehen, und schon durch ein geringes Ver= größerungsglas wie ein Nez erscheinen. Aus angeführten Beobachtungen zeigt sich, daß die Insekten damit vorzüglich nahe Gegenstände betrachten, da im Gegentheil die drei kleine, erhabene, helle, allermeist in einem Triangel stehen= de Knöpfchen ihnen als Augen dienen, womit sie entfernte Gegenstände sehen, und kleine Augen oder Ocellen heisen. s. Ocellen. — Die grosen Augen sind teils länglich, teils oval, teils rund, doch sehr selten, teils nierenförmig, her= vorspringend oder nebenausstehend, gewölbt oder stark erhaben 2c.

B.

Ballen, ist der kleine behaarte Auswuchs zwischen den Klauen, womit sich die Bienen und Wespen an glatten und harten Körpern wie z. E. an Glas, da die Klauen nicht eingreifen können, sich anhalten, und gleichsam ansaugen, wenigstens sachte damit auftreten und dabei die Klaue schonen.

Band, Bänder, heisen die Einfassungen oder der Saum der Ringe des Hinterleibes oder auch farbige Querstriche auf denselben, oder auf dem Brustschild.

Bauch, ist blos die untere Seite des Hinterleibes, der gewönlich den gering= sten Glanz von Farben hat. — Einige verstehen unter Bauch den ganzen Hin= terleib und dessen sämtliche Ringe. Alleine da sich gehöret, so bestimmt als möglich zu reden und sich auszudrükken, und mit so wenig Worten, als sol= ches geschehen kann; das Wort Bauch auch sehr füglich ist, die untere Seite des Hinterleibs kurz auszudrükken, so habe es iederzeit nur in dieser Bedeutung genommen. s. auch Hinterleib, Ringe.

Borstachel, s. Stachel.

Bruststük, ist der Teil des Körpers zwischen Kopf und dem Hinterleib, von einigen Halskragen, von andern der Rumpf genennet. Die untere Seite, woran die Füße befindlich, heißt die Brust, der obere Teil aber der Brust= Schild, (den auch einige Rukkenschild nennen, andere nur schlechthin Schild;) dieienige Fläche oder auch Erhöhung meistens aber Wölbung, so vom Hals an zwischen den Flügeln bis hinter dieselbigen befindlich, und worauf gewönlich oder

auf

auf beiden Seiten deſſelben die Wurzel, oder der Urſprung der Flügel iſt: Die
Bruſt aber und der Bruſtſchild zuſammengenommen, heißet das Bruſtſtük, —
Höckerig wird das Bruſtſtük oder der Bruſtſchild genennet, wenn der Rükken
vom Hals an ſich ſtark erhebt, bei einigen auch von der Mitte des Bruſtſchilds
an ſich tief herabſenkt und gleichſam abgedacht iſt, daß der Hinterleib ganz
unten zwiſchen den hintern Füßen zu entſpringen ſcheint. — Auf dem Bruſtſchild unſerer Inſekten ſind gewönlich Einſchnitte, welche entweder tief gehen,
und Stükke abteilen, oder nur ſcheinbar ſind und Furchen heiſen können.
Oefters hat der Schild oben am Hals einen Einſchnitt, der ſchräg bis an die
Bruſt lauft, und ein Stük des Bruſtſtüks bildet, daran unten das erſte Paar
Füße befindlich: oder der Einſchnitt iſt nur hauptſächlich oben und macht einen
Wulſt oder erhöheten Saum zunächſt am Hals. Bisweilen gehet ein ellipti-
ſcher Bogeneinſchnitt von einem Gewerbknopf des Flügels gegen den Hals
hin, und wieder zurük auf die Wurzel des andern Flügels: wie ſonderheitlich
bei einer gewiſſen Gattung Weſpen mit langem Leibhals und eiförmigem Hinterleib. Bisweilen gehet ein geradlaufender Quereinſchnitt mitten auf dem
Bruſtſchild von einem Flügel zum andern; bisweilen zwei parallellaufend;
manchmal ein bogenförmiger Einſchnit von einem Flügel gegen den andern
nach dem Hinterleib zu; bisweilen, doch ſelten, ein ſolcher Einſchnit, der einen ſpizzen Winkel macht.

Bürſte, heiſet an den Bienen das zunächſt unter dem Schienbein der hintern
Füße, (welches bei ihnen der Löffel heißt) befindliche viereckigte Glied, welches hauptſächlich auf der inwendigen Seite mit ſteifen Haaren reihenweis beſezt iſt, und womit ſie den Samenſtaub von den Löffeln und ihrem übrigen
behaarten Körper gleichſam abbürſten und in die Zellen ihrer Wohnungen zum
Gebrauch oder in Verwarung legen; oder auch mit dieſer Bürſte ihren Leib
von Staub oder andern zufälligerweiſe daran hangengebliebenen Teilchen
reinigen.

C.

Chryſalide, ſ. Nymphe.

D.

Dorn, bezeichnet die ſtrakke, harte, ſpizzige und öfters in gedoppelter Reihe
(wie Tab. XVIII. fig. a*) gezänte Stachel, welche ſich beſonders an den Schienbeinen der meiſten unſerer Inſekten befinden und den Dornen an Geſträuchen ſehr
ähnlich ſind. — Es befinden ſich aber außer dieſen gar viele kleine, aber nur
dem bewafneten Auge ſichtbare Dorne und Stacheln zwiſchen den Haaren der
Füße, der Fußblatglieder und anderer Teile des Körpers. — Einige nennen ſie
Stacheln, welcher Ausdruk aber nur in der mehrern Zal dieſer Bedeutung anzuwenden, weil das Wort Stachel durchgehends nur den Wehr- oder Stch-
ſtachel, den Angel, der im After verborgen liegt, oder auch den Bohr- und
Legeſtachl bezeichnet, der hinten herausſteht. — Dieſe Fußdorne unterſcheiden ſich von den Seitendornen, welches meiſt bloſe Ekken am Bruſtſchild
ſind. S. Seitendorn.

Drone

Drone auch Threne, heißt das Männchen von den Honigbienen, und wird auch öfters Bienenhummel genennet.

E.

Einſchnit auf dem Bruſtſchild, ſ. Bruſtſchild.

Erdbienen, ſ. Hummel.

Ey, wird das noch zärteſte Inſekt genennet, welches mit einem Häutchen umſchloſſen iſt. Es iſt das, was die Knoſpe an den Pflanzen iſt. Denn wie in ſolcher die Blüte und Blätter ꝛc. enthalten ſind, ſo befindet ſich auch im Eychen das ganze Inſekt mit allen ſeinen Gliedern, welche wie aus einer Knoſpe ſich hervorſchieben und nach und nach zum reifen Wachsthum gedeihen.

F.

Flügel, ſind entweder durchſichtig, wie bei den allermeiſten unſerer Inſekten, deswegen ſie auch glasartig heiſen, und dieſe Inſekten von Linne Himenoptern benennet worden, zum Unterſchied derer mit Florflügeln, wie der Libellen ꝛc. welche zwar auch durchſichtig, aber wie der Flor zugleich löcherig ſcheinen: oder bei einigen, doch wenigen, unſerer Inſekten ſind die Flügel undurchſichtig, wie z. E. Tab. V. fig. 5.] welches aber nur von den dunkeln Farben herrühret, womit ſie die die Mannigfaltigkeit liebende Natur bemalet hat, ob ſie gleich übrigens von gleichem Bau und Beſchaffenheit ſind. — Einige Entomologen nennen die glasartige durchſichtige Flügel auch pergamentne Flügel, welcher Name aber denſelben nicht ſo angemeſſen zu ſein ſcheint, weil Pergament durchaus undurchſichtig zu ſein pflegt. — Sie unterſcheiden ſich ferner von den gleichſam mit Meel beſtäubten Flügeln, wie die Schmetterlinge haben, welches Meel aber aus lauter kleinen Federchen oder Schuppen beſtehet, die auf der glasartigen Fläche der Flügel eingeſenkt ſtehen. — Am Rande der Flügel über der Mitte gegen das Ende zu, haben die Flügel unſerer Inſekten bisweilen einen dunklen und manchmal gefärbten kleinen Flekken, welcher der Randflekken heißt.

Freßſpizzen, Fülſpizzen (Palpi), bisweilen nur ſchlechthin Füler, Fülerchen genannt, heiſen die zwei Paar gewönlich aus fünf meiſtentheils behaarten Gelenken beſtehende Glieder unter den Freßzangen am Maul, wovon das äuſere Paar gröſer iſt, als das innere. Von dem äuſern und gröſern Paar hat ein iedes gewönlich fünf Glieder und ein kurzes Grundgelenk, und das innerhalb dieſen ſtehende kleinere Paar ein gröſeres keulförmiges Grundgelenk, worauf nur drei Glieder ſtehen, davon die zwei erſten birnförmig ſind, das äußerſte aber koniſch zuläuft. — Sie heiſen entweder Fülſpizzen zum Unterſchied der Fülhörner oben auf dem Kopf, wodurch die Inſekten hauptſächlich entferntere Ausdünſtungen zu riechen ſcheinen und Gegenſtände zu befülen vermögend ſind, die nicht allemal zur Speiſe dienen, der Fülſpizzen aber ſich vornemlich bei naher Koſt bedienen, die ſie wirklich genieſen oder genieſen wollen; oder ſie können desfalls etwas eigentlicher Freßſpizzen heiſen, weil ſie zugleich dem Maule Dienſte leiſten, die Koſt, beſonders flüßige Koſt, herbeizurudern und der Zunge

zu=

zuzuführen und können daher auch Pfoten vorstellen, welcher Unterschied dieser Worte aber von geringem Betracht ist.

Freßzangen, heisen die zwei harte hornartige mit Zänen oder blos mit der äußern Spizze bewafnete Glieder, welche über dem Maul befindlich. Sie werden von vielen Kiefer, Kinnladen genennet, bilden aber Zangen. — Sich kreuzende Freßzangen heisen solche, welche krumm sind und deswegen entweder nur mit den Spizzen, (wie allermeist) oder noch stärker bis in die Mitte übereinander liegen, wenn sie in der Ruhe sind. Einige sind geradeausstehende Freßzangen und diese Art Freßzangen haben gewönlich die meisten gekerbten Zäne.

Fülhörner, (Antennae.) Diese bekannte und merkwürdige den Insekten blos eigene Glieder auf dem Kopfe, die ihren Stand gewönlich zwischen den beiden Augen und unter den Ocellen haben, bei den Ameisen aber nahe oberhalb den Freßzangen; heisen fadenförmige, wenn das erste Glied zunächst auf dem Kopf kurz ist und also ohne einen Winkel zu machen, wie ein steifer Faden geradeausstehen: mit einem langen Grundgelenk, wenn das erste Glied, das am Kopf stehet, etwas lang ist, und mit den klemern darauf stehenden Gliedern einen Winkel macht. Dieses Glied ist meistens keulförmig, und oben dikker als an der Wurzel. Einige und unter andern Herr von Reaumür nennet es deswegen die Spindel. Kammförmige Fülhörner heisen, wenn die Glieder gleichsam Zäne haben, wie ein Kamm, deren aber bei unsern Insekten sehr wenige gefunden werden: Becherförmige, wie Tab. XLI. fig. 2. die auch sehr selten und nur bei einigen Zynips zu finden sind.

Furche, heißt ein meist geradlaufender vertiefter Strich, der kein Einschnit ist, und bisweilen eine Scheitel bildet.

Füße, bestehen hauptsächlich aus dem Schenkel, Schienbein und Fußblat. Die Schenkel sind gewönlich am diksten zunächst an der Brust. Die meisten Bienen und Wespen haben noch zuvor Afterschenkel oder Hüftbeine, woran die eigentliche und meist langen Schenkel befindlich. Die Schienbeine haben meist am Gelenk und Verbindung mit dem Fußblat zwei Dorne, einen grösern und einen kleinern. Zuweilen ist auch das ganze Gelenk rundum damit bejezt. — Bei den Bienen heißt dieses Glied am hintersten Paar Füße der Löffel, auch Schaufel, wegen seiner Hölung, worinnen sie das Blumenmeel und dergleichen sammlen und ballen, um es heimzutragen. — Das Fußblat bestehet aus fünf Gliedern und ist das erste zunächst am Schienbein das längste davon, und heißt der Rist. Dann folgen vier kurze Glieder, die auch meist mit Dornen bewafnet sind; und das lezte ist das Klauenstük. Es ist gewönlich etwas weniges länger als die drei vorhergehenden Glieder.

G.

Gewerbknopf, ist ein kleines rundes Glied, darin die Bewegung des daran bevestigten Gliedes befindlich ist, und findet sich teils an der Wurzel oder Ursprung der Flügel, teils an dem Grundgelenk der Fülhörner auf dem Kopf, wie auch an dem Ende dieses Gelenks, darin die übrigen kleinen Glieder der Fülhörner von verschiedener Anzal ihre Hauptbewegung haben. Auch befinden sie

sie sich, meist sichtbar, an dem Ursprung der Hüftbeine (Afterschenkel) am Leibe, oder vielmehr an der Brust: Sodann wieder an dem andern Ende der Hüftbeine, worein die eigentlichen Schenkel eingegliedert sind; auch sonsten an zusammengesezten Gliedern. — Außen sind sie rund, und bilden einen Knopf; oder sind länglichrund, inwendig oder in dem Mittelpunkt haben sie eine runde Vertiefung oder Schüsselchen.

Glieder, heisen teils überhaupt die beweglichen Teile des Körpers, Füße, Flügel ꝛc. ꝛc. teils besonders die kleinen Gelenke der Fülhörner, die aneinander gereihet sind, und auf dem sich unterscheidenden Grundgelenk befinden, welches zwar auch dazu gehöret, aber iedesmal entweder länger oder dikker ist, und einen Hauptteil der Fülhörner ausmacht.

Grundgelenk, bedeutet iedesmal das erste Glied des Fülhorns, das auf dem Grund des Kopfes sizzet, und ist entweder lang und etwas keulförmig, und formirt alsdann einen Ellenbogen durch eine änliche Bewegung und Beugung; oder es ist kurz und gewönlich dik und länglichrund und machet wegen Mangel der Ellenbogen oder winkelartigen Beugung, daß das Fülhorn fadenförmig heißt.

H.

Hals, ist der kleine Teil zwischen dem Kopf und dem Bruststük, wodurch bede aneinanderhängen, und wodurch der Schlund gehet. Er bestehet meist aus weissen, weichen und fleischigten Nerven, die beweglich sind, und heiset kurz, wenn der Brustschild an den Kopf ganz nahe reicht und fast anstößt; ein langer oder gestrekter Hals aber, wenn ein Raum dazwischen und der Abstand des Brustschilds vom Kopf sehr sichtbar ist, da dann gewönlich die Natur einen hornartigen Ring zur Bedekkung der weichen Halsnerven herumgeleget hat. — Die Verbindung des Hinterleibs mit dem Bruststük wird auch ein Hals genennet. Leibhals, davon s. unten.

Haken, befinden sich bisweilen bei einigen, aber wenigen Wespen an dem äussersten Glied der Fülhörner wie Tab. XXXII. fig. a)s. Horn. — Auch benennen einige Naturforscher die Klauen an den Füßen mit dem Wort Haken.

Hinterleib, (Abdomen) ist der Hauptteil des Körpers, welcher hinten am Bruststük hängt, und die Eingeweide enthält, und von einigen der Leib, von andern der Bauch genennet wird, so aber etwas zu wenig bestimmt. — Er ist mit schalenartigen Ringen umgeben, die gleichsam ineinander geschoben sind, und zur Bewegung, Ausdenung und Einziehung von dem Schöpfer weislich geordnet sind. Diese Ringe werden von vielen Entomologen Abschnitte des Hinterleibes genennet. Auf den Seiten gegen unten hin, sind andere Schalen, die zu iedem Ring gehören, welche aber flacher sind weil hauptsächlich die obern zur Bedekkung und Schuz der innern edeln Teile dienen müssen; deswegen sie auch bogenförmiger sind, welche Gestalt und elastische Beschaffenheit die angemessenste war, einen Druk auszuhalten und demselben zu widerstehen. — Aufsizzender Hinterleib heißt bei einigen Entomologen ein solcher, der ohne sichtbaren Leibhals nahe am Bruststük anstößt.

Horn, haben einige wenige unserer Insekten bei der Oberlippe stehen (Tab. XII. fig. 10.) deren Nuzzen und Gebrauch noch unbekannt ist. — Auch kann

kann der **Auswuchs** an dem äußersten Glied der Fühlhörner bei einigen Sphexen (Tab. XXXII.) ein **Horn** heißen, s. **Haken.** — Zwei bewegliche **Hörner** auf dem Kopf finden wir nur bei einigen Arten Hornissen.

Hummel, sind die große Art wilder Bienen, welche sich von den andern Untergattungen der schlanken Bienen durch ihren dikken Körper unterscheiden. Die großen sind meistens sehr haarig. Es gibt aber auch glatte Hummeln. — **Linne** und andere nennen sie **Erdbienen,** weil sie in die Erde bauen; allein es thun solches auch andere Gattungen wilder Bienen, die ihrem Körperbau nach nicht zu den Hummeln gehören. — **Hummeln** werden auch bisweilen die **Männchen** von den **Honigbienen** genennet. S. **Dronen.**

K.

Kiefer, Kinnladen, s. **Freßzangen.**

Klauen; sind die bekannte niederwärts krummgebogene scharfe Haken, welche am Ende der Füße befindlich, womit sich die Insekten anklammern, und von einigen **Haken** genennet werden. Gewönlich hat ieder Fuß deren zwei, öfters aber hat iede Klaue noch eine kleinere daran zur Begleitung und aus einer Wurzel gewachsen, welche sodann **Afterklaue** heißt. S. **Afterklaue.**

Knie, wird das Gelenk oder die Beugung des Schenkels an dem Schienbein genennet.

L.

Larve, (Larva) heißt ein ieder Wurm, der sich zu seiner Zeit verwandelt, und ein iedes Insekt, welches in seinem ersten Lebensperioden vom Ei an bis zu seiner Verpuppung sich befindet. — Dieser Name wird dem unvollkommenen Insekt in seiner ersten Gestalt beigeleget, weil diese nur eine unkenntliche und verborgene Vorstellung des Insekts ist, das es werden soll. — Die Larven haben teils Füße, teils sind sie ohne Füße. Unsere Geschlechter haben keine, nur die Afterraupen der Blatwespen ꝛc. ausgenommen. Indessen darf man nicht glauben, als ob sie wirklich keine Füße hätten, noch Flügel, noch Fühlhörner und andere Glieder: sondern sie sind schon vom ersten Anfang ihres Wurmstandes im Ei unter der zarten Haut vorhanden, aber unsern Augen verborgen. Sie wachsen nur almälig unter der Haut, und werden größer, bis sie endlich, wenn die Larvenhaut im Nymphenstand über dem Kopf und Rükken zerreißt, zum Vorschein kommen. Die Erfarung lehret das; wenn man mit vieler Achtsamkeit, Fleiß und Geschiklichkeit einem Bienenwurm das zarte Häutchen über dem Rükken auflöset, so kommt die Gestalt der Nymphe zum Vorschein und man kann Füße, Flügel, Fühlhörner ꝛc. sehen. Es ist hiebei beschaffen wie mit einer Knospe der Pflanze, welche die Blume und Blätter enthält, nur daß alles eingewikelt ist. Ja es hat mit den Thierchen ohne Blut, mit den Insekten eben die Beschaffenheit, wie bei den Thieren, die Blut haben. Die Glieder sind in dem ersten Keim vorhanden, und so bald sie belebt und beselt werden, so wachsen sie nur und nemen zu an Größe und Stärke.

Leib, s. **Hinterleib.**

Leibhalt.

Leibhals heißt dasjenige Röhrchen oder Knöpfchen, welches zwischen dem Bruststük und dem Hinterleib befindlich, und wodurch bede Hauptteile des Körpers miteinander verbunden sind, und wird von einigen auch das Stielchen genennt. Manche Arten von Wespen haben einen ziemlich langen Leibhals, der bisweilen von gleicher Dikke ist und aus einem Stük bestehet, bei andern ist er keulförmig, und in der Mitte mit einem Gelenk versehen, und also aus zwei Stükken bestehend, davon das zweite in der Dikke zunimmt. Bei einigen bestehet der Leibhals aus einem, bei andern aus zweien Knöpfchen, wie auch bei den jungen Ameisen. Einige Ameisen haben auf dem Leibhals ein Knöpfchen und eine gerade aufstehende runde Schuppe, andere blos dieses Schöpchen, das zuweilen nahe am Hinterleib, öfters nahe am Bruststük stehet, seine etwas weniges hole Seite aber jederzeit gegen den Hinterleib zu gekehret ist.

Linsenaugen, s. Ocellen.

Löffel, heißt an den hintersten Beinen der Bienen, absonderlich der Honigbienen, das Schienbein oder das grose dreiekkigte Stük des Fußes, in welchem die Hölung und Vertiefung befindlich, worein sie die Bällchen des Blumenstaubs und Kitts sammlen und ankleben, um das Gesammelte nach Haus tragen zu können. Es wird auch die Schaufel genennet.

M.

Maul, heißt der untere Teil am Kopf zunächst unter der Oberlippe, und begreift Freßzangen, Zäne, Rüssel, Zunge, Freßspizzen ꝛc.

N.

Nachschieber, heißt bei den Afterraupen oder den Larven der Schlupf= oder Blatwespen ꝛc. das lezte oder Schwanzstük, welches gewönlich zwei Afterfüße hat, welche zur Beförderung ihres Fortschreitens dienet, und den Leib gleichsam nach und nach fortschiebet.

Narben, (Stigmata) heisen die Luftlöcher zum Atemholen, welche die Gestalt und Bewegung eines Augapfels haben und als unmerkliche kleine eyrunde Oefnungen an der Brust und dem Hinterleib erscheinen. Die vier an den Seiten des Bruststüks hinter den Flügeln befindliche sind die beträchtlichsten.

Nase, s. Oberlippe.

Nymphe, (Nympha) Puppe, Wurmpüpchen, heißt bei der Verwandlung eines Insekts, welches zuerst ein Wurm gewesen, der aus dem Ey geschlossen, diejenige Gestalt, da es in einer Haut oder Bälglein, (wie die Bienen, Wespen und Ameisen) eingeschlossen und gänzlich verborgen liegt, in welchem Stand, als der zweiten und mittlern Periode seines Lebens, es sich nach und nach zum vollkommenen Insekt entwikkelt, und indessen sein Leben verborgen in sich, und seine sämtliche Gliedmasen auf der Brust liegen hat, bis es hervorkommt und solche gebrauchen kann. — Da aber die Natur auch hiebei in ihrem Verhalten mannigfaltig und unumschränkt ist, und die Bedekkungen einiger Insekten in diesem zweiten Lebensperioden hartschalig sind, wie z. E. bei den allermeisten Schmetterlingen, Käfern ꝛc. so werden diese, wenn man genau

distinguiret

distinguiren will, **Puppen** oder **Chrysaliden** (Goldpüpchen) genennet. — Den Namen **Nymphe**, der so viel als **Braut** bedeutet, hat **Aristoteles** dem Insekt in diesem Zustand deswegen beigelegt, weil es in demselbigen seinen schönsten Schmuk und seine lezte Gestalt bekommt, nachdeme der Wurm gleichsam seine mannbare Zeit erreicht hat. Und **Aristoteles** sahe damit auf die Gewonheit seiner Zeit, da eine Braut bei den Griechen sich etliche Tage vor der Hochzeit mit einem Schleier verhüllt zu Hause halten und nichts thun mußte, als sich zu schmükken, um dem Bräutigam zu gefallen. — Der Name **Chrysalide** (lat. Aurelia) oder **güldene Braut** aber wird ihm beigelegt, weil das Häutchen und die Hülse, womit es umgeben ist, bei vielen Gattungen eine glänzende Farbe bekommt. **Puppe** aber heisen sie, weil sie gewönlich, wie eingewikkelt sind, und viele Aenlichkeit mit einer kleinen Puppengestalt haben. Einige sind nakkend, andere eingesponnen, einige regen sich gar nicht, andere bewegen sich immer stark; einige haben fast alle äußerliche Merkmale des bestimmten Insekts, andere aber gar nichts änliches; einige bleiben in ihrer lezten Haut, wie in einer Schale zur Verwandlung liegen.

O.

Oberlippe, ist das meist flache rundliche **Schildchen**, welches unter den Fülhörnern stehet und bei den Freßzangen das Maul oben bedekket, auch meistens an diesem Rand mit Härchen bebrämt ist. — Weil diese Schale mit stumpfen Ekken an dem Ort liegt, wo bei andern Tieren die Nase zu sein pflegt, so wird es von vielen Naturbeschreibern der Insekten auch die **Nase** genennet, welches zwar auch etwas bezeichnend, doch aber eine etwas uneigentlichere Benennung ist, weil wir doch meist unsern Geruchorgan dadurch andeuten, so aber hier bei diesem Glied unserer Insekten nicht wol statt findet.

Ocellen, sind die **kleinen Augen**, welche im Triangel oben auf dem Kopf, wie drei helle Knöpfchen stehen, womit die Insekten zugleich in die Ferne sehen. Sie werden von vielen Entomologen **Linsenaugen**, und von einigen **Wirbelpunkte** genennet. Allein dieses Wort ist gar uneigentlich, da durch viele Erfarungen außer allem Zweifel ist, daß auch diese glatte runde Körper am Kopfe dem Sinn des Gesichts bei unsern Insekten gewidmet seien. S. **Augen**.

Organon, ein sinnliches **Werkzeug**, bestehet aus festen Teilen, deren Bau und Verrichtung entweder zur Empfindung, oder zur innerlichen, oder zur Ortsbewegung an einem Tier sich befinden. Je mehr Wirkungen nun durch die kleinste Anzal unänlicher Teile hervorgebracht werden, desto vollkommener ist die **Organisation**.

P.

Puppe, s. **Nymphe**.

R.

Randflek, heißt das kleine dunkle bisweilen gefärbte Flekchen am Rande der Flügel, welches von zusammenlaufenden Adern eingeschlossen wird. S. **Flügel**.

Ringe,

Ringe, heißen die ineinandergeschobene Abteilungen des Hinterleibes, und werden deswegen von einigen Abschnitte des Hinterleibes genennet. S. Hinterleib.

Rist, wird das erste und längste Stük des Fußblats genennet. S. Füße.

Rükkenschild, s. Brustschild.

Rumpf, heißt bei einigen das Bruststük, der Hauptteil des Körpers, so zwischen dem Kopf und Hinterleib befindlich, daran oben die Flügel und unten die Füße stehen. S. Bruststük.

S.

Säge, ist ein hornartiges gezäntes Stük am After einiger Zynips, womit sie einen Spalt in ein Reiß, Blat 2c. sägen, und darin ihre Eier legen. S. Tab. XLIX. fig. b*.

Schalen, bezeichnen vornemlich die Halbringe des Hinterleibes an den Chrisen oder Goldwespen, welche nicht so eigentlich Ringe können genennet werden, als bei den übrigen Wespen, Bienen und Ameisen, da der gröseste Teil des Hinterleibes bei ienen unter diesen drei Halbringen und Schalen eingezogen liegt, und von denselben besonders hervorgestrekt und ausgedent werden kann. — Schale heißt auch sonst ein gebogenes und außen etwas gewölbtes hartes und hornartiges Stük, das hier oder da zur Bedekkung eines Glieds oder sonstigen Gebrauch oder Nuzzen befindlich, wie man z. E. auf der Wurzel der Flügel 2c. bisweilen findet.

Schaufel, s. Löffel.

Schiller, Changeant, heißt das nach ieder veränderten Stellung wechslende Colorit, da öfters die Farben, besonders an den Goldwespen, wie auch an den Flügeln und andern Gliedern einiger wilden Bienen und Wespen ganz verändert erscheinen, und die erste Farbe verschwunden ist, eine andere aber sich zeigt. Bei einigen Originalen spielet nur der Glanz der Farbe in eine andere, welch lezterer Fall eigentlich nur Schiller heißt, iener gänzliche Wechsel der Farbe aber durch das französische Wort Changeant oder Farbenspiel besser ausgedrükt zu sein scheint. Wenn man z. E. manche Goldwespe mit ihrem Kopf gegen das Licht hält, und solche ihre natürliche horizontelle Lage hat, so siehet sie blau; hält man aber den Kopf auf sich zu, so ist das Blaue verschwunden und der Leib sieht roth. Ein bloßer Schiller aber heißt z. E. da die Flügel der Hummel Tab. IV. fig. 2. im Grund schwarz sind, aber ins Violette spielen. — Hiebei behauptet die Natur ihre Rechte, und demütiget den Stolz der menschlichen Kunst, indeme der beste Migniaturmaler nicht im Stande ist, die wechslende Farbe oder den schillernden Glanz nachzumachen. — Es rühret aber dieses Farbenspiel her teils von der prismatischen Gestalt kleiner Schüpchen, Federchen oder Härchen, teils aber lediglich von den verschiedenen Winkeln, in denen die einfallende Lichtstralen sich auf diesen glänzenden Körpern brechen.

Schild, bezeichnet öfters den Brustschild. S. Brustschild.

Schildchen, ist das auf dem Rükken hinter den Flügeln in der Mitte befindliche kleine Theil des Brustschilds.

Schuppe, wird vornemlich das flache halbrunde und perpendikular auf dem

Leibhals der Ameisen stehende Plätchen genennet. Sodann werden verschiede= ne sonstige hornartige Plätchen damit bezeichnet.

Schwanz, werden von einigen die langen Leg= oder Borstacheln mit ihren doppelten Scheiden benennet. Viele benennen den After oder das Afterstük, mit dem Wort Schwanz, Schwanzstük.

Seitendorne, heisen diejenigen Ekken, die bisweilen etwas scharf, bisweilen stumpf sind, und sich an den Seiten des Brustschilds teils oben am Hals, teils hinten am Schluß des Schildes einiger unserer Insekten vornemlich an vielen Goldwespen befinden. Bei sehr wenigen ist ein solcher Dorn gerade auf= stehend. Häufig sind diese Seitendorne allerlei Art bei den Käfern.

Spindel, das Grundgelenk der Fülhörner. S. Fülhorn.

Stachel, wird am gewönlichsten und eigentlichsten das im After verborgen liegende spizzige und verlezzende Glied genennet, welches auch Angel heißt, weil es wegen seinen Widerhaken oder zurükstehenden sägeförmigen Zänen einer Angel einigermaßen änlich ist, daher angeln so viel als stechen. — Außer diesem verlezzenden Stachel haben viele Wespen von einer gewissen Gattung einen öfters sehr langen vom After aus freistehenden Stachel, welcher der aus einer Röre und zwei geteilten Scheiden bestehende Legstachel auch Borstachel (von einigen der Schwanz) genennet wird, weil sie teils dadurch ihre Eier legen, teils damit in die Haut der Raupen, Spinnen und anderer Insekten boren, um ihre Eier hinein zu legen, teils aber auch in andere härtere Körper eine Oefnung machen, um ihre Eier in Sicherheit und zur Erbrütung und Narung der daraus kommenden Brut zu bringen. — Die Scheiden sind manchmal glat, meist aber inwendig leicht gezänt. — Es gibt Arten Wespen, deren Stachel spiralförmig ist, andere wie ein Borer gefeilt, andere mit Zänen 2c. besezt.

Stirne, dieses Wort bezeichnet etwas uneigentlich den obern Theil des Kopfs, der auch von einigen Wirbel genennet wird, und daher bei ihnen die darauf stehende Ocellen Wirbelpunkte heisen. Es ist aber das Wort Stirne meist gebräuchlich und hinreichend, die Stelle auf dem Kopf zu bestimmen, die man bezeichnen will.

V.

Verwandlen, wird von einem Insekt gesagt, wenn es von seinem Nymphen= stand zum vollkommenen Insekt sich entwikelt. — Es ist aber das Wort ver= wandlen hier im ganz uneigentlichen Sinn zu nemen, und darf man sich hie= bei keineswegs eine Art ovidischer Verwandlung, die plözlich und auf einmal geschiehet, vorstellen: sondern sie ist nichts, als eine durch allmäliges Wachs= tum und Vergröserung der im Keim oder vielmehr wie in einer Knospe vorhan= denen Glieder erfolgende Veränderung des Insekts, wie sie nemlich als eine Veränderung uns in die Augen und Sinnen fällt. Wovon weiterhin mehreres.

W.

Wehrstachel, s. Stachel.
Wirbelpunkte, s. Ocellen.

Wurzel,

Wurzel, heißt der Ursprung oder Anfang eines ieden Glieds am Körper z. E. die Wurzel der Flügel, ist die Stelle an ihrem Gewerbknopf: die Leibwurzel, der Anfang des ersten Rings: die Wurzel der Fülhörner, die unterste Gegend, wo das Grundgelenk am Kopf anfängt ꝛc. ꝛc. Einige sagen anstatt: Wurzel der Füße ꝛc. der Grund der Füße ꝛc.

Z.

Zäne, stehen an den Freßzangen und sind teils eingekerbte, wann sie wie Gänsezäne von einander wenigstens mit den Spizzen abstehen, teils glatte, wann sie in einer Linie fortlaufen, teils breite, teils spizzige, wie denn auch eine iede äußere Spizze der Freßzangen ein Zan heisen kann, da sie der vornemste und Hauptzan ist, womit die Insekten zuerst einbeissen. — Gezänt heisen auch öfters andere Teile, wie z. E. die meisten Scheiden der Legestacheln ꝛc. ꝛc.

Zwitter werden gemeiniglich die geschlechtlose Wespen, Ameisen, Bienen, (die Arbeitsbienen) genennet, weil solche keine Geschlechtszeichen haben, weder männlich noch weiblich, und also zur Fortpflanzung untüchtig sind. — Man weiß nun zwar, was durch das Wort Zwitter bei den Insekten angedeutet wird: eigentlich aber und genauer bestimmt heisen sie geschlechtlose, ungeschlechtete, weil das Wort Zwitter ein solches Tier bedeutet, das beide Geschlechtszeichen zugleich an sich hat, welches Naturspiel aber solche sowol zur Befruchtung als zur Gebärung unfähig macht, und in diesem Betracht zu keinem von beiden Geschlechtern gerechnet werden kann, ausgenommen solche Zwittertiere, welche in ihrer ganzen Art von der Natur dazu bestimmet sind, bede Geschlechtsteile an sich zu haben, wie die Schnekken, Regenwürmer ꝛc. Allein die Arbeitsbienen z. E. sind eigentlich weiblichen Geschlechts, aber die Geschlechtsglieder sind bei ihnen völlig verloschen und keine zu sehen, beim Zwitter aber bede zu finden, obschon mangelhaft.

Näher

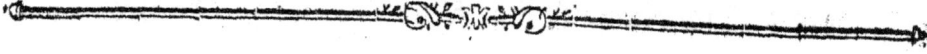

Nähere Einleitung

in das

Natursystem

der

Insekten,

und besonders

von der fünften Klasse,

nemlich

der Bienen, Wespen und Ameisen.

Das lateinische und nunmehr naturalisirte Wort Insekt (Insectum, griechisch Entoma, schon von Aristoteles also genannt) bezeichnet ein Tierchen aus dem Reiche der organisirten lebendigen Wesen, welches an seinem Körper verschiedene Einschnitte und Abteilungen hat, der gewöhnlich aus drei Hauptteilen: Kopf, Brust und Hinterleib bestehet, die gleichsam von einander abgeschnitten, und nur durch einen fadengleichen Kanal mit einander verbunden sind. Es ist also die Gestalt der Insekten von allen übrigen Geschöpfen des ganz beselten Erdbodens sehr unterschieden. Sie sind aber auch unter den sechs Klassen, in welche der Ritter Linne das Tierreich einteilet, die zalreichsten, und auch in ihren Geschlechten einer ganz erstaunenden Vermerung und Erzeugung fähig, so, daß das Gleichgewicht der lebendigen Wesen und deren Arten aufgehoben und die Produkte des Erdbodens allein zu ihrer Narung in wenig Jahren nicht hinreichend sein würden, wenn ihnen nicht der weise Schöpfer in seinem ewigen Plane teils eine kurze Lebenszeit bestimmt, teils sehr viel Geschlechter und Arten unter sie geflochten hätte, welche auf Unkosten der andern leben.

ben, und sich von ihrem Fleisch und Blut nähren, noch mehr aber, viele andere Tiere geschaffen hätte, denen sie zur Speise dienen müssen.

Die Insekten sind die kleinsten Tiere, die wir kennen, in dem unermeßlichen Raum der Schöpfung, und stehen gleichsam in der Mitte von den Pflanzen und den säugenden Tieren. Ihre Gröse steiget von den undenklich kleinen und atomengleichen mikroskopischen Thierchen bis zu den grösesten Arten der Insekten nicht höher als auf etliche Zoll. Die Harmonie der Schöpfung erfoderte, daß kein Räumchen leer bliebe von lebendigen Wesen, und diese sollten in der engesten Stufenleiter aneinander grenzen, und sowol nach ihrem Körperbau als auch nach dem Verhältnis ihrer Lebensart gegeneinander und zueinander, wie die Räder einer Uhr ineinander greifen, und vom gefüllosen Sandkörnchen bis zur höchsten Organisation und bis zum Seraph ein maiestätisches Ganze sein. — Unachtsame, und gröstenteils unwissende, Menschen werfen auf die kleinen Thierchen, die Insekten, öfters einen so verächtlichen Blik; und gleichwol finden wir in denselben die herrlichsten Züge des grosen Schöpfers. So klein und stumm sie sind, so verkündigen sie doch seine Weisheit (fast mögte ich sagen) lauter, als alle übrige.

Es sind die Insekten in ihrer Gestalt, Lebensart, Stufen ihres Lebens, Sitten, Natur, Kunst, Wehr= und Nährtrieben sich selbst oft so ungleich, ihre Verrichtungen, ihr Aufenthalt und Wohnplätze so abwechselnd und mannigfaltig, so verschieden, und oft widersprechend scheinend, ihr Schimmer, in welchem sie öfters prangen, so reich und prächtig, daß den aufmerksamsten Beobachter Bewundrung und Erstaunen einnemen muß.

Meistenteils sind die Insekten mit einem Panzer überzogen; denn gleichwie die säugenden Tiere ihr Beingerippe inwendig und mit Fleisch und Haut überzogen haben, so ist im Gegenteil bei den Insekten ihr hornartiges Beingerippe aussen, und bedekket das Fleisch, welche Einrichtung bei ihrer kleinen Gestalt und zu ihrer Lebensart nötig war. — Dieser sonderbare Bau ihres Beingerippes trägt vieles bei zu der unerhörten Stärke, welche die Insekten nach dem Verhältnis ihrer Gröse besitzen. Ein Pferd kann nicht zehn todte oder lebendige Pferde auf einmal fortziehen, aber eine Biene kann eine Last von dreisig Bienen mit den Klauen der zwei Vorderfüße tragen; ia an der Fläche eines angehängten Bienenschwarms von ungefehr fünfhundert Bienen, hänget öfters eine Zahl von

zwanzig

zwanzig bis fünf und zwanzig tausend Bienen, daß also auf eine iede ein vierzig bis fünfzigmal schwereres Gewicht kommt, als sie selbst hat. Ein Käfer, den man vor einen papiernen Schlitten spannt, ziehet 15 bis 20 todte Käfer, und eine Fliege gegen zwanzig todte fort.

Die Insekten haben ihre eigenen Glieder, und besondere, davon bei andern Tieren ganz und gar keine Spur ist.   Darunter sind merkwürdig die zwei Fülhörner, welche die meisten haben, und bei einigen von der Mitte des Kopfs zwischen den Augen, bei einigen bei dem Maul, ia bisweilen mitten vor den Augen ausgehen und verschiedentlich gestalt und gebildet sind, (*) und welche höchst warscheinlich verschiedene Sinnen enthalten, und mit welchen sie auch ihren Gatten liebkosen. — Mit den Fülhörnern haben die am Maul zunächst an der Zunge befindliche Fülspizzen (Palpae) viele Aenlichkeit, welche öfters nur ein Paar, meist aber zwei Paar iede von drei, vier, oder fünf Gliedern oder Gelenken ausmachen, womit sie die Beschaffenheit der Speisen untersuchen, dieselbigen zum Maul bringen, festhalten ꝛc.

Die Augen der Insekten sind sehr merkwürdig und bewundernswert. Der Bau derselbigen und ihre Einrichtung, die Verbindung ihrer Häutchen, Nerven und Feuchtigkeit sind von der der grosen Tiere ganz unterschieden und eine unerforschliche und besondere Art von Kamera obskura. Wir haben noch zur Zeit sehr wenige Einsicht in den Bau derselbigen, da sie wegen ihrer Kleinheit die Untersuchung erschweren und zum Teil fast unmöglich machen: So viel wir davon erkennen und bis daher untersucht worden, wird hiernächst unten bei den Sinnen unserer Klasse Insekten vorkommen. Wie sich die Sinnen bei der tierischen Maschine überhaupt in dem Kopfe äußern, so ist nicht anders zu schliesen, als daß sie auch bei

E 2   den

(*) Die Entomologen geben den Fülhörnern Antennae nach der verschiedenen Gestalt unterscheidende Namen; borstengleiche Fülhörner heisen wenn sie nach und nach dünner werden: fadenförmige, die durchaus gleich dünne sind: krallengleiche, paternosteränliche, die aus vielen deutlichen Küchelchen zusammengesezzet sind und einer Perlenschnur gleichen: keulenförmige, wenn sie gegen das Ende dikker werden: mit einem Knopf, der am äußersten Ende befindlich und der Länge nach gespalten ist: wirbelförmige, wenn dieser Knopf querdurch in Plätchen gespalten ist: federbuschgleiche, gekämmte, wo eine Seite mit Zänen in Gestalt eines Kammes besezt ist: sägenförmige, wenn die Zäne kurz und fast das ganze Fülhorn davon voll stehet: bärtige, wenn die Zäne oder Haare ohne Ordnung herumstehen: geschraubte, wenn sie gleichsam gewundene Gelenke haben.

den Insekten, wenigstens ihren Hauptsiz im Kopf haben, obschon das Gefül durch den ganzen Körper verteilet ist: und wie die gütige Natur denjenigen Sinn bei den Tieren geschärft und vorzüglich empfindsam gemacht hat, welcher ihnen zu ihrer Erhaltung besonders nötig ist, so finden wir auch bei den Insekten einen Sinn vor dem andern vorzüglich wirksam. Einige haben ein außerordentlich schärfes Gesicht, und haben zu dem Ende (wie unsere Klasse) drei kleine Augen, die sie als Ferngläser und zwei grose mit viel hundert Maschen und Fasetten zusammengesezte Augen, die sie als Vergröserungsgläser gebrauchen können: andere haben einen unbegreiflich empfindenden Geruch und dieses auf eine unglaubliche Entfernung. — Der wirkliche Erweis alles dessen überhebet uns alles Zweifels bei den obgleich undenklich kleinen Sinnwerkzeugen: denn dem mächtigen Schöpfer war es so leicht, in ein Organ, das nicht gröser ist, als der tausendste Teil von einem möglichst kleinen unsern Augen kaum sichtbaren Punkt, eben die Kräfte und noch stärkere Kräfte zu legen, als in ein unbeschreiblich viel gröseres Organ, das wir in dem Elephanten erblikken.

Daß nun aber auch bei den Insekten die Empfindung der Sinnen sich hauptsächlich im Kopf concentrire, erhellet daraus, daß sie ein Gehirn haben. Verschiedene Naturforscher sprechen ihnen zwar solches ab: allein ich glaube dessen überzeugt zu sein, daß alle Thiere, die einen Kopf und Augen haben, durchgehends auch mit Gehirn versehen seien. Freilich ist es bei diesen kleinen Kreaturen sehr einfach und flüßig, und man trift auser dem Ursprung der Sehenerven nur etwas weniges Gehirn, iedoch Gehirn an. In dem kleinen Kopf einer Biene z. B. ist es kaum um etliche Pünktchen gröser als das Rükkenmark, welches nebst dem Schlund in dem so engen Kanal des Halses nach der Brust ziehet, und hin und wieder kleine Knöpfchen äußert, wo es die Nerven hervorbringt, deren Zweige durch alle Glieder und Muskeln gehen. — Daß aber aufgespießte Insekten öfters so lang und bisweilen Wochenlang leben: daß verschiedene einzelne abgesonderte Gliedmaßen ihr tierisches Leben so lange behalten, bis sich aus Mangel der Narung und des Zuflusses der Feuchtigkeiten die Säfte verzehren und ausdünsten: — daß der Rumpf der Fliege, wenn sie enthauptet ist, noch eine geraume Zeit fortlebt, fliegt, und ihre Flügel puzt re. — beweißt zur Genüge, daß bei diesen Tierchen die Lebensgeister nicht in demjenigen Teil allein, welchen wir Gehirn nennen, sondern in mehreren Stellen ihres Nervenmarks abgesondert werden.

Das

Das Blut der Insekten ist nicht roth gefärbet, wie bei andern Thieren, sondern ein weisser Saft und auch nicht so warm, der, ob er gleich
dem Ansehen nach zäher ist, als sonst das rothe Blut, so können wir doch
nicht anders schliesen, als daß er seinen ordentlichen, obschon einfachern und
langsamern Umlauf habe, ohne welchen er stokken und der neue Zufluß
der Säfte und folglich das Leben aufhören müßte. Ihr Herz hat eine einzige Hölung oder Kammer ohne Herzohren. — Die Insekten sind ferner
mit Lungen oder Luftlöchern, Luftröhren und Gängen versehen, die
sehr deutlich in die Augen fallen.

Ihr Odemholen, welches besonders an den Wespen am deutlichsten
wahrzunehmen, geschiehet fast, wie bei den grosen Tieren, nur mit veränderten Umständen. Wie bei diesen die Luft durch Maul und Nase ein
und ausgehet, so gehet sie bei diesen und andern Insekten durch die an den
Seiten des Brustsstüks und an iedem Ring des Hinterleibs befindliche Narben (Stigmata) aus und ein. Die vier hauptsächlichsten stehen an den
Seiten des Brustsstüks hinter den Flügeln. Die Narben sind begränzte
Oefnungen, welche die ovale Gestalt und Bewegung der Augenlieder haben. Die Fortsezzung dieser Narben sind die Luftröhren, Gefäße, welche
nichts als Luft einlassen, sich in den Leib ziehen und in viele Aeste sich verteilen. Bestreicht man auf einer Seite die Luftlöcher oder Narben mit
einem Pinsel voll Fett, so werden die Glieder auf dieser Seite gelämt und
wie vom Schlag gerührt. Verstopft man sie auf beden Seiten, so bekommt das Insekt Zukkungen und stirbt. Taucht man den ganzen Körper
ins Wasser, so hört die Bewegung des Herzens auf: Jedoch gehet das Leben sogleich nicht aus. Läßt man wieder Luft zudringen, so erholt es sich
wieder. Daher kann man die Bienen ohne ihren Schaden ersäufen, (welches Baden genennt wird) und sie so lang ohne Gefahr, gestochen zu werden, behandlen, bis sie wieder zum Leben kommen. Gleiche Erstikkung
erfolgt durch einen starken Rauch, besonders durch den scharfen Rauch des
Bovists, der sie sogleich erstarren macht, aber in freier Luft vergehet diese
Betäubung wieder, und wenn die Sache nicht gar zu sehr übertrieben
worden, so bringt es ihnen keinen Nachtheil.

Uebrigens sind die Insekten stumm, sehr wenige Fälle ausgenommen,
die uns bekannt sind, wie z. B. der Laut der Bienenkönigin, den sie zu
gewissen Zeiten durch ersterwähnte Narben und Luftlöcher hören läßt, wovon unten das Nähere zu finden. Denn die Töne, welche die Insekten

sonst

sonst von sich geben, werden entweder durch die Füße oder Flügel, oder andere äußere Glieder und Teile erreget.

Ueber alles aber, was wunderbar, merkwürdig und öfters von der Analogie der Natur ganz abweichend, ist bei den Insekten ihre Fortpflanzung oder Erzeugung und ihre Verwandlung. Ich will hier eigentlich nichts sagen von dem dunklen Geheimnis der Hervorbringung und Entstehung tierischer Körper. Denn hiervon wissen wir in der Hauptsache nichts weiter, als daß bei der Begattung der männliche Same in einen subtilen geistigen Dunst vermittelst der Wärme aufgelöset wird und zu den Eierstöcken gelanget und sie befruchtet, das heißt, dem darin schon befindlichen Keim ein reizendes und nährendes Mittel wird, sich zu entwikeln und wachsen zu können. Wie und woher aber die bildende Kraft, dem Keim in den Eichen des Weibes Leben und Gestalt auf eine eben so geheimnisvolle Weise einzuflößen, wie die Erdkugel den Körpern die Schwere erteilt, das kann kein Sterblicher ergründen, und sind hier alle Wege dunkel und finster, ein ewig undurchdringlicher Vorhang begränzt hier allen menschlichen Wiz und Verstand. Wir wissen nur soviel, daß alle lebende Geschöpfe ihr Dasein blos dem grosen, gütigen, erhabenen Allwesen — welches überall ist, alles gemacht hat, vielleicht aber auch noch stündlich macht, und Welten erhält — ganz allein zu verdanken haben. Außerdem aber wissen wir, daß nach der Analogie und gewönlichen Lauf der Natur auch bei den Insekten die Befruchtung des Keims oder der Anlage des jungen Thiers, — es sei nun, daß es in dem Leibe der Mutter völlig ausgebildet wird, und also mit entwikkelten Gliedern zur Welt komme, oder noch in einer Haut verschlossen, in einem Ei und demnach unausgebildet geboren werde, — durch die Begattung oder Beiwonung zweier verschiedener Geschlechter geschehe. Alleine welch eine Mannigfaltigkeit, welch eine Verschiedenheit erblikken wir nicht hierin auch bei den Insekten? ⁎ ⁎ Was für abweichende, ja verkehrte Wege scheinet uns nicht hierin die Natur öfters zu gehen? ⁎ ⁎ Die meisten Insekten begatten sich zwar nach dem eingepflanzten Triebe der Natur; aber wie mannigfaltig ist hier die Natur: wie verschieden die Einrichtung der dazu nötigen Organe? Wie verschieden die Art und Weise der Begattung? — und auch bei allem dem muß ein Naturforscher, der mit warer Ehrfurcht gegen seinen Schöpfer die Werke der Natur untersucht, die mannigfaltige Weisheit desselben bewundern. — Die Mutter der Honigbienen besteigt die Drone, oder das Männchen, und dieser Glied gehet auswärts. Eben so wunderbar begattet sich das

Weibchen

Weibchen des Flohes mit seinem Männchen. Bei der Stubenfliege
sizt zwar das Männchen dem Weibchen auf den Rükken bei seiner Begattung,
aber das Weibchen muß sein Geburtsglied in die Höhe bringen, und das
Männchen muß es aufnehmen. Die meisten Männchen unter den Insekten
sind bei dem Zeugungsgeschäfte hizzig und geschwind, viele wiederum sehr
träg und langsam. Das Männchen des Schmetterlings ist hizzig und
seine Gattin stellt sich spröde, um es mehr anzufeuern. Das Männchen
der Honigbiene ist äußerst kaltblütig und träge, die Mutterbiene muß
es lange reizen und liebkosen, um seine Kaltsinnigkeit zu überwinden. —
Viele Männchen der Käfer und Schmetterlinge überleben keine Stunde nach ihrer Begattung, weil dadurch alle Feuchtigkeiten ihres Körpers
erschöpft werden: andere aber bleiben munter und paaren sich öfters. Das
Männchen der Honigbiene stirbt nach der Begattung, weil sein Zeugungsglied gleichsam zwei Springfedern hat, die nicht mehr in den Leib zurüktreten können, deswegen es auch in dem Leib verkehrt liegt, und sich wie
ein Strumpf umstülpen muß, sonsten es nicht aus dem Leibe gehen könnte. — Bei vielen Insekten ist die Begattung in einem Augenblik geschehen; viele begatten sich im Flug; andere bleiben lange in Vereinigung,
wie der Mayenkäfer und viele andere, sonderlich außer dem Insektenreich bleibt die Kröte vier Wochen und länger in den Umarmungen ihres
Männchens, und dieses versiehet endlich die Stelle einer Hebamme. —
Alle diese und dergleichen unendliche Mannigfaltigkeiten finden wir höchst
weise und nötig, sobald wir nur eine Einsicht in die Naturgeschichte eines
ieden Insekts und Tieres haben, da wir bald sehen, daß dieses und ienes
so und nicht anders habe sein können.

Gewönlich sizzen die Geburtsglieder bei beiden Geschlechtern am
Ende des Leibes. Aber auch hier ist viele Verschiedenheit. Die Spinne
hat selbige vorne in den Fülhö nern sizzen: die Wassernimphen wie auch
die Schnekken unten am Hals. Bei vielen wilden Bienen und Wespen
liegt das Zeugungsglied der Männchen zwischen Häkchen und Zangen, um
sich an den Weibchen bequem anhalten zu können.

Es gibt Geschlechtlose, die weder zeugen noch gebären können, und
von keinem Triebe zur Begattung wissen, wie das gröste Teil des Volks
bei den Honigbienen, den gesellschaftlichen wilden Bienen, den gesellschaftlichen Wespen und die ungeflügelten Ameisen.

Es gibt Zwittergeschlechte, die an ihrem Körper beiderlei Geschlecht zugleich haben, und zwar nicht im Stande sind, sich selbst zu begatten und zu befruchten, aber sich wechselweise einander begatten müssen, wie die Schnekken, die Regenwürmer ꝛc. (*)

Es gibt Insekten, die fruchtbar sind ohne Begattung, wie die Blattläuse, die zwar ihre Männchen haben, und sich besonders im Herbst auch begatten, aber doch oft bis ins zehnte Glied fruchtbar sind ohne Begattung. So begattet sich zwar auch bisweilen die Bienenkönigin, aber zu Zeiten legt sie auch fruchtbare Eier ohne Begattung. — Es gibt Insekten, die weder Zeugungs‑ noch Geburtsglieder haben und also von ganz keiner Begattung wissen, und sich gleichwol fortpflanzen und zwar durch Ableger, da sich die Keime, (die bereits vorhandene Organisation, davon ein neues belebtes Wesen ähnlicher Art eine unmittelbare Folge ist) von dem Körper trennen.

Blikket nicht aus allen diesen wunderbaren Mannigfaltigkeiten und Erzeugungen, eine Art von Gröse hervor, die den Geist ganz einnimmt, ihm die engen Grenzen der menschlichen Vernunft vorzeiget, und ihm die Ehrfurcht und die lebhafteste Bewunderung gegen den unendlichen Verstand einflöset, der in dem göttlichen Urheber aller Wesen hervorleuchtet.

Eben so sehr muß uns Bewunderung und Erstaunen überfallen, wenn wir mit einem philosophischen Auge die Verwandlung der Insekten, dieses wahre Schöpfungswunder, betrachten. Meistens legen die Insekten nach ihrer Begattung Eier, die nach Farbe und Gestalt verschieden sind. Aus diesen Eiern kommen Larven, (Gestalten von Würmern, Maden

den

(*) Der Schnekken bewundernswürdige und ganz außerordentliche Begattung beschreibt uns Swammerdam in seiner Bibel der Natur, und Naturforscher V. Stük. Ihre Zeugungs‑ und Geburtsglieder sizzen unten am Hals, so, daß das weibliche unter dem männlichen liegt. Wenn sie sich nun begatten wollen, so stellen sie sich in einer kleinen Entfernung gegeneinander über, richten sich in die Höhe und lassen die männliche Glieder, wie lange Fäden, herausschießen. Sobald sich diese berüren, schlingen sie sich wie ein Paar Schnüre um einander herum und dehnen sich so lange aus, bis das eine in das weibliche Glied des andern und umgekehrt eingetreten ist.
So stehen auch die Regenwürmer gerade gegen einander über, und ragen aus der Erde halb hervor, wenn sie sich begatten, wie man zur Sommerszeit nach einem Regen, oder beim Untergang der Sonne in den Wegen der Gärten warnehmen kann, wenn man behutsam und leise gehet.

den oder Raupen.) Diese leben eine Zeitlang — teils etliche Tage, teils
etliche Wochen, teils ein auch zwei Jahre — und zwar von solchen Na-
rungsmitteln, welche sie meist nach dieser Zeit nicht mehr genießen, noch zu
genießen im Stande sind. Dieses ist bei dem Insekt die erste Periode seines Lebens, wobei es sich öfters häutet, d. i. seine Haut ablegt, die ihme
bei seinem zunemenden Wachstum von Zeit zu Zeit zu enge wird. Hat
es nun seine gehörige Gröse erreicht, so fängt der mitlere Stand des Insekts, die zweite Periode seines Lebens an, oder sein Nimphenstand, in
welchem es keine Narung mehr zu sich nimmt, sondern sich in ein meist
selbsten bereitetes Gehäus einschließt, und gewönlich einspinnt: Hier gehet
eine wunderbare und unbegreifliche Verwandlung mit dem Insekt vor und
viele äußere und innere Veränderung, wogegen die Veränderungen des
Kreislaufes des Bluts bei einem neugebornen Kinde fast nichts zu achten
sind. Der Lauf der Säfte oder des Bluts wird nun entgegengesezt verändert; wie solches im Raupenstand vom Hintern nach dem Kopf zu gelau-
fen, so lauft es nun nach der Verwandlung vom Kopf auf den Hintern.
Es kommen neue Lufrtören an die Stelle der alten. Aus den Eingeweiden, einem weichen und ganz unorganisch scheinenden Brei und Gallerte
bilden und entwikkeln sich sowol ganz andere weiche Teile und Organe, als
auch Gliedmaßen, die anfänglich weich, zart, weiß und durchsichtig sind
und auf der Brust des Insekts unbeweglich liegen, nach und nach aber
ihre Farbe und den gehörigen Grad der Festigkeit bekommen, und solche
Glieder werden, die dem Insekt in dem neuen künftigen und vollkommenen
Zustand unumgänglich nötig sind, ihm als Wurm oder Raupe aber unnüz
waren. Alles das bewürkt die Natur stufenweis und gleichsam im Schlaf
des Insekts, dabei die überflüßigen Feuchtigkeiten unmerklich ausdünsten
und sich verzehren, so daß zwanzig Teile am Gewicht sich verlieren, dadurch aber bewürket wird, daß die Elementen der Fibern aneinander kommen und sich genau vereinigen können, und also die Organe zur Konsistenz
kommen. Wir sehen hievon den Beweis, daß bei warmer Witterung die
Insekten sich um etliche Tage eher entwikkeln, als bei küler und feuchter;
und daß ein Schmetterling früher hervorkommt als gewönlich, wenn man
seine Puppe in einer wärmen Stube hält, so, wie man im Gegenteil
durch eine kältere Luft die Wirksamkeit der Natur desfalls verzögern kann.
Denn die Ausdünstung der Feuchtigkeit ist bei den Larven der Insekten der
vornemste Weg der Natur, wodurch sie deren Glieder entwikkelt. Wie
diese Feuchtigkeit die Ursache ist, daß ihre Glieder wachsen können, und
solche nicht eher austroknen lässet, als bis sie zu ihrer gehörigen Stärke,

Härte

Härte und Gröse gediehen sind; so vermindert sie sich immer mehr durch die äußere feine Haut, womit die zarten Gliedmaßen umgeben sind, ie mehr solche Glieder zunemen.   Eben diese Ausdünstung ist auch der Grund, warum die Larven der Bienen, Wespen und Ameisen und zwar weder die Würmer, noch die Nimphen derselben einen Auswurf von sich geben (welches Wunderbare schon Aristoteles angemerket hat), weil das Ueberflüßige ihrer Narung , so nicht zum Wachstum ihrer Glieder dienlich und bei der Verdauung in ihrem Magen nicht in Chilum oder Narungssaft verwandelt wird, durch die unmerkliche Ausdünstung fortgehet. — Und durch diese unmerkliche Ausdünstung muß notwendig das unter der Gestalt der Larve oder der Nimphe unserm Auge sich darstellende Insekt in Ansehung seiner Gestalt verändert werden, indeme die zarten und aufgeschwollenen Teile der Glieder durch diese Ausdünstung mehrere Stärke und Freiheit bekommen sich zu bewegen und die äußere Haut zu zerreissen, und also in seiner vollkommenen Gestalt hervorzukommen.

Wie sehr verherrlicht nicht dergleichen Verwandlung die Macht des Schöpfers und ist zugleich ein schönes Bild der unverlornen Hinfälligkeit des Menschen, der erst im Leibe der Mutter verschlossen liegt, nach wenig Jahren in das Grab gehet, und dereinst in einer weit schönern Gestalt auferstehen wird.

Aber auch in diesen Anstalten der geschäftigen Natur finden wir wieder viele Verschiedenheiten.   Gewönlich kommen die geflügelten Insekten aus ihren Eiern ohne Flügel und müssen auf vorhinbesagte Weise ihre Verwandlung ausstehen.   Es gibt aber auch solche, welche sogleich in ihrer Gestalt , die sie hernach behalten, aus dem Ei schliefen, nur, daß sie kleiner sind; das sehen wir an den Heuschrekken, Grillen, Ohrwürmern 2c. Auch ungeflügelte Insekten sinds, welche sich verwandlen, und den Nimphenstand durchgehen müssen , das sind die Flöhe, Läuse, Leuchtwurmweibchen. Hingegen kommen die Spinnen, Asseln 2c. 2c. so gleich in der Gestalt aus dem Ei, die sie in ihrem Leben hindurch behalten und verwandlen sich nicht, sondern wachsen nur: sie werden schon im Ei nach allen Gliedern ihres Körpers vollkommen. Einige wechslen die Haut, doch ohne in Nimphenstand zu kommen, ehe sie ihr völliges Alter erreichen, da sie sich fortpflanzen können.   Andere streifen bisweilen die Haut ab , bis sie endlich, nachdeme sie sich das leztemal gehäutet haben, Nimphen werden, und nach dem Nimphenstand das fortpflanzen-

de

de Alter erreichen. — Die Milben kommen mit sechs Füßen aus dem Ei, und nachher wachsen ihnen noch zwei dazu. — Der Vielfuß schließt mit sechs Füßen aus dem Ei und bekommt nach der Hand teils vierzig, teils acht und achtzig, teils 200, teils 280 Füße, die sich regelmäßig nacheinander bewegen, wenn sie auftreten.

Es ist ferner eine Regel, daß die geflügelten Insekten, wenn sie ihre lezte Verwandlung ausgestanden haben, nicht gröser werden, aber die Ameisen wachsen etliche Jahre lang nach ihrer Verwandlung.

Viele Insekten leben als Larven und Puppen im Wasser und kommen hernach geflügelt aus diesem Element, dahin sie nachher im Stand ihrer Vollkommenheit nie wieder zurükkehren, und werden Erdbewoner; andere aber bleiben nach wie vor im Wasser. — Die Frösche kommen aus den Eiern ohne Füße mit einem langen Schwänzchen; aber in zwei Jaren verlieren sie solches und bekommen Füße und in drei Jaren werden sie tüchtig, sich fortzupflanzen.

Was endlich den Nuzzen und Schaden der Insekten betrift, so können wir gewiß sein, daß, da alles gut ist, was der Herr gemacht hat, also auch die Insekten zum Besten des Ganzen gereichen, ia dazu notwendig waren. So groß der Schaden auch sein mag, den die Insekten bisweilen anrichten, (woran doch vielfältig die Nachläßigkeit der Menschen Schuld ist,) so ist doch auf der andern Seite ihr Nuzzen von viel gröserem Betracht. Wer berechnet die Summen, die der Seidenhandel erträgt? : : Wer kann das Honig und Wachs summiren, womit die Bienen die ganze Welt versehen. Die Cochenille gibt die schönste Scharlachfarbe. Einige Insekten dienen uns zur angenemen Speise, wie die Krebse, die sogenannte Krebsaugen zu Arzeneien, die spanische Fliegen zum medizinischen Gebrauch, die Ameisen zu Bädern, zu einem brauchbaren Spiritus 2c. Die Asselwürmer geben ein herrliches Mittel wider die Auszehrung, wider böse Augen u. dergl. Wie mancher vielbedeutender Nuzzen von den Insekten mag sich noch in der Zukunft entdekken?

Von

Von den Sinnen der Insekten,

besonders

in Rükficht auf die fünfte Klasse.

Obschon die Sinnen der Insekten gleichsam nur ein Schattenriß sind gegen unsere menschliche Sinnen, — deren Mittelpunkt eine vernünftige Sele ist, zu deren Entwiklung in dieser Welt iene nach dem Plan des weisesten Schöpfers nötig waren, um Begriffe zu sammlen, die sie in die Ewigkeit begleiten, und welche auch alsdann in ihr nicht mehr ausgelöschet werden können, wenn die Sinnorgane im Staub zerfallen sind; — so sind doch die Sinnen der Insekten etwas wirkliches: Sie waren notwendig zur Existenz als lebender und empfindender Wesen: Sie sind ein Beweis der grenzenlosen Allweisheit und Macht unseres anbetungswürdigen Schöpfers und Urhebers aller Wesen. Wenn wir eine so kleine Maschine ansehen, — die so wunderbar gebauet, und so weislich zusammengesezzet ist: die ihre Triebe zur vollkommensten Uebereinstimmung mit der ganzen Kette der Natur hat: die ganz unbegreifliche Fertigkeiten äußert, womit sie öfters die vernünftigen Wesen weit übertrift: — Wo sollen wir Worte finden, dem Drange Luft zu machen, den unsere Herzen bei solchen Betrachtungen empfinden, um diesen unnennbargrosen und weisen Schöpfer auf eine recht würdige Art anzubeten? = = Welch einen unergründlich weisen und alles unendlich überschauenden Blik muß Gott nicht auf das Ganze geworfen haben, da er alles erschuf, und aus seinem Nichts hervorbrachte!

Tiere nun, welchen sinnliche Empfindungen zukömmen, müssen notwendig auch die Werkzeuge, Glieder und Organen haben, wodurch sie der sinnlichen Empfindungen fähig sein können. Diese waren zu ihrem Wesen, zu ihrer Erhaltung und Fortpflanzung unumgänglich nötig, und wir sehen genugsam, daß sie solche haben: Wie aber die Insekten sie besizzen, davon wissen wir noch zur Zeit gar wenig.

Bei dem allerkünstlichsten Bau unseres menschlichen Körpers haben wir eine obschon unvollkommene, doch ziemlich eindringende Kenntnis in dessen

sen

sen Sinnorgane. Um die Sache zu einiger Anleitung unserer Insekten-
kenntnis mit wenigem zu berüren, so hat nemlich der Schöpfer alle festen
Teile unseres Leibes mit Nervenfasern durchwebt, und nur die innere Masse
der Gebeine und Knorpel davon freigelassen. Wir müssen daher notwendig
iede Kraft, die auf unsern Leib wirket, empfinden, sie mag nun gleich auf
diese oder eine andere Stelle desselben treffen, und ist also unser Leib überall, wo sich Nerven befinden, Organ der Sinnen. Denn die Nerven
dienen uns nicht nur, daß wir die Muskeln damit anstrengen, und unsern Leib
so oft es nötig ist, bewegen, sondern sie können auch alles empfinden, was
in und außer uns geschiehet, oder was sich um uns her befindet, nemlich
die Begebenheiten und Gegenstände der Welt, welche ohne Unterlaß wirken und mit ihren Kräften die sogenannte sinnliche Empfindungen in uns
verursachen. Das beziehet sich aber nur auf dieienige Nerven, welche der
Schöpfer zwischen die Muskelfasern eingeflochten hat; denn die übrigen,
die sich in den Höhlen des Hörorgans, an den inneren Wänden der Augen, in der Höhle der Nase, in der Haut, in der Zunge und dem Gau-
men verbreiten, können keine Bewegung bewirken, sondern nur empfinden, weil sie da von allen Muskelfasern entblöset sind, die doch notwendig
dazu erfodert werden. Unter sinnlichen Empfindungen werden also eigentlich die Wirkungen selbst verstanden, welche sich in unsern Nerven und
Sinnorganen äußern. Diesen zusammen hat Gott das Vermögen und die
Eigenschaften erteilet, alle Kräfte, die auf sie wirken, augenbliklich von
ihnen anzunemen, und bis in das Gehirn in dieses bewundernswürdige
Gewebe, dessen Fäden so zahlreich, so fein, so beweglich sind, wie in einem
gemeinschaftlichen Mittelpunkt zu leiten. Hier vereinigen sich alle Wirkungen der äußern Gegenstände, auf daß die Sele sie gegeneinanderhalten
und behörig beurteilen möge, welches nicht würde geschehen können, wenn
sie nicht gegen diesen gemeinschaftlichen Ort in dem Gehirne zusammen-
flößen. (*)

Da

(*) Hieraus aber darf man keinesweges schließen oder glauben, als ob die Sele
selbst nur im Gehirne wohne. Denn ein Geist braucht gar keinen gewissen Ort, und keinen Raum zu seinem Aufenthalte: er kann überall
sein, und überall wirken, nur, daß er vorzüglich in denienigen Gegenstand am
meisten wirken muß, welchen der Herr aller geschaffenen Wesen ihme angewiesen
hat. Der Leib ist nicht die schnöde Hütte des Geistes, wie wir oft hören oder lesen;
er ist vielmehr ein wunderbares und mit unendlicher Weisheit verfertigtes Werkzeug,
dessen sich unser Geist notwendig eine Zeitlang bedienen muß, wenn er sich deutliche
Begriffe von den Begebenheiten der Körperwelt machen, und sich dadurch zu höhe-
ren Kenntnissen, die seiner würdig sind, emporschwingen will. So, wie wir nemlich

Da nun aber der Körperbau der Insekten, die kein rotes Blut haben, deren Beingerippe außen liegt und folglich keine Haut mit Zellengewebe und sehr wenige Glieder haben, an denen die Spizzen der Nerven sich außen befinden, von deren Gehirn wir so wenig entdekken können — von dem Bau unseres Leibes und von unserem Nervensystem so sehr abweichet, so hält es allerdings schwer, in die Geheimnisse ihrer Sinnen und deren

Werk-

lich ohne Vergröserungsgläser von den Wundern der Schöpfung in dem Kleinen und ohne Fernröhre von der Herrlichkeit des Herrn der Welten im Grosen nichts wissen würden; eben so würden wir auch von den übrigen Begebenheiten, die sich in der Welt zutragen, und von allen den Gegenständen, die wir mit bloßen Augen sehen oder sonst empfinden, niemals etwas erfaren, wenn wir selbst keine Körper hätten. Kenntnisse und Wissenschaften, die wir uns durch Vergröserungsgläser und andere Sachen, die die Sinnen schärfen, erwerben, bleiben in uns, wenn wir auch gleich diese Werkzeuge nicht mehr gebrauchen: und solche Kenntnisse, die wir vermittelst des Leibes erlangen, bleiben ebenfalls ewig, ob wir gleich den Leib endlich ablegen. Wie wunderbar muß also nicht unser Leib gebauet sein, da er im Stande ist, dem Geiste neue Begriffe einzuflösen, seine Kenntnisse zu erweitern und seine Glükselig-keit zu erhöhen, ob wir gleich auch bei der innigsten unbegreiflichen Vereinigung der Sele mit dem Leib, gewissermaßen nicht sagen können, daß die Sele in uns wohne, sondern wir wohnen vielmehr in der Sele. Gott hat die Sele keineswegs geschaffen, blos den Körper zu beleben, er gab vielmehr der Sele ei-nen Körper, damit sie, wie gesagt, durch sinnliche Werkzeuge eine Menge erhabe-ner Begriffe aus seinen herrlichen Werken der Welt, wie aus einer unerschöpflichen himmlischen Quelle schöpfen mögte, welche ihre Narung sind, wenn auch gleich der Körper mit der Zeit zerstöret wird. Weil sich aber die Sele bei ihrer innigsten Ge-meinschaft mit dem Leibe aller Teile des Gehirns als Werkzeuge unserer Handlun-gen bedienet: — Weil die Nerven, so durch die Gegenstände unterschiedlich erschüt-tert werden, ihre Erschütterungen dem Gehirne mittheilen, und nach diesen Ein-drükken die Vorstellungen und Empfindungen in der Seele geschehen: so kommt es, daß wir uns vorstellen, als ob sie wirklich nur in dem Gehirne sei, weil sie sich da mit Gedanken beschäftiget. Es gibt Menschen, die sich weit von ihrem Körper hin-weg und in entfernte Städte, ia auf Himmelskörper hindenken, und folglich wirklich mit ihren Gedanken dahin gelangen: gleichwol kann man deswegen noch nicht sa-gen, daß ihre Selen wirklich daselbst wonen. Wir können also auch nicht schließen, daß die Sele notwendig deswegen in dem Gehirn anzutreffen sei, weil sie mit ihren Gedanken sehr oft darinnen zugegen ist. Auch muß man die Sele nicht mit den so-genannten Lebensgeistern verwechseln, welche nichts anders sind, als eine gewisse Flüßigkeit in den Nerven, die ihrer Feinheit wegen nicht ins Gesicht fällt, die sinn-liche Eindrükke fortpflanzt, und den Bewegungen der Muskeln zu statten kommt. Die entsezlich schnelle, ia augenblikliche Fortpflanzung dieser Eindrükke und einige andere Erscheinungen geben eine gewisse Aehnlichkeit dieser feinen und geistigen Flüß-sigkeit, dieses Nervensafts, mit der Materie des Feuers und des Lichts zu erkennen. Es ist bekannt, daß alle Körper mit Feuer angefüllet sind; es ist sogar in den Na-rungsmitteln häufig; aus diesen gehet es zum Gehirn und von da in die Nerven über. Sollte wol der Keim des geistischen und verklärten Leibes, den die Offenba-rung dem tierischen Leibe, dieser groben Hülle, entgegensezt, nicht von diesem Le-bensfeuer zusammengesezt sein, und diese ätherische Maschine, dieser Keim des gei-stischen Körpers durch seine dereinstige Entwiklung, (welche die Auferstehung sein wird,) einen Grad der Vollkommenheit erlangen, und neue Sinnen erhalten,

die

Werkzeuge einzudringen und bleibt desfalls unsern Nachkommen vieles vorbehalten. Es ist aber kein Zweifel, daß bei dem Flor der Wissenschaften unserer erleuchteten Zeiten, die die Barbarei in der Naturkunde abgeschnitten haben, noch vieles zur Richtigkeit wird gebracht werden.

Das wenige nun, was wir von den Sinnen der Insekten und zwar in Absicht auf unsere fünfte Klasse erkennen, zum Teil aber freilich nur mutmaßen und schliesen müssen, wollen wir kürzlich in einige Erwägung ziehen.

Von

die sich zu gleicher Zeit answiklen, die Beziehungen des Menschen auf jene Welt vervielfältigen, seine Sphäre vergrösern, und sie der höhern Verstandswesen ihrer gleich machen werden? = = Wenigstens leitet uns die ganze Analogie der natürlichen Dinge auf den Gedanken einer solchen Entwiklung des Keimes zu einem künftigen verklärten Körper, und beweißt, wo nicht die Warscheinlichkeit, doch die gewisse Möglichkeit der Auferstehung. Hat der Urheber der Natur gleich von der Schöpfung an alle Wesen geordnet, und ursprünglich die Pflanze in das Samenkorn, den Schmetterling in die Raupe, die zukünftige Generationen in die wirklich vorhandene eingeschlossen: Sollte der nicht den geistischen Körper nach seinem Keim in den tierischen haben einschließen können? = = Bleibt uns das Wie? in tausend natürlichen Dingen ein so häufiges und tiefes Geheimniß; warum wollten wir denn in dem allerkünstlichsten Wunderbau unserer Maschine alles aus den Gesezzen der Körperwelt erklären wollen; und weil wir es nicht können, lieber die Sache gar läugnen?

Diese Saite berüret der Apostel Paulus, wenn er als Philosoph redet und sagt: Der Mensch wird gesäet verweslich und wird auferstehen unverweslich und in Herrlichkeit. Die Hülle des Samenkorns verdirbt, der Keim aber bestehet, und versichert dem Menschen die Unsterblichkeit. An sich ist der Mensch nicht dasjenige, was er uns zu sein scheint. Was wir hier an ihm bemerken, das ist nur die grobe Hülle, worunter er kriechet, und die er ablegen soll.

Was nun übrigens die Natur der Sele betrift und die Vereinigung und gegenseitige Wirkung zweier so verschiedener Substanzen, einer immateriellen, die da denket, und den Grund ihrer Handlungen in sich selbst hat, und einer andern Substanz, die nicht denket und materiel ist; so bleibet das Resultat immer: es ist eines der grösesten Schöpfungsgeheimnisse, wobei wir die Augen in Demut niederschlagen müssen. Wir sollen vorzüglich der Sele Eigenschaften studiren und veredlen, denn das ist das vornemste. Von ihrer Unsterblichkeit überzeugen uns außr der Offenbarung, die Eigenschaften Gottes; und die Natur des Menschen selbst gibt uns stärkere Beweisgründe von dieser grosen Warheit an die Hand, als von dem Gegenteil der ganze gedankenlere Wortkram der eingebildeten starken Geister, welche ihren Mechanismus träumen, weil sie die Furcht vor der Unsterblichkeit verfolgt. Aber wenn man ihnen auch gleich ihre täuschende Einbildung, daß die Sele materiel seie, einen Augenblick zugestünde: bleibet ihnen nicht noch zu beweisen übrig, daß kein gütigstes Wesen vorhanden seie, das die möglichste Vollkommenheit aller Geschöpfe wesentlich sucht: kein gerechtes Wesen, das das Gute belont, und das Böse bestraft: kein weises und mächtiges, das auch einen Teil der Materie (wenn ihr Irrtum Warheit wäre,) eben so gut erhalten könnte, als eine unteilbare Sele.

Von den Augen und Seheorganen der Insekten.

Wir werden gewahr, daß die grosen Augen unserer Klasse Insekten äußerlich zwar glat, aber genau betrachtet, wie ein Gitterwerk oder Nez aussehen, und durch ein Vergröserungsglas sehen wir, daß diese Maschen lauter sechseckigte Faserten (Facettes) sind, welche oft in einem Auge, das wie ein Hirsekörnchen gros ist, in die Tausende laufen. (*) Wir finden an ihnen die Hornhaut, (tunica cornea) wie auch die gläserne Feuchtigkeit, (humor vitreus) iene durchsichtige Materie, womit der Schöpfer die Hölen der Augen angefüllet hat, um besonders auch den feinen Nervenschleier beständig feucht zu erhalten, und vor der eindringenden Luft zu beschüzzen. — Wir werden bei ihnen gewahr, der tunica choroidea, oder wenigstens einer Membrane, die mit unserer choroidea übereinkommt, welche bei unserem Augenbau das weiche und schwarzbraune Gewand ist, womit der Schöpfer die hole Kammer des Auges austapezirt hat, damit sich die äußern Gegenstände darauf deutlich abbilden, wie eine Camera obscura mit schwarzem Tuch ausgefüttert wird. — Hier zeigt sich aber ein Unterschied der Insektenaugen von unserm Augenbau, daß alle tunicae corneae der Bienenaugen an der inwendigen Seite mit einer gefärbten Membrane unterlegt sind; und diese nimmt hier als die Choroidea einen ganz andern Plaz ein, weil sie überall an der durchsichtigen tunica cornea anliegt. — Wir sehen deutlich Nerven und weiße Adern in den Kopf hineinziehen. Aber die *Pupilla* oder der Stern (das Loch, wodurch man in die schwarze Höle des Auges hineinsiehet, wenn man es betrachtet) und die *Iris* (der Regenbogen, den die feinen meist stralenförmigen Aederchen der äußern Seite der Uvea bilden, welche den Vorhang ausmacht, den der Schöpfer vorgezogen hat, um das überflüßige Licht abzuhalten) und noch vielmehr das Nezhäutchen, tunica retina (der feine Nervenschleier, womit iene schwarze Tapete, die ganze hintere Wand unserer Augen, behänget und überzogen ist, als welches das eigentliche Sehorgan, worauf das Licht von den äußern sichtbaren Gegenständen ungehindert anprallen, und

seine

(*) Lewenhoeck hat befunden, daß in einem Auge einer Mükke auf 8000 dergleichen erhabene Linsen, die in einem Sechsek eingefaßt, befindlich sind, und in beden Halbkugeln einer Wassernymphe (welche die größten Augen unter dergleichen Insekten haben) über 50000 Augen seien, die in einer gemeinschaftlichen Verbindung stehen, und wovon iedes seinen eigenen Sehenerven hat In den Augen eines Käfers hat er 6362 Maschen oder Augen gezälet und eines Papillons 34650.

seine Wirkung durch den ganzen Sehenerven in das Gehirn hineinleiten kann) bleibet in den Insektenaugen unserem Gesicht verborgen. — Aber es ist iedoch die Frage, ob nicht in einem ieden Sechsek oder Masche der zusammengesezten Bienenaugen sowol eine Pupilla als auch eine Art von Iris seie? ‒ ‒ Hätten wir noch stärkere Vergröserungsgläser und optische Maschinen, wir würden unstreitig mehreres entdekken, und vielleicht auch die tunica retina.

Sollte nicht ferner der Allerweiseste nach den unveränderlichen Regeln der Optik in eine iede Masche der zusammengesezten Augen besonders auch in die einfachen Augen der drei Ocellen eine Kristalllinse (humor crystallinus) hineingelegt haben, daß der focus seine Wand erreichen und alle äußere Gegenstände auf dem feinen Nervenschleier deutlich entwerfen muß? ‒ ‒ Es ist dieses um desto warscheinlicher, da die Augen der Insekten nicht wie unsere Augäpfel mit besondern Muskeln ausgerüstet sind, um sie damit bewegen und ihre Hornfensterchen allemal gerade gegen die Gegenstände richten zu können. Diese vervielfältigten Linsen ersezzen den Mangel der Bewegung der Augen sichtbar. Man versuche es nur bei einer Fliege und suche ihr mit einem Finger entweder von hinten her gegen oben, oder von den Seiten beizukommen, sie wird es sogleich gewar, ohne sich gerade entgegen zu richten, und entfliehet.

Dem sei nun aber, wie ihm wolle, so kann das Auge dieses Tierchens, die Bilder, die sich ihm darstellen, selbst empfinden, (*) und ist mithin sowol

(*) Hieraus erhellet unter andern auch die bewundernswürdige und ganz unbegreifliche Teilbarkeit des Lichts (man mag nun solches entweder mit Neuton für einen materiellen Ausfluß der Sonne, oder nach Hrn. Eulers und auch zum Teil Cartefens Meinung für Schwingungen eines angenommenen Aethers ansehen), da in so erstaunend kleine Augen so feine Teile des Lichts fallen, und in iene alle Bilder der Gegenstände eindrükken, und einzeln darinnen abmalen. Ja man erwäge die Kleinheit der Augen solcher Tierchen, deren ganzer Körper mit bloßen menschlichen Augen nicht, sondern nur durch die besten Vergröserungsgläser können gesehen werden. Das Tierchen z. E. welches 27 Millionenmal kleiner ist, als die Käsemilbe, empfindet das Licht, es dringet in sein Auge, und bildet daselbst die Gegenstände ab. Wie unbegreiflich klein muß dieses Bild sein? Wie unbegreiflich klein muß ein solches Luftkügelchen sein, davon viele Tausend und Millionen zugleich in das Auge dieses Tierchens dringen.

Jedoch ‒ ‒ da wir mit den neuern Weltweisen das Licht weder für eine Materie, noch für Aetherschwingungen, sondern blos für eine Wirkung der Sonne und anderer leuchtender Körper anzusehen haben, so können wir ihm nur eine ideale Teilbarkeit zueignen, welche ohne Bedenken unendlich sein muß. Ueberhaupt aber ist die Natur des Lichts wie die Kraft der Schwere noch ein Geheimnis, wovon wir Menschen wenig oder nichts mit Gewißheit behaupten können, und wird es vielleicht auch bleiben, so lange die Welt stehet.

sowol als unser menschliches Auge eine ganz besondere Camera obscura, die kein Künstler, sondern nur Gott machen kann; (denn alle optischen Werkzeuge, die wir Menschen verfertigen, erfodern allemal erst Augen, wenn man sie gebrauchen will,) zumal da die zusammengesezte Augen dieser und anderer Gattungen Insekten alle sechsekig, ihre ganze Figur aber in der Zusammensezzung so ungleich und bald lang und schmal, bald oval, bald nierenförmig und dergleichen ist.

Da nun aber diese Insekten so viele tausend Sechsekke und folglich auch vermutlich so viele konvexe Kristalllinsen haben, welche alle Punkten des gegen sie gekehrten Lichts auf die Retina schikken, und also den Gegenstand darauf abmalen, so sollte man fast glauben, daß sie ihre Gegenstände auch so viel tausendmal sehen müßten. Allein gleichwie wir bei der Struktur unserer Augen eine iede Sache nicht zweifach sehen, ob wir sie gleich zweifach empfinden, nemlich mit iedem Auge, so sehen auch die Insekten mit ihren gleichsam tausenden Augen ihre Gegenstände nicht tausendfach, sondern nur einfach. Denn da die Retina, dieses empfindsame Häutchen, in unsern Augen den doppelt ansichtbaren Gegenstand in dem nemlichen Raume findet, in welchem sie den andern warnimmt, so ziehet sich ein Bild gleichsam in das andere hinein, woraus sofort allerdings nur ein einiges werden muß, welches aber nun viel deutlicher und heller erscheint, als wenn es nur einfach ist, oder wenn man den Gegenstand nur mit Einem Auge betrachtet.

Es ist aber auch bei diesen vielen vereinigten Augen und den vermutlich darinn befindlichen Kristalllinsen warscheinlich, daß sie damit nahe Gegenstände in einer ganz erstaunlichen Vergröserung sehen. Vergröserung ist wenigstens nötig, da sie z. E. so kleine Staubteilchen des Samens der Blumen zu sammlen und zu bearbeiten haben. Ja mich dünkt, daß die Vermutung nicht mit Gewißheit zu widerlegen seie, daß sie durch ihre Augen in gewisser Nähe selbst die Atomen der Luft eben sowol erblikken, als wir eine Fixsternwelt, die unzälbare Sonnen der Milchstraße bewundern. Man erwäge, wie vielmals uns ein durch die Kunst geschliffenes kleines Linsenglas einen nahen Gegenstand vergrösert. Was ist aber die Kunst gegen die Natur? = = Was unsere elende Nachamung gegen die unergründliche Tiefe der Weisheit des unendlichen Baumeisters und Schöpfers der Welt, der Kreaturen und ihrer Glieder? — Zum Teil parallel mit iener Vermutung mag das unbegreifliche Gefül verschiedener Tiere sein in Absicht auf die herannahende Veränderung des Wetters, die sie uns öfters verkündigen.

kündigen.   Sie empfinden die wässerigen Dünste, die nunmehr von dichterer Art sind, als die Luft selbst, und daher zu Boden sinken und Regenwetter verursachen: sich hingegen zerstreuen, wann sich die Luft wieder verdikket.   Wie fein muß aber nicht dieses Gefül der Atomen der Luft seyn? Wie zart diese Empfindung ihrer verstärkten oder verminderten Elasticität? — Und wie viele dergleichen lebendige Barometer, Thermometer, Manometer und Hygrometer gibt es nicht, sowol unter den geflügelten als vierfüßigen Tieren.

Was die vielen Hare betrift, mit welchen die Natur die aus so vielen Spiegelchen und Fasetten zusammengesezte Augen, diese Augen, welche nichts als eine Vereinigung einer erstaunenden Menge außerordentlich kleiner Augen sind, besezzet hat, so könnten sie uns an diesem Ort als übel angebracht zu sein scheinen, und müßten sie notwendig die Lichtstralen an ihrem Einfallen hindern.   Allein so wahr als dieses ist, daß wegen dieser Hare nur diejenigen Stralen, so in einer gewissen Stellung einfallen, iedes Spiegelchen treffen können, so ist auch warscheinlich nicht dienlich, daß die Lichtstralen auf einmal in alle kleine Augen dieses Insekts wirken können, denen der Schöpfer die Augen mit Härchen besezt hat.   Damit aber diese Härchen das Eindringen der Lichtstralen nicht zu viel hindern, so sind solche ganz einfach, und ohne alle Nebenzweige, und wie die gemeinen Hare der grosen Tiere, nichts als ein einiger einfacher Stengel, der von seinem Anfang an bis zur Spizze immer dünner wird.

Bei den Merkwürdigkeiten der Augen erinnere ich mich auch des schönen Phosphorus, welchen man bei einigen Schmetterlingen in beden Augen findet, so lange sie noch leben.   Man kann ihn bei Tag und Lichte sehen und hat den Schein einer blaßglühenden Kole. Da man diese phosphorische Augen nur bei solchen Schmetterlingen findet, welche grose hervorragende und ins Schwarze fallende Augen haben, so mögte solches wol einen Anschein geben, daß die Sehorgane derer Insekten, die grose schwarze Augen haben, schärfer und vorzüglicher seien, als anderer.   Bei Bienen und Wespen habe zwar noch nichts Phosphorescirendes entdekken können: es kann aber gar leicht sein, daß die grosen ausländischen Hummeln, welche sowol beschaffene Augen haben, wie z. E. Tab. IV. iene Seltenheit haben.   Es ist aber nur zu bedauren, daß man solche Exemplaren nicht lebendig zu Gesicht bekommt. — Ich füge dieses bei, damit Naturforscher und Liebhaber auf diesen Umstand Acht haben, wenn sich Gelegenheit dazu zeigt.

Vom

Vom Gehör der Bienen und Wespen.

Was das Gehör bei unserer Insektenklasse betrift, so zeiget die erprobteste Erfarung, daß wir ihnen diesen Sinn keineswegs absprechen können, ob es schon nicht ihr Hauptsinn ist. Welches aber die Hörorgane an ihnen seien, darinnen schweben wir noch in einer tiefen Finsterniß, da wir noch keine Ohren an ihnen gewar worden. An dem Kopfe an sich befinden sie sich schwerlich. Aber warum sollten wir nicht ihre Gehörwerkzeuge am warscheinlichsten in den Fülhörnern suchen. Es ist wahr, wir legen diesen zwar gewiß merkwürdigen Gliedern solchergestalt drei nur uns bekannte Sinnen bei, nemlich auch das Fülen und Riechen, von welch lezterem wir uns eben sowol mit bloßen Mutmaßungen behelfen müssen. Allein sollte das dem großen Schöpfer der Wesen zu viel sein, dreierlei Nerven, Adern, Gänge rc. durch diese Glieder zu füren und zu verschiedenem Gebrauch und Absicht zu bereiten, dessen Tiefen der Weisheit unergründlich sind. — Zu Bildung eines ieden Ohres gehöret grenzenlose Weisheit. Wenn alle Gelehrte und Mathematikverständige, die von Anfang der Welt bisher gelebt haben, zusammengekommen wären, um sich zu beratschlagen, wie etwa Ohren hätten können gemacht werden, so würden sie gewiß nie darüber einig worden sein.

Was man gemeiniglich Ohr nennet, und äußerlich siehet, ist nur ein Trichter, die Erschütterung der Luft, (die gar füglich Luftwellen oder Schallschwingungen können genennet werden) in die eigentliche Hörorganen hineinzutrichtern. Darauf kommt es eigentlich beim Hören an sich nicht an. Hätte uns Gott nicht mit Luft umgeben, so würden wir das äußere Ohr, das heißt den Weg, welchen er dem schwachen Luftschalle zu dem Siz des Gehörs gebahnt hat, eben so gut entbehren können, wie die Fische, die one ihn gewißlich auch sehr leise hören, nemlich in ihrem Elemente, dem Wasser. Uberdas ist die Verschiedenheit der Werkzeuge, die Gott seinen unzälichen Kreaturen zu dieser oder iener Absicht bestimmet und gegeben hat, unendlich. Arbeitet doch ein Künstler nicht immer nach einem Plan oder Model. Ein Uhrmacher verfertiget Zylinderuhren mit wenigen Rädern, er macht wieder andere mit mehrern, andere mit solchen Federn, wieder andere nach einer andern Einrichtung.

Indessen meine ich auch bei den Insekten in ihren Fülhörnern deutliche Spuren solcher Trichter warzunehmen. Je mehr ein Naturforscher in der

reizenden

reizenden Wiſſenſchaft der Naturgeſchichte ſich übet und umſiehet, deſto
mehr ſiehet er ein, daß Gott und die Natur nicht das geringſte umſonſt
tue, ſondern daß alles ſeinen weiſen und auf das Ganze herrlich paſſenden
Endzwek habe. Wir werden bei den allermeiſten Fülhörnern gewar, daß
das Grundgelenk derſelben keulförmig und oben weiter als unten ſeie. Sollte dieſes nicht warſcheinlich derjenige Trichter ſein, worinnen ſich der
Schall und die Bewegungen der Luft füglich ſammlen, und den Gehörner-
ven zugefüret werden kann, wie Röhren, die den Trompeten oder Wald-
hörnern gleich, vorne weit und hinten enge ſind, ſich am bequemſten in eine
ſchallende Bewegung ſezzen laſſen, oder die Luftwellen fangen, und gleichſam durch die Preſſung und Verengerung verſtärken; — oder kann nicht
dieſe zwar unmerkliche Hölung der Labirinth ſein, und den Vorhof,
(veſtibulum) die Hörhörner und Cochlea zugleich begreifen? — Wir ſehen zwar die Oefnung nicht deutlich; aber kann nicht dieſelbe ſo eingerichtet ſein, daß bei dieſen kleinen und zarten Häutchen der Schall nicht zu
heftig eindringen, und ſie dadurch nicht betäuber werden.

Vom Sinn des Geruchs unſerer Inſekten.

So vollkommen wir von dem ausnemenden, ja unbegreiflich durchdringenden Geruch, abſonderlich der Bienen, und auch ihrer verwandten Ge-
ſchlechtsart der Weſpen und der Ameiſen überzeugt ſind, ſo wenig wiſſen
wir noch zur Zeit von ihren Riechwerkzeugen und deren eigentlichen Siz.
Unſere Gläſer, ſo gut derer vorhanden ſind, reichen noch nicht zu, dieſe
ſubtilen Nerven zu finden und zu unterſuchen: und wenige Naturforſcher
haben ſich noch zur Zeit Mühe gegeben, durch ausgeſonnene Mittel Verſuche anzuſtellen, um der Gewißheit näher zu kommen.

Bei uns beſtehet das Riechorgan hauptſächlich aus Nerven, die in
Geſtalt kurzer Fäden durch das Siebbein aus dem Gehirn in die Naſenhö-
len herabgezogen und hier in einen zarten Schleier zuſammengewebet ſind.
Mit dieſen hat Gott nicht nur die innern Seiten der Naſe und ihrer Scheidewand, ſondern auch etliche beinerne dünne Blätter, die wie gewunden
Papier oder Hobelſpäne ausſehen, und inwendig veſte ſizzen, wie mit Tapeten überzogen und bekleidet, ſo daß die Luft an ſie prallen, und ſich daran reiben kann, wenn wir ohne den Mund zu öfnen, Athem holen. Wenn
nun riechbare Teilchen nahe bei uns in der Luft gleichſam herumſchwimmen,

so ist klar, daß mit iedem Athemzug, etliche davon in die Nase fahren und gedachten Nervenschleier reizen, und in ihm eine Empfindung bewirken, die man Geruch nennet.

Daß nun geringe Tiere, wie z. E. Spürhunde vor uns Menschen in Rüksicht auf die Riechorgane einen Vorzug haben, darüber wundern wir uns nicht, da ihre Nasen überaus lang sind, und darinnen die Riechnerven über sehr grose beinerne Blätter, die ebenfalls wie dünnes Papier aussehen und wie Hobelspäne gewunden sind, sich ausbreiten. Aber das sezzet uns allerdings in Verwunderung, daß ein so kleines Insekt, als z. E. die Biene ist, den Honig oder honigreiche Blumen stundenweit wittere: Und wir wissen nicht einmal, wo ihre Riechwerkzeuge ihren Hauptsiz haben. Sie sind zwar mit einer Art Nase, die gewönlich die Oberlippe heisset, versehen, aber es ist nicht gar warscheinlich, daß daselbst der Hauptsiz des Geruchs zu suchen. — Entweder befinden sich ihre Riechorgane unter den Flügeln bei der Art Lunge, wodurch sie athmen, oder in den Fülhörnern, wovon mir das lezte am warscheinlichsten unter andern auch deswegen vorkomt, weil wir wissen, daß die Riech- und Schmekorgane gar genau mit einander verbunden und verwandt sind. Daß aber diese lezte in ihrer harichten Zunge und dem Maule sich befinden, solches wird wol niemand in Zweifel ziehen. Nun aber liegen die Fülhörner und ihre Wurzeln nicht nur nahe dabei, sondern wir sehen fast bei allen lebendigen Tieren, daß der Schöpfer die Sinneskräfte allermeist in den Kopf geleget oder wenigstens daselbst concentriret habe. — Ueberdas gibt meines Erachtens dieser Meinung ein nicht geringes Gewicht, einmal, daß die Bienen, Wespen und Ameisen auch gar häufig und fast immerfort ihre Speise mit den Fülhörnern untersuchen. Dieses muß höchstwarscheinlich des Geruchs wegen geschehen, absonderlich bei solchen verschiedenen Narungsmitteln, die keinen so starken Geruch haben, als andere, und zum Teil fester und weniger flüssig sind. Hernach finden wir bei Käfern, sonderheitlich denen Gattungen, welche blätterichte Fülhörner haben, wie die Erdkäfer rc. daß wenn sie auf einer Blume oder Pflanze sizzen, sie die Blätchen der Keule an ihren Fülhörnern bald öfnen, bald solche wieder schliesen, nach Art groser Tiere, welche ihre Naselöcher aufsperren und wieder verengeren, um die angenehmen Gerüche mit Macht zu den Riechnerven zu bringen. — Es sind mir zwar noch keine Versuche gelungen, die ich zu dieser Beobachtung angestellet, ob sie nicht etwa durch andere Werkzeuge als durch die Fülhörner riechen. Ich habe zu dem Ende verschiedenen die Fülhörner ab-

abgeschnitten; allein sie konnten diese Verstümmlung, wie ich mir wol ein=
bildete, nicht ausstehen, und mußten sie zu balde mit dem Leben bezalen.
Ich habe sodann auch die Fülhörner verkleistert; doch haben mir einige Hin=
dernisse diesen Versuch auch vereitelt. Da er aber doch der schiklichste sein
mag, so werde ich ihn ferner mit möglichster Behutsamkeit und Geduld
anstellen.

Uebrigens aber dörfen wir uns nicht eben einbilden, als ob die Riech=
werkzeuge dieser Insekten gerade auf solche Art eingerichtet sein müßten,
wie sie sich bei Menschen oder Tieren befinden, die rotes Blut haben.
Denn wie nicht nur der Bau ihrer Augen von iener sehr abweichet, und
diese Insekten doch scharf sehen, sondern auch ihre Schmekorgane ganz an=
ders eingerichtet sind, als bei fleischigen Zungen —— (auf deren Nerven
und Aderngewerbe sich überall kleine Wärzchen erheben, welche teils spizzig,
theils rund sind, wovon die spizzigen aus den feinen Enden der Schmek=
nerven bestehen, welche der Schöpfer da in kleine Bündel vereiniget hat,
die schief vorwärts liegen, und sich allemal, wenn man etwas kostet, ein
wenig erheben, auf daß die Materien, die den Geschmak verursachen,
desto leichter auf sie wirken können, als welche Empfindung des Reizes
eben das ist, was wir Geschmak nennen; die stumpfen aber, die etwas
gröser sind, als iene, und aus feinen Aederchen zusammengewikkelt, son=
dern beständig einen dünnen Saft ab, um iene spizzige damit zu befeuch=
ten: ——) Also haben auch die Riechorgane der Insekten unstreitig und
augenscheinlich eine abweichende Verschiedenheit von denen der Tiere mit
rotem Blut.

Aus dieser Verschiedenheit aber stralet uns destomehr die gränzenlose
Weisheit des grosen Urhebers aller Wesen in die Augen, und er leget uns
so viele Tausend wunderbare Beweise vor, um ihn auch daraus zu ver=
herrlichen und im Staube anzubeten, Gelegenheit zu nemen; denn auch
dadurch bauen wir uns den Weg zu höhern Kenntnissen, die erst in iener
Vollkommenheit zur weitern Entwiklung kommen.

Von den Werkzeugen des Gefüls.

Daß die Fülhörner die Werkzeuge des Gefüls seien, und sie ihren Namen mit Recht füren, ist überzeugend. Wir sehen, daß die Bienen, Wespen und Ameisen sich ihrer Fülhörner als der Hände bedienen, alles damit zu betasten und zu untersuchen. Wie aber dieses Sinnorgan innerlich zubereitet und mit Nerven zu diesem Vermögen ausgerüstet seie, ist uns auch noch Geheimniß. Denn wenn uns schon das gute hofmännische Mikroskopium compositum das Objekt äußerlich groß und deutlich vorstellet, so hält es doch mit der Zergliederung schwer, da solche Teile sehr klein sind, und überdas die Nerven und Rören sogleich zerstöret sind, daß man nicht viel deutliches beobachten kann.

Uebrigens aber bezeuget die Erfarung, daß auch bei den Insekten etwas von Gefül durch den ganzen Körper verteilt ist, ob es schon bei der hornartigen Haut der meisten sehr beschränkt ist, iedoch durch ganz eigene hiezu bestimmte Werkzeuge, selbst durch die feinste Härchen, die auf der Hornhaut befindlich sind, entschädiget wird. — Weil wir uns aber auch von diesem Sinn der Insekten noch zur Zeit keinen andern Begrif machen können, und keinen andern Masstab haben, als den wir von unserer eigenen Empfindung hernemen, (so wenig ein Mensch, der, wenn es möglich wäre, in seinem Leben nur die rote Farbe gesehen hätte, sich eine Vorstellung von der blauen machen könnte,) so will ich nur ein Wort von unserem Gefülsinn beifügen.

Unter dem Begrif von Gefül in seiner eingeschränkten Bedeutung wird weiter nichts verstanden, als iene besondern Wirkungen, die sich in den Nerven der äußersten Glieder der Finger zu erkennen geben, wenn man Materien oder Körper damit befület, um zu erfaren, ob sie rau oder glat, hart oder weich, eben oder höklerig, plan oder erhoben, fein oder grob, zart oder roh u. s. w. sind. — Es ragen nemlich den Fingernägeln gegen über ungemein viele Spizzen der Nerven, welche bündelweise in kleine spizzige Wärzchen zusammenlaufen, über die Haut hervor, und liegen ordentlich in krummen Reihen neben einander, die wie feine erhobene Linien aussehen, und kleine concentrische Bögen bilden. Sie sind zwar mit dem feinen Oberhäutchen überzogen: allein da sie hier viel zahlreicher zugegen sind, und weit höher empor stehen, als an andern Stellen der

Haut,

Haut, so kann man ihre Lage, wenn man in der Nähe überhaupt scharf
siehet, ziemlich gut sehen. Diese Nerven sind nun das eigentliche Organ
des Gefüls. Warscheinlich erheben sich ihre spizzigen Wärzchen, in welche
sie zusammenlaufen und ragen ordentlich hervor, wenn man sie mit Fleiß
recht anstrenget, um etwas genau zu fülen, nur, daß man es nicht mit
blosen Augen sehen kann. Diesen Nervenspizzen aber muß nicht nur das
Oberhäutchen zur Dekke dienen (indem es nur das nötige Gefül hindurch
läßt und ieden heftigen Reiz abwendet, welchen wir sehr oft empfinden würs
den, wofern es nicht zugegen wäre, wie man mit heftigen Schmerzen füs
let, wenn man sich ein wenig davon abgerissen hat, ob es gleich bald
wieder heilet): sondern es müssen auch die Spizzen der Nerven mit einem
gewissen klebrigten Saft beständig feuchte erhalten werden, weil sie außers
dem füllos und verdorben würden. Diesen Saft bereitet der Schöpfer
aus den feinen Aederchen, welche in erstaunlicher Menge aus den Muskeln
und Fettzellen, (mit welchem zarten Gewebe alle Muskeln eingehüllet und
umgeben sind, so daß die Haut nicht auf dem Fleisch unmittelbar aufliegt)
hervorkommen, um da aus ihren Mündungen den überflüßigen Duft des
Bluts von sich zu hauchen. Diese hat er so eingerichtet, daß sie in kleinen
Drüsen, die fast wie Hirsekörner aussehen, einen lokkeren klebrigen Schleim
bereiten, und gedachte Nerven damit überziehen müssen, indem nur die
Oefnungen der Aederchen selbst unbedekt bleiben, weil sie sonst ihren Duft
nicht von sich geben könnten. Dieser klebrigte Saft schwimmt gleich unter
dem Oberhäutchen und macht die verschiedenen Farben der Menschen aus,
so daß er bei schwarzen Menschen schwarz, bei weißen weiß rc. rc. ist.

So können nun freilich die Gefülwerkzeuge der Insekten nicht eins
gerichtet sein, weil sie keine weiche zelligte Haut und solche Adern haben,
doch sind sie warscheinlich in der Hauptsache und der Wirkung nach auf
eine änliche Weise eingerichtet. Denn was ist dem unmöglich, der da
will, und es geschieht, der da gebeut, und es stehet da?

Von dem Naturtrieb der Insekten.

Was den Naturtrieb (*) und die Geschiklichkeit unserer Insektengeschlechter anbetrift, so werden solche billig in einen hohen Grad des Vorzugs vor vielen gesezzet, indem diejenigen Tiere desto vollkommener sind, auf
ie mehrere Fälle sich ihre Erkenntnis erstrekket, so daß, wenn man solche
Tiere in ihren Verrichtungen hindert, sie umzukehren und durch andere
unterschiedene Wege zu ihrem Endzwek zu gelangen wissen. Wir werden
auch bei unsern Insektengeschlechtern, sowol bei den Republikanern als bei
den Einsiedlern, bei denen, die in Gesellschaft und bei denen, die einsam
leben, ganz unerwartete und höchst bewundernswürdige Verrichtungen,
Sitten, Arbeiten und Künste sehen, die einen grosen Schein von Klugheit
und Ueberlegung, von Einsichten und Vorhersehungen, von Wiz, von
Polizei und dergleichen haben, welche öfters den Augen des Beobachters
ein angenemes Schauspiel vorstellen, das ihme zur unerschöpflichen Quelle
von Vergnügen und Unterrichte wird, ia ganz erstaunende Fälle in dieser
Art, die unsere Bewunderung mit Gewalt dahinreissen. Man erwäge
unter andern nur die seltenen Kunsttriebe einiger der beschriebenen Arten
unserer fünften Klasse z. B. Tab. XIII. fig. 5. und fig. 8. Tab. XIV.
fig. 9. Tab. XVII. 2. und 3. Tab. XXX. fig. 6. Tab. XLVII. fig. 1.
Tab. XLIX. fig. 5. und 6. — Allein wir müssen wol unterscheiden, daß
die häufigen Ausdrükke von Ueberlegung, Absicht, Verstand rc. bei den Tieren nicht nach der Strenge der philosophischen Sprache gebrauchet sind und
wir sie durchaus nicht in ihrem eigentlichsten bestimmtesten Verstande nehmen dürfen. Denn eigentlich können wir sie ihnen nicht beilegen, ohne
sie zu Menschen zu machen und mit Vernunft zu begaben, die ihnen nicht
zukommt. Denn sie sind eigentlich keiner allgemeinen, sondern nur blos
sinnlicher und einzelner Begriffe fähig. Uns vernünftigen Wesen ist es so
geläufig, ein vorzügliches Verfaren eines Tiers, worinnen wir seine Absichten und künstliche Schlußfolgen warzunemen glauben, durch Ueberlegung

---

(*) Im engern Verstande bezeichnet das Wort Naturtrieb die Empfindung
des Nüzlichen und Schädlichen, mit welcher die Tiere geboren werden, um das,
was zu ihrem Lebensunterhalt und Fortpflanzung dienlich und nötig ist, zu suchen
und hingegen das Schädliche zu vermeiden. Im weitern Sinn aber bezeichnet
es auch ihre Kunsttriebe und gewisse Kräfte einer verstandänlichen Erkennt-
niß.

gung auszudrükken, weil es uns so natürlich ist, in änlichem Falle uns nach solchen Absichten zu bestimmen. In der Tat aber ist das Tier blos ein blindes Werkzeug, das von seinem eigenen Tun nicht urtheilen kann, sondern das von dem anbetungswürdigen Verstande regieret wird, der iedem Insekt seinen Kreis, so wie iedem Planeten seine Sphäre, vorgeschrieben hat. Wenn wir daher z. E. eine Biene an ihrem künstlichen Neste bauen sehen, das der geschikteste Meßkünstler nicht so genau, nicht so vollkommen und zwekmäßig in seiner Art machen könnte, so müssen wir mit Ehrfurcht erfüllet werden, und uns dünken lassen, ein Schauspiel zu sehen, worinnen sich der höchste Künstler hinter einem Vorhange verborgen hält. — Zwar sind die Tiere keine blose Maschinen; denn das widerleget die Art, womit sie in ihrem Betragen abwechslen. Sie haben Selen, das beweißt die Aenlichkeit ihrer sinnlichen Werkzeuge und ihrer Handlungen mit den unsrigen: ia ihre Selen müssen immateriel sein, weil die Einfachheit der Empfindungen den Eigenschaften der Materie widerspricht. Sie haben Gedächtnis, denn dieses zeigt sich in Erinnerung dessen, was mit ihnen vorgegangen ist. Man beunruhige und beleidige einen Bienenstok, und entfliehe, lasse sich aber denselbigen ganzen Tag, oder auch den folgenden nur wieder in der Nähe blikken, man wird bald empfinden, wie gut sie sich der zugefügten Beleidigungen zu erinnern wissen: ia man neme Gesellschaft zu sich, der Thäter, wenn er vorhin schon bei der Beleidigung verfolgt worden, wird gewiß zuerst entfliehen müssen. — Allein alle tierische Erkenntnis ist blos sinnlich, und erstrekket sich hauptsächlich nur auf die Erhaltung des Lebens, auf die Fortpflanzung der Art und die Sorgfalt für die Jungen. Ihre Künste, ihre Verrichtungen sind dahero einförmig. Sie bewegen sich, wie die Planeten, in einem Kreise, den ihnen die Natur vorgeschrieben hat und schreiten niemals daraus. Wenn eine Biene hundert Jahr alt werden könnte, an statt daß ihres Lebens Ziel nur ein Jahr ist, so würde sie ihre Geschiklichkeit und Künste nicht höher treiben, wie im Gegenteil die Fähigkeit der menschlichen und mit Vernunft begabten Sele immer zunimmt und in Ewigkeit wächst (welches auch ihre beständige Fortdauer zu beweisen nicht wenig dienet). Die klügsten Tiere können ihre Begriffe nicht allgemein machen, noch im Verstande abstrahiren und also keine eigentlichen Vernunftschlüsse machen. Das Gehirn der Tiere kann nur sinnliche Ideen zusammenfügen. Ihre anscheinenden Vernunftschlüsse sind nichts anders, als Vergleichungen gewisser sinnlicher Begriffe untereinander, deren sie sich erinnern. Es gehet gewissermaßen maschinenmäßig zu, und sie befolgen nur ein natürliches Bedürfnis.

dürfnis. Nicht ihr Verstand hat die Absicht sich vorgesezt, sondern ihr Urheber und Schöpfer.

Mit ie mehrern Sinnen indessen ein Tier begabt ist, desto mehrere und verschiedenere sinnliche Vorstellungen hat es; und da es solche unterscheidet, so vergleichet es dieselben auch nach seiner Art. Hieraus folgen Handlungen, die das Ansehen der Ueberlegung haben, und die im Grunde nichts als blose Folgen der Vergleichung gewisser blos sinnlicher Vorstellungen miteinander sind. Wie aber dieses alles in der kleinen beselten Maschine vorgehet und durch welche Wege sie von einer unsichtbaren Hand zu ihrem Endzwek geleitet wird, das ist uns in unserm eingeschränkten Horizont, dahin wir einige Zeitlang verwiesen sind, und unter welchem wir nur so viel Licht erblikken, als wir zu unserm gegenwärtigen Zustand nötig haben und sich dazu schikt, ein tiefes Geheimnis und kann und soll uns zum unerforschlichen Urheber des Weltgebäudes leiten und zur Bewunderung des ordnenden göttlichen Verstandes reizen.

Der Instinkt oder Naturtrieb der Tiere will hiebei alles, aber auch gar nichts sagen: Denn wer erklärt uns diesen? = = Wir wissen gar wol, was er nicht ist, keineswegs aber, was er ist. — Ueberhaupt zu sagen, der Naturtrieb seie eine Folge des Eindruks gewisser Gegenstände auf die Maschine, der Maschine auf die Sele, und der Sele auf die Maschine, heißt nichts anders, als etwas weniger dunkle Ausdrükke, statt eines ganz dunklen gebrauchen. Der Begrif wird dadurch gar nicht klärer. Wir werden bei den künstlichen Handlungen der Tiere allemal auf die Quelle aller Weisheit zurükkommen, welche ihre verschiedenen Organe mit so viel Kunst gebauet und zu einem gemeinschaftlichen Endzwek bestimmet hat, und die eben auch deswegen die verschiedenen Handlungen, die aus der tierischen Oekonomie natürlicherweise herkommen, zu einerlei Endzwek abzielen lassen. Instinkt bei den Tieren und Vernunft bei den Menschen laufen gewissermaßen und in gewisser Rüksicht in einer Parallele, nur daß die treibende und vergleichende Kraft, die in dem Menschen zwei Kräfte sind, in der Natur der Tiere in eine Kraft vereinigt ist. Alles, was entweder Vernunft oder Instinkt empfangen hat, besizt solche Kräfte, die ihm am dienlichsten sind, zu seiner Vollkommenheit zu gelangen. Indessen ist der Instinkt ein untrüglicher Führer, und sicher, nie zu weit zu gehen, sondern richtig das Ziel zu treffen; durch seine Leitung gehet alles seiner bestimmten Glükseligkeit oder Vollkommenheit zu, und findet die

Mittel

Mittel nach seinem Zwekke eingerichtet: aber die menschliche Vernunft reicht bald zu weit bald zu kurz. Der Instinkt ist sicher, durch die geschwinde Natur zur Glükseligkeit zu gelangen, wornach die langsame Vernunft oft vergebens wandert. Der Instinkt dienet beständig fort und muß richtig gehen; aber die Vernunft kann irren. Woher kommt das? : : Im Instinkt regieret Gott, und in der Vernunft nach dem Sündenfall der Mensch.

Zu diesem Vorwurf gehöret einigermaßen auch unserer Insekten ganz entferntes Analogon unserer Sprache, da wir durch künstliche Zeichen (Wörter) unsere Empfindungen und Begriffe einander mitteilen und bekannt machen können. — Wenigstens die gesellschaftlichen Bienen und Wespen, auch die Ameisen haben gewisse natürliche einförmige Zeichen, wodurch sie ihre kleine Leidenschaften, ihre Bedürfnisse rc. einander zu erkennen geben können. Das beweisen tausend Warnemungen, und der Sinn ihres Gehörs gründet sich darauf. Man sehe bei einer Biene die Freudenbezeugung durch Schwingung der Flügel, durch Erregung gewisser zwar einförmiger Töne, wenn sie zum ersten an ein vor das Flugloch gestelltes Gefäß mit Honig kommt, oder sonst dergleichen Entdekkung gemacht hat: wie sie dadurch bewirkt, daß sogleich mehrere herbeieilen oder mit ihr fliegen: wie sich bald eine ganze Wolke von Bienen versammlet, um gemeinschaftliche Hand anzulegen. Man sehe die Liebkosungen der Bienen gegen ihre geliebte Mutter und Beherrscherin, wie sie solche belekken, wie sie ihr mit ihren Zungen beständig Honig darreichen: man merke auf das erzürnte Gezisch, womit sie um die Ohren eines Beobachters herumsummen, von dem sie beleidiget zu sein glauben: wie sie ihre Mitbürger herbeirufen, und mit gleicher Rachbegierde anflammen, und also durch diesen Laut die zarten Nerven ihres Gehirns rühren und einen starken Eindruk machen, daß der damit verknüpfte Begrif der Sache oder der Handlung bei ihnen rege wird. (*) Diese und viele hundert andere Warnemungen beweisen unstreitig, daß sie eine gewisse natürliche Sprache (daß man sich

H 3 nach)

(*) Diese geheime Neigungen und gewaltsame Bewegungen und Begierden, welche das Gleichgewicht der Sele aufheben, und sie zu gewissen Gegenständen treiben, mußte der weise Urheber der Natur auch in diese kleine beseelte Maschinen legen, um für die Erhaltung der Arten zu sorgen. Warscheinlich haben die Leidenschaften der Tiere, eben wie bei uns Menschen ihren Grund und ihre Entstehung darinn, daß die Sele durch stärkere oder schwächere Eindrükke verschieden gerürt wird, sodann hinwiederum ihres Teils auf die Nerven wirkt, die Erschütterungen darinnen unterhält, und dieselben lebhafter und anhaltender macht.

nach unserer Sprache also ausdrükt) untereinander haben. Es sind aber freilich nur blos natürliche Zeichen, welche von willkürlichen Zeichen, von künstlich zusammengesezten Worten, so weit entfernet sind, und abstehen, als der Tiere Naturtriebe von unsern Vernunftschlüssen, als verständiger Wesen, die sich selbst erkennen, und zu ihrem göttlichen Schöpfer hinaufsteigen können.

Auch das Naturel und Temperament unserer Insektengeschlechter ist nicht unwürdig in Betracht gezogen zu werden. Auch bei diesen äußert sich solches sowol als bei den grosen Tieren, und die Naturforscher sollten sich weit mehr Mühe geben, desfalls nachzuforschen, und diese psychologischen Karaktere näher kennen zu lernen. Der Fleiß der Biene, die Verstolenheit der Wespe, die Mordbegierde der Horniße, die List der Schlupfwespe, die Herzhaftigkeit des Raupentödters, die unüberwindliche Liebe und Sorgfalt der Ameise für die Jungen, deren sie öfters noch acht bis zehn wegträgt, wenn sie schon mitten entzwei geschnitten ist, und dergleichen, sind Beispiele, die uns in der Zukunft noch vieles aufschließen können, so uns, wie bei andern Insekten ihre Naturgeschichte, nicht geringen Nuzzen bringen mag.

Die Geschichte der Tiere lehret uns, daß man ihr Naturel (wenige Gattungen in einem strengen Klima ausgenommen), bis auf einen gewissen Grad biegen, abändern und an neue Eindrükke gewönen könne. Nur von unserm Bienengeschlecht ein Beispiel zu nehmen, so wißen wir, wie leicht sie ihren Herrn kennen lernen, der sie behandelt, fleißig besucht und gehörig mit ihnen umzugehen weiß. Vielen ist bekannt, welch merkwürdige Proben Karl Lowis aus England vor verschiedenen Jahren zu Frankfurt am Mayn und andern Orten in Bezämung eines Stoks voll Bienen gezeiget, und sie teils auf seinem blosen Gesicht, Armen und Händen, ohne die geringste Gefar gestochen zu werden, teils auf dem Tische allerhand Stellungen und Gestalten annemen laßen, und nach seinem Vorgeben auch die Kunst verstunde, die Hummeln und bösartige Wespen in kurzer Zeit zahm zu machen. — Wie zwekmäßig weiß nicht der Mensch bei den Tieren sonderheitlich die zwei grose Beweggründe Hunger und Furcht, wie auch die Einschränkung der Freiheit in Wirksamkeit zu sezzen, und sie zu bestimmen, ihre Erhaltung zu suchen, das ihnen Schädliche zu vermeiden und zu Erreichung dieses Endzweks ihre angeborne Sitten zu verlaßen.

Von

Von dem Leben und der Erhaltung der Insekten
den Winter über.

Gar viele Insekten gleichen den Sommergewächsen, und sterben noch vor Winter, teils auch nach wenigen Wochen und Tagen, ia Stunden, nachdeme sie ihre Eier gelegt, und ihre Fortpflanzung dadurch besorgt haben. Wie also iene Sommergewächse den Winter hindurch nur in ihrem Samen fortdauren, so leben auch dergleichen Insekten nur in ihren Eiern fort.

Andere leben den Winter über als Wurm über der Erde, unter der Erde, in holen Bäumen, in zusammengerollten Blättern, in dem Mark der Früchte, in den Auswüchsen der Pflanzen 2c. ia selbst im Wasser, das gefriert. Und solche Insekten, die als Würmer über Winter sich erhalten, haben ein viel härteres Leben im Wurmstand, als nach ihrer Verwandlung.

Viele Insekten dauren den Winter hindurch im Nymphenstand, auch unter und über der Erde, wie auch im Wasser ohne Narung, als welche sie zu sich zu nemen nicht im Stande sind, teils wegen ihren schwachen Gliedern, teils wegen der überflüßigen Feuchtigkeit, womit sie umgeben sind, und teils wegen der Kälte. Sie leben zwar, aber die Bewegung der Lebenssäfte durch ihre Körper ist unbegreiflich langsam.

Andere Insekten bewegen sich und leben auch im Winter, wenn sie in einer starken Gesellschaft beisammen sind, wie z. E. die Honigbienen.

Die meisten aber sind den Winter über ohne alle Bewegung und Narung; verbergen sich bis zur Frülingswärme, die sie wieder auflebet. Wenn man sie aber unter der Zeit in der Hand oder einer warmen Stube erwärmt, so leben sie auch auf. Von diesen pflegt man zu sagen: sie seien Winterschläfer. — Indessen ist uns die Art und Weise der Erhaltung ihres Lebens, da ihre Säfte durch die Kälte stokken und gefrieren müssen, unbegreiflich und unerklärbar, so viel wir auch darüber philosophiren mögen, und allein dem weisen Schöpfer bekannt, und können wir in diese Werkstätte der Natur nicht eindringen.

Ueberhaupt

Ueberhaupt aber, da alle Werke des grosen Gottes sich auf einförmige Regeln einer ewigen Beständigkeit gründen, und wir nur die einfachesste Oberfläche von dem Schatten iener unergründlichen Werke gleichsam nur im Vorbeigehen erkennen: wer siehet nicht, daß alle Weisheit der Philosophie nur in einer klaren und deutlichen Erkenntnis bestehe, wie die Ursachen mit ihren Wirkungen verbunden seien, deren Erkenntnis iedoch allgemach den Weg banet zu höherer Kenntnis, da die Ursachen dieser Wirkungen öfters andere Probleme auflösen und erläutern. Man muß daher allen Fleiß anwenden, den Ursachen der Dinge nachzuspüren, und daraus die Schlüsse, Regeln und Gründe der zu erkennenden natürlichen Dinge herleiten. Zweifelhaft und trüglich sind alle unsere Schlußfolgen, wenn sie nicht von der Erfarung hergeleitet, unterstüzzet und bewiesen werden und sich nicht in derselben gründen und enden. Vernunft und Erfarung muß also mit gleichen Schritten gehen. Wenn unsere Schlußfolgen nicht dieses Fundament haben, so sind sie verdächtig, und wenn sie der Erfarung zuwider sind, ganz falsch. Bei der Kürze unseres Lebens kann freilich auch der Gelehrteste in Erfarung natürlicher Dinge nicht weit kommen, die Nachforscher aber müssen immer weiter bauen.

Abhandlung

der

Geschlechter

und

Arten.

Einteilung

der

Hauptgeschlechter

und

untergeordneten Geschlechter, Gattungen und Arten.

Die Geschlechter der Bienen und der damit verwandten oder angränzenden Wespen und Ameisen aus dem weitläuftigen Insektenreich macht in dem Natursystem des Ritters und königlich schwedischen Leibarztes, Herrn Karl von Linné in der fünften Klasse die fünfte Ordnung aus, und werden Hymenoptern (Insecta Hymenoptera) (*) genannt, von

Hymen

(*) Linné hat das ganze Insektenreich gleichsam in 7 Provinzen eingeteilt, und die Klassen der Insekten von den Flügeln bestimmt, unter folgenden Benennungen:

I. *Coleoptera*, mit ganzen Flügeldecken.

[Unter diese Ordnung gehören 29 Geschlechter: Käfer, Erdkäfer (Scarabaeus) 47 Arten. Feuerschröter, Kammkäfer (Lucanus) 7 Arten. Kleinkäfer oder Schabkäfer (Dermestes) 30 Arten. Bohrkäfer (Ptinus) 6 Arten. Dutenkäfer, Dungkäfer, Stutzkäfer, (Hister) 6 Arten. Drehkäfer, Taumelkäfer, (Gyrinus) 2 Arten. Nagende Käfer, Knollkäferchen, (Byrrhus) 5 Arten. Todtengräber, Aaskäfer, (Sylpha) 35 Arten. Schildkäfer, (Cassida) 31 Arten. Sonnenkäfer, Halbkugelkäferchen, (Coccinella) 49 Arten. Goldhäuchen, Blatkäfer, (Chrysomela) 122 Arten. Dornkäfer, Igelkäfer, (Hispa) 4 Arten. Samenkäfer, Müffelkäfer, (Bruchus) 7 Arten. Rüsselkäfer,

Hymen, einem klaren durchsichtigen Häutchen, wie Frauen- oder Marienglas, weil diese Insekten solche häutige und gleichsam glasartige durchsichtige Flügel haben, die sich von den Florflügeln verschiedener anderer Insekten merklich unterscheiden.

Das

käfer, (Curculio) 95 Arten. Bastardrüsselkäfer, Afterrüsselkäfer, (Attelabus) 13 Arten. Bokkäfer, (Cerambyx) 83 Arten. Weiche Holzbökke, oder Afterbokkäfer, (Leptura) 25 Arten. Bastardbökke, Halbkäfer, (Necydalis) 11 Arten. Leuchtende Käfer, Scheinkäfer, (Lampyris) 18 Arten. St Johannisfliegen, Afterscheinkäfer, (Cantharis) 27 Arten. Springkäfer, Schnellkäfer, (Elater) 38 Arten. Sandläufer, Sandkäfer, (Cicindela) 14 Arten. Stinkkäfer, Gleißkäfer, (Buprestis) 29 Arten. Wasserkäfer, Tauchkäfer, (Dytiscus) 23 Arten. Erdkäfer, Laufkäfer, (Carabus) 43 Arten. Meelkäfer, Schlupfkäfer, (Tenebrio) 33 Arten. Maykäfer, (Meloë) 16 Arten. Erdflöhe, Erdflohkäfer, (Mordella) 6 Arten. Raubkäfer, (Staphylinus) 26 Arten. Ohrenwürmer, Zangenkäfer, (Forsicula) 2 Arten.

2. *Hemiptera*, mit halben Flügeldekken.

[Diese Ordnung hat 12 Geschlechter: Kakerlaken, Schabe, (Blatta) 10 Arten. Gespenstkäfer, das wandlende Blat, (Mantis) 14 Arten. Grashüpfer, (Gryllus) 61 Arten. Laternträger, (Fulgora) 9 Arten. Cikaden, (Cicadae) 51 Arten. Wasserwanzen, Bootwanzen, (Notonecta) 3 Arten. Wasserskorpion, (Nepa) 7 Arten. Wanzen, (Cimex) 121 Arten. Pflanzenläuse, Blatläuse, (Aphis) 33 Arten. Blatsauger, Blatfloh, (Chermes) 17 Arten. Schildläuse, (Coccus) 21 Arten. Blasenfuß, (Thrips) 5 Arten]

3. *Lepidoptera*, mit bestäubten Flügeln.

[Schmetterlinge, welche sind 3 Geschlechter: Tagvögel, (Papilio) 273 Arten. Pfeilschwänze, oder Abendvögel, (Sphinx) 47 Arten. Nachtvögel, (Phalaena) 460 Arten.

4. *Neuroptera*, mit nezartigen Flügeln.

[Sieben Geschlechter: Jungfern, oder Wassernymphen, Wasserjungfern, (Libellula) 21 Arten. Tagtierchen, oder Haft, Uferaas, (Ephemerides) 11 Arten. Wassereulen, Wassermotte, (Phryganea) 24 Arten. Stinkfliegen, Florfliegen, (Hemerobius) 15 Arten. Bastardjungfern, oder Afterjungfern, (Myrmeleon) 5 Arten. Skorpionfliegen, (Panorpa) 4 Arten. Kameelhälse, oder Kameelfliegen, (Raphidia) 3 Arten.

5. *Hymenoptera*, mit häutigen Flügeln, oder Glasflügeln.

6. *Diptera*, zweiflügelige.

[Dazu gehören folgende 10 Geschlechter: die Bremsen, oder Bremen, auch Afterbremen, (Oestrus) 5 Arten. Langfüße, oder Schnaken, (Tipula) 61 Arten. Fliegen, (Musca) 129 Arten. Viehbremen, oder Bremen, (Tabanus) 19 Arten. Mükken, (Culex) 7 Arten. Hüpfer, tanzende Mükken, Fliegenschnepfe, (Empis) 5 Arten. Stechfliegen,

Das Hauptkennzeichen dieser Geschlechter ist, daß die Individua sämmtlich Fülhörner, wiewol verschiedentlich gegliederte Fülhörner haben, welche entweder zum Drittenteil oder zur Hälfte aus einem ganzen Stük bestehen, welches das Grundgelenk heißt, und darauf viele oder wenigere kleine Glieder oder Ringe in einem Gewerbknopf stehen, die mit jenem Grundgelenk gleichsam einen Ellenbogen machen, oder die Fülhörner sind fadenförmig, und aus vielen Stükken oder länglichten Ringen zusammengesezt, davon das Grundgelenk ganz kurz ist. Sodann haben sie sämmtlich an den Seiten des Kopfs zwei grose nezförmige Augen, die aus sehr vielen kleinen sechsekkigten Flächen oder Fasetten zusammengesezzet sind, und warscheinlich aus so vielen verschiedenen tausenden Augen bestehen. Außer diesen haben sie alle drei runde, gewölbte, glatte und glänzende, meist in einem Dreiek nahe beieinanderstehende kleine Augen auf der Stirne oder dem obersten Teil des Kopfs, die gewönlich Ocellen genennet werden. Ferner haben sie vier obbemeldter glasartiger Flügel, wovon das obere Paar allemal gröser ist, als das untere, einige Weibchen von einer Art wilder Bienen und die Geschlechtlosen unter den Ameisen ausgenommen, welche gar keine Flügel haben. Und endlich sind sie auch allermeist mit einem Stachel am Ende des Hinterleibs versehen, welcher entweder ein Angel, ein Wehr= oder Stechstachel oder ein Legestachel

J 3 ist,

gen, Pferdestecher, (Conops) 13 Arten. Raubfliegen, (Asilus) 17 Arten. Schweber, Schwebfliegen, stehende Fliegen, (Bombylus) 5 Arten. Fliegende Läuse, Lausfliegen, (Hippobosca) 4 Arten.

7. *Aptera*, Ungeflügelte. 14 Geschlechter.

(Dahin gehören:
  a. Mit 6 Füßen,

Zukkerlekker, oder Zukkergast, Schuppentierchen, (Lepisma) 3 Arten. Pflanzenflöhe, Fußschwanztierchen, (Podura) 14 Arten. Holzwürmer, Holzläuse, (Termes) 3 Arten. Läuse, (Pediculus) 40 Arten. Flöhe, (Pulex) 2 Arten.

  b. Mit 8 bis 14 Füßen.

Milben, (Acarus) 35 Arten. Krebsspinnen, Zimmerspinnen, Afterspinnen, (Phalangia) 9 Arten. Spinnen, (Aranea) 47 Arten. Skorpion, (Scorpio) 6 Arten. Krebse, (Cancer) 87 Arten. Schildflöhe, Kiefenfuß, (Monoculus) 9 Arten. Kellerwürmer, Assel, Kelleraffel, (Oniscus) 15 Arten.

  c. Mit vielen Füßen.

Asselwürmer, Vielfuß, Tausendbein, (Scolopentra) 11 Arten. Vielfüße, (Julus) 8 Arten.

ist, wovon die Männchen in Rüksicht des leztern ohnehin von Natur eine Ausnahme machen, und in Rüksicht des erstern auch die meiste Männchen.

Die Geschlechter dieser fünften Ordnung sezt **Linne** in dieser Folge:

1. Die Galläpfelwürmer, (Cynips) Wespen, welche ihre Nachkommen in Blättern und Pflanzen, woran sie Gallen oder Blasen durch ihren Stich verursachen, fortpflanzen, und deswegen auch Gallwespen heisen, und ist in iener systematischen Ordnung das 241te Geschlecht.

2. Die Blatwespen, Schlupfwespen, (Tenthredo) wodurch besonders solche Wespen bezeichnet werden, deren Larven wirkliche Raupen sind, wie Schmetterlingsraupen, von welchen sie aber durch das Wort Afterraupen unterschieden werden, weil sie meist mehrere Füße haben als die Schmetterlingsraupen. Sie schlupfen um die Zeit ihrer Verwandlung gemeiniglich in die Erde, verpuppen sich daselbst in einem Gespinst und schlupfen sodann zu seiner Zeit als das fliegende Insekt aus der Erde hervor, und ist das 242te Geschlecht.

3. Die Holzwespen, (Sirex) deren Larven mehrenteils im verfaulten Holze und in verstorbenen Bäumen sich aufzuhalten pflegen, machen bei Linne das 243te Geschlecht.

4. Die Raupentödter, auch Schlupfwespen genannt, (Ichneumon). Diese heisen solche Wespen, welche in die Larven anderer Insekten, sonderheitlich aber in die Schmetterlingsraupen hineinstechen, und ihre Eier unter ihre Haut oder in ihre Puppe legen und dadurch viele Raupen tödten: und sind das 244te Geschlecht.

5. Bastardwespen, Raupentödter, (Sphex) eine Art Wespen, welche von dem vorigen Geschlecht nicht viel unterschieden sind, und auch einige die nemliche Eigenschaft haben und ihre Jungen mit Raupen und andern Insekten füttern, daher sie auch Herr Sulzer Afterraupentödter genennet, Reaumür Geupes Ichneumons, so wie er die vorigen Mouches Ichneumons genennet hat. Das 245te Geschlecht.

6. Die

6. Die Goldwespen, (Chryfis) welche einen prächtigen Goldglanz mit verschiedenen schönen Farben haben, sind das 246te Geschlecht.

7. Die Wespen, (Vespa) welche zum Teil in starker Gesellschaft, teils einsam leben. Das 247te Geschlecht.

8. Die Bienen, (Apis) das 248te Geschlecht.

9. Die Ameisen, (Formica) das 249te Geschlecht.

10. Die ungeflügelten Bienen, (Mutilla oder vielmehr Mutillata, weil sie gleichsam verstümmelt sind, da sie keine Flügel haben,) machen das 250te Geschlecht.

Wir verlassen diese Eintheilung des Linne in etwas, und sezzen zuerst die Hauptarten dieser Geschlechter, und bei denselben die beträchtlichsten voran.

Erste

Erste Hauptabteilung.

Das Bienengeschlecht.

I.   Die Honigbiene.   (Apis mellifica.)

II.   Die wilde Bienen.   (Apes terreſtres.)

Zweite Hauptabteilung.

Das Wespengeschlecht.

I.   Die Wespen.   (Vespae.)

II.   Die Raupentödter.   (Spheces.)

III.   Die Schlupfwespen.   (Ichneumones.)

IV.   Die Goldwespen.   (Chryſides.)

V.   Die Holzwespen.   (Sirices.)

VI.   Die Blatwespen.   (Tenthredines.)

VII.   Die Gallenwespen.   (Cynipes.)

Dritte Hauptabteilung.

Das Ameisengeschlecht.

Erste

Erste Hauptabteilung.
Die Bienen.
Apes. Linn. S. N. 248. Geſchlecht.

I. Die Honigbiene. Apis mellifica.

II. Die wilden Bienen. Apes terreſtres.

I. Abſchnit
von den
ṭamen Bienen oder Honigbienen.
Apis mellifica. L'Abeille. Linn. S. N. 248. Geſchlecht.

Naturgeſchichte der Honigbienen.

Das edle und nüzliche Inſekt, welches unter dieſem Namen verſtanden wird, iſt iedermann bekannt. Es wird daher auch gewönlich nur die Biene genannt, und dieſen Geſchlechtsnamen trägt ſie billig ihres Vorzugs wegen vor allen andern Gattungen von Bienen. Sie heißt die zame Biene, weil ſie ſich allein an einen veſten Ort gewönen läßt, ſo daß ſie nun unter unſere Hauſtiere kann gerechnet werden. Sie iſt die einzige ihrer Art und in der ganzen Welt ſind die Honigbienen einander an Geſtalt und Eigenſchaften gleich. Deſto mehr aber unterſcheiden ſich die Arten der wilden Bienen von einander, wie wir unten vernemen werden.

Wie nun aber dieſe leztere den Honigbienen in Anſehung deren Nuzzens, zalreichen Geſellſchaften und bewundernswürdigen Oekonomie nicht

K

nicht nur weit nachstehen, sondern auch die Honigbienen uns in ihren
Eigenschaften, Gliedmaßen, Beschäftigungen und dergleichen vieles von
ienen erklären, so ziehen wir sie billig zuerst in Betrachtung, und untersuchen das Hauptsächlichste ihrer Natur und Verfassung.   Die vielen
Schriften, welche bereits über die Bienen erschienen sind, überheben uns der
Mühe weitläuftig zu sein und mit sehr umständlichen Untersuchungen wären
ganze Bände anzufüllen.   Wir haben noch gar vieles bei ihnen zur Richtigkeit zu bringen, das zur Zeit auf blosen Hypothesen beruhet und mancher stolze
und eingebildete Kluge glaubt erschöpft zu haben, wenn er schon noch nicht
das A B C in ihrer Naturwissenschaft erlernet hat, so weit wir auch übrigens in der vorteilhaften Behandlung der Bienen zum ökonomischen Nu-
zen gekommen sind.

    Es ist bekannt, daß ihre schöne, ordnungsvolle und an lehrreichen
und vergnügenden Warnemungen ohnerschöpfliche Republiken aus dreierlei
Gattungen Inwohnern bestehen.   Das gemeine Volk, welches den grösesten Teil ausmacht, sind die sogenannten Arbeitsbienen, die Geschlechtlosen, welche weder zu den Weibchen noch zu den Männchen gerechnet
werden können.   Die Dronen, welche allein die Männchen sind, machen das Serrail der sogenannten Königin aus, des einzigen Weibchens
bei der grösesten Volksmenge, der Mutter aller Inwohner, welche auch
zugleich die Beherrscherin in diesem Staat vorstellet, weil sich alles nach
ihr, iedoch ohne Befehl richtet.

    Wie nun diese drei Gattungen von Bienen, die zu einer Familie ge-
hören, in ihren Verhältnissen, Arbeiten und Obliegenheiten zur gemeinen
Wolfart des Staats von einander abweichen, so unterscheiden sie sich auch
von einander in dem Bau des Körpers und in ihren innerlichen und äus-
serlichen Gliedmaßen.   Und sowol bei dieser als iener Einrichtung fället einem nachdenkenden Naturforscher der weise Plan des allesübersehenden
Schöpfers zur Erhaltung der Republiken dieser Insekten in die Augen, —
des Schöpfers, welcher sich in der Natur, obgleich mit Beibehaltung
der schönsten und herrlichsten Ordnung, an keine allgemeine Regel bindet,
wenn Umstände eine Sache verändern.

    Was nun zuvörderst

die gemeine Biene

Tab. I.
fig. I. oder die Arbeitsbiene Tab. I. fig. I. und ihre Gestalt betrift, so hat die-
selb-

Tab. I.

selbe einen flachen Kopf, der etwas dreiekkig, und gegen das Maul ziem=
lich schmäler zuläuft, als er oben an der Stirne ist. Die grose nezförmi=
ge Augen, welche aus verschiedenen tausenden Fasetten und sechsekkigten
Spiegelchen fig. 2* zusammengesezt sind, zu beiden Seiten des Kopfs ste= fig. 2.*
hen, und bis an die Wurzeln oder das Gewerb der Freßzangen gehen,
sind fast eiförmig, das untere Ende aber ist etwas schmäler, als das obere.
Sie sind schwarzbraun, aber stehen voll Hare, indem aus einem ieden
Spiegelchen dieser Augen ein Härchen in die Höhe stehet, welche Augen=
härchen aber sich, wie oben schon erkläret worden, von den Haren des Lei=
bes merklich unterscheiden. — Zwischen diesen zusammengesezten Augen
stehen oben auf dem Kopf, gleichsam auf der Stirne im Dreiek die gelblich=
ten Ocellen, drei kleine helle, glänzende, halbkuglichte Augen, in wel=
chen sich keine Härchen befinden; die Fläche des Kopfs aber ist mit kurzen
rötlichgelben Haren bewachsen. — Zwischen den Augen sogleich über der
Oberlippe und fast mitten im Kopf entspringen die Fülhörner, fig. 3 * fig. 3.*
ein merkwürdiges Glied, das aller Warscheinlichkeit nach ein Werkzeug
verschiedener Sinnen ist. a ist ein glänzend rötlicher Knopf, der Gewerb=
knopf, der sich nicht nur selbst im Kopf drehet, sondern auch den darauf
stehenden Gliedern die mannigfaltige Bewegungen zuläßet. (Bei einigen
wilden Bienen und bei Wespen ist er viel sichtbarer, gröser und erhabener,
absonderlich aber iedesmal bei fadenförmigen Fülhörnern, die ein kurzes
Grundgelenk haben). Auf diesem Gewerbknopf stehet das Grundgelenk
b, welches, wenn es ein langes Grundgelenk heißt, meist keulförmig und
oben dikker als unten, hier aber bei den zamen Bienen fast umgekehrt und
gegen unten hin dikker, in der Mitte aber am diksten ist. Auf diesem
Grundgelenk stehen in einem abermaligen Gewerbknopf c, neun Glieder,
welches länglich runde aneinandergegliederte Stükke sind dd, wovon sich
das äußerste oben völlig zurundet und etwas heller von Farbe ist. Ver=
mittelst welcher Gelenke und Gewerbe das Fülhorn bald einen Bogen, bald
spizzige oder stumpfe Winkel machet und gewönlich mit dem Grundgelenk
einen Ellenbogen formiret. — Unter den Fülhörnern befindet sich eine scha=
lenartige Oberlippe, welche die Zäne oder Schaufeln der Freßzangen,
wenn sie in der Ruhe sind, bedekken. Sie ist schwarz und stehen auf der=
selben ganz kurze weislichgelbe fast unmerkliche Hare. Der Saum aber
der Oberlippe ist mit goldglänzenden gelben kurzen Härchen eingefaßt. —
Die Freßzangen sind zwei bewegliche Gebisse, welche sich mit zwei Spiz=
zen und sogenannten Zänen endigen fig. 4* die sowol gerade aufeinander fig. 4.*
stehen und alsdann eine winklichte Zange vorstellen, als auch kreuzweis
über=

Tab. 1. übereinander gehen können, wie besonders bei todten Bienen zu sehen. Diese Zäne sind nicht gekerbt und gleichen einer gewölbten Schaufel oder einem Holbohrer, weil sie gegen innen wie eine Schale ausgehölt sind, damit sie die kleine Stükchen von den Sachen, so von dem äußern Umfang der Zäne zerdrükt und gemalen worden, einnemen. Diese schneidende Schaufeln sind ihnen zu Sammlung des Blumenstaubs und anderer Materien, zum Bau ihrer Zellen und zu mancherlei Gebrauch und Verrichtungen viel bequemer als gekerbte Zäne, ia die ihnen ganz unbrauchbar gewesen wären (wie wir denn auch nachher sehen werden, daß die Königin dergleichen gekerbte Zäne hat, weil sie zu keiner Arbeit geboren, und von der Natur bestimmt ist). Außen sind sie mit subtilen Härchen besezt, stärkere Hare aber stehen an den schwarzen Freßzangen von den Wurzeln an, bis zu den Zänen oder Schaufeln.

Hinter den Freßzangen nicht weit vom Halse an der innern Seite des Kopfs entspringet der Rüssel, ein sehr merkwürdiges Glied, welches gegen die Brust zu gekeret ist, wann es in Ruhe, und einem glänzenden krummen Vogelschnabel gleichet. Er hat nicht weit vom Anfang gleichsam ein Gewerb oder Gelenk, wo er sich beugt und ganz auf sich selbst zurükgelegt ist; der erste Teil gehet gerade vor sich bis an die Zäne, und der andere liegt zurük unter den Hals hin. Wann aber der Rüssel ausgestrekt ist, Fig. 5.* so siehet man unterschiedene Teile fig. 5*: denn er liegt in zweien schalenartigen Futteralen aa, wovon iedes wieder ein Halbfutteral oder zwei Flügel bb hat, die kürzer und schmäler sind und sich da anfangen, wo der Bug des Rüssels ist. Diese Halbfutterale sind an ihrem innern Umfang mit ziemlich langen Haren besezzet und bedekken die eigentliche Röhre des Rüssels, und haben sodann die grosen schalenartige Futterale zur Bedekkung auf sich.

Die Röhre des Rüssels cc, oder der eigentliche Rüssel, der in der Mitte geradeaus stehet, und um deswillen die Dekken oder Futterale da sind, ist nicht hornartig, sondern häutig und runzlich und besonders am mitlern Teil ganz fleischig, deswegen er sich erheben und ausdehnen kann. Er scheinet überzwerch geringelt zu sein und alle diese Streifchen sind dichte mit kurzen, gleichlaufenden, glänzenden Härchen besezt, die rötlich goldgelb sind, und daher der Rüssel einem Fuchsschwanz änlich siehet. In der Mitte und gegen hintenhin wird er dikker und aufgeschwollener, außen aber endiget er sich mit einem runden Wulst oder Knopf, dessen Mittelpunkt

punkt durchbort zu sein scheint und auf seinem Umkreis ziemlich lange und als Stralen stehende Hare hat. Jedoch ist der Rüssel nicht durchbort und wirket bei Auffaugung des Honigs nicht als eine Pumpe, sondern vielmehr als eine äußere harige Zunge, welche ihn auslekket und durch allerhand Bewegungen, Krümmungen, Erhebungen, Verlängerungen und Verkürzungen in die Furchen der Futterale (die auch noch diesen Endzwek haben) gegen den Mund neiget und dem Schlund zuführet, an dessen Defnung die eigentliche wahre Zunge und zwar eine fleischerne Zunge ist, welche die Narung, so dahin gebracht wird, einnimmt. Denn wenn die Narung blos durch eine Hölung im Rüssel in den Leib der Bienen kommen sollte, so könnte sie nimmermehr durch diesen unsäglich engen Weg Blumenstaub und dergleichen einsaugen und verschlukken; sondern der Honig rc., so auf den Rüssel und die harige Zunge genommen wird und unter die Futterale kommt, wird zwischen den Rüssel (auf der obern Seite desselben) und seinen Futteralen in das Maul geführet, und von der fleischernen Zunge ergriffen und verschlukt.

Die inwendige Seite des Kopfs dd gegen den Hals zu ist stark mit fahlgelben Haren besezt. Der Hals selbst ist kurz und nicht sichtbar, als nur, wenn die Biene den Kopf neiget und den Leib krümmet, da er denn als ein weisses Fleisch oder als eine angespannte Nerve zu sehen ist.

Das zunächst am Kopf in Verbindung durch den Hals stehende Bruststük ist etwas gewölbt und mit gelbbräunlichen Haren besezt, so wie auch unten die Brust. — Auch diese Wölbung ist für das Insekt eine Woltat der Natur, weil dadurch dieser Teil des Körpers einen stärkern Widerstand gegen den äußern Druk hat, als wenn er flach wäre. — Neben an diesem Bruststük sind auch die vier hauptsächlichsten oben bereits erklärte Luftlöcher (Stigmata, Spiracula,) und oben an den Seiten die vier Flügel und unten die sechs Füße.

Der Hinterleib hänget an dem Bruststük, gleichsam nur an einem ganz kurzen dünnen Faden, wie ein angeknüpfter Sak, und enthält die Eingeweide oder Gedärme, (die wie bei allen Tieren zu Verdauung der Speise und Absonderung der Säfte dienen), den Honig= und Wachsmagen, den Stachel rc. und bei den männlichen Bienen die Zeugungs=, bei den weiblichen aber die Geburtsglieder, den Eierstok rc. Er bestehet aus sechs bräunlichschwarzen, mit rötlichen Rändern umgebenen und mit rötlich=

K 3

gelben

Tab.2. gelben Härchen besezten Ringen, wovon der erste zunächst am Bruststük auf beiden Ekken ein rötliches Flekchen hat. Der sechste und lezte Ring, der auch sonsten der After genenne wird, ist der dünneste an seinem Anfang und endiget sich fast in eine Spizze. Jeder Ring bestehet aus zwei schaligten Stükken, wovon das obere gewölbter ist als das untere am Bauch, weil es sich auch an beiden Seiten herunterziehet und mit seinen beiden Enden das andere Stük, so unter dem Bauch ist, in etwas bedekket. — Diese Ringe sind den Bienen ein Panzer, der ihnen bei ihren Kriegen, so sie bisweilen untereinander füren, höchst nötig ist, als welche gar zu oft tödtlich ausfallen würden, wenn sie einander mit ihren Stacheln so leicht beikommen könnten. Dieses könnte nun zwar eine einfache und ganze Schale bewirken; alleine, da sich der Leib auch biegen, wenden und ausstrekken muß, so waren mehrere Ringe nötig, die sich gleichsam untereinanderschieben könnten, wenigstens zum größten Teil, und durch einen häutigen Streifen aneinander befestiget wären.

Der sechste und lezte Ring oder der After enthält bei den Arbeitsbienen oder Geschlechtlosen (so wie auch bei den weiblichen oder den Königinnen und denn auch bei den wilden Bienen, Wespen und Ameisen) das merkwürdige Werkzeug verborgen, welches der Stachel heißt, welcher
fig.1.* Tab. 2. fig. 1* vergrößert vorgestellt ist. Dieser Stachel fähret bei der geringsten Beleidigung als ein Pfeil hervor, und verursacht empfindliche Schmerzen. Er liegt in einer kastanienbraunen hornartigen Scheide aa,
fig.2.* welche aus zwei holen ungeteilten Rinnen bb fig. 2* bestehet, und an sich schon sehr dünne und spizzig ist, um die erste Oefnung zur Wunde machen zu können. Aber der noch viel feinere Stachel, so darinnen liegt, und aus demselben in der angefangenen Wunde herausfäret, ist doppelt, und ein ieder vorne auf der einen Seite der eine rechts der andere links mit 15 Widerhaken oder kleinen zurükgebogenen Zänen cc bewafnet. Jeder Stachel hat unten an der Wurzel seinen eigenen krummgebogenen Fuß dd außer dem Futeral, wovon der eine rechts, der andere links gehet. Diese schliesen an drei breite miteinander verbundene häutig knorpelichte Teile und Platten ee, unter welchen die mittelsten die längsten und schmälsten sind und von denen sie vermittelst der nötigen Muskeln die Bewegung haben, so, daß nach Belieben der Biene der eine Stachel vorwärtsgehen und der andere zurükbleiben und also wechselsweis wirken oder auch bede zugleich aus der Scheide gehen können. Die Biene sticht anfangs den Stachel mit samt der Scheide in die Haut, als welche die erste Wunde bort, worauf die

Stachel=

Stachelstiche folgen, und zugleich die Aussprützung des Gifts in die Wunde. Tab.2.
Es befindet sich nemlich unter der Wurzel des Stachels und der Scheide
eine helle durchsichtige Gift- oder Gallenblase f, deren Hals zwischen
beden Stacheln in die Scheide gehet. Bei iedesmaligem Stich nun drük-
ken bemeldte häutige Platten und Muskeln ee nebst der willkürlichen Bewegung und Stoß, so sie den Stacheln geben, auch zugleich die Blase,
daß sich die schmerz- und geschwulstbringende weiße Feuchtigkeit in die
Scheide und durch dieselbe vermittelst der Bewegung der Stacheln in die
Wunde ergiesen muß. Jemehr nun dieser Feuchtigkeit vorhanden, desto
empfindlicher wird der Schmerz und das geringste Tröpfchen, so durch den
Stich in eine Biene oder ein anderes Insekt dringt, ist demselben tödtlich,
so, wie hinwiederum ein Stich der erzürnten Biene selbst absolut tödtlich
ist, wann sie nicht Zeit hat, noch vermögend ist, den Stachel mit seinen
Widerhaken aus der Wunde zu bringen und derselbe stekken bleibt, weil
dadurch verschiedene Teile des Eingeweides zerrissen werden. Es ist anbei
warscheinlich, daß diese Feuchtigkeit, so sich in dem Körper der Biene von
ihrem Blut oder ihren Säften absondert, ihr nicht blos von der Natur gegeben seie, sich ihren Feinden desto furchtbarer zu machen, sondern dieses
Giftbehältnis mag den Bienen dasienige sein, was den grosen Tieren die
Gallenblase ist. Vielleicht hilft sie ihnen auch zur Verdauung, wenigstens
erfodern die durch eine unordentliche Gärung in den Pflanzen öfters sehr
vergiftete Honigthaue eine solche Absonderung. Obschon also dieses Sta-
chelgift der Bienen uns manchmal beschwerlich fällt, so ist er doch eine ungleich grösere Woltat für uns, da seine Absonderung nötig war, uns
einen reinen und unschädlichen Honig zu liefern.

Die drei Paar Füße befinden sich unten an der Brust und sind die
hintersten Beine, (davon eins Tab. 2. fig. 3* vergrösert vorgestellet ist) fig.3.*
die längsten, ohngefehr 5 Linien lang, die mitlern $3\frac{1}{2}$ und die vördern 3
Linien lang. Jeder Fuß bestehet aus fünf hauptsächlichen Teilen, von
einer schwarzbraunen und glänzenden Schale. Der erste ist zunächst am
Leibe, und heißt das Hüftbein a, bei einigen der Afterschenkel, ganz kurz   a
und gleichet einem kegelförmigen Knopf, an welchem der andere Teil nem-   b
lich der Schenkel b befestigt ist. Dieser ist länglich, ein wenig flach und
an iedem Ende dünner als gegen die Mitte. Der dritte Teil ist eigentlich
das Schienbein c, welches aber bei dem hintersten Paar Füße der Ar-   c
beitsbienen von besonderer Beschaffenheit ist und heißt hier die Schaufel
oder der Löffel. Denn es hat dieses flache und dreiekkigte Glied eine
längs-

Tab.2. längliche Vertiefung oder tiefe Rinne, welche sich gegen das Fußblat erweitert, darein die linsenförmigen Bällchen von Blumenstaub gebracht und angepritschet werden. Die äußere Seite dieser Schaufel, worinn besagte Hölung befindlich, ist glat und glänzend, aber auf den beiden Seiten oder Ränden erheben sich steife Hare, welche einander gleich laufen und gegen unten gekehret sind, aber unten an der Schaufel stehen solche steife Hare gegen oben zu, und machen gleichsam eine korbförmige Einfassung, wie denn auch die Schaufel den Dienst eines Korbs thut. Das vierte Stük
d   an dem mitlern und hintern Paar Füße heißt die Bürste d, außerdem der Rist, und wird bei den Wespen und andern zum Fußblat gerechnet. Dieses Glied ist auch plat und fast vierekkig und wird die Bürste genennet, weil die innere Seite fig. 4. reihenweis und zwar in 9 Reihen mit einfachen strakken roten glänzenden Haren besezt ist, mit welchen sie vorzüglich die Blumenstaubkörnchen aus ihren Haren am Körper abbürsten und sammlen, und entweder in linsenförmigen oder rundern Bällchen auf die Schaufel bringen, oder wenn sie bisweilen sich nicht ballen lassen, in die Zellen bürsten. Sammlet aber die Biene den Blumenstaub mit den Zänen, so nemen ihn die vordern Füße ab, diese teilen ihn den mitlern zu und die mitlere patschen ihn sodann mit ihren Bürsten auf die Schaufen der hintern Füße und zwar zu gleichen Teilen, denn es ist iedesmal ein Bällchen so groß und eben so gestaltet, als das andere. Wenn aber die Biene auf der Bürste des hintern Fußes Blumenstaub hat, so kann sie zwar solchen nicht auf die Schaufel eben dieses Fußes auf dieser Seite bringen, aber sie strekt sodann den Fuß unter den Bauch und den gegenüberstehenden dazu, und reibt sodann den Blumenstaub von der rechten Seite auf die Schaufel des linken Fußes und von der Bürste des linken Fußes auf die Schaufel des rechten.

ee   Die äußersten vier Glieder der Füße ee werden das Fußblat genennet, und sind klein und abgekürzt. An dem vierten und lezten befinden sich die Klauen oder niederwärts krummgebogene Haken, durch das Vergröserungsglas aber siehet man, daß ieder Fuß zwei Paar Klauen hat. Denn an einer ieden Klaue ist weiter unten noch eine kleine, welche die Afterklauen heißen können. Im Winkel zwischen den Klauen befindet sich noch ein kleiner fleischigter und mit Haren besezter Teil, der in der Mitte nach der Länge gespalten ist, welcher der Ballen heißt, wie dergleichen änliche, aber nur aus einem Stük, viele Arten Fliegen und andere Insekten unbehart haben, womit sie sich gleichsam ansaugen, indem die untere Haut die Luft von dem kleinen Raum, wo sie aufgesezet wird, wegpumpet,

pumpet, daß die obere Luft darauf drukt, und also der ganze Leib daran **Tab.4.** getragen werden kann. Das ist absonderlich nötig bei Glas und glatten Körpern, daran sich keine harten Klauen halten können. Der Balle und schwammigte Polster zwischen den Klauen dienet der Biene auch zur Schonung ihrer scharfen Klauen, wenn sie in ihrem ordentlichen Gang auf ebenen Flächen sanft und leicht auftreten will.

Die vier **Flügel** sind flach und die oberen länger und breiter, als die untern, wie bei allen Geschlechtern dieser Klasse. Sie sind hell und durchsichtig und spielen in der Sonne oder nachdem das Licht darauf fällt, und den erfoderlichen Winkel gegen das Auge macht, Regenbogenfarben. — Sie sind der Länge nach mit starken Adern und Nerven und in die Quere mit subtilern durchzogen, als welche den Flügeln sowol Stärke und Steifigkeit zum Flug und zur Schlagung der Luft geben, als auch zum Umlauf der nötigen Säfte, zu deren Erhaltung und Bewegung dienen. — Ob aber schon die Flügel sehr dünne sind, so liegt doch diese dünne Haut in einer Verdoplung übereinander, so, daß die Nerven zwischen zwei Deken laufen, und die Härchen, welche man durch ein gutes Mikroskop darauf entdekket, bis in die Mitte derselben gewurzelt sind. — Diese Flügel sind mit einem wunderbaren und artigen Gelenke in die Brust gefügt, welches einen runden, gewölbten und glanzenden Knopf zur Bedekkung hat.

Uebrigens ist fast der ganze Körper der Biene mit Haren bedekt und die rötlichen Flekken an derselben rüren von der Farbe der Hare her, wie auch schon das bloße Auge siehet. Wenn man aber eines der langen Hare mit einem sehr stark vergrösernden Glase betrachtet, so gleichet es einer Pflanze von einem Stengel, der an den Seiten mit schmalen länglichten Blätern besezzet ist, welche sich gegen außen an die Spizze hin krümmen. Man findet sie überdem an Orten des Körpers und an Gliedern, da man gar keine hätte suchen sollen: z. E. an den Zänen, und unter andern auch in den Spiegeln der nezförmigen Augen ꝛc. doch sind diese Hare, wie oben schon gemeldet ist, ohne Nebenzweige. Daß aber die übrigen Hare der Bienen von denen der grosen Tiere oder auch anderer Insekten unterschieden und gleichsam ästig sind, lehret schon, daß die Bienen solche zu ganz was anders nötig haben, als iene. Sie dienen ihnen nemlich vorzüglich dazu, daß sie den Blütestaub der Blumen teils in diesen Harwäldern sammeln, teils durch steifere Hare an verschiedenen Teilen des Leibs gleichsam als mit Bürsten abnemen und in Bällchen an ihre Löffel arbeiten, oder

ohne

Tab.2. ohne diese Verrichtung an ihrem Leibe eintragen, welche Staubteilchen aber an einer nur glatten Schale nicht würden hängen bleiben.

Anbei ist zu bemerken, was die Gestalt, Farbe und Hare der Biene betrift, wann sie gegen ein Jahr alt worden, (welches das höchste Alter ist, das die Arbeitsbiene erreichen kann), so wird sie nicht nur kleiner und eingeschrumpfter, als eine iunge Biene ist, sondern sie verliert auch den Firnißglanz der Ringe, die Hare werden weißgraulich, und die Flügel ausgefranzt, welches eben die Anzeigen sind, als bei den Menschen die grauen Hare und die Runzeln im Gesicht.

Das Weibchen
unter den Honigbienen, oder die sogenannte
Bienenkönigin Tab. II. fig. 5.

§g.5. betreffend, so muß man dieselbe lebendig betrachten, wenn man von ihrer eigentlichen Gestalt und Gröse sich recht unterrichten, oder sie gehörig zeichnen und beschreiben will.   Denn obschon die Königinnen in Ansehung der Gröse auch im Leben oft sehr unterschieden sind, so gleichen sie doch sämmtlich todt sich selbst gar wenig mehr, weil sie sodann ihre Ringe des Hinterleibs zusammenziehen und sich solche ineinanderschieben, da im Gegenteil dessen lange Gestalt hauptsächlich daher rüret, weil die Ringe sich ausdenen und dadurch denen im Leibe befindlichen starken Eierstökken gehörigen Raum verschaffen, dadurch aber deren Nerven gewönt werden, den Hinterleib beständig auseinanderzudenen, so lange sie leben; sonderheitlich ist sie zur Zeit der Eierlage am grösesten und schönsten. — Eine gewöntliche Bienenkönigin mitlerer Gröse, die im Leben 10 bis 11 Linien Pariser Zoll lang §g.5. ist Tab II. fig. 5. misset nicht mehr als 7 Linien, wann sie todt ist, und ist also nur eine Linie länger als eine todte Arbeitsbiene, welche $5\frac{1}{2}$ bis 6 Linien lang ist, wann sie todt, und höchstens 7 Linien, wenn sie lebendig und noch iung ist.   Denn eine alte oder iährige gemeine Biene ist auch bereits kleiner worden, und durchgängig eingeschrumpfen.

Der lange Hinterleib der Bienenmutter verursachet, daß ihre Flügel sehr kurz scheinen und auch nach Verhältnis des Körpers auch wirklich sehr kurz sind, daher sie auch stet und wegen Mangel des vollkommenen Gleichgewichts etwas beschwerlich und mit ein wenig abgesenktem Hinterleibe fliegt, indessen aber auf der andern Seite wieder in Betracht kommt, daß sie diese

Leibes

Leibesübung in ihrem ganzen Leben selten und bei natürlichen Schwärmen Tab.2. manchesmal nur einmal, bei künstlichen aber, d. i. bei Ablegern oft gar niemals nötig hat. Indessen sind ihre Flügel wirklich vollkommen so groß, als einer gemeinen Biene, aber etwas gelblichter von Farbe.

Der Unterschied der Bienenkönigin von den gemeinen Bienen ist übrigens in verschiedenen auch beträchtlich, obschon nicht iederzeit sogleich in die Augen fallend. Ihre Farbe ist unten am Bauch und oberhalb über die schwarze Ringe, vorzüglich aber an den Hinterbeinen lebhafter rötlichbraun als bei den gemeinen Bienen. Es gibt aber auch bisweilen Königinnen, deren Farbe an diesen Orten weit höher roth ist, als hier in der Zeichnung. Was aber die schwarze Farbe betrift, besonders auf dem Brustschild, so rürt die stärkere Schwärze bei der Bienenkönigin daher, weil sie weit nicht so stark mit Haren bewachsen ist, als die Arbeitsbienen. Bisweilen finden sich ganz schwarze, auch leberfarbige, auch ganz gelbe Königinnen, die aber sehr selten sind.

In Ansehung der Beschaffenheit ihrer Glieder ist zwar der Kopf von gleicher Größe und Beschaffenheit, die Augen und Ocellen, wie bei ienen, schwarz und die grosen Augen inwendig mit viel Tausend feinen Härchen bewachsen. Auf der Stirne stehen nicht so viele Hare, als bei den gemeinen Bienen, aber die Oberlippe, die Freßzangen und das Maul sind mit glänzenden goldgelben Härchen besezt, die sich bei genauer Betrachtung und vorzüglich durch das Vergröserungsglas von den Härchen am Kopf der Arbeitsbienen sehr merklich unterscheiden, als welche ohne Glanz, fuchsrötlicher und anbei hie und da mit schwarzen Härchen untermischt sind.

Die Fülhörner der Königin haben zwar mit ienen der gemeinen Bienen einerlei Gröse und Anzal der Glieder und ist der runde Gewerbeknopf auf dem Kopf weisblaulich und oben das darin sich bewegende kleine und etwas längliche Stükchen roth, das Grundgelenk aber ist nur oben schwarz, gegen untenhin aber roth, so wie auch die äußern Glieder der Fülhörner gegen die Spizzen zu durchsichtiger und rötlicher sind als bei den Arbeitsbienen, welche durchaus dunkelschwarz sind.

Der Säugrüssel der Königin und ihre Kinnladen sind merklich kürzer als der Arbeitsbienen, und ihr Gebiß und ganzes Maul so eingerich-

tet.

Tab.2
fig.6* tet, daß man wol siehet, sie seie nicht zur Arbeit geschaffen. Ihre gekerbten Zäne fig. 6*, welche von dem Gebiß der Arbeitsbienen so sehr abweichen, geben deutlich zu erkennen, daß sie nicht vermögend wäre, ein einziges Blätchen Wachs zu ziehen und zu bearbeiten.

Die Brust ist zwar unten und neben stark mit gelben Haren besezt, aber das Brustschild sehr wenig und scheint dasselbe glänzend schwarz. — Von einer Wurzel der Flügel zur andern ziehet ein bogenförmiger starker Einschnit, auf welchen zu in der Mitte des Schildes eine perpendikuläre lichte Furche vom Hals aus ziehet, welches bedes zwar bei den gemeinen Bienen auch so beschaffen, aber wegen den Haren nicht sichtbar ist. Dieser besagte bogenförmige Einschnit bildet hinter den Flügeln einen wulstigen Saum des Brustschilds, der mit mehrern Härchen besezt ist. — Die Gewerbknöpfe der Flügel an beden Seiten des Brustschilds sind glänzend dunkelroth, da die der gemeinen Bienen schwarz und ohne Glanz sind.

Der Hinterleib der Bienenkönigin bestehet zwar auch nur aus sechs Ringen, aber sie erweitern sich nicht nur in etwas in der Rundung, sondern schieben sich auch in der Länge sehr auseinander, daß der Leib noch die Hälfte länger wird, als einer gemeinen Arbeitsbiene. Die Ringe haben einen Firnißglanz und sind ohne Hare, nur der After ist mit einigen unmerklichen Haren besezt. — Der Bauch und also sämtliche Ringe unten sind roth bis auf die Nebenseite gegen oben herauf, und ieder Ring oben hat am Anfang, wo er sich unter den andern schiebt, eine schmale schwarze Einfassung; dann kommt eine etwas breitere rötliche Querlinie, darauf eine doppelt so breite schwarze Binde und der Rand hat wieder einen ganz schmalen rötlichen Saum: die schwarze und rötliche Farbe aber verlauft sich iedesmal ein wenig in einander, daß die äußersten Gränzen nicht scharf in das Auge fallen. — Die Schenkel an den Füßen sind schwarz und die Schienbeine an dem ersten und zweiten Paar auch, aber oben bei dem Knie und an dem andern Gelenk sind sie einen kleinen Teil roth. Was aber die hinteren Beine betrift, womit dieses sonderbare Insekt immer einen ernsthaften langsamen Gang fuhret, so sind selbige an den Schienbeinen roth, und haben an der äußern Seite in der Mitte einen länglichten braunen Flek, inwendig aber sind sie so, wie sämtliche Riste der Füße und die ganzen Fußbläter roth, und mit goldgelben glänzenden Härchen besezt. Der Rist an den Hinterfüßen der Bienen heißt der Löffel, weil darinnen eine änliche Hölung befindlich ist, worinnen sie ihre Bällchen von Blumenstaub

und

und Kitt sammlen, um sie nach Haus tragen zu können: Allein diese Ver= Tab.3.
tiefung und Holung hat die Natur der Bienenkönigin nicht anerschaffen,
weil sie solche gar nicht nötig hat, indem sie niemals etwas sammlet und
einträgt, und zu diesem Geschäft so wenig als die Dronen bestimmt ist.
Deswegen fehlt ihr auch die Bürste, oder die Reihen steifer Hare, welche
die Arbeitsbienen innen an dem Rist haben, um den Blumenstaub aus ih=
ren Haren zu sammlen, in Küchelchen zu bereiten und ihren Löffeln anzu=
kleben.   Die Spizzen der Klauen sind schwarz, und die Ballen zwischen
denselben wie der Arbeitsbienen beschaffen. — Die Flügel sind merklich
gelblicher als der gemeinen Bienen, und haben seine braune Adern.

In dem After ist auch ein Wehrstachel verborgen, welcher um et=
was weniges länger ist als in der gemeinen Bienen; allein die Bienenköni=
gin bedient sich dessen äußerst selten zum Stechen, und kann sie iedermann
ohne Gefar auf der bloßen Haut herumtragen; sie müßte sehr lange gerei=
zet werden, wenn sie sich dazu entschliesen sollte.   Dieser Trieb zur Ent=
haltsamkeit war aber auch zur Erhaltung vieler tausend Bienenkolonien un=
umgänglich nötig, da bekannt ist, daß eine iede Biene, welche ihren Sta=
chel einangelt, und stekken läßt, (wie allermeist geschiehet) zu Grunde ge=
hen muß, von dem Leben der Bienenkönigin aber die Wolfart und das Le=
ben der ganzen Republik abhängt.

Die Männchen

unter den Honigbienen, welche gewönlich
die Dronen Tab. III. fig. 1.

fig.I.

genennet werden, unterscheiden sich sehr merklich unter dem grosen Haufen
des Bienenvolks. — Nach ihrer körperlichen Gestalt und Beschaffenheit,
sind sie nicht so lang als die Königin, aber viel dikker und stärker und ihre
Länge beträgt 8 Linien, der Arbeitsbienen gewönlich 7 und der Königinnen
10 Linien.   Es gibt aber auch öfters unter den Dronen viel kleinere, wel=
che in Ermangelung der Dronenzellen in gewönlichen, aber verlängerten
Arbeitsbienenzellen erzogen worden, die sich aber doch einem aufmerksamen
Beobachter leicht zu erkennen geben. — Ihr Kopf ist stark und rund,
ziemlich mit Haren bewachsen, und gegen den Hals ganz rau von Haren.
Die schwarzbraune Augen sind sehr groß und stoßen oben auf dem Wirbel
zusammen, so daß die drei schwarze Ocellen im Winkel derselben gleich
ober den Fülhörnern zu stehen kommen, und unter den Enden der zusam=

menlaufenden

Tab.1. menlaufenden grosen Augen befindlich sind. Sie sind ganz mit braunrötli=
chen Haren umwachsen und stehen in denselben.   Die Fülhörner sind
glänzend schwarz, ganz glat und ohne Hare, mit einem kurzen Grund=
gelenk, darauf zehen fadengleiche Glieder in ihrem Gewerbknopf stehen.
fig.2.* Tab. III. fig. 2 *. Sie unterscheiden sich also von den Fülhörnern der Ar=
beitsbienen und der Königinnen sehr merklich, da dieser ihre Fülhörner ein
langes Grundgelenk haben, das einen Ellenbogen formiret, worauf 9
Glieder in ihrem Gewerbknopf sich bewegen. — Die Oberlippe ist dicht
mit braunrötlichen Haren besezt. Unter derselben befinden sich zwei kleine
fig.3.* hellbraune Freßzangen mit zwei kleinen ebenfalls gekerbten Zänen Tab.III.
fig. 3 * und eine kleine Zunge, die zur Genüge zeugen, daß sie zur Arbeit
ganz unfähig sind. Unter den Kiefern ragen zwei Büschchen Hare hervor,
die zwei Bärte formiren. — Das Bruststük ist sehr dik und oben und
unten mit braunroten Sammetharen dichte besezt. Eben solche, doch et=
was fahler und mehr gelbliche Hare stehen auf dem ersten Ring des Hin=
terleibes, der wie die übrigen schwärzer ist und sämtlich einen schmalen
braunrötlichen und glatten Rand haben, der auf den Seiten gegen unten
hin breit wird. Der zweite und dritte Ring ist glatt, etwas glänzend oder
vielmehr schillernd, und ohne Hare. Der vierte Ring aber hat lange
strozzende Hare; der fünfte und sechste Ring gehet ganz unter sich gebo=
gen, und bildet den Leib stumpf. — Den Stachel hat die Natur diesem
Insekt versagt, weil es gegen den Herbst von den Arbeitsbienen erwürgt,
oder ausgetrieben wird, damit nicht bei ihrer starken Zehrung dem gemei=
nen Wesen von solchen Mitgliedern Nahrung entzogen werde, die keine er=
werben, und ihr Dienst und Verrichtung in Absicht auf die Erzeugung
der Jungen zur Winterzeit aufhöret. — Ihre vordern Füße gleichen de=
nen der Arbeitsbienen, und sind glänzend schwarz und glatt, und an den
scharfen Seiten mit Haren besezt. Das andere Paar Füße aber unterschei=
det sich von iener der Arbeitsbienen an dem Riß des Fußblats, welches bei
leztern breiter ist, als bei den Dronen, weil iene damit den Blumenstaub
und den Kütt auf die Schaufeln der Hinterbeine arbeiten, diese aber nichts
dergleichen einzutragen haben. Ein änlicher Unterschied zeigt sich an den
Hinterfüßen der Dronen, welche am Schienbein aus eben dem Grunde die
Hölung und die sogenannten Löffel nicht haben, wie die Arbeitsbienen und
überhaupt diese Füße unbehart und glatt und nur inwendig mit fast un=
merklich äußerst kurzen und rötlichen Härchen besezt sind. Die zwei Klauen
sind schwärzlich und mit Härchen besezt, dazwischen ein Ballen ist. —
Die Flügel haben rötlichbraune Adern, und sind punktirt, welche feine

Punkte

Punkte aber mit dem stärksten Vergröserungsglas iedes ein geradeausste= Tab.3. hendes Härchen zeiget. Diese Menge unsichtbarer Härchen bei den Flügeln vieler Insekten dienen nicht nur zu mehrerer Schwingung und Fassung der Luft beim Fliegen, sondern geben auch diesem zarten Gewebe mehreren Schuz und Vestigkeit.

Die Dronen haben also gar keine Glieder, welche zu irgend einer Arbeit für das gemeine Beste eingerichtet wären. Die Honigblase, wel= che in ihrem Leibe befindlich, ist zwar gröser als die bei den Arbeitsbienen, aber sie hat keine solche Röhre, wodurch sie den Honig wieder von sich ge= ben könnten, wie leztere. Wenn man diese etwas drükket, so gehet der Honig sogleich zum Munde heraus, aber bei den Dronen nicht; wenig= stens können sie keinen Honig freiwillig von sich geben. Sie haben ihren Honigmagen nur blos zu ihrer eigenen Narung und können auch sonst nichts geniesen als Honig.

Als Männchen legitimiren sie sich genugsam durch das Zeugungs= glied Tab. 3. fig. 4*, welches als ein Bogen an dem After aufwärts fig. 4.* springt, wann die Bienenmutter auf dem Rükken der Drone sizt, oder man solche am Hinterleibe etwas mit den Fingern drükt. Seltsam und wunder= bar ist die Lage dieser Gefäße in dem Leibe der Drone. Sie liegen nem= lich gerade umgekehrt darinnen, als sie außerhalb erscheinen, wenn sie her= vorgehen oder hervorgedrükt werden. Sie wenden sich aber um, wie ein Strumpf, der an einem Ende gehalten und umgestülpet wird. Weil nun dieses Glied neben zwei ausstehende Federn hat, und solches deshalben nicht mehr zurüktreten kann, so muß das Männchen iedesmal nach der Be= gattung erkälten und sterben. Ueberhaupt sind sie auf die Luft sehr em= pfindlich und fliegen nur bei heißem Sonnenschein, gewönlich von 10 bis 2 oder 3 Uhr um das Bienenhaus.

Von der Lebensart und Oekonomie der Honigbienen.

So unsäglich vieles schon von der Haushaltung der Bienen geschrieben worden, da man sie schon bald ein Jahrhundert mit besonderem Fleiß und gutem Erfolg studiret hat, so glaubte ich doch einen Vorwurf zu verdie= nen, wann ich von diesem aller Aufmerksamkeit würdigen und nüzlichen Insekt und seiner Naturgeschichte und Lebensart, wenigstens in gedrängter

Kürze

Tab. 3. Kürze das Nötige und Merkwürdigste nicht anführen sollte. Wir sehen zugleich, worinnen die andern Geschlechtsgattungen teils mit ihnen übereinkommen, teils aber auch abweichen, und wie mannigfaltig die Natur in allen ihren Anstalten und Erzeugungen seie mit Beibehaltung der schönsten Ordnung zum Zwek des Ganzen.

Die Fortpflanzung

des Geschlechts der Honigbienen ist der erste und wichtige Artikel, der uns schon so viel beschäftiget hat, und wobei wir zwar die Natur in ihrer Werkstätte ziemlich belauscht haben, aber uns noch gar vieles rätselhafte übrig bleibet, da uns die Natur einen dikken Vorhang vorgezogen.

Daß die Königin die Mutter und zwar die einzige Mutter einer Bienenrepublik seie, ist eine bekannte Warheit, der nicht leicht zu widersprechen ist. Mehrere werden nicht in einem Stok geduldet, sondern umgebracht, (*) es seie denn (iedoch nur auf wenige Tage) zur sogenannten Schwarm

---

(*) Ob dieses Erwürgen der überflüßigen Königinnen von der Bienenmutter selbst oder von den Arbeitsbienen geschehe, ist noch nicht völlig entschieden. Höchstwarscheinlich ist, daß eine Bienenmutter selbst die andere umbringt aus folgenden Gründen. Erstlich haben die Arbeitsbienen gegen alle Weibchen eine zärliche Neigung und nemen sie in ihren Schuz, so wie sie sich aller fremden Bienenbrut mit aller Sorgfalt annemen, wenn man ihnen dergleichen in ihre Wonung einspießt, oder sie zu denselben in einen andern Stok treibt, so bezeigen sie sich auch gegen fremde Königinnen Wenn man eine fremde Mutterbiene in einen Stok laufen lässet, wo eine gesunde Königin ist, so werden sich keine gemeine Bienen an sie machen, um sie zu beleidigen, sondern es versammlen sich deren um sie her, bedekken sie und machen ihr die gewönliche Liebkosungen. Nur findet hier diese Ausname statt, daß in einem hizzigen Gefecht, wenn z. E. ein ganzer Schwarm mit seiner Königin zu einem andern angebauten Stok einziehen will, und die erstern Besizzer sich verteidigen, alsdenn auch öfters die fremde Königin von den Arbeitsbienen getödtet wird Zweitens habe ich vielfältig eine Königin von der andern, aber niemals von gemeinen Bienen, hizzig und feindlich sehen verfolget werden, ia mit diesen Umständen, daß wenn die Verfolgte von einer Tafel in die andere geflüchtet, nicht nur die Verfolgende und alte Bienenmutter keine sonst gewönliche Begleitung bei sich gehabt, sondern auch alle Arbeitsbienen nicht die mindeste Bewegung gegen die durch sie hinlaufende flüchtige Königin gemacht, sondern sich so bezeigt haben, als ob sie die Sache gar nicht interessire Drittens haben die Weibchen einen Stachel, den sie außerdem fast gar nicht gebrauchen; ob es wol auch warscheinlich, daß sie einander mehr todtbeißen und erwürgen, als todtstechen. Freilich siehet man die gemeinen Bienen die todte, auch bisweilen erst halbtodte, Königinnen zum Flugloch herausschleppen, allein das thun sie bei allem, was todt in ihrer Wonung oder wenigstens für sie ganz unnüz und ohne Hofnung ist. Selbst die todte oder halbtodte Königinnen lassen sie öfters eine Zeitlang auf dem Flugbret liegen, beleken sie und lassen die sichtbarsten Zeichen blikken, von einer sonderbaren Verehrung auch bis im Tode, welches sie gewißlich bei Arbeitsbienen, die sie erwürget haben, nicht thun, sondern sie vielmehr sehr feindlich und grimmig fortschleppen.

Schwarmzeit, wann sich ein Teil des Volks mit seiner eigenen Königin Tab.3. trennt und eine neue Haushaltung anfangen will. Es sind aber auch nicht mehrere nötig, weil eine gute Königin so fruchtbar ist, daß man von ihr allein (*) in einem Jahr eine Nachkommenschaft von mehr als 40000 Kindern zählen kann. Höchstwunderbar dabei ist vors erste, daß der größte Teil ihrer Kinder geschlechtlose sind, welche alsdann die Arbeitsbienen oder gemeinen Bienen heisen. Diese sind aber nur zufälligerweise geschlechtlos; denn ursprünglich sind sie Weibchen, und wenn sie in denen Zellen erzogen würden, die in einem Stok für die junge Königinnen bestimmt

---

(*) Einige Bienenlehrer behaupten zwar, daß auch unter den Arbeitsbienen welche seien, die Droneneier legten: Allein es fehlet an hinlänglichen Erfarungsbeweisen. Wenn man tausend und abermal tausend Arbeitsbienen öfnet, und mit dem besten Vergröserungsglas betrachtet, so findet man in keiner den mindesten Eierstok, und kein Mensch hat noch ie eine gemeine Biene sehen Eier legen, wie man doch die Königin zur Sommerszeit in gläsernen Bienenwonungen immer ihre Eier auch die Droneneier einlegen siehet. Man findet freilich öfters bei einem abgehenden Bienenstok eine Menge Dronen oder Männchen, und zwar lauter Dronen erzeugen, und wenn man alsdann Untersuchung anstellt, so findet man keine Königin oder Weibchen. Da fällt nun leicht der Schluß dahin: Es müssen notwendig unter den Arbeitsbienen sein, die diese männliche Brut ansezzen, weil sonst keine Mutter vorhanden — Aber wie leicht irret man in seinen Folgerungen, wenn man nicht bedenkt, wie behutsam man mit denselben in der Naturlehre sein müsse. Diese Dronenbrut rühret von der eigentlichen Königin und Mutter des Bienenstoks her, weil sie keine andere Eier mehr legen kann, und ihr weiblicher Eierstok, der eine und größte Teil des Eierstoks, verdorben und untüchtig worden, welches diesem Teil am ersten widerfaren kann, weil er am häufigsten angestrenget wird. Daß aber alsdann bei Untersuchung eines solchen abgängigen Bienenstamms keine Königin zu finden, will ich nun nicht zur Ursache angeben, daß die mangelhafte und kranke Königin, die an ihrem weiblichen Teil des Eierstoks Schaden gelitten, bereits gestorben und abgegangen seie, wie allermeist geschiehet (daher auch allemal ein solcher Stok, der so viele Dronen hat und die nicht vor Winter umgebracht werden, gewiß verloren ist), sondern wenn sie auch noch am Leben sein sollte, so erwäge man, daß die Gröse der Königin, welche sie hauptsächlich von den gemeinen Bienen unterscheidet, von den Eiern in ihrem Leibe herrüre, dessen Ringe durch die Büscheln des Eierstoks in die Länge ausgedenet werden. Verdirbt aber und verschwindet gleichsam dieser gröseste Teil ihres Eierstoks, so wird sie sehr viel kleiner, (wie man auch an einer todten Königin sehen kann) und unter der Menge Arbeitsbienen, die ihr nun fast ganz änlich sind, so schwer zu unterscheiden, daß eine iede durch das Vergröserungsglas betrachtet, oder wenigstens die gröseste Scharffsichtigkeit angewendet werden müßte, sie zu finden, ob sie schon bisweilen noch vorhanden ist. — Gewiß! Das wäre ein wunderbares Tier, das von Natur nur Männchen und keine Weibchen seiner Art zeugen könnte, wie eine Arbeitsbiene thun sollte: (denn bei der Bienenkönigin ist es in beregtem Fall bei einem verdorbenen Eierstok eine andere Sache. Es wäre auch ganz wider den Plan der Natur, die eine Tier, das gebären soll und kann, auch die Fähigkeit gegeben, seine ganze Art fortzupflanzen. — Welch eine Menge Dronen würden auch immerfort in den Stöken entstehen, wenn die Arbeitsbienen deren erzeugen könnten.

Tab.3 bestimmt werden, und mit derienigen Narung gefüttert würden, als diese erhalten, so würden sie alle Weibchen sein, die ihres Gleichen zeugen könnten. Denn der Eierstok der Königin bestehet nur aus zweien Büscheln, davon der eine die männlichen und der andere die weiblichen Eier enthält. — Für bederlei Gattungen Eier sind eigene Zellen vorhanden, wobei die Mutter niemals felet, indem sie ein innerliches Gefül und Empfindung davon hat, welcher Teil des Eierstoks reife Eier hat und fahren läßt. In die grösere Zellen nun werden iene und in die kleine die weiblichen geleget. Allein aus diesen leztern werden lauter Geschlechtlose, bei welchen der Eierstok gänzlich verlischt, und in keinem Alter der Biene eine Spur davon zu finden. Ist aber eine Königin zu erbrüten, entweder zu einer neuen Kolonie, oder daß die alte Königin abgängig ist, so tragen die Arbeitsbienen eine aus dem Eichen ausgeschloffene Larve, (gewönlich Bienenwurm genannt) so aber nicht gröser als von drei Tagen alt sein darf, in eine besonders dazu erbauete ein Zoll lange Zelle, die etwas einer Eichel gleichet und gewönlich die Königinzelle heißt. Darin wird sie mit schmakhafterem und häufigerem Futterbrei erzogen, und diese Narung nebst dem grösern Raum, darin sich der Körper nach allen Seiten ausdenen kann, sind die noch zur Zeit bekannten Ursachen, warum sich die Geschlechtsteile bei dieser weiblichen Biene vollkommen entwiklen, und übrigens einige Glieder der Füße, die Zäne, Zunge, die Farbe und Gröse der Leibesgestalt ihre Abweichung von den Arbeitsbienen bekommen. — Gleichwol findet dieses nicht statt bei den männlichen Bienen oder Dronen, welche in kleinern als ihnen gewönlich bestimmten Zellen, und nur in blosen Arbeitsbienen, doch aber etwas verlängerten Zellen, in Ermanglung der grösern erzogen werden. Diese erhalten sowol ihre männliche Zeugungsglieder, als auch übrige Gestalt, nur daß sie merklich kleiner werden nach Verhältnis aller Glieder.

Zweitens verdienet viele Aufmerksamkeit und Bewunderung der Natur in ihren verschiedenen Wegen die Befruchtung des Weibchens oder der Königin. Schon ihre Begattung mit der Drone, deren Kaltsinnigkeit sie durch viele Liebkosungen überwinden muß, ist sonderbar, da die Königin die Drone besteiget. Aber was noch weit mehr Bewunderung verdienet, ist dieses, daß, da die Männchen erst im May erzeugt und im Julius oder August wieder gänzlich vertilget werden, folglich die Königin einige Monate hindurch ohne iedesmalige Begattung, ia öfters gleichsam als Jungfrau, fruchtbare Eier leget. — Wenn man etliche

che Wachstafeln, darinnen iunge Brut von Arbeitsbienen befindlich ist, in Tab.3.
ein Kästchen spiezt und eine verhältnismäßige Anzal Arbeitsbienen dazu-
thut, so werden sie um einen oder den andern solchen Arbeitsbienenwurm
eine Königinzelle bauen oder in eine gebauete einen Wurm tragen, und es
wird sich eine Königin darin erzeugen, welche sogleich etliche Tage nach
ihrer Verwandlung fruchtbare Eier legen wird, unbegattet, ohne, daß
noch ein einziges Männchen bei ihr im Stok befindlich ist. — Diese Er-
äugnis in der Natur scheinet ihrer Analogie ganz entgegen zu sein, da alles,
bis zu den Pflanzen, durch den männlichen Samen befruchtet oder vielmehr entwikkelt werden muß. Wir finden indessen ein bekanntes änliches
Beispiel unter andern an den Blatläusen, welche sich im Herbst zwar auch
begatten, aber zur andern Zeit auch wieder ohne Begattung Junge gebären, und wenn man solche Jungen unter einem Glas ernäret und kein
Männchen zugibt, so werden sie, ohnerachtet sie sich nie begattet haben,
dennoch gebären, und ihre Jungen wieder (so zu sagen auf Kindeskind)
ohne Begattung fruchtbar sein. — Es scheinet also, ob möchten dergleichen Weibchen schon in dem Eierstok ihrer Mütter oder Grosmütter oder
weiter zurük befruchtet und zu gebären fähig gemacht worden sein. Eine
etwas änliche Warnemung vermeine ich bei der einsamen Mutterwespe gefunden zu haben, wovon unten das mehrere.

Wann indessen die Königin ihre Eier einsezzet, (davon eins Tab.
III. fig. 5 * vergrösert vorgestellet ist), so geschiehet solches unter Begleitung
verschiedener Arbeitsbienen, welche sichtbare Freudensbezeugungen dabei
blikken lassen, die Königin im Kreis umgeben, sie belekken, ihr Honig mit
dem Rüssel darreichen und überhaupt viele Liebe und Verehrung gegen sie
an den Tag legen. — Nach dreien Tagen zeigen sich die kleinen Bienenlar-
ven oder Würmchen in einem halben Zirkel in dem Mittelpunkt der Basis
der Zelle liegend, und werden sodann von den Arbeitsbienen gefüttert, anfänglich mit leichterem Brei, den sie bereiten, in der Folge aber, wenn die
Würmer gröser werden, mit stärkerem. Die erste Fütterung ist wie ein
Meelkleister ohne Geschmak und weißlich. Nach einigen Tagen wird er
durchsichtiger und spielt ins Gelbliche oder Grünliche. Hat der Wurm seine
halbe Gröse erreicht, so ist der Brei nicht mehr so unschmakhaft, und man
schmekt etwas weniges von Honig darunter und ist gelblich. Auf die lezte
bekommt er einen Zukkergeschmak, nebst etwas säuerliches und ist gelb.
Was aber den Futterbrei für die Bienenköniginnenwürmer betrift,
so ist solcher viel schmakhafter nach Zukker, hat etwas von Pfefferge-
schmak,

Tab.3. ſchmak, und iſt ſehr häufig oder wird dem Wurm in Menge zuge-
geben.

Iſt endlich die Larve, welche Tab. III. fig. 6 vergröſert vorgeſtellet
Fig.6.* iſt, ſo groß, daß ſie die Grundfläche der Zelle ausfüllet; ſo iſt ſie ihrem
Nimphenſtand nahe.   Sie ſtürzt oder wendet ſich alsdann ſo, daß der
Kopf an die Oefnung der Zelle kommt.   Sie braucht ſodann keine äuſer-
liche Narung mehr, und die Pflegemütter, die geſchlechtloſen Bienen bauen
alsdann die Oefnung der Zellen mit einem Dekkelchen von Wachs zu.
Nun fängt der zweite Periode ihres Lebens an, der aber mehr ein
Schlaf oder eigentlicher ein blos innerliches Leben zu nennen iſt.   Dieſer
dauert gewönlich 13 Tage, in welcher Zeit die Natur dahin arbeitet, die
in der weichen Maſſe gelegenen unſern menſchlichen Augen verborgen ge-
weſenen Teile der Biene zu entwiklen. — Sobald der Bienenwurm ver-
ſchloſſen und das Wachsdekkelchen über ihm verfertiget iſt, ſo ſpinnt er ſich
gleichſam ein ſeidenes Hemd, d. i. er tapeziert die Zelle mit einem zarten
braunrötlichen Bälglein oder Häutchen aus, weil er bei ſeiner Verwandlung nicht unmittelbar an den Wänden der Wachszelle anliegen darf.   Sei-
Fig.6.a ne Spinnwerkzeuge fig. 6, a befinden ſich am Maul zwiſchen den Lefzen,
wodurch er die feinſten Fäden um ſich herumziehet, und mit einem zähen
Saft beſchmieret, daß das Geſpinnſte wie ein Häutchen ausſiehet und ſo
veſt an der Zelle kleben bleibt, daß es an allen Seiten und Winkeln anliegt, und nur Eins mit ihr auszumachen ſcheint; dadurch viele auf die
Meinung gekommen ſind, es ſeie ſolches die Haut, welche der Wurm ab-
geſtreift habe: welche ſich aber unmöglich ſo genau an die Zelle ſchließen,
noch ſo veſt daran kleben könnte, wenn ſie nicht angeſponnen und zugleich
angeleimt wäre.

Die Biene kommt endlich gewönlich am 21. oder 22ten Tage, vom
Ei an, in ihrer Vollkommenheit hervor, nachdeme ſie ihre ehemalige zarte
Dekke, die ſogenannte Nimphenhaut zurükgelaſſen, als von welcher die
alten Bienen alsdann die Zelle ſogleich reinigen. — Hat ſie zuvor als
Wurm und angehende Nimphe nicht die Fähigkeit gehabt, ihr kleines
Wachsgehäus zu bedekken, ſo iſt ihr nun die Kraft verliehen, ſich aus ihrem bisherigen Gefängnis ſelbſt zu befreien.   Einige Tage zuvor hat ſie
Fig.7.* die Geſtalt nach fig. 7 *. — hat ſie nun ihre Vollkommenheit erreichet, ſo
beißt ſie mit ihren Freßzangen oder Kiefern den Rand des Wachsdekkelchens
los, ſtößt es auf und gehet in einem neuen Gewand hervor, und mit aller
der

der Geſchiklichkeit, welche die Alten ſchon lange zur Bewunderung gezeiget. Tab. I. Sie miſchet ſich unter den Haufen und mit einmütigem Eifer für das gemeine Beſte beſelt, unterziehet ſie ſich unverdroſſen allen Arbeiten zur Wolfart und Erhaltung der ganzen Republik. — Im Fall ſie aber krüppelhaft und mit einem Fehler an einem Bein oder Flügel oder dergleichen hervorkommt (wie bisweilen, doch ſelten, geſchiehet), ſo wird ſie als ein unbrauchbares Glied des Staats nicht geduldet, ſondern von den Alten ſogleich fortgeſchleppet und ihrem Schikſal überlaſſen, welches ſie iedesmals bei anbrechender Nacht dem ewigen Schlaf überliefert.

Nach der weiſen Einrichtung der Bienenökonomie ſind die Geſchlechtloſen die Arbeiter im eigentlichen Verſtande. Denn die wirkliche Mutter hat nichts zu beſorgen, als die Eier zu legen, und von den Männchen iſt zur Zeit keine andere Beſtimmung bekannt, als die Königin zu befruchten, wozu gleichwol unter Hunderten wol kaum eine das Loos trift. — Eine vorzügliche Arbeit der gemeinen Bienen iſt der Bau der Zellen, dieſer ſo kunſtvoll und geometriſch eingerichteten Röhren, welche ſie ſo zu vereinigen und aneinander zu fügen wiſſen, daß immer die Seitenwände der einen, wieder die Seitenwände der andern und die ſpizſäuligen Grundflächen wieder die Baſin der gegenüberſtehenden Zellen geben, daß man an einer Zellentafel von 15 Zoll lang und 10 Zoll breit mehr als 9000 Zellen zälen kann, in welcher ſie hier oder da offene Gänge laſſen zu Verkürzung des Wegs, von einer zu der andern zu kommen.

Ihr ganzes Gebäude verfertigen ſie von einer ſchäzbaren und uns ſo nüzlichen Materie, dem bekannten Wachs, welches ſie ſelbſt in ihrem Leibe bereiten und vom Genuß des Honigs bei einem gewiſſen Grad Wärme ausſchwizzen. Denn das Wachs iſt nichts anders als eine natürliche reine Fettigkeit vom Safte der Blumen, welche ſich in dem von der Natur dazu eingerichteten Magen der Biene von dem übrigen ſüßen Saft abſondert und läutert, durch die natürliche Hizze der Biene, (mit welcher die äußerliche zuſammenwirken muß) ſich verdikket und an die äußeren Teile der Schuppenhaut trit. Denn obſchon das Blumenmeel, (welches die Bienen zum Teil auch genieſen, und zwar mit Honig vermiſchet, vorzüglich aber zur Aeſung und zum Futterbrei für die Larven gebrauchen) auch etwas dazu beitragen mag, ſo dörfte es doch ein gar geringes ſein; denn ſie können mit bloßem Honig gefüttert, Wachs ausſchwizzen und bauen. — Dieſer zähe Saft trit nach ſeiner Erzeugung in ihrem Wachsmagen bei nötigem

Tab.3 tigem Grad von Wärme, als die zärteſten und helleſten Blätchen wie feine
Glasſplitterchen zwiſchen die Ringe des Hinterleibs, woraus ſie ſolche mit
einer unglaublichen und unmerklichen Geſchwindigkeit nemen und vermittelſt ihrer Freßzangen anſezzen, ziehen und bearbeiten und in der ſchönſten
Ordnung ihr Werk vollenden, obſchon der Zuſchauer alles durcheinander
gehen ſiehet.   Bei genauer Beobachtung findet man aber, daß einige
zu dieſem Behuf das Wachs blos anſezzen und ziehen und alſo gleichſam
nur aus dem Groben arbeiten; andere bringens ins Feine, poliren die
Zellen, bereiten die Geſimſe daran; andere bringen den Arbeitenden Narung aus dem Felde, damit ſie nicht in ihrem Geſchäft abzubrechen haben:
andere umgeben die Arbeiter, um die Wärme zu erhalten oder nach Beſchaffenheit der Witterung zu vermeren: andere formiren Ketten und Lei-
tern, damit die Handlanger und Arbeiter bequem auf- und abkommen
können: andere halten Wache in- und außerhalb dem Eingang in die Bienenwonung: andere holen Honig in ihrem Honigmagen, andere Blumenſtaub an den Beinen, andere Kitt, die Fugen und Rizzen zu verkleiben,
andere wäſſerichte und ſalpetrichte Teile ꝛc. Andere verrichten die Haus-
geſchäfte, verſorgen die Jungen, kneten und ſtampfen das von andern aus
dem Felde gebrachte und abgelegte Blumenmeel in den Zellen, verkitten die
Rizzen und Fugen, reinigen, wo ſie was finden und ſchaffen es zum Flugloch hinaus ꝛc. ꝛc.

      Bei allen dieſen und andern ihren Geſchäften zeiget ſich die ſchönſte
Ordnung, und der Trieb, den ihnen der Schöpfer desfalls zur Beobachtung derſelben eingepflanzet hat, ruft uns auch in der ſtillen Natur zu,
daß ihr und unſer aller Schöpfer ein Gott der Ordnung ſeie. — Ohngeach-
tet die Bienen insgeſammt alle dieſe Verrichtungen thun können und auch
darinnen von Zeit zu Zeit und ſehr häufig abwechslen, ſo harret doch eine
iede in ihrer angefangenen Arbeit eine Zeitlang aus.   Man gebe z. E. nur
Acht bei einem Spaziergang auf die ſammlenden Bienen auf den Blumen:
Dieienigen, die ausgegangen ſind, um die gemeinſchaftlichen Vorratskam-
mern mit ſüßem Nektar zu bereichern und anzufüllen, werden keine Blumen-
ſtaubbällchen an ihre Beine ſammlen, wenn neben ihnen auf eben dieſen
Blumen andere ſind, die ihre gelben Ladungen machen. — Alleine, wie
könnte es auch nach dem weiſen Plan der Natur anders ſein? = = Was
kann beſtehen, wo nicht Ordnung, wo nicht Eintracht herrſchet? —

Zu dieser ordentlichen Haushaltung der Bienen gehöret auch ihre Sparsamkeit. Diese ist gleich groß in Absicht auf ihre beden köstlichen Produkte, Wachs und Honig. Wie sie schon in der Grundlage und Bau ihrer Zellen die äußerste Ersparung des Raums und der Baumaterialien anwenden, daß der grösefte Meßkünstler und der klügste Kopf es nicht genauer, sparsamer und zugleich zwekmäßiger einrichten kann, (*) so rätlich

(*) Schon bei dem ersten Anblik muß man das Gebäude der Bienen für ein Meisterstük von Geschiklichkeit halten, ia sogar dem gleich schäzzen, was unsere geschiftesten Werkleute mit der grösesten Mühe zuwege bringen. Iemehr man aber iener Arbeit untersucht, ie mehrere Verwunderung nimmt uns ein. Denn die Bienen scheinen ein Problem aufgelöst zu haben, welches vielen Meßkünstlern zu schwer vorgekommen sein würde, nemlich Zellen also zu ordnen, daß sie den wenigsten Raum, der nur möglich ist, im Stok einnemen, die nichts leres zwischen einander lassen, und die wenigste Materie erfordern. Sie konnten dazu nichts bessers erwälen, als die sechsekkigte Figur, (welches schon der alte berümte Meßkünstler Pappus bewundert) und ihre Kuchen aus zwo Reihen zu machen, die mit dem Boden zusammenstoßen. Aber der allerschwerste Teil der Aufgabe war, den Boden ieder Zelle enger zu machen als das übrige, und daß iede Zelle mit einer Spizze endige. Allein sie haben es, unterrichtet von dem, was die selbstständige Weisheit ist, aufs bündigste aufgelöset, daß sie iede Zelle zu einer sechsekkigten Röhre gebildet, die auf einem spizsäuligen Fuß stehet, und also der Boden einer ieden Zelle ein vester Winkel ist, den die Vereinigung dreier Stükke, nemlich dreier vierseitigen Wachsblätter ausmachet, davon iedes nichts anders als ein geschobenes Vierek ist. Herr Maraldi, der die Figur der Zellen sehr genau untersucht hat, will, daß die zween grose Winkel des geschobenen Viereks 109 Grad und 28 Minuten und folglich die kleinere ieder 70 Grad 32 Minuten halte.

Damit aber die spizsäuligen Füße der Zellen von der einen Reihe keinen leren Raum zwischen den Füßen der Zellen von der andern Reihe lassen, war nichts besser, als daß sie die Böden der Zellen von der ersten Reihe wieder zu Böden bei den Zellen von der andern Reihe anwendeten, und zwar so, daß drei Zellen von der einen Seite den Fuß zu einer Zelle von der gegenüberstehenden Seite hergeben. — Bei dieser Anordnung und Figur erfolgt noch dieser wichtige Vorteil außer der Ersparung des Wachses und Vermeidung alles leren Raums, daß das Ek des Bodens von ieder Zelle durch das Ek der zwo Wände von einer andern Zelle einen Pfeiler bekommt, und also der ganze Bau eine Vestigkeit. Dieses war desto nötiger, da der Boden und die Wände der Röhren so sparsam und dünne gemacht sind, als wir kein so feines Papier haben. Die Vestigkeit des Gebäudes durch Pfeiler und Gegenpfeiler mußte also bei der grosen Sparsamkeit den Mangel der Baumaterie ersezzen.

Bisweilen machen freilich die Bienen einige Unrichtigkeiten in den Winkeln, aber desto mehr ist zu bewundern, daß sie sich gar bald wieder zu helfen, die Unrichtigkeiten ganz unmerkbar zu machen, und allen daraus zu entspringenden Felern vorzubeugen wissen, und also im Ganzen von dem richtigen Maas sich nicht entfernen, so viel ihrer auch auf einmal an der Arbeit sind und einander helfen. Vorzüglich helfen sie sich durch Vergröserung oder Verkleinerung des Bodens zu der folgenden Zelle, daß die Unrichtigkeiten sich nicht weiter vermeren. Wenn ein Boden zu groß worden ist, nemen sie etwas davon zu der nächsten Zelle, und wenn ein Boden

Tab.3. lich gehen sie übrigens mit dem Wachse um. Das Dekkelchen, womit sie
ihre Nimphen versiegelt und der wirksamen Natur allein überliefert hatten,
wird von ihnen gesammelt, zusammengebissen und anderswohin verarbeitet.
Bei Erbauung ihrer Königinnenwiegen scheinen sie zwar ganz verschwen-
derisch zu sein. Sie verfertigen solche so dik und groß, sie machen so viele
Verzierungen von sechsekkigten Flächen daran, daß von einer einzigen solchen Zelle öfters 150 gemeine Bienenzellen könnten gemacht werden. Alleine wann diese ihnen so kostbare Wiege ihre Dienste getan hat, und die
iunge Regentin erzogen ist, so tragen sie solche wieder ab, und verarbeiten
das Wachs wieder zu anderem Gebrauch. — Ferner bedienen sie sich zu
anderer nicht so wichtigen Arbeit, (z. E. die Zellentafeln oben und neben
zu bevestigen, die Rizzen und Oefnungen ihrer Wonung zu verstopfen re. re.
um das edlere Wachs zu ersparen, eines Kittes, welchen Plinius
Propolis,

---

den zu klein, nemen sie etwas von dem Boden einer andern Zelle dazu, ehe sie die
Seiten aufbauen. — Zur Bevestigung der Oefnung der Zellen machen sie um den
Umfang einen Rand oder Gesimms, der drei bis viermal dikker ist, als die Wände.

So unordentlich und verwirrt es bei dem ersten Anblik ihres Baues wegen ihrem grosen Eifer durcheinander zu gehen scheint, so groß ist die Ordnung, die sie
in dem Werk selbst beobachten, und man muß bei diesem kleinen Tierchen den Geist
der Meßkunst nicht wenig bewundern. Sie handlen als Werkleute, die den Bau
nach dem Entwurf des Baumeisters aufführen. Sie fangen iederzeit bei dem Grund
des Gebäues einer Zelle an und ihre allererste Anlage zeiget den Entwurf von verschiedenen Zellen. Der neue Entwurf einer zweiten und dritten Tafel von Zellen,
die sie oft zugleich anlegen, entspricht genau dem Raum, den sowol die Zellen einzunemen haben, als auch den Gassen, die ihre Stadt haben muß, um bequem wonen
und allenthalben Vereinigung und Zusammenkunft haben zu können. Und diese Anordnung der Lage der Kuchen oder Zellentafeln, wobei sie sich iederzeit nach den
Umständen zu richten wissen, bringet auch dem Wiz der Bienen nicht wenig Ehre.
Es würde zu viele Blätter einnemen, nur das Merkwürdigste bei dem Bau ihrer
Wonungen zu beschreiben. Der würdige Herr von Reaumür hat es sehr schön
und genau entwikkelt in seiner ökonomischen Abhandlung von den Bienen, dahin ich meine Leser verweise.

Ihre hauptsächlichsten Werkzeuge sind ihre schaufelänlichen Zäne, welche ihnen
von dem Schöpfer weislich gegeben und ihren Arbeiten auf das vollkommenste angemessen sind. Wir sehen es vornemlich an der merkwürdigen Arbeit, da sie ihre
Zellen polieren und die Wände so lange abschaben, bis sie vollkommen glat und äus-
serst dünne sind (wobei sie aber die abgeschabten Späne sorgfältig und rätlich her-
austrage und anderswohin verbauen) — Weder die Königin noch die Dronen waren nach dem Bau ihrer Zäne im Stande, etwas von solcher Arbeit zu verrichten.
Wir sehen hieraus, daß von dem Schöpfer alles so weislich eingerichtet, daß zu
letzt bei keinem Insekt nicht ein Härchen seie, das nicht seinen Zwek und eine
weise Absicht habe.

Propolis nennt und den sie von dem Harz verschiedener Bäume und Pflan- Tab.J.
zen holen und an den Beinen heimtragen. Dieser kommt aber nicht in ihren Leib zur Bereitung, auch nicht in die Zellen zur Verwarung, sondern
er wird sogleich und roh verarbeitet, und verhärtet sich solcher Kitt stärker
als das Wachs. — Wie oft erstaunen wir über ihren Vorrath und Ueberfluß an Honig, dem zartesten Saft der Pflanzen, den sie gesammlet haben: Aber dem ongeachtet sind sie nicht eigennüzzig und keine Biene zehret
mehr als ihre Notdurft fodert. Und obschon die größeste Menge Honigs vorhanden, so bleiben sie doch bei ihrem ökonomischen System und unverbrüch-
lichen Staatsgesez, die im Winter unnüzzen und alsdann dem gemeinen
Wesen nur zur Last fallenden Männchen ohne Nachsicht abzuschaffen, und
mit Stumpf und Stiel vor Herbst auszurotten, so daß sie auch der un-
mündigen nicht verschonen, die sie zuvor mit aller Zärtlichkeit aufgezogen.
Nur bisweilen in sehr starken Stökken, und bei reichlichem Honigvorrath
lassen sie etliche Dronen, etwa zwei bis fünf leben und im Stok übrigblei-
ben, und solche Stökke sezzen auch schon wieder um Weihnachten junge
Brut an.

Der besondere Auftrit, welcher bei den Bienenlehrern die Dronenschlacht genennet wird, gehet oft mit gar ordentlicher Anstalt zu. Man
sollte beinahe denken, es werde deshalben ein gemeinschaftlicher Schluß ge-
faßt. Den Tag zuvor, als diese grausame Exekution eigentlich geschiehet,
werden alle Dronen im Stok auf das untere Bret innerhalb der Wonung
heruntergetrieben, gedrukt und geschleppet, ohne daß noch zur Zeit eine
einzige umgebracht würde. Der Fuß des Stoks ist alsdann von diesen armen wehrlosen Tierchen dichte gepflastert, sie liegen übereinander und aneinander gedränget, wie Schafe und als von Furcht und Angst erfüllet,
regen und bewegen sie sich nicht und scheinen, ihr Schiksal mit der größ-
sten Zagheit zu erwarten. Des andern Tages werden sie zum Tempel
hinausgeschleppet; kein Sträuben hilft nicht: Die Arbeitsbienen scheinen
von Wut entflammt zu sein, um kein Verschonen statt finden zu lassen.
Doch werden wenige Dronen todtgestochen, sondern meistens nur hinaus-
gedrungen und fortgeschleppet, und sodann bei der Wiederkehr der Eingang versagt. Viele versuchen freilich wieder in ihr Mutterland zurükzu-
kehren, so daß öfters das Flugloch gleichsam verkeilet ist, daß man Rath
schaffen muß, daß die Inwoner nicht erstikken. Meist verfliegen sie
sich und werden durch die Kühle der Nacht in einen ewigen Schlummer gebracht.

Tab.3 bracht. Ist diese Revolution größtenteils vorbei, so gehet es an die Vertilgung der Dronenbrut, welche sie aus ihren Wiegen ausreissen und fortschleppen, auch sogar die Eier, wenn deren noch vorhanden sind. — Wie nachteilig wäre nicht für das Bienengeschlecht bei diesen Begebenheiten der Fall, wenn die Männchen ebenfalls mit einem Stachel versehen wären, die noch überdas gar viel größer und stärker als die geschlechtlosen Bienen sind. Und wer wollte zweiflen, daß dieses mit einer Absicht des Schöpfers gewesen, warum er iene in seinem Plan wehrlos bestimmet habe.

Außer dieser gewönlichen iährlichen sogenannten Dronenschlacht fällt bisweilen eine außerordentliche vor, wenn nemlich im Sommer eine Zeit einfällt, die den Bienen zu Sammlung des Honigs sehr ungünstig ist: z. E. lang anhaltendes Regenwetter, da sie nicht ausfliegen können, oder lang anhaltende Dürre, da der Honigsaft in den Blumen vertroknet, und keine Honigtaue sich erzeugen oder wenn überhaupt eine narungslose Zeit für die Bienen einfällt, so treiben sie ebenfalls die Dronen aus und vertilgen ihre Brut. Es werden also diese Mitglieder der Wolfart des Staats aufgeopfert, um der drohenden Hungersnoth so viel möglich vorzubeugen. Sobald aber darauf wieder gute Honigwitterung einfällt, so wird neuerdings Dronenbrut mit aller Sorgfalt erzogen, — Wie leicht sollte man hiebei eine bestimmte Absicht behaupten, und sogar ein Vorhersehen. Ich beziehe mich aber auf das, was oben von dem Naturtrieb der Insekten gesagt worden.

Bemeldte Beobachtung der Staatsmaximen in den Bienenrepubliken erinnert mich auch an ihre tödtlichen Gefechte, die öfters bei ihnen vorfallen, und nicht unmerkwürdig sind. Sie können teils einzelne, teils allgemeine Gefechte heißen. Sie tödten einmal alle fremden Bienen, welche sich erkünen, in ihren Stok einzuschleichen oder einzudringen. Nur sind Dronen ausgenommen, welche sich verirren, (weil diese nicht Honig rauben) und sodann fremde Arbeitsbienen, so entweder mit Honig beladen sind, oder Bällchen an den Beinen haben, denn diese kommen auch nicht in der Absicht zu rauben; was aber andere betrift, die zu naschen oder zu rauben kommen, gehen selten ungestraft fort, und werden entweder ritterlich umgebracht, oder ein Flügel wie ein Zwirnsfaden zusammengebissen und etliche Schritte weit fortgeschleppet, daß sie das Wiederkommen vergessen müssen. Dabei siehet man öfters gar viele auf eine artige Weise sich

aus

aus der Schlinge ziehen und unversehrt losmachen, zumal, wenn eine Tab.3.
Biene von dreien oder vieren angepakt ist, öfters aber auch schon bei einem
Zweikampf.   Es strekket nemlich die fremde Biene, welche sich überman=
net siehet, ihren Rüssel heraus und gibt ihren Honig von sich, den die an=
dern von dem Rüssel lekken, da sie sodann einen freien Abzug erhält. Das
nemliche habe ich auch schon oft beobachtet bei Bienen von einer Familie,
die solches zur Losung gebrauchen, wenn sie bisweilen für fremd angesehen
und angefallen werden.   Es geschiehet nemlich zuweilen, besonders wenn
ein Stok mit häufigen Räubern geplaget wird und mit solchen viel zu thun hat.
Ihre Wut betäubet sie öfters, daß sie ihre eigene Geschwistere, die ange=
flogen kommen, nicht kennen und sie anpakken.   Die Unschuldige rekt so=
dann nur ihren Rüssel her und krümmet den Hinterleib zum Zeichen, daß
sie sich nicht wehren wolle: und der Paß ist unterschrieben.

Es gibt aber außerdem unter ihnen allgemeine und sehr tödtliche
Gefechte, wobei viele Hunderte und Tausende auf der Wahlstatt bleiben
und die grausamste Niederlage zu sehen ist: wenn nemlich zur Schwarm=
zeit ein iunger Schwarm, der eine Wonung sucht, sich ungeschikter Weise
dahin begeben will, worinn entweder Bienen schon lange wonen, oder ein
anderer iunger Schwarm seit einigen Tagen seinen Aufenthalt bekommen.
Da bleibt öfters nicht eine von den fremden Bienen beim Leben, sondern
werden teils todtgestochen, teils erwürget.   Denn da sie einander wegen
ihren Panzern und hornartigen Schalen nicht so leicht mit dem Stachel bei=
kommen können, es auch für die Ueberwinderin tödtlich ist, wenn der Sta=
chel zwischen den Ringen gepreßt wird und stekken bleibt, so beißen sie ein=
ander mit den Zänen todt, welches entweder am fleischigen Hals geschiehet,
oder an den Luftlöchern im Bruststük, und wissen sie gar wol ihre tödtli=
chen Streiche anzubringen. Allermeist siehet man dabei und fast durchgän=
gig, wie die siegende Biene, wenn sie eine fremde aus dem Stok schleppet
und in den Staub legt, sich ihres Sieges erfreuet, da sie sich gewönlich
noch etliche Minuten neben die sterbende oder bereits erwürgte sezzet, sich
auf ihre vier Vorderfüße stellet und die zwei hintern aneinander reibet.

Was ferner die Liebe und Treue der Bienen gegen ihre Königin und
Mutter betrift, so ist solche groß und einnemend, und kann man wol sa=
gen, daß keine Neigung heftiger und stärker seie, als welche die Bienen
gegen ihre Mutter haben. Mit dem größten Mut lassen sie ihr Leben für

Tab.3 sie und verteidigen sie bis in Tod.   Die Natur lehret sie, daß, da die Königin die einzige Mutter ist, auch der ganze Staat ohne sie nicht bestehen könne, und daß sie folglich gleichsam die Sele derselben seie.   Die Bienen versorgen sie daher auch aufs beste; sie reichen ihr beständig den besten Honig mit ihren Zungen dar, sie belekken sie ohne Unterlaß, reinigen sie von allem Staub, und ist sie deswegen auch immer glänzend.   Aeußerst selten wird sie ohne besondere Begleitung erblikt, welche sie aller Beschäftigung, außer dem Eierlegen überhebt.   Stirbt die Königin und zwar zu einer Zeit, da keine taugliche Brut vorhanden, eine andere erzeugen und ihre Stelle ersezzen zu können, so trauren sie sich zu tode; aller Mut ist sogleich dahin, die Arbeit, das Einsämmlen, alles hört auf, sie vertheidigen sich und ihre Wonung nicht mehr und es ist um die Kolonie geschehen, so reichlich sie übrigens mit Volk und Vorrath versehen ist. — Allein der Grund der so außerordentlichen Liebe der Bienen gegen die Königin ist blos die Hofnung einer Nachkommenschaft.   Ist diese Hofnung durch den Verlust der Königin dahin, so hören sie auf, für ihr eigen Leben zu sorgen und sterben sofort unbekümmert.   Dieses alles ist in dem Plan ihrer Erhaltung eingewebet; denn wenige Bienen können sich nicht hinlänglich verteidigen, vor der Kälte nicht schützen und dergleichen.   Je größer aber ihre Anzahl ist, desto sicherer ist ihre Erhaltung, desto blühender ihr Zustand.

Die Königin bleibt zwar immer zu Hause; bisweilen aber kommt sie doch des Jahrs ein- oder zweimal unter freien Himmel.   Das geschiehet teils im Früiahr, teils im Nachsommer bei schöner Witterung, da sie sich etliche Minuten lang in der Gegend ihrer Bienenwonung in die Höhe begibt, um freie Luft zu atmen.   Ein sehr großer Teil des Volks ziehet unter vielen Freudensbezeugungen aus und begleitet sie.   Dabei kann es geschehen, daß die Königin, der Gegend ungewont, ungefehr in einen benachbarten Stok geraten kann, da sie aber unglüklicher Weise getödtet wird.   Sobald nun ihr Verlust im Mutterstok bemerkt wird, so entstehet darinn eine große Bestürzung, sichtbare Unruhe und Bewegung: ihr treues Volk zerstreut sich und sucht sie mit augenscheinlicher Angst und Bekümmernis.   Nach vergeblich angewandter Mühe entschliesen sie sich erst eine neue Königin anzusezzen, d. i. einen dreitägigen Arbeitsbienenwurm in eine königliche Zelle zu tragen oder doch sogleich um den Wurm zu bauen, wenn anders zu der Zeit dergleichen von gehörigem Alter vorhanden sind, widrigenfalls gehet die Kolonie zu Grunde.

Man

Man kann sich von vorbemeldtem Bezeigen der Bienen sehr augen= Tab. B.
scheinlich überzeugen, wenn man einem abgeflogenen Bienenschwarm seine
Königin entziehet und beiseite schafft. Die ganze Menge des Volks wird
sich zerteilen und ängstlich aller Orten herumirren, ihre geliebte Regentin
zu suchen. Sezzet man sie in eine Ekke des Gartens, so werden sie die=
selbe gar bald entdekken und mit vielen Freudensbezeugungen sich zu ihr
sammlen. Ihr Leitfaden ist hiebei ihr Geruch, den die Königin vorzüg=
lich hat: er ist melissenartig und den Bienen weit und angenehm duftend.
Die Rürung von Freude über ihr gefundenes Kleinod macht sie aller Be=
leidigung vergessend: Man kann ohne Gefar die Königin auf die Hand
nemen und den ganzen Schwarm an den bloßen Arm versammlen lassen
und sich wiederholte angeneme Schauspiele auf diese Art machen; dergleichen
überhaupt der Auszug eines Bienenschwarms ist, da der größere Teil der
Einwoner eines Stoks meist Junge, von seinem Mutterstok teils wegen
Enge des Raums und auch dadurch vermehrter Hizze, teils aber und son=
derheitlich aus Naturtrieb zu ihrer Vermehrung sich trennt, und mit ihrer zu=
gehörigen Königin unter einer sehr merkwürdigen Feierlichkeit ausziehet,
um eine neue Wonung einzunemen und einen besondern Staat zu errich=
ten. Ihr besonderer schwärmender und tumultuirender Laut, den sie bei
einem solchen solennen Auszug von sich geben, gibt sogleich ihr Vorhaben
zu erkennen; die verschiedenen Merkwürdigkeiten aber, welche vor, unter
und nach demselben sich zeigen, wären hier zu weitläuftig zu erzälen.
Dies einzige will ich hiebei als einen besonders merkwürdigen Punkt er=
örtern, der das Rufen und bekannte Tüten der Königin beim Schwär=
men und zwar vor dem Abzug aus dem Mutterstok betrift, und welches
uns an dieser Bienenmutter ein Insekt kennen macht, das eine eigentliche
Stimme hat, oder doch ein Analogon von Stimme und das am allernächsten
an Stimme gränzt, da sonst gewönlich die Insekten stumm sind; zumal
da noch von keinem Naturforscher bekannt gemacht worden, daß er diese
merkwürdige Sache so genau zu beobachten, das seltene Glük gehabt, als
es mir gelungen. Es ist nemlich bekannt, daß die iunge Königin, wenn
sie mit ihrem Volk ausziehen will, ein oft wiederholtes Rufen, tüt! tüt!
tüt! hören lässet, so man auf verschiedene Schritte weit deutlich verne=
men kann. Bei den ersten Schwärmen im Jahr, welche die Haupt=
schwärme heißen, hört man es aus leicht zu beurtheilenden Ursachen sel=
ten, aber bei zweiten und Nachschwärmen iedesmal. Dieses Rufen wird
zwar durch die Verfolgung der iungen Königin von der alten und eifer=
süchtigen

Tab.3. süchtigen Bienenmutter verursacht, welche sie zu erwürgen drohet, aber die Absicht des Rufens selbst ist gleichwol, ihr Volk zum Auszug zu ermanen, um den Verfolgungen der alten zu entgehen und eine neue Pflanzstadt anzulegen. Gleiches Zeichen gibt sie bisweilen ihrem Volk, wenn man einen Bienenstok aus einer vollen in eine lere Wonung austreibt, und die Königin bereits aus dem alten Stok gegangen, aber ihr Volk noch nicht sämmtlich bei sich hat, und ruft ihm dadurch zu, sich zu ihr zu versammlen. — Allein da die Insekten durch den Mund gar keinen Laut von sich geben können und man sich lange keine Vorstellung machen konnte, woher dieser starke Laut entstehe, so zeigte mir einsmals die Bienenkönigin in einem Glashaus durch ihr Rufen vor meinen Augen und durch die Anstalt, die sie dabei machte, daß die Luftlöcher an ihren Seiten und deren äußere Mündungen und Oefnungen die Stelle des Mundes vertreten. Sie klammerte sich nemlich mit den Füßen auf den Wachstafeln veste an, so daß zugleich die Brust sich vest aufdrükte. Solches geschiehet, um desto mehr Gewalt zu haben, und sich anstrengen zu können, die Luft durch die gedachten Luftlöcher (Stigmata) durchzupressen und mit Gewalt herauszuprallen, womit denn auch der unartikulirte und abgebrochene Ton bewürket wird; dergleichen iedoch von keinem Insekt bekannt ist.

Die Liebe der Bienen zur Reinlichkeit in ihren Wonungen ist sehr groß. Sie dulden nichts darinnen, das ihnen schädlich sein könnte, sondern schaffen solches öfters mit größter Anstrengung und mit vereinigten Kräften hinaus. Selbst ihre Exkrementen legen sie außerhalb ihrer Wonung ab, und wann zur Winterszeit die Kälte solches nicht verstattet, und etwa die Wachstafeln oder die Wände damit besudelt worden, so reinigen und nagen sie iene im Früiahr ab, und leztere überziehen sie öfters mit Wachs, wodurch einige Beobachter auf die irrige Meinung gebracht worden, als ob die Auswürfe der Bienen an sich etwas Wachs enthielten, welches aber von ermeldter Ueberkleibung herrüret. — Kommt durch einen Zufall ein Körptr in ihre Wonung, der ihnen zum Fortschleppen zu schwer ist, so übertünchen sie solchen mit Wachs, und mauren ihn gleichsam vest zu, damit keine faulende Ausdünstung ihnen nachteilig werden könnte. — Ihre Todten und verstorbene Alten, wie auch ihre verunglükte und mangelhaften Jungen schleppen sie mit vereinigter Arbeit, was eine nicht zwingen kann, zum Flugloch hinaus und fliegen damit öfters so weit von ihrer

Wonung

Wonung hinweg, daß man sie aus dem Auge verlieret. Jedoch beobach- Tab. 3. ten sie auch bei dergleichen Geschäften eine gewisse Ordnung in der Zeit. Wenn kein dringender Vorfall vorhanden, so wenden sie dazu die Regenta- ge an, in welchen sie im Felde nichts arbeiten können; einige dergleichen Geschäfte geschehen auch des Nachts.

Ihre Einigkeit und daher entstehende Hülfsleistung untereinan- der, ist vergnügend und ziehet ihnen die Neigung aller ihrer Beobachter und Besizzer zu. Außer ihrer Beihülfe zum gemeinschaftlichen Besten, so eine der andern beim ersten Anblik zu leisten bereit ist, reiniget im- mer eine die andere, und durchstreicht alle ihre Härchen am Leibe, um den Staub oder was sonsten daran befindlich, abzunemen: teilen einan- der Hönig auf ihren Zungen mit, verteidigen einander auf das mutigste und stehen desfalls alle für eine und eine für alle.

Das Alter der gemeinen Bienen reichet kaum auf ein Jahr, und die Abname ihrer Leibeskräfte zeiget sich, nachdem sie einen Win- ter überlebet haben, an ihren grauern Haren, zerrissenen Flügeln, Verminderung ihrer Größe und des Glanzes, den sonst eine iunge Biene hat. Was aber die Königin betrift, so hat man Beweise, daß sie länger leben kann; wie sie denn nicht nur bei ihrer häusli- chen Lebensart den Ermüdungen nicht unterworfen ist, wie iene, son- dern auch überhaupt eine härtere und dauerhaftere Natur hat, daher sie auch bei Versuchen und verschiedenen Behandlungen vielmehr aus- stehen kann, als eine gemeine Biene. Wie nötig aber dieses war, ist leicht zu erachten, da das Leben der andern Bienen von dem Leben der Mutter abhängt. — Uebrigens aber haben die Bienen das Schik- sal einer kurzen Lebenszeit mit andern Insekten, die sich stark verme- ren, und besonders die mit dünnen Florflügeln ausgerüstet sind, ge- mein. Wie nötig aber solches, im Ganzen betrachtet, seie, lehret die erstaunend große und schnelle Vermerung derselben. Die Produkten der Erde würden nicht hinreichend sein, sie zu ernären, wenn sie eine Lebenszeit von merern Jahren hätten und das Gleichgewicht der Ar- ten würde gänzlich zerrüttet, und das menschliche Geschlecht in unsäg- lichen Nachteil und Unbequemlichkeit gesezzet sein,

Endlich

Tab.3.   Endlich kann ich nicht unbemerkt lassen, daß die Bienen auch in diesem Betracht als sonderbare und schäzbare Tierchen anzusehen, daß es deren in außerordentlich heißen und auch in sehr kalten Ländern gibt, welches man von andern Insekten nicht leicht sagen kann; und haben die Bienen desfalls etwas änliches mit der Natur der Europäer, die ein temperirtes Klima gewonen und unter einem sehr heißen und auch sehr kalten Himmelsstrich leben können, welches von einem Mohren und von einem Grönländer nicht kann gesagt werden.

Die wilde Biene.

Apis terrestris.

II. Abschnitt

von den

wilden Bienen.

Apis terrestris. Linn. S. N. 248. Geschlecht.

Einteilung der Bienengattungen.

Es gibt nur eine Art von zamen oder Honigbienen, aber gar viele Arten dieses Geschlechts von wilden Bienen, die also genennet werden, weil sie in keine so gesellschaftliche Verfassung wie iene können gebracht werden, wenigstens nicht zu einem beträchtlichen ökonomischen Nuzzen bisher gebracht worden, sondern nur gleichsam wild, ihrem Schiksal überlassen, one unsere Aufsicht, meistens auch nur einsam leben und ihre Haushaltung füren, zum Bienengeschlecht aber gehören, weil sie mit ienen teils in dem Bau ihrer Glieder, teils in ihrer Natur, Fortpflanzung und Lebensart näher oder entfernter übereinkommen.

Darunter verstehen wir alle dieienige Insekten mit vier häutigen Flügeln, welche vom Blumenstaub und dem süßen Saft der Pflanzen d. i. dem Honig leben. Denn ob schon die Wespen, viele Arten Fliegen, Käfer rc. auch bisweilen den süßen Honig in den Blumen sich belieben lassen, so ist er doch nicht ihre einzige und Hauptnarung und haben sie überdas mit dem Blumenstaub nichts zu tun: welche aber zum Bienengeschlecht gehören, bedienen sich desselben, wenn sie auch so klein sind, als die Ameisen.

Da wir nun aber der wilden Bienen gar viele Arten haben, die in dem Bau ihrer Glieder, in ihrer Lebensart und Sitten, in ihrer Farbe rc. von ein-

einander abweichen, so hält es sehr schwer, wenn man die Einteilung derselben allzugenau bestimmen will, und verwirrt sowol den Leser und Insek-
tensammler, als macht es auch dem Verfasser unsägliche Arbeit, die er immer abzuändern sich genötiget findet.   Scopoli und Fabricius,
die sich deshalben viele Mühe gegeben haben, erfuren wol, welch eine
schlüpfrige Sache es um die Klassifikation sei.   Scopoli versuchte
erstlich eine solche, wobei er die Fülhörner zum Grund legte und machte zwei Ordnungen, zu deren ersten er diejenigen rechnete, welche gleiche oder fadenförmige Fülhörner haben, und in die andere sezte er die,
deren Fülhörner eine ellenbogenförmige Beugung machen.   Allein da diese
Einteilung ihre Schwierigkeiten fand, so änderte er dieselbe in seinen Ann.
IV. hist. nat. und nahm drei Geschlechter von Bienen nach der Beschaffenheit ihrer Mundwerkzeuge an.   Das erste nennt er Eucera, von
εὐκερας, cornutus, und gibt folgende Merkmale an: Der Saugrüssel
bestehet 1) aus einem dünnen Rörlein; 2) aus zwei kleinen Borsten, welche an dem Rand glatt und kürzer als das Rörchen sind.   3) Zwei Scheiden, die sich gegen einander schliesen, zugespizt und glatt sind.   4) Zwei
Blechlein, welche die angezeigten Werkzeuge bedekken, an der Wurzel eng
sind, und eben da eine borstenförmige Fülspizze aus der Seite auslassen.
Das zweite Geschlecht nennt er Apis aus folgenden Kennzeichen.   Der
Saugrüssel hat ein Rörlein, zwei Scheiden, welche kürzer als das Rörchen und zwei Fülspizzen tragende Blechlein.   Endlich das dritte Geschlecht nennt er Nomada, von der herumschwärmenden einsamen Lebensart und sagt von den Gattungen, die er dahin bringt, daß sie einen Saugrüssel mit einem Rörchen und zwei Scheiden hätten, welche gegen die
Spizze Fülspizzen trügen.

Fabricius teilt dieses Geschlecht auch in drei Geschlechter ein,
und nimmt ebenfalls die Kennzeichen von den Mundwerkzeugen her, aber
auf eine andere Art, daß manche Gattungen, welche bei Scopoli zusammenkommen, hier wieder getrennet sind.   Das erste Geschlecht heißt
Andrena, und hat folgende Merkmale: Die Zunge ist dreispaltig: die
Lefze zylinderförmig und länger als die Kiefer, auf beiden Seiten mit zwei
membranösen Borsten versehen.   Das zweite Geschlecht heißt Apis. Die
Zunge ist eingebogen, fünfspaltig, die Fülspizzen sind sehr kurz und die
Fülhörner fadenförmig.   Das dritte Geschlecht heißt Nomada, die Zunge ist eingebogen, dreispaltig, die hintersten Fülspizzen sind zungenförmig
und an denselben ist das zweite Glied das längste.   Die Fülhörner sind
auch fadenförmig.   Ich

Ich gestehe aufrichtig, daß ich die Ordnung und Einteilung dieser verdienten Männer nicht erwälen konnte, hauptsächlich, weilen man dabei meistens das Vergrößerungsglas gebrauchen muß, um zu untersuchen, zu welcher Gattung diese oder iene Biene gehöre, da sie doch meist beträchtlich groß genug sind, sie beim ersten Anblik zu einem gehörigen Fach zu bestimmen. — Ich glaube daher am besten zu wälen, und den vielen Subtilitäten einer ängstlich gesuchten Einteilung auszuweichen, wenn wir unser Auge auf den ganzen Bau des Körpers richten, der uns so ziemlich die Aenlichkeit einer Gattung zu erkennen gibt, und was zusammengehört oder nicht, zugleich aber auch die Fülhörner nicht aus der Acht lassen, da sie leicht in die Augen fallen, und gute Mitunterscheidungszeichen abgeben.

Linne, unser verehrungswürdiger und unvergeßlicher Vorgänger hat uns selbst hiebei diesen Leitfaden in die Hand gegeben und bei dem Bienengeschlecht zwei Abteilungen gemacht. Erstlich ordentliche Bienen, (die nemlich mit dem etwas schlanken Körperbau unserer edlen Honigbienen übereinkommen, wozu er diese selbst rechnet), 37 Arten. Zweitens die Hummeln, (die große dikleibige rauhärige Bienen) Bombinatrices apes, 18 Arten.

Freilich können diese Abteilungen nur für Hauptabteilungen gelten, denn wir müssen notwendig noch Unterabteilungen machen, um gleichsam diese Provinz in dem Insektenreich nach ihren Distrikten gründlich und faßlich kennen zu lernen. — Wir wollen versuchen, wie glüklich wir sie nach folgender Einteilung durchreisen werden:

A. Von den Hummeln.

B. Von den Mutillen, oder ungeflügelten Bienen.

C. Von den Metalbienen.

D. Von den Maurerbienen.

E. Von den honigbienenartigen wilden Bienen, oder mit schlanken Leibern.

A.

Von den Hummelbienen.

Apis bombinatrix hirfutiſſima. Bourdon. Linn. S. N.

Naturgeſchichte der Hummeln.

Wir machen billig den Anfang bei der Abhandlung der wilden Bienen mit den Hummeln, weil ſie unter denſelben die beträchtlichſten ſind, nicht ſowol wegen ihrer Gröſſe, als vielmehr wegen ihrer meiſt geſellſchaftlichen Lebensart und Oekonomie, womit ſie unter den wilden Bienen den zamen oder Honigbienen am nächſten kommen, den meiſten Honig eintragen, ihren Rüſſel, Honigmagen, Löffel an den Hinterbeinen und dergleichen haben, obſchon die ſchlanken wilden Bienen den zamen nach ihrer Geſtalt etwas näher ſind.

Ihren Namen: Hummeln, füren ſie aus eben der Urſache, als Linne ſie Bombinatrices nennt, von Hummen oder Sumſen, weil ſie in ihrem Flug ein ziemliches Geräuſch verürſachen.

Sie leben hauptſächlich in Geſellſchaft, die entweder geringer oder ſtärker iſt; und alsdann findet man bei ihnen die dreierlei Gattungen von Geſchlechtern, nemlich Weibchen, Männchen und Geſchlechtlose. Sie bauen ihre Neſter meiſtenteils in die Erde und vorzüglich auf Wieſen, welche etwas feucht und moſig ſind, iedoch auf etwas erhabenen Pläzzen, da ſie vor den Ueberſchwemmungen geſichert ſein können. Sie ſuchen ſich entweder bei einem erhabenen Maulwurfshügel oder verlaſſenen Ameiſenhaufen niederzulaſſen, oder bedienen ſich zur Erſparung einiger Arbeit eines wolgelegenen Mäuſelochs, oder graben ſich ſelbſt eine Vertiefung von etlichen Zollen unter dem Moos, beiſſen die Wurzeln des Graſes in einem Zirkel ab und tragen die Erde heraus, ſo, daß das Moos ihnen zur Dekke bleibt. Man findet ſie auch bisweilen in Fruchtäkkern und tragen feines Moos zur Dekke ihres Neſtes zuſammen. Auf dem Grund fangen ſie an, ihr Neſt zu bauen und verfertigen in der Rundung Zellen aneinander,

der, die innen und außen rund und wenn solche zur Verwandlung der Tab. 3.
Nimphen zugedekkel worden, vollkommen eiförmig sind, wie davon ein fig. 8.
Stük von etlichen Zellen Tab. III. fig 8. vorgestellet ist. — Die Mate:
rialien, woraus sie ihre Zellen verfertigen, bestehen aus dürrem Gras,
welches sie mit ihren Zänen zermalmen und mit einem zähen Saft oder
Leim vermischen, der zwar kein Wachs ist, aber doch etwas wachsartiges
oder eine nicht übel riechende Fettigkeit hat. (*) Die Zellen bestehen
überhaupt aus einer wie Leder oder Pergament zähen Haut, und sind
weißlichgelb, aber unten bei ihrer Zusammenfügung mit einer lokkern,
braunroten feuchten Materie umgeben, welche das Ansehen eines zu Brei
gemachten Blumenstaubs hat. Sie sind also sowol von den Wachszellen
der Honigbienen, als auch von dem Gebäude der Wespen weit unterschie:
den, sowol nach ihrem Gehalt, als auch nach ihrer Gestalt, dem Körper
des Insekts aber vollkommen gut angemessen. — Bei dem Aus: und Ein:
fliegen in ein solches Nest dringen zwar die Hummeln an verschiedenen Or:
ten durch das weiche Moos, iedoch haben sie in der Mitte oder neben eine
oder auch mehrere Hauptöfnungen, welche sie bewachen, und gegen ver:
schiedene Feinde, sonderheitlich aber gegen die Ameisen verteidigen.

Dieienigen Hummeln, welche einsam leben, da sich nur ein Männ:
chen und Weibchen zusammenhält, bauen ihre Nestchen zwar auch wie
diese, aber nicht nur von etlichen wenigen Zellen, sondern erwälen auch
gerne einen hohen Rain, der gegen Mittag liegt; andere graben sich an
den Wegen oder an einem solchen Rain in die Erde, oder bedienen sich da:
zu eines Wurmlochs, welches sie erweitern, oder sonst einer Oefnung, oder
eines Risses. — Solche einsamlebende Hummelbienen erzeugen alsdann
keine Geschlechtlose, es sei denn, daß sich ihre Nachkommen stark ver:
meren. Allein es gibt unter den Hummeln und wilden Bienen, wie bei
den Wespen, (wovon unten) solche Einsiedler, deren Art auch in Gesell:
schaft lebt, und die gleichwol keine Anstalt machen, daß sie eine beträcht:
liche Gesellschaft errichten wollten, außer dem, daß sie sich nicht zu einer
Versammlung von ihrer Art begeben, ob sie gleich solche leicht finden könn:
ten und oft in der Nähe haben, welcher Umstand in der Naturlehre noch
in ein helleres Licht zu sezzen wäre.

Was

(*) Man kann zwar durch das Abkochen der Hummelzellen in Wasser kein Wachs oder
sonstige Fertigkeit daraus erhalten, aber doch brennen sie wie ein Licht, das Fettig:
keit hat, und die Hizze dringet auch eine sichtbare Fettigkeit heraus, wenn man im
Brennen darauf Acht hat. Es mögte wohl gelingen, durch ein künstliches Mittel
etwas Brauchbares herauszubringen, allein es wird von geringem Belang sein.

Tab.3.

Was nun aber die in einiger gesellschaftlichen Anzal beisammen=
wohnende Hummelbienen betrift, so findet sich bei ihnen nicht, etwa wie
bei den Honigbienen, nur ein Weibchen, sondern sie haben mehrere,
nachdem die Anzal der ganzen Gesellschaft groß oder gering ist. Meisten=
teils ist ihre Anzahl nicht groß und bestehet etwa aus hundert Mitgliedern,
dabei sind etwa fünfzehen Weibchen, fünfundzwanzig Männchen, und die
übrigen Geschlechtlose; alsdann auch ist ihr Nest nicht viel größer als eine
starke Faust. Man findet aber solche bisweilen absonderlich in guten Bie=
neniahren eines Kopfs groß und die Anzal der Inwoner bestehet alsdann
aus Tausend und mehrern, so aber selten sind. — Darinnen kommen die
Mütter der wilden Bienen mit der Königin der Honigbienen überein,
daß sie ansehnlich größer sind als die zwei übrigen Arten, auch etwas heller
und schöner von Farbe, und einen Stachel haben, der nach Maaßgabe
ihres Körpers größer ist, als der Geschlechtlosen und scheinen wirklich auch
von den übrigen mit einiger Distinction behandelt zu werden, wie ich schon
öfters aus einem und dem andern habe warnemen können. (*) Allein die
                                        Weibchen

(*) Ich muß hiebei anmerken, daß man noch zur Zeit von der innern Oekonomie und
Lebensart der Hummeln nicht sonderlich viel entdekket hat, teils weilen meines Wis=
sens noch nicht viele Naturforscher mit besonderem Fleiß sich mit ihnen abgegeben,
und häufig erzogen haben, teils aber auch, da sie sich wegen ihrer Bauart sehr schwer
in Glaswonungen erziehen lassen. Doch hoffe ich darinnen noch weiter zu kommen,
sobald meine Bemühungen dahin werden gereicht haben, sie durch Vereinigung meh=
rerer Nester in eine recht zahlreiche Gesellschaft zu bringen, wobei erst, wie bei den
Honigbienen selbst die besten Beobachtungen anzustellen sind; indem alle Thiere,
die zu einer Gesellschaft geneigt und geschaffen sind, ihre Natur und Kunsttriebe
erst alsdann in ihrem vollkommenen Grade zeigen, wann sie eine recht starke Anzahl
ausmachen. Man nehme z. B. nur das Beispiel der Bieber, dieser unter den vier=
füßigen Tieren so zu sagen größter Genies oder klügsten Gattung. Bei einsam wo=
nenden wird man wenig sonderbares in ihrem Bau antreffen und wir würden ihre
Kunst und Naturtriebe bei der Untersuchung ganz verkennen, und ihre Fähigkeiten
gar nicht anden, wenn wir sie sonst nicht kenneten. Allein man betrachte sie in einer
starken gesellschaftlichen Anzahl und Verbindung beieinander, dann müssen wir er=
staunen über ihre Baukunst, Erfindungskraft und Geschiklichkeit; und wir würden
alsdann eben auch nicht glauben, daß nicht Menschenhände solche Werke in einem
Strom sollten aufgeführet haben, wenn wir nicht die Arbeiter selbst in diesen Tie=
ren anträfen. — Indessen habe ich doch die Hummeln, als die vornemsten unter
den wilden Bienen näher zu studiren, mir bereits viele Mühe gegeben, und was
ich von ihnen angeben kann, aus eigener Erfarung und Beobachtung geschöpft.
Meine Bemühungen aber giengen, wie gemeldet, hauptsächlich noch dahin, ob sie
nicht zu einen beträchtlichen ökonomischen Nuzzen könnten gebracht werden, wel=
cher allerdings, ob schon nicht in Ansehung des Wachses, doch in Betracht des Ho=
nigs, von Erheblichkeit sein könnte, teils weil ihr Honig, den sie sammlen, sehr
gut ist, und dem Lindenblüthonig der zamen Bienen nichts nachgiebt, teils weil
sie viel sammlen können, da es eine große Art Bienen ist, die eine öfters viermal so
                                           große

Weibchen der wilden Bienen oder Hummeln bleiben nicht immer zu Tab.2.
Hause, wie die Königin bei den Honigbienen, sondern gehen aufs Feld
nach Narung aus, weil ihre Jungen von den Geschlechtlosen besorget wer=
den.   Man fange nur bisweilen auf einer Blume oder Blüte eine beson=
ders

große Honigblase oder Magen haben als eine zame Biene: teils weilen sie nicht nur
auch fleißig sind und so gar Männchen und Weibchen arbeiten, (so bei den zamen
Bienen nicht statt findet) sondern auch in Absicht auf die Witterung viel dauerhafter
sind, als die Honigbienen.   Denn da sie groß und rau mit Haren bewachsen sind,
so können sie bei einer etwas kühlen und regnerischen Witterung auf Narung aus=
gehen, wenn keine zame Biene es wagen darf. Ueberdas haben sie einen sehr lan=
gen Rüssel, und können in tiefe Kelche der Blumen reichen und den besten Honig
daraus holen, welches eine zame Biene sich muß vergehen lassen: wie z. E. im ro=
ten Klee, der sehr honigreich ist, in den Sheklilien u. s. w.   Allein es kommt hie=
bei auf diesen Haupt punkt an: ob die Hummeln, da sie Insekten sind, die
zu den Winterschläfern gehören, den Naturtrieb und die Anlage haben,
einen Vorrath zu sammlen? = Diese Frage kann ich mir noch zur Zeit we=
der bejahen noch verneinen.   Bei ihrer wilden Verfassung, da sie in geringer An=
zahl wohnen, scheint es nicht; denn ob man schon öfters bei guten Bieneniahren
reichlichen Honig in ihren Zellen findet, so ist es doch nur damit auf die Ernärung
ihrer iungen angesehen, weil sie auf den Winter für sich nichts nötig haben.   Aber
es ist dabei doch die Frage, ob sie nicht einen starken Vorrath zu sammlen sich be=
mühen werden, wenn sie in einer großen Gesellschaft beisammen wonen? — Daß
sie sich zu einer starken Gesellschaft bringen lassen, ist wenig Zweifel.   Ob es mir
schon seit einigen Jahren nicht nach Wunsch glükken wollen, so bin ich iedoch von
der Möglichkeit der Sache überzeugt worden.   Ich habe nemlich bisweilen etliche
Hummelnester auf dem Feld, des Abends, wenn sie beisammen waren, mit der Erde
ausheben, und in einem zugebundenen Korb von Drat in meinen Hausgarten tra=
gen und daselbst nach ihrer gewönlichen Tiefe und Beschaffenheit in die Erde neben=
einander, bisweilen auch in Blumentöpfe, sezzen lassen.   Des andern Tages mach=
ten sie sich den Ort ihres neuen Aufenthalts, wie die zamen Bienen, vors erste be=
kannt, und flogen oftmals in einem immer weitern Kreis um ihre neue Gegend,
bald darauf aber über die Häuser und Mauren aufs Feld nach ihrer Narung, trafen
richtig wieder ein, und führten ihre Haushaltung ordentlich fort, ia sie gewönten
sich, ihnen one Gefahr zusehen zu lassen, wenn man nur ihre Herberge ungestört
ließ.   Alleine meist gegen den Herbst verunglükten sie mir, da sie teils von der
Menge Ameisen, die ihrem Honig allzusehr nachstrebten, gar sehr beunruhiget
und bestolen worden, ongeachtet sie sich besonders durch beständig ausgestellte Schild=
wachen tapfer verteidiget haben; teils sind sie bisweilen, absonderlich in heißen und
trokkenen Jahren, durch die überhandgenommene Bienenläuse geschwächt wor=
den, und in Abgang kommen, daß sie öfters miteinander aus= und fortgezogen sind
und ihre Wonung im Stich gelassen, welches Unheil ihnen in einem feuchten
Boden oder bei einer abwechslenden Witterung nicht begegnet wäre; deswegen man
auch sie öfters und besonders die Erde um sie herum begießen und befeuchten muß,
wenn man sie in einem Garten bei Gebäuden oder auch vor den Fenstern in Blu=
mentöpfen oder mit Erde halbangefülten Kästchen (welches sehr wol angehet) erzie=
hen und halten will, um mit ihrer Oekonomie bekannter zu werden.   Denn sie wer=
den wie die Käfer Carabi und S.lphae mit einer Art Milben geplagt, welche Linne
Acarus Coleoptratorum nennet, von welchem Insekt Herr Pastor Götz im XIV.
Stük des Naturforschers eine lesenswürdige und ausfürliche Beschreibung
nach allen seinen Teilen und Gliedern, besonders seiner Freßwerkzeugen, nebst einer
erläuternden Kupfertafel geliefert hat.

Tab. 3. ders große Hummelbiene und öfne sie, so wird man ihren Eierstok finden, und eine große Anzahl ihrer Eier auf die Hand legen können. — Was ihre Männchen betrift, so kommen solche mit den Dronen bei der zamen Bienenrepublik damit überein, daß sie auch größer sind, als die Geschlecht: lose ihrer Art, und keinen Stachel haben, sondern an dessen Statt das männliche Glied, welches aber von dem der Dronen in seinem Bau und

fig. 9.* Einrichtung ganz abweichend und Tab. III. fig. 9.* unter einer starken Vergrößerung genau und deutlich vorgestellet ist. — Ob ich schon ihre Begattung mit dem Weibchen noch nicht sehen können, (welches außer ei: nem gläsernen Gehäus, in der Erde oder in ihrem Nest mit Moos bedekt nicht möglich ist) so überzeugt uns doch die Lage desselben, daß sie nicht von den Weibchen, wie die Dronen von den Königinnen, bestiegen wer: den, sondern daß das Männchen sich des Weibchens bemächtige. Denn die Lage ist nicht umgekehrt im Leibe der Biene, und stehet auch unter sich. Auch kann dieses hornartige Glied sich nicht, wie bei den Dronen im Leib umstülpen. Zudem geben die verschiedene hornartige teils mit Haren be:

aa sezte Zangen, aa theils gezänte Zangen bb (in deren Mitte das eigentliche
bb Zeugungsglied c befindlich) zu erkennen, daß das Männchen damit den
c After und glatten Ring des Weibchens vest halten könne und folglich auf dem Rükken desselben stehen müsse. Die Samenfeuchtigkeit in der weissen

d Samenblase d scheinet der bei den Dronen änlich zu sein, enthält aber kei: ne so große Menge. Auch hat das Männchen dieser wilden Biene, nicht wie die Drone, das Schiksal, den Zwek seiner hauptsächlichsten Be: stimmung mit dem Leben zu bezalen, welches auch bei diesem Tierchen mit dem weisen Plan der Natur nicht übereinstimmen würde, da es nicht nur mehrere Weibchen zu befruchten hat, (die Königin der zamen Bienen hin: gegen allein ist und gleichsam in einem Serail von Männern sizt) sondern auch an den gemeinschaftlichen Arbeiten zum gemeinen Besten Teil nimmt. Denn die Männchen fliegen auch aus, und tragen Honig und Blumen: meel ein, und man kann deren öfters auf den Blumen fangen. Sie sind des: wegen auch in dem Bau ihrer Glieder nicht wie die Dronen dazu untüchtig gemacht, sondern haben die langen Rüssel, die Freßzangen und Löffel an den Hinterbeinen, wie die Weibchen und wie die Geschlechtlose. Selbst die Wache zu halten bei dem Haupteingang in ihre Wonung sind die Männ: chen nicht ausgeschlossen, ob sie schon keinen Stachel haben. Allein sie ver: teidigen sich gegen kleinere Insekten sonderheitlich die Ameisen durch ihre Freßzangen, womit sie solche doch ungern umbringen, und sie mehr mit den Flügeln abweisen.

Was aber die Geschlechtlosen betrift, so sind diese, wie gewönlich, zur Arbeit hauptsächlich bestimmt. Sie sind die kleinsten ihrer Familie, und selbst untereinander öfters an Größe verschieden, welches von der Ungleichheit ihrer Zellen herkommt, die sie für die Geschlechtlosen kleiner und größer machen.

Die Erziehung ihrer Jungen hat übrigens wenig Abweichendes von der bei den Honigbienen. Sie machen ihnen einen änlichen Futterbrei von Honig und Blumenmeel. Ihre Larven sind auch, wie iener, weiße weiche Würmer ohne Füße, die sich in der Zelle in Zirkel legen, bis sie ausgewachsen sind und sich umwenden. Da dann auch die Alten die Zelle zuspünden oder mit einem Dekkel versehen; um den 18ten oder 20ten Tag aber, vom Ei an gerechnet, beißen die Jungen selbst die Zellen auf, und kommen als vollkommene Hummeln hervor. Uebrigens findet man in ihren Zellen außer der iungen Brut, teils Honig, teils eingestampftes Blumenmeel, wie bei den zamen Bienen.

Eine besondere auffallende Bemerkung habe ich schon öfters bei ihrer Verfaffung, absonderlich bei der gewönlichsten Art Hummeln, die schwarz und gelb sind, gemacht, davon ich noch zur Zeit den Grund nicht habe finden können, so viel Aufmerkfamkeit ich angewandt und Nachdenken angestrenget habe; daß nemlich gar häufig unsere europäische Mutille (Mutilla Linn.) deren Weibchen keine Flügel haben, unter und bei ihnen wonen und eine gemeinschaftliche Haushaltung mit ihnen führen, da sie doch nicht nur von Farbe, sondern auch nach ihrem ganzen Körperbau von ihnen so verschieden sind, daß sie desfalls mehr zu den wilden Bienen der andern Gattung mit schlanken Leibern, ia wol zu dem Wespengeschlecht, als zu den Hummeln gehören: gleichwol aber wie Kinder einer Familie unter und miteinander leben, wovon unten bei den Mutillen das Nähere.

Unter den Feinden der Hummelbienen auf dem Felde sind die Raben die schlimmsten, gegen welche sie sich nicht verteidigen können, wenn sie von solchen entdekket werden. Diese zerstören das ganze Nest, indem sie die iungen Hummeln als Würmer und Nimphen aus den Zellen hakken, und sich als eine Lekkerspeise belieben lassen. Außer dem haben sie sich gegen die Ameisen, gegen die Asseln rc. zu wehren, und werden vorzüglich von den Bienenläusen geplagt, welche absonderlich in trokkenen heißen Sommern bei ihnen oft sehr überhand nemen.

Tab. 3.   Was von einigen vorgegeben wird, als ob sie als faule Hummeln
gerne von fremdem Brod lebten, und die Bienen zu bestehlen suchten, ist
ganz irrig, und ist ein Irrtum im Namen, da dieser Vorwurf verschiedene Wespen trift.   Ich habe öfters eine kleine Hummelkolonie nur drei
Schritte von einem Bienenstok, und niemalen lässet sich eine Hummel beikommen, sich demselben in einer solchen Absicht zu nahen.

Einteilung

der

Hummelarten.

a. Dikleibige, mit gebrochenen Fülhörnern.

b. Mit langen fadenförmigen Fülhörnern.

Beschreibung der Arten.

a. Dikleibige mit gebrochenen Fülhörnern.

Die Bärenbiene. **Ap. bombin. Hirtus.**

Tab. 4.
fig. 1.

Das Weibchen. Länge 1 Zoll 6 Linien.
Breite 8 Linien.

Eine ganz schwarze Hummel. — Dieses ist die größeste unter den bekannten Arten und kommt dem Weibchen des Hornschröters nahe und ist auch durchaus schwarz. Nur die Flügel, die ihr in der Natur ein sehr prächtiges Ansehen geben, sind goldgrün und schillern besonders in der äußern Hälfte rubinroth. — Der Kopf ist nach Verhältnis des dikken Körpers auch sehr dik und eine Linie weniger als halben Zoll breit. Die großen Augen haben braune Flekken. Die Freßzangen sind stark und kurz, und schließen mit ihrem Gewerbe an den Augen an. Die darunter befindliche Zungenscheide stellet zwei glänzende polirte Griffel vor, die über die Wurzeln der vordern Paar Füße bis auf die mitlere Brust reichen. Die Oberlippe ist sehr breit und stellet einen Schild vor, dessen Saum nahe bei den Freßzangen mit Haren bebrämt ist. Die Fülhörner stehen mit ihrem Gewerbe in einer starken Vertiefung, die mit etwas kleinen Haren bewachsen ist. Sie sind an sich nicht gar groß noch dik. Das Grundgelenk ist fast so lang als die mit ihrem Gewerbknopf darauf sizzenden zehn kurze Glieder, die gleich dik sind, und davon iedes einen schmalen rötlichen Saum hat. Die Ocellen, die sehr hell und bräunlicht sind, sizzen im Dreiek nahe bei den Wurzeln der Fülhörner. Das Bruststük sizzet wie gewöhnlich bei der Hummelart, ganz am Kopf, und der Schild ist glatt, am Hals aber und neben herunter bis hinter die Flügel stehen Sammethare und scheinet mit dem schönsten schwarzen Sammet bebrämet zu sein. Auch unten ist die Brust mit Sammetharen bewachsen. Die Wurzeln der Flügel sind schwarz, und bilden einen glänzenden gläsernen Knopf. Der Hinterleib ist breit und sehr flach und
bestehet

Tab. 4. bestehet aus sechs Ringen, die glatt sind, aber ieder hat neben drei von einander abgesonderte Büschgen lange Hare, wie Floßfedern, und der lezte Ring oder das Afterstük ist ringsherum mit solchen Haren besezt. Der Stachel, der sich darin befindet, ist sehr stark, und seine Beschädigung mag sehr empfindlich sein. Auch unten ist der Bauch etwas mit Haren bewachsen, die ganz kurz sind. Die Füße aber sind ganz mit Sammetharen überzogen. Besonders sind die hintern Beine wegen ihrer Stärke und Dikke merkwürdig, wovon einer fig. a* fig. a* vergrößert vorgestellet ist. Der Rist am Fußblat ist dikker und größer als der Schenkel oder das Schienbein, und scheinen deswegen die übrigen Glieder des Fußblats äußerst kurz. Die Schienbeine haben zwei Dorne, die nicht besonders beträchtlich sind. Aber von dem Hüftbein auf den Schenkel ziehet ein flaches Hornstük, das einer Muschel gleichet, am Anfang aber eine scharfkantige Ekke hat. Das mitlere Paar Füße ist merklich kleiner, übrigens aber den hintern änlich, und so sind nach Proportion die vordern Füße. Die Fußblätter endigen sich in vier stark gekrümmte Klauen, davon die größern etliche lange Hare hinausstehen lassen. Die Flügel reichen einen viertels Zoll über den Leib hinaus, und sind ein und ein viertels Zoll lang. Sie sind alle vier goldgrün und schillern von der Wurzel an in die Hälfte blau, und die andere Hälfte gegen das Ende roth wie Rubin.

Ihr Vaterland ist **Surinam** in Westindien.

fig. 2.

Das Männchen.

Es kommt mit seiner Gattin fig. 1. fast ganz überein. Außerdem, daß sie drithalb Linien kleiner ist, so bestehet das Abweichende darin: die Augen sind gelber, (welches aber auch von der mehrern Austroknung dieses todten Exemplars herkommen kann) die Freßzangen stark mit einzeln Haren bewachsen, und zwischen denselben stehet ein abgestümpftes Büschchen Hare, das von der Wurzel aus in die Hälfte schwarz, die äußere Hälfte aber glänzend roth ist. Die Flügel sind goldgrün und schillern ins Blaue, am Rand aber ins Rötlichgraue.

Der Berghummel. A. bomb. alpina.
Linn. S. N. 55. & Faun. Suec. 1719.

Eine schwarz und gelbe Hummelbiene größter Art, wie fig. 1. Kopf, Bruststük und Füße sind schwarz und rauharig. Der Hinterleib aber ist gelb, nur der erste Ring ist schwarz.

Sie ist auf den **Lapländischen Alpen** zu Haus.

Der

Der Breitfuß. A. bomb. latipes.
Fabr. S. Ent. 1. Ap. hirsuta.

Länge 1 Zoll 2 Linien.

Diese sehr rare und seltsame Hummel gleichet am Kopf wegen der Gestalt der großen Augen gar sehr den Dronen oder Männchen unter den Honigbienen. Er ist nicht sonderlich dik, die Augen aber sind besonders groß und enthalten viele tausend sechsekkigte Spiegelchen in ihren Halbkugeln. Sie reichen bis auf drittheils Linie oben auf der Stirne zusammen, und schließen die drei schwarzen Ocellen, die gleich ober den Fühlhörnern stehen, ein. Ihre Farbe ist bräunlich= gelb. Die Freßzangen sind ganz kurz und schmal, aber die Zunge sehr lang. Die Fühlhörner bestehen außer dem langen Grundgelenk aus eilf Gliedern, da= von das erste auf dem Gewerbknopf lang und dünne ist, die übrigen kurzen Glieder aber in der Dikke etwas zunehmen. Eben dieses erste etwas lange Glied hat unten einen sonst ungewönlichen kleinen Auswuchs, wie ein Horn, inwendig sind die Fühlhörner gelblichbraun und oben schwarz. Jedes Glied hat einen bräunlichen, aber nicht erhöheten Saum. Den Kopf trägt die Hummel etwas niedergedrukt, eben so wie die Drone im Bienenstok. Das Bruststük ist oben und unten wie mit einem Maulwurfspelz mit Haren überzogen, der Schild aber ist in der Mitte glatt und glänzend. Hinter den Flügeln hat der Brust= schild einen merklichen Einschnit, wie ein Ring, und ist darhinter mit Sammet= haren bewachsen. Die sechs Ringe des Hinterleibes sind glatt, wie bei fig. I. dieser Tafel, und neben mit Franzen oder vielmehr Zotteln eingefaßt und das Afterstük mit langen krausen Haren bebränt. Die Füße dieses Insekts sind eine Seltenheit. Der vordere Fuß fig. b * hat einen kurzen dikken eiförmigen Schenkel, der nur wenige Härchen hat. Das Schienbein ist krumm und hat inwendig eine schmale Reihe langer aschgrauer Hare im Bogen; dann folgt ein langer Rist, der sowol inwendig hineinzu etwas gekrümmt, als auch nach seiner Länge gebogen ist, auf beiden Seiten mit einem Saum. Auswendig und in= wendig ist er kahl, glatt und weißgelblich, an der obern Kannte aber hat er kurze rote Hare, und an der untern stehen zwei Reihen lange etwas einwärts gebogene glatte glänzende Hare, welche teils rot, teils schwarz, teils weiß und gelblich aussehen. Sie beugen sich sämmtlich gegen innen und bilden den Fuß zu einer starken Höhlung. Die drei folgenden kurzen Glieder des Fußblats sind außen glatt, inwendig mit kurzen weißen Härchen bewachsen, oben aber auf der Kante mit einer Sammetbürste von Haren, die außen schwärzlich grau, inwendig aber rot sind: Unten aber gehet die Einfassung von langen schwarz und weißen Haren fort, wie bei dem Rist. Von diesen drei Gliedern siehet der äußere glatte Teil der zwei erstern gelblich, des dritten aber rot; so wie auch das Klauenstük, das fast so lang ist, als die drei daranstehenden Glieder zu= sammen. Es ist auch stark auf den beiden scharfen Seiten mit schwarzen lan= gen Haren bewachsen und bildet fast eine runde Schaufel. Die Klauen haben zwei kleinere Nebenklauen, welche sämmtlich mit einigen langen einzelen Haren besezt sind. In der Mitte zwischen den Klauen ist ein gespaltener Ballen mit vielen Haren bewachsen.

Diese

Tab. 4.
fig. 3.
Diese sonderbare maulwurfsartigen Füße hat diese Hummelart warscheinlich deswegen empfangen, weil sie starke Hölungen in die Erde gräbt und große Nester allda bereitet.   Um nun sowol die Erde und das zerbißene Gras, Moos und Wurzeln bequem herauszuschaffen, als auch ihren obern Körper vom Staub zu reinigen, hat ihnen die Natur, die nichts umsonst thut, sowol die lange krumme Glieder an den Vorderbeinen als auch die starken Bürsten und Hare an denselben verliehen.

Das zweite Paar Beine an dieser Hummel ist eben so merkwürdig. Der Schenkel ist stark und ansenlich, das Schienbein aber ganz kurz und auf der obern und untern Kante mit schwarzen Haren besezt,   anstatt der Dorne aber ist ein Auswuchs mit einem scharfen Ek.   Der Rist des Fußblats ist groß und hat ganz ungewönliche große gelbe Schuppen in der Form eines Fächers, welche über 100 an der Zahl an iedem Fuß ausmachen.   Diese seltne Schuppen ste-
fig. c.* hen vest angewachsen Paar und Paar fig. c.* auf einem hornartigen braun-roten Stiel, der aus einem größern schwarzen Grundstük wächset, das behart ist.   Die Schuppe selbst bestehet aus einem feinen hornartigen Häutchen ganz flach ausgespannt mit einem Saum, der auf der einen innern Seite nahe bei der Wurzel ribbich ist; neben herum stehen gleichsam weiße Perlen.   Dieses ausgespannte Häutchen ist durchaus mit Adern durchflochten, welche durchsich-tiger sind und sechsekkigte und andere irregulare Flächen bilden.   Das hintere
d* Paar Füße fig. d*, deren Schienbeine gegen innen sehr gebogen sind, haben an dem großen Rist eben dergleichen gelbe Schuppen.   Die übrigen Glieder des Fußblats sind sehr klein und kaum recht in die Augen fallend.

Daß diese seltene Schuppen dieser wilden Biene unter andern dazu dienlich sind, um daran gleich als an Löffeln vieles Blumenmeel und andere Narungs-mittel (die in ienen Gegenden solche Beschaffenheit der Füße an diesen Tierchen erfordern) anzubringen, ist sehr warscheinlich. Sie können aber denselben auch zu andern Verrichtungen nötig und behülflich sein, welche wir aber nicht so leicht absehen können, da die genaue Beobachtungen der Oekonomie dieser Insekten in entfernten Weltteilen äußerst selten sind.

Die Flügel sind goldgrün und schillern bis zur vördern Hälfte ins Blau-stahlfarbene.

Das Vaterland dieser raren Hummel ist Amboine.

Drury beschreibt auch Tom. II. pag. 87. diese Biene und gibt als ihr Vaterland die Insel Johanna bei Madagaskar an; allein der merk-würdigen Platten an den mitlern und hintern Füßen gedenkt er nicht, und seine Zeichnung an den Flügeln ist ganz grün.

Fabricius sezzet sie nach China zu Hause, und beschreibet nur die Vor-derfüße mit schwarzen glatten Schenkeln und die Schienbeine mit zwei Rostpunkten.   Die Fußblätter seien groß, ausgebreitet, hornartig, gelb
und

und an der innern Seite mit langen weißen Haren, die an der Wurzel Tab.4.
schwarz sind, besezt: die Hinterfüße ganz schwarz. — Er nennet diese
Hummel A. latipes, und haben wir diesen Namen beibehalten.

Der Erdwühler.   A. bomb. acervorum.

Linn. S. N. 50. & Fn. Sv. 1727.
Fabr. S. Ent. 21. ap. hirs.
Schaeff. Icon. tab. 78. fig. 5.

Länge 11 Linien.   fig.4.

Eine schwarze rauharigte Hummelbiene mit gelbschillernden Flügeln. —
Die Fülhörner haben zehn Glieder und ein keulförmiges Grundgelenk, welches
nebst dem Gewerbknopf einen blutroten Saum hat.   Die Flügel schillern gelb
wie Messing und zu äußerst etwas rötlich.

Sie wont in **Schweden** und bauet in den lokkern Erdhaufen.

Die Violethummel.   Apis bomb. violacea.

Linn. S. N. 38.
Scop. E. Carn. 812. bombinatrix.
Fabr. S. E. 2. A. hirsuta violacea.

Länge 1 Zoll.   fig.5.

Eine schwarze große Hummelbiene mit einem besonders dikken Kopf und
Bruststük. — Die Fläche des **Kopfs** zwischen den großen Augen ist sehr breit,
kolschwarz und stark mit Sammetharen bewachsen.   Die Oberlippe ist sehr
breit und hat unten einen glänzenden Saum.   Die sich kreuzende Freßzangen
sind glänzend schwarz, sehr stark und groß und gesäumt. Die Augen sind nicht
beträchtlich groß, und länglich oval und grünlich. Die drei Ocellen sind schwarz.
Die Fülhörner haben ein langes Grundgelenk, worauf 10 kurze Glieder in
ihrem Kugelgewerbe sich bewegen.   Der Sals ist nicht zu sehen, sondern das
Dikke, oben und unten mit sehr vielen schwarzen Haren besezte Bruststük ist zunächst am Kopf befindlich.   Der Schild glänzet in der Mitte, so wie der aus
sechs Ringen bestehende runde Hinterleib.   Die Füße sind bis an die kleinen
Gelenke der Fußblätter ganz außerordentlich dik behart und scheinen deswegen
sehr dik und kurz.   Die Fußblätter endigen sich zwar auch in zwei breitausein-
ander gehende Klauen und den Ballen dazwischen, aber iede Klaue ist wieder
von einer etwas kleinern Klaue oder krummen Dorn begleitet.   Die Flügel sind
sehr stark, dunkelblau schillernd.   Die schwarzen Adern darin erstrekken sich nur
bis über die Hälfte der Flügel, und der übrige Teil derselben ist sehr fein
punktirt, und zeigt unter dem Mikroskop den prächtigsten Bau. —

Ihr Vaterland ist das **südliche Europa,** und findet sich auch in **Ungarn,**
in der Gegend von **Ofen.**

Tab. 4.
fig. 5.

Sie wonet in faulen Bäumen, welche sie der Länge nach aushölet und durchboret, und von dem Boden auf viele Nester macht. Diese werden durch 4—5 hölzerne Ringe von einander abgesondert. Sonderbar aber ist, daß die Larven und Nimphen mit dem Kopf nach untenzu stekken, und also den Ausgang, wenn sie ausschliefen, durch den Boden nemen müssen.

Nach Scopoli gibt es auch eine Verschiedenheit der Violethummel mit weißlichtem Brustschild.

Der Tonhummel. A. bomb. argillacea.
Scop. Ent. Carn. 814.

Diese wilde Hummelbiene hat die Gestalt der Vorhergehenden: Sie ist schwarz, hat einen roten Brustschild. Unten ist der Leib ganz roth, und die Flügel gelbrötlich.

Sie bauet in Waldungen, ia auch zuweilen um die Häuser, und macht ihre Zellen aus Töpfererde.

Der Mohrenhummel. A. bomb. nigrita.
Fabr. S. Ent. 3. Apis hirſuta.

Eine schwarze Hummel von gleicher Größe. — Sie hat einen schwarzen Kopf, harigte aschfarbe Stirn: einen schwarzen Brustschild und aschfarbe Brust. Der Hinterleib ist schwarz, und an den Seiten aschgrau: die Flügel schwarz.

Wohnt in Afrika.

Tab. 5.
fig. 1.

Der Braſilianer. A. bomb. braſiliana.
Linn. S. N. 49.
Fabr. S. E. 23. Ap. hirſ.

Das Weibchen.   Länge 1 Zoll 2 Linien,
                                    Breite 8 Linien.

Eine dikke gelbe Hummel. — Der Kopf ist nach Verhältnis der Brust und des ganzen Körpers klein. Die Freßzangen schwarz und am Gewerbe gelb. Die Augen sind gelb und grünschillernd und die Ocellen rötlich. Zwischen den Augen ist der Kopf mit kurzen gelben Sammetharen bewachsen. Die Fülhörner haben eilf Glieder nebst dem Grundgelenk. Oben sind sie braunroth und unten gelb. Das Insekt trägt den Kopf nach Käferart niedergedrukt. Es scheinet einen abstehenden Hals zu haben, der aber dichte mit gelben Haren bewachsen ist. Das Bruststük ist sehr groß, dik und stark, und bis an die Füße

Füße mit grünlichgelben Sammetharen dichte besezt. Am Ende des Brustschilds Tab. 5: sind zwei seichte Einschnitte. Die sechs Ringe des dikken und breiten Hinterleibes haben einen grünlichten Grund und sind mit rötlichgelben, am Ende aber mit gelbroten Haren besezt. Die Füße sind außer den Schenkeln zart von Gliedern, aber um und um so stark mit gelbroten langen Haren besezt, daß sie den Bürsten gleichen, womit man Gläser puzzet. Die Schienbeine haben einen Dorn und oben einen spizzen Auswuchs. Das Fußblat ist wegen dem behaarten Rist sehr lang und die Klauen gedoppelt und sehr krumm. Die Flügel haben braune Adern und schillern gelbmetal. Die äußere Hälfte ist mit niedlichen Punkten schattirt, die sich sehr künstlich veriüngern und gegen den Saum undenklich klein werden. —

Das Männchen.

fig. 2.

Dieses hat sieben Ringe am Hinterleib. — Nicht nur der Wulst der gelblichen Augen ist überaus groß, sondern auch die drei auf der Stirne stehende gelbe helle Ocellen haben eine vorzügliche Größe. Die Oberlippe ist rötlichgelb und fein behart, und die nicht gar starke Freßzangen sind schwarzbraun. Die Fülhörner haben 11 Glieder, welche rötlichgelb sind, das erste Glied aber, wie auch das Grundgelenk ist bräunlichroth. Das Bruststük ist oben und unten mit gelben Haren dicht überzogen. Der Hinterleib hat sieben Ringe, wovon der Grund braunroth ist, worauf rotgelbe sehr lange glänzende Hare stehen, die den Grund etwas grünspielend machen. Gleiche Beschaffenheit hat es mit den Füßen, an welchen die Hare lang und straubicht sind. Die Schienbeine haben unten einen Dorn und oben einen kleinen spizzen Auswuchs wie ein Hörnchen. Die Klauen sind stark und verdoppelt, ziemlich krumm gebogen, und in der Mitte haben sie einen gelbbeharten Ballen. Die Flügel sind goldgelb und der starke Gewerbknopf glänzend braunroth.

Linne gibt Amerika als ihr Vaterland an; diese aber sind aus Siberien.

Der Forsthummel. A. bomb. nemorum.

fig. 3.

Fabr. S. Ent. 19. Apis hirs.
Scop. E. Carn. 821.

Länge 1 Zoll 2 Linien.

Eine gelbe Hummelbiene von großer Gattung. — Der Kopf ist um die Augen und zwischen denselben nebst der Oberlippe schwarz. Zwischen den Fülhörnern stehen Sammethare und das übrige ist glänzend. Der Nakken aber bis an die Ocellen ist goldgelb. Die Freßzangen sind stark und geründet: die Augen aschgrau mit Punkten und die drei Ocellen stehen in gerader Linie auf der Stirne. Die Fülhörner haben wie gewöhnlich zwei lange Grundgelenke worauf in ihrem Gewerbknopf 10 kurze Glieder stehen. Der Brustschild hat drei Binden, die aus starken dichten Haren bestehen. Die erste am Hals ist gelb und gehet bis an die untere Brust gegen die Vörderfüße. Die andere ist schwarz, und die dritte gelb. Die sämmtliche Ringe des Hinterleibes sind goldgelb,

Tab.5. gelb, nur das Afterstük ist schwarz. Von unten ist die Hummel durchaus schwarz und stark mit Sammetharen besezt. Die Füße sind auch schwarz: die Schienbeine und der Rist platt und breit. Die Schienbeine haben einen scharfen Dorn, und die zwei Klauen haben zwei kleinere zu Gefärten. Die Flügel sind bläulicht schillernd.

Ist in den Wäldern Dännemarks zu Hause, auch in Siberien.

Scopoli's Forsthummel wird von ihm mit einem weißlichen Bruststük beschrieben und einer schwarzen Binde in der Mitte. Der erste Ring des Hinterleibs ist roth, der andere rostfärbig, der dritte schwarz und die übrigen sind gelblich: die Füße schwarz und die Flügel gegen außen dunkel. Auch ist sie eine der kleinsten Hummeln, und folglich eine ganz andere Art.

Noch eine Verschiedenheit beschreibt Fabricius S. Ent. 8. Apis nemorum hirs. in der Gestalt der Erdhummel mit einem schwarzen Hinterleib und blaßgelblichen After, aus Koppenhagen. — Sie kommt mit unsern gewönlichen Erdhummeln überein.

fg. 4.   **Der Kaffer.   A. bomb. caffra.**
Linn. S. N. 39.

Länge 1 Zoll 1 Linie.

Eine schwarze Hummel mit zwei gelben Binden. Ihre Augen sind aschgrau. Die Fülhörner haben 10 Glieder die oben schwarz und unten rötlich sind, und das Grundgelenk hat nebst dem Gewerbknopf einen blutroten Saum. Der Brustschild ist unter den Wurzeln der Flügel in die Quere mit einer gelben Binde eingefaßt, die von zitronenfarben Haren gebildet wird. Eine gleiche Binde gehet über den ersten Ring des Hinterleibs. Uebrigens ist alles an ihr schwarz und die Flügel sind braunblauschillernd.

Ihr Aufenthalt ist am Vorgebürg der guten Hofnung und in Westindien.

fg. 5.   **Der Heißländer.   A. bomb. aestuans.**
Linn. S. N. 53.
Fabr. S. E. 24. Ap. hirs.

Länge 11 Linien.

Eine schwarze Hummel mit gelbem Brustschild. — Der Kopf ist groß und dik und zwischen den Augen mit schwärzlichgrauen Haren besezt. Die Augen sind schwarz mit grauen Flekken und die Ocellen schwarz, so wie auch die Freßzangen. Die Fülhörner sind zart, unten rötlich und oben schwarz. Sie bestehen aus 10 kurzen Gliedern, einem langen Grundgelenk, welches einen roten Saum hat, und einem länglichen Gewerb, das ebenfalls mit einem roten Saum eingefaßt ist. Die Brust ist mit schwarzen Haren, und der Schild

ganz

ganz mit zitronengelben Haren besezt von der höchsten Farbe. Die sechs Ringe Tab.5. des Hinterleibs sind glänzend schwarz, glatt und nur neben mit schwarzen Haren eingefaßt. Die Füße sind ebenfalls mit schwarzen Sammetharen überzogen. Die Flügel sind schwarzblau schillernd. —

Aus Surinam.

Der Virginier. A. bomb. Virginica.
Linn. Mant. 1540.
Fabr. S. E. 10. Ap. hirs.

fig. 6.

Länge 1 Zoll 1 Linie.

Eine gelb und schwarze Hummelbiene. — Sie hat einen schwarzen Kopf mit einer weißen Oberlippe, die ein Schildchen bildet. Die Augen sind groß und braunrötlich und die Ocellen schwarz. Die Fülhörner haben zehn schwarze Glieder auf dem langen Grundgelenk. Das Bruststük ist stark; unten ist es schwarz und oben mit blaßgelben Haren besezt. Der Hinterleib bestehet aus sechs Ringen, wovon der erste oben strohgelb, und unten schwarz ist, die übrigen fünf aber sind ganz schwarz. Die Füße sind ebenfalls schwarz und mit Haren besezt: aber oben sind die Klauenstükke sämmtlich hellbraun. Die Flügel sind gelblich und haben gegen außen einen bräunlichen Schatten.

Ihr Vaterland ist Virginien und beschreibt sie auch Drury in seinem I. Band S. 96.

Die Bostonianerin. A. bomb. Bostoniana.

Tab.6. fig.1.

Länge 10 Linien.

Eine schwarz und gelbe Hummelbiene. — Der Kopf ist schwarz mit einem gelben Strichen zwischen den Augen: die Fülhörner haben zehn schwarze Glieder auf dem Grundgelenk. Der Brustschild ist groß, und gelbrötlich. Die Ringe des Hinterleibs sind schwarz, bis auf den lezten, der weißlich grau ist. Die Füße sind schwarz und der Rist an den Hinterfüßen gelbroth. Die Flügel sind breit und bräunlich.

Aus Amerika.

Der Grünling. A. bomb. virens.
Drury Tom. I. p. 108.

fig. 2.

Länge 1 Zoll.

Eine blau und grün schillernde Hummelbiene. — Ihr Kopf ist blaustahlfarb mit Grün vermischt, die Augen aber bräunlich gelb und groß. Die Fülhörner schwarz, und die gelbe Zunge liegt in einer braunen Scheide. Das Bruststük ist grün und blau schillernd mit einigen schwarzen Härchen besezt. Der Hinterleib, dessen erster Ring rötlich ist, schillert etwas mehr Grün, als

das

Tab.6 das Bruststük, der Bauch aber, so wie die Brust ist heller blau. Die Füße sind schwarz mit sammetartigen Härchen besezt und die vördern Schenkel blau-spielend, die Flügel aber gelblich braun. —

Ist in Jamaika zu Hause.

fg. 3.   **Der Knebelbart.   A. bomb. mystacea**
                    Fabr. S. E. 41. Apis.

Länge 10 Linien.

Eine schwarze Hummel mit rotgelbem herzförmigem Hinterleib. — Sie hat einen schwarzen sehr starken Kopf, dessen Grund sowol als des übrigen Kör-pers, wo er schwarz ist, wie auch der Füße stahlfarb schillert. Die Freßzan-gen sind breit, die Oberlippe aufgeworfen und haricht, die Augen graugelb und groß, und einen Rüssel, der so lang ist, daß er bis auf den dritten Ring des Hinterleibs reichet, wenn sie ihn ganz ausstrekket. Das Bruststük ist oben und unten mit einem dichten schwarzen Sammet überzogen.   Der Hinterleib ist gewölbt, herzförmig und nur der erste Ring schwarz, die übrigen fünf aber haben nicht nur einen gelben Grund, sondern sie sind auch mit rötlichen gold-gelben glänzenden Härchen wie mit einem dichten Sammet überzogen. Die Füße sind schwarz und haben die zwei erstern Paare nichts besonders, aber das
fg. 2* dritte Paar dieses merkwürdige, daß die Schienbeine fig. a* außerordentlich breit, flach und an den flachen Nebenseiten unbehart sind. Das obere Ek ist scharf und spiz und das untere hat zwei starke Dorne. Auch iedes kleine Glied des Fußblats hat einen kleinen Dorn und zwischen den Klauen befindet sich kein Ballen. Die Flügel haben braune Adern und schillern gelbmetalfarbig. —

Aus Westindien.

fg. 4.   **Der Messingvogel.   A. bomb. chrysitis.**

Länge 11 Linien.

Eine gelbe Hummel, ein Männchen. — Der Kopf ist klein nach Verhält-nis des Körpers.   Die Augen sind gelb und grünschillernd, und die Ocellen rötlich.   Zwischen den Augen ist der Kopf mit kurzen gelben Sammetharen be-sezt. Die Fülhörner haben außer dem Grundgelenk 11 Glieder, welche oben braunroth und unten gelb sind. Die Freßzangen sind an den Wurzeln gelb und übrigens schwarz. Der Brustschild ist bis an die Füße mit grünlich gelben Sammetharen dichte bewachsen. Der Hinterleib ist grünlich, weil sehr kurze dünne gelbe Härchen auf dem dunkeln Grund stehen. Hinten am Ende stehen zwei starke Büschchen schwarzer Hare und in der Mitte gelbe. Die Fußblätter sind die nemlichen von Haren, nur, daß sie die meisten Hare auf den Kanten stehen haben und etwas eingebogen sind, vermutlich wegen der Begattung. Die Flügel schillern ins Rötliche und haben einen punktirten Schatten. —

Eine änliche ist:

Tab. 6.

Der Baummooshummel. A. bomb. bryorum.
Fabr. S. E. 16. Ap. hirſ.

Sie ist groß, gelb, und rauchharig, hat einen grünlichen Hinterleib, gelbe Füße und schwarze Schenkel.

Wont in Neuholland.

Der Erdkriecher. A. bomb. subterranea.
Linn. S. N. 51. Fn. Sv. 1718.
Fabr. S. E. 22. Ap. hirſ.
Geoff. Inf. 2, 416. 20.

fig. 5.

Länge 11 Linien.

Eine schwarze Hummel mit rotem After. — Sie ist sehr zottigt von Haren. Die Augen sind groß. Die Oberlippe und ein Teil der Stirne, worinnen die Ocellen fast in einer Linie sizzen, ist glatt, zwischen den Fülhörnern aber ist ein dichter Pelz von schwarzen Sammetharen. Die Fülhörner haben 10 Glieder außer dem Grundgelenk. Der Brustschild ist oben am Hals mit gelben Haren eingefaßt. Die drei ersten Ringe des Hinterleibs sind mit schwarzen, der vierte und fünfte aber mit roten langen Haren besezt. Das Afterstük aber hat sehr zarte kurze rote Härchen auf einem schwarzen Grund. Die Flügel sind violetschillernd.

Wont in Europa tief unter der vesten Erde, besonders in Siberien.

Der Afrikaner. A. bomb. tropica.
Linn. S. N. 54.
Fabr. S. E. 25. Ap. hirſ.

fig. 6.

Länge 8 Linien.

Eine schwarze Hummelbiene mit zwei gelben Binden auf dem Bruststük. —

Diese Hummelbiene ist eine von den stärksten beharten und ist durchaus schwarz, aber auf dem Brustschild ist oben am Hals ein breites zitronengelbes Band und am Schluß desselben nach einem breiten schwarzen Band ein gelber halbrunder Flekken. Die Oberlippe ist glänzend schwarz und am Maul mit rötlichen Haren besezt. Die Fülhörner haben ein langes Grundgelenk und darauf 10 Glieder. Die Flügel sind sehr dunkel und spielen violet. Die Füße sind schwarz und an den Fußblättern etwas rötlich braun. —

Wont in Westindien.

Eine Varietät beschreibt Linne schwarz und rau am Hinterleib aber hintenher gelb, aus Afrika.

Tab. 6.   Eine ånliche iſt:

Der Antiguenſer.   A. bomb. antiguenſis.

>   Fabr. S. E. 11. Ap. hirſ.
>
>   Drury.

Der Kopf iſt ganz ſchwarz und das ſtark beharte Bruſtſtük, nebſt dem Hinterleib, deſſen Wurzel aber rotgelb iſt. Die Füße ſchwarz, und die Flügel gelb.

Aus Antigua.

Der Amerikaner.   A. bomb. americanorum.

>   Fabr. S. E. 12. Ap. hirſ.

Dieſe Art kommt mit unſern Erdhummelbienen überein. Sie iſt ſchwarz, harig: Der Bruſtſchild vorne gelb, und hinten ſchwarz.   Der Hinterleib gelb und der After ſchwarz. Flügel und Füße ſchwarz.

Wont in Amerika.

Der Grauhummel.   A. bomb. ſenilis.

>   Fabr. S. E. 26. Ap. hirſ.

Dieſe Hummelbiene iſt etwas kleiner, ganz aſchfarbig und rauch.

Iſt in Dännemark zu Haus.

fig. 7.   ### Der Surinamer.   A. bomb. ſurinamenſis.

>   Linn. S. N. 52.
>
>   Fabr. S. E. 9. Ap. hirſ.

Eine ſchwarze Hummelbiene mit rötlich gelbem After. — Sie kommt mit fig. 3. dieſer Tafel ziemlich überein, ausgenommen die Farbe der Flügel und der Augen, und die Beſchaffenheit der Hinterfüße. —

Drury beſchreibt ſie Tom. I. pag. 97. und gibt ihr auch Surinam zum Vaterland.

Tab. 7.
fig. 1.   ### Der Steinhummel.   A. bomb. lapidaria.

>   Linn. S. N. 44. & Fn. Sv. 1701.
>
>   Scop. E. C. 813. bombinatrix.
>
>   Fabr. S. E. 14. Ap. hirſ.
>
>   Länge 10 Linien.

Eine gemeine ſchwarze Hummelbiene mit rotem After. — Dieſe teutſche Hummelbiene iſt durchaus ſehr harig, hat gebrochene Fülhörner von 10 Gliedern

dern in einem Gewerbknopf, der auf einem langen Grundgelenk stehet. Der Tab. 7. Kopf, das Bruststük und die drei ersten Ringe des Hinterleibs sind tief schwarz und stellen den schönsten Sammet vor. Die drei leztern Ringe aber sind dunkel gelbroth. Die Füße sind zwar auch schwarz, aber iede Gelenke, so wie die vier kleinen Glieder der Fußblätter haben diese rote Farbe. Auch die Schien= beine besonders der hintern Füße sind damit geziert, nebst dem äußersten des Mauls. Die Flügel sind schattig. Ihre Größe ist sehr verschieden, und sind besonders die Geschlechtlosen die kleinsten.

Mit dieser kommt nahe überein:

Der Waldhummel. A. bomb. silvarum.

Linn. S. N. 45. & Faun. Suec. p. 2. 1713.
Scop. E. Carn. 822. bomb.
Fabr. S. E. 15. Ap. hirs.

Sie hat die Gestalt der vorigen, ist blaßfärbig und rauch, hat einen roten After, und um das Bruststük einen schwarzen Gürtel: Füße, Kopf und Fül= hörner sind schwarz.

Von änlicher Gestalt ist:

Der Karoliner. A. bomb. carolina.

Linn. S. N. 40.
Fabr. S. E. 4. Apis hirsuta.

Diese ist schwarz und rauch und der Hinterleib mit blaßfärbigen gelblichen Haren besezt.

Wont in Amerika.

Der Erdhummel. Apis bomb. terrestris.

fig. 2.

Linn. S. N. 41. & Faun. Suec. 2709.
Scop. E. C. 815.
Fabr. S. E. 5. Ap. hirsuta.

Länge 9 Linien.

Eine schwarze Hummelbiene mit weißem After. — Sie hat am Anfang des Brustschildes eine gelbe Binde, und eine dergleichen über dem zweiten Ring des Hinterleibes. Die drei lezten Ringe haben durchgängig weiße Hare. Die Füße sind in= und auswendig mit bräunlich gelben Haren besezt, so auch der Kopf, wo die Fülhörner stehen bis an das Maul.

Scopoli beschreibt sie in der Mitte des Hinterleibs noch mit einem schwarzen Ring. Es gibt aber mehrere Verschiedenheiten dieser Gat= tung, wie z. B. in unsrer Gegend.

Der

Tab. 7.
fig. 3.
Der zweibandirte Erdhummel.   A. bomb. terrestris bistriata.
Länge 9 Linien.

Eine änliche schwarze Hummelbiene mit gelben Binden und weißem After. — Diese unterscheidet sich von der vorhergehenden dadurch, daß sie eine breite reingelbe Binde am Anfang des Brustschildes, und eine dergleichen über den ersten Ring des Hinterleibs hat. Uebrigens kommt sie mit iener überein, und hat eben die rötliche Schattirung an den Gelenken der Füße wie dieselbe.

fig. 4. ### Der dreibandirte Erdhummel, oder nach Fabricius der Schutthummel.   A. bomb. ruderata.
Fabr. S. E. 7. Ap. hirs.
Länge 9 Linien.

Eine änliche schwarze Hummelbiene mit gelben Binden und weißen After. — Diese hat eben den Gliederbau, ist schwarz, sehr harig, mit gelbem Bruststük, in der Mitte mit einer schwarzen Binde. Der Hinterleib ist an der Wurzel gelb, in der Mitte schwarz und der After weiß: Die Füße schwarz mit braunroten Gelenken und die Flügel etwas bräunlich.

Fabricius gibt Madera als ihr Vaterland an, sie ist aber auch bei uns sehr häufig.

Der Klusthummel.   A. bomb. cryptarum.
Fabr. S. E. 6. Ap. hirs.

Sie hat die Gestalt und Größe der vorigen. Sie ist sehr harig, schwarz: aber die Ringe des Hinterleibs sind gelb und der After weiß. Die Füße sind schwarz und die Gelenke braunrot. —

Aus Madera.

fig. 5. ### Der Buschhummel.   Apis bomb. lucorum.
Linn. S. N. 48. & Fn. Sv. 1716.
Fabr. S. E. 20. Ap. hirs.
Länge 11 Linien.

Eine schwarze Hummelbiene mit rotem Brustschild und weißem After. — Der Kopf ist schwarz und sehr harig: die Fülhörner haben 10 Glieder und ein länglichtes Grundgelenk. Der Brustschild ist wollig mit roten Haren besezt. Der Hinterleib ist an den drei ersten Ringen schwarz und an den drei leztern mit weißen Haren besezt: Die Füße schwarz und die Flügel gegen außen etwas schattig.

Der Distelhummel.   A. bomb. cardui.
Müll.

Eine gewönliche Hummelbiene dieser Gattung, schwarz rauchharig und mit einem weißen After.

Der

Wilde Bienen. 129 Tab.7.

Der rote Hummel. A. bomb. rufa.
Scop. E. Carn. 816.

Diese kommt auch mit beden vorhergehenden überein, und mag nur eine Abart von denselben sein. Scopoli beschreibt sie schwarz, mit rotem Brust=schild und rotem After.

Der Haidenhummel. A. bomb. pascuorum.
fig. 6.
Scop. E. Carn. 819.

Eine rote Hummelbiene. — Der Kopf ist zwischen den Augen und Fül=hörnern mit sehr wolligten gelblichen Haren besezt: Die Oberlippe glatt und glänzend schwarz, am Rand mit rötlichen Haren besezt. Sie hat lange schwar=ze Freßzangen und Augen, und die Ocellen sind fast gleichlaufend. Die Fül=hörner haben ein langes Grundgelenk, worauf 10 kurze Glieder stehen. Das Brustschild ist fuchsroth, und die untere Einfassung weißlich gelb, die Brust aber unten schwefelgelb. Der erste Ring des Hinterleibs ist gelblich weiß, die übrigen fuchsroth; neben aber bei dem zweiten und dritten Ring ist ein schwar=zer Flekken. Die Füße sind schwarz, die Ende der Gelenke aber rötlich, so wie die kleinen Glieder der Fußblätter, welche sich nur in zwei Klauen ohne Ballen endigen.

Ist einheimisch.

Die Scylla. A. bomb. scylla.

Eine gelbgrünlichte Hummel mit rotem Hinterleib. — Der Kopf ist läng=lich, oben schwarz und um die Fülhörner bis an das Maul mit gelbrötlichen Haren bewachsen. Die Fülhörner haben nebst dem Grundgelenk neun Glieder. Die Freßzangen sind schwarz. Der Brustschild ist in der Mitte schwarz und oben und neben herum wie auch unter den Flügeln mit starken grünlichten Haren bewachsen, so wie auch auf der Brust. Die zwei ersten Ringe des Hinterleibs sind grünlich, der dritte schwarz, und die drei übrigen roth. Die Füße sind schwarz und gegen die äußeren Teile rötlich. Die Schienbeine haben einen Dorn. Die Flügel schillern ein wenig ins Rötliche.

Der Violetflügel. A. bomb. azurea.

Eine schwarz und gelbe Hummel mit braunen Flügeln. — Der Kopf ist schwarz, länglich und hat eine glänzende Oberlippe und gelbe Ocellen. Die Fülhörner haben außer dem Grundgelenk 10 Glieder. Der Brustschild hat oben am Hals eine breite gelbe Binde. Ueber die Wurzel der Flügel gehet eine schwarze und am Schluß wieder eine gelbe Binde. Der Hinterleib ist schwarz und hat in der Mitte eine gelbe Binde. Uebrigens ist der ganze Kör=per stark behart nebst den schwarzen Füßen, deren Schienbeine zwei Dorne ha=ben. Die Flügel sind braun und schillern ins Schwarzblaue. —

Ist in Afrika am Vorgebürg der guten Hofnung zu Haus.

Der

Tab. 8.
fig. 3.

Der Grashummel. A. bomb. muscorum.

Linn. S. N. 46. & Fn. Sv. 1714.
Fabr. S. E. 17. Ap. hirf.

Das Weibchen.

Länge 9 Linien.

Eine blaßgelbliche gemeine Hummelbiene mit rothgelbem Brustschild. — Der Kopf ist schwarz und hat auf der Stirne gelbrötliche Hare. Die Fühlhörner sind schwarz, haben 10 Glieder und ein langes Grundgelenk. Der Brustschild ist mit gelblichroten Haren besezt. Die Ringe des Hinterleibs haben grünlichgelbe Hare und die drei äußersten derselben noch eine rötliche Schattirung; so wie auch die sämmtliche Fußblätter.

Die Geschlechtlose dieser Art s. Tab. XI. fig. 8. — Unter welcher Oekonomie die teutsche Mutille wonet.

fig. 4.

Die Iris. A. bomb. Iris.

Länge 7 Linien.

Eine schwarzblaue Hummel mit rotschillernden Flügeln. — Diese blauschillernde schwarze Biene hat schwarzgraue Augen und gelbe Ocellen, eine unbeharte Oberlippe, schwarze Freßzangen und Fühlhörner von 12 kleinen Gliedern und dem gewönlichen Grundgelenk. Der Brustschild ist mit Sammetharen bewachsen. Die Ringe des Hinterleibs sind stärker blauschillernd, so wie auch unterhalb. Auf dem ersten Ring sind oben zwei weißliche Flekken. Die Füße spielen gleichfalls ins Stalfarbige und sind mit kurzen Härchen bewachsen. Die Flügel schillern in der Mitte goldgelb, sodann blau und vorzüglich roth.

fig. 5.

Die Nasenbiene. A. bomb. nasuta.

Länge 9 Linien.

Eine ganz schwarze Hummel mit blauschillernden Flügeln. — Der Kopf, Brustschild und Hinterleib ist wenig behaart. Die Augen sind schwarzgelblich. Die Nase sehr aufgeworfen und vorstehend: die Fühlhörner von 10 kleinen Gliedern und einem ganz kurzen dikken Grundgelenk. Unten ist die Brust mit Sammetharen besezt, und der Hinterleib unten an den ersten Ringen dunkelbraun. Das Afterstük hat ein Schwänzchen und daneben gegen unten hin sind kleine Büschgen weißer Hare. Die Füße sind schwarz, stark behaart und die Schienbeine mit einem großen Dorn bewafnet. Die Flügel sind dunkel und schillern schwarzblau.

Wont in verschiedenen Provinzen von Europa.

fig. 6.

Die Halbtrauer. A. bomb. grisea.

Länge 9 Linien.

Eine schwarz und weiße Hummel. — Der Kopf ist schwarz, die Augen klein, der Brustschild aber mit gelblichen und am Rand mit weißlichen Haren bewachsen,

bewachsen, in der Mitte aber schwarz. Der Hinterleib ist an dem ersten Ring Tab. 8. an beiden Seiten mit langen weißen Haren, am zweiten und dritten mit schwarzen, und an den übrigen wieder mit weißen Haren bewachsen, in der Mitte aber scheint der schwarze Grund durch. Die Füße haben nichts besonders. Die Flügel sind von der Wurzel aus gelblich.

Ist in Europa zu Haus.

Die Nonne. A. bomb. monacha.
fig. 7.
Länge 8 Linien.

Eine kleine Hummelbiene. — Sie hat einen schwarzen Kopf, der nebst der Oberlippe mit langen schwarzen Haren besezt ist, schwarze Augen und drei Ocellen in einer Linie. Die Fülhörner sind schwarz, fadenförmig, mit 10 Gliedern, nebst einem Knopf und Grundgelenk. Um den Hals ist an dem Brustschild eine weiße Binde, die bis unter die Brust läuft, dann folgt der schwarze Schild mit einer weißen Einfaßung. Die zwei ersten Ringe des Hinterleibs sind gelblichweiß, der dritte schwarz und die übrigen ganz weiß. Die Füße sind schwarz ohne Dorn, mit zwei Klauen und einem kleinen Ballen. Die Flügel haben bräunliche Adern.

Aus Ungarn.

Der Weißband. A. bomb. maura.
fig. 8.
Länge 8 Linien.

Eine schwarz- und weiße Hummelbiene. — Diese wilde Biene ist von den gemeinen harigten Hummeln. — Der Kopf ist glänzend schwarz nebst den länglichen Augen und den drei Ocellen. Nur hinter denselben gegen den Hals zu stehen fale, gelblichweiße Härchen. Die Fülhörner sind schwarz, etwas lang und haben ein langes Grundgelenk und darauf 11 Glieder. Die Oberlippe ist groß und bildet den Kopf länglich. Der Brustschild hat drei Binden, die erste zunächst am Hals ist gelblichweiß nebst der dritten, die mittelste aber schwarz. Von den sechs Ringen des Hinterleibs ist der erste wieder falweiß, der zweite und dritte schwarz und die drei übrigen rein weiß. Die Füße sind schwarz, die Schienbeine mit Dornen bewafnet und die Fußblätter inwendig mit roten Härchen besezt. Die Flügel haben braune Adern, und einen kleinen Randflekken.

Aus Ungarn.

Der Harfuß. A. bomb. pilipes.
fig. 9.
Fabr. S. E. 28. Apis.
Länge 9 Linien.

Eine aschgraue Hummelbiene mit halbschwarzem Hinterleib. — Der Kopf, der Brustschild und die zwei ersten Ringe des Hinterleibs sind mit grünlichen und

Tab.8 und aschgrauen Haren, die vier lezten Ringe aber mit schwarzen Haren besezt; nur stehen am fünften spizzen Ring auf ieder Seite ein Büschgen weißlicher Hare, und das Afterstük hat ein Schwänzchen von Haren. Die Füße sind schwarz, die Schienbeine haben einen starken Dorn, und die Fußblätter einen Ballen. Die Fülhörner haben ein ganz kurzes rundes und dikkes Grundgelenk und darauf neun Glieder, wovon das erste ganz dünne und keulförmig ist. —

Wont in England.

Die Wiesenbiene. A. bomb. pratensis.
Otho Mull. Zool. Dan. prodr. 1912.
Geoffr. Inf. 2. Ap. 8.

Sie ist schwarz sammetharig. Die Stirne hat schwarze Struphare; der Brustschild ist zotig und weiß.

Der Rotfuß. A. bomb. rufipes.

Tab.9.
fig. 1.

Länge 8 Linien.

Eine schwarze Hummelbiene, mit rotgelben Hinterfüßen. — Sie ist unten am Kopf ganz bartig mit braunschwarzen Haren besezt; und hat eine sehr aufgeworfene Oberlippe. Die Augen sind grünschillernd, nach dem Tode aber schwarz. Die Fülhörner haben acht Glieder und ein langes Grundgelenk. Das Brüststük ist sammetharig. Der Hinterleib ist nach Verhältnis klein, etwas glänzend und mit kurzen Härchen besezt. Der sechste Ring oder das Afterstük bestehet nur in einem gläzenden Schwänzchen. Die Schienbeine der hintern Füße, welche ieder zwei Dorne haben, sind, so wie der Rist und die Fußblätter, stark mit glänzenden goldgelben Haren besezt.

Das Männchen

Unterscheidet sich in nichts, als daß es 10 gegliederte Fülhörner mit einem kurzen Grundgelenk, und einen rundern und wolligtern Hinterleib hat.

fig. 2.

Der Blutafter. A. bomb. haemorrhoidalis.
Fabr. Andr. 9.

Länge 8 Linien.

Eine schwarze Hummel mit rotem After. — Diese Biene hat die Wurzel der zehngliedrichten Fülhörner mit einem kurzen Grundgelenk, schwarze Hare, aber auf der Oberlippe ein starkes Büschgen schwefelgelber Hare: graue Augen: schwarze Ocellen: ein schwarzbehartes Brüststük, welches oben am Hals bis unter die Flügelwurzeln mit gelblichten Haren eingefaßt ist. Die drei ersten Ringe des Hinterleibs sind schwarz, die übrigen drei mit roten Haren wollig besezt. Die Füße sind glatt, schwarz, auf den Kanten aber mit rötlichen Haren besezt.

Ist in Schweden zu Haus.

Der

Der Rauchfuß. A. bomb. lagopoda.

Tab. 9.
fig. 3.

Linné S. N. 27. Fn. Sv. 1702.

Fabr. S. E. 27. Ap.

Länge 9 Linien.

Eine aschgraue Hummelbiene. — Sie hat schwarze Augen, eine aufgeworfene Oberlippe, schwarze Fühlhörner, mit 10 Gliedern und einem langen Grundgelenk. Der Brustschild und Hinterleib sind wie ein Pelz mit Haren bewachsen, so auch das Schienbein und der Rist, besonders an den Hinterfüßen ganz rauch von Haren. Die hinteren Schienbeine sind keulförmig, und der After gerändelt. —

Ihr Vaterland ist die Schweiz.

Der Stumpfrükken. A. bomb. retusa.

fig. 4.

Linn. S. N. 8.

Länge 8 Linien.

Eine ganz schwarze Hummelbiene mit braunen Flügeln. — Der Kopf hat eine aufgeworfene Oberlippe, graue Augen, helle gelbe Ocellen, Fühlhörner von neun Gliedern und einem langen Grundgelenk. Das erste Glied der Fühlhörner ist so lang als das Grundgelenk: Das Bruststük sammetharig: der Hinterleib bienenartig, ganz glänzend ohne Hare, nur am After mit Haren besezt. Die Schienbeine, welche zwei Dorne haben, sind stark mit glänzenden schwarzbraunen Haren besezt. Die Flügel sind dunkel braun, und spielen etwas ins Violette.

Die Esaushummel. A. bomb. manicata.

fig. 5.

Linn. S. N. 28. Fn. Sv. 1701. Geoff. Ins. 2. 408. 3.

Fabr. S. E. 35. Apis.

Geoff. Ins. 2. 408. 3.

Schaeff. Icon. tab. 32. fig. 11. 12.

Länge 9 Linien.

Eine sonderbar gezeichnete Hummel mit einem Dreispiz. — Diese Biene hat schwarze Augen, helle gelbe Ocellen, eine gelbe Oberlippe, gelbe Freßzangen mit schwarzen Zähnen. Die Hare neben den Augen und zwischen den Fühlhörnern sind weiß. Die Fühlhörner sind schwarz und bestehen aus 11 Gliedern und einem keulförmigen Grundgelenk. Der Brustschild ist schwärzlich mit graugelblichen zarten Härchen besezt; unten ist die Brust und der Leib mit stärkern weißen Haren bewachsen. Die Ringe des Hinterleibs sind schwarz. Die zwei erstern haben neben einen roten Flek, die zwei folgenden eine gedrukte Bogenlinie und die zwei leztern jeder eine rote Halbbinde. Ueberdas hat jeder der vier ersten Ringe neben an den Seiten ein Büschgen roter glänzender Hare, welche gegen unten hin ganz krauß sind. Und endlich findet sich am lezten Ring ein besonderer Auswuchs mit drei Spizzen. In der Mitte nemlich ist der Stachel, und auf beiden Seiten zwei krumme Hörnchen, wie dann auch der sechste Ring gleich darüber zwei solche Hörnchen oder Zähne hat, die aber spizzer

sind

Tab.9
fig. 5.
sind und Klauen gleichen. Vermutlich ist diese Biene ein Männchen und die Natur hat ihm diese Werkzeuge verliehen, um bei der Begattung sich des Weibchens desto bequemer zu bemächtigen.

Die Füße sind gelb und schwarz gescheckt. Die Schenkel sind sämmtlich schwarz und glänzend. Die Schienbeine, die einen subtilen Dorn haben, sind zur Hälfte schwarz, gegen das Knie hin gelb und neben mit langen schneeweißen und glänzenden Haren bebrämt. Der Rist an den Fußblättern ist zwar durchaus gelb, aber ganz mit weißen Seitenharen eingefaßt. Die kurzen Glieder des Fußblats sind rötlich. Zwischen den gedoppelten Klauen befindet sich kein Ballen. Die Flügel, welche ins Schwärzliche spielen, haben braune Adern. —

Sie wonet in Europa, und bauet in hohle Bäume.

Mit dieser Hummelbiene ist folgende ganz nahe verwandt:

Biene mit Ringzähnen. A. bomb. florentina.
Fabr. S. E. 36 Apis.

Ihre Oberlippe ist auch gelb. Ihr Bruststük rauchharig und aschgrau. Der Hinterleib obenher glatt, schwarz und an den Seiten auch mit gelben Flekken besezt: aber die drei lezten Ringe sind auf beiden Seiten mit einem starken spizzen Zahn bewafnet, und der After selbst noch dreizänig. Auch die Füße sind gelb, und die Schenkel schwarz.

Ist im südlichen Europa zu Haus.

Linne beschreibet auch eine vierzähnigte Biene:

Der Vierzahn. A. bomb. quadridentata.
Linn. S. N. 29. & Faun. Suec. 1703.
Fabr. S. E. 49. Apis.

Eine braune Biene, deren Hinterleib fünf weiße Ringe hat und dessen After sich in vier Spizzen endiget, wovon die zwei mittleren Spizzen gespalten sind.

Auch ist Europa ihre Heimat.

Die Schillerbiene. A. bomb. versicolor.
Fabr. S. E. 48. Apis.

Sie ist größer als die vorhergehende, hat einen schwarzen Kopf, kurze schwarze Fühörner und gelbliche Oberlippe. Der Brustschild ist dichte mit aschfarbiger Wolle bedeckt. Der Hinterleib ist glatt, glänzend, und bläulich: Der After rostfärbig: und die hintern Schienbeine wollig.

Wont in Amerika.

Die Bandhummelbiene. A. bomb. fasciata.
Fabr. S. E. 7. Andrena.

Tab. 9. fig. 6.

Länge 7 Linien.

Eine Hummelbiene mit vier weißen Leibgürteln. — Diese kleine Hummel hat einen niedlich gezeichneten runden Kopf. Bei den Fülhörnern fängt die aufgeworfene schwarze Oberlippe an, worinnen sich ein gelbes Kreuz befindet und welche bei dem Maul mit einer gelben Linie und damit verbundenen zarten schwarzen Saum eingefaßt ist. Um die Augen und die gelben kleinen Ocellen stehen gelblichte glänzende Hare. Die Freßzangen sind gelb mit schwarzen Zänen. Die Fülhörner sind schwarz und bestehen aus 10 Gliedern und dem Grundgelenk. Der Brustschild ist mit gelblichen und in der Mitte mit grauen Härchen besezt, die Brust aber mit weißen. Der Hinterleib ist glänzend schwarz und die vier ersten Ringe sind mit reinen weißen Binden eingefaßt. Der verborgene Stachel hat noch eine Bedekkung von zwei Büschgen Haren. Die Füße sind schwarz, aber die sämmtlichen Schienbeine oben mit weißen glänzenden Haren bewachsen, und mit einem Dorn bewafnet. Das Fußblat hat doppelte Klauen, aber keinen Ballen dazwischen. Die Flügel haben braune Adern. —

Ihr Vaterland ist Amerika.

Die Bandbiene. A. fasciata.
Linn. S. N. 30.
Fabr. S. E. 37. Apis.

Diese Hummelbiene hat die Gestalt der Esaushummel. Ihre Fülhörner sind ganz schwarz. Das Bruststük ist oben gelblich rostfärbig, zwischen den Flügeln mit schwarzer Binde, und untenher an der Brust weißlich. Die ersten zwei Ringe des Hinterleibes sind schwarz, und an den Seiten weiß. Die Schienbeine sind sehr harig und schwarz, nur vorneher etwas blaß und nicht so harig.

Wont in Afrika, am Vorgebürg der guten Hofnung.

Die Mooshummel. A. bomb. hypnorum.

Linn. S. N. 47. & Faun. Suec. 2. 1715.
Fabr. S. E. 18. Apis hirs.
Scop. E. C. 820. bomb.

Länge 7 Linien.

Eine roth und schwarze Hummel. — Diese kleine Hummelbiene hat am Kopf und Körper sehr lange und straubichte Hare. Der Kopf hat aschgraue Hare und in der Mitte ein rotes Schöpfchen. Die Fülhörner haben ein kurzes Grundgelenk und 11 Glieder. Der Brustschild hat lange rötliche gelbe Hare; desgleichen der erste Ring des Hinterleibes, der zweite und dritte aber

schwarze

Tab 9. schwarze und die übrigen weiße Hare. Die Füße sind schwarz und die Gelenke
Fg. 8. der Glieder etwas rötlich. Die **Flügel** sind von der Wurzel aus etwas
gelblich.

Die Wollenträgerin.   A. bomb. lanata.
Fabr. S. E. 40. Apis.

Eine schwarz und rote Hummel mit breiten Hinterfüßen. — Der **Kopf**
ist dik; die **Augen** rötlich, die **Oberlippe** aufgeworfen und weißlichgelb, oben
mit zwei braunen Flekchen bezeichnet. Um die Wurzel der Fühlhörner und oben
stehen rote Hare. Die **Fühlhörner** haben ein kleines Grundgelenk und neun
kurze Glieder. Das **Bruststük** ist oben mit roten Sammetharen und unten
mit längern weißen Haren besezt. Oben zwischen den Flügelwurzeln ist ein fla=
cher Einschnit. Der erste Ring des **Hinterleibes** ist mit schwarzen Sammetha=
ren bedekt, der andere hat am Rand eine rote Einfaßung. Die übrigen vier
sind ganz roth, unten am Leib aber weiß. Die **Füße** sind schwarz, aber die
Vorderfüße des ersten Paars sind weißlich. Das hintere Paar Füße aber hat
das Besondere, daß das Schienbein und Fußblat auf beiden Kanten mit sehr
langen schwarzen Haren bewachsen ist, daß sie außerordentlich breit sind. Die
Schienbeine haben Dorne. Die **Flügel** schillern ins Rote.

Fabricius gibt sie aus Amerika an, und das Abweichende ist, daß
dieser leztern Ring des Hinterleibs roth, jener schwarz, mit weißen
Rändern, und erstere roth, diese aber schwarz sind.

Der große Sprenkler.   A. bomb. variegata maior.
Linn. S. N. 24. & Fn. Sv. 1699.
Fabr. S. E. 2. nomada.

Tab. 10.
Fg. 1.

Länge 7 Linien.

Eine schwarz und weiße Hummel kleiner Gattung. — Der **Kopf** ist mit
kurzen weißen Härchen bewachsen. Die aufgeworfene Nase oder **Oberlippe** hat
ein geblichtes Kreuz, und ist unterhalb gegen das Maul zu mit rötlich und
weißen Sammethärchen dichte besezt. Die **Augen** sind rötlich, wie auch die
Ocellen. Die Freßzangen sind klein, gelb, und kreuzen sich mit schwarzen
Zänen. Die **Fühlhörner** haben neun kurze Glieder und ein keulförmiges kurzes
Grundgelenk. Das **Bruststük** ist unten mit schneweißen Haren bewachsen.
Der **Schild** ist schwarz, am Rand aber mit einer starken Binde weißer Hare
umgeben. Der erste und zweite Ring des **Hinterleibes** ist ganz schwarz, ohn=
behart, der zweite aber hat neben am Rand einen weißen Flekken. Der dritte
Ring ist mit einer starken weißen Binde eingefaßt, der vierte aber mit einer
bogichten. Die übrigen Ringe haben neben ein Büschgen weiße Hare. Das
vordere Paar **Füße** ist durchaus mit weißen Haren besezt. Das mitlere ist
schwarz und die Schienbeine oben weiß, und mit einem starken Dorn versehen.
Das hinterste Paar Füße ist ganz schwarz, aber die kurzen Schenkel oben
weiß. Die **Flügel** sind bräunlich und haben starke braune Adern.

Der Gatte.

Tab. 10.
fig. 2.

Länge 7 Linien.

Eine änliche Hummel mit weißen Halbbinden, welche entweder der Gatte von voriger oder eine Varietät ist. — Der Kopf ist schwarz, unterhalb aber und hinten am Hals mit weißen Haren besezt. Die aufgeworfene Oberlippe aber wie ein Pelz von schwarzen Sammetharen. Die Augen sind grau rötlich und die Ocellen gelb. Die Fülhörner haben 10 Glieder, und ein kurzes Grundgelenk. Der Brustschild ist schwarz und ringsherum mit aschfarben Haren eingefaßt und die Brust von Haren gleicher Farbe besezt. Der erste Ring des Hinterleibes hat auf ieder Seite neben einen weißen Flekken, die übrigen Ringe aber ieder eine halbe weiße Binde. Die Füße des vördern Paars haben auf dem Knie einen weißen Flek, die übrigen Teile sind schwarz und die Fußblätter rötlich, so wie an sämmtlichen Füßen. Die Schienbeine an dem mitleren Paar Füße sind oben mit ganz weißen Haren besezt, die hintern aber mit schwarzem Sammet überzogen. Die Flügel sind zart.

Linne Sprenkler no. 24. aus Schweden, kommt mit diesen an der Zeichnung ziemlich überein, ist aber kleiner und mehr bienen= als hummelartig.

Fig. 1 & 2 sind aus Siberien.

Der Buntschek. A. bomb. histrio.
Fabr. S. E. 1. nomada.

Von der vorigen Aenlichkeit. — Sie hat einen schwarzen Kopf, weiße wolligte Stirn und schwarze Fülhörner: ein schwarzes hökkeriges Brustschild, darauf eilf weiße Punkte befindlich und zwei unter den Flügeln. Das Schildchen ist groß, und ist an der Spizze ausgerändelt, mit einem weißen Punkt. Der Hinterleib ist schwarz, und hat ein ieder Ring auf beiden Seiten einen großen weißen Punkt. Die Füße sind schwarz mit weißen Flekken.

Wont in Ostindien.

Die Löffelbiene. A. bomb. cochlearipes.

fig. 3.

Länge 7 Linien.

Eine aschgraue Hummelbiene mit zwei löffelartigen Bürsten an den mitleren Füßen. — Der Kopf ist zwischen den Augen stark und buschig mit weißen Haren besezt. Die Oberlippe ist weiß, mit zwei schwarzen Punkten und hat unten gegen das Maul zu noch ein Schildchen. Die Fülhörner sind schwarz, das Grundgelenk aber gelb, und stehen in weißen Haren: sie haben neun Glieder, wovon das erste so lang ist, als das Grundgelenk. Die Augen sind grünlich schwarz. Das Bruststük ist oben mit gelblichgrauen und unten mit etwas weißern Haren bewachsen. — Der im Grund schwarze Hinterleib ist an den drei ersten Ringen mit dünnen aschgrauen Härchen, die drei leztern Ringe aber

Tab.10. aber noch dünner besezt, daß diese auch glänzender schwarz sind. — Die Füße
fig. 3. sind stark mit graulichweißen Haren bewachsen. Das mitlere Paar Füße ist
merkwürdig. Es hat an dem dritten und vierten Gelenk starke breite Bürsten,
welche die Gestalt eines Kochlöffels haben, welche die Natur diesem Tierchen
vorzüglich dazu geschenkt, daß es den Staub und die Erde sowol aus seiner
Wonung, die es in die Erde macht, desto bequemer hinausschaffen, als auch
seinen Körper von dem anhängenden Staub reinigen könne. Sie sind mit sehr
langen schwarzen Haren bewachsen. Die Schienbeine an den Hinterfüßen haben einen großen und einen kleinern Dorn, und sind oben mit weißen Härchen
besezt. — Unten ist die Biene durchaus mit ganz weißen Haren bewachsen.

Diese Hummeln leben zwar gewissermaßen in einiger Gesellschaft,
aber eine iede macht ihre Wonung für sich, bisweilen aber sind 2.
3. beisammen. An erhöheten Rainen und in denselben häufig unter
das Gewürzel machen sie ein Loch, drehen ihren Körper öfters darinnen herum, um es in Zirkel zu bringen und erziehen darinnen
ihre Jungen. Bisweilen sind 10. 20. 30. solcher Löcher beisammen,
einige nahe, andere entfernter, haben aber inwendig keine Com-
munication miteinander.

fig. 4.   Die Afterbiene.   A. bomb. analis.
Fabr. S. E. 34. Apis.
Länge 7 Linien.
Eine dergleichen aschgraue Hummelbiene. — Diese Art bauet wie die vor-
hergehende und befindet sich öfters neben und unter dieser Gesellschaft.

Sie ist etwas kleiner, hat aber gestrektere Flügel und einen spizzern Hinterleib, und keine solche breite Bürsten an den mitlern Füßen. — Der Kopf hat
zwischen den Augen einen ganzen Busch hervorstehender weißer Hare, und das
Maul ist mit kleinen weißen Härchen besezt. Die Fülhörner sind schwarz und
haben 11 Glieder und das Grundgelenk. Die Ocellen sind weiß und wie ein
Demant helle. Sie stehen in einer Linie. — Das Bruststük ist oben und unten mit aschgraulichweißen Haren stark und dichte bewachsen, so wie auch die
Füße. — Die vier ersten Ringe des Hinterleibes sind stark mit Haren besezt,
welche gegen die Seiten ganz weiß und buschig sind. Die zwei leztern sind
ganz schwarz.

Fabricius beschreibt Amerika als ihr Vaterland. Sie findet sich aber
auch bei uns.

fig. 5.   Die Zungenbiene.   A. bomb. gulosa.
Fabr. S. E. 10. Andr.
Länge 7 Linien.
Eine kleine Hummelbiene mit schwarzem Brustschild und gelblichem spizzen
Hinterleib. — Der Kopf ist länglich mit einer glänzend schwarzen Oberlippe:
die

die Augen sind aschgrau: die gelblichten Ocellen stehen in einer Linie. Unter Tab.10, den Wurzeln der zehngliedrichten Fülhörner mit langem Grundgelenk stehen weißlichte Hare. Der Brustschild ist mit schwarzen Haren bewachsen, neben der Brust herum aber, und unten mit weißen Haren. Sämmtliche sechs Ringe des Hinterleibes haben rötliche und weißgelbliche Hare. Die Füße sind schwarz, die Schenkel mit weißlichen Haren an den Kanten besezt: die Fußblätter röt- lich und die Schienbeine haben Dorne. Die Flügel sind ein wenig hellbräunlich.

Der Beutelfuß. A. bomb. marsupoda. fig. 6.

Länge 6 Linien.

Eine kleine Hummel mit weißen Halbbinden und roten Füßen. — Diese wilde Biene hat eine aufgeworfene rötliche Oberlippe. Die Hare zwischen den Fülhörnern und auf der Stirne sind gelblich. Die Augen braunrötlich: die Grundgelenke der Fülhörner gelb: der Gewerbknopf schwarz: die darauf fol- genden zwei ersten Glieder auch schwarz und die übrigen neun Glieder roth, die äußerste Spizze aber ist wieder schwarz. Die Freßzangen sind gelb mit schwarzbraunen Zänen. Das Bruststük ist oben und unten mit roten Haren besezt. Die Ringe des Hinterleibes sind schwarz. Die vier ersten aber haben weiße Halbbinden, die in der Mitte nicht zusammenlaufen. Die Füße sind durchgehends roth. Die hintere Beine fig. a * haben dieses Merkwürdige, daß der Rist am Fußblat einen dreieckigten Auswuchs hat, der einem Säkchen glei- chet und unbehart ist, wie überhaupt die Füße wenig Hare und solche nur in- wendig haben. Die Schienbeine haben einen gelben Dorn und die Klauen sind schwarz. Die Flügel sind klein und zart. fig. a*

Der Federbusch. A. bomb. plumosa. fig. 7.

Länge 7 Linien.

Eine schwarz und weiße kleine Hummel. — Der Kopf ist schwarz, auf der Oberlippe aber stehet ein Büschgen gelblicher Hare, schwarze Augen und Ocellen Der Brustschild ist in der Mitte schwarz, oben und unten aber mit langen weißen Haren besezt. Die zwei ersten Ringe des Hinterleibes haben weiße Hare, in der Mitte etwas schwarze und die übrigen gelblichte. Die Füße sind schwarz und haben dünne weißliche Hare. Die Flügel haben nichts be- sonders.

Der Zweipunkt. A. bomb. dicolon. Tab. II. fig. I.

Länge 7 Linien.

Eine kleine schwarze Hummel mit zwei roten Flekken. — Diese Biene hat einen länglichen Kopf, schwarz und zwischen den Fülhörnern ein gelbliches Büschgen Hare. Die Ocellen stehen in einer Linie. Die Fülhörner haben nebst dem Grundgelenk 10 kurze Glieder. Das Bruststük ist oben mit schwar- zen Sammetharen und unten mit dunkel aschgrauen Haren stark bewachsen. Auf dem schwarzen Hinterleib befinden sich auf dem zweiten Ring zwei dunkelrote Flekken. Füße und Flügel haben nichts besonders. Die Schienbeine haben einen Dorn.

Die

Tab II.
fig. 2.

Die Strichbiene.   A. bomb. striata.

Länge 6 Linien.

Eine schwarze Hummelbiene mit rötlichgelbem Brustschild und halbweißen Leibbinden. — Der Kopf ist dik und hat eine aufgeworfene Oberlippe mit fahlgelben Härchen besezt. Die Fülhörner haben 10 Glieder, wovon das erste lang und zart ist und auf einem kurzen Grundgelenk stehet. Der Brustschild hat rötlichgelbe Hare. Der Hinterleib ist schwarz und die Ringe besonders die leztern mit weißen Haren besezt; die Füße mit gelblichweißen. Die Flügel haben schwarzbraune Adern. Vor dem After siehet man nur ein subtiles Schwänzchen.

fig. 3.

Der Gartenhummel.   A. bomb. hortorum.

Linn. S. N. 42. Fn. Sv. 1710.

Scop. E. C. 817.

Fabr. S. E. 13. Ap. hirt.

Länge 6 Linien.

Eine gemeine schwarz und gelbe Hummelbiene. — Der Brustschild ist zu Anfang und am Ende mit einer gelben Binde eingeschlossen, wie auch die Ringe am Hinterleib, die leztern aber mit weißen Haren. Die Füße sind schwarz und an den Gelenken braunrötlich.

fig. 4.

Die Gelbstirn.   A. bomb. flavifrons, germana.

Länge 6 Linien.

Eine schwarze Hummelbiene mit gelbem Maul. — Der Kopf hat schwarze Augen, eine gelbe Stirne und Oberlippe, gebrochene schwarze Fülhörner. Der Brustschild ist schwarz und der Hinterleib; die Ringe aber aschgrau eingefaßt. Das zweite und dritte Paar Füße ist bräunlich gelb nebst den Fußblättern der vordern Füße. Die Flügel sind etwas schattig und haben einen Randflek.

Die Gelbstirn.   A. bomb. flavifrons, brasiliana.

Fabr. S. E. 32. Apis.

Dieses ist eine größere schwarz und aschfarbige Hummelbiene. — Der Kopf ist schwarz und die Fülhörner, deren Grundgelenk aber unten gelb, wie auch die Stirne. Der Brustschild ist sehr harig, weißlich und hat zwischen den Flügeln herüber eine breite schwarze Binde. Der Hinterleib ist bläulich und hat der erste Ring einen rostfärbigen Strich, und der lezte einen aschfärbigen. Die Füße sind schwarz, die Schienbeine haben vorne einen gelben Strich, und die übrigen Glieder der Füße an den Gelenken einen gelben Punkt.

Wont in Brasilien.

Der

Der Wiesenhummel. A. bomb. pratorum.

Tab. II.
fig. 5.

Linn. S. N. 43.
Scop. E. Carn. 818. A. collaris.

Eine schwarze Hummelbiene mit rotem After. — Sie ist durchaus stark mit schwarzen Haren besezt, die drei leztern Ringe des Hinterleibs aber mit roten Haren, wie denn auch die zwei leztern Glieder der Füße inwendig damit schattirt sind.

Scopoli's ist vorne am Bruststük rotgelb.

Der Hügelhummel. A. bomb. collium.

Scop. E. Carn. 823.

Diese Hummelbiene hat ein rotes Bruststük, und der Hinterleib ist wollig mit blaßgelben Härchen besezt.

Der Goldflek. A. bomb. amoenita.

fig. 6.

Länge 7 Linien.

Eine schwarze goldgeschekte Hummelbiene. — Der Kopf hat zwischen den Fülhörnern bis in die Oberlippe einen schwarzen Triangel. Die Oberlippe ist rein gelb: die Augen schwarz und ober denselben sind zwei gelbe Punkte. Die Fülhörner haben 10 Glieder auf einem keulförmigen Grundgelenk. Die Freßzangen sind schmal, gelb, mit braunen Zänen. Das Bruststük, das einen schwarzen Grund hat, ist mit schmuzig gelben Haren besezt. Der Hinterleib ist glänzend schwarz, und haben alle sechs Ringe reine goldgelbe Striche, die aber in der Mitte nicht zusammenlaufen, sondern gleichgezeichnet vom Ende des Hinterleibs länger sind als die obern, so daß auf dem Hinterleib ein scharfer Winkel und schwarzer Triangel formiret wird. Der Bauch ist mit glänzenden goldgelben Haren stark bewachsen. — Die Füße haben sehr kurze Fußblätter, an deren ersteren zwei Gliedern zarte Dorne sind, und sich in zwei Klauen endigen, dazwischen eine kleine Afterklaue ist. Die Schenkel sind kastanienbraun: die Schienbeine innen schwarz und oben gelb: der Rist aber ist ganz wollig von goldgelben Haren. Die Flügel sind schwärzlich. — Die Biene hat einen sehr steten und schnellen Flug.

Die braunrote. A. bomb. modesta.

fig. 7.

Länge 7 Linien.

Eine kleine Hummelbiene mit zimmetfarben Leibringen. — Der Kopf hat schwarze Augen, schwarze gebrochene Fülhörner, eine weiße Stirne und gelbe Oberlippe. Der Brustschild ist gelb, oben gegen den Hals zu mit grünlichgelben und hinten gegen den Hinterleib mit weißen Haren eingefaßt. Die Ringe des Hinterleibs sind zimmetfarbig und neben auf den Seiten mit gelben Haren eingefaßt. Die Füße sind schwarz mit roten Härchen umgeben und an den Gelenken weiß. Die Flügel sind schattig und haben braunschwarze glänzende Gewerbknöpfe.

Der

Tab. II. Der Grashummel.   A. bomb. muscorum.
fig. 8.

Linn. S. N. 46.
Fabr. S. E. 17. andr.

Länge 6 Linien.

Eine gemeine gelbe Hummelbiene mit rotgelbem Bruststük. — Diese Biene ist sehr stark mit Haren besezt. Der Kopf ist länglich, hat eine glänzend schwarze Oberlippe. Die Fläche des Kopfs zwischen den Fülhörnern ist mit schwefelgelben Haren besezt. Die Ocellen stehen fast in einer Linie. Der Brustschild ist wollig von fuchsroten, unten die Brust aber von schwefelgelben Haren. — Mit solchen grünlichten oder schwefelgelben Haren sind auch die sechs Ringe des Hinterleibes besezt und eingefaßt. — Auch die im Grund schwarzen Füße haben dergleichen schwefelgelbe Hare, und die Schienbeine die gewönliche Dorne.

Dieses sind die Geschlechtlosen unter der Familie der Hummelbienen, bei welchen die Mutillen, deren Beschreibung zunächst folget, wonen, oder öfters diese gelbe gemeine Hummelbienen unter den Mutillen. Diese Geschlechtlose machen den größten Teil der Anzahl aus, und sind, wie gewönlich bei den Bienen, Wespen und Ameisen, kleiner als die Männchen und Weibchen, welche leztere vorzüglich öfters noch einmal so groß sind, als die Geschlechtlose, wie denn oben *Tab. VIII. fig. 3.* das Weibchen abgebildet ist.

b. Mit langen fadenförmigen Fülhörnern.

Das Langhorn.   A. bomb. longicornis.

fig. 9.

Linn. S. N. 1. & Faun. Suec. 1684.
Scop. E. C. 794.
Fabr. S. E. 58. Apis.

Länge 6 Linien.

Eine graurötliche Hummelbiene mit sehr langen Fülhörnern. — Der Kopf ist zwischen den Augen, welche ins Rötliche schillern, mit weißlichten Haren bewachsen. Die Oberlippe ist gelb. Von den schwarzen Ocellen auf der Stirne ist das mittelste noch einmal so groß, als die übrigen. Die Fülhörner bestehen aus 11 länglichten Gliedern, welche sie so lange machen, daß solche bis ans Ende des Hinterleibes reichen, wenn die Biene dieselben zurüklegt. — Das Bruststük ist unten mit weißgrauen und oben mit rötlichen Haren besezt, so wie auch die zwei ersten Ringe des Hinterleibs. Die vier übrigen Ringe aber sind glatt und schwarz. Die Füße sind nach Verhältnis des Körpers ziemlich lang und dünne, und die hintersten haben keine Löffel oder Vertiefung. Die Schienbeine haben einen feinen rötlichen Dorn und einen dergleichen kleinern. Sie sind nebst den Fußblättern rötlich.

In Europa zu Hause.

Die beflekte.   A. bomb. squalida.
Scop. Am. IV. H. N. 3.

Sie ist schwarz glänzend und harig: hat lange Fülhörner, die hintern Schenkel gegen außen gezänelt und dornige Fußblätter. Die Flügel haben einen Randflek.

In Europa.

Die

Die Mutille,
Mutilla.

B.
Von den Mutillen, oder ungeflügelten Bienen.
Mutilla. La Mutille. Linn. S. N. 250 Geschlecht.

Kennzeichen.

Die Weibchen haben keine Flügel und einen verborgenen Wehrstachel;

Die Männchen haben Flügel und keinen Stachel.

Naturgeschichte der Mutillen.

Es wird beim ersten Anblik seltsam und unordentlich scheinen, daß ich diese seltene Art wilder Bienen zu den Hummeln bringe, da sie doch einen ganz andern Bau des Körpers haben, meist sehr schlank und oft sehr klein sind, und den wilden Bienen mit schlanken Leibern ihrer Gestalt nach, ia den Wespen weit näher kommen, als den harigten Hummeln. Allein ich habe schon oben in der Naturgeschichte der Hummeln meiner Beobachtung gedacht, daß ich diese sonderbare Art wilder Bienen, die Mutillen, iederzeit bei der Art Hummeln, welche vorhin Tab. VIII. fig. 3. und Tab. XI. fig. 8. beschrieben worden, und Apis muscorum, Grashummel heißen, in ihrem Nest, und ihre Jungen unter iener Jungen gefunden habe. Da uns nun hier die Natur augenscheinlich lehret, zu welchem Geschlecht und Gattung sie eigentlich gehören, so würde ich einen Fehler begangen haben, wenn ich sie anders geordnet hätte.

Was ihren Namen Mutillen oder Mutilla betrift, so hat ohne Zweifel Linne seine Rüksicht auf den Mangel der Flügel der Weibchen von dieser Bienenart gehabt und sie als verstümmelte angesehen.

Je weniger ich von der Naturgeschichte dieses merkwürdigen Insekts in den Beschreibungen finden konnte, und dieses wenige häufig irrig ist, desto aufmerksamer war ich seit verschiedenen Jahren auf dasselbe. Allein ein halbes Menschenalter reichet oft nicht zu, die Naturgeschichte eines Insekts, gründlich und hinreichend einzuschauen. Ich habe indessen meine Wißbegierde so weit als tunlich war, befriediget, und sie sowol in ihrer Lebensart, da ich sie mit ihrem Nest in meinen Hausgarten, ia endlich in Blumentöpfen vor den Fenstern versezzet, etliche Sommer hindurch beobachtet, als auch um mehrere Kenntnisse von ihnen zu erlangen, Nester aufgeopfert und sie weiter untersucht.

Zuerst muß ich melden, daß, so vieler Nester Mutillen ich bisher habe können habhaft werden, ich sie iederzeit mit vorhin bemeldten Hummeln vermischt gefunden habe. Ich hatte teils solche Mutillenfamilien, bei welchen die Hummeln wonten, teils solche Hummelfamilien, bei welchen die Mutillen wonten. Bei erstern machten die Mutillen ohngefehr fünf Teile und die Hummeln einen Teil; bei leztern aber bestunden ohngefehr sechs Teile aus Hummeln, und ein Teil aus Mutillen. Bei ieder dieser vereinigten ungleichen Gesellschaften waren von ieder Art Männchen, Weibchen und Jungen im Nest. Die Jungen von ieder Art von Hummeln und Mutillen befanden sich auch in den Zellen untereinander, wie Kinder einer Familie: so daß ich mich oft über dieser mehr als brüderlichen Einigkeit zweier so ungleich scheinender Art Insekten vergnügte, und ich ihnen gerne die Namen Damon und Pytnias beigelegt hätte, wenn sie nicht bereits von unserm großen Linne mit Namen bezeichnet gewesen wären. — Ich fand ferner, daß die Weibchen keine Flügel und einen Stachel haben: — daß die Männchen Flügel und keinen Stachel, sondern dafür ein solches Zeugungsglied haben, welches mit dem oben bezeichneten der Hummeln ziemlich übereinkommt, und in einer harten kastanienbraunen Zange bestehet: — daß die Weibchen einen lauten pipsenden Ton von sich geben, wenn man sie zwischen den Fingern hält, fast änlich, als wenn sich eine iunge Maus mit ihrer Stimme hören lässet. Als ich solches zum erstenmal vernahm, und eine weibliche Mutille ohne Flügel zwischen den Fingern hatte, vermeinte ich außer der Bienenkönigin

das

das zweite Infekt zu finden, das nicht ſtumm wäre: allein ich entdekte ſo=
gleich, daß dieſe Biene durch die Reibung des erſten Ringes ihres Hinter=
leibes mit dem darauf folgenden und darunter liegenden Ring dieſen Laut
von ſich gibt, eben ſo wie einige Arten Käfer dergleichen Töne von ſich
geben, wenn ſie den Hals an dem Bruſtſchild, oder dieſen an dem Schild=
lein der Flügeldekken reiben. Das erſte, ſo mir hiebei natürlicherweiſe
einfiel, war der Gedanke: Warum hat wol die gütige Natur, die
nicht das mindeſte ohne weiſe Abſicht thut, dieſem Infekt ein ſol=
ches Analogon von Stimme gegeben, und wozu braucht es wol
dieſes Zeichen, da es in ſeinem ganzen Leben nicht mehr als drei
Schritte weit von ſeiner Wonung wegkommt? = = Ich beſchäftig=
te mich noch mit dieſem Gedanken, als ich mich einem Bienenſtok nahete,
eine Biene zu haſchen, um etwas an derſelben zu unterſuchen. Da ich ſie
aber nicht auf die gehörige Weiſe zu faſſen bekam, ſo machte ſie mit ihren
Flügeln Lärmen, und es kamen ſogleich ſo viele Helfershelfer auf mich los,
daß ich mich nicht umzuſehen verlangte. Dieſer Vorfall klärte mir mein
Rätſel auf, und ſagte mir, daß die woltätige Natur dieſer ungeflügelten
Mutille dieſen Laut zur Sprache geſchenkt, um ihre Brüder herbeizuru=
fen, wenn ſie in Gefar iſt. Können andere öfters der Gefar entfliehen,
können ſie mit ihren Flügeln Lärmen machen, ſo hat dieſe Fußgängerin,
dieſer Vogel ohne Flügel, nebſt dem Stachel, eine laute Stimme zu ru=
fen. — Von dem warhaften Grund dieſes Gedankens überzeugte ich
mich auch ganz zuverläßig. Als ich mir eine Erholungsſtunde machte,
und dieſen verſchieden geſtalteten Erdinnwohnern zuſahe aus= und ein=
fliegen, und ihre ungeflügelten Weibchen etliche Schritte von ihrem Neſt
in der freien Sonne im Gras ſpazziren gehen, (welches ihre ganze Reiſe
iſt) ſo hielte ich eine Mutille, und nötigte ſie zu pipſen: Sogleich eilten
nicht nur ihre eigene Männchen, ſondern auch, worüber ich mich noch
ganz verwunderte, von den Hummeln herbei, und nötigten mich meine
Gefangene frei zu laſſen.

Bei den Nymphen dieſer Mutillen ſiehet man ſchon, wenn man ſol=
che aus ihrer verſchloſſenen Wiege ziehet, was Männchen oder Weibchen
ſind. Denn die Weibchen haben den doppelten Stachel ganz außer dem
Leibe auf dem Rükken liegen, und ziehen ihn erſt ein, wenn ſie bald ihre
Vollkommenheit haben, und hervorgehen können. Auch unterſcheiden ſich
überhaupt die Weibchen außer dem Mangel der Flügel durch ihren größern
Hinterleib, in welchem der Eierſtok mehrern Raum haben muß. Ja ihre
Größe

Größe untereinander ist oft sehr unterschieden. Es gibt öfters Weibchen von außerordentlicher Größe, die die andern an Größe dreimal übertreffen, so wie auch unter den Hummeln die Größe der Weibchen verschieden ist. — Ihre Zellen sind oval, unten braun, zähe, und die junge Brut mit einem Häutchen, wie von Seide, zugespundet.

Beschreibung der Arten.

Der Europäer. Mutilla Europaea.

Tab. 13. fig. 1.

Linn. S. N. 4. & Faun. Suec. 1727.
Fabr. S. E. 7.

Das Männchen.

Länge 6 Linien.

Eine schwarze stahlfarbe Mutille. — Dieses ist unsere gemeine Mutille, davon vorhin gemeldet worden. Sie hat einen schwarzen mit starken Haren besezten blauschillernden runden Kopf, mit einer sehr geraumigen Stirne, worauf die gelbliche und zwar äußerst kleine Ocellen stehen. Die nezförmigen Augen sind schwarz, fast rund, und die Oberlippe glänzend schwarz. Die Freßzangen sind von der Wurzel an schwarz mit vertieften Punkten besezt, und vorne breiter mit glänzend braunen Zänen. Die Fülhörner sind schwarz, und haben ein langes Grundgelenk, und darauf eilf Glieder. Das Maul hat zwei Paar braune Fülspizzen. — Der Brustschild hat einen bogenförmigen Einschnit gegen den Hals zu; außerhalb dieses Bogens ist das Bruststük um den Hals schwarz, innerhalb desselben aber ist der Schild bis an die Wurzel des Hinterleibes dunkel ziegelroth. Hinter den Flügeln auf dem roten Schild ist noch ein Quereinschnit. — Der Hinterleib ist schmal und gehet spiz aus. Er bestehet aus sieben Ringen, welche blau stahlfarb sind. Der erste ist klein, und mit glänzend weißen Härchen besezt, welche den ersten weißen Rand machen. Der zweite Ring ist sehr groß, und am Rande mit weißen Härchen besezt, und der dritte hat auch einen solchen weißen Rand mit Haren, die sich in der Mitte ein wenig teilen. Die übrigen vier stahlfarbe und glänzende Ringe sind so, wie der übrige ganze Körper und die Füße mit schwarzen Haren besezt. — Die Füße sind schwank und schwarz, an den Schienbeinen mit zwei Dornen bewafnet. — Die Flügel sind dunkel und schwärzlich, und haben einen sehr glänzenden Gewerbknopf.

Das Weibchen.

fig. 2.

Dieses unterscheidet sich von seinem Männchen dadurch: daß es keine Flügel hat: daß der Hinterleib größer ist, und durch die Reibung des zweiten Ringes mit dem dritten einen pipsenden Laut geben kann, wenn es in Gefar ist.

Wont gewönlich bei den europäischen Hummeln Apis terrest. muscorum, Tab. VIII. fig. 3. und Tab. XI. fig. 8.

Tab. 12.
fig. 2.

Der Deutsche.   Mut. maura.

Linn. S. N. 6.

Fabr. S. E. 10.

Diese Mutille kommt mit der vorhergehenden nahe überein, ist aber etwas kleiner, schwarz mit einem rötlichen Bruststük, und vier weißen Flekken am Hinterleib, wovon die zwei größten in der Mitte zur Seite stehen.

Man fand sie in der Barbarei, ist aber auch in Deutschland einheimisch.

fig. 3.

Der Abendländer.   Mutilla occidentalis.

Linn. S. N. 1.

Fabr. S. E. 1.

Sulz. Inf. tab. 19. f. 9.

Das Weibchen.   Länge 9 Linien.

Eine schwarz und rote Mutille. — Sie hat einen blaßroten Kopf mit schwarzen Fühhörnern und Augen, welche, wie bei dieser Art gewönlich, rund sind. Der Brustschild ist ebenfalls blaßroth, das übrige des Bruststüks aber ist schwarz. Der Hinterleib ist unten durchaus schwarz. Der erste Ring aber, welcher der größte ist, hat an der Wurzel und am Rand eine schwarze Einfassung. Der zweite Ring ist ganz schwarz. Der dritte ist ganz blaßroth, der vierte auch, aber mit einer schwarzen Einfassung, und glatt ohne Hare, und eben so ist auch der fünfte Ring, die kleine Afterspizze aber ganz schwarz und glatt. Die Füße sind schwarz.

Ihr Vaterland ist Nordamerika.

Der Antiguer.   Mut. antiguenfis.

Fabr. S. E. 2.

Drury.

Diese rote Mutille ist nur halb so groß, als die vorhergehende. — Der Kopf ist roth: die Augen schwarz: der Brustschild roth und ungeflekt: der Hinterleib eirund, roth mit kleinen schwarzen Flekken. Die Afterspizze schwarz mit drei weißlichten Strichen: die Füße schwarz.

Wont auf der Insel Antigua.

fig. 4.

Die Siberische Mutille.   Mutilla siberica.

Das Männchen.

                     Länge 5 Linien.

Eine kleine roth und schwarze sehr harige Mutille. — Wie diese Geschlechtsgattung von dem Bienengeschlecht überhaupt sonderbar abweichet, so daß ich sie

von

von den Bienen weiter als Linne entfernt haben würde, wenn ich sie nicht Tab. 12.
selbst erwäntermaßen in meinem Garten unter Hummelbienen gezogen und ie- fig. 4.
desmal unter und bei denselben angetroffen hätte: so merklich weichet auch dieses Mutillenmännchen von seinem Gatten ab. Das Weibchen hat gar keine
Ocellen, dieses aber hat ein einziges dergleichen kleines einfaches Aug auf der
Stirne, welches ich bei unserer ganzen Klasse zu finden nicht vermutet hätte,
auch sonst nicht gefunden habe. Um mich aber davon sicher zu überzeugen,
entblößete ich die Stirne von der Menge der darauf stehenden Hare; ich konnte
aber nicht mehrere Ocellen gewar werden. Seine nezförmige Augen sind stark
und sehr hervorstehend und kastanienbraun, da iene des Weibchens klein sind und
mit verschiedenen Zeichnungen. Ferner hat das Weibchen an den Fülhörnern
ein längliches Grundgelenk und darauf neun kleine Glieder, das Männchen aber
hat ein kurzes Grundgelenk, und darauf zehn stärkere Glieder. Hierinnen ist
die vollkommenste Uebereinstimmung mit dem Geschlecht der Honigbienen, wovon das Männchen auch zehn Glieder und ein kurzes Grundgelenk, das Weibchen aber ein langes und darauf 9 Glieder hat. In der Zeichnung unterscheidet es sich auch merklich von dem Weibchen. Dieses hat ein ganz rotes Brustschild, aber das Männchen ein ganz schwarzes Bruststük. Von demselben stehet der Hinterleib auch mehr ab, als bei dem Weibchen und ist überdas etwas
schmäler und gehet spizzer zu. Die Ringe desselbigen sind zwar wegen den vielen
und borstigen Haren nicht leicht zu zälen, ganz scheinbar aber sind deren sechs
und davon ist der erste ziegelfarb roth, der andere schwarz, der dritte weiß
und die folgende drei lezten schwarz. Der Kopf ist ganz schwarz und sein Bau,
die Freßzangen und Freßspizzen von gleicher Beschaffenheit. Die Füße sind
durchaus schwarz und mit lauter schwarzen Haren, doch nicht so häufig, als
bei dem Weibchen, bewachsen, übrigens aber am ganzen Körper eben so sehr
mit weichen und darunter stehenden vielen langen borstigen und in die Höhe
stehenden Haren umgeben, daß sie wol ein Igel unter den Bienen heißen kann.
Die Flügel sind braun, sehr dunkel und kaum durchsichtig.

Sein Vaterland ist Siberien.

Das Weibchen. fig. 5.

Diese seltene Biene ist um und um behart, und zwar mit zweierlei Gattungen von Haren. Der ganze Körper vom Kopf bis auf die Füße ist nicht
nur mit kurzen liegenden glatten und glänzenden Härchen dichte bedekket, sondern es stehen auch allenthalben lange starke Hare hinaus, daß sie so zu sagen,
das Ansehen eines Igels hat. Der Kopf ist rund und vom Bienengeschlecht
ziemlich abweichend. An beden Seiten stehen die zusammengesezten Augen.
Sie sind aber klein, oval, weiß und mit einem schwarzen Rand eingefaßt. Sie
sind zwar durchaus mit der nezförmigen Haut überzogen, unter derselben aber
befinden sich dennoch in dem weißen Feld ieden Auges 26 runde weiße Flekken,
die wie Blasen durch die nezförmige Hornhaut durchscheinen. Ocellen kann
man keine finden. Und wozu sollte sie auch diese Ferngläser nötig haben, da
diese Biene ohne Flügel ist und also in ihrem Leben nicht über einen Schritt
von

Tab 12. von ihrem Nest kommt; andere ihrer Art haben nur außerordentlich kleine Ocel-
fig.5. len.   Die Fülhörner stehen anstatt der Oberlippe am Maul nächst bei den
Freßzangen.   Sie haben ein länglichtes gezogenes Grundgelenk, worauf neun
Glieder stehen, welche sich unten am Maul auf bede Seiten hinauskrümmen.
Ihre Farbe ist schwarz, und haben vertiefte Punkte, und das Grundgelenk ist
mit langen borstigen Haren bewachsen.   Die schwarzen harige Freßzangen sind
zwar kurz, aber kreuzen sich und haben eine scharfe braunrote Spizze.   Unter
denselben befinden sich beharte Freßspizzen.   Uebrigens ist der ganze Kopf
mit glänzenden etwas gelblich weißen Härchen besezt; zwischen welche hin und
wieder schwarze stachlichte lange Hare herausstehen.   Der Brustschild ist
fuchsroth mit glänzenden Härchen besezt, welche wieder mit langen stachlichten hervorstehenden Haren untermischt sind.   Die Ringe des Hinterleibes lassen
sich wegen der Menge und Dichte der Hare, besonders oben, nicht zälen.   Die
Hauptfarbe ist schwarz, wie ein Sammet, an der Wurzel des Leibes aber ist
ein runder und auf dem After aber ein ovaler weißer Flek, auf beden Seiten
aber zwischen diesen sind vier ekkigte dergleichen weiße Flekken.   Es stehen nemlich auf denselben gelblichtweiße glänzende Härchen, die mit langen weißen und
stachlichten Haren, so wie die schwarzen Sammethärchen mit langen schwarzen Haren untermischt sind.   Unten am Bauch ist der erste große Ring ganz
dunkelroth und vielmehr schwarz, und die folgenden zwei Ringe mit den glänzenden Silberhärchen eingefaßt.   Die übrigen sind wieder schwarz, allenthalben
aber, auch unten gehen lange Hare hinaus.   Die Füße sind ganz borstig von
Haren und Dornen.   Die Haut ist schwarz mit vertieften Punkten, die Schenkel aber sind mit weißen und die Schienbeine mit rötlichen Haren hin und wieder bewachsen.   Die Fußblätter aber haben viele Dorne, und schwarze Hare,
daß man kaum die Klauen kann gewar werden.

Der Barbar. Mutilla barbara.
Linn. S. N. 7.

Man findet diese ungeflügelte Biene auch in Afrika. — Sie ist schwarz,
der Brustschild aber fuchsroth und auf dem Hinterleib siehet man drei Reihen
weißer Punkte.   Und weil eine iede Reihe aus drei Punkten bestehet, so sind es
zusammengenommen neun Punkte.

Der Südländer. Mutilla americana.
Linn. S. N. 2.
Fabr. S. E. 3.

Eine schwarz und weiße Mutille. — Der Kopf ist schwarz nebst den Fülhörnern.   Das Bruststük hat neben auf den Seiten einen weißen Flek, wie
auch auf dem Schild und am Schluß des Bruststüks einen.   Der erste und größte Ring des Hinterleibs hat zwei fuchsrote Flekken, davor zwei kleinere solche
Punkte stehen.   Die folgenden drei Ringe haben ieder drei weiße Flekken in einer
Linie und der After ist schwarz.
Wont in Südamerika.

Der Indianer. Mut. indica.
Linn. S. N. 3.

Eine schwarze Mutille, welche am Hinterleib eine gelbe Binde und einen weißen Strich hat.

Ist in Ostindien zu Hause.

Der Afrikaner. Mut. atrata;
Linn. S. N. 5.
Fabr. S. E. 9.

Eine schwarze Mutille, mit einer weißen Binde am Hinterleib. Das Männchen hat schwarze Flügel.

Fabricius beschreibt sie mit rotem Brustschild, blauem Hinterleib und zwei weißen Binden.

Aus Afrika.

Der Kaper. Mut. helvola
Linn. S. N. 8.
Das Männchen.

Eine blaßrote Mutille. — Der Kopf ist klein und rauchharig mit roten glatten Ocellen und schwarzen Augen. Die langen Freßzangen gehen gerade und spiz aus. Die Fülhörner sind bürstenartig. Das Bruststük ist rauch von Haren und hat verschiedene Furchen, und ist stark und bökkerig. Der Hinterleib ist groß, etwas zilindrisch und hat sieben Ringe, davon nur der lezte stark behart, die übrigen aber glatt sind. Die vier ersten Ringe haben vertiefte Punkte am Luftloch, und der erste Ring ist von dem folgenden etwas abgesondert. Die Schenkel sind sehr gedrukt, und die Schienbeine haben eine Vertiefung, welche bei den Bienen der Löffel heißt, um den Blumenstaub einzuladen. Die Flügel sind klein, hell und mit rötlichen Adern.

Wont auf dem Cap.

Die ameisenänliche Mutille. Mut. formicaria.
Fabr. S. E. 4.

Diese Mutille ist groß, und hat einen aschfärbigen Kopf, ein schwarzes raues und harigtes Brustschild: einen schwarzen Hinterleib, eine Rükkenlinie von weißen Punkten, und weißliche Seiten.

Aus Neuholland.

Tab. 12.

Die streifende Mutille.   Mut. exulans.

Fabr. S. E. 5.

Drury.

Sie hat die Gestalt der Vorhergehenden. — Der Kopf und Brustschild ist rein schwarz. Auf beiden Seiten des Hinterleibes ist ein rotgelber Punkt: auf iedem Ring ist die Rükkenlinie durch einen Strich unterbrochen.

Wont in Amerika.

Die Verguldete.   Mut. aurata.

Fabr. S. E. 6.

Von gleicher Gestalt. — Sie ist sehr behart und bläulich: mit roten Fülhörnern und einem bläulichen Hinterleib, dessen erster Ring, welcher der größte ist, oben mit einem großen güldenen Flekken glänzet: die übrigen Ringe sind auf dem Grunde schwarz.

Das Rothorn.   Mut. ruficornis.

Fabr. S. E. 8.

Eine schwarze Mutille von mittelmäßiger Größe, mit roten Fülhörnern, weißem After und schwarzen Flügeln.

Wont in Neuholland.

Die Schillermutille.   Mut. versicolor.

Fabr. S. E. 11.

Drury.

Sie hat einen roten Kopf und Fülhörner: einen roten Brustschild, schwarzen Hinterleib, der in der Mitte rot ist mit weißen Binden und einem schwarzen Punkt. Die Afterspizze ist schwarz und die Füße roth.

Wont in Amerika.

Die Glatte.   Mut. glabrata.

Fabr. S. E. 12.

Diese ist kleiner als die vorhergehende, hat einen schwarzen Kopf, der Mund aber und das Grundgelenk der Fülhörner ist roth, wie auch der Brustschild. Der Hinterleib ist schwarz: die Einfassung der Ringe weißlich, und unten rötlich.

Aus dem Orient.

Die

Tab.12.

Die Tanzende. Mut. saltatrix.
Scop. Ent. Carn. 838.

Diese ist überaus klein und dreimal kleiner als eine Laus. Sie ist glatt und roth. Die Freßzangen und Füße sind rostfarbig. Die Fühlhörner ungebrochen, beweglich und länger als das Bruststük. Der Hinterleib ist eiförmig. Sie lauft geschwind, und wenn man sie leicht berührt, so tanzt sie, und bewegt beständig die Fühlhörner.

C.
Von den Metallbienen.
Apis Chrysis.

Da die Natur im höchsten Grade mannigfaltig ist, und bei den Insekten auch in Ansehung ihrer Farben unsern Augen das abwechselnde schönste Schauspiel aufstellet und an ihren kleinen Körpern solche Malereien angebracht hat, welche kein menschlicher Pinsel vollkommen nachzuahmen fähig ist: So hat sie außer dem Käfer, Wespen, Fliegengeschlecht ꝛc. auch bei dem Bienengeschlecht uns mit solchen Mustern beschenkt, welche wie gediegenes Gold und Silber glänzen. Sie sind zwar selten, und habe ich zur Zeit nur folgende angetroffen, die zwar freilich nur durch ihre metallartige Farben sich von den Hummelbienen unterscheiden, übrigens aber in ihrem Gliederbau und Lebensart mit denselben übereinkommen.

Die Herzbiene. A. cordata.
Linn. S. N. 15.

fig. 6.

Länge 9 Linien.

Eine metallgrüne Hummelbiene. — Ihre durchgängige Farbe ist ein glänzendes grünes Gold, so vornemlich auf dem Bruststük und Kopf ins Blaue spielt. — Der Kopf ist stark nach Art der Hummelbienen, aber nicht länglich, und hin und wieder mit bräunlichen feinen Härchen besezt. Die Augen sind oval, braunröthlich von Farbe, die Ocellen aber röthlichgelb, wegen dem Glanz der daneben befindlichen Goldfarbe aber scheinen sie dem blosen Auge als drei kleine Rubinen. Die etwas große Oberlippe glänzet blaugold, so wie auch die Freßzangen, welche schwarze Zäne haben, und stark behart sind. Der Rüssel hat die Farbe der Augen. Die Fühlhörner stehen in zwei Vertiefungen. Das

Grund=

Tab. 12. Grundgelenk ist lang und blaugoldfarbig, die in ihrem schwarzen Gewerbknopf darauf stehende neun Glieder aber sind bräunlich one Glanz. Der Hals, welcher eine goldgrüne Horndekke, gleichsam als ein Halsband hat, macht den Kopf vom Brustük ein wenig abstehen. — Das Brustük hat oben von einer Wurzel der Flügel zur andern einen Bogeneinschnit, auf welchen in der Mitte des Schildes eine subtile Rinne oder Vertiefung zuläuft. Hinter dem Bogeneinschnit gehet noch ein freistehendes Stükchen Schild, welches an beden Seiten einen erhöheten oder spizzen glänzenden Punkt hat und mit sichtbaren bräunlichten Härchen, wie mit feinen Franzen ringsum besezzet ist, gegen den Hinterleib zu. — Dieser ist herzförmig und bestehet aus sechs Ringen, wovon die zwei ersten gleichlaufend und groß, der zweite aber der größte ist, die vier übrigen aber laufen dünner zu, so daß sich der After zuspizzet, welcher neben herum mit ziemlich strak ausstehenden Haren besezt ist. — Die Füße haben den Bau der Honigbienen, sind stark mit Haren besezt, haben kleine Fußblätter und an den hintern Beinen starke Löffeln. Die Schienbeine sind mit Dornen bewafnet und alle Glieder sind grüngold, nur die Fußblätter und die Schienbeine und Löffeln sind inwendig bläulich schwarz. — Die Flügel sind braun, doch etwas durchsichtig und haben an den Wurzeln derselben anstatt der sonst gewönlichen glänzenden Gewerbknöpfen zwei ovale freistehende goldgrüne Schalen, welche die Wurzeln bedekken.

Aus Indien.

fig. 7.   Der Zakkenschenkel.   A. dentata.

Linn. S. N. 14.

Fabr. S. E. 47. Apis.

Länge 9 Linien.

Eine änlich grüne Metallbiene. — Sie hat ebenfalls einen glatten und grüngoldglänzenden Körper. Der Kopf hat fast die Beschaffenheit der vorhergehenden Biene, nur daß er etwas kleiner ist, und die Zunge sehr lang und die Augen roth. Das besondere an ihren Hinterfüßen ist, daß die Schenkel zakkig sind, wie mit Zänen besezt. Die Flügel sind bräunlich schwarz.

Wont in Amerika und Surinam.

fig. 8.   Die Gürtelbiene.   A. zonata.

Linn. S. N. 19.

Fabr. S. E. 8. andr.

Länge 6 Linien.

Eine kleine Hummelbiene mit silbernen Leibbinden.

Diese seltene Hummel hat auf dem Kopf und Hinterleib sonderbare Zeichnungen. Auf der gelblichen Oberlippe stehen zwei viereckigte schwarze Flekken neben einander, unter welchen eine schmale schwarze Querlinie befindlich. Die Stirne ist bis an die Fülhörner mit grünlichen und schwarzen Haren besezt.

Die

Die Augen sind braunroth und die Ocellen rubinrötlich. Die Grundgelenke der Tab. 12. fig. 8.
Fülhörner sind unten gelblich und oben schwarz. Die darauf befindliche neun
Glieder sind rötlichbraun, das erste aber als das langste und keulförmige ist
schwarz. Der Brustschild ist dichte mit gelblichen und schwarzen Härchen besezt, welche ihm ein bräunliches Ansehen von Farbe geben. Der schwarzglän-
zende Hinterleib hat sechs Ringe, wovon die vier ersten einen breiten grünen
Saum haben, der in das Blaue fällt und wie mit Silberblätchen belegt, glänzet. Die zwei kleinen lezten Ringe sind neben mit einem Büschgen weißer Hare
besezt. Die Füße sind sehr harig, breit, schwarz und die mit Dornen bewafnete
Schienbeine und Fußblätter oben mit vielen weißen Härchen besezt. Die Flügel
haben braune Adern und spielen ins Gelbliche.

Diese ist aus Siberien, Linne aber gibt die Seinige aus Indien an.

Zu dieser mag auch gehören:

Die grünliche Biene. A. virescens.
Fabr. S. E. 12. andr.

Kopf und Brustschild sind kupfergrün und glänzend: die Fülhörner
braunschwarz, wie auch die Zunge, welche kurz eingebogen ist. Der eirunde
Hinterleib ist schwarz glänzend und auf der untern Seite mit braunschwarzen
Sammethärchen besezt. Füße und Flügel sind auch braunschwarz.

Aus Amerika.

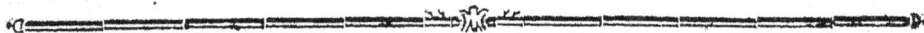

D.

Von den Maurerbienen,

Apis muralis.

Naturgeschichte der Maurerbienen.

Diese wilden Bienen gleichen dem Bau ihres Körpers nach größtenteils
den harigten Hummeln, haben aber außer fig. 9. & 10. keine solche beträchtliche Größe und füren sämmtlich eine einsame Lebensart. Es gibt
deswegen auch keine Geschlechtlose unter ihnen, sondern sind entweder
Männchen oder Weibchen. Die Natur hat sie wegen ihrer Oekonomie mit
vielen

vielen Haren und einem ſtarken Kopf und Kinnladen verſehen, ia die gröſ= ſere Gattungen derſelben haben auf dem Kopf zwei ſchwarze Hörnchen, wel= che man ſonſt bei keinen andern Bienen antrift. Ihre viele Hare aber, dikke Köpfe, ſtarke Freßzangen, Hörnchen ꝛc. ſind ihnen um ſo viel nötiger, da ſie in der rauen Mauer zwiſchen Sand und Steinen handthieren, mit Erde bauen und ſolche ſehr fein verarbeiten müſſen.

Die Maurerbienen ſind auch wie mehrere einſamlebende Inſekten das, was im Pflanzenreich die Sommerpflanzen ſind : denn wie es ſcheint, ſo höret meiſt ihr Leben mit dem Sommer auf, und leben nur in ihrer Nach= kommenſchaft, die ſie das Früiahr hindurch emſigſt beſorgen, fort. Denn ich habe noch nie keine alte dergleichen Biene in Rizzen der Mauren oder ſonſt im Winterſchlaf liegend entdekken können : ſondern nur ihre Jungen befinden ſich im Winterſchlaf in ihrer Nimphenhaut eingeſchloſſen vom Herbſt bis zu dem Früling, da ſie alsdenn erſt von der belebenden Wärme zu ih= rer Auferſtehung gerufen werden. Doch will ich nicht ganz in Abrede ſein, ob nicht auch alte Maurerbienen über Winter leben; weil ich an vielen nach ihrem erſten Ausflug im Früiahr eine Menge Läuſe, oder vielmehr Milben auf ihnen gewar worden. Ich zählte einmal auf einer über 150 Läuſe und konnte damit noch lange nicht fertig werden, welche der Biene ſämmtlich am Bruſtſtük ſaßen. — Man ſiehet die Maurerbienen überhaupt nur im Früiahr und bis Johannis.

Was ihre Fortpflanzung betrift, ſo erwählen ſie mit Anfang des May zu Bereitung der Zellen für ihre Jungen die Vördergiebel der Häuſer oder Mauren gegen Mittag liegend. An dieſelbe bauen ſie von Sand, den ſie von Körnchen zu Körnchen ausſuchen, und mit einer Art Mörtel verbinden eirunde Hügelchen beiſammen, und ſchließen ſie mit einer allge= meinen Umkleidung, wie mit einer Kloſtermauer ein. In dieſem ziemlich veſten und bequemen Gebäude tragen ſie in iedes darin enthaltene Hügel= chen, die alle ihre beſondere Abteilungen und Kammern haben, Blumen= ſtaub mit Honig vermiſcht, legen zu iedem ein Ei und verſchließen alsdenn den Eingang mit einem zerbrechlichern Mörtel von loſer Erde, damit die Jungen zu ſeiner Zeit ſämmtlich ſich allda durchbeißen können. Wenn man genau und ſcharf ſiehet, ſo entdekt und unterſcheidet man dieſe Hügel an den Wänden durch ihre graue Farbe. Solche Gebäude aber verfertigen nur hauptſächlich die größeren Arten Maurerbienen fig. 9. und 10. — Andere aber ſuchen kleine Löcher und Rizzen an Mauren und Wänden gegen Mit=
tag

tag gelegen. Hat die Biene einen bequemen Riz oder Loch gefunden, so
räumet sie dasselbe, und macht es zuhinterst, wo sie ihr Nest bereitet, mit
fein verarbeiteter Erde glat, ohne iedoch diesen Erdenmörtel mit etwas Zä-
hem zu vermischen, sondern nur mit Wasser. Sie wölbet sich sodann in
diesem Mörtel eine Zelle nach ihrer Größe, indeme sie immer den Hinterleib darinn herumdrehet und mit dem Kopf nachhilft. Ist dieses geschehen,
so trägt sie noch an demselbigen Tag einen kleinen halben Fingerhut voll
Blumenstaub hinein, legt es auf einen Klumpen, vermischet es mit etwas
geringem Honig, verarbeitet sodann den eingetragenen Blumenmeelbrei inwendig allenthalben und tünchet gleichsam die Zelle inwendig damit aus.
Wenn solches geschehen, so legt sie auf den bereiteten Futterbrei ein Eichen,
welches mit dem runden Ende vest auf dem Meelbrei anhängt, das spizzere
Teil aber in die Höhe stehet. Sie verlängert darauf die Zelle noch ein wenig, und verschließet sie demnächst mit Erdenmörtel ganz. Ist Raum genug in dem Riz der Mauer vorhanden, so bauet die Biene noch zwei bis
drei Zellen auf diese Weise neben iene, besamet sie gleichfalls auf bemeldte Art und verklebt endlich die äußere gemeinschaftliche Oefnung mit Erdenmörtel, den sie alle Augenblik herbeibringt und sodann mit den Kinnladen
anarbeitet. Ja nicht nur die ganze Oefnung vermauret sie auf diese Art,
sondern auch so weit der kleinste Spalt und Riz in der Mauer gehet, so
dahin einen Zugang hat, damit sowol die Luft, als auch vornemlich die
Ichneumons abgehalten werden, und ihre Jungen in Sicherheit sein mögen. Wenn der Mörtel der Biene getroknet, so ist wegen der Gleichheit
mit der Mauer alsdenn schwer zu entdekken, daß hier ein Riz gewesen, oder
etwas darin verborgen seie. Die Biene verläßt sodann diese Gegend und
fängt den Bau eines andern dergleichen Nestes in der Nachbarschaft an.

Nach sieben Tagen kriecht der Bienenwurm aus seinem Ei und fängt
an von seinem vorliegenden Blumenmeelbrei zu zehren, bis nach sechs oder
acht Wochen, da er seinen Vorrath aufgezehret hat, aber auch iust so
groß und erwachsen ist, daß er sich zum Nimphenstand und zu seiner Verwandlung anschikken muß. — Und auch hiebei erblikket der aufmerksame
Naturforscher die schönsten Spuren, wie weislich der große Schöpfer alle
Triebe der Tiere ihren Umständen gemäß eingepflanzet habe und leite. Die
iunge Honigbiene gehet nach ihrer Verwandlung aus dem Nimphenstand
nach dreizehn Tagen zum eigentlichen Genuß ihres Lebens hervor. Sie
spinnet sich daher als Wurm nur ein einfaches seidenes Hemd zu ihrem
Puppenstand; aber die Maurerbiene muß nach ihrer Entwiklung in ihrem
Gehäus

Gehäus den Winter über liegen, und stehet erst im Früiahr zu ihrem neuen Leben auf. Ihr Gespinnst, in welches sie sich einhüllet, ist daher vierfach, und so zähe, daß man es, wie Leder, kaum mit den Nägeln zerreißen kann. Erstlich spinnt der Wurm ein dünnes wolligtes Gewebe um sich herum, wie Seidewat, das bräunlich aussiehet. Darunter verfertiget er zweitens ein hellbraunes pergamentartiges, aber dünnes und glänzendes Häutchen. Auf dieses folgt drittens wieder ein wolligtes Gewebe, das aber dünner ist, als das erste. Und dann folgt viertens die innerste Haut, welche die stärkste und dunkelbrauner als die zweite ist, dikker und glänzend, doch nicht so hell als iene. Merkwürdig ist anbei, daß diese Nimphenhaut, besonders bei der größern Gattung der Maurerbienen mit Hörnern, einen sehr heftigen geistigen Geruch von sich gibt, ohngefehr wie Spiköle, von welchem Geruch iedoch die Nimphe frei ist.

Inzwischen verändert die Maurerbiene ihre Bauart nach den Umständen und nach den Oefnungen, welche sie vorfindet, um ihre Nachkommenschaft fortpflanzen zu können. Denn viele, sowol die mitlere als kleinere Gattungen Maurerbienen, vorzüglich Tab. XII. fig. 14, bauen in die abgeschnittene Rohre der Seen und Sümpfe, welche ihnen eine beliebte Wohnung geben. Sie schlüpfen nemlich bis auf die Scheidewand eines Schusses, welches der Knopf genennet wird, und der Biene keinen weitern Durchgang verstattet. Auf derselben verbreitet sie ihren feinen Mörtel und macht den Grund ihres Nestes. Die runde Seite aber, die ohnedem glatt und wolgeschlossen ist, hat sie nicht nötig zu bewerfen, sondern legt sogleich ihren Brei von Blumenmeel mit etwas wenigem geringen Honigs hinein, legt das Ei dazu, und macht darüber eine dünne Dekke von Mörtel. Auf diese Dekke legt sie abermals einen Grund von Mörtel, der sich von der Dekke unterscheidet, legt darauf wieder ihren Futterbrei und ihr Ei, schliesset solches wieder mit einer Dekke von Mörtel, bauet darauf abermals einen Grund und legt ihre Fortpflanzung an, wie zuvor und fährt damit fort, bis dieser obere offene Schuß des Schilfrohrs angefüllt ist. — An den Männchen und Weibchen findet man äußerlich wenig Unterschied. Ueberhaupt aber sind die Kennzeichen der größern Maurerbienen zwei Hörnchen: die kleinern aber haben zum Teil ein Hörnchen: teils aber keines, sämmtliche aber große und kleine einen abgestumpften Hinterleib, und sind sehr harig.

Ein=

Einteilung
der Arten.

a. Gehörnte Maurerbienen. Apis muralis cornuta.

b. Ungehörnte. Ap. mur. retusa.

Beschreibung der Arten.

a. Gehörnte.

Die Hornbiene. Apis bicornis.
Linn. S. N. 10. & Fn. Sv. 1691.
Fabr. S. E. 38. Apis.

Tab. 12.
fig. 9.

Das Weibchen.

Länge 6 und eine halbe Linie.

Eine schwarze Maurerbiene mit rotgelbem Hinterleib und zwei Hörnern. — Sie hat einen sehr dikken schwarzen Kopf, der mit starken Haren bewachsen ist. In der Mitte zwischen den Freßzangen und den Fühörnern, stehen zwei vor sich geneigte und etwas weniges einwärts gebogene schwarze Hörnchen. Die Fühörner haben ein kurzes etwas dikkes Grundgelenk und 10 Glieder, die in einem glänzenden runden Gewerbknopf stehen. Die Ocellen sind gelblich. Das Bruststük ist stark, schwarz und mit langen Haren oben und unten besezt. Der Hinterleib schillert im Grunde schwarzstahlfarb und ist oben und unten mit rotgelben glänzenden langen Haren bewachsen, in der Mitte aber sind die Hare etwas getrennet. Die Füße sind schwarz, die Fußblätter aber rötlich.

Das Männchen.

fig. 10.

Der Kopf ist ebenfalls sehr dik und rund, ganz schwarz und hat zwischen den Fühörnern und den Kinnladen auch zwei Hörnchen. Das Bruststük ist schwarz, und der Hinterleib, der etwas rund und kurz ist, ganz mit roten Haren bedekt, unter welchen die Hornhaut blaustahlfärbig durchschillert. Die Füße sind ebenfalls schwarz.

Viele dieser Art haben einen schwefelgelben Hinterleib, allein es sind eben diese; und die Ursache der Veränderung oder Erblassung der Hare ist das mehrere Alter dieser Biene.

Der

Der Rotfuß. A. rufipes.

Tab. 12.
fig. 11.

Länge 5 Linien.

Eine schwarze Maurerbiene mit zwei Hörnchen. — Der Kopf ist schwarz und auf der Stirne mit langen schwarzen Haren besezt, darunter auf der Oberlippe zwei Hörnchen stehen. Die Fülhörner haben 10 kleine Glieder und ein langes Grundgelenk. Die Ocellen stehen in einer Linie. Der schwarze Brustschild ist mit dünnen weißlichgelben Haren bewachsen. Der Hinterleib schillert grünschwarz metallartig, und ist oben mit wenigen, aber unten der Bauch ganz dichte mit glänzenden gelbroten Haren bewachsen. Die Füße sind schwarz, die Niste und Fußblätter mit roten Haren geziert. Der Gewerbknopf der Flügel, die braune zarte Adern haben, ist schwarz und glänzend.

Das Einhorn. A. unicornis.

fig 12.

Länge 3 und eine halbe Linie.

Dieses Maurerbienchen ist von schlankem Körperbau und könnte nicht zu den Maurerbienen gerechnet werden, wenn es nicht sein Hörnchen und seine Oekonomie dazu berechtigte. — Seine Farbe ist durchaus schwarz, nur sind die sechs Ringe des zarten Hinterleibes mit zarten weißen Härchen geründet. Die Fülhörner sind ziemlich keulförmig und haben nebst dem langen Grundgelenk fünf Glieder. Auf der Oberlippe stehet ein kleines unmerkliches Hörnchen. Die Füße sind zart, und die Flügel etwas schattig.

Es nistet dieses Maurerbienchen vorzüglich in die Wurmlöcher der alten Breter, die gegen Mittag stehen, und durchkriecht auch sehr tiefe und viele Krümmungen laufende Löchlein, um die Wiegen ihrer Jungen darin anzulegen. In dieselbe trägt es zitronengelbes sehr feines Blumenmeel, und zwar nicht an den Beinen, welche zu zart und klein dazu wären, sondern an dem Bauch oder der untern Seite des Hinterleibes, vermischet es mit ein wenig Honig, und ob schon diese Masse ganz trokken zu sein scheinet, so hat sie doch einen piquanten süßen Geschmak, mehr als der größern Maurerbienen Futterbrei. Dazu legt die Biene ihr Eichen und verküttet die äußere Oefnung mit zartem Mörtel. Von dem eingetragenen Futterbrei näret sich die Larve bis gegen den Herbst, da sie sich dann verpuppet und verwandelt. Es bleibt aber die kleine Nimphe in ihrer Haut unausgeschloffen gleichsam schlafend liegen, bis zum Früiahr, da es seine von der Natur ihm bestimmte Oekonomie wieder anfangen kann. Es führet solche bis gegen Johanni fort, da es die Erhaltung seines Geschlechts der angesezten Brut überläßt und abgehet.

b, Un-

b. Ungehörnte.

Der Mauerfuchs. A. vulpina.

Länge 6 Linien.

Eine Maurerbiene mit fuchsroten Haren. — Der Kopf ist rund, mit schwarzen Haren bedekt, die Oberlippe aber ist glatt. Die Augen sind schwarz nebst den Fülhörnern, welche 10 Glieder und ein kurzes Grundgelenk haben. Das Bruststük ist unten stark mit schwarzen, oben aber mit langen fuchsroten Haren bewachsen, so wie auch der Hinterleib, der oberhalb von schwarzer Grundfarbe ist; der Bauch aber ist nicht wie bei den andern Maurerbienen behärt, nur hin und wieder stehen schwarze Härchen. Die kurzen Glieder der Fußblätter sind auch rötlich. Die Flügel haben einen zarten gelben Randflekken.

Der Verschwinder. A. pusilla.

fig.14.

Länge 4 und eine halbe Linie.

Eine kleine Maurerbiene one Hörnchen. — Der Kopf ist zwischen den Augen und auf der Oberlippe mit seidenänlichen weißen Haren sehr stark und buschig besezt, so wie auch unterhalb der Kopf viele aschweiße Hare hat. Die Fülhörner sind lang und haben ein kurzes Grundgelenk, das stark mit weißen Haren bewachsen ist, und darauf 11 Glieder. Die Fülhörner liegen meistens rüklings, wie der Holzkäfer. Die drei Ocellen stehen in einer Linie. — Das Bruststük ist stark mit Haren bewachsen, unten mit weißen, oben auf dem Brustschild aber mit rötlichen. — Der Hinterleib ist rundlich und abgestuzt nach Art der Maurerbienen. Die fünf ersten Ringe haben dichte rote Hare, und das Afterstük ist glatt und schwarz, der Grund des ganzen Körpers schillert schwarzgrün.

Es gibt dieser Art Maurerbienen von der Größe fig. 13., und also fast noch einmal so groß. Allein da sie in dem Bau ihrer Glieder und in der Zeichnung gänzlich mit diesen kleinen übereinkommen, so ist keine besondere Art daraus zu machen.

E. Voß

E.

Von den bienenartigen wilden Bienen,
oder
von schlankerem Gliederbau.

Apes terrestres apiformes.

Gleichwie es dem pünktlichsten Naturforscher schwer, ja unmöglich ist, die eigentliche Grenzlinie zu bestimmen, welche die Natur bei ihrer unbegreiflichen Mannigfaltigkeit zwischen ihren Gattungen und Arten der Geschöpfe gezogen hat, da sie auf ihrer Stufenleiter so unmerklich fortschreitet, daß sich die aneinandergrenzende Geschöpfe wie die Schattirungen der Farben ineinander verlieren: So fällt es auch hier schwer, die eigentliche Linie abzuschneiden zwischen den Hummelbienen und den bienenartigen wilden Bienen. Bald hat eine solche einen hummelartigen Kopf, eine andere deren änliches Bruststük, die dritte einen wenig davon abweichenden Hinterleib rc. Es ist daher nichts übrig, als dabei so genau zu Werk zu gehen, als tunlich ist. Die vorhin aufgestellte Maurerbienen passeten vorzüglich auch desfalls in dieses Fach, da die größern Arten, besonders die gehörnten, nach dem Bau ihres Körpers vollkommen zu den rauhärigen Hummelbienen gehören, die kleinere Arten aber an die wilden Bienen von schlankem Gliederbau grenzen, ja zu denselben gehören.

Uebrigens füren diese Arten allermeist eine einsame Lebensart, haben eine große Verschiedenheit in verwunderungswürdiger Bereitung ihrer Wohnungen für ihre Nachkommenschaft, und andere Merkwürdigkeiten, welche Folianten füllen würden, wenn wir sie alle erforschen könnten, und nicht den größten Teil unsern Nachkommen zu untersuchen überlassen müßten. Wie sie nun allermeist eine einsame Lebensart führen, so gehören sie auch zu denen Insekten, welche gleichsam die Sommergewächse im Pflanzenreich vorstellen, und nur durch den Samen über Winter fortdauern. Auch haben sie ihre verschiedene Jahreszeit, wo sie zum Vorschein kommen: Einige bald im Früiahr, andere später: Einige mitten im Sommer, andere gegen den Herbst, ie nachdem ihre Narung zum Vorschein kommt, oder die Zeit zu ihrer Fortpflanzung am dienlichsten ist.

Ein-

Einteilung

der

bienenartigen wilden Bienen.

a. Mit gebrochenen Fülhörnern.

b. Mit abweichenden Fülhörnern.

Beschreibung der Arten der wilden Bienen
mit schlanken Leibern.

a. Mit gebrochenen Fülhörnern.

Der Wollenfuß.   A. lanipes.
Fabr. S. E. 50. Apis.

Tab. 13.
fig. 1.

Länge 7 Linien.

Eine Biene mit rötlichem Brustschild und straubichten Hinterfüßen. — Der Kopf dieser Biene ist mit gelblichen Haren besezt; um die gelbliche Ocellen aber glatt, sodann aber gegen den Hals wieder pelzig von gelben Haren. Die schwarzen zehngliedrichte Fülhörner haben beharte und oben etwas dikke Grundgelenke. Der Brustschild ist voll fuchsrötlicher Hare, und die leztern Ringe des Hinterleibes auch, die erstern Ringe aber sind weißgelblich. Die Hinterbeine sind außerordentlich dichte mit langen schwarzgrauen Haren bewachsen, die übrigen Füße weniger mit dergleichen Haren, die Fußblätter aber rötlich.

Wont in Amerika.

Der Wadenfuß.   A. suripes.

fg. 2.

Länge 7 Linien.

Diese Biene hat die Größe einer starken Honigbiene, aber längere und abweichende Füße. — Der Kopf ist mit grauen Haren besezt: die schwarzen Fülhörner haben wie gewönlich 10 Glieder und ein nicht gar langes Grundgelenk. Der Brustschild ist mit gelblichen und unter den Flügeln mit weißlichen Haren besezt. Die schwarzen Ringe des Hinterleibes haben neben weißgelbliche Einfassung, der lezte Ring aber ist ganz bebrämt. Die Füße sind mit rötlichgelben

Tab.13.
fig.2. ben Haren besezt, ausgenommen die Schenkel, die schwarz sind, besonders aber haben die Hinterbeine sehr lange und viele dergleichen Hare. Die Flügel haben einen violetten Schatten.

Die Hattorfische Biene.   A. Hattorfiana.
Fabr. S. E. 6. nomada.

Der Kopf ist schwarz, glänzend und ungeflekt. Der Hinterleib aber hat folgende Zeichnung. Der erste Ring ist schwarz, glänzend, und hat eine rostfärbige Einfassung. Der zweite ist rostfärbig mit drei schwarzen Flekken, davon der mitlere größer und vierekkig ist. Der dritte und vierte ist wieder schwarz mit weißem Rand: der fünfte ganz schwarz, und der After roth. Die Füße sind auch schwarz, aber die hintern mit weißen Haren umgeben.

Eine deutsche Biene.

fig.3.
Das Schaf.   A. laniger.
Länge 7 Linien.

Der Kopf ist bis an das Maul mit fahlgelben Haren dichte bewachsen. Die Fülhörner haben außer dem kurzen Grundgelenk 11 Glieder. Der Kopf ist inwendig gegen das Bruststük, so wie auch der Brustschild sehr wollig mit langen gelbrötlichen Haren bewachsen, welche unten hin auf die Brust weißlich werden. Die zwei ersten Ringe des Hinterleibes sind gebogt, und die übrigen ringsum mit gelben und gegen die drei leztern mit rötlichgelben Haren besezt. Die Füße gleichfalls: die Schenkel aber sind meist schwarz.

fig.4.
Der Gräber.   A. cunicularia.
Linn. S. N. 23. Fn. Sv. 1698.
Fabr. S. E. 29. Apis.
Länge 8 Linien.

Eine Biene mit dikkem Bruststük und Hinterfüßen. — Der Kopf ist mit gelblichen Haren besezt. Die großen Augen sind aschgrau, und die Ocellen, welche fast in gerader Linie stehen, gelb. Inwendig am Hals stehen gelbe und unten am Kopf fahle Hare. Die Fülhörner sind klein. Auf dem kurzen Grundgelenk stehen neun Glieder. Das Bruststük ist dik, oben mit gelbroten Haren bewachsen und unten mit weißlichen. Der Hinterleib bestehet aus sechs Ringen, die eine schwarze Grundfarbe haben, am Rand aber auf beden Seiten unterbrochen mit roten Haren besezt sind. Der fünfte Ring überdekt mit seinen häufigen roten Haren den sechsten. Auch inwendig gehet ein Saum roter Hare um die Ringe. Die Füße sind schwarz und mit grauen und rötlichen Haren besezt. Das hinterste Paar Füße ist mit solchen graurötlichen Haren außerordentlich dichte umgeben und bilden einen unförmlichen Schenkel. Die Flügel haben einen kleinen Randflekken.

Wont in Europa in sandigter Erde.

Die

Die Lappenbiene. A. centuncularis.

Linn. S. N. 4.
Fabr. S. E. 42. Apis.
Scop. E. C. 799. & ann. IV. H. N. 15.
Otho Mull. Zool. Dan. prodr. 1897. Fn. Sv. 1687.

Tab. 13.
fig. 5.

Das Weibchen.

Länge 8 und eine halbe Linie.

Eine schwarz und gelbe Biene von der größten Gattung. — Sie hat die Größe und Gestalt der Drone bei den Honigbienen, und gehört nicht zu den Hummelbienen. — Der Kopf ist stark und groß, zwar rund, aber durch zwei starke schwarze Freßzangen verlängert, welche sich nicht kreuzen, sondern mit vier breiten Schaufelzänen aufeinander schließen. Der Kopf ist zwischen dem Wulst der schwarzen Augen bis an die Stirne mit lichtbraunen Sammetharen besezt, welche auf der Oberlippe kürzer und gelblicher werden. Die Stirne selbst ist breit, schwarz und unbehart. Die Ocellen darauf sind gelb. Die Fülhörner, welche nach Verhältnis des Körpers nicht dikke noch lang sind, bestehen aus 10 Gliedern in einem Gewerbknopf auf einem keulförmigen Grundgelenk. — Das Bruststük ist dik und stark behart. Der Brustschild ist schwarz und mit feinen gelbbraunen Härchen besezt, am Rand desselben aber sind die Hare etwas länger; unten ist die Brust wollig mit weißen Haren bewachsen. — Der aus sechs Ringen bestehende Hinterleib ist zwar schwarz, ieder Ring aber ist mit ganz kurzen gelbbräunlichten Härchen eingefaßt, der erste Ring aber nächst der Brust mit gelblichten Haren besezt. Der Bauch ist sehr wollig und dichte mit fuchsroten glänzenden Härchen bewachsen: an den zwei lezten Ringen aber stehen aschgraue Hare. — Die Füße sind wolgebauet, wie der Honigbienen mit breiten Schaufeln, und außen mit gelblichten, gegen innen aber mit kurzen rötlichten Härchen bewachsen. Die Schienbeine haben sämmtlich zwei Dorne und die Fußblätter endigen sich in zwei Klauen. — Die Flügel sind etwas groß und reichen fast bis an die äußersten Ringe. Sie haben dunkelbraune Adern.

Das Männchen

Dieses ist nicht so groß und dik. Die Stirne und der Brustschild sind mit aschgrauen Härchen bedekt und die Ringe des Hinterleibes haben etwas weißlichere Hare zur Einfassung. Uebrigens aber gleicht es dem Weibchen sehr.

Die Oekonomie, welche diese künstliche Biene füret, um ihr Geschlecht fortzupflanzen, ist sehr bewundernswürdig, und ich habe solche einsmals mit recht großem Vergnügen in einem Blumentopf lange und genau zu beobachten das Glük gehabt, wo sie alles one Scheu vor meinen Augen verrichtete. — Sie bauet ein Loch in die Erde und verfertiget von ausgesuchten stärkern und feinern Blätchen vom Rosenstok eine künstliche und bequeme Wiege für ihr Junges. Zuerst räumte sie

den

den Plaz um den Ort, wo sie ihr Nest machen wollte. Sowol dieses
Geschäft als auch das Herausschleppen der Erde aus dem Loch geschahe
rüklings, wie ein Krebs gehet. Sie drukt das Bruststük und den Unterleib vest auf die Erde, sonderlich aber den Kopf mit seinen Freßzangen,
spreitet die Füße auseinander und gehet so rüklings und streifet zugleich
die Erde vornemlich die gröberen Stüklein zurük, daß nur die feine Erde
liegen bleibt und es eben wird, als wenn sie pflügte. Das thut sie aus
einer gar nötigen Absicht: wenn sie nemlich auf besagte Art ihr Loch zum
Nest ausräumet und die Erde heraus streift und solche vornemlich zwischen dem Hals und den Freßzangen mit niedergedruktem Kopf heraus-
holet, so streifet sie solche sofort bis auf etwa vier Zoll weit vom Loch,
und so weit muß es eben und gleich sein, denn sonst würde ihr durch die
gröbere Erde, die ihr im Weg läge, diejenige so sie herausarbeitet, ab-
gestreift werden, und immer wieder in das Loch zurükfallen. Diese Arbeit, das Loch auszuhölen, geschiehet mit einer außerordentlichen Emsigkeit und Fleiß, ob sie schon nur gewönlich um Mittag zu arbeiten anfängt. Zu dieser Arbeit hat sie auch die Natur mit so vielen Haren
unten am Bauch versehen; denn es ist kein Glied und kein Härchen bei
den Insekten umsonst und one weise Absicht des Schöpfers. Ganz natürlich wird die arbeitende Biene von der Erde, wenn sie eine Weile darin
gräbt, ganz mit Staube bedekt. Um sich nun von Zeit zu Zeit wieder
zu reinigen, fliegt sie öfters einen Augenblik in die Höhe, schwingt die
Flügel, und schlägt damit oben den Staub ab, und streifet mit den
Füßen den Staub aus den Haren am Unterleib weg, daß sie in einem
Augenblik wieder ganz sauber ist. Sie muß trokkene Erde oder Sand
haben, der nicht ganz staubig, sondern mit etwas Erde vermischet ist,
denn sonst fällt es immer zusammen. Doch weiß sie auch bei dieser Un-
gemächlichkeit, wenn sie solche nicht wol vermeiden kann, sich auf eine andere Art zu helfen. Sie bauet nemlich ihr Loch sogleich unter eine Wurzel, oder unter ein Spänchen oder Steinchen, daß ihr Gebäude oben
einen Halt hat und nicht zusammenfallen kann. In nasser oder schwerer
tonigter Erde aber kann sie nicht bauen, denn es machte ihr unüberwindliche Schwierigkeit, und wäre zu langweilig, die Erde abzunagen, in
kleinen Staub zu verwandlen, und herauszustreifen. — Ist sie nun
mit ihrer Höle fertig, so fängt sie an, grüne Blätter zu tragen, woraus sie ihre Zelle verfertiget. Sie holt sie gewönlich von Rosenstökken;
diese schneidet sie mit vieler Behendigkeit mit den Freßzangen aus, wie
sie solche gebraucht. An den Blättern auf dem Rosenstok sollte man
glauben,

glauben, sie wären mit einer kleinen Schere ausgeschnitten. Zuerst schneidet sie zirkelrunde Blätchen zum Boden der Zelle, gewönlich siebenfach aufeinander. Alsdenn schneidet sie 10 Linien lange ovale Stükchen, so daß drei den Umfang schließen, und da sie diese Zelle siebenfach macht, so braucht sie iedesmal 21 dergleichen ovallängliche Stükke, und 14 runde zum Boden und Dekkel der Zelle. Ob sie nun gleich keinen Kitt und keinen Liquor zur Verbindung dazu gebraucht, so schließen sie doch behebe in- und aufeinander, und beugt sie die Stükchen Blätter so geschikt, daß die äußern Blätter des runden Bodens etwas eingebogen und gewölbt werden. Auch nimmt sie die Blätter in Ansehung ihrer Dikke nicht one Unterschied. Die dünnesten, zärtesten und iüngsten Blätter nimmt sie inwendig hin, und die stärksten und gröbern außen hin. — Wenn nun diese Zelle bis auf den Dekkel fertig ist, so trägt die Biene erstlich etwas Blumenstaub auf den Boden der Zelle. Wenn sie dessen nun so viel hat als ungefehr einer kleinen Haselnuß groß ausmachen kann, so trägt sie so viel Honig dazu, daß sie einen ganz flüßigen Futterbrei davon machen kann, der schwärzlich grau aussieht, welcher zwar nicht angenem riecht, aber dessen Geschmak süße ist. Sie legt sodann ein Eichen dazu, schließet die Zelle mit sieben rund abgeschnittenen Stükchen Rosenblättern, beuget und wölbet sie so geschikt ineinander, daß die Zelle, deren sie etliche aufeinander verfertiget, wie ein Fingerhütchen geformt ist, und verschüttet alsdenn die Oefnung, daß kein Mensch siehet, was hier geschehen ist. Aus dem Ei kommt in etlichen Tagen ein Wurm, der sich so lange von dem Futterbrei näret, bis er zu seinem Nimphenstand herangewachsen ist. Die Biene wird aber nie mehr oder weniger Futterbrei verfertigen, als die Junge nötig hat. Der Wurm ist weiß, und bestehet aus 12 Ringen one Füße, und hat ein sichtbares Maul mit einer Art von Freßzangen, die auf- und niedergehen, und womit der Futterbrei dem Mund und Magen mitgeteilet wird. Längst dem Rükken lauft ein grauer Strich, welcher aber nichts anders ist als der durchsichtige Magen, woraus der graue Futterbrei durchscheinet. — Hat nun die Larve oder der Wurm ausgefressen, so spinnt er ein Häutchen um sich, das gegen außen, wo es an den Rosenblättern anliegt, braun und zähe ist, und wenn dieses fertig ist, so spinnt er noch ein feines zähes Häutchen um sich, das weiß ist, und wie Atlas glänzet. Darin verwandelt er sich nach und nach, nach dem Lauf der Natur bei dergleichen Insekten und zwar noch vor dem Winter. Allein sie kommt nicht eher zum vollkommenen Leben und Gebrauch desselben, als auf Johannis im folgenden Jahr, da sie

den

Ta 13.   den obern Dekkel durchbeißt, und aus der Erden, darin sie einen Zoll
tief liegt, herausschlüpfet.

Die wolligte Biene.   A. villosa.
Fabr. S. E. append. p. 828.

Eine schwarze Biene von der Gestalt der **Lappenbiene**. — Sie hat
kurze zilindrische Fülhörner. Der Brustschild an der Wurzel ist mit aschfarbiger
Wolle bedekt. Der Hinterleib ist glänzend und auf dem ersten Ring sind aschgraue starke Hare: die Flügel braunschwarz.

Aus Ostindien.

Fg. 6.   ## Der Federbusch.   A. plumosa.

Länge 8 Linien.

Eine schwarze Biene mit halbrotem Hinterleib. — Die Fläche des **Kopfs**
bis an die gelblichen Ocellen und die Oberlippe ist mit kurzen weißen Härchen
besezt. Die Stirne aber ist glatt und schwarz, wie die Augen und die 10 Glieder der **Fülhörner** nebst dem Grundgelenk. Der Hals ist abstehend und hat
eine hornartige Einfassung, welche schwarz und unbehart ist, so wie der Brustschild. Die Wurzel der Flügel aber oder eigentlich ihr Gewerbknopf ist braungelblich und glänzend. Die zwei ersten Ringe des **Hinterleibes** sind glänzend,
braunrötlich und unbehart. Der dritte ist schwarz und hat in der Mitte einen
solchen rötlichen gebogten Saum. Der vierte ist schwarz, und hat eine zarte
Einfassung von feinen weißen kurzen Härchen. Der fünfte und sechste ist mit
glänzenden goldgelben Haren besezt. Die Schenkel der zwei erstern Paar Füße
sind schwarz und die Schienbeine, die Dorne haben, sind nebst den Fußblättern
mit gelblichen Härchen bewachsen. Die langen Hinterbeine aber haben durchaus solche lange Hare und die Schenkel am Hüftbein zwei krause Büschgen. Die
Klauen sind sehr fein und zart. Die Flügel haben am Ende einen violetten
Schatten.

Fg. 7.   ## Die Purpurbiene.   A. purpurea.

Länge 8 Linien.

Eine schöne rote Biene. — Der Kopf ist mit roten Haren besezt, auch die
Oberlippe, aber etwas dünne. Die Augen sind aschfarbig und die drei Ocellen
bräunlich. Die Fülhörner sind bräunlichroth und haben nebst dem Grundgelenk noch neun Glieder und den Gewerbknopf. Der Brustschild ist ganz mit
roten Haren bis unten auf die Brust dichte bedekt. Die sechs Ringe des Hinterleibes, die im Grund sämmtlich schwarz, sind ieder mit einem hellweißen
Saum eingefaßt und die zwei ersten mit schönen roten Haren besezt. Der After
ist ganz schwarz. Der Bauch ist mit gelben Haren stark bewachsen. Die Füße
sind schwarz, aber die Fußblätter mit rötlichgelben Haren besezt. Die Schienbeine haben zwei Dorne und die Fußblätter zwei Klauen one Ballen. Die
Flügel

Flügel sind zur Hälfte gelblich mit braunen Adern und die äußere Hälfte hat Tab. 13. fig. 7.
einen Schatten, der ins Rötliche schillert. —

Ihr Vaterland ist Siberien.

Fuchsrote Biene. A. rufescens.

Scop. Ann. IV. H. N. p. 45. n. 4. Nomada.

Scopoli beschreibt aus Krains bergichten Gegenden, unter dem Namen Nomada rufescens, eine Biene, welche dieser änlich ist, nur daß sie lauter weiße Ringrände habe, und der Uferbiene nahe komme.

Biene mit fuchsroten Fülhörnern. A. ruficornis.

Scop. Ann. IV. H. N. p. 46. n. 5.

Sie ist kleiner als die vorhergehende. Fülhörner, Maul, Leib, die mittlere und lezte Glieder der Füße sind fuchsroth. Oben an dem Bruststük steht zu beiden Seiten ein roter Punkt. Die Stirne aber ist schwarz, so wie auch der Brustschild, die Schenkel und die Flügelnerven.

Wont in Europa.

Eine Verschiedenheit beschreibet Fabricius:

Das Rothorn. A. ruficornis.

Fabr. S. E. 3. Nomada.

Linn. S. N. 34. & Fn. Sv. 1707.

Sie hat rostfärbige Fülhörner, ein rotgestricheltes mit vier solcher Punkten beseztes Brustschild und gelbbunten Hinterleib. Die zwei Vorderfüße sind auch rostfärbig.

In Europa zu Haus.

Die Tapezierbiene. A. textrix.

fig. 8.

Länge 7 Linien.

Eine schwarze Biene mit Maulwurfsfüßen. — Diese seltene Biene hat einen starken Kopf, der oben bis an die Fülhörner schwarz, und zwischen denselben mit ganz weißen Haren besezt ist. Die Oberlippe hat anfangs einen glänzend schwarzen Querstrich und gegen das Maul zu ist sie mit weißen und am Ende rotschattirten glatten Härchen besezt. Die Freßzangen sind schwarz, aber in der Mitte roth. Die Fülhörner sind schwarz, haben 10 Glieder in einem Gewerbknopf und ein etwas kurzes Grundgelenk. Die Augen sind groß, oben schwarz und gegen die Freßzangen hin aschgrau weißlicht. Der Brustschild ist schwarz mit rauhen Punkten, hinter den Flügeln aber mit langen weißen Haren bis an den Hinterleib bewachsen. Der Hinterleib ist schwarz mit rauhen Punkten, der erste Ring aber besonders neben an den Seiten mit weißen Haren stark besezt, unten am Bauch sind die Ringe weiß geränder. Die Füße,
welche

welche inwendig ganz roth und nur das mitlere Stük von außen rotbraun ist, sind wunderbar gebauet. Die Schienbeine sind ganz kurz, die Fußblätter aber breit und groß und mit weißen glänzenden Haren besezt. Vorzüglich hat das vördere Paar Füße viele Aenlichkeit mit Maulwurfsfüßen, und sind nicht nur eingebogen und gekrümmt, sondern formiren auch breite Schaufeln. Schon die Schienbeine stellen eine flache breite Schaufel vor, die mit goldroten Härchen am Rande besezzet ist, sondern die Fußblätter besonders sind eine breite einge= bogene Hornhaut, welche außen mit weißen glänzenden, am Rand aber mit weißen an den Spizzen schwarz schattirten und zierlich eingebogenen langen Ha= ren eingefaßt sind. Die vier Flügel haben gegen Außen einen Schatten, der ins Violette spielt.

Die Geschiklichkeit dieser einheimischen wilden Biene verdient viele Aufmerksamkeit. Denn sie bekleidet die Wände ihrer Höhle, ia sogar auch den Eingang derselben, mit dem schönsten karmesinroten Atlas, und zwar noch geschikter als wir unsere Zimmer zu tapeziren pflegen. Denn sie braucht weder Nägel noch Pappe. — Man siehet öfters an den kar= mesinroten Klapperrosen deren Blätter ausgefressen, als ob sie mit einer Schere ausgeschnitten wären, und wenn man in solcher Gegend genaue Acht hat und nachspüret, so wird man eine Arbeiterin entdekken, die einen Liebhaber der Natur mehr veranügen wird, als das schönste Thea= terspiel. Sie gräbet nemlich ein etliche Zoll tiefes zylindrisches Loch in die Erde, welches dreiviertel Zoll vor dem Grund immer weiter und weiter zu werden anfängt. Wenn sie ihm nun die gehörige Proportion gegeben, so fängt sie an, es inwendig über und über nebst dem Eingang mit dem feinen Stof der roten Blätter des wilden Mohus, oder der be= kannten Klapperrosen zu bekleiden. Zwischen ihren Füßen holt sie ein Stük nach dem andern herbei, welche sie nach allerlei länglichen Rün= dungen mit ihren Freßzangen ausgebissen, und ausgeschnitten hat. Sie muß zwar solchen Atlas, den sie in ihre Füße unter den Leib pakt, und damit zu ihrer Höle fliegt, ziemlich zerknikken und verkrümpeln, alleine sie weiß sie nachher wieder so glatt zu machen, und so niedlich und eben an die Wände ihrer Wonung auszubreiten, als ob sie mit dem Eisen gebiegelt wären. Auch leget und wölbet diese Künstlerin wenigstens zwei solcher Tapeten übereinander, und macht es also gedoppelt. Bei dem ersten Zuschnit der rundlichen Stükke der Klapperrosenblätter ist sie zwar nicht darauf achtsam, solche sämmtlich wie die vorhin beschriebene Lap= penbiene nach dem Mase, wie sie solche gebraucht, sogleich auf der Ro= se abzubeißen: sondern sie gibt ihnen den vollkommenen Zuschnit in ihrem Zimmer, indem sie dasienige, was an den Stükchen zu groß für den
Ort

Ort ist, wo sie angewendet werden sollen, abschneidet, und die abfallende Stükchen und Riemchen zum Loch hinausschleppet.

Wenn sie nun mit ihrer ganzen Tapezerei fertig ist: so trägt sie das Loch, so weit der Zylinder gehet, voll Blumenstaub, den sie mit Honig vermischt, und zu einem Brei knetet, leger ein Eichen dazu und schlägt demnächst die doppelte Tapete am Eingang der Höle darüber, daß alsdenn dieses ganze Kunstwerk eine Emballage wird, worein weder Erde, Sandkörnchen oder Wasser eindringen kann: den Eingang aber verschüttet sie ganz mit Erde, daß kein Mensch sehen kann, was für eine prächtige geschmükte Hölung hier verborgen seie. Ja man wird auf die seltsamste Art getäuschet, wenn man den Ort auf das genaueste gezeichnet und ein Reißchen darauf gestekket, oder ein Steinchen darauf geleget hat. Gräbt man nach der Hand nach, um diese wunderschöne Arbeit recht zu betrachten, und das Nest zu finden, so ist es weg und ganz verwandelt, daß man erstaunt, wo es hingekommen. Man findet sodann in der umgewülten Erde weiter nichts als ein kleines Säkchen von Klapperrosenblättern, in welchem ein Bällchen Honigteig nebst einem Eichen befindlich. Das ganze Tapetenwerk ist losgemacht, um den Teig gewikkelt und herumgebogen. —

Die Verwandlung des darin heranwachsenden Wurms und Bienenlarve geschiehet, wie oben bei der Lappenbiene gemeldet worden. Die Nimphe bleibet auch über Winter in ihrer Zelle. — Es ist äußerst schwer, solche im Hause, vielweniger in der Stube zu erziehen, wenn man schon die ganze Emballage mit der Erde nimmt. Denn aus Mangel, daß man derselben nicht immer die gehörige Feuchtigkeit zu geben weiß, so vertroknet entweder die Masse und das Junge stirbt, oder es verschimmelt.

Der Weißbauch. A. albiventris.

Länge 7 Linien.

Tab. 13. fig. 9.

Eine schwarze Biene mit rotem Hinterleib und weißem Bauch. — Ihr Kopf ist etwas groß und mit hellen weißen Silberharen bis an die schwarze glänzende Oberlippe so wie auch unten stark besezt. Die Freßzangen sind klein, die Augen bräunlichroth und die Fühlhörner kurz, mit einem langen Grundgelenk und acht Gliedern. Das Bruststük ist schwarz und oben am Schluß desselben mit roten Haren eingefaßt. Der Hinterleib lauft spiz zu, ist oben ganz mit fuchsroten, und unten der Bauch mit langen weißen glänzenden Silberharen bedekt. Die Füße sind schwarz, und die Flügel haben einen bräunlichen starken Schatten.
Eine

Tab.13.   Eine änliche beschreibet Scopoli:

Der Gelbleib.   A. fulviventris.

Scop. Ent. Carn. 807.

Eine kleine schwarze Biene mit gelbem Hinterleib. — Der Kopf ist ganz rau von erhabenen kleinen Punkten, und hat kurze Fülhörner. Das Bruststük ist schwarz und ebenfalls von Punkten rau. Der Hinterleib hat eine goldgelbe oder fuchsrote glänzende Farbe, und der After ist schwarz. Die Fußblätter sind mit blaßrötlichen Härchen besezt.

Sie findet sich sowol in Ungarn als Hessen.

fg. 10.

Der Nachtschatten.   A. umbratilis.

Länge 7 Linien.

— Eine schwärzlichte Biene: — Der Kopf ist aschfarbig, die Augen braun, und die Fülhörner schwarz. Das Bruststük ist schwärzlich, so wie auch der Hinterleib, dessen Ringe aber mit aschfärbigen Härchen eingefaßt sind. Der After läuft spiz aus. Die Füße sind braun und die vördern fast so lang als die hintern: die Flügel bräunlich. —

Ihr Vaterland ist Neuyork. Siehe auch Drury Tom. II. p. 71.

Die vierbandirte Biene.   A. quatuorcincta.

Fabr. G. I. cum Mant. p. 247. n. 54. 55.

Diese Biene hat die Größe des Blumenschläfers. Die Fülhörner sind oben braunschwarz und unten goldgelb. Das Bruststük ist schwarz mit subtilen aschfarbigen Haren besezt. Der Hinterleib ist zilindrisch und hat an vier Ringen weiße Einfassung, davon die vördersten unterbrochen sind. Die Füße sind gelb.

Aus Dänemark.

fg. II.

Der Blumenschläfer.   A. florisomnis.

Linne S. N. 13. & Fn. Sv. 1704.

Fabr. S. E. 55. Apis.

Scop. E. Carn. 796.

Schaef. Die Springfederbiene.

Länge 6 Linien.

Diese Biene hat ein schwärzliches Bruststük, und Hinterleib, der allezeit krumm gebogen und hin und wieder mit gelblichen Haren besezzet ist. Ihre Fülhörner sind ganz besonders. Diese haben auf einem umgekehrten kegelförmigen Grundgelenk eilf Glieder, wovon die leztere Helfte beständig in einem Dreiek zusammenliegen. Die sechs ersten Glieder sind keulförmig, und zwar so, daß sie nach oben hin im Durchmesser zunehmen. Die fünf folgenden Glieder werden sodann auf einmal schmäler, bis das lezte kaum halb so breit ist, als

das

das erste von diesen fünf. Diese fünf lezte Glieder sind alle nach innen schräg abgeschnitten, so, daß sich der runde Teil des folgenden bequem in den Ausschnit des vorhergehenden einlegen kann. Diese sind immer im natürlichen Zustand im Dreiek zusammenliegend, und wenn man sie mit Gewalt auseinander spannet, so springen sie nach Art einer Feder sogleich wieder in ihre dreieckigte Lage zurük. — Die Biene schläft in den Blumen, besonders in den Glokkenblumen, in deren Kelche sie den Kopf so tief hineinstekt, als sie kann, und die Natur hat ihr wahrscheinlich deswegen diese besondere Lage der Fülhörner zu ihrer Bequemlichkeit geschenket. — Ueberdas hat diese Biene auf dem zweiten und dritten Ring des Hinterleibes ein Paar besondere ausgeholte Schuppen. Die Füße haben schwarze Schenkel und Schienbeine und gelbe Fußblätter.

Tab. 13. fig. 11.

Eine europäische Biene. — Scopolis Biene ist größer.

Eine etwas änliche beschreibet Scopoli unter dem Namen:

Das Krummhorn. A. curvicornis.

Scop. Ann. IV. H. N. n. 3.

Die Spizze der Fülhörner sind so eingekrümmt, daß sie einen Knopf bilden. Der Hinterleib ist beinahe rund; der ganze Körper aber schwärzlich und mit graulichten Sammethärchen besezt. Der Rand der Flügel ist schwarz.

Aus Ungarn.

Die eisengraue Biene. A. glauca.

Fabr. S. E. n. 59. Apis.

Der Kopf ist mit eisengrauen Härchen bewachsen, die Fülhörner aber sind rostfärbig. Der Brustschild und der Hinterleib ist auch mit einem eisengrauen Sammet bedekt, der erste und zweite Ring aber hat eine schwarze Binde.

Ist im Orient zu Haus.

Biene mit sechs Leibränden. A. sexcincta.

Fabr. S. E. n. 45. Apis.

Sie ist größer als der Blumenschläfer fig. 11. Kopf und Brustschild haben eine Aschfarbe. Der zilindrische Hinterleib hingegen ist schwarz, und hat sechs weiße Ränder. Die Füße sind sämmtlich gelb.

Aus Amerika.

Die

Die schwarze Biene A. atra.

Tab. 14.
fig. 1.

Scop. E. Carn. 797.
Oth. Mull. Zool. Dan. prod. 1916.

Länge 6 Linien.

Eine schwarze Biene mit weißen Seidenharen gezieret. — Diese schöne wilde Biene, die nicht selten ist, hat die Größe und Gestalt einer Honigbiene. Sie hat einen runden schwarzen Kopf mit einer breiten schwarzen und glatten Oberlippe. Ober dieser und zwischen den Augen, besonders um die Wurzel der Fühlhörner stehen weiße seidenänliche krause Hare, unterhalb aber ist der Kopf mit schwarzen kurzen Haren besezt. Die Augen sind schmal und länglicht, die Ocellen sehr hell und weißgelblich. Die Fühlhörner bestehen aus 10 Gliedern, einem Grundgelenk und einem Gewerbknopf. Das erste Glied ist keulförmig und lang, das lezte und äußerste aber stumpf. — Das Bruststük ist oben am Hals bis an die Flügel mit langen schneweißen und seidenänlichen krausen Haren bewachsen. Zwischen den Flügeln ist eine Binde von schwarzen sammetänlichen Haren und dann folgt wieder eine Binde mit langen weißen Haren, die das Bruststük schließen. — Der aus sechs Ringen bestehende etwas breitgedrukte Hinterleib ist durchaus schön schwarz, und glänzet, wie Agtstein, nur die äußersten Ringe sind mit schwarzen krausen Haren besezt, die den Glanz hemmen. — Die Füße sind sämmtlich rein schwarz, nur die Schenkel der Vorderfüße sind inwendig mit einer Reihe weißer krausen Hare besezt. Sämmtliche Schienbeine haben einen langen Dorn und die Schenkel der Hinterfüße zwei Dorne. Die zwei Schenkel der Vorderbeine haben überdas noch einen breiten zurükgebogenen Dorn, welcher gezänt und sonderbar gebildet ist. Die Fußblätter enden sich in zwei merkwürdige Klauen. Jede Klaue hat in der Mitte einen krummen Dorn, wie ein Zahn; überdas gehet bei der Wurzel der Klauen in der Mitte aus dem Fußblat ein breites gerades Schäufelchen, das halb so lang ist, als die Klauen. — Die Flügel sind bräunlich, und schillern ins Blaustahlfarbe. —

Ist einheimisch.

Die Beschreibung, welche O. Mull. Z. D. p. 1916. macht, bezeichnet in Ansehung der weißen Schienbeine die folgende Biene fig. 2.

Die schnelle Biene. A. agilissima.

fig. 2.

Scop. A. IV. H. N. p. 14. n. 12.

Länge 7 Linien.

Eine schwarz und weiße Biene. — Sie hat viele Aenlichkeit mit der vorhergehenden fig. 1. Der Kopf ist derselbe, nur daß solcher bei dieser auch oben gegen den Hals zu mit weißen seidenänlichen Haren ringsum gezieret ist. Die Fühlhörner sind auch die nemlichen. Der Hals hat einen starken hornartigen Ring zur Dekke, der an dem Bruststük stehet. — Das Bruststük ist glat, unter den Flügeln aber und hinter denselbigen stehen weiße Hare. — Der

Hinterleib

Hinterleib ist glänzend schwarz und spielt ins Blaustahlfarbe. Der vierte und fünfte Ring hat neben ein Büschgen weiße krause Hare, und der fünfte Ring hat überdas zwischen diesen Büschgen weißen eine Reihe schwärzlichter Hare. — Die vorderen und mitleren Füße sind wie bei fig. 1. beschaffen und gezeichnet: die Hinterbeine aber haben dieses eigene, daß inwendig an dem Gelenk des Schenkels ein langes krauses Büschgen schneweißer glänzender Hare stehet, das fast bis in die Mitte des Schenkels reichet. Der Schenkel selbst ist sodann auch auswendig mit dergleichen Haren besezt und die Schienbeine haben inwendig schwarze, aaßen aber eine so starke Anzal weiße seidenänliche Hare, als ob die Biene weißes Blumenmeel daran gearbeitet hätte. Uebrigens haben die Fußblätter eben die merkwürdige Beschaffenheit wie bei fig. 1. —

Ist einheimisch.

Scopoli gedenkt der weißen Büschgen Hare an der Seite des vierten und fünften Ringes nicht, und mag in Niederungarn diese Art hierin abweichen. — Die Biene flieget sehr schnell.

Die Huflatigsbiene. A. farfarifequa.
Scop. Ent. Carn. 800. & Ann. IV. H. N. p. 9. n. 2.

Eine ganz schwarze Biene, nur am Kopf ist die Stirne ganz mit fuchsroten Haren bedekt. Die Freßzangen sind lang, haben einen Zahn und am Gewerb einen glänzenden Knopf. Der Hinterleib ist eirund. Die Flügel haben einen rostfärbigen Randflekken.

Sie findet sich in Krain und auch in Hessen, und ist eine der ersten Frülingsbienen.

Das Weißbein. A. calceata.
Scop. Ent. Carn. 805.

Eine schwarze Biene, mit einem weißen Maul und weißen Schienbeinen und Knien. Der Hinterleib ist zilindrisch, eingekrümmt und glänzend. Der Kopf und der Brustschild sind wollig und die Flügel durchsichtig mit einem rostfarbigen Randflek. —

Sie gleicht der Moderbiene (A. cariosa Linn. 37.) und zweifelt Scop. ob sie nicht diese seyn mögte?

Die Weißstirn, fabrizische Biene. A. fabriciana.
Linn. S. N. 17.
Fabr. S. E. 4. Nomada.

Eine schwarze Biene mit rotem Hinterleib. — Sie hat an der Stirne, wie auch am Bruststük weiße Zoten. Der Hinterleib ist glatt und rostfärbig mit

zwei

Tab.14. zwei gelben Flekken. Die Flügel sind braun und haben gegen das Ende einen
fig 2. blassern halbmondförmigen Flekken.

Ihr Vaterland ist Upsal, und dem Finder zu Ehren benennt.

Der Weißbauch. A. helvola.
Linn. S. N. 16.
Fabr. S. Ent. 3. Andrena. helv.

Eine längliche Biene, obenher zotig und rötlich, untenher aber weiß: mit
aschfärbigem Hinterleib und rostfärbigem Brustschild.

Wont in Europa.

fig. 3.
Die Pechbiene. A. picea.
Länge 7 Linien.

Eine schwarze Biene mit rötlich gelber Leibbinde. Diese Biene ist sehr
schwarz am ganzen Leibe, nur der erste der sechs Ringe am Hinterleib ist rötlichgelb von Haren, so wie auch die Einfassung des Brustschilds hinter den
Flügeln von dergleichen Haren ist. Der Leib ist unten durchaus mit schwarzen
Haren stark besezt, wie auch die Füße und der Kopf mit Sammetharen. Die
Augen sind schwarzbräunlich und die Ocellen schwarz. Die Fülhörner bestehen aus einem kurzen Grundgelenk und neun kleinen Gliedern. Die Freßzangen sind stark gefurcht und haben vertiefte Punkte, so wie auch die Oberlippe ganz rau und unten am Maul gekerbt ist. Die Flügel sind bräunlich
und die äußere Hälfte hat einen Schatten, der ins Violete spielt.

fig. 4.
Das Männchen.

Dieses unterscheidet sich von dem vorhin beschriebenen Weibchen blos durch
den ersten Ring des Hinterleibes und die Einfassung des Brustschilds, welche
weißgelblichte Hare haben, da sie an ienem rötlichgelb sind. Sodann ist der
Bauch oder die Ringe des Hinterleibes unterhalb mit fuchsroten Haren besezt,
da iene schwarz sind. Und endlich ist das Männchen um eine Linie kleiner.

Eine deutsche Biene.

Die Bergbiene. A. montana.
Scop. E. C. 806.

Eine schwarze Biene mit rotgelbem Hinterleib. — Die Fülhörner haben
10 Glieder, die rotgelb sind, das siebende, achte und neunte aber ist schwärzlich. Der Brustschild ist braunrotgelb, und von den Wurzeln der Flügel an
mit silberfarben Härchen eingefaßt. Der Hinterleib ist rotgelb, glänzend und
an ieder Seite mit drei gelben Flekken besezt. Die Füße sind ebenfalls rotgelb, die Wurzeln der Schenkel aber schwarz. Die Flügel haben rotgelbe Gewerbknöpfe

werbknöpfe und einen dunklen Saum. — Einige von dieser Art haben rötliche Tab.14.
Fühlhörner und solche Oberlippe, und der Hinterleib auf jeder Seite nur einen
gelben Punkt.

Wont in Europa.

Die zweifarbige Biene. A. bicolor.
Fabr. Andr. 4.

fig. 5.

Länge 7 Linien.

Eine schwarze Biene mit rotem Brustschild. — Auch diese hat viele Aenlich=
keit mit fig. 1. Sie ist aber merklich größer und der Brustschild und Hals ist
gänzlich mit fuchsroten Haren bewachsen. Die übrigen Teile des Körpers, der
Füße und des Kopfs haben schwarze Hare. Und wie fig. 1. an den Gelenken
der Schenkel zwei lange krause Büschgen Hare hat, die weiß sind, so hat
diese Biene die nemlichen, aber von schwarzen Haren. — Die Flügel sind heller
und mit braunen Adern. —

Wont in Dänemarks Wäldern, und findet sich auch in Hessen.

Die blinzlende Biene. A. coecutiens.
Fabr. S. E. 51. Apis.

Sie hat kurze schwarze Fühlhörner, lebhaft weiße Augen mit schwarzen
Punkten. Der Hinterleib ist rundlich, rostfärbig und auf beiden Seiten mit
drei oder vier schwarzen Punkten geziert.

Wont in Europa.

Die buklichte Biene. A. gibbosa.
Fabr. S. E. n. 5.

Eine schwarze Biene mit einem fuchsroten Hinterleib und schwarzem After.

In England zu Haus.

Die Moderbiene. A. cariosa.
Linn. S. N. 37.

Sie ist braun und etwas zotig. Die Stirn und die Füße sind gelb.

Wont in Europa in verfaultem moderigen Holz.

Der Schnabler. A. rostrata.
Linn. S. N. 25. & Fn. Sv. 1700.
Fabr. S. E. 3. Bombyx rostr.

Führt diesen Namen, weil die Oberlippe kegelförmig umgebogen ist. Die
Größe ist wie einer Wespe, hat gelbliche Augen und solchen Mund. Jeder Ring
des

Tab.14 des Hinterleibes ist in der Mitte mit einem gelblichen oder meergrünen Querstrich bezeichnet. Die Füße sind gelblich und die Flügel meergrün, mit vielen Adern durchwirkt.

Ist aus Gotha, wo sie wie die Wespen an Sandhügeln wont, da sie in iedem Nest, das einer Eichel groß ist, ein Junges erzielt.

Die Tonbiene. A. argillosa.
Linn. S. N. 26.

Die Freßzangen dieser Biene sind spizzig, hervorragend und ungezänelt. Der Rüssel bestehet aus zwei Saugklappen. Der Hinterleib ist rostfärbig, und der erste Ring, der glokkenförmig ist, siehet braun. Sie hat einen keulförmigen krummen Leibhals.

Aus Surinam, wo sie in Tonklumpen bauet, und darinnen ihre Jungen erziehet. — Sie scheinet aber aus dem Bau ihrer Glieder und ihrer Fortpflanzung nicht zu den Bienen, sondern zu den Sphexen zu gehören.

Die Schildbiene. A. thoracica.
Fabr. S. Ent. 31. Apis.

fig. 6.

Länge 7 Linien.

Eine schwarze Biene mit gelblichem Brustschild. — Diese Biene kommt mit der vorhergehenden überein; nur ist sie etwas weniges kleiner und der Brustschild ist gelblich. — Sonderbar ist bei dieser Biene, daß die drei Ocellen auf der Stirn in der Farbe von einander selbst verschieden sind, indeme das dritte kleine Auge im stumpfen Winkel, wie bei den vorbeschriebenen Bienen hell, durchsichtig und gelblich, die zwei andern aber in gerade stehender Linie braun von Farbe und nicht so durchsichtig sind. Der glänzend schwarze Hinterleib ist etwas flach und breit. Die Flügel sind gegen außen braungelblich und die übrigen Glieder kommen mit der vorigen überein.

Sie wont in Dänemark, und auch in Hessen.

Die Sandbiene. A. sabulosa.
Scop. E. Carn. 801.

Das Männchen.
Der Kopf hat eine gelbliche Stirne: der Brustschild ist weiß und auf beiden Seiten mit fuchsroten Sammetharen eingefaßt.

Das Weibchen.
Ist dikker, und hat auf der Stirne schwärzlichte Hare, längere Freßzangen, der Brustschild mit fuchsroten Sammetharen bedekt und an den Füßen auf der innern Seite längere Hare. — Bede haben einen elliptischen Leib.

* Weil sie Scopoli im April auf dem vom Wasser ausgeworfenen Sand hat sehen zusammenkommen und sich paren, so hat er sie also benennt.

Die

Die Spornbiene.   A. calcarata.
Scop. E. C. 803.

Eine schwarze Biene, deren Kopf mit schwarzen Sammethärchen besezt, und welcher dikker ist, als das Bruststük. Die Fülhörner sind auswendig fuchsrot. Der Hinterleib ist oval. Die Schenkel der Hinterfüße sind mit einem Zahn wie mit einem Sporn versehen.

Die Kieferbiene.   A. maxillosa.
Linn. S. N. 11.

Länge 7 Linien. fig. 7.

Eine schwarze Biene mit hellbraunen geschrenkten Flügeln und einem rötlich-gelben After. — Sie hat die Größe einer Honigbiene. Der Kopf ist ganz schwarz und unbehaart. Die Augen eiförmig und schwarz, die Ocellen sind nahe beieinander. Die Fülhörner haben 10 kleine Glieder, in einem Knopf auf dem Grundgelenk, welches Dreiviertel so lang ist, als die 10 Glieder und vermittelst eines kleinen Gelenks auf einem runden Kugelgewerb auf dem Kopf stehet. Von den Wurzeln der Fülhörner gehet eine Erhöhung aus, wie eine stumpfe Nase, die auf die schwarze Oberlippe reichet. Diese Oberlippe ist am Rande des Mauls mit goldglänzenden gelben Härchen eingefaßt, unter welchen sich eine Wölbung von Hornhaut erhebet, die auf beden Seiten eine Vertiefung hat, nach Gestalt einer Pferdsnase. Die Freßzangen sind auch besonders gebauet. Sie stehen nicht unter der Bedekkung der Oberlippe und können sich sehr weit aufschließen, daß sie beinahe eine gerade Linie machen. Sie endigen sich mit zwei schmalen Schaufeln, sind auf beiden Seiten ramificirt und an der untersten Rändung mit goldgelben glänzenden starken Haren besezt. Das Maul hat die besondere Gestalt eines krummen Schnabels, ist hellbraun, durchsichtig, und mit Härchen zierlich eingefaßt. Die darunter befindliche Zunge liegt in einer abgestumpften Scheide, in einer vierekkigten Fuge unter den Hals hin. Der Hals hat eine glänzende schmale Bedekkung, so an dem Brustschild angewachsen. — Das Bruststük ist schwarz, unten mit rötlichgelben Härchen besezt, oben aber glatt. — Der Hinterleib ist oval, glänzend schwarz. Die drei ersten Ringe haben an den Seiten zwei länglichte schneweiße Punkte, die durch kurze weiße Härchen am Rand der Ringe verursacht werden, die aber am vierten Ring fast unmerklich sind. Der fünfte Ring ist gegen den After wie ein Pelz von rötlich gelben Haren. Die Füße sind durchaus mit roten Haren stark besezt: sonderheitlich stehen am Anfang der Schenkel an den Hinterfüßen krause Büschgen weißlichgelbe Hare. Die Afterschenkel sind ziemlich groß Die Schienbeine haben zwei Dorne, und die Klauen zwei Nebenklauen. Die Flügel trägt die Biene in der Ruhe gekreuzt, oder übereinander geschrenkt, und sind selbige hellbraun.

Eine europäische Biene.

Linne beschreibet diese Biene ziemlich einstimmig, nur meldet er nichts von einem roten After.

Die

Tab.14.

Die schmuzzige Biene. A. sordida.
Scop. E. Carn. 795.

Sie ist schwarz, hat ein rauchhariges Brustschild, glänzenden Hinterleib und roten After, auch rote Schienbeine und Fußblätter.

Die Uferbiene. A. riparia.
Scop. E. C. 802. Ann. IV. H. N. p. 45. n. 1.

Sie ist kleiner als die Honigbiene, und ganz schwarz. Kopf und Brustschild sind mit Sammetharen bedekt. Die Freßzangen haben zwei Zäne. Der Hinterleib ist glänzend und elliptisch. Einige haben neben an den Ringen einen weißen Saum. Die Flügel sind dunkel rostfärbig und in der Mitte wölkig.

Eine europäische Biene.

Die Rußbiene. A. fuliginosa.
Länge 6 Linien.

Eine schwarze Biene. — Sie ist kleiner als fig 5., übrigens aber derselben ziemlich änlich. Der Kopf zwischen den Augen, und die Oberlippe, so wie auch inwendig der Kopf und Hals sind mit falen gelblichen Härchen bewachsen. Hinter den Flügeln auf dem Brustschild stehen gegen den Hinterleib zu zwei Reihen weißlichter gegen außen gekrümmter Hare. Der Hinterleib ist glänzend schwarz. Die leztern Ringe sind am Rand mit schwarzen Härchen besezt, und unten mit gelblichten. Die Füße sind sämmtlich mit gelblichten Härchen umgeben, und die Gewerbe der hintern Schenkel haben die bei fig. 2. beschriebene lange krauße Büschgen Hare von gelblichter Farbe. Die Fußblätter haben die sonderbare Klauen wie fig 1. und die hellen Flügel gelbe Adern, die großen aber in der Mitte am Rand einen gelben Flekken.

Ist einheimisch.

Scopoli beschreibet
Biene mit rußfarbigen Flügeln. A. fuliginosa.
Scop. An. IV. H. N. p. 15. n. 13.

Kleiner als die schnelle Biene fig. 2. und ganz schwarz, außer daß hin und wieder fuchsrote Sammethärchen hervorschimmern. Der Hinterleib, welcher glänzend und beinahe rund ist, hat gelbliche Bänder um die Ringe.

Aus Ungarn.

Die ruhige Biene. A. tranquilla.
Oth. Mull. Zool. Dan. prodr. 1910.

Ist schwarz, die Fühlhörner fast keulförmig und an der Spizze roth. Die Hinterfüße haben eine blasse Farbe.

Der

Der Tüncher. A. dealbator.

Tab. 14.
fig. 9.

Länge 7 Linien.

Eine schwarze Biene mit rotgelben Füßen. — Sie hat gebrochene Fühhörner, die in zwei weißen Büschgen Haren stehen, am Hals aber sind die Hare rötlichgelb. Die drei erstern Ringe des Hinterleibes sind ganz schwarz, die übrigen aber mit weißgelblichen Härchen eingefaßt, und der vierte hat neben an den Seiten zwei weiße Flekken. Die Füße sind rotgelb. Die Schenkel der vördern aber rotbraun.

Diese einsam lebende Biene füret unter andern auch eine sehr merkwürdige Oekonomie zur Fortpflanzung ihrer Art. Sie gräbt mit vieler Geschiklichkeit ein Loch oder vielmehr Röhre in die Erde, worein sie unterschiedliche Zellen, wie Zahnstocherbüchsgen, aneinander verfertiget. Zu diesen Zellen braucht sie weder Blätter noch sonstige Materialien, sondern einen eigenen zähen Saft, den sie bei sich füret. Sie ebnet zuvörderst die gemachte Hölung in der Erde und macht sie glatt wie polirt. Alsdenn übertüncht sie solche mit einem Saft aus ihrem Munde, der dem zähen Schleime gleicht, welchen die Schnekken über ihren Weg ziehen. Solches wiederholt sie etlichemal, und das dadurch entstehende glänzende Häutchen gleichet dem schönsten weißen Atlas, und ob es schon von unglaublicher Feinheit ist, so kann man doch die nachher mit Blumenmeel angefüllte Zelle angreifen, ohne sie zu zerdrükken. Wenn nun die Biene die Wiegen ihrer Jungen auf besagte Weise getünchet hat, so trägt sie in das unterste Teil der Röhre einer Haselnuß groß Blumenstaub, den sie mit Honig vermischt, und zu einem Teig knetet, daß er veste an den weißen Seitenwänden anliegt: leget ein Eichen dazu, und übertüncht die Masse wieder mit ihrem Saft. Sodann fähret sie fort, auf den folgenden Raum der Röhre wieder Honigbrei zu stampfen, leget auch wieder ein Eichen dazu, schließet es mit bemeldtem Häutchen, und fähret so fort, bis die Röhre voll ist mit solchen Abteilungen. Zulezt verschüttet sie die Oefnung mit Erde, und überläßt den Wachstum ihrer Jungen der Natur.

So künstlich und sonderbar nun aber die Alte ihre Einrichtung desfalls gemacht hat, so merkwürdig und wunderbar verhält sich nach der Hand der Wurm oder die Bienenlarve, so aus dem Eichen kommt. Wer sagt demselben, daß wenn er seinen Futterbrei um sich herum sogleich bis an das äußerste zarte Häutchen wegfressen würde, solches gar leicht wegen seiner Feinheit und Dünne durch den Druk der um dasselbe

be

Tab.14.

be befindlichen Erde, durch allzugroße Feuchtigkeit und dergleichen, leicht Schaden nehmen und ihm tödtlich werden könnte? = = Genug, solches zu verhüten, frisset er den Honigteig nicht überall weg, sondern er hölet ihn senkrecht aus, und frisset eine Röhre hinein von einem Ende zum andern, welche gleichsam die Achse der Zelle ausmacht. In dieser Röhre frisset er wieder zurük zum andern Ende, und vergrößert diesen Kanal der Länge und Breite nach und verzehret also seine Narung mit einer gewissen Vorsichtigkeit, als wollte er den Wänden seiner Wonung die nötige Haltung lassen. Nach dem Maaße nun, als der Wurm wächst, vergrößert er auch seinen Kanal. Kommt er endlich an die Wände der Zelle, so ist er auch so groß herangewachsen, daß er die Zelle ausfüllet, und seine Verwandlung zum Nimphenstand vorhanden ist. — Uebrigens wird iederzeit eben so viel Narung an Honigteig, und nicht mehr und nicht weniger vorhanden sein, als er bis dahin und gerade auf die Zeit nötig hat.

Fig. 10.

Der Rotleib.   A. fusca.

Länge 6 Linien.

Eine schwarze Biene mit rotem Hinterleib. — Diese Biene hat einen schwarzen beharten Kopf, zarte zehngliedrigte Fülhörner und ein schwarzbehartes Bruststük. Die Ringe des Hinterleibes sind mit kurzen glänzenden hochroten Härchen auf einem schwarzen Grund besezt. Auch haben sämmtliche Fußblätter gleiche Härchen.

Scopoli beschreibet die seinige aus Ungarn:

Die schwarzbraune Biene.   A. fusca.

Scop. E. C. 810.

Die Hauptfarbe ist braunschwarz, dabei aber ist sie mit fuchsroten Härchen durchmischt. Der Leib, welcher elliptisch ist, hat fuchsrote Ringründe; und eben solche gefärbte Härchen sind an den Füßen.

Die Trauerbiene.   A. luctuosa.

Scop. Ann. IV. H. N. p. 13. n. 9.

Sie ist schwarz und hat die Gestalt einer Schmeißfliege. Die Stirne ist harig und zwischen den Fülhörnern mit einem weißen Punkt gezieret. Der Rüssel hat eine Rostfarbe. Der Brustschild ist auch harig, aber nach vornen weißlich und an dem Ende auf den Seiten mit einem weißen Flek gezeichnet. Der Hinterleib ist glatt und glänzend, an dem After etwas stumpf und auf beiden Seiten mit vier weißen Flekken besezt. Der Bauch ist auch glänzend, aber ungeflekt. Die Schienbeine haben einen weißen Flek am obern Gelenk.

Aus Ungarn.

Die

Die Stiefelbiene. A. ocreata.

Tab. 15.
fig. 1.

Länge 5 und eine halbe Linie.

Eine schwarz und rote Biene mitlerer Größe. — Sie hat einen runden Kopf, der bis über die Oberlippe etwas stark mit gelblichen Haren besezt ist. Die Augen, welche schwarz, sind mit einem Saum sehr zierlich eingefaßt. Die Fülhörner haben zehn Glieder, die in einem runden Knopf auf dem langen Grundgelenk stehen und außen rötlich, gegen innen aber schwarz sind. Die Freßzangen sind oben und unten mit Haren besezt. — Das Bruststük ist oben und unten mit rötlichen Haren umgeben. — Der Hinterleib ist schwarz und glänzend, und der zweite, dritte und vierte Ring mit kurzen gelbrötlichen Haren eingefaßt, der fünfte aber mit langen roten Haren bewachsen, so wie auch der After. — Die Füße sind sämmtlich sehr stark mit roten Haren besezt: absonderlich sind die Schienbeine der hintern Füße ganz zotigt davon und gleichsam gestiefelt. Sie haben einen langen und einen kürzern Dorn. Bei der Wurzel der Schenkel stehen zwei große ganz krause Büschgen weißgelblichter Hare.

Ist einheimisch.

Die glänzende Biene. A. nitida.

Oth. Muller Zool. Dan. prodr. 1914.

Eine schwarze Biene, mit glänzenden gelbaschfarbigem Hinterleib und Füßen.

Wont in Europa.

Die Randbiene. A. emarginata.

fig. 2.

Länge 5 und eine halbe Linie.

Eine kleine schwarze Biene mit rotgelben Füßen. — Ihr Kopf ist etwas länglich und schwarz. Der Brustschild mit rotgelben Haren eingefaßt. Der Hinterleib ist glänzend schwarz, und die Ringe sind neben mit kurzen weißlichten Härchen besezt. Die Füße sind stark mit rotgelben Haren bewachsen. Die Flügel sind etwas stark und die Biene hat einen steten und stillen Flug.

Die Bukkelbiene. A. gibba.

fig. 3.

Fabr. S. E. 5. Nomada.

Länge 6 Linien.

Eine schwarze Biene mit ganz rotem Hinterleib. — Der schwarze Kopf ist unterhalb und neben den Fülhörnern mit kurzen weißen unmerklichen Härchen besezt, und auf der Stirne, worauf drei helle gelblichtweiße Ocellen stehen, rau punktirt. Die Fülhörner haben ein langes Grundgelenk, worauf 10 kurze Glieder stehen. Der Brustschild ist rau von vertieften Punkten. Der Hinterleib ist ganz roth, glatt und glänzend, an der Spizze schwarz. Die Fußblätter sind mit rötlichen Härchen besezt; die Flügel braunschattig.

Aus England und findet sich auch in Deutschland.

Der

Tab. 15.
fig. 4.

Der Stammnistler. A. truncorum.
Linn. S. N. 12.

Länge 6 Linien.

Eine schwärzliche Biene mit weißem Bruststük und weißen Leibbinden. — Der Kopf ist schwarz, die Oberlippe aber ist mit weißen Härchen eingefaßt und an den Wurzeln der Fülhörner stehen weiße Büschgen Hare, auch hinten ist der Kopf mit weißen Härchen bewachsen. Die Fülhörner haben ein keulförmiges Grundgelenk, und darauf 10 Glieder, wovon das erste keulförmig ist. Der Hals hat einen schwarzen glänzenden Ring zur Bedekung. Der Brustschild ist mit rötlichen Haren bedekt, am Schluß desselben aber von den Flügeln an stehen lange weiße Hare. Die vier ersten Ringe des Hinterleibes sind mit weißen Haren eingefaßt. Die zwei lezten aber, welche sehr zusammengeschoben, sind mit schwarzen Haren etwas stark besezt. Die Schenkel sind mit weißen, die übrigen Teile der Füße aber mit roten Haren umgeben. Die Flügel haben gelbbräunlichte Adern und dergleichen Randflek.

Linne gibt ihr Schweden zum Vaterland, ist aber auch häufig bei uns.

fig. 5.

Die dreifarbige Biene. A. tricolor.
Fabr. S. Ent. 5. Andrena.

Länge 6 Linien.

Eine änliche schwarze Biene mit drei weißen Leibbinden. — Der Kopf ist glatt und glänzend: die Fülhörner gebrochen: am Maul gelb: der Brustschild mit roten Haren umgeben, so wie auch die Füße und der After. Die drei ersten Leibringe aber mit weißen, am Bauch aber sämmtlich mit roten Haren eingefaßt. Die Flügel haben gelbe Adern und Randflekken.

In Hessen.

Fabricius beschreibet ihren Brustschild vorne glatt und schwarz, und nur gegen den Hinterleib zu rostfärbig: allein, wenn die Bienen jung sind, haben sie mehrere Hare am Brustschild als die Alten, welche sie durch vieles Ein= und Ausschlüpfen etwas abnuzzen. Indessen gibt er Amerika zu ihrem Vaterland an, und beschreibet ihre Größe nicht.

Frühzeitige Biene. A. Praecox.
Scop. Ent. Carn. 804.

Eine schwarze Biene mit drei weißen Leibringen. — Der Kopf ist ziemlich dik, hat auf der Stirne weiße Hare: lange Freßzangen, die an der Spizze rötlich sind. Auf dem Bruststük sind weiße wollige Hare, so wie auch der Hinterleib.

Scopoli beschreibet die nemliche in seinen Ann. IV. H. N. p. 15. n. 14. mit einiger Veränderung. Er sagt von ihr: Sie habe statt weißer

fuchsrote

fuchsrote Hare, einen glänzenden Leib, welcher oben her mit drei
weißen, und unten her mit eben so viel fuchsroten Binden versehen
seie. — Hierin käme sie mit den vorhergehenden nahe überein.

Sie findet sich zeitlich im Früling ein, sobald die Palmweide blühet.

Die mohrschwarze Biene A. nigrita.
Fabr. S. E. n. 6. Andrena.

Eine ganz schwarze Biene, welche nur eine weiße Einfaffung an den Rin=
gen des Hinterleibes hat, von Größe wie die dreifarbige Biene.

Aus Amerika.

Der Roftkörper. A. ferruginea. fig. 6.
Linn. S. N. 25.

Eine schwarze Biene mit rotem Bruftschild und gelben Binden. — Der
etwas ftarke und runde Kopf ift mit gelbrötlichen Haren geziert, nebft dem
Bruftftük und der Einfaffung der Ringe des Hinterleibes. Die Hare der
Bruft und des Bauches find etwas schmuzziger von Farbe, als oben. Die Fuß=
blätter find auch gelblichroth.

Eine deutsche Biene.

Von der Schwedischen, welche Linne beschreibt, wird gemeldet, sie
seie schwarz und glatt, die Fülhörner und der ganze Hinterleib roft=
färbig.

Der Blauring. A. cingulata.
Fabr. S. E. 13.

Eine schwarze Biene mit rotem Bruftschild. — Der Kopf ift schwarz, die
Oberlippe gelb, und eine solche Linie lauft zwischen den Fülhörnern herunter.
Der Hinterleib ift schwarz und vier Ringe davon haben eine bläuliche Ein=
faffung. Die Füße find schwarz und die Schienbeine roth.

Aus Neuholland.

Die Ringbiene. A. succincta. fig. 7.
Linn. S. N. 18.
Fabr. S. E. 14. andr.

Eine Biene mit gelbem Bruftschild und weißen Leibbinden. — Der Kopf
ift breit und hat auf der gelblichten Oberlippe zwei viereffigte schwarze Punk=
te nebeneinanderstehen und sehr kurze gelbe Freßzangen. Die Fülhörner find
rötlich und kurz und bestehen aus neun kleinen Gliedern und einem sehr kurzen
Grund=

Tab.15. Grundgelenk, welches auswendig gelb ist, gegen den Kopf zu aber schwarz.
fig.7. Die großen Augen sind rötlich braun, die drei Ocellen aber gelblich. Der Brustschild ist mit rötlichgelben Haren stark besezt. Die Brust hat unten weiße Hare. Die sechs Ringe des Hinterleibes sind schwarz und ist ieder mit einem hellweißen Band eingefaßt. Die Füße sind auf der äußern Seite stark mit weißen Haren besezt. Die Flügel haben einen Flekken. —

Ihr Aufenthalt ist in den südlichen Ländern, man findet aber auch diese in Deutschland.

Scopoliß

Biene mit roter Leibwurzel. A. succincta.
Scop. Ann. IV. H. N. n. 2.

Ist nicht viel kleiner als die Honigbiene: hat einen elliptischen Hinterleib, der an der Wurzel fuchsroth ist. Die drei übrigen Ringe sind schwarz und am Rand blaßrötlich eingefaßt, auch die größern Flügel sehen rötlich aus.

In den bergichten Gegenden Kvains.

Der Sprenkler. A. variegata.
Linn. S. N. 24.

Sie ist kleiner als die Honigbiene, hat ein weißbuntes Bruststük, und auf den zwei ersten Ringen des Hinterleibes, auf iedem zwei weiße Flekken, und auf den vier übrigen Ringen auf iedem vier weiße Flekken. Die Schienbeine sind rostfärbig.

Sie wont in Schweden, und beißt sich des Abends in die schnabelförmige Frucht in dem braunen Geranium ein, und übernachtet also.

Die Kupferbiene. A. aenea.
Linn. S. N. 20.
Scop. Ent. Carn. 809.
Fabr. S. E. 2. Andrena aenea.
Geoffr. Inf. 2. 415. 15.

Eine kleine, harigte und durchaus kupferfarbige Biene. Sie hat schwarze Fülhörner, einen abgestumpften eirunden Hinterleib, dessen zwei leztere Ringe weißgelblich eingefaßt sind. Die Flügel sind hell und durchsichtig.

Ist in Europa zu Haus.

fig.8.
Die Leberbiene. A. hepatica.
Länge 4 und eine halbe Linie.

Eine kleine Biene mit braunem Hinterleib. — Diese Biene hat mit den Honig= und Wachsbienen einen änlichen Kopf und braune Augen, welche auch mit

mit sehr vielen, aber weißen Härchen inwendig bewachsen sind; die etwas ge-Tab. 15.
wölbte Oberlippe aber und die Fläche des Kopfes ist mit falen weißen Härchen
besezt, unter welchen hin und wieder bräunlichte stehen. Die Ocellen sind weiß=
rötlich. Die schwärzlichbraune Fülhörner haben ein langes Grundgelenk und
rötliche Gewerbknöpfe, in welchen die kleinen Glieder oder Ringe so enge einge=
gliedert sind, daß man sie nicht leicht zälen kann. Die braunroten Freßzangen
haben eben den Bau der Zäne, wie der Honigbienen. Der Brustschild ist
schwarz, und endiget sich mit einem aufgeschwollenen rötlichbraunen Saum.
Der kurze Hinterleib hat sechs rötliche Ringe, wovon die drei leztern dunkel
und schwärzlich sind. Die Füße sind braunroth, mit falen weißen Härchen
besezt und haben den Bau und Beschaffenheit der Füße der Honigbienen und
auch ihre Löffel und Bürsten. Ihre Flügel sind zart, und haben einen grünen
Schiller.

Die Bindbiene. A. combinata. fig. 9.

Länge 5 Linien.

Eine schwarze Biene mit roten Fußblättern. — Der Kopf ist breit, schwarz
und um die Fülhörner und Oberlippe mit weißen Härchen besezt. Die Augen
und Kinnladen sind schwarz, die drei Ocellen gelblich. Die Fülhörner haben
10 Glieder, einen runden Gewerbknopf und ein Grundgelenk. Zwischen dem
Kopf und dem Bruststük befindet sich ein gestrekter Hals, der seine glänzende
schwarze Horndekke hat. Das Bruststük ist schwarz und der Schild mit weiß=
lichten wenigen Härchen besezt. Der Hinterleib ist herzförmig und die Ringe
neben zur Hälfte mit einem weißen Saum eingefaßt, das Afterstük aber hat
rötlichte Hare. Die Schenkel und Hüftbeine an den Füßen sind schwarz; die
Schienbeine und Fußblätter aber roth und iene mit einem Dorn versehen und
zierlich mit Härchen besezt. Die Flügel haben einen Flekken.

Die Rostrandige. A. cingulata. fig. 10.
Fabr. S. Ent. n. 7. Nomada.

Eine schwarze Biene mit braunroten Punkten. — Die Oberlippe am Kopf
ist ziemlich breit und mit schmuzziggelben Haren besezt, wie auch die untere
Seite des Kopfes und um den Hals. Die Ocellen sind durchsichtig und weißlich.
Die Fülhörner haben 10 Glieder in einem Gewerbknopf auf einem langen
Grundgelenk. Das erste Glied ist das längste und keulförmig. — Das Brust=
stük ist schwarz und gegen den Hinterleib zu, so wie auch unten mit schmuzzig=
gelben Haren besezt. — Der Hinterleib ist glatt und schwarz: der zweite und
dritte Ring aber ist unten am Bauch braunroth, und macht oben rote Strei=
fen. — Die Füße sind schwarz, mit untermischten falen Härchen, und die
Flügel hell und weißlich mit braunen zarten Adern.

Die Bandbiene. A. cingulata.
Fabr. S. E. 13. Andrena.

Sie hat einen schwarzen Kopf, eine gelbe Linie auf der Stirn und gelbe
Oberlippe.

Oberlippe. Das Bruststük ist roth. Der Hinterleib schwarz, und die Ringe mit bläulichten Ränden eingefaßt. Die Schienbeine sind roth.

Aus Neuholland.

Tab. 16.
fig. 1.

Der Brandflek.   A. stigma.

Länge 5 Linien.

Eine schwarze Biene. — Der Kopf ist durchaus schwarz, nur die Oberlippe mit weißgelblichten langen Haren stark besezt. Die Fülhörner sind etwas lang und haben außer dem kurzen Grundgelenk 10 Glieder. Das Bruststük ist etwas hökkerig, schwarz, mit wenigen weißen Härchen besezt. Der Hinterleib ist klein, mit ganz schwarzen Ringen. Die Füße sind schwarz, aber die Fußblätter rötlich; die zwei Klauen sind schwarz, und die Flügel haben bräunlichte Adern.

fig. 2.

Die Schwalbenbiene.   A. hirundinaria.

Länge 5 Linien.

Eine schwarze Biene mit roten Füßen. — Der Kopf ist schwarz, nebst den Fülhörnern, welche in zwei Büschgen weißen Haren stehen. Der Brustschild ist schwarz und wollig von Haren. Der Hinterleib rötlich schwarz, die Füße roth, und die Schenkel schwarz: die Flügel schattig.

fig. 3.

Die Kugelbiene.   A. globosa.

Scop. Ent. Carn. 798.

Länge 5 Linien.

Eine schwarze Biene mit rundlichtem Hinterleib. — Der Kopf ist dik, und die gebrochenen Fülhörner klein. Das Bruststük ist neben mit weißlichten Haren besezt. Der Hinterleib ist oben schwarz und glänzend, unten aber am Bauch sehr dichte mit glänzenden roten Haren bewachsen, welche neben etwas vorstehen. Die Füße sind schwarz und die Flügel bräunlich.

fig. 4.

Der Weißringel.   A. notata.

Das Weibchen.

Länge 5 und eine halbe Linie.

Eine kleine schwarze Biene mit weißen Leibbinden und spizzigem Hinterleib.

Diese kleine Biene ist unbehaart. Sie hat braunrote Augen, gelbe Ocellen, eine blaßgelbe Oberlippe und die übrige Fläche des Kopfes zwischen den Augen eine gleiche Farbe, in welcher aber zwei schwarze Fleken von der Stirne herunter auf die Wurzel der Fülhörner lauft. Diese haben ein kurzes Grundgelenk, welches oben gelb, unten aber schwarz ist. Auf demselben befindet sich ein starker Gewerbknopf, in welchem neun rotbraune Glieder stehen. Die Freßzangen sind gelblich und haben schwarze Zäne. Das Bruststük hat

am

am Hals einen gelben Kragen, und in der Mitte des Schilds laufen zwei gelbe Tab.16. Perpendikularlinien auf den Quereinschnit zwischen den Wurzeln der Flügel, welcher einen in der Mitte unterbrochenen gelben Saum hat. Hinter demselben ist wieder eine gelbliche Bogenlinie und am Schluß des Brustschilds zwei dergleichen längliche Punkte. Der schwarze glänzende Hinterleib hat sechs Ringe, über deren ieden der fünf ersten eine unterbrochene weiße Querlinie und zwar etwas aufwärts gegen das Bruststük zu befindlich ist. Das Afterstük läuft sehr spiz zu und ist ganz schwarz. Die Füße sind gelb, und die Schenkel schwarz bis gegen das Knie und haben auch unten einen gelben Strichen. Die Wurzel der Flügel sind gelb.

Das Männchen
fig. 5.

Dieses ist nur eine Linie kleiner und hat mit dem vorhin beschriebenen Weibchen eine gleiche Zeichnung, nur daß die zwei Perpendikularlinien auf dem Brustschild nicht so sichtbar und kaum zwei sehr feine länglichte Pünktchen davon zu bemerken sind.

Die Nacht. A. aterrima.
fig 6.

Länge 5 Linien.

Eine schwarz glänzende Biene mit etwas großen Fühörnern. Der Brustschild ist mit schmuzzigweißen Härchen besäet.

Der Rostpunkt. A. fulvago.
fig 7.

Länge 5 Linien.

Eine schwarze Biene mit rötlichem Bruststük und After. — Der Kopf ist schwarz mit seinen Augen und Fühörnern: das Bruststük mit gelbrötlichen Haren stark besezt, so wie die Biene überhaupt fast allenthalben reichlich damit versehen ist. Der Hinterleib ist schwarz, blos der After gelbrötlich: die Füße ebenfalls und innen weiß, die Wurzel der Schenkel aber schwarz. Die Flügel sind gelb, gegen das Ende hell, und haben einen schwarzen Randflek.

Der Rotafter. A. haemorrhoidalis.
fig. 8.

Länge 5 Linien.

Eine schwarze Biene mit rotem Brustschild und rotem After. — Der Kopf ist schwarz, aber die Fühörner stehen in zwei weißen Büschgen Haren. Der Brustschild ist roth, die Brust aber unten mit gelben Haren besezt. Der Hinterleib ist etwas rund. Seine Ringe sind schwarz und der After roth. Die Füße sind außen rötlichgelb, und haben inwendig schwefelgelbe Hare. —

Ist einheimisch.

Tab.16.
fig 8.

A. haemorrhoidales.

Fabr. S. E. 46. Apis.

Aus Amerika: hat einen dunkel kupferfärbigen Hinterleib und blutroten After, schwarze Fühörner, deren erstes Glied unten gelb ist, eine schwarze Stirne mit gelben Punkten und einen schwarzen Brustschild.

Eine andere beschreibet er als:

Andrena haemorrhoidalis.

Fabr. S. E. 9.

Von mitlerer Größe und schwarzer Farbe, mit aschgrauer Oberlippe, rostfärbigem After und fuchsroten Schienbienen an den Hinterfüßen.

fig.9.

Die Gelbsüchtige. A. icterica.

Länge 5 Linien.

Eine schwarze Biene mit gelbem Brustschild und gelben Hinterbeinen. — Der Kopf ist schwarz und wollig, und die sechs Ringe des Hinterleibes glänzend. Der Brustschild ist mit gelben Haren bedekt, und die Schienbeine der hintern Füße mit gelben Haren dichte umgeben.

fig.10.

Der Rotrükken. A. rubicunda.

Länge 5 Linien.

Eine schwarze Biene mit rötlichem Brustschild. — Der Kopf ist mit rötlichen Haren gezieret; so auch der Brustschild, und die Ringe des Hinterleibes sind subtil mit rötlichgelben Haren eingefaßt.

fig.11.

Der Seidenbusch. A. sericea.

Länge 5 Linien.

Eine schwarze Biene mit weißem Kopf und gelblichtem Brustschild. — Diese Biene ist auf dem Kopf ganz buschig von weißen Haren, und hat etwas lange Fühörner. — Der Brustschild ist mit gelblichen Haren besäet, wie auch die Füße. Die Ringe des Hinterleibes sind glänzend schwarz und haben eine weiße unterbrochene Einfassung.

fig.12.

Die Braut. A. festiva.

Länge 5 Linien.

Eine kleine Biene mit spizzem Hinterleib. — Der Kopf ist rötlich und die große Augen zwischen den Fühörnern mit weißen Härchen besezt. Die drei Ocellen sind gelblich. Die Fühörner bestehen aus acht Gliedern und einem kurzen Grundgelenk. Die Freßzangen sind gelb und die Zäne daran schwarz. Das Bruststük ist schwarz und hat oben am Hals eine weißgelblichte schmale Einfassung oder Linie. Zwischen den Flügeln ist auf dem Brustschild eine unterbrochene

brochene weiße Linie oder zwei länglichte Punkte, und von der Wurzel der Flü- Tab. 17.
gel gehet zur andern eine weiße Linie in einem halben Zirkel, darhinter wieder
zwei weiße Punkte oder vielmehr eine unterbrochene Zirkellinie stehet. Das Gewerb der Flügel ist gelb und unter den Flügeln gegen der Brust zu sind auf
ieder Seite drei gelbe Flekken. Der Hinterleib ist schwarz, und sehr spiz, ieder
der fünf ersten Ringe hat eine zierliche hellweiße Einfassung oder in der Mitte
unterbrochene Linie. Das spizze Afterstük aber ist schwarz. Die Füße sind
oben gelb und innen schwarz; die Fußblätter aber rötlich, und endigen sich in
zwei zarten Klauen und einen stärkern Ballen. Die Schienbeine haben einen
Dorn: die Flügel bräunliche Adern.

Die Weißstirn.   A. albifrons.
fig. 13.
Länge 4 und eine halbe Linie.

Eine kleine schwarze Biene mit weißem Kopf. — Die Oberlippe und die
zwei Seiten neben den Augen unter den Fülhörnern gleichen einem polirten
weißen Elfenbein. In der weißen Platte der Oberlippe stehen drei schwarze
Punkte im Triangel. (davon ieder Punkt selbst unter dem Mikroskop ein regu-
laires Dreiek vorstellet) Die Augen, Ocellen und Freßzangen sind schwarz.
Um die Wurzel der Fülhörner stehen weiße Hare. Die Fülhörner sind schwarz
und bestehen aus eilf Gliedern, einem keulförmigen Grundgelenk und einem Gewerbknopf. Das Bruststük ist schwarz und mit gelblichen Härchen hin und wieder besezt. Der Hinterleib ist schwarz und die drei ersten Ringe neben am
Rand mit weißen Härchen eingefaßt. Die Füße sind schwarz, und die Fußblätter, die sich in zwei Klauen endigen, rötlich. Die Schienbeine haben starke Dorne, die Flügel gelbe Adern.

Einheimisch.

Dieser kommt nahe:

Die punktirte Biene.   A. punctata.
Fabr. S. E. 43. Apis.

Eine schwarze Biene, mit weißen Ringränden. — Der Kopf hat aschfarbige Hare, und die Fülhörner sind schwarz. Der Brustschild ist mit gelb-
weißlichten Haren bedekt. Der Hinterleib ist zugespizt, glänzend schwarz und
glatt. Der erste und zweite Ring aber hat neben ein Büschgen weißer Hare,
der dritte, vierte und fünfte aber einen weißen Punkt, und der spizze After ist
schwarz. Die Füße sind schwarz und haben oben an den Schienbeinen ein
Büschgen aschgraue Hare.

Aus England.

Zwei gleichende Arten inländischer dieser Bienen sind:

Länge 6 Linien.

a.) mit weißhariger Stirne: vorne am Brustschild auch weiß und
am Rand schwarz: ieder Ring des Hinterleibes hat gegen den Bauch zu
ein

Tab. 17.

ein kleines Teil weißer Einfassung, welche gegen den After zu immer klei=
ner wird. Jedes Schienbein hat gegen außen an der Wurzel ein kraußes
Büschgen weißer Hare. Die Flügel sind dunkel und haben einen Randflek.
— (Diese Biene ruhet auf eine besondere Art. Sie beißt sich an einem
dünnen Reißchen ein, und bleibt so schwebend hängen, und eben so über=
nachtet sie auch.)

b.) mit braungelber Stirne und Brustschild, und überhaupt viel
stärker behart. Die zwei erstern Ringe des Hinterleibes haben an der Seite
iedes ein Büschgen weißer Hare, die zwei folgenden weiße Punkte: aber
auf dem fünften sind keine.

Die Spizlappenbiene.   A. centuncularis acuminata.

fig. 2.

Das Weibchen.

Länge 4 und eine halbe Linie.

Ein schwarzes Bienchen mit spizzem Hinterleib. — Dieses bewundernswür=
dig künstliche Bienchen ist von geringem Ansehen. Es hat eigen schwarzen
flachen Kopf mit vertieften Punkten, das mit rötlichgelben und untermischten
schwarzen Härchen besezzet ist. Die Augen und Ocellen sind schwarz nebst
den Fülhörnern, welche 10 Glieder außer dem Gewerbknopf und dem etwas
kurzen Grundgelenk haben. Die Freßzangen schließen an die Augen, sind ge=
rieft und stark mit roten Härchen besezt. Der Brustschild ist schwarz rau mit
vertieften Punkten und sehr hart. Von den Flügeln an ist die Brust mit klei=
nen rötlichgelben Härchen stark besezt. Der ganz spiz zulaufende Hinterleib
hat fünf Ringe nebst dem spizzen Afterstük, welche alle glänzend schwarz sind,
und zwar auch Punkte haben, die aber wie poliret sind. Der zweite, dritte
und vierte Ring ist mit rötlichen kurzen Härchen oben und unten bebrämt.
Das Afterstük hat ein Schwänzen, darunter der Angel verborgen liegt, und
oben darüber eine spizzulaufende Bedekung. Die Füße sind schwarz mit rauen
Punkten und stark mit rötlichen Härchen besezt. Die Schienbeine haben zwei
rote Dorne, und die Klauen sind auch roth, die äußerste Spizze derselben aber
schwarz. Die Flügel sind schwärzlich und dunkel, und haben einen subtilen
Randflekken.

fig. 3.

Das Männchen.

Länge 4 und eine halbe Linie.

Dieses ist nach Kopf, Brust und Hinterleib ansehnlich dikker und stärker
als das Weibchen und von rundem After, und wiewol von gleich schwarzer
Farbe, doch mit längern und glänzend roten Härchen besezt, so daß ich es würde
für eine ganz verschiedene Art Bienen angesehen haben, wenn ich sie nicht
mit den Weibchen erzogen hätte. — Der Kopf ist zwischen den Fülhörnern um
die Augen und auf der Oberlippe mit schönen roten und langen glänzenden Här=
chen stark besezt. Die Fülhörner haben ein Glied mehr als beim Weibchen,
und also eilf Glieder auf dem Gewerbknopf und Grundgelenk. Der Brustschild
ist

iſt mit roten Härchen beſezt, und die vertieften Punkte ſowol auf demſelben als
auf der Stirne ſind nicht ſo rau, wie bei dem Weibchen. Sämmtliche fünf
Ringe des rundlichen Hinterleibes ſind mit einem Saum von roten Härchen
eingefaßt, welche aber auf dem Bauche ſo wie auf der Bruſt fahl und weißlich
ſind. Der ſechſte Ring des Hinterleibes oder der After ſtehet ganz unterwärts
eingebogen, eben ſo wie bei der Drone oder dem Männchen der zamen Honigbiene. Das Zeugungsglied aber gehet nicht über ſich, ſondern unter ſich, und
hat zwar auch zwei Springfedern, wie bei der Drone, legen ſich aber beim
Einziehen wieder zuſammen. Kein Stachel iſt vorhanden. Die Füße haben
eben die Beſchaffenheit, wie bei dem Weibchen. Die Flügel aber ſind blau
ſtahlfarb und haben auf dem Rükken einen ſchwarzen glänzenden Gewerbknopf.

Dieſe Biene, und zwar das Weibchen, erweiſet eine beſondere Geſchiklichkeit in Verfertigung ihrer Zellen und Wonungen für ihre Nach-
kommenſchaft. Sie ſind ein wahres Meiſterſtük, und ſtekt darinnen
ſo viel Richtigkeit, Ordnung, Verhältnis und Geſchiklichkeit, daß man
nicht glauben ſollte, es ſeie ſolches die Arbeit eines ſo kleinen unanſehnli-
chen Inſekts, wenn man nicht wüßte, in welcher Schule es ſolche ge-
lernet hat. Und zwar ſo arbeitet dieſe kleine Biene mit eben der Geſchiklichkeit, und auf eben die Art, wie die große Lappenbiene Tab.
XIII. fig. 5. Ich habe ſie beſonders in abgeſchnittenem Schilrohr an
Seen und Teichen angetroffen, und darin erzogen. In einem Schuß
eines ſolchen Schilrohrs, das fünf Zoll lang iſt, verfertigt ſie zwölf
Fingerhütchen von lauter zarten grünen Blätchen von Pflanzen, welche
ſie nach Erfodernis mit ihren Zänen ſehr akkurat zurecht ſchneidet, ſie-
benfach übereinander legt und ſo genau zuſammen und aufeinander paſ-
ſet, als ob ſie aufeinander gegoſſen oder gepreſſet wären. Zum Boden
ſchneidet ſie ſieben zirkelrunde Blätchen und legt ſie zuſammen und aufeinander, und ſo fein ſolche ſind, ſo iſt doch allemal das unterſte oder
äußerſte das ſtärkſte und dichteſte. Auch hat ſolches die ſtärkſte Periphe-
rie, damit es die übrigen alle in der Ründung bedekken, auch ſich in etwas einbeugen könne. Die runden Nebenwände rollet ſie nicht aus
ganzen Blättern zuſammen, ſondern ſchneidet ſie länglich oval, von gleicher Größe, daß ſie mit dreien ſolchen Stükchen Blätchen in der Rundung auslangt, und alſo zur ganzen Zelle 21 Stükke gebraucht, wie
die große Lappenbiene. Beide Nebenſäume liegen etwas übereinander,
die folgenden aber legt ſie nach der Mitte über dieſe übereinanderlie-
gende Säume, daß nicht die geringſte Ungleichheit oder Unebene entſtehen kann, und verbindet ſie wie ein Maurer, der den dritten Stein mit
ſeinem Mittelpunkt auf die Ende der zwei zuſammenſtoſſenden Steine
legt.

legt. Alsdann trägt ſie einer Bohne groß Blumenſtaub mit etwas wenigem Honig vermiſcht auf den Boden der runden niedlichen Zelle, leget ein Eichen dazu, und verfertiget den Dekkel mit runden Blätchen wie den Boden, und zwar wiederum ſo, daß die zärteſten innen, und die ſtärkſten außenhin zu liegen kommen. Gewönlich ſtekken zwei und zwei Fingerhütchen in= oder aneinander, welche zehn Linien lang ſind und meiſt ein Männchen, und ein Weibchen enthalten und iedes ſeinen beſondern Boden hat. Die unterſte Ründung von außen zwiſchen iedem Fingerhütchen iſt mit einem zarten Mörtel ausgefüllt. Denn ob ſchon dieſe künſtlichen Zellen ganz veſt an und gleichſam ineinander ſchließen, ſo gibt es doch zwiſchen ieder neben einen kleinen leren Raum, weil ſich der Dekkel oder obere Boden des einen etwas einwärts neigt, und der daran befindliche untere Boden der daran ſtoßenden Zelle wieder entgegengeſezt etwas einwärts gehet. — Das Würmchen beſtehet aus zwölf Ringen und iſt anfänglich ſehr weiß und wird nahe bei ſeiner Verwandlung grau. Es näret ſich von ſeinem Futterbrei bis in den Herbſt, da es in ſeinen Nimphenſtand und zweiten Lebensperioden trit. Es ſpinnt ſodann ein durchſichtiges hellbraunes Gewebe und Haut um ſich, die obſchon dünne, doch ſo zähe iſt, wie Leder, und ſich ſchwer mit den Nägeln zerreiſſen läßt. Ich habe bei derſelben auch wie oben bei einer Art Maurerbienen einen durchdringenden Geruch befunden. Der dunkelgelbe Auswurf kommt ſodann wie gewönlich zwiſchen der Blatzelle und dem Häutchen zu liegen, daß die Nimphe in ihrer Wikkelbinde rein und ungehindert liegen kann. Die mit der Haut umſchloſſene Nimphe iſt vier Linien lang und $2\frac{1}{2}$ Linie dik. In dieſem Zuſtand bleibt ſie über Winter und Früiahr liegen, und ihre Zeit in ihrer Vollkommenheit hervorzukommen und ihre Oekonomie wieder anzufangen iſt erſt um Johannis, deswegen dieſe Biene vor dem längſten Tag nicht zu ſehen iſt, und unterſcheidet ſie ſich auch darin von den oben beſchriebenen Maurerbienen, die gewönlich im erſten Früiahr zum Vorſchein kommen. — Das Weibchen iſt beſonders ſehr munter, und hat einen ſchnellen Flug.

Tab. 17.
fig. 4.

Die Zierliche. A. pulchella.

Länge 3 und eine halbe Linie.

Eine kleine Biene. — Der Kopf iſt rund und mit zarten glänzenden ſilberfarben Härchen beſezt, und drei gelben Ocellen. Die Fülhörner ſind ſchwarz, haben ein krummgebogenes Grundgelenk und acht Glieder darauf in ihrem Gewerbknopf ſizzen. Auf der weißen Oberlippe ſtehen drei ſchwarze Punkte im Triangel. Das Bruſtſtük iſt ſchwarz. Der Schild am Hals mit einer weißen Ein=

Tab. 17.

Einfaffung. Zwischen den Wurzeln der Flügel ist ein weißer Querstrich, und darhinter ein Halbzirkelbogen von einem Paar Flügel zum andern. Auf den Wurzeln der Flügel oder vielmehr ihrem Gewerbknopf sind zwei große rote Punkte oder Knöpfe, und unter den Flügeln gegen die Brust zu sind zwei große weiße Flekken. Der Hinterleib hat zu oberst auf dem ersten Ring zwei weiße starke Flekken und darhinter zwei kleinere weiße Punkte. Der andere Ring hat eine ganz weiße Einfaffung und darhinter eine unterbrochene weiße Linie. Die übrigen Ringe haben durchaus eine weiße Einfaffung. Die Füße sind sehr star mit rötlichen Haren besezt, und endigen sich in zwei zarte Klauen. Die Flügel haben zwei Flekken am Rand.

Eine deutsche Biene.

Biene mit aschfarbigen Ringränden. A. marginata.
Fabr. Gen. Inf. cum mantissa n. 3. 4.

Eine schwarz und rote kleine Biene. — Der Kopf und das Bruststük sind schwarz, und mit zarten aschfarbigen Härchen besezt. Der erste Ring am Hinterleib ist schwarz, die übrigen aber rostfärbig mit einer aschfarben Einfaffung.

Eine andere beschreibt Müller unter diesem Namen:

Randbiene. A marginata.
Otho Mull. Zool. Dan. prodr. 1913.

Ihre Hauptfarbe ist schwarz, die Stirne aber weißlich: der Hinterleib hat einen Glanz, und die erstern Ringe sind am Rande rostfärbig: die Fußblätter gelb.

Sind in Europa zu Haus.

Der Blauring. A. coerulescens.
Linn. S. N. 21.
Fabr. S. E. 1. Andrena coerul.
Mull. Zool. D. prod. 1902.

Eine kleine schwarze Biene, welche etwas harig ist, mit einem blaulichen Hinterleib, dessen Ringe mit kaum sichtbaren weißen Härchen am Rande besezet sind.

Einheimisch.

Die Fliegenbiene. A. muscaria.
Fabr. S. E. 45. Apis.

fig. 5.

Länge 3 Linien.

Ein kleines schwarz und weiß geschektes Bienchen, in der Größe und Gestalt einer gemeinen Stechfliege. — Der Kopf ist ziemlich stark und rund.

Die

Tab.17. Die Augen aschfarbig und spielen allenthalben schwarze Punkte durch. Die Freßzangen sind krumm, braunroth und haben schwarze Zäne. Die Oberlippe ist schwarz und die Fläche des Kopfes zwischen den Fülhörnern ist mit glatten glänzenden silberfarben Härchen besezt, welche über sich nach der Stirne zu gerichtet liegen. Auf der schwarzen Stirne stehen die kleinen Ocellen, die schwarz sind. Die Fülhörner haben eilf Glieder in einem Wirbelkopf auf einem keulförmigen Grundgelenk. — Das Bruststük ist stark und dik. Der Schild ist schwarz und hat oben gegen den Hals eine weiße Einfassung. Unter und hinter den Flügeln sind wieder weiße Flekken, und unten auf der Brust sind drei weiße Flekken in der Form eines Kleblats. — Der dikke kuglichte Hinterleib bestehet aus sechs Ringen und dem Afterstük, deren Grund zwar schwarz ist, davon aber der erste Ring einen ganzen und zwei halbe weiße Querstriche, der andere aber zwei halbe weiße Querstriche hat: bei dem dritten, vierten und fünften Ring sind die Striche in vier weiße länglichte Punkte abgetheilt, und der sechste hat eine ganze weiße Einfassung. Zwischen den weißen Punkten sind die Rände der Ringe mit der schönsten Goldfarbe eingefaßt, welches aber dem unbewaffneten Auge nicht sichtbar ist. Alle weiße Flekken an dieser Biene sind kurze glatte silberfarbe Härchen. Unten ist der Bauch schwarz. — An den Füßen sind die Schenkel schwarz, die Schienbeine aber, welche sämmtlich einen starken Dorn haben, roth, wie auch die Fußblätter, welche sich in zwei Klauen endigen. Die Flügel spielen Regenbogenfarben und haben am Ende einen leichten Schatten, zarten Randflek und braune Adern.

Ist unsere hieländische. — Die aus Neuholland angegebene wird beschrieben mit einem schwarzen Kopf und gelben Stirne: schwarzen Fülhörnern, die unten an der Spizze braun sind: bläulichen Brustschild mit grauer Wolle: blauen und glatten Hinterleib: weißharigen After und durchsichtigen Flügeln.

Die summende Biene.   A. bombylans.
Fabr. S. E. 44. Apis.

Sie ist der Fliegenbiene sehr änlich, und hat schwarze Fülhörner, einen blauen glänzenden Kopf und Brustschild, so mit aschfarbigen Härchen hin und wieder besezt sind. Der Hinterleib hat eine Kupferfarbe, und am After etwas weiße Hare. Füße und Flügel sind blau.

Aus Neuholland.

Fig 6.

Der Flüchtling.   A. transfuga.
Länge 4 Linien.

Eine schwarze Biene mit gelbrötlichen Füßen. — Die Oberlippe ist mit fahlen gelblichten Härchen dünne besezt, und der Brustschild hinter den Flügeln mit rötlichen. Die Fülhörner haben ein keulförmiges Grundgelenk mit zehn Gliedern in einem Gewerbknopf. Der Hinterleib ist glänzend und glatt, der zweite, dritte und vierte Ring ist mit kurzen hellweißen Härchen eingefaßt, der
fünfte

fünfte und der After mit langen rötlichten. Die **Flügel** haben gelbe Adern Tab. II. und einen gelben Randflek.

Der Zärtling. A. tenella.
Länge 3 Linien. fig. 7.

Eine schwarze Biene sehr kleiner Art. — Sie ist am Kopf und Bruststük sehr stark und buschig mit fahlen fast weißen Haren besezt, und die Füße mit rötlichen. Die Flügel haben gelbbraune Adern und einen dergleichen Randflek. Die **Fülhörner** sind gebrochen.

Der kleine Blumenschläfer. A. florisomnis minima.
Länge 2 und ein viertels Linie. fig. 8.

Eine der kleinsten Bienen, in Gestalt einer gewönlichen kleinen Ameise. — Sie ist schwarz und mit zarten weißen Härchen hin und wieder besezt, die aber mit bloßen Augen nicht sichtbar sind. Auf der Stirne stehen drei glänzende schwarze Ocellen. Die Fülhörner sind glänzend schwarz und haben zehn kleine Glieder in einem Gewerbknopf auf einem kurzen Grundgelenk. Das Bruststük und der Hinterleib sind schmal, glänzend-schwarz mit zarten Punkten. Die Füße sind mit rötlichen Härchen besezt, und die Flügel schwärzlicht. — Sie paren sich und schlafen in den blauen Glokkenblumen, und stekken oft 10. 15. in einer Glokke.

Die ringelfüßige Biene. A. annulata.
Linné S. N. 33. & Faun. Suec. 1706.
Fabr. S. E. 56. Apis.

Ein sehr kleines schwarzes Bienchen mit gelber Stirne. — Diese Biene ist noch etwas kleiner als die vorhergehende fig. 8., und muß man ihre Glieder mit dem Vergrößerungsglas betrachten. — Ihr Kopf ist rau mit vertieften Punkten und hat zwölfgliedrigte Fülhörner, und darüber helle weißgelblichte Ocellen, und schwarzbraune starke Augen. Zwischen den Augen und unter den Fülhörnern ist die Fläche des Kopfes nebst der Oberlippe gelb. (Fabr. beschreibet sie weiß) Das Bruststük ist auch so rau wie der Kopf, der Hinterleib aber glänzend schwarz und glatt. Sämmtliche Schienbeine haben an der Wurzel einen weißlichen Flek oder Ringel und die Fußblätter sind rötlichweiß. Die Flügel spielen stark Regenbogenfarben. — Diese Bienen finden sich häufig auf der Blüte der gelben Rüben, Rhabarbara, und dergleichen ein.

* In Linné's überseztem Natursystem n. 33. wird diese A. annulata etwas unverständlich Schwarzringel genennet; weil im lat. System der Drukseler eingeschlichen: fronte annulisque *nigris*, anstatt *albis*, wie solches auch in Oth. Mull. Zool. Dan. Prod. 1909. geschehen.

b.) mit

Tab. 17.
fig. 9.

b) mit abweichenden Fülhörnern.

Die Gottesakkerbiene. A. Tumulorum.
Linn. S. N. 2. & Faun. Suec. 1685.
Fabr. S. E. 57. Apis.

Länge 7 Linien.

Eine schwarze Biene mit langen Fülhörnern. — Sie hat eine gelbe Oberlippe, und schwarze Fülhörner, die bis an den After reichen, wenn sie zurück-
liegen. Der Brustschild ist schwarz, und mit bräunlichgelben Haren umgeben. Der Hinterleib ist schwarzbraun: die Füße mit bräunlichgelben Haren
besezt und die Flügel sind bräunlich.

Aus der Schweiz. — Weil sie auf der Insel Gothland in den alten
Grabmälern gefunden worden, hat sie Linne also benennet.

Das Keulhorn. A. clavicornis.
Linn. S. N. 3.

Ist schwarz: hat lange keulförmige Fülhörner, der Hinterleib aber hat
zwei gelbe unterbrochene Fülhörner.

Aus Upsal.

fig. 10.

Die Schlupfbiene. A. ichneumonea.

Länge 7 Linien.

Eine lange schlanke Biene mit schmuzziggelben Leibbinden und gelbgeringelten Fülhörnern. — Der Kopf ist länglich, mit kurzen gelblichten Haren
besezt: schwarze glänzende Augen, und rote helle Ocellen. Die Oberlippe
hat unten einen schwefelgelben Saum. Die fadenförmige Fülhörner sind lang,
mit einem kurzen schwarzen Grundgelenk, worauf eilf Glieder in einem Gewerbknopf stehen. Die ersten acht Glieder sind rötlich gelb, und die drei äußersten
schwarz, wovon das lezte, wie ein Hörnchen, krummgebogen ist. Das Bruststük
ist mit gelbroten Haren besezt. Der Hinterleib hat sieben schwarze glänzende
Ringe, welche zierlich mit gelben Härchen eingefaßt sind. Die Füße sind ganz
gelb und zart, nur die Schenkel sind an der Wurzel etwas schwarz.

Ist einheimisch. — Die afrikanische, welche Linne beschreibt, S. N.
36., hat ganz schwarze Fülhörner, und am Hinterleib die drei ersten
Ringe rostfärbig, und einen Leibhals. — Sie gehört demnach mehr zu
den Sphexen, worunter sie auch Fabricius sezzet: Sph. Ichneu-
monea. Fabr. S. E. 14. mit roten Fülhörnern, die ein braunes Grundgelenk haben. Der Kopf und Bruststük sind mit goldglänzenden Haren
stark bewachsen: die Füße rostfarbig.

Die

Die mexikanische Biene. A. mexicana.

Linn. S. N. 6.

Tab. 17. fig. 10.

Eine schwarze Biene, von ziemlicher Größe, und gleichet einer Sphexe sehr. Sie hat einen ovalen Leibhals und schwarzblaue Flügel.

Ist in Amerika, in Surinam und dem mexikanischen Meerbusen zu finden.

Die wespenänliche Biene. A. vespiformis.

Scop. Ent. Carn. 808.

Länge 4 Linien.

Eine schwarz und gelbe Biene. — Sie hat fadenförmige rotgelbe Fülhörner, Freßzangen, Rand über der Oberlippe her, einen solchen Punkt auf der Stirne, und Linie um die Augen. Der Brustschild hat auf ieder Seite einen solchen rotgelben Punkt oder Linie und in der Mitte zwei aneinanderhängende Punkte. Der Hinterleib ist schwarz, glänzend, glatt und elliptisch; oben sind die Ringe schwarz mit gelber Einfassung, und unten rotgelb, die drei ersten Ringe aber sind ganz schwarz. Alle Füße sind gelb und nur die Hinterschenkel schwarz. Die Flügel haben einen dunklen Saum. —

Eine änliche findet sich in unsern Gegenden, welcher der Punkt auf der Stirne felt. Der Brustschild ist am Hals mit einer gelben Linie, vor und auf der Wurzel des Flügels mit zwei erhabenen ovalen Punkten und hinten mit zwei nebeneinanderstehenden Punkten umschlossen. Anstatt des Schildchens siehet man noch zwei nebeneinanderliegende, doch aber ganz abgesonderte gelbe Punkte. Der Hinterleib hat die angezeigten Bänder, nur ist das zweite und dritte Band in der Mitte unterbrochen. Unter den Flügeln ist auf ieder Seite der Brust ein gelber halbmondförmiger Flekken. Die untere Seite des Hinterleibes ist zwar rotgelb, allein one schwarze Bänder. Dafür sind drei gelbe Bänder an den lezten Ringen. —

Diese ieztbeschriebene hat aber wieder verschiedene Abänderungen. Einige haben statt rotgelben Kiefern und andern mit dieser Farbe gezeichneten Kopfzierraten eine ganz gelbe Zeichnung, daß nur allein die Fülhörner rotgelb sind, das Grundgelenk aber gelb. Die Schildchenspunkte felen. Die gelben Leibringe sind alle vollständig. Der Bauch ist schwarz und gelb bandirt. Alle Schenkel sind schwarz. Sie ist kleiner als die vorhergehende und vielleicht das Männchen.

Noch gibt Scopoli einer andern Biene den Namen:

Wespenbiene. A. vespiformis.

Scop. Ann. IV. H. N. p. 14. n. 11.

Er eignet ihr die Gestalt des Langhorns zu. — Der Kopf ist mit fuchsroten Sammetharen bewachsen, und die Stirne gelb. Der Brustschild hat

Tab.17. hat ebenfalls fuchsrote Sammethare. Der Hinterleib ist oval, aber an der Wurzel abgestumpft, glänzend und weniger harig. Die Ringe haben fünf gelbe Bänder, die sämmtlich in der Mitte unterbrochen sind und noch an der Wurzel auf beiden Seiten zwei Flekken hat. Die Füße sind gelb, nur die Schenkel nicht völlig. Die Oberflügel sind rußfärbig.

Aus Ungarn.

fig.11. ### Die Kegelbiene. A. conica.

Linn. S. N. 32. & Faun. Suec. 1705.

Fabr. S. E. 53. Apis.

Länge 6 und eine halbe Linie.

Eine seltene schwarze Biene mit einem sehr spizzigen Hinterleib. — Sie hat die Größe einer gewönlichen Honigbiene. Der Kopf und der Brustschild sind schwarz und rau mit vertieften Punkten. Die Oberlippe ist dichte mit kurzen weißgelblichten und das Bruststük neben herum mit gelbrötlichen Haren besezt, wie auch die Füße. Die vier ersten Ringe des Hinterleibes, welche sich an den Seiten teilen, und Schalen änlich und glatt sind, haben eine fast weiße Einfassung. Die Flügel sind dunkel. Der Kopf und das Bruststük sind von einer sehr starken und harten Hornhaut. Die schwarzen fadenförmige Fülhörner haben eilf Glieder und ein kurzes Grundgelenk. —

Linne gibt ihr Vaterland in Neuholland an, sie ist aber auch bei uns zu Haus. Es ist diejenige Biene, welche, wie die stehende Fliege, selten sich sezzet, sondern von einer Blume zur andern schießt, steht oder schwebt eine Zeitlang vor derselben, berührt sie mit ihrem Rüssel, und zieht sich wieder zurük. Die Bewegung der Flügel ist so geschwind, daß man glaubt, dieselben würden gar nicht beweget und stünden sie nur vor den Blumen.

Biene mit dreizakkigtem Schildchen. A. tridentata.

Fabr. S. E. n. 52. Apis.

Diese Biene hat einen kegelförmigen stark zugespizten Hinterleib mit weißen Einfassungen an den Ringen desselben, und ist überhaupt der Kegelbiene sehr änlich, außer daß der Brustschild mit drei starken spizzen Zänen bewaffnet ist.

Ihr Vaterland ist Amerika.

Der Zweizahn. A. bidentata.

Fabr. S. E. 11. Andr.

Eine schwarze Biene. — Sie hat eine raue, ausgerändete gelbe Oberlippe, schwarze Fülhörner und Bruststük, so mit zarten aschfärbigen Härchen besezt ist. Der Hinterleib ist braunschwarz mit fünf weißen Binden und zweizänigtem After. Die Füße sind roth.

Ebenfalls aus Amerika, Neuholland. Sie macht ihr Nest in den Mauren aus zusammengerollten Blättern.

Die

Die rote Biene. A. rufa. Tab. 17.
fig. 12.

Linn. S. N. 9.
Oth. Mull. Zool. Dan. prodr. 1899.
Fabr. S. E. 39. Apis.

Länge 6 Linien.

Eine schwarze Biene mit braunrotem Hinterleib.

Kopf und Bruststük sind schwarz, aber die ganze Fläche des Kopfes bis an die hellgelbliche Ocellen ist mit langen silberweißen, die Oberlippe aber mit ganz kurzen dergleichen Härchen besezt. Die Fühlhörner sind schwarz, haben ein kurzes Grundgelenk und darauf 10 gewundene Glieder. Der Hinterleib ist braunroth und hat sechs Ringe, wovon der erste zunächst am Bruststük einen kleinen schwarzen Bogenflekken an der Wurzel hat. Die Füße sind schwarz: die Fußblätter gelblichroth und die Schienbeine, so zwei Dorne haben, mit zarten weißen Härchen bewachsen. Die Flügel haben außen einen Schatten.

Einheimisch. — Sie weicht von des Linne und Fabricius seiner darin ab, daß sie ein schwarzes Brustschild hat, und einen schwarzen Flekken am ersten Ring des Hinterleibes. Jene sind oberhalb am ganzen Körper mit rötlicher Wolle bedekt, und scheinen fig. 14. Tab. XII zu sein.

Die Köhlerin. A. carbonaria (Europaea.) fig. 13.

Linn. S. N. 7.

Länge 5 und eine halbe Linie.

Eine schwarze Biene mit braunen Flügeln und zurükliegenden Fühlhörnern. — Der Kopf ist zwischen den Augen und Fühlhörnern auch an der Oberlippe mit schwarzen Sammetharen bewachsen. Die Fühlhörner sind etwas lang und bestehen aus 11 Gliedern, einem ganz kurzen Grundgelenk und einem Gewerbknopf, worinnen sich die 11 Glieder bewegen. — Das Bruststük ist mit schwarzen Haren bewachsen. Der Hinterleib und die Füße sind schwarz und jener glänzend, die Flügel aber braun.

Eine deutsche Biene. — Linne's beschriebene aus Afrika hat zwei Fülspizzen, ein etwas mehr abgestuztes Bruststük und ist 1 und eine halbe Linie größer.

Die Aschbiene. A. cineraria (Europaea.) fig. 14.

Linn. S. N. 5.
Fabr. S. E. p. 384. n. 33.
Schaef. Icon. T. 22. F. 5. 6.

Länge 5 und eine halbe Linie.

Eine schwarze Biene mit zurükliegenden Fühlhörnern und aschgrauem Brustschild. — Die Biene gleichet der vorhergehenden fig. 13., ist aber etwas kleiner.

Tab. 17. ner: Der ganze Kopf ſammt der Oberlippe iſt mit ſchwarzen Sammetharen
fig. 14. ſtark bewachſen. Die im Dreiek ſtehenden Ocellen ſind durchſichtig gelb, die
großen Augen aber grau. Die zurükſtehende Fülhörner beſtehen aus eben den
Gliedern wie bei der vorigen. — Das Bruſtſtük iſt oben mit aſchgrauen Haren bedekt und unten ſtark mit ſchwarzen, ſo wie auch die Füße. — Der Hinterleib gehet etwas ſpiz zu, und iſt glatt und glänzend. — Die Flügel ſind
braungelblich und die großen haben einen braunen Randflekken, und glänzende
ſchwarze Gewerbknöpfe.

Des Linne beſchriebene aus Schweden iſt zwar von gleicher Größe, hat
aber einen bläulichen Hinterleib. Jene iſt einheimiſch.

Abartige Biene. A. degener.
Scop. Ann. IV. Hiſt. N. 10.

Eine rote Biene mit langen Fülhörnern, übrigens aber der Honigbiene
gleichend, nur etwas dikker. —

Sie hat eine ſehr harigte Stirne, gelbe Oberlippe und lange Fülhörner.
Der Bruſtſchild iſt mit fuchsroten Sammetharen bedekt. Der Hinterleib hat
ſolche Ringe, mit einer ſchwarzen Einfaſſung.

Wont in Indiens Gebürgen.

Die Zungenbiene. A. linguaria.
Fabr. S. E. 60. Apis.

Sie hat die Geſtalt des Langhorns. Ihre Fülhörner ſind ſo lang als der
Leib, und ſchwarz, ſo auch der Kopf, die Oberlippe aber gelb, und die Zunge
ſiebenſpältig. Der Bruſtſchild iſt aſchfarbig. Der Hinterleib ſchwarz.

Ihre Heimat iſt Sachſen.

Der Rotrand. A. barbara.
Linn. S. N. 31.

Eine ſchwarze Biene mit fadenförmigen Fülhörnern. — Das Bruſtſtük iſt
vorne, an den Seiten und zwiſchen den Flügeln roth: der Hinterleib, davon
der erſte Ring der kleinſte und der zweite der größte iſt, ſpizzig oval, ſchwarz,
und neben an den Ekken der Ringe mit blaſſen Härchen beſezt.

Das Vaterland iſt Afrika, beſonders die Barbarei.

Zweite Hauptabteilung

Insekten

vom

Wespengeschlecht.

Zweite Hauptabteilung.
Die Wespen.

Unter dem allgemeinen Namen der Wespen werden verschiedene Geschlechtsgattungen begriffen, welche von den Entomologen nach ihren Eigenschaften und Abweichungen von einander verschiedentlich benennet und eingeteilet werden. Die Ordnung, in welcher wir ihre Arten betrachten wollen, ist folgende:

I. Die Wespen. Vespa.
II. Die Raupentödter. Sphex.
III. Die Schlupfwespen. Ichneumon.
IV. Die Goldwespen. Chrysis.
V. Die Holzwespen. Sirex.
VI. Die Blatwespen. Tenthredo.
VII. Die Gallenwespen. Cynips.

I. Abschnit,
von den Wespen. Vespa.
La Guêpe. Linn. S. N. 247 Geschlecht.

Naturgeschichte der Wespen.

Dieses zalreiche Geschlecht folgt billig auf die Bienen, indem die gesellschaftlichen Wespen am nächsten an die Bienen gränzen, und überdas den folgenden Geschlechtern oder vielmehr Geschlechtsgattungen als den Schlupfwespen, Holzwespen ꝛc. und andern das Wesentliche ihres Namens mittheilen.

Dieses

Dieses unser Geschlecht bestehet aus wahren Republikanern, die wie die Honigbienen und zum Teil wilde Bienen in großen Gesellschaften leben, obschon auch viele unter den Wespen einsam wonen.

Ihre Eigenschaften und darunter vornemlich ihre Geschiklichkeit verdienet allerdings, daß wir sie genauer kennen lernen, und den bewundernswürdigen Fähigkeiten nachforschen, die der große Schöpfer in dieses kleine Tierchen geleget, und zugleich vielen unter ihnen ein solches Kleid angezogen hat, dem Farbe und Pinsel des geschiktesten Malers weichen muß.

Der Bau ihres Körpers unterscheidet sich von den Bienen gar deutlich dadurch, daß sie meist einen schlanken spizzulaufenden Leib haben, der glatt und selten mit sichtbaren Haren besezt ist, und wenigstens nicht viele mit Haren stark bewachsen sind. Auch ihre Flügel sind schmäler, weil sie nach der Länge gefaltet sind, und sich nur in ihrer halben Breite zeigen, wenn sie auf dem Rükken liegen. Den meisten ist die reine gelbe und schwarze Farbe eigen. Ihr Athemholen ist viel sichtbarer als irgend anderer Insekten, indem sich ihr Hinterleib beständig dabei bewegt, und bald ausdehnt, bald zusammenzieht. Selbst bei ihren Larven, (welche madenänlich sind) zeigt sich diese Seltenheit, indem sich ihr Körper fast immer in Bewegung befindet, bald kürzer bald länger macht; ihre Fülhörner haben gewönlich ein langes Grundgelenk und machen in der Mitte eine ellenbogenförmige Beugung. Die Freßzangen sind stark, und öfters mit ziemlich gezakten Zänen besezt, welche Stärke dieser Glieder ihnen die Natur wolthätig verliehen hat, weil sie sämmtlich unter den Insekten Raubtiere sind und meist von denselben leben. Sie haben keinen Saugrüssel wie die Bienen, sondern ein Paar Fülspizzen von vier Gelenken, womit sie die Speisen zum Maule bringen. Drei glanzende Ocellen und Ferngläser zieren ihre Stirne. Die Brust ist dikke und gewölbt, und mit Haren am meisten besezt. Ihr Hinterleib hänget mit dem Brustschild durch einen so engen Kanal zusammen, daß man sich wundern muß, wie auch die zärteste Speise durch eine so haardünne Röhre gehen kann Ihr Stachel (womit auch die Männchen versehen sind) ist verborgen, stechend und sehr empfindlich und gleicht übrigens dem Bienenstachel; nur daß die unsichtbare Widerhaken nicht so stark und anhängend sind. Deswegen kann die Wespe einen Stich in die Haut öfters wiederholen, weil der Stachel nicht so leicht stekken bleibt, wie bei den Honigbienen. Wenn aber die Wespe ein- oder zweimal gestochen hat, so sind die fortgesezten sogleich darauf

folgenden

folgenden Stiche nicht mehr so schmerzhaft, wenigstens erregen diese keine Geschwulst, weil sich die Giftblase schon bei dem erstern ausgelert, und die äzzende Feuchtigkeit erschöpft hat. Ihre Füße sind stark, und haben an der Wurzel noch ein Paar Afterschenkel. Das Fußblat ist lang, und hat fünf Gelenke, wovon sich das lezte in zwo scharfe gewölbte Klauen endiget, und überhaupt die Füße mit scharfen Dornen bewaffnet sind. Sie leben außer den Insekten, (worunter ihnen die Spinnen und Afterspinnen ein Lekkerbissen sind) auch von Süßigkeiten, Obst, Trauben, rc. und wissen allezeit die reifsten und schmakhaftesten auszusüchen. Wenn sie einen Bienenstok bestehlen können, so säumen sie sich nicht. Sie sind bisweilen dabei sehr dreiste und beherzt, dringen mit Gewalt durch die Wäche ein, werden aber bei volkreichen Stökken innerhalb gewönlich sehr nachdrüklich bewillkömmet, und meist todt wieder herausgeschlepppet. Die Fleischbänke sind ihnen ferner ein angenemer Aufenthalt, wovon sie öfters halb so große Stükchen Fleisch, als sie selbsten sind, wegtragen; besonders sind ihnen die Lebern von den Thieren gar anständig, weil sie keine lange und starke Fäßergen haben, und von ihnen leichter in Stükken zerschnitten werden können. Außer diesem Anteil aber, den sie am Fleisch selbst nemen, haben sie dabei Gelegenheit, manche Fliege zu erhaschen und aufzuopfern; indessen verunreinigen sie das Fleisch nicht, und sind nicht so unangenehm dabei, als die Fliegen, welche ihre Eier darauf legen.

Ihre Bauart und Verfertigung ihrer Gehäuse betreffend, so ist sie zur Bewunderung künstlich und artig. Sie machen ihre Zellen sechsekkigt, fast so geometrisch und reguläir als die Bienen ihre Wachszellen, nur mit dem Unterschied, daß sie nicht gedoppelt sind und keine Zellen auf der entgegenstehenden Seite sich befinden, wie im Gegenteil bei den Bienenzellen die Grundflächen eben der Zellen auf der einen Seite wiederum die Grundflächen zu den Zellen auf der andern gegenüber befindlichen Seite abgeben, und deswegen bei den Wespen nicht so viel Raum erspart wird als bei den Bienen. Alleine diese ihre Einrichtung war nach der Natur ihrer Bauart dennoch vollkömmen; denn da sie gewönlich ihre Gehäuse und deren Zellen senkrecht hängen, um darin ihre Jungen zu erziehen, und daher diese mit dem Kopf unter sich stehen, so würden die auf der Gegenseite ober sich zu stehen kommen, wenn die Zellen gedoppelt wären und ihre Böden gegeneinander stießen. — Die Materialien, welche sie zu ihrem Bau gebrauchen, bestehen aus Holz und Kütt. Sie holen nemlich von weichem Holz, oder wenn sie auch morsches eichen Holz oder anderes dergleichen in der Nähe haben,

haben, zarte Spänchen, welche sie mit ihren Freßzangen losbeißen, zermalmen dieselben mit den Zänen und vermischen sie mit einem klebrigten Saft und verhärtenden Kleister, welchen ihnen ihre eigene Natur darreichet, wie ihren Jungen die Seiden, um sich als Nimphen einzuspinnen, wie die Spinnen ihre Fäden, um ihr Nez zu weben. Diesen Teig kneten sie wol untereinander, und geben ihm die Gestalt eines Kügelchens, welches sie sodann anlegen, mit dem Maul und den Füßen dünne auseinander streichen, und dabei immer rükwärts gehen. Ist dieses Kügelchen platt auseinander gestrichen, so fängt die Wespe wieder von vorne an, drükket und ziehet den Teig noch dünner auseinander, und wiederholet solches noch etlichemal, bis es ein zartes dünnes Blätchen wird, welches das feinste Papier übertrift. Sie holet sodann wieder eine Portion Spänchen, und bauet auf änliche Weise fort, und gibt zugleich im Bauen den Röhren ihre regulaire sechsekkigte Gestalt, so zu reden, aus freier Hand ohne Maasstab und Zirkel, blos durch die Natur unterrichtet. Merkwürdig ist anbei, daß einige Stokwerke ganz aus lauter größern Wonungen, andere hingegen aus lauter kleinen bestehen. Die großen sind zu denen Eiern bestimmt, woraus männliche und weibliche Wespen kommen, und in den engern Zellen werden die geschlechtlosen Wespen erzogen, die etwas kleiner sind. Weil sie hierinnen mit den Bienen übereinkommen, nur daß bei diesen nicht mehr als eine Mutter die Generationen hervorbringt, bei den Wespen aber mehrere und viele Weibchen. — Die Wespe weiß übrigens bei ihrem Bau wol, wo es nötig ist, den Kleister und die Masse zu verstärken, und solche weit dikker anzulegen als bei den Röhren oder Zellen. Der Grund, worauf sie sämmtlich stehen, ist weit dikker und daher auch dunkler von Farbe. Sonderheitlich aber bevestigen sie die Etagen ihres Gebäudes, oder so zu sagen, die Gassen ihrer Stadt mit starken Säulen und Pfeilern untereinander, daß es ein Vergnügen anzusehen ist, wie geschikt und sorgfältig ihre Einrichtung im Ganzen und in ihren Teilen gemacht ist. Die Pfeiler und Säulen selbst sind an beiden Enden ausgeschweift oder breiter und berühren gleichsam am Gestell und Kapital, oder oben und unten eine größere Fläche, damit sie eine gute Unterstüzzung geben, vest aufsizzen, und wol angeküttet werden können. Man siehet öfters sieben, neune und bei starken Gesellschaften von Wespen eilf besondere Etagen oder Stokwerke übereinander, wovon iedes mehr oder weniger durch Säulen und Pfeiler, ie nachdem sie breit sind durcheinander und untereinander verbunden und zusammenhängend sind. Man zählt bisweilen gegen 40 und noch mehr Säulen, zwischen iedem Stokwerk. Der ganze
Umfang

Umfang ist gewönlich etwas oval, teils rund, wie eine ausgedehnte Schweinsblase, teils wie ein mittelmäßiger Kürbis groß: da dann die obern und untern Stokwerke den kleinsten Zirkel beschreiben. Zwischen diesen Stokwerken lassen sie von dem Boden einer Fläche bis zu den Oefnungen der Zellen auf dem andern Boden nicht höhern Raum, als daß eine Wespe bequem durchkommen kann, welches ongefehr fünf Linien beträgt, die Länge der Zellen aber sieben Linien, und die Weite der Zellen für die männlichen und weiblichen Wespen drei Linien, wann die Geschlechtlosen zwei Linien haben. — Alle diese ihre tausende Zellen umgeben sie mit einer Mauer, die zwar nicht dikke ist, aber doch wider das Ungemach der Witterung eine hinlängliche Beschüzzung. Sie gleichet einer holen Blase, darinnen der Bau frei hängt, und nur an dem einen Ende inwendig bevestiget ist. Diese Umfassung hat gewönlich zwei runde einen kleinen Finger dikke Oefnungen, welches ihre Tore sind, zu deren einem die Wespen mit ihren Ladungen ein-, und durch das andere ausziehen; auf welche Weise sie denn einander bei ihrem Hin- und Wiedergehen nicht hindern. Verschiedene Arten Wespen aber, welche kleinere Gehäuse haben, machen nur eine Oefnung, weil ihre geringere Anzahl nicht mehr erfodert. Einige schließen ihre Wonung in zwei, drei bis fünf dergleichen Aussenwänden ein. — Ihre Tore besezzen sie auch mit Wachen, und verteidigen sich überhaupt in ihrem Bezirk sehr heftig und gemeinschaftlich, wie die Bienen. Eine sezzet sich für alle und alle für eine zur Wehre.

Die Farbe ihrer Gebäude ist gewönlich grau, und gleichet vollkommen dem Löschpapier; teils rührt diese Farbe her von den Spänchen des Holzes, welches sie zu einer Masse bearbeiten, und welche sie gar gerne und häufig von den Fensterramen oder von den tannenen Latten und Bretern hernehmen, welche durch die Sonne und den Regen außen bläulich werden, und daher im Bauen diese Farbe behalten: teils aber und sonderheitlich trägt ihr Kleister und die Natur desselben das meiste dazu bei. Je weniger Kleister die Arten von Wespen bei ihrem Bauen anwenden, desto mehr behält das Holz, welches sie gebrauchen, seine natürliche Farbe, wie wir bei ein und andern deutlich sehen werden.

Einige Wespengesellschaften hängen ihre große Gehäuse an Aeste der Bäume, in die Hekken und Zäune, an die Balken unter die Dächer der Häuser, an Schornsteine rc. rc. Andere bauen in hole Bäume, und dieses sind gewönlich die größten Gesellschaften, wie auch andere, welche in
die

die Erde bauen.   Diese bedienen sich entweder der Löcher, welche Hamster oder Maulwürfe zu graben angefangen haben, oder sie suchen sich einen Hügel und erhabenes Erdreich aus, da das Wasser nicht hineindringen kann, und solches allezeit niedriger stehet als das Nest.   Sie greifen sodann das Werk mit großem Eifer an, graben die Erde bisweilen einen Schu tief und mehr mit ihren Freßzangen und Füßen aus, und tragen die losgemachte Teilchen mit ihren Füßen öfters ziemlich weit hinweg.   Unter dieser Arbeit bringen andere die nötigen Baumaterialien herbei, und fangen an, die gewölbte Hölung auszubauen, welches von ihnen in dieser Zeit vollendet wird, in welcher die andern die Erde hinwegschaffen.   Sie bauen solchergestalt von oben gegen die Tiefe hinunter, und verkütten die Wölbung zu Verhütung des Einsturzes mit ihrem Kleister.   Von einigen Mutterwespen, die einsam wonen, werden wir noch weit merkwürdigere und künstlichere Anstalten sehen, die Wonungen für ihre Jungen zu bereiten.

Es ist vorhin erwänet worden, daß die Republiken der Wespen (wie der Bienen) aus dreierlei Gattungen bestehen, nemlich aus Weibchen, aus Männchen und aus Geschlechtlosen, welches die gemeinen Wespen sind, und die meisten und schwersten Arbeiten verrichten müssen.   Sie machen auch den größten Teil des Wespenvolks aus, und sind etwas kleiner als die Männchen und Weibchen, als welche bede Gattungen in der Größe fast miteinander übereinkommen.   Der Männchen aber ist eine größere Anzal als der Weibchen, welcher anfänglich im Früiahr wenige sind, und sich erst aus der iungen Brut den Sommer hindurch wieder erzeugen und sammlen.   Das Verhältnis dieser sämmtlichen Gattungen ist gewönlich ongefehr so, daß drei Teile Männchen, zwei Teile Weibchen und acht Teile Geschlechtlose oder gemeine Wespen sind: welches aber nur von solchen Wespen zu verstehen, die in großer Gesellschaft beieinander wonen.   Denn einsame Wespen, (welche wir Mutterwespen nennen wollen) erzeugen nur Männchen und Weibchen.

Ihre Fortpflanzung und die Erzeugung ihrer Jungen geschiehet fast auf die Weise, wie bei den Bienen, wovon wir in dem Verfolg bei den einsamen Wespen die nähere Nachricht vernehmen.   Hiebei aber ist zu bemerken, daß bei ganzen Wespenrepubliken die Entwiklung der Jungen und ihre Fortpflanzung viel geschwinder von statten gehet, und in der Hälfte der Zeit geschiehet, als bei einzeln Wespen, die ihre Röschen

chen der freien Luft aussezzen. Der Grund davon liegt hauptsächlich in der vermehrten Wärme, welche sich in verschlossenen großen Wespennestern und bei einer großen Anzal von Volk befindet, welches auch im Stande ist, den Erziehungsgeschäften mehr obzuliegen. — Bei den Bienen haben allein die Geschlechtlosen die Versorgung der Jungen auf sich: allein bei den Wespen müssen sämtliche Mitglieder daran Teil nehmen. Die Männchen und die gemeinen Wespen oder Geschlechtlosen bringen vornemlich das Futter nach Hause, und die Mütter verteilen es, und legen iedem Wespenwurm das Seinige auf das Maul, der es einnimmt und verzeret. Ist dieser ausgewachsen, so bekommt er keine Speise mehr, sondern spinnt selbsten den Eingang seiner Zelle mit zarten weißen Fäden zu, streift darinnen seine Nimphenhaut ab, die aber nicht an den Seitenwänden hängen bleibet, sondern hinten in der Zelle zusammengedorrt liegt. In vierzehn Tagen kommt er verwandelt und als eine vollkommene Wespe hervor, nachdem sie das Dekkelchen an dem Rand der Zelle losgenaget und sich einen freien Ausgang verschaffet hat.

Wann der Winter herbeinahet, so findet sich nicht der mindeste Unrath auch in den größesten Wespenwonungen, wie bei den Bienen derselbe ofters in größtem Ueberfluß vorhanden ist: sondern die überbleibende Wespen schikken sich zu ihrem Winterschlaf an, und bleiben one alle Narung, one Bewegung und wie todt liegen, bis sie die Wärme des neubelebenden Frülings wieder aufwekket. Viele und die allermeisten sterben vor Winter Alters halber; die Ueberlebenden aber bleiben teils im Nest, und meistenteils verkriechen sie sich außer demselben, zerstreuen sich und iede suchet sich vor der strengsten Kälte in Sicherheit zu sezzen, so gut sie kann. Die, so im Neste bleiben, würgen alles todt, was gegen den Winter noch von unvollkommenen Jungen darin befindlich ist, und schleppen die Würmer und Nimphen aus den bisherigen Wonungen heraus, weil sie bei eintretender Kälte doch nicht zur Vollkommenheit kommen, noch im Stande sind, dem Endzwek der Natur, den Winterschlaf aushalten zu können, zu entsprechen. Es ist warscheinlich, daß die Wespen eine etwas längere Lebenszeit haben, als die Bienen, und wenigstens zwei Jahre dauren. So viel ist gewiß, daß die Wespenweibchen am dauerhaftesten sind, und ihr Körper der Kälte am besten widerstehen könne, daher auch wenige derselben im kommenden Früiahr eine große Anzal von viel tausend Wespen zu liefern vermögen.

Einteilung
der
Wespengattungen.

Bei den eigentlichen Wespen (Vespa) machen zwar die meisten Entomologen keinen Unterschied von Gattungen, ausgenommen *Fabricius*, welcher sie nach seiner gewönlichen Weise nach den Mundwerkzeugen einteilet und sie teils Thynnus, teils Leucospis, teils Bembyx, teils Vespa und teils Crabro nennet. Es wird aber doch zu rechtfertigen sein, wenn wir sie in folgende Gattungen einteilen.

    A. Hornisse, Vespa Crabro.
    B. Gemeine Wespen Vespa.

A. Die Hornisse. V. Crabro.

Dieses ist die nach der Beschaffenheit ihres Körperbaues größeste und stärkste Gattung unter den Wespen, und daher auch das gefräßigste und furchtbarste Raubtier dieses Geschlechts und zerfleischt die erhaschte Insekten, besonders die Honigbienen gleich einem Tiger. — Die Hornisse kommt zwar mit den gemeinen Wespen in der Beschaffenheit ihrer Glieder überein, und kann man an ihren vergrößerten Gliedmaßen die eigentliche Gestalt der kleinen Arten Wespen one Vergrößerungsglas erkennen. Doch kann man außer ihrer besondern Größe auch diese Kennzeichen bei ihnen festsezzen, daß sie

    1. nierenförmige Augen, und

    2. eine hohe und dikke Stirne haben.

Außerdem unterscheidet sich auch ihr Gebäude in Ansehung der Farbe und dessen Haltbarkeit von dem der gemeinen Wespen. Es haben nemlich die Hornissen keinen solchen zähen Leim bei sich, die Masse und den Teig

aus

aus den abgebissenen Holzspänen so fein zu verarbeiten, und so nachgiebig und zähe zu machen, als die gewönlichen Wespen. Ihr Gebäude ist sehr brüchig und zerbrechlich, und man siehet an demselben die eigentlichen Holzspäne, die meist von morschem und faulem Holze gesammlet sind, liegen, die auch die Farbe des Holzes behalten, wie Tab. XVIII. fig. I. der Anfang eines Tab. 18. solchen Gebäudes vorgestellet ist; daher auch, ie nachdem das Holz ist, fig. I. die neuen Ansäzze und Streifen verschiedene rote Farben haben, da hingegen die Nester der gemeinen Wespen grau, wie Löschpapier aussehen, die Masse fein verarbeitet und mit den Zänen vermalen und daher das Gebäude dünner und zäher ist. Indessen ist iedoch das Gebäude der Horniszen nicht minder künstlich und zwekmäßig eingerichtet, und öfters beträchtlich groß. Ich habe deren angetroffen, welche wie ein Pferdskopf groß, und beinahe zwei Fuß lang waren, und gegen vier Fuß im Umfang hatten; mit sieben abgeteilten Stokwerken, die mit Pfeilern sehr artig unterstüzt waren. Ihre Gesellschaft ist, besonders in holen Bäumen, sehr stark. Wenn sie im Freien bauen unter Dächern, in Schornsteinen ꝛc. so machen sie die äußersten Wände ihres Gebäudes mit vielen sonderbaren Verwiklungen, daß eine solche Einfassung öfters sieben bis achtfach ist. Sie leben niemals einsam, wie viele von den gemeinen Wespen, sondern wonen allezeit in Gesellschaft beisammen.

Das Wort *Crabro* leget Linne der Hornisse bei. Fabricius aber benennet damit einige Spheren, so er wegen Abweichung ihrer Mundwerkzeuge zu einem eigenen Geschlecht macht. Geoffroi und Schäfer aber verstehen unter Crabro die Gattungen Blatwespen, welche kolbenänliche Fülhörner haben.

Beschreibung der Arten.

A. Die Hornisse. Vespa Crábro.

Tab. 18.
fig. 2.

Die Zangenhornisse. V. Crabro cornuta.

Drury Tom. II. p. 88.
Fabr. S. E. 7. Vesp.

Länge 1 und drei achtel Zoll.

Eine rare Hornisse mit zwei beweglichen Hörnern. — Der Kopf ist vorne dunkelgelb, und gegen hinten braun. Die Augen sind nierenförmig und dunkelgelb, so wie auch die Fülhörner, welche ein langes Grundgelenk und darauf 10 Glieder haben. Die Ocellen sind hell und gelblich. Vorne auf dem Kopf stehen zwei zarte Hörner heraus, welche 3/8 Zoll lang sind. Sie sind von einer harten und knochigten Substanz, und krümmen sich zu äußerst gegeneinander. Da das Insekt solche Hörner öfnen und schließen kann, so scheinet es dieselbe als Zangen zu gebrauchen, um seinen Raub bequem zu fangen. Die Wurzeln dieser Hörner erstrekken sich bis unten hin, und bilden eine Art von holem Schnabel, der sich in eine Spizze endiget, und das Bruststük einschließet. Dieses ist dunkel pomeranzengelb, und hat hinten zwei scharfe Ekken. Der Hinterleib ist schwarz one Glanz, die Füße braun, wie auch die Flügel, welche durchsichtig, und nicht sehr gefaltet sind. —

Sie wont an den Küsten von Afrika.

Linne beschreibet unter diesem Namen:

Der Hornträger. Vespa Crabro cornuta.

Linn. S. N. 20.

Eine änliche Hornisse, und zwar das Weibchen mit einer hornigen, gespaltenen zugespizten Schnauze und schwarzen Flügeln. — Das Männchen aber mit zwei Hörnern, die noch einmal so lang sind, als der Kopf.

Aus Indien.

Die Kafferin. V. Cr. caffra.

Linn. S. N. 21.

Ebenfalls eine sehr große Hornisse mit hornartigen spizzigen Rüssel. — Der Kopf ist schwarz, die Stirne gelb: die Fülhörner keulförmig, schwarz und in der Mitte mit einem breiten, safrangelben oder rötlichen Ring umgeben. Das Bruststük ist gelb mit schwarzen Näten auf dem Rükken und an den Seiten. Der Brustschild hat eine schwarze Binde, der Leibhals ist in die Höhe gebo-

gen

gen und an ieder Seite mit zwei gelben Punkten gezeichnet. Der Hinterleib Tab.18. selbst ist gelb, hat aber eine schwarze Rükkenlinie und zwei schwarze Binden, davon die erste breiter ist, als die andere. Die Füße sind obenher gelb und unten rötlich.

Wont am Vorgebürge der guten Hofnung.

Die Hottentottin. V. Cr. capensis.
Linn. S. N. 22.

Eine andere Art Horniße von diesem Vorgebürge ist schwarz und glatt mit einer hornigen spizzigen Schnauze. — Die Fülhörner sind keulförmig: der Leibhals gebogen und keulförmig, der Hinterleib selbst aber oval zugespizt und am After rostfarbig.

Die Surinamerin. V. Crabro surinama.
Linn. S. N. 23.

Eine ganz schwarze Horniße, mit einem keulförmigen Leibhals, ovalen, zugespizten und blaulichen oder violetten Hinterleib. Die Flügel sind gefalten, schwarz und schillern aufs Blaue.

Die gemeine Horniße. V. Crabro germana.   fig.3.
Linn. S. N. 3. Crabro.
Scop. E. Carn. 824.
Schaeff. Icon. tab. 53. f. 5.
Frisch Inf. 9. t. 11. f. 1.
       Länge 1 und ein drittel Zoll.

Diese roth und gelbe Horniße ist das größte Insekt unter dem Wespengeschlecht, und daher die Gliedmaßen one Vergrößerungsglas deutlich zu erkennen. — Der Kopf ist etwas länglich und hat sehr starke gelbe Freßzangen mit schwarzen Zänen, womit sie wie ein Tiger die Insekten, absonderlich die Bienen zerfleischt und bis auf die Flügel und Füße auffrißt. Unter denselben befinden sich zwei Paar gelbe Freß pizzen. Die Oberlippe ist gelb und stehet die Stirne mit einem gelben abgerundeten Spizzen darauf an; der übrige obere Teil der Stirne ist rötlich braun, oder fuchsroth, wie auch der Saum hinter den großen nierenförmigen Augen, der bis an die Freßzangen lauft. Die Fülhörner stehen auf einem kolbenänlichen Grundgelenk, und haben zwölf Glieder, welche in der Mitte dikker sind als am Anfang und Ende. Das erste Glied hat einen Gewerkkopf und ist länger als die andern. Sie sind mit sehr feinen kurzen Härchen bewachsen. Die drei Ocellen sind schwarz. Das Bruststük ist stark und braunschwarz, oben mit zwei rotbraunen Linien, dergleichen Flekken, und Saum. Von den sechs Ringen des Hinterleibes ist der erste braun mit einer schmalen gelben Einfassung: der andere, der größer ist, hat einen schwarzen und dann einen braunen Bogen, in der Mitte mit einer Spizze und

Tab. 18. und auf beiden Seiten einen anhängenden Punkt, das übrige ist gelb: der dritte Ring ist eben so gezeichnet: der vierte hat einen schmälern braunen Bogen mit zwei freistehenden Punkten, und das Afterstük ist ganz gelb. Die Füße sind rotbraun und haben scharfe Dorne, wovon fig a* vergrößert zeiget, wie zwekmäßig die fast unsichtbare Waffen und Werkzeuge dieser Insekten von dem unendlichen Verstand eingerichtet sind. Die Fußblätter sind mit glänzenden goldgelben Härchen besezt. Die Flügel sind bräunlich und glänzend und liegen der Länge nach gefaltet. Im Flug machen sie ein starkes Gesumme. — Es gibt dieser Gattung auch kleinere; die aber eben so gezeichnet sind, und von

fig. a.* eben der Größe und Gestalt als fig. 3. haben wir auch schwarze Hornisse.

Der Braune. V. Crab. fusca.
Drury Tom. II. tab, 39. f. 1.

Länge 1 Zoll 3 Linien.

Eine braune Hornisse mit gelbem After. — Der Kopf ist vorne gelb, die Augen aber braun und nierenförmig, und die Freßzangen schwarz. Das Bruststük und der Hinterleib sind kastanienbraun, die zwei leztern Ringe aber gelb und die Afterspizze braun: die Füße braun und haben die Schienbeine der Vörderfüße einen Dorn, der übrigen aber alle zwei Dorne. Die Flügel sind gelblich und nicht vollkommen durchsichtig.

Aus Smirna.

Der Gelbflek. V. Crab. quatuormaculata.
Drury T. II. tab, 39. f. 2.

Länge 1 Zoll 3 Linien.

Eine braun und schwarze Hornisse mit vier gelben Flekken auf dem Hinterleib von änlicher Gestalt. — Der Kopf ist braun nebst den Augen und Fülhörnern, welche so lang sind als das braune Bruststük. Der Hinterleib ist schwarz und hat oben vier gelbe Flekken. Die Füße sind braun und die Flügel gelblich und durchsichtig.

In Jamaika zu Haus.

Das Dintenfaß. V. Crab. tenebrionis.

fig. 4.

Länge 1 Zoll.

Eine schwarze Hornisse mit gelber Leibbinde. — Der Kopf ist rotbraun und die breite Oberlippe auch, und schwarz eingefaßt. Die Freßzangen sind schwarz, stark, breit mit vielen Zänen besezt. Die Augen sind nierenförmig und zwischen den Fülhörnern ist ein spizzes Schildchen und auf der Stirne zwischen den großen Augen stehen die drei Ocellen im Triangel. Gegen den Hals zu ist der Kopf mit schwarzen Haren eingefaßt. Die braunen Fülhörner bestehen außer dem kurzen Grundgelenk aus 10 Gliedern und dem Gewerbknopf. Das Bruststük ist dik, der Schild schwarz, und hat oben am Hals gegen

gegen die Wurzel der Flügel zu, zwei braune Flekken und zwischen den Flügeln Tab.18. einen dergleichen in die Quere laufend. Die Gewerbknöpfe der Flügel sind ebenfalls braun. Der Hinterleib bestehet aus sechs Ringen. Die zwei ersten sind groß. Jener ist ganz schwarz mit dünnen Härchen besezt, und der andere als der größte durchaus bräunlichgelb. Die übrigen vier Ringe sind schwarz, oder vielmehr schwarzbraun. Die Füße sind schwarz, an den Schienbeinen mit zwei scharfen Dornen versehen, zwei Klauen in einem Ballen. Die Flügel sind gefattet, bräunlichgelb mit schwarzblauen Hauptadern.

Von gleicher Größe und Natur ist:

Die Karolinerin. V. Cr. carolina.
Linn. S. N. 1.
Fabr. S. E. 6. Vesp.

Sie ist rostfärbig. — Die Stirne ist gelb: das Bruststük rostfärbig, und hat auf dem Schild drei in die Länge ziehende schwarze Linien. Der Hinterleib schließt nahe an das Bruststük, hat den zweiten Ring auch sehr groß und ist durchaus rostfärbig, so wie auch die Füße, die aber etwas dunkler und schwärzlicher sind. Die obern Flügel sind schwärzlich.

Aus Karolina.

Die Marribu. V. Cr. marribous.
Linn. S. N. 1.

Diese beschreibt Linne bei obiger und gehört eigentlich nach ihrem Bau und Statur zu den Wespen, und ist deren eine der größten. Sie ist auch rotbraun, und der Hinterleib hat einen kleinen Leibhals, oder vielmehr läuft derselbe an der Wurzel spiz zu nach Art der Wespen und Sphexen.

Ihre Heimat ist Surinam.

Die Flekwespe. V. Cr. maculata.
Linn. S. N. 2.

Eine schwarze Hornisse, deren Bruststük weiß geflekt ist und auf dem Schild vier weiße Flekken befindlich, auch der Hinterleib gegen den After hin weiß geflekt ist.

Ist in dem mitternächtigen Amerika zu Haus.

Der Sphinx. V. Crabro Sphinx.
Länge 9 Linien.

fig.5.

Eine schwarz und braune Hornisse mitlerer Größe. — Diese Wespe hat einen sehr starken Kopf, nierenförmige braune Augen, gelbe Ocellen, braunrote Oberlippe, rote Stirne, und das übrige des Kopfes hinter den Augen
                                                                    roth,

Tab. 18. roth, rotbraune Freßzangen und Fülhörner, welche außer dem keulförmigen Grundgelenk 10 Glieder haben. Der braunrötliche Brustschild hat gegen den Hals zu einen elliptischen Bogen an den Wurzeln der Flügel einen queren Einschnit und weiter hin gegen den Hinterleib noch einen. Der Hinterleib ist schwarz, hat 6 Ringe. Der erste hat an der Wurzel einen braungelben Rand, und das übrige ist schwarzbraun. Der zweite Ring hat oben eine breite bräunlichgelbe, mit zwei Spizzen gebogte, unten aber eine schmale bräunlichgelbe Einfassung und in der Mitte dazwischen schwarzbraun. Der dritte ist schwarzbraun und hat nur einen zarten bräunlichgelben Saum. Der vierte und fünfte Ring aber ist ganz schwarzbraun und der sechste oder das Afterstük ist ganz gelb. Die Füße sind dunkelbraunroth, stark, und die Schienbeine mit tüchtigen Dornen bewaffnet. Die Flügel sind gefaltet, gelb mit braunen Adern und von der Wurzel aus braun.

Das Weibchen dieser Wespe unterscheidet sich nicht sonderlich von der vorhin beschriebenen. Jenes Kopf und Bruststük ist dunkler von Farbe, etwas größer und der Hinterleib um zwei Linien länger.

Das Dreiband, die dreigegürtelte Horniße. V. cr. tricincta.
Fabr. S. E. 4. Vespa.

Sie ist rostfärbig mit schwarzem Hinterleib — Der Kopf ist rostfärbig und das Grundgelenk der schwarzen Fülhörner, die Oberlippe gelb und die Stirne braunroth. Der Brustschild rostfärbig mit subtilen Härchen besezt. Der Hinterleib ist schwarz, der erste und zweite Ring aber hat breite gelbe Binden, die in der Mitte unterbrochen sind, und an den Seiten einen Busen formirende gelbe Binde. Der dritte Ring hat eine subtilere, unterbrochene gelbe Binde. Die Schienbeine sind rostfärbig, und die Kante derselben gezänelt: die Flügel etwas rötlich.

Wont in Amerika.

Die Afterwespe. V. cr. analis.
Fabr. S. E. 5. Vespa.

Eine schwarze Horniße mit gelbem After. — Der Kopf ist schwarz, die Stirne glänzend, die Fülhörner braunroth und an der Spizze rostfärbig. Der Brustschild schwarz, wie auch der Hinterleib. Der erste und zweite Ring ist rostfärbig, die drei folgenden schwarz, auf beiden Seiten abgeschossen roth; der sechste ist ganz gelb. Die Füße sind braunroth, und die Flügel rostfärbig, und die Nerven an der Wurzel schwarz.

Vom Kap.

Fig. 6.
Der Blutafter. V. Crabro microrrhoea.
Länge 1 Linien.

Eine schwarze Horniße mit rotem After. — Sie hat einen dikken verlängerten Kopf. Es ist alles an ihr schwarz, nur die leztern kleinen Ringe des Hinter=

Hinterleibes, das Schildchen über der Oberlippe, die Oberlippe selbst und die
Fühlhörner sind hochroth. Leztere haben ein langes Grundgelenk, und darauf,
wie gewönlich bei dieser Gattung, 10 Glieder, welche gegen die äußern sich
ein wenig verdikken und das Aeußerste oben einen leichten schwarzen Flek hat.
Die Oberlippe lauft spiz zu über das Maul: die Ocellen sind schwarz und die
nierenförmige Augen grauschwarz. Die Freßzangen sind glänzend schwarz,
und sehr lang. Denn sie stehen gerade aus und sind nicht gekreuzet, haben
breite Zäne und darunter einen langen Rüssel wie der Bienenrüssel und kleine
schwarze Freßspizzen. Das Bruststük ist schwarz und dik; auf dem Schild
laufen von den Wurzeln der Flügel aus, zwei schwarze Einschnitlinien gegen
den Hals zu, welche eine Quereinschnitlinie oben schließt. Zwischen den Flügeln
ist wieder ein Quereinschnit, und darhinter ein bogenförmiger. Der Hinterleib
bestehet aus zwei großen, schwarzen und vier kleinen hochroten und spizzulaufenden Ringen. Der dritte Ring, der roth ist, hat zwar oben eine schwarze
Einfassung, mit einer Spizze in der Mitte, sie befindet sich aber unter dem
darüber liegenden Ring untergeschoben und ist nur die kleine schwarze Spizze
ein wenig sichtbar. Die Füße sind durchaus schwarz, nur das äußerste Glied
des Fußblats oder das Klauenstük an dem vordersten Paar Füße, ist roth.
Die Flügel sind fast undurchsichtig schwarzblau schillernd und nach der Länge
gefaltet. Sie haben einen glänzendschwarzen Gewerbknopf. Uebrigens ist die
Wespe wenig behaart.

Die Gürtelwespe. V. crab. cincta.
Fabr. S. E. 1. Vespa.

Sie ist groß, hat einen schwarzen Kopf und braunrote Fühlhörner. Der
Brustschild ist schwarz, und hat vor beiden Flügeln und dem Schildlein zwei
dunkle Flekken. Der Hinterleib ist schwarz, und hat in der Mitte breite rostfärbige Binden. Die Füße sind schwarz: die Flügel rostfärbig und an der
Wurzel schwarz.

Ist an den malabarischen Küsten zu Haus.

Eine Varietät befindet sich am Kap, die kleiner ist und ein ungeflektes
Bruststük hat.

B. Die Wespen. Vespa.

Die Zeichenträgerin. V. Signata.
Linn. S. N. 24. Muf. Lud. Ulr. 410.
Fabr. S. E. 1. Bembyx Signata.

Tab. 19.
fig. 1.

Länge 1 Zoll.

Eine schön gezeichnete schwarz und gelbe Wespe. — Die Fläche des Kopfes
ist gelb, oben aber schwarz und behaart. Die Oberlippe ist hervorstehend und
lang. Die Augen sind grünlich. Auf dem Grundgelenk der Fühlörner stehen

Tab. 19. 10 Glieder, wovon die vordern gelb sind. Das Bruststük ist schwarz und hat auf dem Schild vier gelbe Linien der Länge nach auf einen gleichfärbigen Querstrich hinlaufend, und ist das Mittelstük selbst gelb eingefaßt. Der Hinterleib ist dik, die vier ersten Ringe schwarz, aber mit sehr artigen gelben Bogenzeichnungen eingefaßt, die leztern Ringe sind mit einer querlaufenden gelben Linie geziert. Der Bauch ist schwefelgelb und das Afterstük gezänt. Die Füße sind goldgelb und die Flügel gelblich. —

Wont in Amerika. — Diejenige aus Afrika, deren Statur Linne zugleich vorstellt, hat die Gestalt einer Sphere mit einem kurzen Leibhals, ist mehrenteils fuchsroth mit gelben Strichen und einem schwarzen After.

Die Punktirte. V. punctata.
Fabr. S. E. 2. Bembyx punct.

Eine schwarze Wespe mit vier gelben Punkten auf dem Hinterleib, von Statur der vorhergehenden. — Sie hat einen schwarzen Kopf mit einer gelben Wirbellinie: eine schwarze Oberlippe mit einer gelben Linie zu beiden Seiten. Die Fülhörner sind schwarz und das Grundgelenk unten gelb. Der Bruftschild schwarz, wie auch der Hinterleib, dessen vier erstere Ringe vier gelbe Punkte haben, die noch einmal so groß sind als die an den Seiten. Der fünfte Ring hat zwei gelbe Punkte: der sechste keinen: der siebende hat auf beiden Seiten ein gelbes Linchen. Unten ist der Bauch schwarz, und hat auf beiden Seiten ein Linchen aus gelben Punkten bestehend. Die Füße sind schwarz.

Wont in Brasilien.

§. 2.

Die Gewafnete. V. armata.
Sulz. Tom. II.

Länge 1 Zoll.

Eine schwarz und gelbe Wespe, welche durch besondere Dorne oder Zäne am Bauch sich auszeichnet, und deswegen die Gewafnete heißt. — Der Kopf hat eine schwarze Stirne, die mit rötlichen Haren stark besezzet ist: kastanienbraune große Augen: rötlichgelbe Fülhörner von 11 Gliedern, die auf der äußern Seite schwarz sind und dikke etwas kurze Grundgelenke haben, die unten gelb und gegen außen schwarz sind. Unter denselben gehet eine gelbe erhabene Oberlippe heraus, in welcher eine schnabelförmige Zungenscheide eingegliedert ist, worinnen eine kastanienbraune Zunge, wie ein Röhrchen gestaltet, liegt, welche sie zwei bis drei Linien lang herausstrekken kann; wenn sie aber in der Ruhe liegt, so schließt die Wespe ihre bede Freßzangen über diese Zungenscheide, daß sie am Hals ganz widerliegt. Die Freßzangen selbst sind gelb, an der Wurzel aber und an der gezänten Spizze glänzend braun. Das Bruststük ist schwarz, stark und hat gegen unten an den Vorderfüßen einen gelben Flek auf ieder Seite, und über den Flügelgewerbknöpfen zwei gelbe aufstehende Schuppen; hinter den Flügeln aber eine unterbrochene gelbe Bogenlinie und am

Schluß

Schluß des Bruſtſtüks neben auf ieder Seite einen gelben Flekken. Der Hin- Tab.19. terleib hat ſechs Ringe und die Afterſpizze. Sie ſind ſämmtlich ſchwarz, und hat ieder in der Mitte eine geſchlängelte oder wellenförmige Binde, die ſich auch unten durchziehet. Die Afterſpizze iſt ſchwarz, aber zu äußerſt gelb, und befinden ſich darunter zwei gelbe braun eingefaßte Blätchen, dazwiſchen der Stachel iſt. Vorzüglich zeichnet ſich dieſe Weſpe durch drei Dorne oder Zäne aus, welche unten am Bauch befindlich ſind; der erſte ſtehet am zweiten, der andere am ſechſten Ring, und der dritte am After. Die Füße ſind rötlich gelb, und die vördern Schenkel haben oben einen ſchwarzen Strichen. Die Flügel ſind etwas metallgelblich mit braunen Adern.

Das Männchen.

Unterſcheidet ſich wenig von ſeinem Gatten, als daß es kleiner iſt, kommt aber übrigens in ſeinem ganzen Bau und Zeichnung mit demſelben überein.

Ihr Vaterland iſt die Schweiz.

Die Italienerin. V. italica.

Länge 9 Linien.

Eine braungelbe Weſpe. — Der Kopf iſt dunkelbraungelb, oder braunrötlich. Die nierenförmige Augen und Ocellen aber ſchwarz. Die Oberlippe iſt ſpiz gegen das Maul und die Freßzangen laufen gerade aus und haben ſchwarze Zäne. Die Fülhörner haben die Farbe des Kopfes, einen Gewerbknopf, ein langes Grundgelenk und darauf 10 Glieder. Das Bruſtſtük hat von den Flügeln an einen elliptiſchen Bogeneinſchnit gegen den Hals, innerhalb welchem der Schild ſchwarz iſt: neben herum und hinter demſelben iſt es braunrötlich. Neben am Schluß des Bruſtſtüks iſt ſolches ſcharf gezänelt. Der Hinterleib hat ſechs Ringe, wovon der erſte ganz braunrötlich iſt; der andere als der größte hat einen ſchwarzen dreiekkigten Flekken in der Mitte, die drei folgenden haben auch Schwarz bis faſt an die Ekſeiten. Die Füße ſind gänzlich braun- roth: die Flügel zur Hälfte metallgelb und die andere Hälfte ſchwarz mit ſtal- klauem Schiller.

Aus Florenz.

Die Schildträgerin. V. clipeata.

fig. 3.

Das Männchen.

Länge 7 Linien.

Eine Weſpe mit vierekkigtem Schildchen: — Dieſe Weſpe iſt artig gezeich- net. Die Augen ſind kaſtanienbraun und die Ocellen ſchwarz. Die Stirne iſt mit weißen Haren beſezt, und die Oberlippe iſt gelb one Hare, gegen die Mitte erhaben und auf das Maul hin abwärts gebeugt, und ſpiz durch die Freßzangen laufend, welche Spize zu äußerſt ſchwarz iſt. Die Fülhörner haben gelbe Grundgelenke, oben am Gewerbknopf mit einem ſchwarzen Punkt und

Tab. 19. und die darauf stehenden neun Glieder sind außerhalb schwarz und gegen unten gelb. Die Freßzangen sind gelb und die Zäne schwarz. Das Bruststük ist gelb und der Schild hat eine schwarze Einfassung, in welchem ein gelbes längliches Vierek befindlich, das in der Mitte einen vierekkigten regulairen schwarzen Flek hat. Den Schluß des Brustschildes hinter den Flügeln machen zwei schwarze koncentrische Bogen. Die sechs Ringe des gelben spizzulaufenden Hinterleibes sind eben so niedlich gezeichnet. Die fünf ersten Ringe haben ieder zwei starke schwarze Punkte und einen schwarzen Saum, in welchem in der Mitte eine Spizze gegen oben hin lauft. Der sechste Ring oder das Afterstük hat eine in der Mitte geradelaufende schwarze Linie und die Spizze ist schwarz. Die Füße sind ganz gelb, aber auf den Knien ist ein schwarzer Punkt und die Schenkel haben oben und die Schienbeine gegen unten ein feines schmales schwarzes Linchen. Die Schienbeine haben zarte Dorne und die Fußblätter der vördern Füße haben gegen die äußere Seite einzelne lange Hare nebeneinander.

fig. 4.
Das Weibchen.

Dieses ist eine Linie größer, und unterscheidet sich in verschiedenem von ienem. — Die Oberlippe hat oben einen schwarzen Punkt. Die Fülhörner, Augen und übrige Teile des Kopfs sind iener gleich. Das Bruststük ist etwas rötlich gelber als iener, und der Schild mehr dunkelbraun als schwarz. Die gelbe Farbe der Ringe des Hinterleibes fällt am Rand etwas ins Gräne, und das Afterstük ist ganz schwarz. Nur die vördern Füße haben die schwarzen Linien, die andern aber nicht, und die Knie auch keine schwarze Punkte.

fig 5.
Die Nasenwespe. V. nasuta.

Länge 10 Linien.

Eine gelbe Wespe mit geschlängelten Leibbinden. — Diese Wespe hat große gelbrötliche Augen und dunkelrote Ocellen, welche zwischen denselben im Dreck auf der Stirne stehen. Die Nase oder gelbe Oberlippe ist sonderbar gebauet, sie ist sehr gewölbt und aufgeworfen, hat in der Mitte quer über eine scharfe Beugung, daß die untere Hälfte unter die Freßzangen sich verstekt. Diese sind zitronengelb und haben schwarze Zäne, die sich kreuzen. Die Fülhörner sind gelblich roth, nicht fadenförmig, haben aber doch kein großes Grundgelenk, worauf 11 Glieder befindlich. Das gelbe Brustschild ist zierlich gezeichnet. Oben beim Hals ist ein Quereinschnit und gelber Saum. Zwischen den Flügeln gehet ein dunkelbrauner Quereinschnit über den Schild und laufen auf denselbigen von oben drei gerade braune Linien. Hinter den Flügeln ist abermals ein Quereinschnit und dahinter ein gebogter brauner Flekken. Der Hinterleib hat sechs gelbe Ringe. In dem ersten ist von der Wurzel an ein vierekkigter schwarzer Flek, in dem andern, dritten und vierten ein breiter ausgebogter schwarzer Flekken und an den folgenden, eine ganz schwarze Einfassung. Die Füße sind durchaus gelb; nur die Schenkel der mitlern Füße haben unten, und die Schenkel und Schienbeine der hintern Füße oben eine zarte schwarze Linie nach der Länge. Die Schienbeine und Glieder der Fußblätter haben

Dorne,

Dorne, übrigens aber ist die Wespe unbehaart. Die Flügel haben schwarz- Tab. 19.
braune Adern und sind ein wenig dunkel. Der ganze untere Körper ist durchaus gelb.

Der Doppelschild V. Biclipeata. fig. 6.

Länge 9 Linien.

Eine gelbe Wespe mit doppelten Schildbögen. — Diese schöne Wespe hat
einen artig gezeichneten Kopf und Bruststük, etwas große eiförmige und braunrote Augen, und Ocellen von gleicher Farbe. Die Stirne ist schwarzbraun,
über den Fülhörnern aber laufen zween goldgelbe Flekken hinein, welche weiter
unten hin die Augen bis an die gelbe Oberlippe umgeben, und sowol als diese
mit kurzen hellglänzenden sehr weißen Silberhärchen besezt sind. Die Fülhörner sind goldgelb, fadenförmig, gegen die Spizzen zu aber etwas dikker, als
an den kurzen Grundgelenken. Der daraufstehenden Glieder sind 10. Wovon das unterste das längste und dünneste ist. Die sich starkkreuzende Freßzangen sind gelb, aber die Zäne ganz schwarz. Die Freßspizzen sind gelb,
und bestehet das äußere größere Paar aus fünf Gliedern und einem kleinen
Grundgelenk; das innere kleinere Paar aber aus drei Gliedern und einem großen
keulförmigen Grundgelenk. Die zwei erstern Glieder sind birnförmig und das
äußerste läuft etwas spiz zu. Der Brustschild ist gelbrötlich, besonders gezeichnet. Am Hals hat er einen zitronengelben Saum. Drei schwarze parallel
laufende perpendikulaire Linien, wovon die mittelste die breiteste ist, laufen
auf eine Querlinie, die von einer Wurzel der Flügel auf die andere ziehet.
Weiter hin, hinter den Flügeln läuft eine stärkere schwarze Bogenlinie unter
die Flügel hin und der dahinter befindliche Schluß des Brustschilds ist zitronengelb. Auf der gelben Brust stehen viele weiße kurze Hare. Der spizzulaufende rotgelbe Hinterleib bestehet aus sechs Ringen, wovon die drei ersten und
größten einen schwarzen Saum und Einfassung haben. Der äußerste Ring oder
der After ist mit kleinen goldglänzenden Härchen so schön besezt, als ob er mit
Goldsand bestreuet wäre. Die Füße sind auch rötlich gelb, Schienbeine und
Fußblätter mit großen und kleinen Dornen wol bewaffnet, die Spizzen der
Klauen schwarz und die dazwischen stehende Baden stark. Die Flügel sind gelblich. Der äußere Teil aber hat einen schwärzlichen Schatten, und beim Anfang
einen dunklen schwärzlichen Flekken.

Die Geschmükte. V. Diadema. fig. 7.

Länge 10 Linien.

Eine Wespe mit schwarz und gelben Zeichnungen, mit fig. 5. gleicher Größe
und Gattung. — Sie hat eine eben so gebaute gelbe Nase, worauf aber zwei
feine länglichte schwarze Punkte stehen. Ueber der Nase zwischen den Augen
ist die Fläche des Kopfes goldgelb, bis an die Fülhörner; die Stirne aber schwarz
und die Ocellen auch. Die Freßzangen sind auch gelb mit schwarzen Zänen.
Die halblangen Grundgelenke der Fülhörner sind gelb und haben oben einen
schwarzen Strich. Der Gewebknopf und die darin stehende 1 Glieder aber
sind ganz schwarz. Der schwarze glänzende Brustschild ist niedlich gezeichnet.
Oben

Tab. 19. Oben am Hals ist ein gelber Saum. Zwischen den Flügeln ziehet eine gelbe Querlinie herüber, auf welche vier gelbe Perpendikularlinien laufen. Die zwei mitlern stoßen nicht ganz daran, aber die beden Seitenlinien. Hinter den Flügeln ziehet eine Bogenlinie quer über, und den Schluß des Brustschildes machet eine etwas stärker gebogene gelbe Linie. Der Hinterleib, welcher allmälich spiz zulauft, hat sieben Ringe, wovon ieder schwarze regulair gebogte Flekken im gelben Felde hat, die ein schönes Ansehen machen. Die Füße sind an den Schenkeln und Schienbeinen goldgelb, an den Fußblättern aber zitronengelb. Auf den Knien befindet sich ein kleiner schwarzer Punkt und die Enden der gelben Klauen nebst den ganzen Ballen dazwischen sind schwarz. Am Bauch hat ein ieder gelber Ring in der Mitte einen kleinen schwarzen Flek und die drei leztern sind unten ganz schwarz. Die **Flügel** sind hell, und haben keine Adern.

Die Bienenzunge. V. apilinguaria.

Länge 8 Linien.

fig. 8.

    Eine grünlich gelbe Wespe. — Fast sollte man diese Wespe unter das Bienengeschlecht zälen, wenn nicht ihre schlanke gelbe Füße und die ganze Gestalt des Leibes sie unter die Wespen sezte. — Der Kopf hat ein seltenes und merkwürdiges Maul. Es befindet sich nemlich an der gewölbten hoch aufgerichteten schwefelgelben Nase oder Oberlippe, worauf in der Mitte ein starker schwarzer Punkt ist, ein spizzulaufender gewölbter Griffel mit einer braunen Spizze, die einem Stachel gleichet und inwendig in der Hölung derselben liegt der Rüssel. Unter dieser Dekke liegen zugleich die zwei schmale in einen schwarzbraunen spizzen Zahn zulaufende Freßzangen. Der Wulst der Augen ist groß, rötlichbraun. Die Fläche des Kopfes zwischen den Augen ist mit weißlichten Härchen besezt. Anstatt der Oecllen stehet auf der Stirne eine hornartige kleine Erhöhung, und die Hare liegen an derselbigen ruklings gegen den Brustschild. Die Fülhörner bestehen aus 10 länglichten Gliedern nebst ihrem Knopf und dem Grundgelenk. Unten sind die Fülhörner gelb und oben braun; das Grundgelenk hat oben nur einen zarten braunen länglichten Strichen. Die Brust ist unten gelb gegen die Vorderfüße, in der Mitte braun und gegen die hintern Füße wieder gelb, allwo auch die Brust einen schwarzen Einschnit hat. Der Brustschild ist schwarzbraun mit zwei in die Länge laufenden Parallelstrichen, darunter zwei gelbe Querpunkte. Dann folgt eine halbzirkelförmige dreifache gelbe Einfassung. Der glatte Hinterleib hat sechs Ringe, die grünlichgelb sind. Jeder Ring hat eine schwarze schmale Einfassung und zwei schwarze länglichte Punkte auf den Seiten. Das Afterstük hat in der Mitte einen schwarzen perpendikulairen Strichen; unten ist der Leib schwarz; Der Stachel ist scharf. Die Füße sind strohgelb und die Schenkel haben oben einen zarten länglichten schwarzen Strichen, und beim Gelenk am Hüftbein einen schwarzen Ring. Die vorderen Füße können Straubfüße genennet werden, da die Fußblätter von borstenänlichen langen Haren gleichsam gezänelt sind. Die Klauen und der Ballen sind schwarz. Die Flügel haben schwärzliche Adern.

Die

Tab. 19.
fig. 9.

Die Schenkelwespe. V. Dorsigera.

Fabr. S. E. 1. Leucospis dorsigera.

Länge 8 und eine halbe Linie.

Eine schwarz und gelbe Wespe, welche sich durch die ungewönliche Lage ihres Stachels und dikke Hinterschenkel auszeichnet, und daher den Namen hat. — Ihr Kopf ist schwarz und die Stirne gelb. Das tiefstehende Grundgelenk der Fülhörner ist auch gelb, und die darauf befindliche 12 Glieder schwarz. Das Bruststük ist hökkerig, schwarz mit gelber Einfassung und gelben starken Punkten. Der Hinterleib ist oval rundlich, da die drei leztern Ringe sehr eingebogen sind. Die Ringe sind sämmtlich schwarz und gelb eingefaßt. In der Mitte derselben über den Rükken her ist eine schwarze Rinne, worin der außer dem Leib befindliche gedoppelte Stachel liegt. Die Füße sind gelb und haben an den Gelenken einen schwarzen Punkt. Din hintern Schenkel sind ungewönlich dik, platt, rund, und gegen außen gezänt, die Schienbeine aber sind eingebogen. Die Flügel sind schattig, und haben einen gelben Gewerbknopf.

Wont in der Schweiz.

Die Kanaderin. V. canadensis.

Linn. S. N. 25.

Diese nordamerikanische Wespe hat ein Bruststük mit zwei Schuppen, einen rostfärbigen Hinterleib, dessen erster Ring kegelförmig ist.

Die Rändelin. V. emarginat.

Linn. S. N. 26.

Der Brustschild ist ausgerändelt: der Hinterleib schwarz: der Leibhals aber krumm und an ieder Seite mit einem Zänchen versehen. —

Ihr Aufenthalt ist in Amerika.

Die Mohrin. V. calida.

Linn. S. N. 27.

Fabr. S. E. 18. Vesp.

Diese große Wespe ist schwarz und kommt aus heissen Ländern. Die Fülhörner aber und der After sind braungelb. — Fabric. beschreibet die seinige mit braunroten Fülhrnern, einem zweizänigten Schildlein, und unter demselben mit vier starken Zänen, und mit violetten Flügeln.

Aus Afrika.

Die langharigte Wespe. V. crinita.

Sam. Felton Esq. Philos. Transact. Vol LIV. p. 53.

Diese sonderbare Wespe ist so groß als eine gewönliche, aber etwas schmäler.

ler. — Der Kopf ist bräunlich, die Stirne aber schwarz und dreieffig. Die Fühhörner sind etwas keulförmig und gelblichbraun, in der Mitte aber schwarz. Das Bruststük ist oben hellbräunlich, an den Seiten aber und unten schwarz. Vor den Flügeln gehen zwei gelbe Linien quer unterwärts. Gerade oberhalb der Flügelwurzel gehen an ieder Seite zwei Hare heraus, die von gleicher Länge und fast zweimal so lang sind als der ganze Leib der Wespe. Von dem obern Teil des Halses gehen gleichermaßen zwei Hare heraus, die so lang sind, als der Körper. Der Hinterleib, der nahe am Bruststük stehet, hat sechs Ringe, davon der erste ganz schwarz ist, nur die Einfassung ist gelb. Aus diesem Ring gehen wieder zwei Hare heraus, die doppelt so lang sind als der Hinterleib, zumal an den Seiten. Der dritte, vierte und fünfte Ring hat 4 bis 5 lange Hare, und verschiedene kurze, insonderheit unterhalb, wo sie alle kurz sind. Der sechste Ring endiget sich mit mit einem langen Hare. Alle diese Hare sind hellbraun, und scheinen steif zu sein, aber ihre Spizzen sind etwas dikker. Die Füße sind schwarz, die Schenkel aber gelb, und an ihren Gelenken sind sie mit kurzen Haren stralenförmig besezt, deren Spizzen kurz und dik sind.

Aus England.

Die surinamische Künstlerin.　V. Artifex surinamensis.

Tab. 20. fig. 1.

Länge 7 Linien.

Eine schwarz und gelbe Wespe mitlerer Größe aus Surinam — Diese gesellschaftliche Wespe ist zwar von keinem besondern Ansehen: macht aber ein unvergleichliches wunderbares und starkes Nest und Gebäude. — Die Hauptfarbe an derselben ist grauschwärzlich, und weißgelb am Saum der Ringe und sonstigen Zeichen. Der graue Schiller auf dem schwarzen Grund wird verursacht durch äußerst zarte und fast ganz unmerkliche weißlichte Härchen. Der Kopf ist also grauschwärzlich, aber neben den Fühhörnern ist ein weißlichgelber dreieffigter Flekken und die Oberlippe ist auch so gelblich unten herum gegen das Maul zu eingefaßt. Sie ist nicht wie allermeist platt, oder aufgeworfen, sondern hat in der Mitte gerade herunter eine Erhöhung oder Nase. Die Freßzangen sind geründet, glänzend schwarz mit vier braunroten Zäner. Die zusammengesezte Augen sind gelblichgrau und die Ocellen bilden im Dreick stehende helle goldgelbe Pünktchen. Die schwärzliche Fühhörner haben wie gewönlich ein langes Grundgelenk und 10 kurze Glieder, welche sich gegen außen hin etwas verdikken. Der Brustschild ist gemodelt, und hat hinter den Flügeln einen Saum oder kleinen Wulst und vom Hals gegen die Wurzel der Flügel hin zwei zarte Linien. Am Hals ist der der Brustschild mit einem zarten gelben Saum eingefaßt und am Schluß desselben nahe am Hinterleib ist wieder eine solche zarte gelbe Linie. Der Hinterleib bestehet aus sechs Ringen. Der erste, der eigentlich nur ein Halbring ist und die Verbindung des Hinterleibes mit dem Bruststük dekket, ist grauschwärzlich und mit einem gelben Saum eingefaßt. Der zweite als der große Ring, ist eben so eingefaßt, und die drei folgenden gleichfalls, und zwar rings um den Leib. Das spizze Afterstük aber ist ganz schwärzlich. Die Füße sind auch sämmtlich ganz schwärzlich und haben

ben

Tab.20.

ben übrigens nichts merkwürdiges. Die Schienbeine haben zwei Dorne und zwischen den Klauen einen starken Ballen. Die Flügel haben einen undurchsichtigen braunen Randflekken.

Ihre Oekonomie.

fig.2.

Diese wenig ansehnliche Wespe bauet eine Wonung fig. 2. die so zierlich und maßiv als künstlich ist. Das ganze runde Gehäus ist 8 Zoll lang und hat 5 Zoll im Durchschnit, in der Form, wie eine Glokke oder ein Becher mit einem erhabenen Dekkel. Die Seitenwand ist eine Linie dik und die Masse hat die vollkommenste Aenlichkeit mit schönem weißem Pappendekkel, und sollte man glauben, es wäre nichts anders, zumal sich dieselbe blatweise teilet und abschelet, wie sechsfach aufeinander geklebtes weißes Papier. Mit dieser Masse umgibt die Wespe ein Stük von einem daumes dikken Rohr aa und hängt daran ihre Wonung, die um und um geschlossen ist, und nur unten bei b einen Eingang und rundes kleines Loch hat. Man beobachtet schön in etwas von außen sieben Abteilungen von Zellenreihen, an sichtbaren Erhöhungen, als wenn inwendig Reife eingezwängt und ausgespannt wären. Diese sieben Etagen zeigen sich im Profil fig. 3. Durch iede Gasse dieser zierlichen Wespenstadt gehet der Eingang oder das kleine Loch b. Alle diese sieben Löcher passen gerade aufeinander, doch fällt das lezte in der kleinsten Gasse nicht gerade auf den Mittelpunkt. Aller Raum ist so sparsam mit Zellen angebauet, daß nicht einer Erbse groß überflüßiger Plaz darin zu finden und eine Menge von etlich tausend Zellen befindlich. Ja der Raum ist so klüglich und geometrisch genüzzet, daß kein Mensch im Stand wäre, eine Zelle mehr darin anzubringen und zugleich so viel Plaz zu lassen, daß sowol die Jungen aus den Zellen kriechen, als auch die Alten in denselben ein- und ausgehen können. Zu dem Ende läuft auch der Grund der Zelle nicht gerade aus, sondern in einem Bogen, auf welchem aber alle sechsekkigte Zellen senkrecht stehen.

fig 3.

Der Sapphir. V. cyanea.

Fabr. S E. 45.

Eine blaue Wespe. — Der Kopf ist himmelblau, die Fühlhörner schwarz und der Mund rostfärbig: der Brustschild ganz blau, wie auch der Hinterleib,

der

Tab.20. der einen kleinen glokkenförmigen Leibhals hat. Die Füße sind braunschwarz und die Flügel dunkel.

Sie findet sich in Brasilien, bauet ein herzförmiges Nest mit einer zarten Bedekkung und Umfang ; außerdem sie wegen ihrem Leibhals zu den Sphexen zu zälen wäre.

Die gezänte Wespe. V. dentata.
Fabr. S. E. 1. Thynnus dentatus.

Eine schwarz und weiße Wespe mit gezäntem After. — Sie hat die Größe und Gestalt der gemeinen Wespe. Ihre Lippe ist gelb und gezänt; die Freßzangen gelb und an der Spizze schwarz: die Fülhörner braun und an der Wurzel schwarz. Der Brustschild ist schwarz, vorne mit einem gelben Strich, hinten mit einem gelben Lappen und einem gelben Schildchen. Mitten auf dem Rükken sind zwei abgekürzte Einschnitte. Der Hinterleib ist glatt, schwarz, der erste Ring aber hat am Ende zwei gelbe Punkte, wie auch der zweite, dritte und vierte, die übrigen aber sind rein schwarz. Der After ist mit sieben kleinen Auskerbungen gezänt.

Stammt aus Neuholland.

Die ausgerändete Wespe. V. emarginata.
Fabr. S. E. 2. Thynnus emarginatus.

Eine schwarze Wespe mit gezäntem After, von der Statur der vorhergehenden, nur etwas kleiner. — Ihre Fülhörner sind zilindrisch und schwarz; der Kopf gelb, mit zwei schwarzen Stirnlinien und einer geradlaufenden. Der Brustschild ist eben, dunkel rostfärbig, oben mit einem gelben Strich, und hinten mit zwei schwarzen. Das Schildlein ist breit gerändet. Der Hinterleib ist schwarz, am ersten und lezten Ring ungeflekt, die übrigen Ringe aber haben in der Mitte eine unterbrochene gelbe Binde. Der After hat sieben Zänchen.

Auch in Neuholland zu Hause.

Die ungezänte Wespe. V. integra.
Fabr. S. E. 3. Thynnus integer.

Diese schwarze Wespe ist kleiner als die vorhergehende. — Sie hat einen schwarzen Kopf, der auf der Stirne mit einer glänzenden aschfarbigen Wolle bedekt ist. Der Brustschild ist rein schwarz und hat ein stumpfes Schildlein. Der Hinterleib ist zilindrisch, in der Mitte schwarz, und ein ieder Ring wollig aschfärbig. Der After ist ungezänt.

Wont in Neuholland.

Die

Die Jungfer. V. Dominula.

Tab 21. fig. 1.

Länge 8 Linien.

Eine gemeine schwarz und gelbe schlanke Mutterwespe. — Ihr Kopf ist schwarz, die Oberlippe aber zu beden Seiten schwefelgelb, und hat darüber zwei länglichte gelbe Linien. Die Freßzangen sind schwarz, wie auch die Augen. Die Fülhörner haben ein langes Grundgelenk, welches oberhalb schwarz und unten rotgelb ist, die übrigen darauf befindliche 12 Glieder, die ein wenig kolbig sind, durchaus rotgelb. Das Bruststük ist hökkerig, und dessen Grundfarbe schwarz. Das Brustschild hat am Hals einen schmalen gelben Saum, auf welchen zwei dergleichen zarte Linien laufen, die gegen den Hals einen stumpfen Winkel machen, in welchem zwei gelbe länglichte Punkte stehen. Auf iedem Gewerbknopf der Flügel ist auch ein gelber Punkt. Hinter den Flügeln sind zwei Quereinschnitte, welche gelb sind. Auf dem schmalzulaufenden Ende des Brustschildes gegen den Hinterleib zu stehen zwei geradlaufende gelbe Linien. Der Hinterleib hat sechs Ringe, deren Grundfarbe auch schwarz, aber ieder mit einem gelben niedlich gebogten oder gezakten Rand eingefaßt ist: Der zweite Ring hat noch besonders zwei gelbe länglichte Punkte. Die Füße sind ziemlich lang, besonders die hintern, rötlich gelb, die Schenkel aber bis gegen die Knie schwarz. Die Schienbeine haben Dorne, und die Fußblätter endigen sich mit zwei Klauen, in deren Winkel der Ballen befindlich. Die Flügel sind ein wenig bräunlich oder schattig. Sie scheinen sehr schmal, wenn sie in der Ruhe sind, weil sie die Wespe nach der Länge faltet. Wenn sie fliegt, so läßt sie die Beine gerade hängen und hat einen außerordentlichen stillen und sanften Flug.

Ihre Oekonomie.

Unter den geselligen Wespen, welche gemeinschaftlich ein Gebäude zu ihrer Wonung und Erziehung ihrer Jungen verfertigen, bisweilen aber von eben dieser Gattung wieder ein und andere einzeln wonen und für eine kleine, ihrem Eierstok angemessene Nachkommenschaft und deren Erziehung ein verhältnismäßiges Gehäuse oder Nest verfertigen, ist diese Wespe häufig. — Sie verschließet alsdann ihre Wonung nicht so, daß sie ein besonderes Gehäus darüber verfertigte, wie die Wespen, die in einer starken Gesellschaft beisammenwonen, oder auch viele einzelne Mutterwespen. Sie beobachtet auch nicht immer bei ihrem Bau, dem Neste einerlei Lage zu geben. Bisweilen hänget sie ihr Röschen, (dem ihr Nest am änlichsten siehet) an einem zarten Stielchen verpendikular, und die Oefnung der Zellen kommt sodann gegen unten hin zu stehen: bisweilen stehet solches vertikal an einem Balken, Bret oder dergleichen, und die Zellen haben sodann eine horizontale Lage. Ich habe diese Wespe drei Jahre hindurch,

da

Tab 21.

da sie sich an einem meiner hölzernen Bienenstökke angebauet hatte,
mit vieler Aufmerksamkeit beobachtet, weil ich solches sehr gemächlich
thun konnte, und mir diese einzige Mutter in Fortpflanzung ihres
Geschlechts alles das zeigte, was in einer großen Wespenrepublik
vorgehet, welche man so genau und von Zeit zu Zeit zu beobachten
nicht im Stande ist, teils wegen dem undurchsichtigen Vorhang,
welchen sie um ihre Wonung ziehen, teils wegen der Gefar der Menge ihrer Stacheln.

Das erste merkwürdige, welches mir sehr auffallend und bedenklich
war, ist dieses, daß ich das erste Jar den ganzen Sommer hindurch
vom ersten Anfang ihres Eierlegens; bei der zweiten Eerlage und
bis in den Herbst niemalen ein Männchen bei ihr, oder bei dem Neste
erblikken konnte, ongeachtet ich vielfältig bei Tage, des Abends, sehr
oft mitten in der Nacht beim Mondschein und mit einem Licht, und
frühe Morgens nachgesehen, und sie legte gleichwol iedesmal fruchtbare Eier, nicht eines blieb zurük.   Ich war begierig auf das
künftige Früiahr, wenn sie etwa ihr Nest wieder beziehen würde, ob
sie sodann allein, oder in Gesellschaft eines Gatten kommen würde.
Ich versäumte keinen Tag im ersten Früiahr nachzusehen, oder nach-
sehen zu lassen.   Sie fand sich auch zeitlich ein, nemlich mit Anfang
des Aprils; aber ganz alleine, one ein Männchen bei sich zu haben.
Sie bezog wieder das nemliche voriährige Nestchen, besserte es aus
und legte ihre Brut zu wiederholtenmalen an, one, daß ich wieder den
ganzen Sommer über ein Männchen bei ihr antreffen konnte.   Den
dritten Früling aber, als sie wieder kam, brachte sie ein Männchen
mit, welches sich auch den ganzen Sommer bei dieser Mutterwespe
hielte.   Sie verließen aber diesesmal das alte Nest, das senkrecht
hieng und baueten nahe dabei ein Nöschen von etlich und dreißig Zellen, welches vertikal stund und dessen Zellen horizontal lagen.

Ich glaubte hiebei ein Beispiel zu finden, daß es möglich und wirklich sei, daß die Bienenkönigin one iedesmalige Begattung fruchtbare
Eier legen könne, ob sie sich schon zu einer andern Zeit wieder begattet, und solchergestalt die Fruchtbarkeit lange erhält, ia selbige sogar
auf einige Geschlechtsglieder fortpflanzen könne.   Es ist zwar möglich, daß die Wespe außer ihrem Nest von Männchen ihrer Art hat
können befruchtet werden, ob es schon aus verschiedenen Gründen
nicht

nicht gar warscheinlich war: Es ist möglich, daß die Mutterwespe bei Tab.21. der folgenden Eierlage von ihren eigenen Jungen männlichen Geschlechts hat können befruchtet werden, ob sich schon die iungen Wespen nach etlichen Wochen, wenn sie nicht mehr von der Mutter gefüttert worden, von derselben entfernt und ihren Erziehungsort verlassen haben. Es ist aber auch möglich, daß die im dritten Jahr mit einem Männchen angekommene Mutterwespe eine Junge von dem vorherigen Sommer gewesen, (wofür ich sie auch hielte) und zum erstenmal sich begatten mußte, und daß sie im folgenden Früling wieder allein kommen und one Begattung sich würde fortpflanzen können. —

Was nun die Haushaltung dieser Mutterwespe, und ihre Fortpflanzung übrigens betrift, so ist ihr Ei, welches sie auf den Grund der Zelle legt, von dem Bienenei darin unterschieden, daß es nicht so länglich, sondern länglich rund ist, hell, durchsichtig und etwas gelblich. Am spizzern Ende ist es von der Mutter vest angeklebt. Mit dem stumpfern Ende stehet es in die Höhe, weil daraus der Kopf kommt. Man siehet auch allda durch das Vergrößerungsglas ein schwarzes Flekchen, und das Ei erscheint übrigens mit erhabenen Punkten. Nach dreien Tagen erscheint bereits der Wurm, der sich aber nicht wie der Bienenwurm in einen halben Zirkel legt, sondern aufrecht stehr. Sobald die Wespe das Ei geleget hat, so trägt sie an die eine Ekke der Zelle ein kleines Tröpfen weißen Honig, den sie, im Fall, sie ihn nicht stelen kann, von Blumen sammlet, welche keinen tiefen Kelch, sondern flache Nektargefäße haben, daraus sie ihn sonst bei dem Mangel eines Rüssels nicht erhalten könnte. Diese zarte Speise bekommt der Wurm in den allerersten Tagen, wobei die Wespe fast immer auf ihrem Nestchen sizt und nur selten ausfliegt. Sie bleibt so getreu darauf, daß ich sie mit demselben öfters in die Stube trug und eine ganze Stunde daran beobachten konnte, one daß sie es verlassen hätte. — Bei dem Fortwachsen des Wurms bekommt dieser eine besondere Gestalt fig. a. -Er bestehet aus 12 Ringen, welche häufig in Bewegung sind. Oben ist der Körper sehr breit, und gehet unten spiz zu. Der Kopf scheinet dem bloßen Auge mit einer schwarzen Kappe bedekt zu sein. Unter derselben ist das Maul, welches der Wurm weit aufsperret, wenn er gefüttert wird. Auf ieder Seite befindet sich ein dikker weißer Knopf, woraus sich bei der Verwandlung die Fülhörner bilden. Er vermerket die Mutter, fig. 1.

wenn

Tab.21:

wenn sie sich nahet, und strekt sich etwas empor.   Die Alte bringt
ein Stük von einer Raupe, Wurm oder weichen Teil einer Fliege oder
sonst dergleichen Narung, zerkauet es stark, und legt sodann einem
ieden Jungen etwas davon auf das Maul, welches es mit starker
Bewegung desselben einsauget und gleichsam kauet.   Der Wurm
hat einen großen Magen, der ziegelfarb durchscheinet.   Auf dem
Rükken hinunter siehet man die Pulsader.   Nach anderthalb Mona-
ten erreicht der Wespenwurm seine Größe, den zweiten Perioden seines Lebens anzutreten, und sich zu verpuppen, oder eine Nimphe zu
werden.   Er spinnet sodann selbst ein zartes dünnes weißes Häutchen
gewölbt über sich, (welche Bedekkung bei den Bienen nicht die Würz-
me, sondern die Arbeitsbienen und zwar aus Wachs besorgen). —

fig. b. u. c

Im Nimphenstand fig. b. und c. bleiben sie vier Wochen, da denn
zuerst der Kopf sich bildet, sodann das Bruststük und der Hinterleib,
die Füße und endlich die Flügel, die lange klein bleiben und eine
schwärzliche Farbe haben. — Wenn die iunge Wespe entwikkelt, und
zum Ausschliefen reif ist, so nagt sie neben am Rand der Zelle ihr
Dekkelchen los und gehet heraus.   Sie bleibet sodann noch verschiedene Tage bei dem Nest und hält sich gewönlich am Stielchen des
Röschens auf.   Sie wird auch noch etliche Tage von der Mutter
gefüttert.   In den ersten Tagen ist sie noch etwas kleiner und geschmeidiger, und ihre Flügel sind noch etwas aschfärbig und nicht so
bräunlich als der alten.

Die Männchen sehen den Weibchen in der Zeichnung und ganzen Körperbau vollkommen änlich; nur sind iene etwas kleiner und
ihre Flügel sehen mehr schwärzlich, da die der Weibchen mehr bräunlich sind.

Die Nimphe.   V. Nimpha.

Länge 8 Linien.

fig. 2.

Eine schwarz und gelbe Mutterwespe. — Sie gleichet sehr der vorigen
fig. 1. und hat eben die Lebensart und Weise, sich fortzupflanzen.   Ihr Kopf
ist fast eben so gezeichnet, nur haben die Fülhörner außer dem schwarzen
Grundgelenk, noch am Ende einige schwarze Glieder.   Das Bruststük ist ebenfalls hökkerig und hat oben zwei gelbe Linien, die gegen den Kopf in einen
Winkel zusammenlaufen und darinnen zwei gelbe Punkte.   Die Gewerbknöpfe
der Flügel sind auch gelb, und gegen den Schluß des Brustschildes sind zwei
viereffigte gelbe Flekke. Der spizzulaufende Hinterleib hat sechs schwarze Ringe,
welche sämmtlich gelb eingefaßt sind, nur das Afterstük ganz schwarz ist. Der erste
Ring

Tab.21.

Ring hat zwei gelbe Punkte, und der zweite als der größeste hat zwei gegen=
einander stehende länglichte gelbe Flekken, auch ist die gelbe Einfassung dessel=
ben etwas gebogt. Die Füße sind rotgelb, die vordern Schenkel schwarz und
die andern unten rot.

Sie bauen und pflanzen sich fort, wie bei der vorhergehenden Art
angezeigt worden. Ich fand ein dergleichen niedliches Gebäude an
einer Kornähre vertikal angebauet, daß die Zellen horizontal lagen,
wovon fig. d die vordere Seite und fig. e die hintere Seite vorstellet. fig. d.
fig. e.

Mit dieser Art kommt sehr überein:

Die Französin. V. gallica.
Linn. S. N. 7.

Sie ist auch schwarz und gelb. — Die Stirne und die Fülhörner sind gelb.
Das Bruststük hat oben eine gelbe Einfassung, vor den Flügeln einen gelben
Strich und gelben Punkt, und hinter den Flügeln auch einen solchen Punkt.
Auf dem Schild selbst sind drei Paar gelbe Flekken, wovon das lezte am läng=
sten ist. Die Einfassung der Ringe des Hinterleibes sind gelb, und der zweite
Ring hat an ieder Seite einen ovalen gelben Flekken. Die Füße sind auch
gelb.

Wont in Frankreich, und den südlichen Teilen von Europa.

Der Maurer. V. muraria.
Linn. S. N 8. Fn. Sv. 1674.

Scop. E. C. 828.

Fabr. S. E. 27. Vespa.

Eine schwarze Wespe. Sie hat auf dem Bruststük zwei rostfärbige Flek=
ken. Das Schildchen ist ungeflekt. Der Hinterleib hat vier gelbe Binden, auf
den leztern Ringen, wovon der zweite der größte ist. Die Füße sind zwar
schwarz, aber die Schienbeine gelb. —

Wont in Europa und hält sich in Löchern des Mauerwerks auf.

Der Dornfuß. V. spinipes.
Linn. S. N. 10. & Fn. Sv. 1682.

Fabr. S. E. 28. Vesp.

Diese Wespe ist schwarz, hat am Hinterleib fünf gelbe Ringe, und die
mitlern Schenkel sind bei dem einen Geschlecht mit Zänchen besezt. Die Fül=
hörner sind oben schwarz und unten rostfärbig.

Aus Schweden.

Die

Tab. 21.

Die Akkerwespe. V. arvensis.

Linn. S. N. 12. Fn. Sv. 1678.

Fabr. S. E. 30. Vesp.

Auch eine schwarze Wespe, welche am Hinterleib vier gelbe Binden hat, davon die dritte unterbrochen ist.

Jn Schweden.

Die Feldwespe. V. campestris.

Linn. S. N. 13. & Fn. Sv. 1677.

Fabr. S. E. 31. Vesp.

Sie ist schwarz, hat am Bruststük vier gelbe Striche, und am Hinterleib fünf gelbe Binden, davon die erste unterbrochen ist.

Auch aus Schweden.

Der Doppelband. V. bifasciata.

Linn. S. N. 14.

Diese Wespe ist gleichfalls schwarz, hat ein ungeflektes Bruststük und der Hinterleib hat nur zwei gelbe Binden.

Schweden.

Der Vierzahn. V. quadridens.

Linn. S. N. 15.

Fabr. S. E. 22. Vesp. uncinata, die Hakigte.

Eine schwarze Wespe, deren Bruststük vier Zakken hat. Das Brustschild ist weiß, wie auch der erste Ring des Hinterleibes.

Wont im mitternächtlichen Amerika. Fabricius beschreibet die seinige mit schwarzem Kopf, gelber Stirn, schwarzen Fülhörnern mit Häkchen: schwarzen Brustschild, dessen oberer Rand nebst dem Schildlein weiß ist: schwarzen Hinterleib, dessen erster Ring eine weiße Einfassung hat, und weiße Flügel.

Die Blatterwespe. V. gibbosa.

Fabr. S. E. 37. Vesp.

Eine schwarz und gelbe Wespe. — Sie hat einen schwarzen Kopf, gelbe Stirne, Oberlippe, Augenkreiß und Ocellen. Die Fülhörner sind schwarz, aber das Grundgelenk gelb. Der Brustschild ist schwarz und rau von Punkten, hat zwei gelbe Punkte vor den Flügeln und ein gelbes Schildchen. Der Hinterleib, dessen erster Ring fast kugelförmig, ist pokkig, schwarz und hat vier gelbe Bänder.

der. Die Füße sind gelb, aber die Schenkel schwarz. Die Flügel sind dunkel Tab.225 und schattig.

Aus Amerika.

Die Waldwespe.   V. sylvestris.

fig. c.

Scop. E. C. 826.

Länge 9 Linien.

Eine schwarz und gelbe Wespe mit dikkem Leib. — Ihr Kopf ist rein gelb, die Stirne aber und die Augen sind schwarz, mit einem gelben Saum, die Freßzanzen gelb und die Fühlhörner schwarz und unten gelb, so wie das keulförmige Grundgelenk. Es befinden sich darauf in einem Gewerbknopf 10 Glieder. Das Bruststük ist ebenfalls schwarz, hat aber oben zwei gelbe Linien, die gegen den Hals einen Winkel machen, zwei gelbe Gewerbknöpfe der Flügel, und eine unterbrochene gelbe Linie am Ende des Brustschildes. Sämmtliche Ringe des Hinterleibes haben einen breiten gelben Saum, der bei den ersteren Ringen gebogt ist. Die Füße sind rötlichgelb, die Hüftbeine aber ganz und die Schenkel über die Hälfte schwarz. Die Flügel bräunlich, und ist die Wespe ziemlich stark mit feinen bräunlichten Härchen bewachsen.

Ihre Oekonomie.

Scopoli fand diese Wespe im Wald, sie lebet aber auch zum Teil einsam. Ihre Wonung, die sie sich bauet, und darin sie ihre Jungen erziehet, ist sehr artig. Sie formiret eine runde Kugel fig. a und im Profil fig. b in der Größe einer Baumnuß, und bestehet aus der gewönlichen Masse, davon die Wespen bauen und dem weißgrauen Makulaturpapier gleichet. Das kleine Gehäus hänget mit einer geringen Verbindung in einem gewölbten Schüsselchen, wie eine Eichel, so aber davon flach absteht, und an welchem die Wespe dieses Nest in den Häusern an einen Balken oder sonst anhänget. Unten in der Mitte ist ein rundes Loch und Eingang, in der Weite einer ganz großen Erbse. Auf dem Grund dieser holen Kugel hänget auf einem eines Zwirnsfadens dikken Stielchen ein Röschen von eilf sechseckigten regelmäßigen Zellen. In iede derselben legt die Wespe ein Eichen, welches an Farbe und Rundung einem Hummelbienenei gleichet. Mißräth nun kein Junges, so gibt es eine Gesellschaft von 12 Wespen, die sich aber wieder zerteilt, und eine iede ihre eigene Haushaltung auf besagte Weise anfängt. — Jedoch füren, wie bereits gemeldet, von eben dieser Gattung und Zeichnung auch eine republikanische Haushaltung, dabei aber sodann nur die Weibchen von dieser

fig. a. fig. b.

Tab.22.

ser Größe sind. Die Geschlechtlose aber oder die Arbeitswespen sind um ein Dritteil kleiner, haben aber eine gleiche Zeichnung von Farben. Sie hängen ihre Gebäude bald zwischen die Aeste der Bäume, bald in die Hekken, und teils one Bedekkung, teils mit einem Ueberzug.

fig.2.

Die gemeine Wespe. V. vulgaris.

Linn. S. N. 4. & Faun. Suec. 1671.
Fabr. S. E. 9.
Scop. E. C. 825.
Schaeff. Icon. t. 35. f. 4.
Frisch Inf. 9. t. 12. f. 2.

Eine änliche schwarz und gelbe Wespe mit dikkem Leibe. — Sie unterscheidet sich von der vorigen fig. 1. hauptsächlich durch die veränderte Zeichnung des Hinterleibes, da ein ieder gelber Ring auf beiden Seiten einen starken schwarzen Punkt und dazwischen in der Mitte ein schwarzes Dreiek hat. Ueberdas stehen auf der Oberlippe drei im Triangel stehende Punkte: ein Triangel steht unter der Wurzel eines ieden Flügels: zwei größere am Saum des Brustsstüks und gleich daran wieder zwei.

Aus Koppenhagen.

Eben diese Art bauet und lebet auch gemeinschaftlich und in großer Anzal beisammen, da alsdenn die Geschlechtslosen viel kleiner und ganz schlank sind, und finden sich häufig bei dem Obst ein.

Der Triangel. V. triangulum.

Fabr. S. E. 49. Vespa.

Eine sehr große schwarze Wespe, deren Kopf schwarz, das Maul gelb und der Brustschild ungeflekt ist: der Hinterleib aber gelb, oben mit einem schwarzen Dreiek; die Füße sind roth.

Aus Dänemark.

fig. 3.

Die rote Wespe. V. rufa.

Linn. S. N. 5. Fn. Sv. 1672.
Fabr. S. E. 10.

Länge 9 Linien.

Eine schwarz und gelbe Wespe. — Am Kopf ist die Stirne gelb, wie auch die Oberlippe, die nur in der Mitte schwarz ist. Das Brustsstük ist schwarz behaart, und hat neben an ieder Seite eine gelbe Linie. Die Ringe

des

des Hinterleibes sind schwarz und gelb eingefaßt, aber die ersten zwei Ringe **Tab. 22.**
sind roth mit einem gelben Rand; die Füße aber gelb.

Die Wandwespe. V. parietum.
  Linn. S. N. 6. & Fn. Sv. 1673. & 1679.
  Fabr. S. E. 26. Vesp.
  Geoffr. Inf. 2. 376.
  Scop. E. C. 827.

  Sie ist schwarz, hat gebrochene Fülhörner, auf dem Bruststük zwei gelbe
Punkte und eine solche Querlinie. Der Hinterleib, wovon der zweite Ring der
größte ist, hat fünf gelbe Binden. Die Füße sind schwarz, die Schienbeine
aber haben zwei gelbe Punkte.

Die Sattelwespe. V. ephippium.
  Fabr. S. E. 2. Vespa.

  Sie hat einen rostfärbigen Kopf, schwarze Augen, rostfärbige Fülhörner
mit einem braunroten Grundgelenk: einen schwarzen Brustschild, der am obersten Saum rostfärbig, und am Ende gezänt ist. Das Schildlein ist rostfärbig
und hat drei aufstehende starke Spizzen oder Zänchen. Der Hinterleib ist rostfärbig, und der zweite Ring, der groß ist, schwarz. Die großen Flügel sind
rostfarbig und spielen gegen außen ins Violette.

  Wont in Neuholland.

Die Morgenländerin. V. orientalis.
  Fabr. S. E. 3.
  Linn. Mant. 540.

  Eine rostfärbige, braunrote Wespe, deren dritter und vierter Ring am Hinterleib gelb ist, auf beiden Seiten mit zwei schwarzen Punkten. — Fabr.
fragt: ob sie die **türkische Wespe** sein möchte? Vespa turcica. *Drury* Inf. 2.
tab. 39. fig. 1.?

  Wont im Orient.

Die siebbeinänliche Wespe. V. cribriformis.
fig. 4.
         Länge 7 Linien.

  Eine schwarz und gelbe Wespe, welche mit dem Schildspher one Lamellen
viele Aenlichkeit hat. — Ihr Kopf, Fülhörner und das starke Bruststük ist
ganz schwarz. Der Hinterleib ist wie bei den Schildsphern spindelförmig, und
bestehet aus sieben Ringen, deren Grundfarbe glänzend schwarz ist, aber gelb
gesäumet sind, und zwar der erste Ring mit einer bogenförmigen schmalen
Linie, der zweite mit einer breitern unterbrochenen und der dritte mit zwei
gebogten

Tab.22. gebogten Flekken. Die Füße sind gelb, und die Schenkel der mitlern und hintern Füße schwarz: die Flügel schattig.

Ist einheimisch.

Die Rukkenwespe. V. dorsualis.
Fabr. S. E. 25. Vesp.

Eine rote Wespe von Größe und Gestalt des Vierzahns. — Sie hat einen rostfärbigen Kopf, schwarze Stirne und Fühlhörner, deren Grundgelenk rostfärbig. Der Brustschild ist rostfärbig, mit einem schwarzen Flekken auf dem Rükken und zwei subtilen rostfärbigen Linchen. Das Schildlein ist rostfärbig, wie auch der Hinterleib, dessen erster Ring einen becherförmigen schwarzen Flekken und gelbe Einfassung hat. Der dritte hat oben einen großen schwarzen Flekken. Die Füße sind rostfärbig, und die Flügel braunschwärzlich.

Ist in Amerika zu Haus.

Die Dreifarbige. V. tricolor.
Fabr. S. E. 32. Vesp.

Eine roth und gelbe Wespe. — Ihr Kopf ist rostfärbig, mit einem gelben Ring auf der Stirne und gelben Freßzangen. Die Fühlhörner sind an der Wurzel rostfärbig, in der Mitte schwarz und an der Spizze gelb. Der Brustschild ist dunkelrostfärbig, am obern Rand gelb und hat vor den Flügeln eine gelbe Linie. Der erste Ring des Hinterleibes ist schwärzlich, die übrigen rostfärbig, mit gelben Einfassungen: die Füße gelb und die Schenkel schwarz: die Flügel rostfärbig.

Hat Jamaika zum Vaterland.

Die Zweipunktirte. V. bipunctata.
Fabr. S. E. 33. Vesp.

Von mittelmäßiger Größe. — Sie hat einen schwarzen Kopf und Fühlhörner, deren Grundgelenk unten gelb ist. Die Freßzangen und der Kreiß um die Augen sind auch gelb. Das Brustschild ist schwarz, mit einem gelben Strich oben am Hals, gelbem Punkt unter den Flügeln und gelbem Schildlein. Der Hinterleib ist schwarz, glänzend, auf dem ersten Ring auf beiden Seiten ein gelber Punkt, die übrigen Ringe sind gelb; wie auch die Füße, deren Schenkel an der Wurzel schwarz sind.

Wont in Deutschland.

Der Fleischer. V. lanio.
Fabr. S. E. 15. Vesp.

Eine braunrote Wespe. — Sie hat rostfärbige Fühlhörner, die vor der Spizze schwarz sind: einen braunroten Brustschild, dessen oberer Rand ins Rostfärbige

ge

ge fällt. Der Hinterleib ist braunroth.   Die Füße rostfärbig mit braunroten Tab:29;
Schenkeln.   Die Flügel schwärzlich.

Wont in Brasilien.

Die Linienwespe.   V. lineata.
Fabr. S. E. 13. Vesp.
Drury.

Eine schwarz und gelbe Wespe: — Der Kopf ist gelb, die Stirne schwarz
und auf der Oberlippe ein schwarzer Punkt.   Die Fühlhörner sind schwarz und
haben ein gelbes Grundgelenk.   Der Brustschild ist an den Seiten gelb, auf
der Brust und Rükken schwarz mit zwei gelben Linien.   Das Schildchen ist gelb
und hat in der Mitte eine schwarze Linie.   Der Hinterleib ist rostfärbig, zu bei=
den Seiten auf iedem Ring mit einem schwarzen Punkt gezieret, und die Füße
gelb.

Ihr Vaterland ist Amerika.

Der Peiniger.   V. carnifex.
Fabr. S. E. 14. Vesp.

Eine gelbe Wespe. — Der Kopf ist gelb, die Stirne schwarz mit einem
rostfärbigen Strich: die Freßzangen rostfärbig, mit einem schwarzen Rand.
Der Brustschild ist gelb, der Rükken schwarz mit vier dunklen rostfärbigen
Punkten, davon die innern größer sind.   Der Hinterleib ist gelb, und der zweite
Ring an der Wurzel rotbraun. Die Füße dunkel, und die Flügel rostfärbig.

Wont in Brasilien.

Die Flekwespe.   V. maculata americana.
Linn. S. N. 2 Degeer Inf. III. t. 29. f. 13.
Fabr. S. E. 11. Vesp.

Eine amerikanische Wespe von der Größe unsrer größern Wespen. — Sie
ist schwarz und hat auf der Stirne zwischen den Fühlhörnern zwei und hinter
den Augen noch zwei gelbe Querbinden.   Die Oberlippe und Zähne sind gelb.
An den Seiten des Bruststüks vor den Flügeln ein gelbes L und einen dreiek=
figten Flekken, hinten vier kleine Striche.   An den vier lezten Leibringen
oben und unten einige große gelbe ungleiche Flekken.   Die Füße sind eben so
geflekt, die Schienbeine aber und die Fußblätter des ersten Paars okkergelb:
die Fühlhörner sind oben schwarz, unten gelb und die Augen braun: die Flügel
braungelblich, durchsichtig und braunaderich.   Der Körper etwas harig. —
Linné gibt die Flekken weiß an.   Degeer gelb.

Wont im mitternächtlichen Amerika.

Die

Tab. 22.

Die gefekte Wespe. V. maculata.
Scop. E. C. 8;1.

Scopoli beschreibt die ungarische Flekwespe mit einem schwarzen Kopf: den Brustschild vorne mit einem gelben Linchen, und über den Flügeln mit einem gelben Seitenpunkt: der Hinterleib ist unten glänzend schwarz und oben rau von Punkten, mit einer gekrümmten Afterspizze: die Füße sind schwarz.

Der Rothfuß. V. rufipes.
Fabr. S. E. 23. Vesp.

Eine kleine schwarze Wespe mit roten Füßen. — Der Kopf ist schwarz, die Oberlippe rostfärbig, wie auch das Grundgelenk der Fühlhörner unterhalb. Der Brustschild ist hinten abgestumpft. Der Hinterleib glänzend schwarz. Die Füße rostfärbig: die Flügel am äußern Rand bläulich.

Lebt auf den Inseln des stillen Meers.

Der Randflek. V. marginalis.
Fabr. S. E. 24. Vesp.

Eine kleine schwarz und rote Wespe. — Der Kopf ist rostfärbig, mit einer braunschwarzen Stirne. Der Brustschild schwarz, oberhalb rostfärbig, und das Schildlein roth, unter welchem zwei kleine gelbe Linien befindlich. Der erste Ring des Hinterleibes ist schwarz mit gelber Einfassung: der andere rostfärbig mit rotem Saum, der dritte wieder schwarz mit gelbem Rand, und die übrigen rostfärbig, wie auch die Füße: die Flügel dunkel.

Ihr Vaterland ist das Kap.

fig. 5.

Die Tönende. V. tinniens.
Scop. E. Carn. 829.

Länge 7 Linien.

Eine gelb und schwarze Wespe mitlerer Größe. — Sie hat einen schwarzen Kopf mit dergleichen Härchen besezt, schwefelgelbe Oberlippe mit einem schwarzen Flek in der Mitte: gelbe Freßzangen mit schwarzen Zähnen, einen gelben Flekken zwischen den Fühlhörnern, einen gelben Saum am Kopf; schwarze nierenformige Augen mit einem länglichten gelben Punkt an dem Ek: drei helle gelblichte Ocellen, und schwarze Fühlhörner von 10 Gliedern, die in einem Gewerbknopf auf einem kurzen Grundgelenk stehen. Das Brustschild ist schwarz, mit zwei gelben Linien gegen den Hals zu im Winkel laufend, einen unterbrochenen gelben Saum und zwei gelben Flügelgewerbknöpfen. Der Hinterleib ist grünlich gelb und ieder Ring hat in der Mitte einen schwarzen Flek. Die Füße sind gelb, die Schenkel aber zur Hälfte schwarz. —

Einheimisch.

Der

Der Scharrer. V. ruspatris.

Linn. S. N. 19.

Eine braune Wespe in der Größe einer Honigbiene. — Die Stirne ist gelb und halbmondförmig, indem sich hinter den Augen ein solcher rostfärbiger Flekken befindet. Das Bruststük ist schwarz und hat vor den Flügeln einen gelben Punkt. Der Brustschild ist blaulich. Der Hinterleib, der am Bruststük anschließt, ist oval, gelb, besonders auf den zwei ersten Ringen, und hat auf jedem Ring an der Wurzel einen schwarzen kegelförmigen Flekken. Die Füße sind gelb, das erste Paar aber mehr braungelb und nach außenzu etwas harig.

Ihr Vaterland ist Afrika.

Der Gelbfuß. V. flavipes.

Fabr. S. E. 34. Vesp.

Eine schwarz und gelbe Wespe in Gestalt der Wandwespe. — Sie hat einen schwarzen Kopf, und Fühlhörner, die unten roth sind und ein gelbes Grundgelenk haben. Der Brustschild ist schwarz, am obern Rand gelb, und vor den Flügeln drei gelbe Punkte und ein gelbes Schildchen. Der Hinterleib ist schwarz mit drei gelben Binden, deren leztere sehr schmal sind. Ueberdas befinden sich auf dem ersten Ring zwei Punkte. Die Füße sind gelb, und die Flügel bräunlich.

Aus Amerika.

Die Aschfarbige. V. cinerascens.

Fabr. S. E. 35. Vesp.

Ihr ganzer Körper ist schwarz, er schillert aber in einer gewissen Lage aschfarbig. Der Brustschild ist hinten auf beiden Seiten zugespizt. Die vordern Flügel sehen dunkel violet aus.

Auch aus Amerika.

Der Sechsflek. V. sexpunctata.

fig.6.

Länge 6 Linien.

Eine schwarz und gelbe Wespe — mit einem schwarzen Kopf, mit drei gelben Punkten unter den schwarzen Fühlhörnern, deren Grundgelenk unten gelb ist: einem schwarzen Brustschild, worauf sechs gelbe Punkte sind, zwei am Hals, zwei am Rande und zwei unter den Flügeln. Die fünf ersten Ringe des Hinterleibes, wovon der zweite so groß ist, als die vier folgenden, sind gelb gesaumt, und zwar auch unten am Leibe. Der Saum am obersten Ring hat neben zwei beigeflossene gelbe Punkte. Das Afterstük aber ist ganz schwarz. Die Schenkel sind schwarz, die Füße aber übrigens gelb, und die Flügel bräunlich. Das Bruststük ist mit subtilen Härchen besezt, der Hinterleib aber ganz glatt.

Ist einheimisch.

Die

Die träge Wespe. V. tepida.
Fabr. S. E. 17. Vespa.

Sie hat die Gestalt der Riegelwespe, schwarz mit rotem After. — Der Kopf ist schwarz, die Fühlhörner und Oberlippe rostfärbig: der Brustschild schwarz mit zwei großen rostfärbigen Punkten oben am Hals. Der erste Ring des Hinterleibes ist ganz schwarz: der zweite und dritte schwarz mit rostfärbiger Einfassung, und die übrigen sind ganz rostfärbig, wie auch die Füße, ausgenommen die Schenkel, welche schwarz sind. Die Flügel sind auch rötlich.

Wont in Neuholland.

Der Rotafter. V. haemorrhoidalis.
Fabr. S. E. 19. Vesp.

Sie hat die Gestalt der Mohrin, und ist schwarz. — Der Kopf ist schwarz, die Fühlhörner, die Oberlippe und ein Punkt mitten auf der Stirne rostfärbig. Der Brustschild ist schwarz, die Einfassung oben rostfärbig, und hinten stumpf. Der erste Ring des Hinterleibes ist ganz schwarz, der zweite und dritte mit rostfärbiger Einfassung und die übrigen ganz rostfärbig; die vordern Flügel sind gelb, an der Wurzel aber schwarz, und die hintern rotbraun.

Wont auf dem Kap.

Die Weißstirn. V. albifrons.
Fabr. S. E. 20. Vesp.

Eine schwarze Wespe mit einer weißen Binde. — Der Kopf ist schwarz nebst den Fühlhörnern, deren Grundgelenk aber unten weiß: der Brustschild schwarz mit zwei kleinen weißen Punkten oben am Rande: der Hinterleib auch schwarz, mit einem breiten weißen Rand auf dem zweiten Ring. Die Füße sind schwarz und die Flügel dunkel.

Aus Neuholland.

Die Zierliche. V. concinna.
Fabr. S. E. 21. Vesp.

Eine schwarz und rote Wespe von Gestalt der Trägen. — Sie hat einen schwarzen Kopf und gelbe Stirne: einen ganz schwarzen Brustschild. Der Hinterleib ist oben rostfärbig, der erste Ring an der Wurzel schwarz, der zweite ganz schwarz, der dritte hat einen weißen Rand. Die Füße sind schwarz: die Flügel weißlich, und gegen außen schön violet.

Ist in Neuholland zu Hause.

Die große Spindel. V. Fusus maior.

Tab. 23.
fig. 1.
                                   Länge 7 und eine halbe Linie.

Eine schwarz und gelbe Wespe. — Der Kopf ist schwarz nebst den nierenförmigen

förmigen Augen und Ocellen, den fadenförmigen ſtarken Fülhörnern von 12 Tab. 23. Gliedern und der Oberlippe, um welche aber neben ſehr lange gelbe Hare ſtehen. Die Freßzangen ſind auch ſchwarz. Das Bruſtſtük iſt etwas dik. Der Schild iſt ſchwarz, oben mit einem Bogeneinſchnit. Zwiſchen den Flügeln iſt eine gelbe Linie und darhinter ein kleiner dreiekfigter gelber Flek. Der Schluß des Bruſtſtüks iſt ſtark mit weißlichen Härchen beſezt. Der erſte gelbe Ring des Hinterleibes iſt oben und unten mit einem ſchwarzen Saum eingefaßt; der zweite, dritte und vierte ebenfalls, hat aber noch in der Mitte einen damit zuſammenfließenden ſchwarzen Flek. Die leztern kleinen Ringe ſind ganz ſchwarz. Die Schenkel und Schienbeine ſind oben gelb und unten ſchwarz; die Fußblätter ſchwarz mit gelben Haren und Dornen beſezt. Die Flügel ſind etwas gelblich und haben bräunliche Adern.

Die gelblichte Wespe. V. flavescens.
Fabr. S. E. 36. Vesp.

Eine kleine Wespe, deren Kopf roſtfärbig und die Fülhörner roth ſind. Der Bruſtſchild iſt roſtfärbig, mit einem gelben Flekken vor den Flügeln und einem roſtfärbigen Punkt. Der Hinterleib iſt roſtfärbig, und ſeine Ringe gelblich eingefaßt. Die Flügel ſind roſtfärbig mit einem ſchwarzen Flekken an der Spizze.

Wont in Oſtindien.

Die Amerikanerin. V. americana.
Fabr. S. E. 38. Vesp.

Eine gelbe Wespe. — Ihr Kopf iſt ſchwarz, die Fülhörner roſtfärbig und in der Mitte ſchwarz: die Freßzangen gelb: der Bruſtſchild ſchwarz, oben am Rand aber gelb und unter den Flügeln mit gelben Punkten. Das Schildlein hat vorne zwei gelbe Binden und hinten vier gelbe Linchen. Der Hinterleib iſt ſchwarz mit vier gelben Binden, und einem braunroten After. Die Füße ſind ſchwarz und gelb geflekt.

Aus Amerika.

Die Spindel. V. Fusus minor.
Länge 6 Linien.

fig. 4.

Eine kleine gelb und ſchwarze Wespe. — Der Kopf iſt ſchwarz und mit gelblichen Härchen auf der Stirne bewachſen; die Fülhörner ſind auch ſchwarz, fadenförmig und von 12 Gliedern. Die Oberlippe iſt gelb und in der Mitte braun. Die Freßzangen ſchwarz und ſtark mit Haren beſezt. Der Bruſtſchild iſt ſchwarz und mit gelblichen Härchen beſezt. Die ſieben Ringe des Hinterleibes, welcher ſpindelförmig iſt, ſind etwas harig, unten ganz ſchwarz, oben gelb eingefaßt; der ſechſte und ſiebende aber ganz ſchwarz. Die Füße ſind ſehr ſtark gelb behaart, und dornig. Die Schenkel des erſten und zweiten Paares ſind ſchwarz bis gegen das Knie, des hinterſten Paars aber ſchwarz, und haben

Tab.23. ben unten eine gelbe Linie. Die Schienbeine sind unten schwarz und oben gelb und die Fußblätter schwarz. Die Flügel sind schwärzlich und haben schwarze Adern.

Der Stahlflügel. V. Aeneipennis.

Länge 4 Linien.

Eine schwarz und gelbe kleine Wespe. — Sie hat einen runden schwarzen Kopf mit einem gelben Punkt zwischen den Fühlhörnern, die unten einen gelben Strich haben. Das Bruststük hat oben am Hals einen gelben Kragen, und hinter den Flügeln zwei gelbe Punkte. Die Ringe des Hinterleibes, davon der zweite so groß ist als die übrigen zusammen, haben eine gelbe Einfassung, der lezte aber ist ganz schwarz. Die Füße sind gelb, die Schenkel aber zur Hälfte schwarz. Die Flügel sind etwas stahlblauschillernd.

Das größere Honigwespchen. V. florisequa maior.

Länge 5 und eine halbe Linie.

Eine kleine schwarz und gelbe Wespe, welche wie die Bienen die Blumen fleißig besuchet. — Ihr Kopf ist rund, schwarz, hat eine kleine gelbe Oberlippe und neben den Augen zwei gelbe Dreiekke, und hinter denselben zwei gelbe Punkte: gelbe Freßzangen mit schwarzen Zänen: gelbe Ocellen: Fühlhörner von 10 Gliedern, die in einem Gewerbknopf auf dem Grundgelenk stehen, das inwendig zitronengelb und oben dunkelbraun ist. Die übrigen Glieder sind ebenfalls oben schwärzlichbraun, unten aber rötlich. Das Bruststük ist schwarz und hat auf dem Schild oben am Hals zwei gelbe Punkte, auf den Gewerbknöpfen der Flügel zwei gelbe Punkte und eine dergleichen Querlinie in der Mitte des Schildes. Den ersten Ring des Hinterleibes bildet ein Knopf, der zwei länglichte gelbe Flekken hat: die andern Ringe haben einen unterbrochenen gelben Saum. Das Afterstük ist ganz schwarz. Unten am Leibe sind sämmtliche Ringe schwarz. Die vordern und mitlern Füße sind gelb und der halbe Schenkel roth: die hintern Füße aber an den Schenkeln roth, das Schienbein gelb, und die Fußblätter schwarz. Die Flügel haben am Rand einen Schatten.

Das kleinere Honigwespchen. V. florisequa minor.

Länge 4 und eine halbe Linie.

Diese ist der vorhergehenden ziemlich änlich. Nur ist ihre Oberlippe auf beiden Seiten mit silberfarben glänzenden Härchen besezt, und hat iener gelbe Punkte hinter den Augen nicht. Der Kopf an dem Hinterleib ist bei dieser ganz schwarz, und die Ringe sind verschieden gezeichnet. Der erste nach dem Knopf hat eine gelbe gebogte Einfassung, der folgende einen schwarzen halben Bogen, und das übrige gelb. Der dritte einen dergleichen breitern halben Zirkel und der vierte ein schwarzes Dreiek. Der fünfte aber ist ganz schwarz. Die Flügel haben einen Randflek.

Die

Die Flüchtige. V. velox.

Tab. 27.
fig. 6.

Länge 5 Linien.

Eine schwarz und gelbe kleine Wespe. — Sie hat einen schwarzen Kopf, Augen und gebrochene Fühlhörner, wovon das Grundgelenk rotgelb ist. Das Bruststük ist schwarz, am Hals mit zwei gelben Flekken bezeichnet. Der Hinterleib ist spindelförmig mit sechs schwarzen Ringen, wovon der erste in der Mitte gelb, der zweite, dritte und vierte mit einem breiten unterbrochenen gelben Rand eingefasset ist. Der fünfte und sechste hat eine ununterbrochene gelbe Einfassung und die Afterspizze ist schwarz. Die Füße sind sämmtlich rotgelb, die Schenkel aber an der Wurzel zur Hälfte schwarz, und die Schienbeine mit starken Dornen versehen. Die Flügel sind schwärzlich.

Der Großkopf. V. macrocephala.

fig. 7.

Länge 6 Linien.

Eine schwarze Wespe mit gelben Flekken. — Der Kopf ist sehr stark, und ganz schwarz. Das Bruststük ist auch schwarz und hat oberhalb der Flügel einen gelben Querstrich und einen dergleichen unterhalb denselben. Der Hinterleib ist spindelförmig, schwarz und ieder Ring hat eine unterbrochene gelbe Einfassung, der After aber ist ganz schwarz. Die Füße sind rotgelb, die sämmtlichen Schenkel aber zur Hälfte schwarz. Die Flügel haben rötliche Adern.

Der Schmächtling. V. iuncea.

fig. 8.

Länge 4 Linien.

Eine kleine schwarze Wespe mit gelber Zeichnung. — Der Kopf, Augen und Fühlhörner sind schwarz, nebst dem Bruststük, welches oben am Hals rein gelb eingefaßt ist, und hinter den Flügeln eine solche Querlinie hat. Von den Ringen des Hinterleibes, wovon der zweite der größte ist; sind die drei erstern mit einer reinen gelben Binde eingefaßt. Die Füße sind schwarz, und die Flügel schillern rötlich.

Der Zweizahn. V. bidens.

Linn. S. N. 16.

Fabr. S. E. 29.

Eine kleine schwarze Wespe, etwas größer als eine rote Ameise. — Das Bruststük ist mit zwei Dornen oder Zänchen versehen; drei Ringe des Hinterleibes haben gelbe Einfassung.

Ist in Schweden zu Haus.

Die Doppelspizze. V. biglumis.

Linn. S. N. 17. & Fn. Sv. 1680.

Fabr. S. E. 48. Vesp.

Auch eine kleine schwarze Wespe. — Ihr Brustschild endiget sich in der Gestalt einer gespaltenen Kornäre in zwei Spizzen. Fabric. aber beschreibet

Tab.23. bet sein Exemplar one Spizzen, mit vier weißen Punkten auf dem Schildlein. Die Ringe des Hinterleibes haben einen weißen Rand, und der zweite Ring hat überdas noch zwei weiße Punkte. — Sie bauet ihre Nester an den Ufern aus angehäuftem Rohr.

Dazu zälet Linne auch

Die Steinwespe.   V. lapidaris.

Welche ihre Nester an der Mittagsseite der Felsen aus zusammengehäuften Röhrchen macht. — Sie ist auch schwarz, und hat auch auf dem zweiten Ring des Hinterleibes, als dem größten, zwei ovale weiße Flekken: aber die Füße und Fülhörner sind rostfärbig. — Sie ziehet getödtete Fliegen in ihr Nest, die oft dreimal größer sind als sie selbst, und verspeiset solche.

Bede wonen in Schweden.

Die Schildspizze.   V. uniglummis.

Linn. S. N. 18. & Fn. Sv. 1681.
Fabr. S. E. 12. Crabro unigl.

Der Brustschild gehet wie eine geschlossene Kornäre in eine einfache Spizze aus. Das Bruststük ist ungeflekt. Drei Ringe des Hinterleibes haben fast am Rande zwei weiße Punkte.

Wont in Europa.

Der Krummfuß.   V. curvipes.

fig.9.   Länge 3 Linien.

Ein schwarzes Wespchen, der allerkleinsten Art mit roten Füßen. — Ihr Kopf ist sehr rund und schwarz, mit roten Freßzangen, und zwei Fülspizzen am Maul und großen Augen. Die Fülhörner sind kurz und haben nur fünf Glieder, nemlich ein keulförmiges Grundgelenk, worauf vier abgestuzte Glieder stehen. Das Bruststük ist schwarz, und der Hinterleib auch glänzend schwarz, spizzig, und hat einen kleinen Leibhals. Die Füße sind roth, die Schenkel und Schienbeine der vördern Füße aber schwarz. Der Bau der Füße ist besonder. Die Schenkel sind alle krumm, vorzüglich das vördere Paar, welche gegen das Schienbein zu keulartig sind. Die Flügel sind etwas schattig.

Der kleine Dikfuß.   V. crassipes.

fig.10.   Länge 2 und eine halbe Linie.

Eine kleine schwarze Wespe. Das Bruststük hat oben eine ganz zarte gelbe Einfassung, und auf den Gewerbknöpfen der Flügel einen gelben Punkt. Die Füße sind schwarz, aber die Schenkel der Hinterbeine, welche besonders dik sind, gelb. Die Flügel haben einen Randflek.

Die Zwergin.   V. minuta.

Linn. S. N. 28.

Ein kohlschwarzes Wespchen, das kaum noch einmal so groß ist, als eine Laus. — Die Fülhörner sind zilindrisch, schwarz und niedergebogen. Der Hinterleib ist oval. Vor den Flügeln befindet sich eine Schuppe. Die Knie und Fußblätter sind gelb.

Ihr Aufenthalt ist in den südlichen Teilen von Europa.

Die

Die
Raupentödter.
Sphex.

II. Abschnit.

Von den

Raupentödtern,

auch

Baftardwefpen, Afterraupentödter

genannt,

Sphex. *Le Sphex.* Linn. S. N. **245.** Geschlecht.

Naturgeschichte der Raupentödter.

Dieses Wespengeschlecht gehöret, wie das folgende der Ichneumons, zu der weißen Anstalt der großen Natur, um die Scharen der Raupenfamilien im Zaum und im Gleichgewicht zum Ganzen zu erhalten. Sie gränzen meistens ihrer Gestalt nach zunächst an die eigentliche Wespen, (deswegen sie auch von den Alten den griechischen Namen *Sphex*, Wespe, erhalten haben) doch kommen diejenige, welche einen verlängerten Leibhals haben, auch häufig mit der Gestalt der Ichneumons überein und sind mit denselben auch zu einem Zwek von der Natur geordnet. Das deutsche Wort Raupentödter behalten wir für dieses Geschlecht um deswillen gerne bei, weil sie die Raupen one alle Umschweife tödten, und also der Namen Raupentödter ihnen im strengsten Verstande zukommt. Andere Entomologen nennen sie Afterraupentödter, andere Baftardwespen, die Ichneumons aber Raupentödter. Indessen beuget ihr eigentlicher Name Sphex aller Verwirrung vor.

Müssen wir die Kunst= und Närtriebe bei andern Insekten bewundern, so verdienet das Geschlecht der Spheren oder Raupentödter desfalls nicht weniger Aufmerksamkeit. Die Einsicht in ihre Oekonomie, die Betrachtung ihrer Wonungen und Wiegen, so sie für ihre Jungen bereiten, bestätiget

bestätiget tausendmal den Gedanken, daß der Schöpfer im Insekt herrsche, und entlokt uns die Worte: Welch ein wunderbarer Schöpfer! ¡ ¡ In ihrer Narung und Erziehung ihrer Jungen kommen diese verschiedene Gestalten der Sphexen darin überein, daß sie solche mit Raupen, seltener mit andern Insekten, als Spinnen, Käfern ꝛc. nären, und zwar so, daß sie ihren Jungen den ganzen Vorrath, den sie zur ersten Periode ihres Lebens nötig haben, auf einmal bereiten. Aber ihre Wonungen, die sie zu Erziehung ihrer Nachkommenschaft bereiten, sind sehr verschieden. Einige machen ein so vestes Mauerwerk von Sand, Mörtel und Steinchen über ihre Zellen, daß man sie nur mit einem eisernen Hammer zerschlagen kann. Andere machen niedliche Tönnchen von feiner Erde, und hängen sie hie und da an sichern Orten an: meist werden hernach alle diese kleine Hölen inwendig von den Jungen selbst wie mit feinem Atlas tapezieret durch ein zartes Seidengespinnst, so sie an die inneren Wände allenthalben veste ankleben. Andere suchen bequeme Wurmlöcher in Balken und Hölzern, und verschließen hernach, wenn sie ihre Jungen darin wol und zureichend versorgt haben, die Oefnung teils mit einem feinen Mörtel oder Ton, teils mit Erde, teils mit Sägspänen. Andere scharren in die Erde ein Grübchen, oder suchen eine angemessene Höle in einem Baum, in einer Wand, oder Mauer. Einige machen fußtiefe Rören in sandige Erde und verschütten hernach den Eingang. — In alle dergleichen Wonungen und Zellen tragen sie gerade so viel Raupen teils lebendig, teils todt, als zur Narung des Jungen bis zu seinem Nimphenstand und Verwandlung nötig ist. Sie bringen nicht mehr und nicht weniger solcher Narung hinein, und wissen es wol zu berechnen und zu beurteilen (wenn ich mich anders also ausdrükken darf); finden sie daher größere Raupen und Würmer in der Nähe, so nemen sie nur etliche: sind es kleinere, so schleppen sie mehrere herbei. Ist der gehörige Vorrath bereitet, (als wobei sie auch ordentlich und niedlich zu Werke gehen, und die Raupen nicht, wie es kommt, hineinpfropfen, sondern sie gar artig ineinander schlingen und zurecht legen) so leget der Sphex ein Eichen dazu, verschließet darauf die Zelle, gehet davon und überläßt der Natur das übrige. Das Eichen oder der Keim des iungen Sphexen entwikkelt sich bald und das ausgebrochene Würmchen nagt einen Raupen nach dem andern an, und lebet so lange von ihren Eingeweiden, bis sie aufgezehret sind, da sodenn gerade die Zeit der Einspinnung zum Nimphenstand und zur zweiten Periode seines Lebens, wo keine Narung mehr nötig, vorhanden ist. Es hat nichts übrig, und felt ihm auch nichts zu seinem vollkommenen Wachstum. Es muß iedesmal gerade zutreffen.

treffen. Im Nimphenstand, in diesem verborgenen innerlichen Leben, dabei die Natur allein ganz unbegreiflich wirkt und ihre bildende Allmacht beweißt, bleibt das Insekt gewönlich über Winter one Bewegung und sichtbares Leben liegen, bis es im folgenden Früiahr zu seiner Zeit, zu seiner Bestimmung in ein neues Leben hervorgehet und auferstehet, sodann eben diese Oekonomie mit seinen Nachkommen fortsezzet.

Es gibt gar verschiedene Arten der Raupentödter von Größe und Körperbau. Linne hat sie in zwei Hauptabteilungen gebracht. Unter die eine gehöret dieienige Gattung, welche einen wespenartigen Hinterleib haben, der mit dem Bruststük nahe verbunden ist, durch einen dünnen aber ganz kurzen Kanal oder Stielchen, und heißen Kurzhälse. Die andere Gattung aber hat ein langes Röhrchen oder Stielchen, welcher der Leibhals heißet, und der den Hinterleib mit dem Bruststük verbindet, welche Langhälse genennet werden. Erstere Gattung ist bei dem ersten Anblik oft schwer von den eigentlichen Wespen zu unterscheiden. Die andere Gattung aber, welche gewönlich die künstlichste Bauzunft bei den Sphexen ausmacht, hat einen fast eiförmigen und spizzulaufenden Hinterleib, der sich sehr kenntlich macht.

Ihre Hauptkennzeichen sind, daß sie gebrochene Fülhörner haben, die eine ellenbogige Beugung vorstellen, meist von 10 Gliedern oder Gelenken: doch haben verschiedene mehr oder weniger, teils auch längere Glieder, teils gerundete und kurze: starke und öfters weit übereinander kreuzende Freßzanzen: ein Maul one Rüssel und häufig mit Freßspizzen; teils zwei Paar Freßspizzen, teils ein Paar, teils keine Freßspizzen. Flach aufliegende doch schmale Flügel, die nicht so sehr sich falten, wie bei den Wespen, und einen verborgenen Stechangel. Bei der zweiten Hauptgattung finden sich viele, welche an dem äußersten Glied der Fülhörner eine Klaue haben, und viele, bei welchen die Freßzangen geradeaus zusammenstehen. — Fabricius, welcher die Maulwerkzeuge zum Unterscheidungszeichen der Geschlechter macht, karakterisirt dieses Geschlec... so: das Maul hat eine eingebogene dreispaltige Zunge: die Lefze ist a... ...ändelt, und hat auf beiden Seiten eine hervorgestreckte pfriemenförm... ...orste: die Fülhörner sind fast fadenförmig; und so kommen freilich m...che linneische Sphexen unter andern fabricischen Geschlechtern vor. Einer gewissen Gattung gibt Fabricius den Namen *Evania*. Zu Unterscheidungszeichen gibt er an, daß sie an den hintern Fülspizzen nur vier Glieder, die zu

Sphex

Sphex aber gehören, fünf haben: daß die Mandibula nur einen Zahn, das Labium ganz vollständig und nicht ausgerändet, die Fülhörner fadenförmig seien. Andere nennet er *Tiphia*, die ein kurzes labium, und ein etwas langes Grundgelenk der Fülhörner ꝛc. haben. Einige heißen *Scolia*, mit kurzer eingebogener Zunge, vorragendem labio ꝛc. und viele kommen unter *Crabro* vor, mit kurzen Freßspizzen, fadenförmigen Fül hörnern ꝛc. — Geoffroy hat dieses ganze Geschlecht unter die Wespen und Schlupfwespen verteilt.

Herr von Linne beschreibet 38 Arten von Sphexen; 24 Arten, deren Hinterleib nahe am Bruststük befindlich ist; und 14 Arten, welche einen langen Leibhals haben.

Einteilung der Arten

der

Raupentödter oder Sphexen.

A. Sphexen, deren Hinterleib nahe am Bruststük befindlich ist. Dahin gehören auch

B. Die Siebbienen, oder eigentlicher Siebbeine. Sphex Cribraria.

  a) mit Lamellen.

  b) one Lamellen.

C. Sphexen, mit einem verlängerten Leibhals.

  a) mit einem geraden Leibhals.

  b) mit einem geraden Leibhals und Goldfarben, Sph. Chrysis.

  c) mit einem keulförmigen Leibhals.

    α) one Fülhörnerklauen.

    β) mit Fülhörnerklauen.

Beschreibung der Arten.

A. Sphexen, deren Hinterleib nahe am Bruststük befindlich ist.

Der Goliath. Sphex Goliath.
Drury Tom. II.

Tab. 24.
fig. 1.

Länge 2 Zoll.

Dieser schwarz und gelbe Sphex ist einer der größten bekannten Arten, an den Küsten von Morea zu Hause. — Sein Kopf ist dunkel pomeranzengelb, das Maul schwarz mit zwei sehr starken Freßzangen, aber weder Rüssel noch Freßspizzen. Die Augen sind nierenförmig und dunkelbraun, die Fülhörner schwarz, mit einem langen Grundgelenk, und kurzen Gliedern, die gegen aussen hin dikker werden. Das Bruststük ist schwarz und hat auf dem Schild einen rotgelben Flek und zwei dergleichen auf beiden Seiten gegen dem Hals. Ein

Bogen=

Tab.24. Bogeneinschnit lauft von einer Wurzel der Flügel zur andern, und hinter den Flügeln ist noch ein solcher Einschnit. Der Hinterleib ist schwarz und harig, von sechs Ringen, davon die vier mitlern einen pomeranzengelben Saum haben, und überdas der zweite und dritte Ring ieder zwei dergleichen gelbe Flekken, unterhalb ist der Leib ganz schwarz am Afterstük mit gelben Haren besezt. Die Füße sind schwarz, mit vielen Haren und starken Dornen versehen, und haben Afterschenkel und starke Klauen. Die Flügel sind glatt und ungefaltet, gelb und durchsichtig mit rotbräunlichen Adern.

Der afrikanische Neger. Sph. africana nigra.

Drury Tom. 3. tab. 42. f. 4.

Länge 1 Zoll 9 Linien.

Ein großer schwarzer Spher mit gelbbräunlichen Flügeln. — Der Kopf, das Bruststük und der Hinterleib sind schwarz, nebst den Ocellen. Die großen Augen aber braun, glänzend und hervorstehend: die Fülhörner auch braun und haben 10 Glieder und ein langes Grundgelenk. Das Maul hat vier Freßspizen, und starke Freßzangen. Der Hinterleib bestehet aus sechs Ringen, welche konisch auslaufen, und hat keinen sichtbaren Leibhals. Die Füße sind gelbbräunlich und sämmtliche Schenkel schwarz. Die Fußblätter haben fünf Glieder one die Klauen und die Flügel sind auch gelbbraun, haben aber an der Spizze eine schwarze Einfassung.

Wont an den Küsten von Afrika.

Die Buntflügel. Sph. versicolor.

fig.2.

Länge 1 Zoll 7 Linien.

Eine dergleichen Art Sphere, größter Gattung. — Der Kopf ist glänzend one Hare, gelblichroth, mit zwei nierenförmigen Augen, die gelblich grau sind und zwischen denselben oberhalb die drei Ocellen in einem flachen Dreiek, in einer Vertiefung, die schwarz ist und fast ein Kreuz vorstellet. Die schwarzen Fülhörner sind nicht groß und bestehen aus einem etwas starken Grundgelenk, an welchem gegen oben hin ein Büschgen schwarze Hare neben ausstehen. Auf diesem Grundgelenk stehen in einem starken Gewerbknopf 10 gewundene Glieder, davon das oberste stumpf ist. Das Bruststük ist unten ganz schwarz, rauch mit Haren besezt, und der Schild gegen den Hals bis an die Wurzel der Flügel hat hochrote borstige Hare. Zwischen den Flügeln ist eine schwarze und glänzende Fläche one Hare, welche zwei gelblichrote Flekken schließen. Der übrige halbe Teil des Brustschilds hinter den Flügeln ist schwarz und mit starken Haren bedekt. Der Hinterleib bestehet aus sieben Ringen. Der erste ist ganz schwarz, behaart. Der andere hat zwei große gelbe onbehaarte Flekken und ist mit schwarzen Sammetharen eingefaßt. Der dritte hat zwei dergleichen gelbe Flekken und ist mit hochroten glattliegenden Haren bebrämet. Die drei kleinern folgende Ringe sind schwarz und mit dergleichen roten Haren ringsherum eingefaßt, und das Schwanzstük ist schwarz. Die Füße sind nach Maaßgabe des Körpers sehr stark und zottigt von Haren, die an den Schenkeln und Schienbei-

nen

nen schwarz, an den Fußblättern aber außen rötlich sind. Die Schenkel haben Tab.24.
eine Krümme. Die Schienbeine und alle Teile der Fußblätter haben schwarze
Dorne, und die äußersten Glieder zwei starke Klauen, zwei kleinere Nebenklauen
und einen starken Ballen. Die Flügel sind goldgelb zur Hälfte, und die übrige schattigte Hälfte schillert bläulicht. Sie haben braune Adern.

Man findet sie in Siberien, auch in Ungarn.

Der Doppeldorn. Sphex. bidens.   fig. 3.
Linn. S. N. 14.

Eine afrikanische Spherwespe. Sie ist schwarz und so groß, als eine
Horniffe. Der Kopf ist roth, das Maul schwarz, die Fülhörner roth und
haben 13 kurze gewundene Glieder. Das Grundgelenk ist schwarz. Der Brustschild hat hinten an jeder Seite einen Zahn. Auf dem zweiten glatten Ring
des Hinterleibes stehen zwei rundliche zusammengeflossene orangegelbe Flekken.
Der dritte Ring ist auch glatt, und hat zwei abgesonderte gelbe Flekken. Die
Füße sind durchaus rauchhärig und schwarz, und die Schenkel oben hökkerig:
die Flügel rostfärbig und gegen das Ende bläulich. — Pallas in seinen
Reisen II. Anhang n. 86, gibt der russischen eben den Namen. Sie ist von
eben der Größe und ganz harig. Das Weibchen, das größer ist, hat einen
größern Kopf, der vorn glatt und gelb, die Augen und Ocellen aber schwarz
sind: die Fülhörner kurz, mit einer Vorste an der Wurzel: der Brustschild
schwarz, vorn aber rostfärbig, hinten zwiekkig, und an diesen Ekken harig.
Anstatt des Schildchens ist ein gelber Flekken. Der Hinterleib hat zwei Paar
zitronengelbe Flekken, davon die vordersten etwas zusammenhängen. An dem
After ist er rostfärbig und harig. Die Hinterfüße sind länger und dikker als
bei den Männchen, und dabei sehr straubig. Die Flügel rostfärbig. — Das
Männchen ist kleiner mit geringerm Kopf, ganz schwarz, die Stirne und der
Brustschild ausgenommen, welche rostfärbig sind. Die Fülhörner sind lang,
dik, zilindrisch. Der Leib hat größere Flekken, die paarweiß zusammenhängen.
Der After rostfärbig und die Flügel, wie das Weibchen.

Der Bewafnete. S. Armiger.   fig. 4.
Länge 1 Zoll 4 und eine halbe Linie.

Der Kopf, die nierenförmige Augen, die Ocellen sind schwarz, wie auch
die mit Hohlpunkten besezte Oberlippe, und die starken Freßzangen. Das
Maul ist mit rotgelben glänzenden Haren besezt und hat vier Fülspizzen von
gleicher Farbe. Die Fülhörner haben ein starkes schwarzes Grundgelenk und
darauf 10 Glieder, wovon das unterste so lang ist, als drei der übrigen. Diese
10 Glieder sind unten roth und oben bräunlich. Das Bruststük ist schmuzzig
schwarz und hat verschiedene leichte Einschnitte. Der Hinterleib bestehet aus
sechs Ringen. Die zwei ersten sind größer als die vier leztern zusammengenommen. Der erste ist schwarz und hat am Rande einen schmalen rotgelben Saum
und zwei dergleichen gelbe Flekken an den Seiten, welche in der Mitten einen
schwarzen Strichen haben, Der zweite Ring hat nur oben einen schwarzen Saum,
                                                                    der

Tab.24. der in der Mitte breiter und mit einer Spizze zuläuft, das übrige des Rings aber ist ganz rotgelb. Die vier leztern Ringe sind glänzend schwarz, und mit kurzen schwarzen Härchen besezt, so wie die übrigen Teile des Körpers, der gelbe Ring aber hat auch wenige gelbe Härchen. Die Füße sind schwarz: die Fußblätter aber inwendig oder unten braunrötlich. Die Schienbeine haben zwei starke Dorne und iedes Glied der Fußblätter ist am Ende ringsherum mit Dörnchen besezt; die Klauen haben keine Afterklauen, sondern neben den Ballen starke, lange und straffe Hare. Die Flügel sind gefaltet, stark, von rotgelber Farbe mit braunen Adern und zur Hälfte rötlich braun.

fig.5.   ## Der Violetflügel. S. Azurea.

Länge 1 Zoll 5 Linien.

Ein großer schwarzer Spher mit blauen Flügeln. — Der Kopf mit seinen Fülhörnern und übrigen Gliedern gleichet vollkommen f. 2. dieser Tafel, nur sind hier die Augen ganz schwarz. Der Bau des Bruststüks ist auch ienem gleich, nur ist solches durchaus schwarz. Der Hinterleib bestehet wie iener aus sieben Ringen, wovon die ersten vier ganz schwarz sind, die drei leztern aber am Rande mit langen hochroten Haren besezt. Die Füße sind wie iener beschaffen, aber ganz schwarz, und die Flügel schillern blau und am Ende bräunlich.

Tab.25. fig.1.   ## Der Braunflügel. S. fusca.

Linn. S. N. 16. & Fn. Sv. 1652.

Mull. Zool. Dan. pr. 1865.

Houttuin.

Fabr. S. E. 19.

Fuesly Verz. schweiz. Inf. 976. Der Braune.

Degeer. Inf. Ueberf. T. II. P. II. Der rote schwarzgestreifte Raupentödter.

Geoffr. Inf. 2. 354. 74. Ichneumon ater.

Länge 1 Zoll 7 Linien.

Ein großer schwarzer Spher mit bräunlich gelben Flügeln, und außerordentlich großen Füßen. — Der Kopf, die Brust und der Leib ist ganz schwarz, one Glanz mit dünnen subtilen Härchen besezt. Die Oberlippe ist am Saum mit dunklen braunrötlichen Härchen besezt. Die Freßzangen sind braunroth, an den Spizzen schwarz, scharfgezänt und gesäumet, und kreuzen sich sehr weit übereinander. Die zwei Paar Fülspizzen sind bräunlichroth. Das größere Paar hat vier birnförmige Glieder und ein kurzes Grundgelenk. Die Fülhörner sind fadenförmig, gelblichroth mit 10 Gliedern und einem kurzen dikken braunroten Grundgelenk. Das Bruststük ist sehr stark und etwas hökkerig. Der ovalspizzige Hinterleib bestehet aus acht Ringen. Die Afterschenkel oder Hüftbeine sind dik, und von Farbe schwarz. Daran haben die eigentlichen Schenkel noch ein besonderes kurzes Gelenk oder Glied. Die Schenkel sind auch schwarz

schwarz bis gegen die Knie, welche braunroth sind. Die Schienbeine, welche Tab. 25. zwei scharfe Dorne haben, wovon der längste zwei Linien lang ist, sind nebst den Fußblättern rötlich gelb. Sowol die Schienbeine als Fußblatglieder sind durchaus mit vielen kleinen scharfen Dornen oder Stacheln besezt, und die innere Seite ist glatt. Die Klauen haben Afterklauen, und dazwischen einen schwarzen behaarten starken Ballen. Die Füße sind lang und von den hintersten als den größten misset ieder zwei Zoll. Die Flügel sind groß und breit, und bedekken den Leib bis auf den sechsten Ring. Sie sind undurchsichtig. Ihre Farbe ist rötlich gelb mit braunroten Adern oder Nerven. Der äußere Saum aber und die Enden der Flügel sind schwärzlich stahlfarb.

Das Männchen.

Gleichet dem vorhinbeschriebenen Weibchen fast allermeist. Der Unterschied bestehet darin, daß das Männchen um drei bis vier Linien kleiner ist, der Hinterleib nur sechs Ringe hat, und die Farbe der Flügel und Füße etwas höher oder röter ist als des Weibchens. Etwas sonderbares aber zeigt sich an oder vielmehr unter der Oberlippe des Männchens. Es befinden sich nemlich an derselben ein Büschgen solcher länglich ovalen gelben Schuppen oder Lamellen die an einem braunroten Stielchen oder Gelenk, dergleichen wir oben Tab. IV. fig. c. bei der großen amerikanischen Hummel an ihren Mittel- und Hinterfüßen beschrieben und vorgestellet haben. Nur sind iene der Wespe ziemlich dikker, one Adern und Nebenzierraten, und hängen über die Freßzangen herunter, da sie nächst unter der Oberlippe herfürgewachsen sind. Wozu sie die Natur diesem Insekt verliehen, ist zur Zeit nicht bekant.

Aus Surinam in Amerika. — Die vorhinbeschriebene kommt mit der Zouttuinischen überein. Linne beschreibet die seinige mit drei rostfärbigen Ringen an der Wurzel des Hinterleibes, die am Rand schwarz eingefaßt sind.

Der Neuiorker. Der Tropiker. Sph. tropica. fig. c.
Linn. S. N. 27.
Fabr. S. E. 26.
Länge 1 und einen halben Zoll.

Ein schwarzer Spher mit einem roten Ring auf dem Hinterleib. — Kopf, Brustschild und Hinterleib sind schwarz; die Augen nierenförmig und weiß, nebst den Ocellen. Die Kiefer sind mondförmig, breit, kurz und gezänt. Die Zunge ist borstenförmig und kaum sichtbar. Der zweite Ring des Hinterleibes, als der größte, ist rostfärbig. Die äußere Hälfte der gebrochenen und etwas keulförmigen Fühlhörner, und die Schienbeine und Fußblätter der Füße sind bräunlich und die Flügel rötlichbraun mit braunen Adern.

Aus Neuiork in Amerika.

Die

Tab. 25.
fig. 3.

Die Raspel. Sph. radula sibérica.
Fabr.

Länge 1 Zoll und 4 Linien.

Ein großer, roter sehr behaarter Spher mit langen Fülhörnern. — Der Kopf ist so, wie auch die Oberlippe mit schwarzen Haren besezt, gegen den Hals zu aber sind sie etwas rötlich. Die drei Ocellen sind gelblich, die großen Augen aber grau. Die Fülhörner sind schwarz, groß und etwas dik, wurst: änlich und bestehen aus 11 ineinandergestekten Gliedern, und einem ganz kurzen Grundgelenk, nebst dem Gewerbknopf. Der Hals stehet etwas ab und hat keinen Ring. Der Brustschild ist schön roth von Haren, und gegen den Hin: terleib zu schwarz, wie auch das übrige ganze Bruststük mit schwarzen Haren rau besezt. Der Hinterleib bestehet aus sieben Ringen. Der erste ist schwarz, der andere hat auf dem schwarzen Grund zwei große zusammenfließende runde gelbe Flekken. Der dritte hat dergleichen auch, die aber in der Mitte geteilet sind. Die übrigen drei kleinere Ringe sind mit hochroten Haren besezt wie das Brustschild. Das Afterstük ist schwarz und hat einen sehr starken Stachel. Die Füße sind schwarz und rauch von Haren. Alle Glieder daran haben zwei Dor: ne und die Fußblätter zwei scharfe große Klauen in Begleitung zwei kleiner und einen starken Ballen. Die Flügel sind zur Hälfte goldgelb und haben gegen das äußere einen violetten Schatten.

Aus Siberien.

fig. 4.

Die Raspel. Sph. radula hungarica.
Fabr. S. E. 5. tiphia radula.

Länge 1 Zoll und 2 Linien.

Der Kopf ist schwarz: die großen Augen aschgrau, die im Dreiek stehende Ocellen aber schwarz, so wie auch die Freßzangen. Die Fülhörner sind groß und einen halben Zoll lang. Sie bestehen aus 11 Gelenken und einem kurzen Grundgelenk. Das Bruststük ist groß und dik, der Schild rötlich gelb von Haren bis an die Flügel, das übrige aber ist schwarz, und so auch die ganze Brust. Der Hinterleib bestehet aus acht Ringen. Der erste Ring ist schwarz und schmäler als der folgende, neben mit einem gebogten Einschnit. Der zweite Ring ist stark, der obere und untere Saum schwarz, und in der Mitte zwei zu: sammengeflossene gelbe Flekken mit Bogen. Der dritte Ring ist eben so groß, oben mit einem schmalen schwarzen Saum mit einem Ek in der Mitte, das übrige gelb. Die fünf folgenden Ringe, die klein sind, haben einen schwarzen Grund und sind mit borstigen fuchsroten Haren dichte besezt. Unten ist der Leib ganz schwarz. Die Füße sind lang, stark und ganz schwarz. Nicht nur die Schienbeine, sondern auch ein iedes Glied des Fußblats haben ringsherum Dorne, und zwischen den behaarten Klauen starke Saugballen, die oberhalb mit Haren bewachsen sind. Die Flügel sind groß, gelb, und haben gegen außenhin einen rötlichen Schatten.

Aus Ungarn. — Fabricius gibt Neuholland als ihr Vaterland
an,

an, sie ist aber auch in andern Gegenden zu finden und nicht sonder= Tab.25.
lich durch die verschiedene Klimate in der Zeichnung verschieden.

Der Gelbwirbel. Sph. verticalis.
Fabr. S. E. 7. Scolia vert.

Ein schwarzer durchaus rauchhariger Spher von mitlerer Größe mit gelbem
Scheitel und schwarzen Ocellen. Die Flügel aber sind bläulich.

Ist in Neuholland zu Haus.

Der Vierpunkt. Sph. quatuorpunctata.
Fabr. S. E. 8. Scolia quat.

Ein schwarzer etwas kleinerer Spher mit vier weißen Punkten auf dem
Rükken des behaarten Hinterleibes, und rostfärbigen Flügeln, die gegen die
Spizze braunschwarz sind.

Wont in Italien.

Die Muschelwespe. Sph. conchacea.   fig.5.
Drury Tom. I. p. 98.
Länge 1 Zoll.

Ein gelber Spher. — Der Kopf ist gelb, ist aber ganz oben mit schwar=
zen Sammetharen besezt. Die Fülhörner sind kurz und dunkelbraun, das
Grundgelenk aber gelb. Das Bruststük ist gelb und etwas sammetartig. In
der Mitte des Schildes läuft ein breiter schwarzer Streife von der Wurzel bis
an den Schluß des Bruststüks, und daneben zu beiden Seiten ein halb langer
Streife, welche sich unten auf der Brust vereinigen. Der Hinterleib bestehet
aus acht Ringen und ist dunkelpomeranzengelb, der sechste Ring aber ist schwarz.
Die Füße sind braungelb und haben die zwei Paar leztere an den Schienbeinen
zwei Dorne, das vördere Paar aber nur einen. Die Flügel sind durchsichtig
und bräunlich.

Aus Neuiork.

Der Mahlträger. Sph. stigma.
Linn. S. N. 25.

Er hat einen aschgrauen Hinterleib, der unten rötlich und mit weißen
Punkten besezt ist. Die Fülhörner sind untenher weiß und oben rostfärbig. Die
Flügel sind ekkig, bräunlich, aschgrau, unten rötlich wellenförmig, und am
Rande mit einem unterbrochenen weißen Mahl bezeichnet.

Aus dem Kap.

Das

Das Kolon. Sph. colon.
Linn. S. N. 28.

Die Fühlhörner sind roth, das Bruststük grün, die Füße roth, und auf den Flügeln befinden sich zwei schwarze Punkten, wovon die Benennung genommen ist.

Ist in Schweden zu Haus.

Der Rotfuß. Sph. rufipes.
Linn. S. N. 29. & Faun. Suec. 1659.
Fabr. S. E. 29.

Dieser Spher hat zwei rote Hinterfüße, an den Ringen des Hinterleibes auf beiden Seiten einen weißen Flekken und braune Spizzen an den Flügeln.

Auch in Schweden und sonst in sandigen Gegenden.

Der Goldträger. Sph. semiaurata.
Linn. S. N. 35. & Fn. Sv. 1661.
Fabr. S. E. 14. Chrysis semiaurata.

Er hat ein grün goldglänzendes Bruststük, rostfärbigen Hinterleib und schwarzen After.

Ist im nördlichen Europa zu Haus.

Tab. 26.
fig. 1.

Der Weißhals. Sph. Albicollis.

Länge 11 Linien.

Ein großer schwarzer Spher mit weißem Ringkragen. — Er ist schwarz und hat nur zwischen den Fühlhörnern und am Hals und zu Anfang des Brustschildes weiße Hare. Die nierenförmige Augen sind grünlich schwarz und die Ocellen ganz schwarz. Die schwarzen Freßzangen sind krumm übereinander gebogen. Die Fühlhörner sind klein, und haben zwar ein halblanges Grundgelenk und einen sichtbaren Gewerbknopf, aber die darin stehenden neun Glieder sind sehr kurz, gekörnt und stellen ein Gemsenhörnchen vor. Das Bruststük ist dik, schwarz, und hat bis gegen die Wurzel der Flügel oben auf dem Schild weiße Härchen. Die Ringe des Hinterleibes sind mit schwarzen Sammethärchen besezt. Die Füße sind stark mit schwarzen Haren und Dornen besezt: auch die Klauen haben lange Hare. Die Flügel sind undurchsichtig, dunkelblau schillernd.

Der Lappenschild. Sph. lobata.
Fabr. S. E. 13.

Ein großer grünlichblauer Spher. — Seine Oberlippe ist hervorstehend, unten ausgerändet, und länger als die Freßzangen. Die Fühlhörner braunschwarz.

schwarz. Der Brustschild ist erhaben, rundlich, und glänzendgrün. Vorne Tab. 26. hat er vorstehende scharfe Lappen, und ist hinten gefurcht. Der Hinterleib ist eiförmig, glatt, glänzend und grün violet. Die Füße grün und an den Gelenken braunroth. Die Flügel etwas rostfärbig one Randflek.

Ist in Afrika zu Haus.

Das Schwarzhorn. Sph. nigricornis.
Fabr. S. E. 30.

Ein schwarzer Spher, mit rotem Brustschild. — Dieser Spher ist klein, hat einen roten Kopf, aschfarbige Oberlippe: schwarze Fülhörner, Brustschild, Hinterleib und Füße, und dunkle Flügel.

Lebt in Neuholland.

Der Punktflügel. Sph. exaltata.
Fabr. S. E. 31.

Ein schwarzer Spher, mit rotem Hinterleib und schwarzem After. Die Füße sind auch schwarz und die vordern Flügel an der Spizze schwärzlich, mit einem großen weißen Punkt, die hinteren sind ungeflekt.

Wont in Europa.

Die Gelbstirne. Sph. flavifrons.
fig. 2.
Das Männchen.
Länge 9 Linien.

Eine kleinere schwarze Wespe wie fig. 1. — Diese ist iener beschriebenen sehr änlich, nur daß sie viel kleiner ist und zwischen den Fülhörnern rötliche Hare hat.

Das Weibchen.
fig. 3.
Länge 10 Linien.

Dieses ist dem Männchen durchaus gleich. Nur daß es größer ist und am Hals und zu Anfang des Brustschilds bis gegen die Wurzel der Flügel rötliche Hare hat.

Die aschgraugeflekte. Sph. cingulata.
Fabr. S. Ent. p. 350 n. 21.

Ihre Farbe ist ganz schwarz, aber die Stirne, ein Strich an dem Vorderteil des Brustschildes nebst zwei Punkten zwischen den Flügeln und die Einfassung der Ringe des Hinterleibes sind aschfärbig. Die Flügel sind braunschwärzlich und deren Spizzen etwas dunkler.

Aus Neuholland.

Der

Tab. 26.
Der Weißmund. Sph. leucostoma.
Linn. S. N. 36. & Fn. Sv. 1663.
Fabr. S. E. 13. Crabro leuc.

Er ist schwarz und glatt, und hat eine silberfarbige Lippe, und braune Füße. Seine Fühlhörner sind fadenförmig, obgleich das Grundgelenk etwas groß ist.

Wont in Schweden.

Die Bandirte. Sph. fasciata.
Fabr. S. E. p 350. n. 24.

Die Fühlhörner sind fuchsroth, und an der Spizze braunschwarz. Der ganze Körper ist schwarz und hat einen aschgrauen Schiller. Alle Flügel sind weißlich, und die vordern haben eine braunschwarze Spizze und zwei solche Bänder.

Aus Neuholland.

Die Bukkelwespe. Sph. gibba.
Linn. S. N. 33. & Faun. Suec. 1658.
Scop. E. Carn. n. 786.
Fabr. S. E. 23.

Ein schwarzer Sphex von mitlerer Größe. — Die Fühlhörner sind lang. Der Hinterleib ist goldgelb, nach Linne rostfärbig, und der After braunschwarz. Die Flügel sind durchsichtig und die Enden derselben bräunlichschwarz, worin ein blasser runder Punkt ist. — Scopoli hält diejenigen Exemplare, welche an der Wurzel des Hinterleibes einen schwarzen Flek haben, und deren Schenkel an der Spizze, nebst den ganzen Schienbeinen goldgelb sind, nur für Abänderungen der Art, und fügt noch hinzu, man treffe diese Gattung auch von größerer Statur an und zwar mit rostfärbigem bukligtem Leib, der gegen die Spizze schwarz ist. — Allein es kommt dabei darauf an, ob sie sämmtlich einerlei Oekonomie füren.

Ist eine europäische Wespe.

Der Schwärmer. Sph. vaga.
Linn. S. N. 37. & Faun. Suec. 1664.
Scop. E. C. 785.

Er hat auf dem Bruststük zwei Punkte. Der Hinterleib hat drei gelbe Binden, davon die ersten unterbrochen sind, und die Schienbeine sind gelb.

In Europa.

Der

Der Rote. Sph. erythraea.
Pallas Reisen P. II. n. 85.

Ein ziemlich großer Spher. — Der Brustschild hat hinten zwei schwarze Ekken und ist das Schildchen roth, wie auch der vordere Einschnit desselben, und auf dem Hinterleibe sind vier rote Flekken. Alles übrige ist schwarz one Glanz.

Wont in den dürren Feldern am Irtis.

Der Samarer. Sph. samariensis.
Pallas Reisen P. I. n. 70.

Eine schwarze Spherwespe von Größe einer Horniße. — Das Bruststük ist kohlschwarz one Glanz. Der Leib hat auf dem Rükken zwei ziegelrote glänzende Ringe, wie der Sph. viatica, dem sie sehr änlich ist: nur sind ihre Flügel braunschwarz und schimmern ins Violetblaue.

Ist in Rußland zu Hause.

Die Wespenartige. Sph. vespiformis.
Fabr. S. E. p. 348. n. 15.

Ein schwarzer Spher. — Der Kopf mit den Fülhörnern ist rostfärbig und die Ocellen schwarz. Der Hinterleib ist rostfärbig und nur an der Wurzel schwarz. Die Flügel sind blau mit aschfarbigen Spizzen.

Aus Ostindien.

Der Wespenspher. Sph. vespoides.
Scop. E. C. 789.

Ein schwarzer Spher mit gelben Binden. — Seine Fülhörner sind schwarz, etwas dik und an der Spizze dünne. Die Freßzangen haben schwarze Zäne. Die Stirne ist gelb und hat in der Mitte eine schwarze Linie. Die Fülspizzen sind gelb. Der Brustschild hat oben eine gelbe Seitenlinie vor den Flügeln, und hinten zwei gelbe Punkte. Der erste Ring des Hinterleibes ist gelb, der andere schwarz, die übrigen auch, aber sie sind durch eine gelbe Einfassung unterschieden. Die Afterspizze ist mit rostfärbigen Härchen besezt. Die vördern und mitlern Füße sind roth, und die Schenkel haben unten einen schwarzen Strich. Die hintern Füße sind gelb und deren Schenkel halb schwarz. Die Flügel sind hell und etwas rostfärbig, und an der Spizze glasgrün.

Der Blatwespenspher. Sph. tenthredoides.
Scop. E. C. 790.

Schwarz mit grünen Flügeln, und geschekten Füßen. Die hinteren Schenkel sind ganz schwarz, die vördern und mitlern haben oben eine weiße Linie, und die Schienbeine sind ganz weiß.

Der

Tab. 26.

Der Schwarze. Sph. nigra.

Fabr. S. E. p. 350. n. 22.

Diese europäische Art mit kurzem Leibhals ist ganz schwarz, nur die Ränder der Ringe haben einen Glanz.

Die Süderwespe. Sph. antarctica.

Linn. S. N. 19.

Ein schwarzer Spher in der Größe einer gemeinen Wespe. — Er hat gelbe Fülhörner, ein schwarzes Bruststük und Hinterleib, der erste Ring aber ist gelb. Die Füße sind gelb, aber die Schenkel schwarz.

Vom Vorgebürg der guten Hofnung.

Der Indianer. Sph. Indica.

Linn. S. N. 26.
Muf. L. Ulr. 408.

Eine schwarze Spherwespe mit einem kurzen Leibhals. — Der Kopf ist schwarz, aber die eilfgliedrige Fülhörner und die vier Fülspizzen sind rostfarbig. Das Bruststük ist hökkerig, und schwarz, wie auch der eirunde Hinterleib. Die Füße sind fuchsroth, und die Enden der Schienbeine haben zwei Dorne. Die Flügel sind schwarzblau.

Die Surinamische hat schwarze Fülhörner und Füße, und grauschwarze Flügel mit einem himmelblauen Glanze.

Einen änlichen etwas größern Spher beschreibt **Drury** in seinem schönen Werk Tom. II. tab. 39. f. 4.

Er ist ganz schwarz, hat einen kurzen Leibhals, pomeranzengelbe Füße und schöne dunkelblaue Flügel, die nicht gefaltet sind.

Er ist an den Küsten von Afrika zu Haus: — und gibt eine änliche in Westindien mit rotgelben Fülhörnern und schwarzen Füßen, wie auch eine Art die ganz schwarz ist.

Der Rotflügel. Sph. rubripennis.

Drury Tom. II. tab. 39. fig. 6.

Länge 11 Linien.

Er hat einen schwarzen Kopf und Fülhörner, braune Augen, vier Freßspizzen, und starke Freßzangen. Das Bruststük, der Hinterleib und die Füße sind stahlblau und fast schwarz, leztere haben an allen Gelenken der Fußblätter zwei Dorne, an den Vorderfüßen aber nur einen Dorn. Die Flügel sind schön
roth,

roth, und die großen eine helle gelbliche durchsichtige Einfassung an der Tab. 26. Spizze.

Von Antigua.

Die Kohlschwarze.   Sph. carbonaria.
Scop. E. C. 782.

Eine ganz schwarze Spherwespe, mit langen Fühlhörnern, kurzem Leibhals und durchsichtigen Flügeln.

Wont in Europa.

Die Mohrschwarze.   Sph. morio.
Fabr. S. E. p. 349. n. 16.

Dieser Spher ist auch ganz schwarz, und der Brustschild hat hinten auf beiden Seiten einen Zahn. —

Es gibt noch eine andere, welche dieser in allem gleich ist, nur daß ihre Stirne aschfarbig und das erste Glied der Fühlhörner rostfärbig ist.

Aus Neuholland.

Der Türkenbund.   Sph. turcica.
Fabr. S. E. 33.

Ein schwarzer Spher von mittelmäßiger Größe, der vorne auf dem Brustschild aschfarbige Binden, roten Hinterleib und schwarze Flügel hat. — Andere haben alles schwarz, und nur auf der Stirne einen Bund von aschfärbigen Haren.

Lebt in Brasilien.

Das Rothorn.   Sph. ruficornis.
Fabr. S. E. 37.

Ein blauer Spher mit roten Fühlhörnern, deren Grundgelenk auch blau ist: die Füße aber schwarz, und die Flügel blau.

Aus Nordamerika.

Die kurzschenklichte Wespe.   Sph. femorata.
Fabr. S. E. 1. Tiphia femorata.

Ein schwarzer kleiner Spher mit vier kurzen roten Hinterschenkeln. — Er hat die Gestalt einer Biene. Sein Kopf und fadenförmige Fühlhörner sind schwarz: wie auch der punktirte Brustschild, welcher mit feinen Härchen bewachsen ist. Der Hinterleib ist länglichrund, schwarz und glänzend: die vier hinteren Schenkel kurz, zusammengedrukt, winklich, und roth von Farbe. Die
Schienbeine

Tab.26 Schienbeine sind dunkel rostfärbig, und die Fußblätter braunschwarz, so wie auch die Flügel.

Pflanzt sich in England fort.

Der Fünfgürtel.   Sph. quinquecincta.
Fabr. S. E. 2. Tiphia quinq.

Ein schwarz und gelber Spher. — Seine Fülhörner sind kurz, gelblich und an der Spizze braunschwarz. Das Bruststük ist schwarz vorne mit zwei gelben Punkten, zwei gelben Strichen zwischen den Flügeln und einem gelben Schild-lein. Der Hinterleib ist schwarz mit fünf gelben Binden, wovon die zweite unterbrochen ist. Die Füße sind gelb, und haben kurze Schenkel.

Ist auch in England zu Haus.

Der Blutafter.   Sph. haemorrhoidalis.
Fabr. S. E. 3. Tiphia haem.

Ein schwarzer gelbgeflekter Spher. — Er hat einen schwarzen gelbgeflekten Kopf, kurze bogenförmige schwarze Fülhörner: einen schwarzen Brustschild, das an der Spizze einen gelben Strich, vor den Flügeln einen und unter denselben drei gelbe Punkten, ein gelbes Schildchen, und unter demselben zwei gelbe Punkte hat. Der Hinterleib ist glatt, glänzend, schwarz, auf beiden Seiten auf iedem Ring mit einem gelben Flekken. Der After ist rostfärbig, und die Füße roth.

Sein Vaterland ist Amerika.

Die Sattelwespe.   Sph. ephippium.
Fabr. S. E. 4. Tiphia eph.

Ein schwarzer etwas größerer Spher, der auf dem Rükken einen vierekfig-ten roten Flek und braunschwärzliche Flügel hat.

Ist auch in Amerika zu Haus.

Der Dreigürtel.   Sph. tricincta.
Fabr. S. E. 6. Tiphia tric.

Ein schwarz und gelber Spher mit roten Füßen. — Sein Kopf ist schwarz und hat eine rostfärbige wolligte Stirne. Die Fülhörner auch schwarz und das Grundgelenk rostfärbig. Der Brustschild schwarz zu beiden Seiten des Schild-leins mit zwei Punkten. Der Hinterleib ist schwarz mit drei gelben Binden, deren zwei leztere in der Mitte gebogt sind. Der After und die Füße sind röt-lich, die Flügel weiß mit braunrötlichen Adern.

Hält sich an den malabarischen Küsten auf.

Der Halskrage. Sph. collaris.

Tab. 26.

Fabr. S. E. 7. Tiphia coll.

Eine schwarze Spherwespe, mit einem Brustschild, der vorne sehr wollig von aschfarbigen Haren und hinten abgestumpft ist, so wie auch der Hinterleib. Die Flügel sind bläulich.

Auch von den malabarischen Küsten.

Die Fußgänger. Sph. pedestris.

Fabr. S. E. 8. Tiphia ped.

Ein schwarz und gelber Spher. — Sein Kopf ist oben schwarz, unten gelb und die Stirne gelb. Die Fühörner schwarz, kurz und mit einem grössern Grundgelenk. Das Bruststük ist an den Seiten zusammengedrukt, schwarz, auf dem Rükken gelb und am Bogen schwarz. Die Brust gelb: der Hinterleib gelb, an den vier ersten Ringen schwarz, mit breiten gelben Binden, wovon die zweite unterbrochen ist. Die Füße sind schwarz, kurz und an den Schenkeln zusammengedrukt.

Wont in Neuholland.

Die Schwarze. Sph. atrata.

Fabr. S. E. 1. Scolia atr.

Ein großer harigter Spher, der ganz schwarz ist, einen eirunden Leib hat und rostfärbige glänzende Flügel mit braunschwarzer Spizze.

Wont in Amerika.

Der Vierflek. Sph. quatuormaculata.

Fabr. S. E. 2. Scolia quat.
Drury Inf. 2. tab. 39. fig. 2. Sph. maculata.

Ein schwarzer harigter Spher mit vier gelben Flekken. — Kopf und Brustschild ist schwarz, und rau mit dünnen Haren: der Hinterleib länglich, auf dem zweiten und dritten Ring mit zwei gelben großen runden Flekken besezt. Die Ränder der Ringe sind behaart: die Flügel braunschwarz, und schillern Violet.

Ist in Nordamerika zu Haus.

Die Gelbstirn. Sph. flavifrons.

Fabr. S. E. 3. Scolia flav.

Ein schwarzer Spher, der dem vorhergehenden sehr änlich ist, aber einen viel grössern Kopf, gelbe Stirne und in der Mitte länglichte braunschwarze Flekken

Tab.26. ken hat. Der Brustschild ist schwarz, und hat auf dem Schildlein zwei gelbe Punkte.

Wont in Italien.

Die Rostfärbige. Sph. ferruginea.
Fabr. S. E. 9. Scolia ferr.

Ein großer Spher mit rostfärbigen Fühlhörnern, und der ganze Leib ist mit rostfärbigen Haren besezt. Die Flügel sind rostfärbig und an der Spizze braun-schwärzlich.

Aus Neuholland.

Der Zweigürtel. Sph. bicincta.
Fabr. S. E. 6. Scolia bic.

Ein schwarzer harigter Spher, von Größe des vorhergehenden mit schwarzem Kopf, Fühlhörner und Bruststük. Der Hinterleib ist harig, schwarz mit zwei rostfärbigen breiten Binden am Rande des zweiten und dritten Ringes, welche Binden aber den Leib unten nicht umgeben. Die Füße und Flügel sind schwarz.

Er hält sich in Amerika auf.

Der Sechsgürtel. Sph. sexcincta.
Fabr. S. E. 9. Scolia sexc.

Eine schwarz und gelbe Spherwespe mit schwarzem Kopf und Fühlhörnern, rostfärbiger Oberlippe, schwarzem Brustschild, der oben zwei gelbe Striche hat, wovon der erstere unterbrochen ist: zwei gelbe Punkte unter den Flügeln, drei auf dem Schildlein und zwei unter demselben. Der Hinterleib ist schwarz, glänzend, mit sechs gelben Binden: die Füße rostfärbig.

Auch aus Amerika.

Der Sechsflek. Sph. sexmaculata.
Länge 7 Linien.

Ein schwarzer Spher mit dunklen Flügeln und roten Flekken.

Diese Wespe ist schlank und ganz schwarz an allen Gliedern, nur hat sie auf den drei ersten Ringen des Hinterleibes zwei gebogte karmesinrote Flekken auf jedem: zwei starke Dorne an den Schienbeinen, und ein kurzes dikkes Grundgelenk mit 10 Gliedern an den Fühlhörnern. Die Flügel sind dunkel und schwärzlichbraun.

Der

Der Siebengürtel. Sph. septemcincta. Tab. 26.
Fabr. S. E. 10. Scolia septemcincta.

Ein aschfarbiger rauhariger Spher, mit einem aschfarbigen Kopf, gelber Oberlippe und Freßzangen, die an der Spizze schwarz sind: schwarzen Fühlhörnern: aschfarbigem rauen Brustschild, der oben eine gelbe Einfassung hat, und zwei gelbe Binden über dem Schildlein. Der Hinterleib ist bläulich, glänzend mit sieben gelben Binden. Der After hat drei starke zurükgebogene Zäne. Die Füße sind gelb, die Schienbeine unten und die Schenkel oben blau, und die Flügel weißlich.

Wont in Neuholland.

Der Schwärmer. Sph. vaga.
Linn. S. N. 37. & Fn. Sv. 2. 1664.
Scop. E. C. 785.

Ein schwarzer Spher mit gelben Flekken. — Seine Fühlhörner haben ein gelbliches Grundgelenk. Der Brustschild hat vorne vor den Flügeln an den Seiten einen gelben Punkt. Der Hinterleib ist geschmeidiger als das Bruststük, und kaum länger, glänzend, und hat auf ieder Seite vier gelbe Flekken, wodurch sich dieser von dem Linneischen unterscheidet, welcher Binden anstatt der Flekken hat, obschon nur eine einzige ganze.

Die Tannenwespe. Sph. abietina. ig. 5.
Scop. E. C. 788.
Länge 7 Linien.

Ein schwarzroter Spher. — Seine Fühlhörner sind schwarz, stehen nahe an den Freßzangen, und ihre Grundgelenke sind oberhalb weiß. Zwischen der Stirne und dem Aug stehet auf ieder Seite ein weißes Linchen. Der After ist schwarz. Die Schienbeine sind größtenteils oben weiß.

Der Würfelflek. Sp. rhombica.
Länge 6 Linien.

Ein schwarz und roter Spher. — Der Kopf ist schwarz, mit allen seinen Teilen. Die Fühlhörner sind fadenförmig mit einem dikken Grundgelenk, und darauf 10 Glieder. Das Bruststük ist schwarz, am Ende mit scharfen Ekken oder mit Dornen versehen, an der Wurzel und am Schluß roth eingefaßt. Der Hinterleib ist schwarz, der erste und zweite Ring aber als die größten sind hochroth und schwarz eingefaßt, und in der Mitte mit einer schwarzen Linie durchschnitten, daß vier rote Flekke gebildet werden. Die Füße sind schwarz und die Schienbeine mit scharfen und langen Dornen versehen. Die Flügel sind fein und etwas rötlich.

Wont in Europa.

Die

Tab. 26.

Die Gelbe. Sph. flava.
Fabr. S. E. p. 352. n. 35.

Ihre Hauptfarbe ist schwarz. Der Kopf ist rostfärbig, die Fülhörner aber etwas heller. Der Brustschild ist auch rostfärbig, so wie auch der After. Die Flügel sind gelb und die Spizzen derselben bräunlich schwarz.

Ist in Europa zu Haus.

Der Schekflügel. Sph. variegata.
Linn. S. N. 18.

Er ist ganz schwarz, hat aber weißgeflekte Flügel.

Wont in Schweden.

Der Knebelbart. Sph. mystacea.
Linn. S. N. 21. & Faun. Suec. 1653.
Fabr. S. E. 9. Crabro mystaceus.

Dieser Spher ist auch schwarz, hat aber ein gelbes Schildlein, und die erstern Ringe des Hinterleibes haben eine gelbe Einfassung. Die Schienbeine an den Füßen sind rostfärbig.

Ist in Europa.

fig. 6.

Der Bienenfalk. Sph. apifalco.
Länge 6 Linien.

Ein schwarz und gelber Spher. — Der Kopf ist oben auf der Stirne schwarz, und stehen darinnen drei schwarze glänzende Ocellen, zwischen den Augen aber bis über die Wurzel der Fülhörner ist er zitronengelb und hat die breite Nase unten an dem Maul einen schwarzen Saum oder Einfassung, und auf deren beiden Seiten eine Reihe glänzender Silberhärchen. Die Augen sind schwarz und haben aschgraue Flekken. Die Fülhörner haben außer dem Grundgelenk 10 Glieder, die unten rötlichbraun und gegen oben schwarz sind. Das lange Grundgelenk ist unten gelb und oben schwarz, und der Knopf der darauf stehet ist glänzend schwarz. Die Freßzangen sind gelb mit schwarzen scharfen Spizzen und Zänen, und krumm gebogen. Das Maul hat bräunliche Freßspizzen. Das ganze Bruststük ist schwarz mit rauen Punkten. Der Hinterleib hat sechs Ringe, davon der erste mehr ein Knopf zu nennen und schwarz ist. Der andere hat einen gelben Flekken oder breites Stük Einfassung an der Wurzel. Der dritte ist ganz gelb und hat nur in der Mitte einen schwarzen spizzen Flekken. Der vierte ist ganz schwarz, der fünfte gelb mit einer schwarzen Spizze an der Wurzel, und das Afterstük ist schwarz. Der Bauch ist auch schwarz, nur hat der dritte Ring auch zwei starke gelbe Flekken. Die Füße sind sämmtlich gelb. Die Schenkel aber der vördern und mitlern Paar Füße sind

sind zur Hälfte schwarz, der Hintern aber braunrötlich. Die Schienbeine haben Tab.26. iedes zwei scharfe Dorne, die Niste haben kleinere, und die Fußblätter starke krumme Klauen. Die Flügel sind etwas bräunlich und haben einen gelben Gewerbknopf.

Ist einheimisch.

Seine Oekonomie.

Diese Wespe füret den Namen Bienenfalk absonderlich deswegen, weil besonders die Honigbienen ihr Raub und Fraß sind, und er dadurch denselben sehr nachteilig ist. Seine Größe ist zwar nicht so vollkommen als einer Biene, aber er ist sehr behend und beherzt, und fänget die Bienen im Flug hinweg, größtenteils aber auf den Blumen, und besonders auf dem Buchwaizen oder Heidenkorn. Mit seiner krummen Freßzange reißt er der Biene den Leib auf und frißt die Honigblase heraus, oder schleppet sie zu seinen Jungen, denen er zugleich die Eingeweide mitteilet. Diese den Bienen sehr schädliche Wespe hat sich erst seit etlichen Jaren in Deutschland hervorgetan, wenigstens fürchterlich gemacht, und bei lezterm trokkenen Sommern stark vermehret, und soll aus Frankreich gekommen sein. Sie hält sich aber nur in sandigen Gegenden auf, weil dergleichen Erdreich für ihren Bau und Fortpflanzung am dienlichsten ist. Diese Wespen leben und bauen zwar nicht gemeinschaftlich, sondern, wie die Sphexen, hat iede ihr eigenes Nest und Höle in der Erde. Doch findet man derselben in einer Strekke von einer Ruthe groß Tausende beisammen. Sie machen für ein iedes Junge, deren sie viele erziehen, ein Loch fast einen Fuß lang schräg in die Erde, davon die Röhre eines Federkiels dik und das Nest einer Haselnuß groß ist, welches sie mit einer etwas klebrigten und aneinanderhangenden Materie und Gewebe austapezieren. Hierauf schleppet der Bienenfalk so viel Bienen hinein als nötig ist, leget sein Eichen dazu und verschüttet das Loch, wie die Tapezierbiene, ganz mit Erde, daß man es nicht mehr finden kann, noch eine Spur mehr davon gewar wird. Er schleppet zwar auch bisweilen wilde Bienen von kleiner Art hinein, aber hauptsächlich sind die zame Honigbienen sein Raub, welche sie zwar selten von den Bienenständen wegnemen, aber desto häufiger im Felde und auf den Blumen. Die Ueberbleibsel von den todten Bienenkörpern findet man häufig in ihren Löchern.

Der

Tab. 26.

fig a.

Der weißgelblichte Wurm, welcher 12 Ringe, und ein deutliches Köpfchen mit zwei bräunlichten Freßzangen hat, spinnet sich zum Nimphenstand eine helle durchsichtige bräunlichgelbe zähe Hülle fig. a, welche die Gestalt eines Beutels oder vielmehr einer Blase hat, und fast einen Zoll lang ist. Unten ist ein schwarzer Flek, und die obere runde enge Oefnung ist mit einem Klümpchen schwarzer Erde verschlossen, welche warscheinlich der Auswurf des Wurms ist. In diesem Behältniß verbleibet die Nimphe über Winter, und kommt erst mit Anfang des Junius des folgenden Jahres als der Bienenfalk hervor, und ist diese Wespe um Johannis am häufigsten und schädlichsten und füget bei trokkenen Sommern den Bienenständen in solchen Sandgegenden großen Schaden zu. Wenn aber der Sommer naß ist, und viele Regen hat, so verderben viele Junge. — In den Jahren 1784 und 1785 haben sie im Clevischen viel Schaden getan.

Die Sandbiene.   Sph. arenaria.

Linn. S. N. 31.

Faun. Suec. 1660.

Fabr. S. E. 12. Vesp. aren.

Dieses ist auch eine europäische Art wie die vorhergehende, und findet man sie gesellig beieinander in sandigten Gegenden, worein sie sich Hölen gräbt, und ist so groß als eine Honigbiene. — Ihr Körper ist schwarz. Auf der Stirne stehen drei gelbe Flekken und hinter den Augen ein gelber Punkt. Auf dem Brustschild stehen vorne zwei gelbe Punkte: auf dem Schildchen zwei dergleichen nahe aneinander und einen am Schluß des Brustschilds. Vier Ringe des Hinterleibes sind am Rand gelb eingefaßt, der erste aber ist zusammengepreßt, und hat auf beiden Seiten einen gelben Punkt. Die Schienbeine haben beinahe eine Rostfarbe.

Fabricius beschreibt die amerikanische Sandwespe, die in den Zeichnungen einen Unterschied macht.

Der Hartflügel.   Sph. hemiptera.

Scop. Ann. V. H. N. 122.

Eine seltene Art mit hartschaligen Flügeln in der Statur der Sandwespe. — Sie ist ganz schwarz und harig: hat dikke Fühhörner: der Hinterleib in der Mitte auf beiden Seiten zwei gelbe Flekken: die Flügel sind braunschwarz und der äußere Rand unter der Mitte rostfärbig. An eben dem Ort sind die Vorderflügel hartschalig.

Wont in Ungarn.

Die

Die Hauswespe. Sph. domestica.

Tab. 26.
fig. 7.

Länge 7 Linien.

Eine schwarz und gelbe Spherwespe. — Der Kopf ist schwarz, mit rauen Punkten: die Augen, welche nierenförmig sind, kastanienbraun, und die Ocellen schwarz. Die Nase hat obenherum eine gelbe Einfassung, und darüber zwischen den Fülhörnern in der Mitte des Kopfs ist ein gelber Punkt. Die Fülhörner haben ein langes Grundgelenk, das oben schwarz und unten gelb ist, auf einem glänzend schwarzen Gewerbknopf stehen: der Glieder oder Ringe der Fülhörner, welche wieder ihren besondern Gewerbknopf haben, sind zehen, welche schwarz sind, und unten einen roten Strich haben. Die Freßzangen sind schwarz, und das Maul hat zwei Paar Freßspizzen. Das Bruststük ist schwarz mit rauen Punkten, und hat oben am Hals zwei dreieckigte gelbe Flekken und zwei dergleichen am Schluß des Bruststüks: auch ist auf ieder Seite unter den Flügeln ein gelber Punkt. Ihr Leibhals bestehet in einer kurzen starken Keule, welche sich in den großen Schalenring behebe einschließet. Diese Keule ist glänzend schwarz und hat einen gelben Saum. Die daran stehende fünf Ringe des Hinterleibes, welche spizzulaufen, sind glänzend schwarz, und sind wie der große Schaleuring gelb eingefaßt, auch unten am Bauch. Die Füße sind gelb, und die Schenkel schwarz, auch die Schienbeine, welche mit zwei Dornen bewafnet sind, haben unten einen schwarzen Strich, und die Fußblätter sind rötlich. Die Flügel sind schwärzlich und haben braunrote Adern oder Nerven, die Gewerbknöpfe aber sind gelb und haben in der Mitte einen braunroten Punkt.

Ist einheimisch. — Sie bauet in Wurmlöcher und faule Balken unter den Dächern.

Die Bienenänliche. Sph. apiaria.

Scop. Ent. Carn. n. 781.

Ein schwarzer und harigter Spher, welcher keine lange Fülhörner, rotbraune und schimmernde Flügel hat.

Er wont in Europa und besuchet gleich den Bienen die Blumen, um Honig zu genießen.

Die Ameisenwespe. Sph. formicaria.

fig. 8.

Länge 5 Linien.

Ein schwarzer Spher mit drei weißen Flekken auf dem Hinterleib.

Diese Wespe hat viele Aenlichkeit mit der Gestalt einer großen Ameise. Sie ist durchaus schwarz, und hat nur drei weiße Flekken auf dem Hinterleib. Die Fülhörner haben ein dikkes Grundgelenk, und darauf 10 Glieder. Der Fülspizzen großes Paar hat vier Glieder und das Grundgelenk. Der Hinterleib hat sechs Ringe, davon der zweite Ring zwei weiße Flekken, und der vierte einen weißen Querstrich in der Mitte hat. Die zwei leztern sich zuspizzende Ringe sind mit Härchen stark besezt. Die vördern Füße sind ganz schwarz, die mitlern haben rote Schenkel und die untern rote Schenkel und Schienbeine, nur sind daran die Knie und das Gelenk des Schienbeins bei den Dornen schwarz. Die Flügel sind schwärzlich, und haben gegen der Spizze einen Schatten.

Der

Tab.26.
fig.9.

Der Keulfuß. Sph. clavipes.
Linn. S. N. 8.

Länge 2 und eine halbe Linie.

Ein sehr kleiner schwarzer Sphex mit geringelten Füßen und dikken kugelförmigen Hinterschenkeln.

Der Aschfarbige. Sph. cinerea.
Fabr. S. Ent. p. 350. n. 25.

Ein kleiner Sphex. —

Der Kopf, Brustschild und Füße sind aschfarbig, die Fülhörner aber schwarz. Die Ringe des Hinterleibes sind auch schwarz an der Wurzel, die Einfassung aber aschfarbig. Die Flügel sehen weißlich aus, die größern aber sind gegen außen braunschwärzlich.

Aus Neuholland.

Die Blatwespenänliche. Sph. Tenthredoides.
Scop. Ent. Carn. n. 790.

Sie hat Fülhörner, die so lang als der Leib sind. Die Schenkel der vordern und mitlern Füße haben obenher eine weiße Linie, und die Schenkel der Hinterfüße einen weißen Punkt an der Wurzel, und die Schienbeine sind auch weiß. Die Flügel sind klar.

Sie ist eine europäische Wespe, und einer Blatwespe sehr änlich, jedoch ist ihr Stechangel nicht sägeförmig.

Der Fingerfuß. Sphex palmipes.
Linn. S. N. 20.

Dieser Sphex ist in Schweden zu Haus. Er hat einen länglichten glatten schwarzen Körper und die Größe einer schwarzen Ameise. — Der Brustschid hat an der Wurzel zwei in die Quere stehende gelbe Punkte, und an der Spizze zwei andere, davon einer hinter dem andern stehet. Die Füße sind gelb und schwarz. Die Vorderfüße haben breite Tazzen, welche an der Spizze gleichsam mit drei oder vier Fingern bewafnet sind. —

Der Flekkenschild. Sph. maculata.
Fabr. S. E 2. Evania maculata.

Ihr Körper ist klein und kurz. Die Fülhörner stehen gestrekt vor sich und sind schwarz. Der Kopf ist schwarz und hat auf beiden Seiten zwischen den Augen eine weiße Längslinie. Der Brustschild ist erhöhet, buklich und schwarz. Der Vorderrand desselben, das Schildlein und auf beiden Seiten ein Punkt unter den Flügeln, sind weiß. Der Leib ist kurz, konisch, und schwarz. Der erste Ring hat auf beiden Seiten einen weißen Punkt, der zweite einen weißen Rand. Ueber dem After befinden sich zwei kurze weiße Linchen. Die Füße sind roth. Die Schenkel an der Wurzel schwarz mit einem weißen Punkt. Die Hinterfüße sind verlängert mit schwarzen Knien. Die Flügel durchsichtig.

England ist ihr Aufenthalt.

Die

Die

sogenannte

Siebbiene

oder

(nach Herrn Prof. Müllers Uebersezzung des Linn. N. S.)

das

Siebbein.

Sphex Cribraria.

B. Die Siebbiene.

Sphex cribraria Linn. S. N. 23.

Naturgeschichte der Siebbiene.

Dieses Insekt hat wegen seinen merkwürdigen Vörderfüßen die Naturforscher viel beschäftiget. Der Name Biene kommt ihr mit Unrecht zu,
da sie nur eine Wespe und zwar ein Sphex ist, welche meist von Insekten lebt, und ihre Jungen vom Ei an damit ernährt. — Sie wont
einsam, und bauet in Rizzen der Mauren und Wände gegen die Mittagsseite, wie viele Maurerwespen und Raupentödter (Sphex). Einige bauen
auch in die Erde, wo sandiger Boden ist. Man siehet sie zwar öfters auch
auf Blumen, wie viele andere Wespen und zwar auf solchen, die einen
niedrigen Kelch und flaches Nektargefäße haben, weil sie wegen Mangel
des Bienenrüssels und einer langen Zunge nicht in tiefe reichen kann; das
geschiehet aber keineswegs um Blumenmeel zu sammlen, als wozu ihre
Füße gar nicht eingerichtet sind, und ihre Bestimmung gar nicht ist, sondern sie nimmt entweder etwas Honig daraus zu ihrer Narung, oder sucht
auch kleine Insekten darin auf, welche ihre Hauptnarung sind.

Inzwischen hat teils diese ihre Erscheinung auf den Blumen, teils
aber die eingebildete siebförmige Beschaffenheit der Schalen (Lamellen) an
ihren Vörderfüßen zu der irrigen Meinung Gelegenheit gegeben, als samm-
le sie den Staub der Blumen, fliege damit auf andere Blumen, und siebe
zu deren Befruchtung und Fortpflanzung die feinsten Teile des Blumenstaubs durch die durchlöchert scheinende Plätchen ihrer Vörderfüße, daher
sie die Siebbiene genennet worden. Es ist zu bewundern, wie es
möglich wär, dieses Insekt zu dem Bienengeschlecht zu gesellen, da der
ganze Bau ihres Körpers eine bloße Wespe deutlich zu erkennen gibt, und
die hintern Füße nicht die geringste Spur eines Löffels haben, um Blu-
menstaubbällchen darein zu sammlen, auch die Schalen der Vörderfüße zu
dieser Sammlung ganz untüchtig sind, indem sie oben konvex und gegen
die untere Seite hohl sind, folglich zu diesem Endzwek eine ganz verkehrte
Lage hätten. — Daniel Rolander, ein Schwede, der eine eigene

Ab-

Abhandlung davon geſchrieben, hat dieſes Vorurteil zuerſt verbreitet, und ſelbſt der große Natur- und Inſektenkenner *Linne* hat ſich darauf bezo- gen, nach der Hand aber eine nähere Kenntniß von dieſem Inſekt bekom- men, und es unter die Spheren gezählet, Herr von *Geer* aber unter die Ichneumonsweſpen. Der Engländer *Raius* hat es zuerſt als eine ſolche beſchrieben: *Veſpa Ichneumon*, antennis reflexis, pedibus ante- rioribus velut clypeatis. Und *Linne* in ſeinem Syſt. Nat. *Sphex cri- braria*, nigra abdomine faſciis flavis, tibiis anticis clypeis concavis cribriformibus.

Es gibt aber verſchiedene Arten dieſer Geſchlechtsgattung von Sieb- bienen, daher wir auch verſchiedene Beſchreibungen haben, und unter- ſchiedliche Benennungen entſtehen, wie ſie nun meiſtens Schildſpheren heißen (Sphex clypeata Linn. S. N. 24). Es gibt nicht nur mit Lamel- len oder Schalen an den Vorderfüßen, von unterſchiedlicher Größe, und auch unterſchiedener Zeichnung, ſondern es gibt auch one Lamellen, und von unterſchiedener Größe und Zeichnung, wie uns auch der Naturforſcher im II. und XV. Stük mit mehrerem unterrichtet.

Die Hauptkennzeichen dieſer Geſchlechtsgattungen aber ſind am Kopf, der bei den meiſten und eigentlichen Siebbienen ſehr breit iſt, und vornemlich an den Freßwerkzeugen. Das Maul iſt ganz breit, ſo, daß die Freßzangen quer nach einer geraden Linie liegen. Man ſiehet meiſt gar keine Oberlippe, oder ſie iſt ſo klein, daß man ſie für den Silberhärchen, womit dieſe Linie beſezt iſt, gar wenig warnemen kann. Die Augen ſind nicht nur groß, aber flach, ſondern gehen auch bis an das Maul; über- das haben auch die Fülhörner ihre eigene Geſtalt, und ſtehen gleich über dem Maul, wie bei fig. 6. Tab. XXVII. die Beſchaffenheit des Kopfs wegen der Größe des Inſekts etwas deutlicher zu ſehen iſt.

Was nun aber die merkwürdigen Schalen oder Lamellen an den Tab.27. fig. a* u. b* vorderen Füßen, wie Tab. XXVII. fig. a* und b* vergrößert vorgeſtellet iſt, betrift, ſo zeigt ſich an dem Teil des Fußes, welcher das Schienbein iſt, eine inwendig hole und außen erhöhete, ovale, glatte und glänzende Schale, die oben am Fuß etwas ſilberfärbig und weiterhin braun, am Rand aber gelbrötlich und etwas durchſichtig iſt. — Es hat dieſe Schale viel hundert durchſcheinende helle Punkte, welche man für Löchlein anſehen könnte, wenn man nur gerade gegen das Licht ſie halten wollte, um ſie zu betrachten. Allein eine mittelmäßige Aufmerkſamkeit entdekt mit der bloßen Lupe, wenn man den erhöheten Teil der Schale von der Seite be- trachtet, daß es keine durchlöcherte Punkte ſind. Es entſtehen aber dieſe

durch-

durchschimmernde Punkte von einem dünnen weißen Häutchen, welches unten in der koncaven Seite auf der obern dunklen schwarzbraunen und durchlöcherten oder porösen Hornhaut liegt, als welche das Licht durchfallen lassen.

Wozu nun dieses Insekt bemeldete zwei hole Schalen eigentlich und vorzüglich gebrauche, ist noch nicht ausgemacht, da die einsam lebende Insekten in ihrer Oekonomie schwer zu belauschen, und besonders die Siebbienen selten sind. — Sicher ist es, daß der große Schöpfer, der alle Dinge in weiser Absicht gemacht, diesem Tierchen solches Werkzeug gewiß nicht vergebens mitgeteilt hat. Die ehedem vermeinte Befruchtung einiger Blumen durch den Dienst dieses Insekts fällt solchergestalt völlig weg, obschon übrigens nicht ganz unwarscheinlich ist, daß die Bienen und Hummeln, welche Blumenstaub sammlen, durch ihr Hin- und Herfliegen auf den Blumen solche durch den abfallenden männlichen Samenstaub öfters befruchten mögen, vornemlich wo die aufgerichteten weiblichen Teile der Blume höher als die männliche stehen, daß das Meel vom Winde schwerlich an die Narben kann geführet werden. Denn wir sehen öfters mit Verwundrung, daß die kleinsten und von den Menschen meistens so gering geschäzten Tierchen oft die größten Meisterstükke in der Natur auszuführen verordnet sind. So wissen wir z. E. von einem Waldvogel, (auf dessen Namen ich mich nicht entsinnen kann, den Jägern aber nicht unbekannt ist) welcher Eicheln wegträget, und an Gegenden, wo keine Eichbäume stehen, in die Erde gräbt, und solchergestalt eine Ursache der Fortpflanzung dieses Baums ist, ob er es schon nicht in dieser Absicht thut, sondern nach seinem Naturtrieb etwa zu seinem Unterhalt auf eine andere Zeit. —

Was nun aber die Lamellen der Siebbiene betrift, so eignet Herr Pastor Götze zu Quedlinburg, ein großer und verdienstvoller Naturkenner in dem XV. St. des Naturforschers besagtem Gliede diesen Endzwek zu, daß sich das Insekt bei der Begattung mit dem Weibchen desto vester an demselben anhalten könne, deswegen auch die untere Seite der Lamelle zart und hol seie, damit sich solche auf dem Rükken des Weibchens gleichsam ansauge. — Dieser Gebrauch des bemeldten Glieds ist nun nicht in Abrede zu nemen, (obgleich nur das Anklammern statt findet, weil die Lamelle hörnartig und hart ist, und sich eigentlich nicht ansaugen kann) zumal wenn es seine Richtigkeit hat, daß nur das Männchen diese Schale hat, und man änliche Beispiele an dem Wasserkäfer Dytiskus siehet, da von das Männchen allein an den vordersten zwei ganz besonders gebaute Kniescheiben hat, in deren untersten holen Seite viele kolbenänliche Körper-

hen

chen mit Stielen befindlich sind, wodurch er sich, wenn die obere Luft auf die konveye Seite drukt, auf dem glatten Hornrükken des Weibchens bei der Begattung vesthalten, und gleichsam ansaugen kann. — Allein, da der Schöpfer gar häufig mit einem Glied mehrere Absicht und Gebrauch verbindet, so glaube ich nicht zu irren, es seien die Lamellen auch insonderheit darum da, daß das Insekt die Erde, Sand, abgenagte Späne und dergleichen, aus seinem zu verfertigenden Nest (da es häufig in alte Mauren und Leimenwände bauet), wie mit einer Schaufel auswerfen könne, wozu auch die innere Hölung ganz bequem ist, und die behaarte Füße ebenfalls (wie bei der Hummel Tab. X. fig. 3. welche änliche mit Haren bewachsene runde Plätchen an den mitlern Beinen hat) warscheinlich auch zu diesem Endzwek dienen.

Daß nun aber bei der Siebbiene die Lamellen so porös sind, und gleichsam durchlöchert scheinen, kann der Endzwek des Schöpfers unter andern die Leichtigkeit gewesen sein, damit das Tierchen desto ungehinderter und fertiger fliegen konnte, so wie der Schöpfer unsere und der Tiere beträchliche Rohrbeine nicht durchaus dicht und hart gemacht hat, weil sie alsdann zu viel Gewicht halten würden, als daß wir sie füglich bewegen könnten, one sogleich zu ermüden; sondern er hat sie hohl gemacht, andere porös und schwammig und die Hölen der rörenförmigen Knochen, und die kleinen Zellen der übrigen Gebeine nur mit einem ölichten Saft erfüllet, welcher Mark heißt, der sie zugleich ernärt und stärket, und inwendig zäh und geschmeidig erhält. Da nun die Lamellen dieser Art Siebbienen nach Maaßgabe ihres Körpers nicht unbeträchtlich sind, so war es warscheinlich desto nötiger, daß sie der Schöpfer bei ihren nicht gar starken Flügeln porös bildete, damit sie im Fliegen das Gleichgewicht halten und nicht mit dem Kopf niedriger, als mit dem Hinterleib, fliegen könnten.

Die Kennzeichen der Siebbienen außer den Lamellen bei den Männchen sind:

Ein flacher breiter Kopf.

Verborgene oder keine Oberlippe, mit Silberhärchen bedekt.

Kurze Fülhörner von gewönlich 12 Gliedern, die unter den Augen herausgewachsen, und meist sonderbar gewunden sind.

Große Augen, die die Fläche des Kopfs bedekken.

Von Farbe schwarz und gelb.

Der Hinterleib hat sechs bis acht Ringe.

Einteilung der Arten.

I. Größere Siebbienen mit Lamellen. Sphex Cribraria Linn.

II. Kleinere Siebbienen mit Lamellen. Sphex Clypeata Linn. und von Scheven Sph. Scutellata.

III. Größere Siebbienen one Lamellen. Sph. Scutellata.

IV. Kleinere Siebbienen one Lamellen.

I. Große Siebbienen mit Lamellen.

Der Argus. Sphex Cribraria Argus.
Linn. S. N. 23. & Faun. Suec. 1675.
Fabr. S. E. 6. Crabro cribrarius.

Tab.27.
fig. I.

Länge 6 und eine halbe Linie.

Der Kopf ist breit, und breiter als das Bruststük; auf seiner Oberfläche, worin drei gelbliche Ocellen im Dreiek stehen, ist er matt schwarz und hat vertiefte Punkte, auch etliche Hare, mehrere aber stehen inwendig gegen den Hals, und unten gegen die Freßzangen zu. Die großen Augen sind kastanienbraun, und machen nicht nur die Wulst auf beiden Seiten, sondern bedekken auch gleich einer glatten glänzenden Fläche den ganzen Kopf bis an das Maul und bis an die Wurzel der Fülhörner. Die Oberlippe ist sehr schmal und kaum sichtbar, und mit einer Reihe glänzender Silberhärchen bedekt, welche Reihe ziemlich lang ist. Sie haben das artige wechslende Kolorit, daß sie wie Silber glänzen, wenn man sie von oben ansiehet: betrachtet man sie aber von der Seite, so glänzen sie goldgelb. Die Freßzangen sind schwarz, sonderbar nach der Länge gefurcht, liegen in gerader Linie übereinander und sind mit goldglänzenden Härchen besezt. Unter denselben befinden sich am Maul zwei Paar zarte braunrote Fülspizzen, wovon das äußere Paar fünf Gelenke oder Glieder hat. Die Fülhörner sind schwarz und haben ihren eigenen und besondern Bau. Sie stehen nahe am Maul, sogleich oberhalb der kleinen Oberlippe eingegliedert. Das Grundgelenk ist keulförmig und nach außen hin mit falen Haren besezt; auf diesem Grundgelenk stehet ein kleiner runder Gewerbknopf, worinnen sich eilf kurze Glieder bewegen, welche einem gedreheten, aber nicht umschlungenen Widderhorn gleichen, und wie Wülstchen aneinander stehen. Die fünf erstern Glieder sind die breitesten und gegen innen mit Härchen bewachsen. Sie sind gleichsam platt gedrukt, und haben überdas gegen innen eine Rinne oder halbe Hölung.

Die

Tab.27. Die sechs übrigen Glieder sind sehr kurz, und körnericht, und das lezte spizzet sich zu. Das etwas starke Bruststük ist schwarz, und zwar unten glänzend, aber auf dem Brustschild matt, weilen solcher mit lauter kleinen Furchen nach der Länge gerieft ist. Oben am Hals ist am Bruststük ein Einschnit, der einen Saum oder ein zartes Wülstchen macht, auf welchem zu beden Seiten und zwar auf ieder zwei längliche zitronengelbe Punkte stehen. Zwischen den Wurzeln der Flügel, die einen glänzenden dunkelroten Gewerbknopf haben, ziehet ein Bogeneinschnit hinter den Flügeln herüber, welcher den Brustschild schließet, an welchem innerhalb dieses Bogeneinschnittes zwei gelbe Punkte in der Mitte beisammen stehen. Hinten an dem Ende des Bruststüks stehen viele fale Härchen. Der Hinterleib ist schlank und etwas spindelförmig, und der After spizzig. Er bestehet aus sieben Ringen, deren Grundfarbe glänzendschwarz, aber oberhalb mit hochgelben Linien und Flekken gezieret sind. Der erste Ring hat eine bogenförmige schmale Linie. Der zweite hat auf ieder Seite einen breiten länglichten Flekken, die in der Mitte des Rükkens nicht zusammenfließen. Der dritte hat auf ieder Seite einen schmälern gelben Flekken, der in der Mitte etwas mehr unterbrochen ist und die vier folgenden Ringe haben ieder einen gelben Saum oder Einfassung. Der Bauch aber ist durchgängig glänzend schwarz. Die Flügel sind zart, haben gelbrötliche Nerven und an der Spizze einen ganz leichten Schatten. Die Füße betreffend, so sind die mitleren und hinteren einander an Farben gleich, die Hüftbeine und Schenkel sind glänzend schwarz, und die Schienbeine hochgelb, aber die am mitlern Paar Füße haben gegen innen einen schwarzen Flekken. Uebrigens haben die Schienbeine nicht nur zwei Dorne, sondern auch noch viele kürzere um dieses Gelenke stehen; ia die ganze Länge der Schenkel an ihrer äußern Seite ist mit Dörnchen besezt, und die Glieder der Fußblätter, welche gelb sind, haben auch kleine Dorne. Die Klauen und Ballen sind schwarz. Die vörderen Füße, woran die merkwürdige Lamellen befindlich, sind sehr abweichend und sonderbar gestaltet. Das Fußblat ist ganz un-

fig. a u. gestaltet, wie die Vergrößerung fig a und b* am besten zeiget. Denn die fünf
b* Glieder sind ganz breit und gleichsam zusammengedrehet. Die eine Klaue ist lang und die andere sehr kurz. Uebrigens sind sie stark mit Haren besezt, wie die vergrößerte Figur deutlich zeiget, und was die Beschaffenheit der Lamellen und Schalen selbst betrift, vorhin beschrieben ist. Fig. a* ist die inwendige foncave und fig. b* die äußere konvexe Seite.

fig.2.   ## Die lange Siebbiene. S. Cribraria longa.

Länge 8 und eine halbe Linie.

Eine der größesten Arten. — Der Kopf hat die Gestalt der vorhergehenden. Das schwarze Bruststük hat im Nakken eine gelbe Querlinie, und eine dergleichen am Schluß des Bruststüks. Die Ringe des Hinterleibes haben sieben gelbe Binden oder Einfassungen, wovon die zweite und dritte etwas gebogt und breit ist. Die gelbe Vörderfüße haben die merkwürdige Lamellen, und die Schenkel der hintern und mitlern Füße sind schwarz: die Flügel etwas weniges gelblich mit einem schwarzen Randpunkt.

     — Das Weibchen hat nur sechs Ringe des Hinterleibes, deren gelber Saum auf dem zweiten und dritten Ring unterbrochen ist, und die Vörderfüße keine Lamellen.

                                       Die

Die Mondsiebbiene. Sph. cribr. lunata.

Tab. 27.
fig. 3.

Das Männchen.

Länge 7 Linien.

Ihr rauchhäriger Kopf mit dessen Gliedern hat das karakteristische, wie der vorhergehenden, und die Fühlhörner haben 12 Glieder nebst dem Grundgelenk. Das schwarze Bruststük hat oben am Hals eine unterbrochene gelbe Querlinie, und hinter den Flügen einen dergleichen mondförmigen Flekken. Der Hinterleib hat sieben schwarze Ringe, auf deren ersten zwei gelbe Punkte befindlich sind, auf dem zweiten ein breites unterbrochenes gelbes Band, auf dem dritten ein dergleichen schmales, und die folgenden drei Ringe haben eine zarte gelbe Einfassung, aber die Afterspizze ist schwarz. Die Füße sind gelb und die Schenkel schwarz; die Vörderfüße haben die merkwürdige Lamellen.

Das Weibchen.

fig. 4.

Dieses unterscheidet sich merklich von seinem Gatten. Der Kopf ist glatt. Das Bruststük nicht so stark als jenes. Der Hinterleib hat nur sechs Ringe, wovon der zweite eine gebogte gelbe Einfassung hat, und die drei folgende einen schmalen gelben Saum. Die Vörderfüße haben keine Lamellen, und die Schenkel der beiden leztern Paar Füße sind gelb, und haben oben einen schwarzen Flek. Das Weibchen hat einen verborgenen Stachel, aber das Männchen nicht.

II. Kleine Siebbienen mit Lamellen.

Sph. Clypeata Linn. S. N. 24.
Fab. S. E. 7. Crabro clypeatus.

Zum Unterschied der größern Siebbienen hat Linne diesen kleinern den Namen Sph. clyp. gegeben.

Die eiförmige Siebbiene. Sph. clyp. ovata.

fig. 5.

Länge 4 und eine halbe Linie.

Dieser kleine Schildspher hat wie gewönlich einen platten aber nicht sehr breiten Kopf, und gehet gegen den Hals etwas verlängert zu. Er ist so, wie das Bruststük, mattschwarz mit vertieften Punkten. Die Augen sind ebenfalls groß und die Ocellen hell und hervorstehend. Die Oberlippe ist nicht sichtbar und mit weißen Silberhärchen bedekt. Die Fühlhörner sind auch klein, schwärzlich und bestehen aus 12 Gliedern; wovon die untersten rötlichbraun sind. — Das Bruststük ist oval und hat hin und wieder fale Härchen. Vorn am Hals hat es einen Einschnit, der einen kleinen Wulst oder erhabenen Saum bildet, woran unten die Vörderfüße befindlich. An jeder Seite befindet sich ein gelber Punkt.

Tab. 27. Punkt. Der Hinterleib iſt oval und beſtehet aus ſechs Ringen, deren Grund=
farbe ſchwarz iſt, aber ieder eine gelbe Einfaſſung hat, wovon die auf den zwei
erſten Ringen unterbrochen ſind, daß ſie nur vier gelbe Flekken bilden, wovon
die zwei erſten einen kleinen ſchwarzen Punkt haben. Die Füße ſind gelb, das
mitlere Paar hat an den Schienbeinen gegen innen einen ſchwärzlichen Strichen
und zwei ſcharfe Dorne, und an den Kanten der Länge nach kleinere Dörnchen.
Das hintere Paar Füße hat ſchwarze Schenkel und die Gelenke der Fußblätter
ſind ſchwärzlich ſchattirt. Was das vördere Paar Füße mit den Lamellen be=
trift, ſo kommt deren Bildung mit den größern Siebbienen überein, nur daß
die Schalen mehr vierekkigt als oval ſind, und ſich in denſelben keine durchſich=
tige Punkte zeigen, ſondern an deren Statt auf der konveren Seite zarte Här=
chen ſtehen. Die Farbe der Lamellen iſt gelblich, und haben unten etliche
braune Querſtrichen.

Die kleinſte Art dieſer Schildſpheren nennet Hr. Paſt. von Scheven
zum Unterſchied Sphex Scutellata und beſchreibet ſie als ſolche, welche
gar keine gelbe Binden, ſondern nur zwei gelbe Flekken zu ieder Seite
des Hinterleibes haben. Das Bruſtſtük und die Fülhörner ſind ſchwarz,
und die Schenkel des mitlern Paar Füße haben einen gelben Strich. —
Eine Abbildung davon ſiehe in des Hrn. R. Schäfers Icon. Tom. II.
Tab. 177. fig. 8.

III. Größere Siebbienen one Lamellen.
Sph. Scutellata.

fig. 6.   **Der Bucephalus.**   Sph. ſcut. Bucephalus.

Länge 8 Linien.

Die große Siebweſpe one Lamellen. —

Der Kopf iſt außerordentlich dik und breit, one Oberlippe, und das Maul
hat viele Aenlichkeit mit den Freßwerkzeugen der Waſſeriungfern. Die nezför=
migen Augen, welche kaſtanienbraun ſind und aſchfarbe Flekken haben, ſind
nicht gewölbt, ſondern bedekken die ganze vördere Fläche des Kopfs, und laſ=
ſen nur die Stirne unter den Ocellen frei. Sie ſind platt und glänzend, und
reichen bis an das Maul. Daſelbſt laufen ſie in einer geraden Linie an den
Freßzangen hin, und ſind mit einem ſchönen Saum von weißen glänzenden
Silberhärchen bebrämt, anſtatt der Oberlippe. An beiden Ekken der Augen
ſtehet das Gewerb der Freßzangen. Dieſe ſind gelb, hin und wieder mit glän=
zenden Härchen beſezt, etwas gekrümmt und ſchmal, und endigen ſich iede in
drei ſchwarze Spizzen oder Zäne, welche übereinander liegen. Unter denſelben
hat das Maul ein Paar zarte Freßſpizzen. Die Fülhörner entſpringen an der
Baſis der Augen, an dem ſilberhärnen Saum, haben ein langes gelbes Grund=
gelenk und darauf 11 zarte ſchwarze Glieder ſtehen. Die Ocellen ſind ſchwarz
und der dikke Hinterteil des Kopfs iſt auch glänzend ſchwarz. Das Bruſtſtük
hat eine kuglichte Geſtalt, iſt durchaus ſchwarz, hat aber oben am Nakken zwei

kleine

kleine gelbe Flekken, und zwei dergleichen auf den Seiten am Ende des Bruststüks über den hintersten Hüftbeinen. Jeder von diesen Flekken stellet den la-
teinischen Buchstaben V durch das Vergrößerungsglas betrachtet deutlich vor.
Der fast spindelförmige Hinterleib bestehet aus sechs gelben Ringen. Der erste
ist an der Wurzel schwarz und ist mit einem schmalen schwarzen Band eingefaßt;
die drei mitlern Ringe ebenfalls, an welchen aber der schwarze Rand in der Mitte breit wird und einer mit dem andern zusammenfließt. Der fünfte hat wieder
einen schmalen Saum: der sechste ist gelb und an den Seiten des Afters mit
glänzenden Härchen bewachsen. Die Füße sind rötlich gelb. Die Schenkel der
vördern Füße sind glänzend schwarz, der mitlern und hintern aber nur zur
Hälfte bis gegen das Knie. Die Schienbeine haben zwei starke Dorne und die
Fußblätter ein schwarzes Klauenstük. Die vier Flügel sind gelblich und haben
sämmtlich gegen außen hin einen schwärzlichen Schatten. Ihre Gewerbsknöpfe
sind gelb, und haben in der Mitte einen bräunlichen Punkt.

Der Gräber. Sph. cr. fossoria.
Linn. S. N. 32. & Fn. Sv. 1662. Sph. foss.
Fabr. S. E. 3. Crabro fossorius.

Nach der Beschreibung des Linne gehört diese auch zu den Schildsphe-
xen. — Sie hat einen großen Kopf, der vorneher abgestuzt und mit einem sil-
berfärbigen Maul versehen ist. Das Bruststük ist ungeflekt, und der Hinterleib füret an ieder Seite fünf gelbe Flekken. Die Füße sind schwarz. —
Wont in Schweden auf sandigen Gebürgen.

Die vierbandirte Siebwespe. Sph. crib. quatuorcincta.
Fabr. S. E. 5. Crabro sexcinctus.
Länge 6 Linien.

Diese kommt mit der Statur des Bucephalus ganz überein, nur ist sie
kleiner. Der Kopf ist ebenfalls groß, breit, das silberne Maul, Fühlhörner,
Augen 2c. sind die nemlichen, aber die drei Ocellen sind glänzend gelb. Das
Bruststük ist rund und schwarz, hat oben am Hals eine gelbe Linie, die in
der Mitte ein wenig unterbrochen ist: unter ieden Flügeln zwei gelbe Flekken,
auf dem Schildlein einen gelben halben Mond, und hinter demselben gegen den
Schluß des Bruststüks eine gelbe Querlinie. Der Hinterleib ist glänzend
schwarz, glatt, und hat vier gelbe Binden, und an der Wurzel des ersten
Rings drei gelbe Punkte in einer Linie. Der After ist auch gelb, und hat eine
schwarze stark ausstehende Spizze, die an der Wurzel auf beiden Seiten mit
goldgelben glänzenden Härchen besezt ist. Die Füße sind gelb, die Schenkel
schwarz, an dem untern Gelenk aber gelb. Die Fußblätter sind bräunlich
schwarz, die Flügel schwärzlich.

Fabricius beschreibet die seinige mit sechs gelben Binden, davon die
drei ersten unterbrochen sind. Er gibt noch eine Varietät an mit sechs
Binden, davon die dritte und vierte unterbrochen, Es sind aber nur Varietäten, und die nemliche Art.

Der

Tab. 27.

Die Dreigezänte. Sph. crib. tridentata.

Fabr. S. E. 1. Crabro tridentatus.

Ein Schildspher one Lamellen. — Sein Kopf ist schwarz, und das Maul mit glänzenden Silberhärchen besezt. Der Brustschild ist ganz schwarz, wie auch der Hinterleib, der aber zwei breite gelbe Binden hat. Der After hat drei krumme scharfe Zäne. Seine Füße sind schwarz, und die Flügel sind schwärzlich und gegen das Ende weiß.

Wont im östlichen Europa.

Der Dornigte. Sph. crib. spinosa.

Fabr. S. E. 2. Crabro spinosus.

Kopf und Fülhörner sind schwarz und das Maul mit Silberharen geziert. Der Brustschild ist schwarz, und hat vorne ein gelbes Linchen, und ist am Schluß des Bruststüks auf beiden Seiten mit einem starken Zahn bewafnet. Der Hinterleib ist schwarz und hat drei gelbe Binden. Die Füße sind schwarz und die Schienbeine glänzend.

Der Erdschlupfer. Sph. crib. subterranea.

Fabr. S. E. 4. Crabro subterraneus.

Ein Schildspher mit schwarzem Kopf, silberner glänzender Lippe, und einem unten gelben Grundgelenk der Fülhörner. Der Brustschild ist schwarz mit einem kleinen gelben Punkt unter den Flügeln, und zwei anstatt des Schildleins. Der Hinterleib ist schwarz, glatt, glänzend mit fünf länglichten gelben Flekken auf beiden Seiten, wovon die lezten zusammengeflossen sind. Die Füße sind sämmtlich rostfärbig.

IV. Kleine Siebbienen one Lamellen.

Der Vierflek. Sph. scutellata quatuormaculata.

Länge 5 Linien.

Der Kopf ist wie gewönlich breit, schwarz, mit großen, aber flachen braunen Augen, welche bis an das Maul gehen, und allda glänzende Silberhärchen die kleine Oberlippe bedekken. Die Freßzangen sind glänzend schwarz, niedlich gefurcht und mit goldgelben Haren besezt. Darunter sind die gewönlichen Freßspizzen. Die Fülhörner stehen gleich an der Oberlippe, und haben ein langes keulförmiges Grundgelenk von zitronengelber Farbe, die nach der Länge in der Mitte eine vertiefte Furche haben. Auf diesem Grundgelenk stehet ein etwas erhabener Gewerbknopf, in welchem sich 11 dieser Geschlechtsgattung eigene Glieder bewegen. Die vier ersten zunächst dem Kopf sind so lang als die sieben übrigen zusammen, und sind sägeförmig, die übrigen aber klein und wie ein Hörnchen gekrümmt. Gegen außen sehen diese sämmtliche Glieder schwarz und gegen innen gelblichbraun, das äußerste Glied aber ist ganz schwarz.

schwarz. Das Bruſtſtük hat auf dem Nakken zwei länglichte gelbe Punkte und **Tab. 27.** ober der Wurzel der Vörderfüße einen runden Punkt. Der Hinterleib hat ſieben Ringe mit gelber Einfaſſung, die bei den vier erſtern unterbrochen iſt. Der After iſt gelbbräunlich. Der Bauch iſt glänzend ſchwarz. Die drei leztern Ringe ſind am Rande mit goldglänzenden Härchen eingefaßt. Die Füße ſind gelb, haben ſchwarze Schenkel, die Knie aber ſind gelb. Das vördere Paar Füße hat an den Schenkeln zwei lange ſchwarze und dazwiſchen zwei gelbe Streifen. Die Schienbeine haben einen Dorn und die Fußblätter durchgängig, beſonders aber des erſten Paar Füße etwas karakteriſtiſches ihrer Art, indeme zwar das erſte Glied ſeine Länge hat, die übrigen vier aber ganz zuſammengedrukt ſcheinen. Die Flügel ſind ein wenig ſchwärzlich.

Eine andere Art mit gelber Oberlippe und one Bänder.

Die Geflekte. Sph. ſcut. maculata.

Länge 5 Linien.

Dieſer Schildſpher hat eine breite gelbe Oberlippe und auf beiden Seiten einen ſchwarzen Punkt in der Mitte, und zwiſchen den Fülhörnern drei gelbe Strichlein. Die Fülhörner ſind ſchwarzbraun und wie obiger gebildet. Auf dem Nakken ſind zwei faſt unmerkliche gelbe Punkte. Auf dem ſchwarzen Bruſt=ſchild iſt oben am Hals eine zarte gelbe Linie und eine ſolche hinter den Flügeln. Die Ringe des Hinterleibes haben keine gelbe Einfaſſung, ſondern ieder der fünf erſten Ringe hat neben einen gelben Flekken und ein faſt ganz unmerkliches gel=bes Ründchen. Aber ſtärker iſt die Einfaſſung des zweiten, dritten und vier=ten Ringes auf dem Bauch. Die Füße und Flügel kommen mit den vorherge=henden überein.

Eine fernere Art Siebbienen beſchreibet Hr. Paſtor von Scheven im XV. Stük des Naturforſchers, wovon er zwar vermutet, daß die Männ=chen auch Lamellen an den Vörderfüßen haben möchten, aber deren auch one ſolche gibt. Sie kommen mit fig. 1. meiſt überein, haben aber außer den zwei gelben Flekken auf dem Nakken, auch auf dem Bruſtſtük ein gelbes Schildchen, und auf dem zweiten Ring unterhalb eine gelbe ge=bogene und bei einigen unterbrochene Linie: ferner am mittelſten Paar Füße ſchwarze Schenkel und ſchwarze Fülhörner.

Das Weibchen habe nur fünf gelbe Binden, davon die zweite und dritte in der Mitte unterbrochen iſt.

Eine andere Art Sph. Crib. hat auch die vierte Binde unterbrochen, aber nicht ſtark.

Hr. R. Schäfer Icon. Inſect Tom. I. Tab. 81. fig. 2. und Tom. II. Tab. 77. fig. 7. Wie auch Hr. D. Sulzer in ſeiner abgekürzten Geſchich=te der Inſ. Tab. 27. fig. 6. liefern uns ebenfalls Abbildungen von die=ſen Spheren.

C. Spheren, mit einem verlängerten Leibhals.

a) Mit einem geraden Leibhals.

b) Mit einem geraden Leibhals und Goldfarben.

c) Mit einem keulförmigen Leibhals.

α. One Fülhörnerklauen.

β. Mit Fülhörnerklauen.

---

a) Spheren, mit einem geraden Leibhals.

Der Pensilvanier. Sph. pensylvanica.

Linn. S. N. 3.

Fabr. S. E. 3. Sph. pens.

Länge 1 Zoll 2 Linien.

Ein großer schwarzer Spher mit sehr langen Füßen. — Der Kopf ist dik, schwarz und die Augen bräunlichgrau. Die Ocellen aber hellgelblich. Die schwarzglänzenden Freßzangen kreuzen sich sehr stark übereinander und haben breite Zäne. Das Maul hat vier Fülspizzen und die Zunge eine geteilte schwarze Scheide, wie bei den großen Hummeln. Die Fülhörner sind schwarz, fadenförmig, stehen tief und haben ein kurzes dikkes Grundgelenk, worauf 10 lange Glieder stehen. Das Bruststük ist sehr stark und hat verschiedene starke Einschnitte, und endiget sich zwischen den Afterschenkeln der hintersten Füße in einen langen Spiz, woran der eiförmige Hinterleib hänget. Dieser ist glänzend und hat sechs Ringe, die glatt und one Hare sind, außer dem Afterstük, da auf beden Seiten ein Büschgen kleiner Hare stehet. Die Füße sind sehr lang und messen die mitlern 1 Zoll und die Hinterbeine 1 Zoll 2 Linien. Sie sind sämmtlich mit vielen langen borstigen Haren besezt, und haben außer den starken Schienbeindornen an ieden Gelenken viele scharfe Dorne. Die Flügel sind klein, bräunlichgelb und haben an der äußern Hälfte einen schwärzlichen Schatten. Uebrigeus aber ist alles an ihr ganz schwarz. — Diese Wespe ist ein starker Insektenwürger.

Aus Amerika.

Die Zweifarbige. Sph. bicolor.

Fabr. S. E. p. 352. n. 36.

Ein schwarzer großer Spher mit kurzem Leibhals. — Der Kopf ist gelb, die Freßzangen aber an der Spizze schwarz. Die Fülhörner sind gelb. Das
wolligte

wolligte schwarze Bruststük hat hinten auf beiden Seiten zwei Zänchen. An dem Tab.28. gelben Hinterleib ist der erste Ring ganz schwarz, der zweite aber nur die Hälf= te. Die Füße sind gelb, aber die Schienbeine schwarz. Die Flügel sind bis auf die Spizze, welche braunschwarz ist, gleichfalls gelb.

Sie wont in Neuholland.

Der afrikanische Riese. Sph. Gigas africana.
Drury Tom. 3. tab. 42. f. I.

Länge 2 Zoll 3 Linien.

Ein ganz seltener Spher von der größten Art, mit einem gekrümmten sicht= baren Stachel. — Kopf, Bruststük und Hinterleib sind schwärzlich stahlblau und fast schwarz. Die Augen sind länglich, glänzend und hervorstehend, und die Ocellen sehr sichtbar. Das Maul hat starke Freßzangen und vier Freßspizzen, nebst einer deutlichen Zunge, welche sich zurüklegt. Die Fülhörner sind braun und haben außer dem längern Grundgelenk 10 Glieder. Zwischen dem Bruststük und Hinterleib befindet sich ein kurzer Leibhals. Der Hinterleib bestehet aus sieben Ringen, wovon der lezte als der After spiz zulaufet, und einen sieben Linien langen gekrümmten scharfen Stachel zeiget, nebst zwei neben ausstehen= den sonderbaren braunen Plätchen, welche fast die Gestalt haben, wie die oben beschriebene und vergrößert vorgestellte Plätchen der großen Hummel Tab. IV. fig. 3. c*, und ist nicht zu errathen, wozu dieses Insekt solche Werkzeuge ge= brauchet. Die Füße sind gelblichbraun, und mit einer großen Anzal von kurzen Dornen bewafnet. Die Fußblätter haben außer den Klauen eilf Glieder. Die Flügel sind braun, und etwas blau schillernd, iedoch zart.

Er ist an den Küsten von Afrika zu Haus.

Der Federfuß. Sph. plumipes.
Drury Ins. T. I.
Fabr. S. E. 5. Scolia radula.

fig. 2.

Ein behaarter schwarz und gelber Spher. — Sein Kopf ist oben schwarz mit Sammetharen bewachsen, und unter den Fülhörnern bleichgelb: die Fülhör= ner selbst sind schwarz und haben kurze Glieder, außer dem Grundgelenk. Das Bruststük ist rauschwarz und mit gelbrötlichen Haren bedekt, unten aber schwarz. Der kurze Leibhals ist schwarz, und die Ringe des Hinterleibes zitronengelb, mit drei schwarzen Binden, der After aber ist ganz schwarz. Die Füße sind sämmtlich schwarz, mit vielen Haren besezt, und mit starken Dornen versehen. Die Flügel sind dunkelbraun an der Wurzel und gegen außen blauschillernd.

Wont in Neuyork.

Tab.28.
fig 3.

Die Ringelwespe. Sph. annularis.

Linn. S. N. 9. Vespa annul.
Fabr. S. E. 16. Vespa.
Drury T. I.

Länge 1 Zoll.

Eine braune Spherwespe. — Ihr Kopf ist rötlichbraun oder rostfärbig, wie auch die Fühlhörner, deren äußersten Glieder an der Spizze aber gelb sind. Das Bruststük ist auch braun, und hat neben an ieder Seite einen schwarzen Strich. Der Hinterleib ist schwarzbraun, der erste Ring aber ist pomeranzengelb und zitronengelb eingefaßt. Die Füße sind dunkelbraun, die Fußblätter aber und die Gelenke der Füße gelb, und bei dem erstern Paar Füße auch die Schienbeine gelb: die Flügel zart, dunkelbraun und nicht ganz durchsichtig.

Aus Virginien.

fig. 4.

Der Dromedar. Sph. Dromedarius.

Länge 1 Zoll.

Eine zimmetbraune Spherwespe. — Sie ist durchaus an allen Gliedern bis auf die Flügel einfärbig und dunkel zimmetbraun one Haare. — Die Augen sind nierenförmig und die Oberlippe hohl punktirt. Die Fühlhörner haben ein kolbenartiges Grundgelenk mit 10 Gliedern. Das Bruststük hat oben einen elliptischen Bogen, zwischen den Flügeln einen Quereinschnit und hinter denselben noch zwei dergleichen. Der vorne und hinten spizzige Leib hat sechs Ringe, wovon der zweite der größeste ist. Sie schillern ein wenig, welcher Glanz von den kleinen und dem unbewafneten Auge ganz unsichtbaren Sammethärchen herkommt, womit der Hinterleib besézzet ist. Das Bruststük hat solche nicht; sondern dagegen raue Holpunkte. Die Füße sind etwas lang mit Dornen besezt, und die Flügel braun und dunkel, iedoch durchsichtig.

fig.5.

Eben dieselbe, das Männchen. — Es unterscheidet sich solches von der vorhergehenden durch nichts anders, als daß es um zwei Linien kleiner und die Farbe etwas weniges heller ist, sämmtliche Glieder aber etwas subtiler sind. Bede haben Freßspizzen.

Der Flüchtling. Sph. fugax.

Fabr. S. E. p. 350. n. 27.

Ein goldgelber Spher mit einem kurzen Leibhals von mitlerer Größe. — Kopf und Brustschild sind mit goldglänzenden Haren bedekt: die Fühlhörner schwarz: der Hinterleib dunkelrostfärbig, wie auch die Füße. Die Flügel sind gelblich und haben die größern in der Mitte eine braunschwarze gezänte Binde.

Ihr Vaterland ist Neuseeland.

Die Glänzende. Sph. nitida.

Tab. 28.

Fabr. S. E. p 351. n. 28.

Sie kommt der vorigen sehr nahe, und hat auch einen kurzen Leibhals. — Der Kopf hat eine Rostfarbe, schwarze Fühlhörner, die an der Wurzel rostfärbig sind. Der Brustschild ist vorne rostfärbig und hinten mit goldglänzenden Härchen bekleidet. Der Hinterleib und die Füße sind rostfärbig: die Flügel gelblich und an der Spizze durchsichtig.

Sein Vaterland ist Neuholland.

Die Abendröte. Sph. sanguinea.

fig. 6.

Länge 8 Linien.

Ein schwarzer Sphex mit rotem After. — Diese Wespe ist bis auf die leztern roten Ringe durchaus schwarz, und hat wenig sichtbare Hare. — Die Augen sind etwas bräunlich. Die Fühlhörner sind fadenförmig und haben ein kurzes dikkes und ovales Grundgelenk, worauf 10 länglichte gleichrunde Glieder stehen, wovon das erste das längste ist, die übrigen aber immer kürzer werden, so wie sich zugleich die äußersten zuspizzen. Die Freßzangen sind nicht groß und kreuzen sich nur die braunrote Spizzen derselben. Das Maul darunter hat Freßspizzen. Der Brustschild hat über den Wurzeln der Flügel her einen Zirkelbogen und unter denselben einen winklichten Einschnit. Der Hinterleib bestehet aus sieben Ringen, wovon die drei ersten als die größten schwarz, die vier kleinere, spizzulaufende aber hochroth sind. Die Füße sind sehr lang, glatt, glänzend und mit vielen Dornen bewafnet. Die vier Flügel sind zart, helldurchsichtig und schillern himmelblau.

Der Töpfer. Sph. figulus.

Linn. S. N. 11. & Faun. Suec. 1650.

Fabr. S. E. 6.

Ein schwarzer Sphex mit einem kurzen Leibhals. Nur die Ränder der Ringe glänzen, wenn man sie vom Kopf hinab schief betrachtet. — Diese Wespe suchet die Löcher von Würmen und andern Insekten in hölzernen Wänden auf, umnagt solche und tünchet sie mit Ton und Erde, trägt darauf eine Spinne hinein, legt ihr Ei dazu und verkleistert alsdann das Loch.

Aus Schweden.

Der Dikschenkel. Sph. femorata.

Fabr. S. E. 10. Crabro femoratus.

Ein kleiner gelber schwarzgeflekter Sphex mit sehr dikken Schenkeln. — Der Kopf ist gelb mit einem schwarzen Punkt auf der Scheitel: die Fühlhörner schwarz, zilindrisch. Der gelbe Brustschild ist hökkerig, und auf dem Rükken schwarz geflekt. Der Hinterleib ist kurz und kegelförmig, gelb mit vier schwarzen

zen

Tab.28. zen abgekürzten Strichen und einem schwarzen After. Die Füße sind gelb und die hinteren Schenkel außerordentlich dik, und so groß als der Hinterleib, unten gezänt, gelb, und an den Gelenken schwarz. Die Schienbeine sind dünne und krumm.

Wont in Amerika.

Der Dreigurtel. Sph. tricincta.
Fabr. S. E. 11. Crabro tricinctus.

Ein schwarz und gelber Spher, in Gestalt des Gräbers, aber dreimal kleiner. — Sein Kopf ist schwarz, die Lippe und der Augenkreiß gelb: der Brustschild schwarz, vorne mit einem gelben Strich, vor den Flügeln und unter denselben einen gelben Punkt: das Schildlein gelb und unter demselben zwei größere gelbe Punkte. Der Hinterleib ist schwarz, glänzend mit drei gelben Strichen; die Füße schwarz und gelb geflekt: die Flügel haben einen braunen Randflek.

Auch aus Amerika.

fig. 7.
Die Raue. Sph. aspera.

Länge 7 Linien.

Eine schwarze harigte Spherwespe mit einem kurzen Leibhals und halbrotem Hinterleib. —

Kopf und Bruststük ist schwarz und stark behaart; die Fülhörner haben ein kurzes dikkes Grundgelenk und darauf 10 Glieder. Der Hinterleib hängt an einem linienlangen Leibhals und ist von der Wurzel an zur Hälfte roth und die andere Hälfte schwarz. Die Füße sind auch schwarz und die Flügel ein wenig schattig.

Der Kammfuß. Sph. pectinipes.
Linn. S. N. 17.

Er ist schwarz und glatt: an dem Vorderteil des Hinterleibes rostfärbig und hat die Vorderfüße mit Härchen besezt.

Hält sich in den Sandhügeln auf.

Tab.29.
fig. 1.
Der Jamaiker. Sph. Jamaica.
Drury T. I.

Ein brauner Spher mit einem geradstieligen Leibhals und dunkelrotem Hinterleib. — Sein Kopf ist dunkel braunroth, und die Fülhörner schwarz mit neun gleichgroßen Gliedern auf dem langen Grundgelenk. Die Augen sind groß und dunkelbraun: das Bruststük braunroth, mit Sammetharen bedekt und hat unter den Flügeln einen schwarzen Flek. Der Hinterleib ist glänzend und

und glatt, bräunlichroth an einem fadenförmigen Leibhals hängend. Die Tab.29.
Füße sind rotbraun, und haben außer den vordern sämmtlich bei einem ieden
Gelenk drei Dorne. Die Flügel sind rötlich gelb und durchsichtig.

Aus Jamaika.

Die Schatteneule. Sph. Umbrofa. fig 2.
Länge 1 Zoll und 1 Linie.

Eine braunschwarze Spherwespe mit einem geradstieligten Leibhals. —
Der Kopf hat um die Fühlhörner und neben den großen Augen herunter glän=
zende silberfarbe glatte Härchen, die Oberlippe aber ist mit rötlichweißen Ha=
ren besezt. Die Freßzangen sind stark gebogen und kreuzen sich sehr weit.
Die Fühlhörner sind fadenförmig, haben ein kurzes dikkes Grundgelenk und
darauf 10 Glieder. Das Bruststük ist sehr dik und stark, und hat verschiedene
Einschnitte. Der Hinterleib hat sechs Ringe, die glänzend und unbehaart
sind, nur am Afterstük sind etliche Härchen. Die Füße sind sehr haricht und
dornicht und ziemlich lang. Die Flügel sind an der Wurzel schwarzbraun
und haben gegen das Ende einen bräunlichen Schatten.

Der Bluttropf. Sph. sanguigutta. fig. 3.
Länge 10 Linien.

Eine schwarze Spherwespe mit rotgeflekten Flügeln und einem Leibhals.
Eine seltene Wespe von Flügel und Füßen. — Die schwarze Farbe schillert al=
lenthalben in Blau. Die Augen sind grau und schwarz geflekt und die Ocel=
len gelb. Das Maul hat schwarze Freßzangen nebst zwei größern und zwei
kleinern Freßspizzen darunter. Die Fläche des Kopfes und der Oberlippe ist
mit schwarzen Sammetharen besezt. Die Fühlhörner sind sehr groß und einen
halben Zoll lang. Das Grundgelenk ist kurz und darauf 11 lange schwarzgraue
Glieder von gleicher Dikke. Das Bruststük ist hökkerig, und hängt der Hin=
terleib mit einem dünnen Leibhals daran. Der Hinterleib hat sieben Ringe
und am äußersten stehen zwei abgesonderte Bürstchen, dazwischen der Legstachel
verborgen liegt. Die Füße sind sehr lang und die Schienbeine haben zwei
lange Dorne, und die Wurzeln der Klauen lange Hare, dazwischen ein kleiner
Ballen befindlich ist. Die Flügel sind groß, schwarz und haben in der Mitte
einen roten Flek, und die großen am äußersten Rand eine weiße durchsichtige
Einfassung.

Der Goldschild. Sph. Chrysoclypeata. fig.4.
Länge 9 und eine halbe Linie.

Eine schwarzblaue Spherwespe mit goldgelbem Brustschild und Flügel. —
Die Fläche des Kopfs und der Hinterteil desselben gegen den Hals nebst der
Oberlippe, den Freßzangen, Freßspizzen und den Fühlhörnern sind schön gold=
gelb. Die Oberlippe hat einen braunen Saum und die Spizzen der Freßzan=
gen sind braunroth. Die drei gelben Ocellen stehen in einer bräunlichen breiten
Linie,

Tab.29. Linie, welche von einem Auge zum andern reichet. Die großen Augen aber ſind rotbraun. Die Fülhörner ſind fadenförmig und haben außer dem kurzen Grundgelenk 10 länglichte Glieder. Der Bruſtſchild iſt bis hinter die Flügel goldgelb, und der erſtere Einſchnit am Hals iſt geteilt, daß zwei länglichte Flekken gebildet werden. Das übrige des ganzen Bruſtſtüks, ſo wie auch der Hinterleib iſt ſchwarzblau, nebſt den Hüftbeinen und Schenkeln bis gegen die Kniegelenke, die rotgelb ſind. Die Schienbeine ſind auch gold= oder rotgelb und haben einen großen und kleinern Dorn. Der größere iſt bis in die Hälfte auf der innern Kante mit feinen Härchen zierlich beſezt und gleichſam gezänt, welches aber nur durch das Vergrößerungsglas ſichtbar iſt. Die Glieder der Fußblätter haben gleiche rotgelbe Farbe, aber an den Gelenken ſind ſie ſchwarz, und die zwei äußerſten Glieder ſind ganz ſchwarz. Das lezte hat vier Klauen, zwei größere und zwei kleinere neben dem Ballen. Die Flügel ſind ſchön gold= gelb und haben am äußerſten Rand eine blauſchillernde breite Einfaſſung.

Mit dieſer kommt nahe überein:

Der Barbar. Sph. mauritiana.
Linn. S. N. 30.

Der Kopf, die Fülhörner von 10 Gelenken und die Füße ſind roſtfärbig. Das Maul gehet neben den Kiefern ſpizzig hervor und iſt mit vier Fülſpizzen beſezt. Die Zunge iſt geſpalten. Das Bruſtſtük vorne roſtfärbig, hinten ſchwarz. Die Flügel ſind roſtfarbig und haben außen am vördern Rand einen ſchwarzen Saum. Der Hinterkörper iſt ſchwarz, glatt, und groß, hat einen roten After und ſolche roſtfärbige Füße.

Aus der Barbarei.

fig.5.

Der Brenner. Sph. fervens.
Linn. S. N. 6.
Fabr. S. E. 9.
Länge 1 Zoll.

Ein ſchwarzer Spher mit rotem Hinterleib und roten Füßen und einem Leibhals. — Er hat große ovale gelbbräunliche Augen und dergleichen Ocel= len auf einer ſchwarzen Stirne. Die Oberlippe iſt auch ſchwarz und hat ei= nen roten zaktigten Rand. Sie iſt ſowol als die Fläche des Kopfs mit gelbli= chen Härchen beſezt. Die Fülhörner ſind fadenförmig. Das kurze dikke Grundgelenk iſt unten roth und oben ſchwarz, der Gewerbknopf daran und die darin ſtehende 10 Glieder ſind ganz ſchwarz. Die Freßzangen ſind roth und die Zäne, welche ſehr groß und ſtark ſind, und ſich kreuzen, ſchwarz. Die gelben Freßſpizzen ſtehen unten an dem ſchwarzen Rüſſel. Der Hals iſt et= was lang: das Bruſtſtük iſt durchaus ſchwarz. Oben iſt ein Einſchnit, woran unten die vördern Füße ſtehen. Von einer Wurzel der Flügel ziehet zur an= dern ein bogenförmiger ſtarker Einſchnit, welcher mit weißlichten Härchen be= ſezt iſt. Dieſer Einſchnit hat einen erhobenen ſcharfen gerade aufſtehenden
Rand,

Rand, wie bisweilen die Schilde verschiedener Käfer. Etwas weiter hin hinter Tab.29. den Flügeln ist wieder ein Einschnit, welcher gleichsam die andere Hälfte des Bruststüks abteilet. Der Leibhals bestehet aus einem schwarzen Röhrchen und ist nur einer starken Linie lang. Der Hinterleib hat sechs Ringe, welche dunkelroth sind, und eine bräunliche Einfassung haben. Die Füße sind ganz roth und durchaus mit einer Menge scharfer Dorne und Stacheln bewafnet. Die Flügel sind bräunlich und schillern Violet. Die Gewerbknöpfe der Flügel auf dem schwarzen Brustschild sind roth.

Das Vaterland ist Indien.

Dieser Art kommt nahe:

Der Indostaner. Sph. Indostana.
Linn. S. N. 7.

Er ist auch schwarz, und hat schwärzlichblaue Flügel, die aber nur am dünnern Rand glasartig sind. Er hat einen längern Leibhals als iener.

Aus Indien.

Die Rauchwespe. Sph. fumicata.   fig.6.
Länge 10 Linien.

Eine schmuzzigschwarze Spherwespe mit einem Leibhals. — Diese Wespe ist durchaus schwarz one Glanz. Der Kopf ziemlich stark mit rötlichbraunen Augen. Die Ocellen aber sind wie gewönlich hell und gelblich. Die Oberlippe ist in der Mitte schwarz und unbehaart, neben herum aber stehen so, wie um die Fülhörner und neben den großen Augen, bis gegen die Ocellen hin glänzende Silberhärchen, die Stirne aber, worin das Dreiek der Ocellen stehet, ist kahl und glänzend schwarz. Die schwarzen Freßzangen geben zu erkennen, daß es ein starker Insektenräuber ist. Bei der Wurzel sind sie schmal, aber stark. In der Mitte, wo scharfe Zäne stehen, sind sie breit, krümmen sich allda stark, und kreuzen sich in diesem Bogen, daß die Spizzen oder die äußersten Zäne überstehen. Das Maul darunter hat vier Freßspizzen. Die Fülhörner sind fadenförmig, doch sind die äußeren Glieder allmälich etwas dikker, als vom Grundgelenk aus, das lezte Glied aber spizzet sich wieder zu. Das Grundgelenk ist ein kurzer länglichter Knopf, auf welchem 11 Glieder stehen. Der Kopf ist inwendig von dem Maul herauf gegen die Brust zu stark behaart. Der Hals stehet etwas von der Brust ab, und hat einen freistehenden harten Schild zur Bedekkung, dergleichen bei wenig andern Wespen zu finden. Dieser Schild ist an dem Brustschild unbeweglich angewachsen, und stehet etwas weniges über sich gebogen gegen die Ocellen zu, so daß man zwischen dem Hals und dem Schildchen frei durchsehen kann. Das behaarte Bruststük ist viel dikker als der Hinterleib. Es hat vorne beim Hals einen starken Einschnit, und teilet gewissermaßen das erste Stükchen davon ab, woran unten die Vorderfüße befindlich. Von der Wurzel eines Flügels ziehet ein elliptischer Bogeneinschnit zur andern. Der Leibhals ist gegen anderthalb Linien lang. Der konische Hinterleib

Tab. 29. Hinterleib hat sieben Ringe. Die etwas langen Füße sind stark mit Haren besezt, und haben außer den zwei großen Dornen an den Schienbeinen viele kleinere an den sämmtlichen Gliedern der Fußblätter, und scharfe Klauen mit den gewönlichen Ballen dazwischen. Die Flügel sind sehr hell, glasartig, an der Wurzel und dem Rand hellbraun.

— Diese Wespe kommt mit der von Linn. S. N. 3. beschriebenen und der Sphex pensylvanica zugeselleten aus Amerika überein, ist aber viel kleiner.

Der Asier. Sph. asiatica.

Linn. S. N. 5.

Fabr. S. E. Sph. lunata.

Ein rostfärbiger Spher, mit einem bunten Bruststük, und dessen Hinterleib am ersten Ring zu beiden Seiten einen gelben Flekken hat.

Genauer wird er beschrieben Mus. Lud. Ulr. p. 405.

Der Kopf ist braunschwarz, und die Fülspizzen schwarz. Das erste Glied der schwarzen borstenförmigen Fülhörner hat eine gelbe Farbe. Der längliche und unten etwas harige Brustschild ist schwarz, hat aber folgende Zeichnungen: vorne befindet sich eine überzwerche gelbe Linie, und zwei eben so laufende zwischen den Flügeln, an den Seiten aber ein kleiner eiförmiger gelber Flekken. Die Spizze ist größtenteils gelb und hat einen gespaltenen Busen. Der Leibhals ist gerade, obenher schwarz und unten gelb. Der Hinterleib ist eirund und schwarz, und hat einen gelben eirunden Flekken auf beiden Seiten an der Wurzel. Die vier Vorderfüße sind gelb und die zwei hintern schwarz.

Der Mondspher. Sph. lunata.

Linn. S. N. 5. Sph. asiatica.

Fabr. S. E. p. 347. 7.

Fabric. beschreibt eine Art von der Insel Antigoa, welche er vor die so eben beschriebene hält, und vergleicht sie in Ansehung der Größe mit dem Sandwölber: Sie weichet aber in verschiedenem von der linneischen ab. —

Der Brustschild ist schwarz, an dessen Vorderteil ist eine gelbe Linie, vor den Flügeln zwei gelbe Punkte. Das Schildchen und die Wurzel des Leibhalses sind auch gelb. Der Hinterleib ist schwarz und hat auf dem ersten Ring einen gelben Mond. Die Füße aber sind gelb und schwarz bunt.

Der Ringelspher. Sph. cincta.

Scop. E. C. 773.

Eine schwarze Wespe. — Sie hat lange Fülhörner: einen schwarzen Leibhals, auf dem ersten Ring des Hinterleibes, der gelb ist, einen großen schwarzen

zen Flekken, der hinten ausgezakt ist, der zweite Ring aber ist ganz gelb. Die Tab.29. Schenkel sind keulförmig, und die Schienbeine und Fußblätter gelb.

Ein europäisches Insekt.

Der Afrikaner, der Kaper. Sph. capensis.
Linn. S. N. 4.
Fabr. S. E. 8.

Eine schwarze und glatte Spherwespe. — Die fadenförmige Fülhörner und Fülspizzen sind rostfärbig. Der Leibhals ist nicht lang und schwarz. Die Schienbeine und Fußblätter sind rostfärbig, wie auch die Flügel, welche außen einen braunschwarzen Rand und solche Adern haben.

Vom Kap.

Der Rauhe. Sph. hirsuta.
Scop. E. C. 772.

Ein schwarzer Spher. — Der Kopf ist harig, die Fülhörner lang, und die Freßzangen auch lang und gekrümmt. Der kurze Leibhals ist schwarz, der Hinterleib aber in der Mitte goldgelb, und übrigens schwarz. Die Schenkel sind harig, und alle Schienbeine mit Dornen besezt.

Aus Krain.

Der Schmetterlingsflügel. Sph. papiliopennis.   fig. 7.
Länge 7 und eine halbe Linie.

Eine schwarzblaue Spherwespe mit großen, buntigen Flügeln. — Diese Wespe macht sich besonders durch ihre große und breite Flügel und durch ihre lange und starke Fülhörner merkwürdig. Sie ist durchaus schwarz, der Hinterleib aber und die Füße schillern dunkelblau. — Der Kopf ist klein und hat ziemlich erhabene weißgraue Augen und goldgelbe Ocellen. Die Nase oder Oberlippe ist auch etwas gewölbt, und hat ein besonderes glänzendes Schildchen zur Dekke über die Freßzangen, das mit Haren bebrämt ist. Die Freßzangen sind nicht groß und bilden das Maul etwas länglich, als welches starke Freßspizzen hat. Die schwarzen Fülhörner sind fünf und eine halbe Linie lang, haben ein kurzes Grundgelenk und darauf 11 längliche Glieder. Ob sie aber schon also fadenförmig sind, so sind sie doch ziemlich dik. Der Hals ist etwas gestrekt, und das Bruststük so groß, als der Hinterleib. Dieser bestehet aus sieben Ringen, welche schön dunkelblau schillern. Die erstern drei Ringe sind die größten; die andern aber sind klein und gehen spiz zu. Die Füße haben dikke Hüftbeine, die Schienbeine zwei starke Dorne, so wie die Fußblatglieder geringere Stacheln und zwei starke Klauen, dazwischen den Ballen. Die Flügel sind größer als das ganze Insekt und 8 Linien lang, sehr wenig durchsichtig und dunkel schwarzblau, in der Mitte aber ist ein großer ovaler gelbroter Flekken und am Rand eine helle und durchsichtige Einfassung.

Der

Der Schöne. Sph. admirabilis.

Tab. 29.
fig. 8.

Länge 9 Linien.

Eine braune Spherwespe mit gelben Flekken und spizzem Hinterleib. — Diese Wespe ist schön gebauet und hat eine Menge überaus niedlicher Zeichnungen, die wegen ihrer Regelmäßigkeit das Auge nicht wenig ergözzen. — Die Fläche des Kopfs zwischen den Augen, die Stirne und die Oberlippe ist bräunlichroth, am Maul mit einem gelben Saum; die Augen gelblichbraun und die Ocellen schwarz. In den Augen siehet man durch das Vergrößerungsglas eine Menge Flekken, welche in regulairen koncentrischen Bögen laufen. Hinter den Augen gegen den Hals zu, und oben hinter den Ocellen ziehet ein goldgelber Saum. Die Fühörner, welche ein langes Grundgelenk haben, worauf 10 Glieder in ihrem Gewerbknopf stehen, haben wieder ihre verschiedene Zeichnungen. Die Grundgelenke sind inwendig roth, wie der Kopf und oben schwarz; der Gewerbknopf schwarzroth. Das erste Glied, als das längste und dünneste, ist roth und gegen das folgende Glied oben schwarz; die folgenden vier Glieder schwarz und die äußern fünf goldgelb. Die Freßzangen sind gelb und haben schwarze gekerbte Zäne. An der Wurzel der Freßzangen unter den Augen hat jede zwei erhabene glänzende Wirbelknöpfe. Der obere (im Winkel der Nase) ist goldgelb, der untere aber gegen den Hals zu ist schwarz. Die Freßspizzen sind gelb. Beim Anfang des Bruststüks am Hals ist ein schwarzer Sammetkragen, außenherum bis unten hin zu den vordern Füßen mit einem goldgelben Saum eingefaßt. Auf dem braunen Brustschild lauft von den Wurzeln der Flügel gegen bemeldten Halskragen ein elliptischer Bogeneinschnit, der auch einen feinen gelben Saum hat, und zwei schräglaufende Winkellinien bildet. Zwischen und hinter den Flügeln laufen zwei gelbe Querlinien über den Brustschild, wovon die vordere etwas breiter ist als die andere. Den sich nun verschmälernden Brustschild begleiten auf jeder Seite reguläre zweispizzige Flekken, zwischen welchen die braune Farbe sehr dunkel ist; und am Schluß des Bruststüks stehen noch auf beiden scharfen Ekken zwei kleine gelbe Flekchen. Der Hinterleib hat seine Verbindung mit dem Bruststük durch einen kurzen Leibhals, welcher ein gelbes Stielchen ist, nur von einer Viertellinie lang. Er bestehet aus sechs rötlichbraunen Ringen, wovon der erste einen breiten gelben Saum hat, in welchen in der Mitte ein brauner Flekken läuft, über welchem in dem gelben Saum zwei feine braune Pünktchen und in der Mitte dazwischen ein sehr zartes braunes Perpendikularstrichlein befindlich. Die übrigen Ringe haben einen gelben Saum oder Einfassung, wie auch unten auf dem Bauch. Der After läuft sehr spiz zu und hat einen scharfen Stachel. Die Hüftbeine und Schenkel an den Füßen sind schwarz, bis an die Knie, da noch etwas vom Schenkel gelb ist. Die Schienbeine, welche zwei Dorne haben, sind an dem ersten und zweiten Paar Füße gelb, an dem hintern Paar aber gegen das Fußblat zur Hälfte schwarz. Die Fußblätter nebst den Klauen sind an sämmtlichen Füßen gelb. Die Flügel sind braun und durchsichtig, und haben außen einen schwärzlichen Schatten. Ihre Gewerbknöpfe sind gelb.

Der Gelbhals.   Sph. collaris.
Linn. S. N. 34.
Fabr. S. E. 17.

Dieser Sphex hat die Größe einer kleinen Wespe. — Die Fühhörner sind ziegelfärbig. Der Leibhals gelb. Die Füße ziegelfarb: die Flügel braun, und haben in der Mitte wie auch an der Spizze eine weiße Binde.

Fabricius beschreibet die Seinige mit einem schwarzen Kopf, schwarzblauen Brustschild, der am vördern Rand braunschwarz ist, und vorne einen kleinen Zahn, und am Schluß zwei dergleichen hat. Der Hinterleib und die Flügel sind bläulich.

Aus Neuholland.

Die Gelbstirn.   Sph. frontalis.
Fabr. S. E. 18.

Ein schwarzer Sphex, der an die vorhergehende grenzt. — Seine Fühhörner sind schwarz, nebst dem Kopf, die Stirne aber gelb: der Brustschild schwarz, und der Rand am Hals gelb: der Hinterleib und die Füße sind ganz schwarz, die Flügel bräunlich und gegen das Ende dunkler.

Auch aus Neuholland.

Die Kegelwespe.   Sph. conica.
Fabr. S. E. 46. Vespa con.

Ein schwarzer Sphex mit gelbem Hinterleib. — Der Kopf ist schwarz, die Lippe aber gelb, die Fühhörner schwarz und das Grundgelenk unten gelb: der Brustschild schwarz, und vorne rostfärbig, auch das Schildlein rostfärbig: der verlängerte Leibhals schwarz; der zweite Ring des Hinterleibes, als der größte an der Spizze gelb, und das übrige schwarz: die folgenden Ringe sind gelb, ausgenommen der sechste Ring, der am Ende schwarz ist. Die Füße sind rostfärbig.

Wont in Amerika.

Der Nagel.   Sph. clavus.
Fabr. S. E. 12. Sphex.

Ein schwarz und bläulichter Sphex, in Gestalt des Schraubendrehers. — Sein Kopf ist schwarz, mit aschfarbigen Haren bedekt, und das Grundgelenk der schwarzen Fühhörner roth. Der Brustschild ist schwarz, mit einem aschfarbigen Punkt unter den Flügeln. Der Leibhals ist lang, fadenförmig, roth, unten mit einem kleinen Zahn bewafnet, und hat in der Mitte schwarze Binden.

Tab.29. den. Der Hinterleib iſt rundlich, blau, der erſte Ring aber roſtfärbig, und die Füße roth.

Niſtet in Neuholland.

Der Rundſchenkel. Sph. mirifex.
Fabr.

Fig. 9.

Ein kleiner ſchwarzer Spher mit ungeſtalten Hinterſchenkeln. — Er hat ſchwarze Fühlhörner mit gelber Spizze: einen runden glänzend ſchwarzen Hinter=leib an einem gelben Leibhals. Die ſchwarzen Füße haben gelbe Knie. Die Schenkel der Hinterbeine ſind ungewönlich dikke, wie eine plattgedrükte Kugel, gezänt und zur Hälfte gelb. Die Schienbeine ſind gekrümmt und legen ſich an die Rundung des gezänten halbgelben Schenkels, wie bei der Schenkelweſpe. V. Leucoſp. Die Flügel haben gelbe Randflekken.

Aus der Schweiz.

Der Rotafter. Sph. abdominalis.
Fabr. S. E. p. 351. n. 32.

Ein ſchwarzer Spher mit rotem Hinterleib. — Er iſt dreimal kleiner als der Türk, und hat ſeine Geſtalt. Der Kopf iſt ſchwarz nebſt den Fühlhörnern. Die Stirne aber aſchfarbig wollig. Der Bruſtſchild hat vorneher eine halbzir=kelförmige aſchfarbige Binde. Der Hinterleib iſt ganz fuchsroth, die Füße ſchwarz und die Flügel weißlich mit einer braunſchwarzen Spizze. Der Leib=hals iſt kurz.

Aus Braſilien.

Die Zotige. Sph. villoſa.
Fabr. S. E. p. 352 n. 34.

Eine kleine Art Sphere, mit rotem Hinterleib. — Kopf, Fühlhörner, Bruſtſchild und Flügel ſind ſchwarz; der Hinterleib aber, der einen kurzen Leib=hals hat, iſt harig und ganz ziegelfarbig.

Sie hält ſich an den malabariſchen Ufern auf.

Die Sattelweſpe. Sph. ephippia.
Linn. S. N. 22.

Ein kleiner ſchwarzer Spher in der Größe einer Mükke. — Die Stirne iſt rauchharig und ſchillert ins Weiße. Die Fühlhörner ſind kurz. Das Bruſtſtük iſt ungeflekt ſchwarz. An dem Hinterleib, welcher glatt iſt, und einen kurzen Leibhals hat, iſt der zweite und dritte Ring roſtfärbig, und ſiehet etwas einem Sattel änlich, welche Binde iedoch mit einer zarten Linie unterſchieden iſt. Die Füße ſind ſchwarz, nur die vördern Schienbeine haben eine blaſſe Farbe.

Iſt in Schweden zu Haus.

Der Hangkörper. Sph. appendigaster. Tab.29.
Linn. S. N. 12.
Fabr. S. E. 1. Evania append.

Ein kleiner weißlichschwarzer Spher, mit einem sehr kurzen Leibhals, auf welchem der kleine glatte Hinterleib weit oben gegen den Rükken des niedriggedrukten Bruststüks eingegliedert ist. Die Fülhörner haben 10 Glieder: die Füße sind sämmtlich schwarz, und die hintersten sehr lang und fadenförmig. Die Flügel sind kurz, niedergedrukt und durchsichtig.

Man findet sie in Amerika, Neuholland, Spanien und dem östlichen Europa.

Der Gabelschild. Sph. furcata.
Scop. E. Carn. 776.

Der Kopf derselben ist nebst dem Brustschild grün. Der Leib aber, welcher eirund, aufwärts gebogen ist, und mit eingliedrichten rostfärbigen, haarförmigen Stielchen am Bruststük hängt, ist schwarzglänzend. Die Füße sind rostfärbig. — Weilen der Brustschild sich hinten mit einer Gabel endiget, so hat sie obigen Namen erhalten. Uebrigens sind ihre Flügel 1 und dreiviertel Linien lang. — Im August fand Scopoli diese Bastardwespe auf den Blättern der Dosten (origani vulg.) in Krain.

Der Spaltfuß. Sph. fissipes.
Linn. S. N. 13. & Fn. Sv. 1657.
Fabr. S. E. 15. Chrysis fissipes.

Ein schwarzer Spher mit sehr kurzem Hinterleib, welcher roth, keulförmig und gezänelt ist. Die Schienbeine an den hintern Füßen sind nach Verhältniß des Körpers sehr lang, nach Fabr. keulförmig, roth und gedörnt.

Wont in Europa.

Der Ueberläufer. Sph. profuga.
Scop. E. C. 775.

Dieser Spher hat ganz schwarze Fülhörner: eine gelbe Stirne: schwarzen Leibhals, der am hintern Rand rotgelb ist: der dritte Ring des Hinterleibes ist vorne rotgelb. Die vordern und mittern Füße sind ganz roth: die hintern Schenkel und ihre Schienbeine sind an der Spizze schwarz.

Der Spinnenmörder. Sph. flavipunctata. Tab.30. fig.I.
Drury T. I.

Ein schwarzer Spher mit einem langen Leibhals und gelben Flekken. — Sein Kopf ist schwarz und mit Sammetharen bedekt: die Augen dunkelbraun: die

Tab.30. die Fülhörner, welche 10 Glieder haben, schwarz, und das Grundgelenk gelb. Das schwarze Bruststük hat kurze Hare, oben am Hals eine gelbe Einfassung, und an der Wurzel der Flügel einen gelben Flekken, und an dem Schluß des Bruststüks einen dergleichen. Der Leibhals ist lang und geradstielig, oben schwarz und unten gelb. Der Hinterleib ist eiförmig und schwarz, und der erste Ring gelb. Die vördern und mitlern Füße sind schwarz, aber von der Mitte der Schenkel an gelb: aber die Schenkel der hintern Füße sind schwarz und die untern Teile der Schienbeine, das übrige aber gelb.

Dieses ist eine westindische Maurerwespe, welche in Antigua, St. Christoph und Jamaika zu Hause, und scheinet in diesen heißen Gegenden zur Verminderung der häufigen Spinnen von der Natur bestimmt zu sein. Denn sie erziehet ihre Jungen mit lauter Spinnen. Sie bauet wie der Steinmez (Sph. lapicida Tab. XXXII. fig. 5.) an Mauren eine Wonung von Mörtel für ihre Nachkommenschaft, und gehet dabei eben so zu Werk, wie diese. Die Zellen, welche sie beieinander bisweilen zu 12 an der Zahl verfertiget, sind 1 Zoll lang und im Fünfek ordentlich eingeteilt. Dahin trägt sie in eine iede so viel Spinnen, als zur Narung der Wespenlarve nötig und hinreichend sind, legt ein Ei dazu in iede Zelle, verschließt dieselbe, und überläßt das Weitere der Natur. Wenn nun das Junge ausgefressen hat, so spinnet es eine braune Haut um sich, worin es seine Verwandlung abwartet. Ist diese geschehen, so beißt sich iedes durch seine vermauerte Zelle.

Der Blaubastard.   Sph. coerulea.
Linn. S. N. 2.
Fabr. S. E. 5. Sph. cyanea.

Dieser Spher mit langem Leibhals ist himmelblau, hat braunschwarze Flügel one Punkt an der Spizze.

Wont in Nordamerika.

Die Abgestümpfte.   Sph. truncata.
Scop. E. Carn. 768.

Ein roth und schwarzer Spher mit langen Fülhörnern, braunschwarzen Augen, schwarzem sichelförmigem Hinterleib, der zusammengepreßt ist, mit abgestümpftem After.

Das

Das Dikhorn. Sph. craſſicornis.
Scop. E. Carn. 769.

Ein roſtfärbiger Sphex, mit Fülhörnern, die an der Spizze ſchwarz ſind, ſchwarzen Augen und ſchwarzen After. — Es ſind dieſer Art drei Varietäten:

1. Mit ſchwarzen Fülhörnern, mit einem roten Grundgelenk: ſchwarzem Bruſtſtük: roſtfärbigem Schildlein: deren Flügel an der Spizze dunkel, und die Ringe roſtfärbig ſind: mit ſchwarzem After, roſtfärbigen Füßen und ſchwarz geringelten Hinterſchenkeln.

2. Mit Fülhörnern, deren Spizzen ſchwarz, der Bruſtſchild braunſchwärzlich iſt, und die Hinterſchenkel unten am Gelenk braunſchwarze Flekken haben.

3. Mit roſtfärbigen Fülhörnern, die in der Mitte blaß ſind und an der Spizze ſchwarz: von Statur kleiner und deren Bruſtſchild und Hinterleib einerlei Farbe haben.

Der Schraubendreher. Sph. ſpirifex.
Linn. S. N. 9.
Fabr. S. E. 11.

fig. 2.

Länge 1 Zoll.

Eine ſchwarze Weſpe mit einem langen gelben Leibhals. — Der Kopf hat ſchwarze zehngliedrigte fadenförmige Fülhörner auf einem gelben dikken Grundgelenk. Das Bruſtſtük hat über dem Schild eine gelbe Querlinie. Der Leibhals iſt lang und gelb, und der Hinterleib eiförmig. Die Füße ſind gelb und der Anfang der Schenkel ſchwarz, iedoch bei dem hinterſten Paar ſind nur die Ende der Schenkel wie auch der Schienbeine ſchwarz. Die Flügel ſind etwas bräunlich gelb.

Iſt in den ſüdlichen Teilen von Europa zu Haus. — Ihren Namen fürt ſie von der gewundenen Wonung, die ſie ſich von Erde auch unter den Dächern verfertiget.

Der Gelbfuß. Sph. flavipes.

fig. 3.

Länge 10 Linien.

Ein ſchwarzer Sphex mit einem langen gelben Leibhals und gelben Füßen.

Er hat einen flachen ſchwarzen Kopf, braunrote Augen, helle rötlichgelbe Ocellen, braunrote ſehr gekrümmte und gefalzte Freßzangen mit einer ſcharfen Spizze. Die Fülhörner ſind fadenförmig und haben ein kurzes dikkes Grundgelenk, das gelb iſt, und die darauf befindliche 10 Glieder ſchwarz. Das Bruſtſtük iſt etwas erhaben, der Schild matt ſchwarz, aber die Bruſt unter den Flügeln an glatt und glänzend ſchwarz. Die Gewerbknöpfe der Flügel ſind rotbraun, und von denſelben lauft ein Bogeneinſchnit zwiſchen den Flügeln

Tab.30; geln hin.   Der Leibhals ist gelb und bestehet in einem runden drei Linien langen gleichdikken Röhrchen.   Der aus sechs glänzend schwarzen Ringen bestehende Hinterleib ist oval.   Die Füße sind hochgelb, und haben die hintern Paar eine besondere Struktur von Gliedern.   Die Hüftbeine bestehen iedes aus zwei abgesezten Gliedern, wovon das erste glänzend schwarz und das andere gelb ist.   Der daran befindliche Schenkel ist bis in die Mitte gelb, und die andere Hälfte bis an das Knie glänzend schwarz.   Das darauf folgende Schienbein ist anfangs wieder etwas über die Hälfte gelb, das übrige aber nebst dem Dorn schwarz. Die Fußblätter sind gelb und an den Gelenken bräunlich. Die vördern und mitlern Füße aber sind viel kürzer und haben nur ein schwarzes Hüftbein, und der Schenkel ist bis in die Mitte glänzend schwarz, das übrige aber gegen das Knie zu ist gelb, und das kleine Schienbein ganz gelb; die Fußblätter aber bräunlich. Die Flügel sind zart und haben die obern an der äußersten Spizze einen kleinen Schatten.

Sein Vaterland ist die Provence.

Das Weibchen.

Unterscheidet sich in nichts von diesem Männchen, als daß es durchaus größer ist, schwarze Augen und gelbe Gewerbknöpfe an den Flügeln, und hinter dem Bogeneinschnit auf dem Brustschild hinter den Flügeln ein gelbes Querstrichlein hat.   Die Flügel sind etwas bräunlicher und haben an der Spizze keinen Schatten.

Mit dieser kommt überein:

Der Egiptier.   Sph. aegyptia.

Linn. S. N. 10.

Mus. L. Ulr. 406.

Sie ist schwarz, das Bruststük harig: der Leibhals lang fadenförmig und blaßgelb. Die zwei Paar Vörderfüße sind in der Mitte gelb. Die Hinterfüße sind an der Wurzel des ersten Gelenkes schwarz, das zweite ist ganz gelb, das dritte und vierte ist wieder an der Wurzel gelb, und gegen die Spizze schwarz.

Wont in Egipten und im östlichen Europa unter Dächern in gewundenen Zilindern.

Die Frühlingswespe.   Sph. aequinoctialis.
Scop. E. C. 774.

Sie ist schwarz, hat lange Fühlhörner, einen glänzenden Hinterleib, der auf dem Bauch eine gelbe nach der Länge ziehende Linie hat. Der Stechangel und die Schienbeine sind goldgelb: die Flügel hell, und die größern an der Wurzel und Flügelrippe mit einem gelben Punkt bezeichnet. —

Sie ist einheimisch, und läßt sich bald im Früling sehen.

Die

Die Witwe. Sph. viduata.

Tab. 30. fig. 4.

Länge 9 Linien.

Eine schmale Spherwespe mit langem dünnem Leibhals und rotem Hinterleib. — Eine besondere Figur von Körperbau. Bruststük und alle Glieder sind schwarz, nur der kleine Hinterleib nicht, was aber im Grund schwarz, ist mit schneweißen glänzenden Silberhärchen meist dichte bewachsen. Die Oberlippe und die ganze Fläche des Kopfes zwischen den braunrötlichen Augen bis an die schwarze Stirne, worinnen die drei hellen glänzende gelbe Ocellen sizzen, ist ganz dichte mit weißen Haren besezt. Die krummen Freßzangen sind glänzend schwarz und haben einige lange weiße Hare. Die fadenförmige Fülhörner, welche 10 Glieder haben, sind auch schwarz, nebst dem runden Gewerbknopf. Die kurzen Grundgelenke aber sind ebenfalls mit weißen Härchen besezt, so wie auch der Kopf inwendig gegen den Hals zu. Das Brustük hat die dichteste weiße Hare auf den Seiten hin gegen die Brust zu und hinten am Schluß des Brustschilds. Sogleich am Hals ist ein Einschnit auf dem Brustschild, der einen scharfen Saum macht, an welchem Stükchen unten das erstere Paar Füße befindlich ist. Hinter den Wurzeln der Flügel sind noch zwei Einschnitte über den schmalen Rükken, hinter welchen zwei schwarze Parallellinien, zwischen denen eine breite weiße befindlich, den Brustschild schließen. Der Leibhals ist ein rundes schwarzes glänzendes Stielchen, welches gegen den Hinterleib sich in die Höhe beugt. Der daranhangende gelbrote kleine Hinterleib bestehet aus sieben Ringen, wovon aber der erste eigentlich nur eine Schale ist, die am Leibhals befindlich, und die Wurzel des ersten eigentlichen Ringes dekket. Diese Schale ist gegen den Rand stark mit weißen glänzenden Silberhärchen bedekt, die übrigen Ringe haben einen gelblichten Saum. Die Füße, besonders das hinterste Paar sind lang und außer den gezänten großen Dornen an den Schienbeinen, an allen Gliedern der Fußblätter, stark mit Dornen bewafnet. Die Füße sind glänzend schwarz, aber nur vorzüglich die vördern mit weißen Härchen, die hintern aber mit dergleichen äußerst fein bewachsen, daß sie dem bloßen Auge nur einen Schiller machen. Die Flügel sind sehr zart und haben äußerst feine Adern und der äußere Teil einen ganz leichten violetten Schatten. Ihre schwarze Gewerbknöpfe auf dem Brustschild sind auch mit weißen glänzenden Silberhärchen besezt.

Aus der Provence.

Der Schwärmer. Sph. vaga.

Drury Tom. II. tab. 39. fig. 7.

Länge 8 Linien.

Ein etwas kleiner brauner Spher mit langem Leibhals. — Der Kopf und die Fülhörner sind braun und die Augen schwarz: das Brustük und der kleine eiförmige Hinterleib glänzend dunkelbraun, so wie auch die Füße und die Flügel. Der Leibhals ist ziemlich lang, und die Glieder der Fußblätter haben zwei Dorne, die der Vorderfüße aber nur einen.

Aus Jamaika.

Die

306

II. Hauptabt. II. Abschnit.

Tab. 30.
Fig. 5.

Die antillische Trauer. Sph. lugubris.

Länge 7 und eine halbe Linie.

Eine zarte schwarze Spherwespe mit sehr langem gelbem Leibhals. — Dieses Wespchen hat den Körperbau der vorigen, ist aber kleiner und noch geschmeidiger. Der Kopf ist etwas breit und breiter als der Rükken. Die Augen kastanienbraun und die Ocellen gelb. Die Oberlippe und die Fläche des Kopfs bis gegen die schwarze Stirne, ist mit silberglänzenden etwas weniges gelblichen Härchen besezt. Die kleinen Freßzangen sind schwarz, aber die Spizzen dunkelroth, und die Freßspizzen darunter braun. Die Fühörner sind fadenförmig und sowol das kurze Grundgelenk als der Gewerbknopf und die darauf stehenden 11 Glieder schwarz; gegen obenhin aber sind die Grundgelenke innerhalb gelbroth. Das Bruststük ist schwarz und oben auf dem Schild sind bei dem ersten Einschnit auf dem abgeteilten Stük zwei gelbe Punkte. Von der Wurzel der Flügel zu der andern ziehet ein Bogeneinschnit und darhinter eine koncentrische gelbe Bogenlinie. Der Leibhals ist ein gelbes gerades Röhrchen, drei Linien lang, an welchem der kleine schwarze Hinterleib hänget, der außer der ersten kleinen Schale seine sechs Ringe hat. Die Füße sind schwarz und gelb. Die Hüftbeine sind sämmtlich schwarz. Die Schenkel der vordern und mitlern Paar Füße sind halb schwarz, und die andere Hälfte gegen die Schienbeine zu, goldgelb, und die Glieder der Fußblätter, davon iedes zwei Dorne hat, schwarz. Die Hinterfüße aber sind etwas anders geflekt. Die Hüftbeine sind schwarz. Darauf folgt noch ein kurzes Glied, woran der Schenkel befindlich, welches gelb ist, der Schenkel selbst aber ist halbgelb, und gegen die Schienbeine zu halbschwarz. Die Schienbeine sind wieder halbgelb und die andere Hälfte gegen das Fußblat gelb. Das erste und längste Glied des Fußblats ist gelb und die übrigen vier sind schwarz. Die Flügel sind gelbbräunlich, glänzend, und haben am Ende einen leichten violetten Schatten. Ihre Gewerbknöpfe sind gelb.

Aus St. Domingo.

Die Gesellige. Sph. gregaria.
Scop. E. C. n. 777.

Eine kleine Art mit langen Leibhälsen. — Sie sind schwarz, haben lange Fühörner, goldgelbe Leibringe, gelbliche Füße, durchsichtige Flügel mit einem schwarzen Randflek.

Leben in Europa. — Sie versammlen sich truppweise in der Luft, und spielen untereinander. Sie sezzen sich auch auf die Blumen.

Die Jamaische. Sph. Jamaicensis.
Fabr. S. Ent. p. 347. 10.

Eine schwarz und gelbe Spherwespe mit langem Leibhals. — Sie hat einen schwarzen Kopf und Fühörner mit einem gelben Grundgelenk. Der Bruftschild ist schwarz, hat aber vor den Flügeln eine gelbe Linie, unter denselben einen gelben

ben Punkt, ein gelbes Schildchen, und an der Wurzel ist ein großer gelber Flek-Tab.?. ken. Der Leibhals ist schwarz. Der erste Ring am Leibhals ist gelb und hat an der Wurzel einen rostfarbigen Flekken. Die übrigen Ringe haben nur eine gelbe Einfassung. Die vördern Füße sind gelb, die übrigen schwarz mit gelben Knien.

Wont in Jamaika.

Die Knöpfigte.   Sph. Anthracina.
Scop. E. C. 779.

Ein schwarzer Spher mit gelben Füßen. — Die Schwärze dieser Wespe ist one Glanz, und rau von Punkten. Die Fülhörner sind lang und braunschwarz rostfärbig. Die Füße sind goldgelb und die Flügel braunschwarzrostfärbig.

Ist in Europa zu Haus.

Der Indostaner.   Sph. Indostana.
Linn. S. N. 7.
Muf. L. Ulr. 407.

Ein ganz schwarzer Spher. — Er hat fadenförmige Fülhörner von 11 Glie- dern. Das Brustftäk ist ein wenig harig, und hinten buklich, der Leib aber glat, oben buklich und an dem After wie mit einem Stachel bewafnet. Die Füße sind harig: die Flügel haben eine braunschwarze Farbe mit rostfärbigen Adern, und sind nach hinten mehr durchsichtig.

Aus Indien.

Die Thomaswespe.   Sph. Thomae.
Fabr. S. E. p. 346. n. 2.

Ein schwarzer Spher mit einem roten Hinterleib, schwarzen Leibhals, und schwarzen großen Flekken auf dem zweiten Ring.

Wont auf der amerikanischen Thomasinsel.

Der Violette.   Sph. violacea.
Fabr. S. E. p. 346. n. 4.

Eine blaue Wespe mit langem Leibhals. — Ihre Fülhörner sind schwarz und auf der Stirne stehen glänzende Silberhare. Die Flügel sind weiß, bis auf die Spizze, welche braunschwarz ist.

Ist auf dem Kap zu Hause.

Der

Tab.30.

Der Zweifächerige. Sph. bilocularis.

Scop. E. C. 787.

Ein schwarz und gelber Spher. — Die Fülhörner sind lang und schwarz; der Kopf schwarz nebst dem Bruststük. Der Hinterleib ist oben schwarz und unten goldgelb, iedoch an der Wurzel schwarz. Unten ist er in zwei Gefächer durch eine der Länge nach laufende gelbe Linie geteilt. Die Füße sind auch gelb und die Schenkel goldgelb. Die Flügel sind hell und haben einen schwarzen Randflek.

Wont in Europa.

b) Mit einem geraden Leibhals und Goldfarben.

Der Blaukörper. Sph. Chrysis coerulea.

Linn. S. N. 38. Sph. coerulea.
Fabr. S. E. 5. Sph. cyanea.
Drury Tom. II. tab. 39. f. 8.

Das Weibchen.

Länge 1 Zoll.

Ein großer Goldspher mit einem Leibhals und gelben Flügeln. — Diese Wespe ist von Farbe grünlichgold und schillert blau. Der Kopf ist groß und dik, hat starke braungelbliche Augen und gelbrötliche Ocellen auf goldenem Feld. Die Fülhörner sind schwarz sichtbar gegliedert in 10 Gliedern, welche auf einem kurzen dikken länglichten Knopf stehen, als dem Grundgelenk. Die Freßzangen sind außerordentlich lang, und kreuzen sich von einem Auge zum andern; sie endigen sich in einem spizzen Zahn und sind unten durchaus mit borstigen Haren besezt, und scheint überhaupt diese Wespe ein heftiger Insektenräuber zu sein. Sie hat einen langen Hals mit einer Bedekkung. Das Bruststük hat nahe am Hals einen starken Einschnit und Abteilung, woran das erstere Paar Füße stehet. Hinter den Flügeln ist der zweite Einschnit, oder das dritte Stük der Brust, woran unten die zwei Paar Füße nahe beieinander stehen. Der Leibhals ist 1 und eine halbe Linie lang und fadenförmig. Der Hinterleib hat sechs Ringe, an deren lezterm ein brauner Legstachel ein wenig vorstehet. Die Füße sind groß, und die Schienbeine und Fußblätter anstatt der Hare mit sehr vielen Dornen besezt und ganz stachlicht. Die Klauen sind durch kleine Nebenklauen verstärkt. Die Flügel sind schön gelb und haben außen einen blau und rötlich schillernden Schatten.

Aus Westindien.

Linne gibt von der Seinigen an, daß die Flügel rostfärbig seien mit einer schwarzen Farbe an der Wurzel, und weißlichten Spizze. Auch die schwarzen Fülhörner seien an der Spizze rostfärbig. Fabricius gibt noch eine Veränderung bei dieser Gattung an, welche schwarze Flügel mit einem

einem roſtfärbigen Flekken in der Mitte haben. Bei beiden aber ſeie im- Tab. 30.
mer die Spizze weißlich.

Drury beſchreibt dieſen Spher zwar ſfahlblau, er iſt aber in ſeinen übrigens
ganz vortreflichen Abbildungen ganz blau gemalt, und hætte er vielleicht
das Männchen vor ſich, zumal er nichts vom Stachel gedenket.

Seine Oekonomie.

In Sonnerats Reiſe nach Neuguinea findet ſich eine Beſchreibung
von dieſem Spher, der ſich häufig bei dem Hafen Kavite auf der
Inſel Luſon findet. Dieſer Blaukörper, der auch die blaue Fliege, der Blaubaſtard genennet wird, iſt überaus lebhaft und behen-
de. Er pflanzt ſich ſonderheitlich durch die Aufreibung eines Inſekts
fort, welches der Kakerlak heißt: (Blatta americana Linn.) aus
dem Schabengeſchlecht, welches 14 Linien lang und 6 Linien breit iſt,
ſehr lange ſtachlichte und in der ganzen Länge herunter mit Dornen
beſezte Füße hat, außer dem Hüftbein, welches glatt iſt. Er hat
vier Flügel, die er im Stand der Ruhe kreuzweiß trägt. Der Hinterleib hat zwei lange Spizzen, auf ieder Seite eine. Das ganze
Inſekt iſt von einer feinen braunen Farbe. — Es iſt in warmen Ländern ſehr gemein, ſchleicht ſich allerwege ein und iſt von einem un-
leidlichen Geſtank.

Ongeachtet es nun viel größer iſt als der Spher Blaukörper, ſo
muß doch ſein ſchwerer träger Leib der Behendigkeit und dem Muth
deſſelben unterliegen. Sobald er, gedrungen von der Notwendigkeit,
ſeine Eier abzulegen, einen Kakerlak merkt, ſo fliegt er zuerſt be-
ſtändig um ihn herum, wie ein Raubvogel um ſeine Beute ſchwebt,
überfällt ihn aber plözlich, hält ihn bei einem Fülhorn und gibt ihm
mit ſeinem Stachel viele Stiche in den Leib. Das dumme Tier weiß
nun weder zu fliehen, noch ſich zu wehren. Es folgt geduldig, wie
ein Ochſe zur Schlachtbank, ſobald die blaue Fliege anfängt rüklings
zu gehen, und muß wol der Gewalt nachgeben, mit welcher es an
einem ſo empfindlichen Teile, als das Fülhorn iſt, fortgeſchleppet
wird. Inzwiſchen verläßt ihn der Spher einige Augenblikke, da er
wol weiß, daß er ſein Schlachtopfer durch die vielen Stiche genugſam
geſchwächet, und außer Stand geſezzet hat, die Flucht zu nemen.
Nun fliegt er erſt an dem benachbarten Ort herum, um ihn zu viſiti-
ren. Sobald er ein ſeinen Abſichten gemäßes Loch angetroffen hat,

lehret

Tab.30.

kehret er sogleich zu seiner Beute zurük, faßt sie aufs neue beim Fül-horn, treibt sie mit seinen Stichen fort, schlept sie weiter bis ins Loch, in welches er vorangehet, gibt ihr vollends den Rest, und legt nun seine Eier in den Leib dieses todten Feindes. Hierauf begibt er sich wieder heraus, holt Erde, welche er anfeuchtet und mit seinen Freß-zangen knetet, bringt sie im Maul herbei und vermauret damit das Loch, wo er den Kakerlak gelassen hat, welches ihm zum Grabe, und den in seinen Eingeweiden ausgekommenen Würmern zugleich zur Wiege dient. Diese nären sich von den weichen innern Teilen des Ka-kerlaks, und verwandlen sich hernach in eben solche Sphexen.

Der Smaragd. Sph. smaragdina.
Drury Tom. 3. tab. 42. f. 2.

Länge 11 Linien.

Ein grün glänzender Sphex mit langem geraden Leibhals. — Der Kopf hat ein schönes Grün, und die Augen sind braun und länglich: die Fülhörner aber schwarz und lang. Das Bruststük und der Hinterleib, welcher an einem langen fadenförmigen Leibhals hänget, haben eine schöne smaragdgrün glänzende Farbe. Die Füße aber sind schwarz und die Flügel bräunlich und gelb.

Ist in China zu Haus.

Der Chrysolit. Sph. Chrysis.

fig.7.

Länge 9 Linien.

Ein dergleichen Goldsphex mit einem Leibhals. — Diese grüne in Blau schillernde Wespe ist der vorigen sehr änlich, aber nur halb so groß. Die Augen sind bräunlich und die Ocellen rötlich. Der Kopf ist unter den Fülhörnern und neben der Oberlippe her mit glänzenden Silberhärchen bedekt. Die Fülhör-ner, Hals, Brust Leibhals und Hinterleib hat mit fig. 6. die nemliche Be-schaffenheit. Die Schienbeine haben zwei Dorne, das Fußblat zwei Klauen und einen starken Ballen. Die gelbliche Flügel schillern ins Rote und haben außen einen Schatten.

Aus Westindien.

Der Glanzschild. Sph. chr. nitidula.

Fig 8.

Länge 7 Linien.

Ein kleiner grün und blauschillernder Goldsphex. —

Seine Fülhörner sind schwarz und fadenförmig, die Augen aber rotbraun. Der Hinterleib klein und eiförmig, die Füße schwarz und die Flügel gelblich und spielen gegen außen ins Violette.

c) Mit

c) Mit einem keulförmigen Leibhals.

α. One Fülhörnerklauen.

Der Färber. Sph. tinctor. fig. 1.

Länge 1 Zoll 2 Linien.

Ein brauner Sphex mit keulförmigem Leibhals. Er ist durchaus von sehr dunkler rotbrauner Farbe, und one sichtbare Härchen. — Der Kopf ist nach Verhältniß des Bruststüks klein: die Augen braungelblich, und die Ocellen hell und glänzend gelb. Die Freßzangen sind sehr lang und messen zwei Linien. Die Fülhörner haben ein langes Grundgelenk und 10 Glieder. Das Brustſtük, welches sehr stark und dikke ist, hat oben einen elliptischen Bogeneinschnit, und zwischen den Flügeln noch zwei querlaufende Einschnitte. Der Leibhals bestehet aus einer drithalb Linien langen Keule. Der daranhängende eiförmige Leib bestehet aus fünf Ringen, davon der erste sehr groß ist, und die übrigen spiz zulaufen. Die Füße haben an den Schienbeinen zwei Dorne, wie auch die Glieder des Fußblats der hintern Füße einen Saum kleiner Dorne, und die Klauen haben Afterklauen. Die Flügel sind fast undurchsichtig braun und schillern etwas blau Stahlfarb.

Der Sandwölber. Sph. sabulosa. fig. 2.

Linn. S. N. 1. & Fn. Sv. 1648.

Scop. E. C. 770.

Frisch Inf. 2. T.

Geoffr. Inf. 2. 63. Ichneumon.

Ein schwarz und rauer Sphex mit einem keulförmigen Leibhals von zwei Gelenken. Der Hinterleib ist schwarz, aber die ersteren Ringe rostfärbig: die Füße schwarz, und die Flügel kurz.

Wont in sandigen Gegenden von Europa, scharret ein Loch in den Sand, schleppet Rauppen oder Spinnen hinein, legt ihr Eichen dazu und verschließt hierauf die Oefnung.

Der Hesperus. Sph. hesperus. fig. 3.

Länge 1 Zoll.

Eine bräunlichrote Sphexwespe mit langem keulförmigem Leibhals. — Diese Wespe gleicht fig 8. Tab XXXI. sehr viel. Sie unterscheidet sich aber von derselben in folgenden Stükken. Sie ist größer und drei Linien länger. — Die äußern Glieder der Fülhörner haben unten die schwarzen Flekken nicht, noch auch die merkwürdigen Hörner und Answüchse an deren äußersten Gliedern. Uebrigens aber sind sie ienen gleich. Der feine gelbe Saum um den elliptischen Bogeneinschnit des Brustschilds ist etwas sichtbarer. Der Leithals ist bei der Wurzel oben nicht schwarz, sondern nur unten. Die Flügel haben gegen die äußere

Tab.31 äußere Hälfte einen ins Stahlfarbe fchillernden Schatten, und die Klauen nebft den erften vorhergehenden Gliedern der Fußblätter find nicht fchwarz an den Gelenken, fondern gelb und die Klauen gegen das Ende dunkelroth. Auch find daran Afterklauen befindlich.

Der Gewölbte. Sph. arcuata.
Fabr. S. E. 40. Vespa arcuata.

Ein fchwarz und gelbgefchekter Spher, in der Geftalt der Pillenwefpe. — Sein Kopf und Fühlhörner find fchwarz, die Stirne und der Augenkreiß gelb: der Bruftfchild fchwarz mit zwei gelben Linchen auf dem Rükken. Das Schildlein ift fchwarz und hat zwei gelbe Flekken, und am Rand eine gelbe Einfaffung. Unter dem Schildlein ift das Bruftftük gelb mit einem fchwarzen Kreuz. Der Leibhals ift lang, eingebogen, fchwarz, mit zwei gelben Flekken in der Mitte, und zweien vor dem Gelenk. Der zweite Ring des Hinterleibes ift wie gewönlich der größte, hat zwei gelbe Binden, und die übrigen Ringe eine, die fammtlich unterbrochen find. Unten find die Ringe fchwarz, und haben auf beiden Seiten einen gelben Punkt. Die Füße find fchwarz, mit gelben Schienbeinen.

Ift in Neuholland zu Haufe.

Die Glokkenförmige. Sph. campaniformis.
Fabr. S. E. 41. Vespa.

Diefer fchwarz und gelbe Spher ift etwas kleiner als der vorherige. — Er hat einen fchwarzen Kopf, gelbe Stirne und Augenkreiß, und roftfärbige Fühhörner mit rötlicher Spizze: einen fchwarzen Bruftfchild, der oben gelb eingefaßt ift, und zwei große gelbe Flekken unter den Flügeln, und vor denfelben einen kleinen gelben Punkt hat. Das Schildlein ift gelb, mit fchwarzen Binden. Unter dem Schildlein ift der Rükken gelb mit einer fchwarzen Furche in der Mitte. Der Leibhals ift verlängert, keulförmig, roftfärbig, mit einer fchwarzen Spizze, und auf beiden Seiten einen gelben Punkt. Der zweite Ring des Hinterleibes ift der größte, und hat außen zwei gelbe Flekken und einen gelben Rand. Die übrigen Ringe haben ebenfalls einen gelben Rand: und die Füße find auch gelb.

Sein Vaterland ift Neuholland.

Die Birnförmige. Sph. pyriformis.
Fabr. S. E. 42. Vespa pyrif.

Ein fchwarz und gelber Spher mit keulförmigem Leibhals. — Der Kopf ift fchwarz mit einer gelben Stirne und roftfärbigen Fühlhörnern. Der Bruftfchild ift hökkerig, vorne gelb und hinten fchwarz, mit einem erhöheten Punkt vor den Flügeln, mit zwei roftfärbigen Flekken unter den Flügeln, und einem roftfärbigen Schildlein. Der Leibhals ift keulförmig, und roftfärbig mit zwei fchwarzen Binden. Der erfte Ring des Hinterleibes ift glokkenförmig und der größte,

am

am Ende schwarz, mit zwei großen rostfärbigen Flekken, und einer gelben Spiz-Tab.31. ze. Die übrigen Ringe sind klein und gelb: die Flügel sehr gefaltet, rostfärbig, und an der Spizze aschfarbig: die Füße rostfärbig, und deren hintere Schenkel schwarz.

Wont in **China**.

Die Graue. Sph. grisea.
Fabr. S. E. 43. Vespa gris.

Ein großer aschfarbiger Spher. — Sein Kopf ist aschfarbig und hat rostfärbige Freßzangen, die Fülhörner braunschwarz. Der Brustschild ist ganz aschfarbig und glänzend: der Leibhals rostfärbig, verlängert und keulförmig. Der zweite Ring des Hinterleibes ist glokkenförmig, an der Wurzel dünne, rostfärbig, an der Spizze aber aschfarbig, auf beiden Seiten mit gelben Flekken. Der dritte und vierte Ring ist aschfärbig, und auf beiden Seiten mit einem gelben Flekken, die übrigen aber sind ungeflekt. Die Füße sind braunschwarz mit rostfärbigen Schenkeln: die Flügel weiß und gegen außen rostfärbig.

Aus **Afrika**.

Der Halbflügel. Sph. dimidiata.
Fig.4.
Länge 1 Zoll.

Eine schwarz und rote Spherwespe mit langem keulförmigem Leibhals. — Der Kopf und alle Glieder an derselben sind schwarz und mit wenigen Haren besezt. Die Freßzangen sind sehr spiz mit einem einzigen krummen Zahn, und kreuzen sich fast von einer Wurzel bis zur andern. Darunter ist nicht nur eine Zunge in einer gedoppelten Scheide, wie ein Bienenrüssel, sondern auch überdies vier Fülspizzen, wovon das eine Paar sechs und das andere acht Glieder hat, die schwarz sind, aber am Gelenk iedesmal etwas weiß eingefaßt. Die Fülhörner haben 10 etwas lange Glieder und ein kurzes länglichrundes Grundgelenk. Der Hals ist abstehend und hat eine Bedekkung. Das Bruststük ist hökkerig. Zunächst am Hals ist ein kleines Stük, daran unten das erste Paar Füße befindlich. Unter den Flügeln ist auf ieder Seite ein Punkt und an demselben her eine Linie, welche mit silberfarben glänzenden Härchen besezt ist, so wie auch das Ende des Bruststüfs bei der Wurzel des Leibhalses. Dieser ist schwarz bis zu Anfang seiner Verdikung, welche roth ist, so wie der folgende erste Ring des ovalen Hinterleibes. Der andere Ring ist auch roth, aber in der Mitte ist ein großer schwarzer stahlfarber Flek. Die übrigen drei Ringe sind durchaus schwarz stahlfarb. Die Füße sind schwarz und lang. Die Schienbeine sind mit zwei Dornen und die Fußblätter inwendig mit vielen kurzen Stacheln, wie gezänt, besezt. Zwischen den Klauen sind starke Ballen. Die Flügel sind klein und haben außen einen Schatten.

Der

Tab. 31.
fig. 5.

Der Dünnbauch.   Sph. attenuata.

Fabr. S. E. 44. Vespa att.

Länge 1 Zoll

Ein schwarzer Spher mit sehr langem keulförmigem Leibhals. — Die Fläche des Kopfs zwischen den Augen und Fühlhörnern ist schwarz, um die Oberlippe aber und neben den Augen herunter mit glänzenden Silberhärchen besezt, wie auch hinten am Kopf gegen den Hals zu. Die Oberlippe selbst aber ist glänzend schwarz und glatt. Die Freßzangen, welche sich kreuzen, sind roth und die Spizzen schwarz. Die Fühlhörner sind fadenförmig, schwarz, mit einem kurzen dikken Grundgelenk, auf welchem in einem starken Gewerbknopf 10 Glieder stehen. Der Hals ist gestreit. Das Bruststük schwarz, hökkerig, oben am Hals mit einem tiefen Einschnit, und hinter den Flügeln befinden sich verschiedene leichte Einschnitte. Der Leibhals bestehet aus zwei Stükken. Die erste Hälfte ist ein rundes schwarzes Röhrchen, die andere ist etwas platt, oben schwarz, unten aber und an den Seiten roth. Der daranhangende kleine Hinterleib hat fünf Ringe. Der erste ist roth und die übrigen vier oben schwarz und unten gelblich roth. Die Füße haben doppelte schwarze Hüftbeine. Die Schenkel, Schienbeine und Fußblätter sind roth, die Schenkel aber oben schwarz, bis gegen das Knie hin. Die Schenkel der hintersten Beine aber sind ganz schwarz, wie auch oben die Schienbeine. Uebrigens sind sie sämmtlich mit scharfen Dornen bewafnet, so wie alle Glieder der Fußblätter mit kleinen Dornen. Die Flügel sind an den Wurzeln, so wie ihr glänzender Gewerbknopf rötlichgelb und haben übrigens ein zartes Gewebe.

Fabricius beschreibet die Seinige aus Amerika mit schwarzem Kopf, gelber Oberlippe, rostfärbigen Fühlhörnern, die eine schwarze Spizze haben: einen dunkelrostfärbigen Brustschild: langen schwarzen keulförmigen Leibhals mit einer gelben Spizze: rostfärbigen Hinterleib, da der zweite Ring der größte ist, der dritte und vierte sehr zusammengepreßt, kurz, der vierte und fünfte zilindrisch, mit einem spizzen After.

fig. 6.

Der Läufer.   Sph. Cursor.

Länge 11 Linien.

Ein braun und gelber Spher mit keulförmigem Leibhals. — Der Kopf ist dunkelbraun und die Augen braunroth. Die Oberlippe rothgelb: die gerade ausstehende Freßzangen braunroth, wie auch die zwei Paar Freßspizzen. Das lange keulförmige Grundgelenk der Fühlhörner ist an der Wurzel unten gelb, gegen das Gewerb zu aber, und oben schwarz, die darauf befindliche 11 Glieder, die miteinander eine Keule formiren, sind schwarz. Das Bruststük ist oben am Hals gelb und der Schild innerhalb seinem elliptischen Bogeneinschnit dunkelbraun, hinter dem Quereinschnit aber zwischen den Flügeln her braunroth, und der Schluß des Bruststüks braun. Der keulförmige Leibhals ist ganz braun. Der erste große Schalenring am eiförmigen Hinterleib ist braun mit einem breiten gelben Rand, hat aber auf beiden Seiten an der Wurzel einen großen roten Flekken. Die übrigen vier Ringe sind braun marmorirt, und haben einen gelben
Rand.

Rand. Die Füße sind sämmtlich bräunlich roth, und an den Wurzeln der Tab.31. Schenkel etwas schwärzlich. Die Flügel sind gefaltet und metallgelb mit braunroten Adern.

Der Gelbringel. Sph. annularis. fig.7.

Länge 6 und dreiviertels Linie.

Eine schwarz und gelbe Spherwespe mit kurzem keulförmigem Leibhals. — Sie hat einen etwas starken schwarzen Kopf und gleiche Augen und Ocellen. An den Augen gehet als eine Einfassung inwendig eine gelbe Linie auf die Oberlippe, welche ebenfalls mit einer geschlängelten gelben Linie eingefaßt ist. Die Freßzangen sind gelb, mit glänzenden Haren besezt, und endigen sich mit schwarzen Zänen. Unter denselben befinden sich am Maul zwei Paar Freßspizen, wovon das äußere größere zitronengelb und das kleinere rotgelb ist. Die Fülhörner sind fadenförmig und ist das kurze Grundgelenk gelb, und die darauf befindliche 11 kleine Glieder oben schwarz und unten roth. Das Bruststük ist schwarz, hökkerig, und der Brustschild hat oben am Hals einen gelben Wulst, und hinter den Flügeln einen gelben Flekken. Der Gewerbknopf der Flügel ist erhaben, gelb, und hat oben einen braunen Punkt. Unter den Flügeln gegen die vordern Füße zu ist auch auf ieder Seite ein länglichter gelber Punkt. Vorne auf der Brust über dem ersten Paar Füße sind abermals zwei gelbe Punkte. Der Hinterleib hängt mit dem Bruststük durch einen keulförmigen schwarzen glänzenden Leibhals zusammen und hat fünf Ringe, wovon der erste und zweite in der Mitte ein hochgelbes Band hat, der dritte auf ieder Seite einen länglichten gelben Punkt, der vierte hat wieder in der Mitte ein breites gelbes Band, und der fünfte oder der After ist ganz schwarz. Unten am Bauch sind sie sämmtlich glänzend schwarz. Die Füße sind hochgelb, die Afterschenkel aber und der vierte Teil der Schenkel sind glänzend schwarz, nur haben sämmtliche Afterschenkel gegen unten einen gelben Flek: die Schienbeine zwei Dorne und zwischen den Klauen sind zwei sehr beträchtliche sammetschwarze Ballen. Die Flügel sind etwas dunkel und gelblich mit braunen Adern.

Ist einheimisch.

Die Wanderwespe, Wunderwespe. Sph. viatica.

Linn. S. N. 15. & Fn. Sv. 1651.

Fabr. S. E. 20.

Scop. E. C. 780.

Frisch Ins. 2. Tab. 1. f. 13.

Ihre Statur gleicht der vorhergehenden. — Sie ist schwarz, und am Hinterleib vorne rostfärbig, bei einigen goldgelb, und übrigens schwarz. Die Flügel haben einen Randflek.

Wont in Europa, — und heißt deswegen auch die Wunderwespe, weil man erst an ihr die wunderbare Weise beobachtete, daß sie mit so vieler

Ueber=

Ueberlegung ein Loch gemacht, Raupen hineingezogen, ihr Ei dazu geleget, das Loch wieder zugegraben, und es mit einem Haufen Blätter beleget hat.

Der Schillerer.   Sph. versicolor.

Linn. S. N. p. 571. & Fn. Sv. 2. 1659.
Scop. E. C. 783.

Ein schwarzer Spher mit drei weißlichen Flekken auf dem Hinterleib, von Statur der Wanderwespe, nur etwas größer. — Unter den Fühlhörnern und an der Spizze des Hinterleibes hat er einige Härchen, sonsten aber ist er glatt. Der Hinterleib hat vier blaße aschfarbige Binden, und der erste Ring zwei weißliche Flekken, der dritte einen. Die Füße sind roth, nur die hintern Schenkel gelb und die Schienbeine ieder zwei Dorne.

Tab. 32.
fig. 1.

Die Rotbrust.   Sph. rubicunda.

Länge 1 Zoll und 1 Linie.

Eine braunrote und gelbe Spherwespe mit keulförmigem Leibhals. — Der Kopf ist gelb und die Oberlippe; die Freßzangen aber, welche lang sind und gerade auslaufen, rötlichbraun. Das Maul hat vier Fülspizzen. Die Augen sind schwarzbraun, und die Ocellen hellbraun. Diese stehen in einer braunen Linie, welche oben auf der Stirne von einem Auge an das andere ziehet. Die Fühlhörner haben ein gelbes langes Grundgelenk, mit einem starken Gewerbknopf auf dem Kopf, worauf 10 rötlichgelbe Glieder stehen, die gegen das äußerste zunehmen und etwas dikker werden. Das Bruststük ist zur Hälfte und zwar ober den Flügeln gelb, und die andere rotbraun. Der keulförmige Leibhals hat gleiche rotbraune Farbe. Der Hinterleib bestehet wie gewönlich aus fünf Ringen. Der erste große, der den größten Teil des Hinterleibes ausmacht, ist von der Wurzel an bis gegen die Mitte rotbraun, und hat eine schwarze Binde, die übrige Hälfte des Ringes ist gelb, so wie auch die übrigen vier Ringe. Die Füße sind rotbraun. Die Schienbeine haben zwei Dorne und die Glieder der Fußblätter eine Reihe kleiner Dorne und zwischen den Klauen behaarte Ballen. Die Flügel sind rötlichgelb mit braunen Adern.

Die Rußwespe.   Sph. fuliginosa.

Scop. E. Carn. 771.

Ein schwarzer Spher mit keulförmigem Leibhals. — Der Kopf hat vorne silberfarbe Härchen, und sehr lange Fühlhörner. Der Hinterleib ist fast sichelförmig, rund und glänzend. Die Dorne an den Schienbeinen sind roth. Die Flügel sind durchsichtig und an der Spizze braunschwarz.

Wont in Europa.

Die

Die Gekreuzte. Sph. cruciata.

Tab.31.
fig.2.

Länge 11 Linien.

Eine schwarz und gelbe Spherwespe mit langem keulförmigem Leibhals. — Diese Wespe hat eine sonderbare Zeichnung. — Die nierenförmige Augen, welche die Seiten des Kopfs ausmachen, sind wie die Ocellen schwarz. Die Oberlippe ist zitronengelb, wie auch die Flekken zwischen den Fülhörnern, die Stirne aber schwarz nebst dem hintern Teil des Kopfs. Die Fülhörner haben ein langes Grundgelenk, das oben schwarz und unten gelb ist. Die darauf stehende 10 Glieder nemen gegen die Spizze immer an Dikke zu. Die drei erstern Glieder und das vierte halb, ist roth, die übrigen aber oben schwarz und unten roth, wie auch die äußerste Spizze roth ist. Die gelben Freßzangen, welche einen roten Saum haben, sind lang und stehen gerade aus, daß sie gleichsam einen Schnabel bilden. Das Bruststük ist kurz, dik und erhaben, wie gewönlich bei dieser Gattung Wespen. Auf dem Brustschild lauft ein elliptischer Bogeneinschnit bis an den Hals, von einer Wurzel der Flügel zur andern. Was nun außerhalb diesem Bogen ist, ist zitronengelb, inwendig aber ist der Schild bis unter die Flügel schwarz. Unter den Flügeln geht eine breite, gelbe Linie quer herüber, welche zu beden Seiten einen länglichten gelben Punkt hat. Auf diese gelbe Querlinie folgt eine schwarze, und sodann wieder eine gelbe Querlinie, welche den Brustschild schließet. Hinter dem Brustschild herunter lauft eine schwarze Perpendikularlinie auf die Wurzel des Leibhalses zu, und hat daneben zu beiden Seiten einen großen ovalen gelben Flekken. Unter den Flügeln aber gegen die Brust zu laufen zwo schwarze Linien. Der Leibhals ist keulförmig, schwarz und hat in der Mitte, da er anfängt dikker zu werden, oben zween gelbe Flekken, und am Ende bei der Verbindung mit dem Hinterleib wieder zween und zwar etwas größere gelbe Flekken, die auch bis unten hin laufen. Der eiförmige Hinterleib bestehet aus fünf gelben Ringen, wovon der erste wie gewönlich über die Hälfte des Leibes ausmacht. Auf demselben befindet sich in der Mitte ein schwarzes Kreuz gezeichnet. Die übrigen Ringe haben jedesmal bei der Wurzel, wo sie untereinander geschoben sind, eine schmale schwarze Einfassung, die aber nicht sichtbar ist, wenn die Wespe diese Ringe stark einziehet, und man sodann nichts als das schwarze breite Kreuz siehet. Jeder Ring aber hat in der Mitte einen gegen den After gerade fortlaufenden schwarzen Strich, der nach Verhältniß abnimmt, und den perpendikulären Strich des Kreuzes regelmäßig verlängert. Die Füße sind oben zitronengelb und unten roth. Die Schenkel der hintern Füße aber und sämmtliche Fußblätter ganz roth. Die Schienbeine haben zwei kleine Dorne; übrigens aber ist die ganze Wespe unbehaart. Die Flügel sind bräunlich und nach der Länge gefaltet, und die Gewerbknöpfe derselben gelb.

Der Dreipunkt. Sph. tripunctata.

fig. 3.

Länge 7 Linien.

Ein gelber Spher mit langem keulförmigem Leibhals und schwarzgeflektem Hinterleib. — Der Kopf ist oben schwarz mit vertieften Punkten, und die darin befindlichen Ocellen gelblich und hell: die Augen rotbraun und bei den Fülhörnern

Tab. 32. hörnern inwendig mit einem gelben Saum. Die Oberlippe ist gelb. Ober derselben zwischen den Fülhörnern ist ein erhöheter gelber Punkt und die Fül= hörner haben ein langes gelbes Grundgelenk und die darauf befindliche 11 Glieder, welche zusammen eine Keule formiren, sind schwarz. Die Freßzangen sind gelb, wie auch die Freßspizzen. Der Brustschild ist hoch, gewölbt, rund und gelb. Von einer Wurzel der Flügel zur andern gehet gegen den Hals zu ein elliptischer Bogeneinschnit, innerhalb welchem sich auf der Mitte des Schilds ein schwarzer Flekken befindet, der fast einem Reichsapfel gleichet. Der Leibhals ist keulförmig, gelb und an der Wurzel ein wenig schwarz. Der eiförmige kurze Hinterleib bestehet aus fünf gelben Ringen, die aber wie gewönlich allermeist unter den ersten großen schalenartigen Ring geschoben sind. Diese Schale ist an der Wurzel etwas schwarz, auf der Mitte des Ringes aber ist ein schwarzer run= der Flekken, und auf ieder Seite desselbigen ein kleinerer. In der Mitte des Ringes ziehet eine gerade schmale schwarze Linie durch den mitlern schwarzen Flek. Die Füße sind durchaus rötlichgelb. Die Flügel hell und zart.

Der Kolibri. Sph. Colibri.

Länge 6 und eine halbe Linie.

fig. 4.

Ein kleiner gelber Spher mit langem keulförmigem Leibhals. — Der Kopf ist bräunlichgelb und die Augen braun und nierenförmig, die Ocellen aber schwarz. Die Oberlippe ist bräunlichgelb und zitronengelb eingefaßt. So klein dieses Tierchen ist, so hat es doch ein sehr nachdrükliches Gebiß. Denn seine gelbe Freßzangen sind mit vier langen spizzigen, schwarzbraunen Zänen bewaf= net, welche wie Finger einer Hand von einander stehen. Unter denselben sind zarte Freßspizzen. Die bräunlichgelbe Fülhörner haben ein mittelmäßig langes Grundgelenk, auf welchem 10 Glieder in einem länglichen Gewerbknopf stehen, wovon das erste noch einmal so lang ist, als eines der übrigen, welche aber ge= gen die Spizze zu immer dikker werden. Das bräunlichgelbe Bruststük hat ge= gen den nahe anstehenden Kopf einen zitronengelben Saum, den gewönlichen el= liptischen Bogeneinschnit auf dem Brustschild, an dem Quereinschnit zwischen den Wurzeln der Flügel her zwei gelbe Flekken und dahinter eine gelbe Linie. Der Leibhals ist keulförmig, gebogen und bräunlichgelb, am Ende aber bei dem Hinterleib zitronengelb. Der eiförmige Hinterleib hat sechs Ringe, wovon der erste den größten Teil des Leibes umschließet, die übrigen aber sehr ineinander geschoben sind. Die Farbe des Hauptringes ist bräunlichgelb, mit einer gebog= ten braunen und darauf folgenden zitronengelben Einfassung. Die übrigen Rin= ge sind ganz bräunlichgelb. Gleiche Farbe haben die Füße, deren Schienbeine mit starken Dornen, und die Fußblatglieder mit kleinern bewafnet sind. Die Flügel sind rötlich und haben an den äußern Spizzen einen Schatten und schwar= zen Flek.

β. Mit Fülhörnerklauen.

Der Steinmez. Sph. lapicida.

Länge 9 Linien.

fig. 5.

Ein schwarz und gelber Spher. — Der Kopf hat eine schwarze Stirn, und darin

darin ein gelbes Kreuz, das auf die zitronengelbe Oberlippe lauft: kastanien‑ **Tab. 32.**
braune große Augen, die bei den Fühlhörnern mit einem gelben Rand eingefaßt
sind. Die Ocellen sind gelblich. Die Freßzangen sind schwarz und haben eine
scharfe gebogene Spizze mit drei gekerbten Zänen. Die Fühlhörner haben ein
langes Grundgelenk, das mit einem gelben Strich gezieret ist. Die 10 darauf
befindliche Glieder, die gegen außen immer dikker werden, sind gegen innen
schwarz, die sechs leztern Glieder aber rötlich. Das äußerste Glied hat den
merkwürdigen Fig. a vergrößert vorgestellten Haken oder Klauen, (wovon noch **fig. a***
nicht bekannt ist, wozu die Natur diesem Insekt dieses Glied mitgeteilet hat).
Das gewölbte Bruststük ist rau und schwarz, und hat eine gelbe Einfassung am
Hals. Hinter den Flügeln ist auf ieder Seite ein roter Flekken. Der lange
Leibhals ist keulförmig und schwarz, und hat an der Keule eine gelbe Einfas‑
sung und zarten Saum. An dem daran befindlichen eiförmigen Hinterleib ist der
erste große Ring (der wie gewönlich bei dieser Gattung Wespen einer Schale
gleichet) schwarz, und hat neben auf ieder Seite einen roten Flek und einen gel‑
ben Rand, die übrigen fünf Ringe sind ebenfalls schwarz mit einem gelben
Rand. Weil sie aber fast immerzu ganz ineinander geschoben sind, so siehet
man nur den gelben Rand, so daß die lezte Hälfte des Hinterleibes ganz gelb
erscheinet. Die Füße sind rotgelb und die erste Hälfte der Schenkel schwarz.
Die Flügel sind schwärzlich mit braunen Adern, und haben einen gelben Ge‑
werbknopf. —

Ist einheimisch.

Ihre Oekonomie.

Diese Wespe macht eine Maurerarbeit zur Verwunderung. Man
trift ihre Wonungen unter andern an hohen Mauren, die gegen
Mittag stehen, an, und sind so veste von Sand, und einem von ih‑
nen selbst bereiteten Mörtel gebauet, daß man sie mit einem Ham‑
mer öfnen muß. Sie mischen zu dem Ende sehr viele auserlesene
Sandkörner mit unter, von welchen man kaum glauben sollte, daß
sie solche zwischen ihren Freßzangen herbeischleppen könnten. Die
Wände ihrer Nester sind an manchen Orten, außer der Wölbung ih‑
rer Zellen gegen einen halben Zoll dik. Sie bauen solche ganz frei
an einem rauen Mauerstein an, und wer nicht Kenner davon ist, sie‑
het sie für einen Klumpen Mörtel an, den der Maurer hingeworfen
und glattgestrichen hätte. Sie machen zwar öfters nur einzelne
Tönnchen, die wie eine halbe Nußschale dahängen. Allein man fin‑
det deren in mehrern Abteilungen, die unter einer Wölbung sich be‑
finden. Ich habe deren gefunden, die sieben Zellen enthielten, wel‑
che zusammen eine Größe hatten, wie ein halbes nach der Länge ge‑
teiltes Entenei. Außen war die Wölbung ganz glatt; die Neben‑
wände

Täb.32.

wände der Kammern oder Zellen, wo sie nach der Länge zusammen-
stießen, waren nur einen Messerrükken dik, aber alles von Einer Masse. Wenn eine Zelle verfertiget ist, so tünchet die Wespe solche inwendig mit einem bloßen weichen Erdenmörtel, machet sie glatt und
träget allerhand, besonders rote Würmer hinein, leget ein Ei dazu,
verschließet die Zelle und fängt eine andere daneben zu bauen an, da
sie denn eben so verfäret. Wenn sodann sämmtliche verfertiget sind,
so machet sie Ein ganzes, überkleidet die ganze Anzahl mit Mörtel,
der die Farbe des Sandes hat, so in der Gegend befindlich. Sie läßt
aber oben und unten, oder bei der zuerst und zulezt verfertigten Zelle
eine Oefnung, die sie mit bloßem Erdenmörtel, womit sie getüncht
hat, verschließet, damit die Jungen nach ihrer Verwandlung einen
bequemen Ausgang haben, und desto leichter durchbrechen können.

Der in etlichen Tagen ausgekrochene Wespenwurm oder Larve näret
sich sodann von dem neben ihr befindlichen von der Alten hingelegten
Wurm, deren aber mehrere sind, wenn der Wurm nicht so groß ist,
daß die Wespenlarve davon bis zu ihrem Nimphenstand hinreichend
zu leben hatte. Hat sie nun ausgefressen, so macht sie sich die präch-
tigste Wiege zu ihrer fernern Geburt und Verwandlung, tapezieret
ihre Zelle mit einer silberfarben glänzenden Seide, die vest an den
Wänden allenthalben anklebt, welches Gewebe sie selbsten von einem
diesem Wespenwurm eigenen Saft spinnet, und sodann mit einem
Kütt oder zähen Schleim bearbeitet und poliret, daß dieses Gewebe
eine feine silberfarbne und glänzende Haut wird, welche von der Nimphenhaut, die gelblich ist, sich unterscheidet, und in diesem Gewand
erwartet sie schlafend die Stunde ihrer Auferstehung im Früiahr.

fig. 6.

Der Schmalbauch. Sph. coarctata.

Linn. S. N. Vespa coarct. 11. & Fn. Sv. 1676.
Fabr. S. E. 39. Vesp. coarct.
Scop. E. Carn. 830.
Frisch Insc. 9. t. 9.
Geoff. Insc. 2. t. 16. f .2.

Länge 10 Linien.

L i n n e sezzet sie unter die Wespen; allein sowol ihre Lebensart, als auch
ihr ganzer Körperbau beweiset deutlich, daß sie unter die Spheren gehöre. —
Sie hat einen schwarzen Kopf und Fülhörner, die gegen innen braun sind,
und deren leztes Glied vorhin beschriebene Klaue oder Haken hat. Das Bruststük

stük ist schwarz und hökkerig, und hat hinter iedem Flügel einen braunroten Tab 32. Flekken. Der Leibhals ist keulförmig, schwarzbraun mit einem gelben Saum an der Keule. Der daran befindliche erste Ring des Hinterleibes ist schwarz mit zwei roten Flekken, und einer gelben Einfassung. Die übrigen sind auch schwarz mit gelbem Rand. Die Füße sind roth, und die Flügel gelblich.

Ist auch einheimisch, und heißt die Pillenwespe, weil sie von Mörtel ein Tönnchen oder holes Küchelchen macht, welches sie an eine Pflanze hängt, eine Spinne hinein trägt, ihr Eichen dazu legt, und es sodann verschließt.

Scopoli beschreibet noch einen Spher aus Ungarn unter diesem Namen Sphex coarctata 778 der schwarz ist, das Grundgelenk der Fülhörner gelb: der Kopf dik: das Bruststük rundlich: der Leibhals keulförmig: der dritte Ring des Hinterleibes größer als die übrigen: schwarze Schenkel, an den Gelenken gelb: die Schienbeine gelb, aber die hintern roth und dik.

Der Widder. Sph. arietis.
Fabr. S. E. 47. Vespa ar.

Etwas kleiner als die Pillenwespe, schwarz mit rotem Leibhals und Füßen. — Kopf und Brustschild ist ganz schwarz, wie auch die Fülhörner, welche Klauen, und deren Glieder eins ums andere gelbliche Flekken haben, ausgenommen die zwei vördersten. Der Leibhals ist lang, keulförmig und rost‐färbig. Der Hinterleib kuglich und schwarz. Die Flügel dunkelbraun, und schillern etwas bläulich.

Aus Amerika.

Der Gestrekte. Sph. extensa.
Drury T. I.

fig. 7.

Ein ganz braungelber Spher. — Seine Augen sind schwarz: die Fülhör‐ner braun und nahe an der Spizze schwarz: das Bruststük braungelb: der krumme Leibhals schwarz, aber an der Keule gelb: der erste Ring des Hinter‐leibes schwarz. Die Brust und die Seiten sind schwarz mit braunen Strichen untermischt. Die Füße sind braun und kurz: die Flügel gelb und durchsichtig.

Aus Jamaika.

Der Turmmaurer. Sph. Turrimurarius.
Länge 9 Linien.

fig. 8.

Eine bräunlichrote Spherwespe mit langem keulförmigem Leibhals und Fül‐hörnerklauen. — Sie hat dunkelbraune, große, nierenförmige Augen, welche bis auf Dreiviertel Linien oben auf der Stirne zusammenlaufen und allda durch einen

Tab. 32. einen schwarzen Streifen, in welchem die drei gelblichte helle Ocellen stehen, verbunden scheinen. Von diesem Streifen aus gehet ein okkergelbes spizzes dreiekkigtes Schildchen zwischen die Fülhörner, an dessen Spizze die zitronengelbe glatte Oberlippe anfängt. Unter derselben stehen die lange geradlaufende gelbe Freßzangen hervor, welche eine braunrote Einfassung oder vielmehr Zäne haben, und darunter Freßspizzen. Die Fülhörner sind gelb und bestehen aus einem länglichten Grundgelenk, welches oberhalb einen zitronengelben Strichen hat und unten goldgelb ist; so wie der sichtbare Wirbel oder Gewerbknopf. Auf dem Grundgelenk stehen 10 goldgelbe Glieder, welche gegen die äußern zu immer dikker werden. Die sechs äußersten und diksten haben innerhalb oder gegen unten hin iedes einen schwarzen Flek, und an dem äußersten Glied gehet ein krum-
fig. a* mes halb Linie langes Horn oder Klaue fig. a * heraus, welches sich über drei Glied nach innen zurüklegt, und oben zitronengelb, unten oder innerhalb aber schwarz ist. Das Bruststük ist dik, erhaben, mit vertieften Punkten und mit sehr feinen unsichtbaren Härchen besezt. Der Brustschild hat von den Wurzeln der Flügel aus gegen den Hals zu einen elliptischen Bogeneinschnit, und in der Mitte her einen perpendikulären schwarzen Strichen, und zwischen den Flügeln einen schwarzen Querstrich, daß also fast ein Kreuz formiret wird. Dahinter sind wieder zwei Quereinschnitte und ein geradlaufender gegen die Wurzel des Leibhalses hin. Der Leibhals ist drei Linien lang, und nebst dem Hinterleib gläuzendroth, an der Wurzel schwarz, dünne, und gegen den Hinterleib noch einmal so dik und etwas gebogen. Vermittelst eines schwarzen Knöpfchens hängt der Hinterleib an diesem Hals. Er ist eiförmig, doch unten spizzulaufend. Er bestehet aus sechs Ringen, wovon der erste über die Hälfte des Leibes ausmacht. Ueber diesen läuft in der Mitte ein schwarzer Querstrich, der aber in der Mitte ein wenig unterbrochen und geteilt ist. Die Füße sind unbehaart, goldgelb, die Fußblätter zitronengelb, die Klauen aber schwarz, und das Gelenk des vorhergehenden Glieds auch schwarz. Die Flügel gleichen gelbem Metall, und haben gegen die äußere Spizze hin einen ganz leichten Schatten.

Ihre Oekonomie.

Nicht minder merkwürdig und überaus unterhaltend sind die Anstalten dieser Wespe, die Wiege ihrer Kinder zu bereiten, und ihre Art fortzupflanzen. — Auf eine besondere Weise arbeitet sie ein Loch in einen harten Sandboden, und zwar weder durch Auswerfen noch Heraustragen der Erde und des Sandes, noch durch Bohren noch Wühlen. Sie bringt Wasser herbei, feuchtet den Sand an und erweichet ihn. Darauf macht sie ein Klümpchen Sand los, bearbeitet und knetet es mit den Zänen und Vörderfüßen wie einen Teig oder Mörtel, und legt es sodann auf dieser Stelle zum Fundament an zu einem aufzurichtenden holen Turm oder vielmehr Rore: fliegt wieder ab, um Wasser zu holen und ihre abgegangene Feuchtigkeit zu ersezzen. Sie

kommt

kommt aber gar bald wieder, erweichet abermals ein Fleckchen Sand Tab. 32
daneben, knetet wieder ein Klümpchen, und leget es neben das erste
an den Rand des angefangenen Lochs, ziehet es mit den Zänen und
Füßen etwas länglich: macht wieder ein dergleichen Klümpchen und
legt es darneben und zwar in einem Zirkel um das Loch, verfertiget
weiterhin nach öfterem Wasserholen so viele, bis der Zirkel sich schlieſ
ſet, und leget sodann die folgende immer im Zirkel auf diese Grundlage wie Quadersteine neben und aufeinander, bis der Turm oder die
Röre etliche Zoll hoch und folglich auch das Loch unter dem Fundament ungefehr eben so tief und ganz zilindrisch ist.   Ist nun dieser
Turm zu seiner gehörigen Höhe gebracht, so macht zwar die Wespe
öfters noch geknetete Klümpchen, alleine da sie solche zum Bau nicht
mehr nötig hat, so sezt sie dieselben auch nicht mehr auf, sondern
schleppet sie nur zum Loch heraus.

Dieser Turm aber und diese Röre ist indessen nur der Eingang zu
der tiefen Kammer und der eigentlichen Werkstätte der Natur, wo
ihre Nachkommenschaft soll erzogen und ihr Junges gebildet werden.
Diese Röre soll nicht immer stehen bleiben, sondern nur zu diesem
gedoppelten Endzwek dienen, daß einmal die schlauen Ichneumons sich
nicht so leicht durch diese finstere Höle wagen, und ihre Oekonomie
durch Zulegung ihrer eigenen Eier nicht zerstören, und der Jungen
der Wespe nicht gefärlich werden.   Hernach dienen der Wespe die
aufgeschichtete Baumaterialien dieses Turms zum nächsten Vorrath,
wenn sie die Erziehungskammer ihres Jungen im gehörig engen Raum
verschließen will.

Hat nun diese künstliche Baumeisterin, alles gehörig in den Stand
gesezzet, die Höle rein gemacht, getünchet und poliret, so beschäftiget
sie sich sogleich mit der Versorgung ihres Jungen auf die Zukunft, und
unbegreiflich unterrichtet von dem, der für den Unterhalt aller seiner
Geschöpfe wunderbar, weißlich und gütig sorget, trägt sie soviel gewönlich grüner Würme one Füße in das Loch, daß ihr Junges bis
zum Nimphenstand einesteils genug, andernteils aber auch nicht zu
viel habe, und ihm alsdann bei seiner Verwandlung im Raum nicht
nachteilig werden möge. Die Würmer sind zwar von Einer Art, aber
nicht von gleicher Größe. Inzwischen weiß die Wespenmutter wol,
daß die Größe die Anzahl ersezzet, und bringet daher, wenn sie groß
sind,

Tab.32.

sind, 9 bis 10 in das Nest, sind sie aber klein, bis gegen 15 Würmer, welche die treue und emsige Mutter sehr ordentlich in- und übereinander schlinget und windet, und das Junge hat iederzeit genug, und doch keinen Ueberfluß an Narung, die demselben dienlich ist. Sie leget sodann ihr Ei dazu, und trägt hierauf den mit vieler Mühe und Arbeit, iedoch in wenig Stunden aufgerichteten Turm über der Kammer seines Nachkommen ab, und verschüttet und vermauret mit dessen aufgeschichteten Mörtelklümpchen das Loch, daß keine Spur mehr davon übrig bleibt, hebt sich davon und fängt eben diese Arbeit an einem andern Ort wieder an.

Ist nun die Larve der Wespe aus dem Ei geschloffen, so naget sie sogleich den ihr nächsten Wurm an; ist dieser verzehret, so ist ihr der folgende zur Narung; bis sie aber mit allen fertig ist, so ist die Larve ausgewachsen, und an dem Zeitpunkt ihrer Verwandlung.

Die Gelbbruft. Sph. thoracica.

Länge 1 Zoll.

Eine gelbe Spherwespe mit einem roten Rükken und keulförmigem Leibhals. — Der Kopf zwischen den Augen und die Oberlippe ist gelb, one Hare, und die Freßzangen sind braun schattirt, spiz und gerade auslaufend. Die Augen sind bräunlich schwarz, und laufen oberhalb nierenförmig bis über die Stirne, so daß die drei im flachen Triangel und in einem braunen Feld stehende Ocellen sich dazwischen befinden. Die Fülhörner sind rötlichgelb und das keulförmige Grundgelenk zitronengelb. Der Glieder der Fülhörner sind 10, wovon das lezte den mehrbemeldten merkwürdigen Auswuchs hat, welcher aus einer zitronengelben zurükgebogenen krummen Klaue bestehet, die an der Spizze schwärzlich ist. Der Kopf ist gegen den Hals ringsum bis an das Maul mit einer gelben Linie eingefaßt. Das Bruststük, welches etwas dik ist, läuft sehr einwärts, und gleichsam bergab. Der obere Teil vom Hals bis an die Wurzel der Flügel ist zitronengelb und hat einen bogenförmigen Einschnit. Das übrige des Bruststüks ist braunroth, und ein rotes Schildchen befindet sich auf dem Rükken zwischen den Flügeln. Der Leibhals ist keulförmig, roth, und hat gegen den Hinterleib zu einen schwarzen Querstricken. Der daranhangende fast eiförmige aber spiz zulaufende kurze Hinterleib bestehet aus sechs Ringen. Der erste ist sehr groß und am Anfang roth, in der Mitte schwarz und das übrige gelb. Die zwei folgenden Ringe sind ganz gelb, und die zwei andern haben eine schwarze Einfassung, das Afterstük aber ist ganz schwarz. Unten ist der Leib, wie auch der Leibhals und die Brust braun. Die Füße sind gelblichbraun, die kurzen Glieder an den Fußblättern schwarz, die Schienbeine haben zwei Dorne. Die halben Schenkel und die Schienbeine an dem vördern Paar Füße sind zitronengelb und haben zwei Klauen mit einem Ballen dazwischen. Die Flügel sind gefalten, gelb mit braunen Adern.

Die

Die Warzenwespe. Sph. papillaria. Tab. 32.

Länge 7 Linien.

Eine schwarz und gelbe Maurerwespe mit einem keulförmigen Leibhals und Fülhörnern mit einer Klaue. — Der Kopf, die Augen und Ocellen sind schwarz, die schmale Nase aber zitronengelb, und hat vorne über dem Maul einen schwarzen Punkt. Die Fülhörner haben auf einem glänzenden schwarzen Gewerbknopf ein langes Grundgelenk, das oben gelb und unten schwarz ist: darauf stehen 10 schwarze Ringe oder Glieder, davon iedoch die zwei äußersten rötlich sind. Eine rötliche scharfe krumme Klaue stehet an dem Ende der Fülhörner. Das Maul hat schwarze Freßzangen mit rötlichen Spizzen und vier rötliche Freßspizzen. Das schwarze Bruststük hat einen elliptischen Bogeneinschnit von einem Flügel zum andern, und übrigens oben am Hals eine gelbe Einfassung, neben unter den Flügeln einen kleinen gelben Flekken, hinter den Flügeln zwei gelbe Punkte, unter denselben eine gelbe Querlinie, hinter solcher wieder zwei etwas stärkere gelbe Punkte, und am Schluß des Bruststüks bei der Wurzel des Leibhalses zwei dreiekkigte gelbe Flekken. Der Leibhals ist keulförmig schwarz, und hat am Ende einen gelben Saum mit zwei rötlichen Punkten zu beiden Seiten und einen schwarzen Punkt in der Mitte. Der daran hangende spizzulaufende Hinterleib bestehet aus dem großen Schalenring, und fünf kleinern Ringen, welche sämmtlich glänzend schwarz, und unten und oben gelb eingefaßt sind. Der große Schalenring hat überdas auf ieder Seite einen starken gelben Flekken. Die Füße sind gelb, und haben die Schenkel oberhalb einen schwarzen Strichen, die Schienbeine der hintern Füße, die iedes zwei Dorne haben, einen schwarzen Flekken über den Dornen, und sämmtliche Füße schwarze Fußblätter. Die Flügel sind dunkel und schwärzlich.

Ihre Oekonomie.

Dieser Sphex kann füglich die Warzenwespe heißen, weil sie zu ihrem Aufenthalt und Fortpflanzung ein rundes Tönnchen von zartem Mörtel bauet, das die Gestalt einer Brustwarze hat. Sie hängt solches an einem bedekten Ort, besonders gerne in leere Bienenstökke, oder außen und oben an denselben, bald vertikal, bald senkrecht hängend, bald aufrecht stehend. Sie knetet mit ihren Freßzangen zarte Erde oder Leimen auf das feinste, befeuchtet sie mit ihrem bei sich haben Saft oder Speichel, der iedoch nicht zähe ist, und arbeitet es sehr künstlich an, außen etwas rau und uneben, innen aber glatt. In der Mitte läßt sie ein rundes Löchlein, wodurch sie ein- und ausgehet, bis sie ihr Werk vollendet hat. Sie trägt zuvörderst verschiedene Raupen hinein, meist einerlei Gattung, und gewönlich von den grünen Spannenraupen, (Geometra) wozu sie ihr Eichen leget, daraus bald in dreien Tagen der Wurm kommt, welcher sich von diesen Raupen so lange näret, bis die Zeit zu seiner Verpuppung und Entwiklung vorhanden ist. Die

Raupen

Tab.32.

Raupen leben meist so lange in ihrer Gefangenschaft, bis eine nach der andern aufgezehret ist, daher sich auch bisweilen eine und andere Raupe darin häutet. Mit der Anzahl richtet sich die Wespe nach der Größe der Raupen. Sie nimmt 6 bis 7 wenn sie klein sind, öfters nur 3 und eine andere dazu, die viel größer ist, überhaupt aber gerade soviel, als zu Ernärung der Larve des Spheren in dieser Periode seines Lebens nötig ist. Ist dieser Vorrath besorgt, und das Eichen dazu gelegt, so vermauret die alte Wespe das kleine Loch ihres Aus- und Eingangs, und fängt sogleich ein anderes Tönnchen dabei zu bauen an, verfäret wieder so, und macht in etlichen Tagen öfters über ein Duzzend dergleichen Tönnchen nebeneinander.

Wenn indessen der iunge Wurm, die Larve des Spheren ausgekrochen ist, so fängt er an, von denen um ihn liegenden Raupen zu zehren. Er nimmt aber nur einen nach dem andern zu seiner Narung, bis sie endlich allesammt aufgezehret sind.   Dann trit aber auch gerade die Periode seiner Verwandlung ein.   Er ist übrigens ein gelblichter zarter Wurm one Füße, von 12 Ringen und am Kopf mit zwei braunen Freßzangen versehen.   Der Narungsdarm über den Rükken hinunter ist durch eine etwas dunklere Farbe sichtbar. — Wann nun dieser Wurm ausgefressen hat, so spinnet er ein feines, silberfarbnes Gewebe oder zähes Häutchen um sich, das an der ganzen Hölung seiner Wiege vest anliegt, und zwar so, daß sein ganzer Unrath und Auswurf, und was von den Häuten der verzehrten Raupen übrig ist, ausgeschlossen wird, und die Larve des Spheren ganz allein in ihrem mit weißem Atlas gleichsam tapezierten Sarge liegt.   Darin bleibt sie wie im Todesschlaf one Bewegung und sichtbares Leben über Winter liegen, bis sie mit Anfang des Junius zu einem neuen Leben erwacht, und alsdann neben an dem Tönnchen ein rundes Loch ausnaget, in der Gestalt seiner Mutter hervorkommt, und nach etlichen Wochen eben diese Oekonomie anfängt.

Die

Schlupfwespe.

Ichneumon.

III. Abſchnit.
Von den Schlupfwespen,
auch
Raupentödter
genannt.

Ichneumon, l'Ichneumon Linn. S. N. 244. Geſchlecht.

Naturgeſchichte der Ichneumons.

In dem Siſtem der Welt iſt alles ſo genau und weißlich verbunden, daß man ſich die Schöpfung gar füglich unter einer Maſchine oder Uhrwerk vorſtellen kann, wo immer ein Rad in das andere eingreift. Ein Weſen iſt immer um des andern willen da: eins lebt vom andern: eins gibt dem andern das Gleichgewicht und das rechte Verhältniß zum Ganzen, nach dem Maaße, als die weiſe Vorſehung des Schöpfers zum Beſten der ganzen Schöpfung einem ieden Geſchlecht ſeine beſtimmte Gränzen geſezzet hat. Nach dem ewigen Plan des Urhebers aller Dinge ſollte kein einziges Glied aus der großen Kette der Natur verlorengehen; er hat aber eben deswegen auch dafür geſorget, daß kein Geſchlecht von Tieren bei ſeiner Anlage zur unermeßlichen Vermehrung ſeine Gränzen überſchreite, und ein anderes erſtikke. Daher kommt es, daß ein Tier dem andern zur Beute dienen muß, daß viele Vögel, Fiſche und Inſekten einander unaufhörlich bekriegen, daß eines des andern Oekonomie zerſtöret, eines des andern Mörder wird, und durch ienes Untergang beſtehet. Zugleich finden wir, wenn wir auf die Natur Acht haben, daß die ſchwächern Tiere, die den ſtärkern zur Beute und Narung dienen müſſen, ſich ungleich ſtärker vermehren, nach dem hinreichenden Verhältniß, der Notdurſt der leztern zu ſtatten zu kommen, hienächſt aber auch der Schädlichkeit der erſtern zu ſteuren und die Uebereinſtimmung und das Gleichgewicht zum Ganzen zu erhalten: Wir finden, daß die Natur dieienigen Geſchöpfe, deren Fortpflanzung nur

nach

nach und nach in einzeln Gliedern geschiehet, unter ihre ganz besondere Aufsicht nehme: Sie sind immer wenigern Gefaren unterworfen als andere. Wir finden, daß selbst die gefärlichsten und schädlichsten Tiere einen Teil der großen Kette ausmachen, welche mit den Absichten der göttlichen Vorsehung übereinkommen. — Siehe da, es ist alles sehr gut: der Herr hat alles wohl gemacht. ═ O Thor! mehr als blinder Thor, der du alles dieses einem blinden Ungefehr zuschreiben willst; du verläugnest alle Vernunft. —

Die Familien der Schmetterlinge sind unter den Insekten diejenige, welche sich auf eine ganz unaussprechliche Weise zu vermehren, von der Natur die Anlage haben, so, daß wenn in zwei Sommern ein iedes Ei ausschlöffe, alles mit Raupen überschwemmt und die Erde in wenig Jahren nicht mehr im Stand sein würde, so viele Pflanzen hervorzubringen, als nur eine einzige Gattung zu ernären, hinlänglich sein könnte. Aber dieses zu verhindern hat der Schöpfer unter andern Feinden der Raupen hauptsächlich das Heer der Ichneumons erschaffen, welche er nach seiner höchstweisen Veranstaltung gleichsam als Polizeidiener gebraucht, iene in gehörigen Schranken zu erhalten.

Dieses Geschlecht ist eine Art Wespen von einem besondern Körperbau, ie nachdem sie nemlich vom Schöpfer bestimmet worden, auf eine besondere Weise zu leben, sich zu erhalten und fortzupflanzen, und darnach ihre Gliedmaßen zu bewegen und zu gebrauchen. — Ihr Name Ichneumon stammet her von einem Wasseriltis oder Wasserratte, auch Pharaorazze genannt, die diesen Namen fürte, indem sie die Krokodilseier im Sand aufsucht, aussauget und vernichtet, und von welcher die Fabel entstund, daß sie dem Krokodil in den Hals schlüpfe und das Eingeweide durchfresse. — Im Deutschen werden sie meist von den Entomologen Schlupfwespen genennet, von andern Raupentödter.

Ihr Geschlecht ist außerordentlich zalreich und verschieden in ihren Familien nach ihrer Gestalt, Farbe und Größe. Die meisten haben einen dreiteiligen Legestachel, der von dem Leib ausstehet, davon der mittelste, als der subtilste Teil die hole Röhre und der eigentliche Stachel ist, wodurch sie ihre Eier in den Leib der Raupen oder auch bisweilen anderer Insekten legen, nachdem sie in denselben geboret haben. Die zwei äußern Teile des Stachels, nemlich der obere und untere, die sich wie ein Tupeeeisen öfnen,

sind nur die Futerale des Stachels, die ihn bedekken und schüzzen. Andere
haben einen kurzen Legestachel, der unter dem Hinterleib befindlich, und
nicht so sichtbar ist, wenn man nicht genau darauf Acht hat; weil dieser
Stachel öfters kurz und fein ist, so können sich diese Arten desselben bisweilen auch als eines Wehrstachels bedienen, und damit in die Haut der Finger dringen, welcher Stich aber nur einen geringen Schmerz verursacht,
weil keine Giftblase vorhanden ist, deren beißender Saft sich in die Wunde
ergießen und den Schmerz vermeren, noch auch eine Geschwulst erregen
könnte, wie der Stich der eigentlichen Wespe oder Biene. — Einige haben ihren Legstachel ganz im Leib verschloßen, und einige scheinen keinen zu
haben. Diese legen ihre Eier nur bloß auf die Haut der Raupen.

Weilen sich der Wurm dieses Ichneumonsinsekts oder dessen Larve
nicht anders nären kann, als von dem Saft und zarten Eingeweide einer
Raupe, die entweder noch frißt, oder sich zu ihrer Verwandlung anschikt
und eingesponnen hat, so hat die Natur das schwangere Ichneumonsweibchen gelehrt, solche Gegenstände emsig aufzusuchen und zu finden, es seie
nun durch den Geruch oder das Gesicht, oder sonst zufolge des Naturtriebs, welches wir so eigentlich nicht bestimmen oder ergründen können;
ieder Sinn mag das Seine dazu beitragen. Sobald nun der Ichneumon
sein gesuchtes Tierchen ausgespähet und gefunden hat, so heftet er sich auf
dasselbe, um seine Eier in ihren Leib abzulegen. Wie der Leib dieses Insekts meist in Gestalt einer Sichel gekrümmet und zugleich der Stachel so
beweglich ist, daß er sich mit seiner Spizze senkrecht aufstellen kann, so gelingt es demselben gar leicht, seinen Endzwek zu erreichen. Die Raupe
bestrebet sich zwar aus allen Kräften, ihres Feindes sich zu entledigen, sie
fällt zur Erde, sie wendet und drehet sich, rollt sich zusammen, schlägt den
Kopf heftig auf den Teil, wo sie sich verlezzet spüret, und macht tausend
Beugungen, aber äußerst selten gelinget es der Raupe, ihren Feind, der
zugleich listig ist, abzuhalten. Der Ichneumon müßte dann gar zu
schwach sein, den Schlägen derselben zu widerstehen, in welchem Fall er
von seinem Anfall abläßt, und einen andern Gegenstand aufsucht, den er
leichter überwinden kann. Ist er aber stark genug, den Wendungen der
Raupe zu widerstehen, so bort er mit seinem Stachel durch die Haut in den
Leib, und leget seine Eier hinein; bisweilen nur eins, wenn der Ichneumon groß ist, und in diesem Fall verläßt er die Raupe und fliegt davon.
Findet aber ein anderer den Körper seiner Größe und der Narung seiner
Jungen angemessen, so sticht er fort, bis er alle seine Eier hineingeleget
hat,

hat, die bisweilen auf Hundert ſich erſtrekken. Einige bemerken zwei bis drei Hundert gezälet zu haben. Aus der Puppe der Wolfsmilchraupe erzog ich einmal gegen Hundert und Zwanzig Ichneumons. Verſchiedene Raupen von Phalänen und Schmetterlingen, beſonders die erſten werden von einer eigenen Art Ichneumon angefochten, die ſich auf eine Art Raupen ſezzen, one andere anzufallen, wie inſonderheit der Sphinx Liguſtri, der Sphinx Elpenor Linn. allezeit nur gewiſſen Gattungen Ichneumons ausgeſezt iſt. Andere aber fallen alle Gattungen von Raupen an, ia man findet ſie zuweilen, doch ſehr ſelten, in Spinnen, in Schnekken, in kleinen Käferpuppen ꝛc. Ia ich fieng ſogar einsmals eine Weſpe von Tab. XXI. fig. 2. welcher aus dem dritten Ring des Hinterleibes zwei Ichneumonspüpchen, aus dem vierten Ring ein und aus dem fünften Ring auch ein Püpchen von ganz kleiner Art Ichneumons hervorſtunden, die ich aber nicht mehr erziehen konnte. Warſcheinlich wäre die Weſpe nicht geſtorben, weil die Larven ſich ſchon zur Verwandlung anſchikten, und haben ſich ſolche nur vom Saft der Weſpe unter den Ringen genäret. Aber von einer ſonderbaren Kühnheit der kleinen Mutter zeuget dieſe Einquartirung. — Einige legen ihre Eier nur auf die Haut der Raupen, ia auch auf die bereits verpupte, ſo lang ſie noch ganz friſch ſind, welche Eier aber vermittelſt eines zähen Saftes ſo veſt ankleben, daß man ſie mit keiner Feder abkehren oder abſtreiſen kann. Sie gehen ſodann bald aus, und die Würmchen oder Ichneumonslarven freſſen ſich von außen durch die Haut in den Leib der Raupen, und nären ſich darinnen von ihren Eingeweiden. Dieſe reichen ieerzeit ſo weit, als dem Würmchen nötig iſt, zu ſeiner gehörigen Größe und Reiſe zu gelangen, in welcher es ſich verpuppet und den andern Perioden ſeines Lebens antrit, in welchem es keine Narung nötig hat, ſondern nur einen ruhigen Aufenthalt und äußern Schuz und Bedekkung. Dieſe gewähret ihnen meiſtenteils die äußere harte Schale der Puppe, worin ſie bleiben, bis ſie verwandelt und vervollkommnet herausſchlüpfen und davon fliegen. Dieſes geſchiehet zur Sommerszeit innerhalb vierzehen Tagen; in einer Puppe aber, deren Raupe ſich im Herbſt einſpinnet und deren Schmetterlinge erſt im Früiahr herausgekommen war, bleiben ſie auch den Winter hindurch. Einige Arten von Ichneumons aber gehen als Larven oder Würmer wieder aus der Raupe oder ihrer Puppe heraus, wenn ſie derſelben Eingeweide verzehret haben, und ihrer Verwandlung nahe ſind. Sie verpuppen ſich alsdann ſelbſt entweder in der Nähe ihrer Ernärerin, die ſie ausgehölet haben und machen ein Tönnchen, wie beſonders die größern Arten der Schlupfweſpen: oder es ſpinnet ſich eine

ganze

gantze Nation von kleinen Ichneumonslarven an den Seiten der Raupe
iedes in ein Klümpchen gelblichter Seide ein, worin es sich verwandelt,
und dann zu seiner Zeit sein kleines Gefängniß verläßt.

Manche Raupen sterben sogleich, sobald die Eier der Ichneumons-
wespen entweder in ihrem Leib oder auch nur auf denselben zu liegen kommen. Andere aber schleppen ihr Leben noch eine Zeitlang dahin, fressen
fort und kränkeln, bis sie fast ausgefressen haben und sterben sodann, ehe
sie sich verpuppen. Andere nären ihre Feinde in ihrem Busen und tragen
ihren gewissen Tod in ihren Eingeweiden, sind aber munter, wachsen und
fressen fort, wie gesunde, so, daß sie auch im Stande sind, ihre Chrisalide zu verfertigen und vollkommen zu machen, welches aber auch das lezte
Geschäft ihres Lebens ist, worauf sodann ihre verborgene Einwoner, den
Saft und gelben Brei, woraus sich der Schmetterling entwiklen sollte,
verzehren und vernichten, daß nur bloß die äußere trokkene Hülse und Form
der Chrisalide bleibt. Warscheinlich dringen bei diesen leztern annoch so
lange lebenden Raupen, die aus den Eiern ausgekrochene Würmchen der
Ichneumons nicht so gleich in das innerste der Eingeweide, und nären sich
anfänglich nur blos unter der settigten Haut, oder noch warscheinlicher entwiklen sich die Keime in den Eierchen langsam, daß die Raupe lange Zeit
keine innerliche Zerrüttung spüret. Denn es wäre unmöglich, daß die
Raupe fortleben könnte, wann die Ichneumonslarven sogleich in das innerste der Eingeweide drängen, weil die Gefäße der Verdauung dadurch
getrennet und zernichtet würden.

Was den Unterschied des männlichen und weiblichen Geschlechts
der Ichneumonen anbetrift, so sind sie meist in Farbe und Zeichnung so
sehr verschieden, daß man sie leicht für verschiedene Arten hält. Viele sind
sehr schön, die meisten aber dunkler Farbe. Ihre Größe erstrekket sich von
einer Linie bis zu ein und einviertel Zoll. Ja es gibt so kleine Gattungen,
daß sie ihre Eier selbst in die Eier der Schmetterlinge legen: andere in die
Blatläuse. Diese kleine Gattungen sind meistens goldgrün von Farbe.
Die glänzendsten sind allemal die Männchen, die dunklen aber und schwarz-
grüne sind die Weibchen, die auch zugleich iederzeit etwas größer sind.
Alle, sie seien groß oder klein, die borstenänliche Schwänze haben, welches ihre Legstachel sind, sind Weibchen. Die Männchen haben auch keinen stehenden Angel. — Sie sind insgesammt sehr flüchtig, leicht und
schlank, haben einen kleinen Kopf und lange Fülhörner, die bisweilen
über

über 50, 60 und mehr Glieder haben. In diesen Fühörnern haben sie einen Hauptsinn verborgen. Sie untersuchen damit iedesmal die Raupe, ehe sie solche anstechen, befülen sie damit, und schlagen sie an dieselbe, um dadurch auszukundschaften, ob nicht etwa schon eine andere Jchneumons=wespe ihre Eier hineingelegt habe. Es sind auch die Fühörner der Jch=neumons außerdem in beständiger Bewegung, deswegen sie auch ehedem *Muscae vibrantes* und von Rösel Vipperwespen genennet worden. Es eräugnen sich aber Fälle, da der Jchneumon seine Fühörner nicht zu der gewönlichen Untersuchung, wenn er seine Eier ablegen will, gebrau=chen kann, wenn er nemlich ein Raupengespinnst antrift, wobei ihn das äußerliche Anklopfen und Befühlen nichts hilft, weil das Gespinnst weich ist, und nachgibt. Allein er weiß sich hier auf eine andere Art zu helfen, und sich sattsam zu unterrichten, ob das Puppengehäuse der Raupe teils noch frisch und für seine Brut dienlich seie, teils aber auch, ob noch kein anderer Jchneumon sie bereits beleget habe. Diese Untersuchung stellet er vermittest seines Legestachels an. Diesen stekt er tief in das Raupenge=spinnst oder Puppengehäuse, one zugleich sein Ei hineinfallen zu lassen. Er fühlet alsdann ganz untrüglich den eigentlichen Zustand des Inwendi=gen. Findet er sodann, daß hier nichts zu thun ist, daß entweder der Schmetterling bald entwikkelt und die gelbe Masse nicht mehr flüssig und für seine Nachkömmlinge dienlich seie, oder bereits ein solcher ungebätener fremder Gast, wie er, darin herberge, so wird er sich sogleich davon ma=chen, und sich nicht so lange auf dem Gespinnst aufhalten, als wenn er wirklich ein Ei oder mehrere hineinlegt. Das kann man genug sehen, wenn man an den Gartenwänden, Breterwerk der Gartenhäuser oder sonst, wo sich die Raupen gerne einzuspinnen pflegen, Acht hat, und ei=nen Jchneumon antrift, dem es um die Fortpflanzung seines Geschlechts zu thun ist. Oefnet man dieienigen Puppen, worauf er sich nieder und seinen Stachel eingelassen, sogleich aber wieder sich wegbegeben, so wird man finden, daß sie allemal verdorben, fehlerhaft oder bereits mit Jchneu=monslarven besezt seien: das Gegenteil aber wird man gewar, worin er sich länger mit seinem Legstachel aufhält. Ueberhaupt sind die Jchneu=mons unter den Insekten, was der Fuchs unter den vierfüßigen Tieren ist. Sie sind sehr listig in Ausspähung der Raupen und ihrer Puppen. Sie fressen zum Teil in die zusammengerollte Blätter, worinnen sie eine eingesponnene Raupe vermuten, ein Loch, und kundschaften die dazwischen liegende Larve aus.

Ihr Hinterleib ist schlank und lang, und sie tragen ihn meistens wie eine Sichel gekrümmt, weil sie diese Stellung annemen müssen, wenn sie die Raupen anstechen. Diesen sichelförmigen Bogen bilden sie auch, wenn sie aufgespießt werden, und behalten ihn im Tode. Er hängt mit dem Brustsük durch einen dünnen oft langen Leibhals zusammen. Die Füße sind gewönlich lang, absonderlich die hintern Beine bei einigen groß. — Es gibt Ichneumonspuppen, welche die besondere Eigenschaft haben, daß sie springen können, oder sich von einem Plaz auf den andern schnellen. Dieser ihr Gespinnst ist eiförmig.

Uebrigens haben die Ichneumonslarven und Puppen wieder ihre Feinde, die öfters ihre Oekonomie zerstören. Es gibt nicht nur Käfer, welche ihre Larven zu den Puppen der Ichneumons bringen, die sie verzehren, sondern es gibt Ichneumons selbsten, welche ihre Eier zu den Eiern anderer Ichneumons legen, und die Larven der erstern die Würmer der andern nach und nach auffressen oder aussaugen. — So lebt immer eins vom andern, auch one es iederzeit zu zerstören. Auf der kleinen Hummelmilbe, deren ich schon gegen 120 auf dem Brustsük einer einzigen fünf Linien großen Maurerbiene gezälet habe, entdekte ich drei undenklich kleine Läuse, welche ihren Leib, wie die Blatläuse in die Höhe kehrten, und einen Saugrüssel hatten, dadurch sie sich wieder von den Säften der Milbe närten, wie dieser ihre Narung die Säfte der Biene waren.

Linné beschreibt 77 Arten von Ichneumons und macht 6 Unterabteilungen, nach folgenden Merkmalen: a) Ringelhörner, mit weißen Ringen um die Fülhörner und weißem Schild, 12 Arten. b) Schwarze Fülhörner und weißes Schild 10 Arten. c) Fülhörner mit einem Band und einfärbigem Schild und Brustsük 5 Arten. d) Schwarze bürstenartige Fülhörner und einfärbigem Schild und Brustsük 27 Arten. e) Gelbe bürstenartige Fülhörner - Arten. f) Kleine, mit dratförmigen Fülhörnern und eirundem Hinterleib 16 Arten.

Es gibt aber auch unter den allerkleinsten Ichneumons, die kaum einer Linie und teils nur eine halbe Linie lang sind, solche, welche Zynipsfülhörner haben, und dadurch an das Geschlecht der Gallenwespen gränzen, wie wir unter andern auf der LX. Tafel an den Ichneumons der Minierräupchen, der Ichneumons, welche ihre Eier in die Eier der Ringelraupeneier legen, und andern sehen. Gleichwol aber können sie nach ihrer Oekonomie und Naturtrieb nicht zu den Zynips, sondern in alle Wege zu den Ichneumons oder Schlupfwespen gerechnet werden.

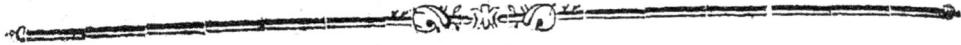

Einteilung

der

Arten der Ichneumons

oder

Schlupfwespen.

A. Mit einem gefärbten Bruſtſchildchen und einfärbigen ſchwarzen Fülhörnern.

B. Mit einem gefärbten Bruſtſchild und geringelten Fülhörnern.

C. Kein gefärbtes Bruſtſchild und geringelte Fülhörner.

D. Mit einem gefärbten Bruſtſchild und gelben einfärbigen Fülhörnern.

E. Ohne gefärbtes Bruſtſchild und gelben einfärbigen Fülhörner.

F. Ohne gefärbtes Bruſtſchild und ſchwarzen einfärbigen Fülhörnern.

G. Ungeflügelte Ichneumonen. Ichneum. Mutillae.

H. Zynipsichneumonen. Zynips ichneumones.

Abhandlung
der Arten.

A. Schlupfwespen mit einem gefärbten Brustschildchen und einfärbigen schwarzen Fülhörnern.

Der Verfürer. Ichneumon persuasorius.
Linn. S. N. 16. & Fn. Sv. 1593.
Fabr. S. E. 22.
de Geer Inf. 1. t. 36. f. 8.

Tab. 33. fig. 1.

Das Weibchen.

Länge 1 und einen halben Zoll.
Mit dem Stachel 3 Zoll 3 Linien:
Mit Stachel und Fülhörnern 4 Zoll.

Einer der größten deutschen Ichneumons. — Er ist schwarz und weiß geflekt. Der Kopf hat um die weißgraue Augen eine weiße Einfassung: auf der schwarzen Stirne gelbe Ocellen: lange schwarze Fülhörner mit einem kurzen dikken Grundgelenk: schwarzes Maul mit zwei Paar schwarzbraunen Freßspizzen. Das Bruststük ist schwarz und weiß geflekt mit einem weißen Schildchen. Der Hinterleib bestehet aus sieben Ringen und dem spizzigen After. Die zwei ersten Ringe sind weiß eingefaßt, bei den übrigen fünf ist die Einfassung immer mehr unterbrochen, und haben dagegen jeder an der Seite gegen unten einen weißen Flekken; der schwarze After hat oben auch einen weißen Flek. Der sehr lange Stachel gehet von dem lezten Ring aus. Die Füße sind bräunlichgelb, haben dikke Afterschenkel, wovon die zwei vordern Paar jeder einen weißen Flekken hat, die hintern aber oben am Gelenk. Sämmtliche Schienbeine haben zwei Dorne, die vordern aber nur einen. Die Flügel sind metallgelb und haben einen Randflek.

Das Männchen.

fig. 2.

Dieses unterscheidet sich durch seine mindere Größe und durch die Schwärze des Hinterleibes, der in Stahlblau schillert. Auch ist die Nase weiß, nebst den Afterschenkeln des vördern und mitlern Paars Füße.

Der Geflekte. Ichn. maculatus.

fig. 3.

Länge 10 Linien.

Eine Gattung voriger Art, mit langem Legstachel. — Der Kopf ist gelb, und hat schwarze Augen, Maul und Fülhörner. Das Bruststük ist schwarz und gelblichweiß geflekt, mit einem weißlichten Schildchen, und dahinter einen dergleichen

Tab.33. gleichen Punkt.   Die Ringe des Hinterleibes haben oben und unten sämmtlich gelbe Flekken, rostfärbige Füße und helle Flügel mit einem schmalen Randflekken.

fig.4.   Der Frühe.   Ichn. matutinus.

Länge 11 Linien.

Eine änliche Gattung mit weißgeflektem Hinterleib. — Er hat einen schwarzen Kopf, gelblichweiße Augen, schwarzes Bruststük, das vorne zwei gelblichte Flekken, ein dergleichen Schildchen und solche Flügelgewerbknöpfe hat.   Die Ringe des Hinterleibes haben an den Seiten weiße Flekken, und die drei leztern auch unten   Vom vierten Ring, der unten am Leib einen Absaz macht, gehet der Legstachel aus.   Die Füße sind sämmtlich rostfärbig, die Flügel spielen Regenbogenfarben und haben einen schwarzen Randflekken.

Die Bandschlupfwespe.   Ichn. fasciatorius.

Fabr. S. E 17.

Seine Größe ist die des Kämpfers. — Der Kopf ist schwarz, aber unter den Fühhörnern gelb.   So sind auch die Fühhörner oben schwarz und unten gelb. Der Brustschild hat auch eine schwarze Farbe mit einem gelben Punkt vor den Flügeln, und einen unter den Flügeln.   Der Hinterleib ist schwarz, und zwar der zweite Ring halb gelb, der dritte ganz gelb, der vierte schwarz, der fünfte am Rand gelb und der sechste ganz gelb.   Die Füße sind auch gelb, allein die vier vordersten haben noch einen großen schwarzen Flekken an den Schenkeln, und die Hinterschenkel und Schienbeine sind an der Spizze schwarz.

Wont in England.

fig.5.   Das Zitronenband.   Ichn. citreus.

Länge 7 Linien.

Ein schwarz und gelber Schneumon mit gelbem Brustschild und schwarzen Fühhörnern. — Der Kopf ist oben schwarz und unter den Fühhörnern zwischen den Augen gelb, nebst der Oberlippe, den Freßzangen und Freßspizzen. Die Fühhörner sind lang, und haben ein kurzes Grundgelenk, das unten gelb und oben schwarz ist, und die darauf stehende 50 Glieder sind auch schwarz. Das Bruststük ist schwarz, und hat auf dem Schild in der Mitte zwischen den Flügeln einen gelben Flek, und ein gelbes Strichlein an dem Bogeneinschnit gegen den Hals zu auf ieder Seite, und ein dergleichen zartes Strichlein unter dem gelben Gewerbknopf der Flügel.   Der Leibhals ist keulförmig, schwarz, und der Hinterleib hat sechs Ringe, wovon der erste gelb ist, mit einem breiten schwarzen Saum, der andere ganz gelb, und die übrigen vier schwarz. Die Füße sind gelb, die Schenkel der hintern Füße aber schwarz.   Die Flügel sind zart.

Der Wäscher. Ich. lotatorius.   Tab.33.
Fabr. S. E. 16.

Ein schwarzer Ichneumon, mit einem roten Leibring. — Seine Fülhörner sind schwarz und gerollt: der Brustschild schwarz mit einem gelben Punkt unter den Flügeln: das Schildlein gelb; der Hinterleib glänzend schwarz, und der zweite Ring ganz roth, wie auch die Füße.

Lebt in Neuholland.

Der Ringler. Ichn. annulatorius.
Fabr. S. E. 20.

Ein Ichneumon von mittelmäßiger Größe, mit einem schwarzen Kopf und gelben Stirne. Die Fülhörner sind innen gelb und außen schwarz. Der Brustschild hat ein gelbes Strichlein vor den Flügeln, einen gelben Punkt unter den Flügeln: und zwei gelbe Flekken unter dem Schildlein. Die vier ersten Ringe des Hinterleibes sind schwarz mit einem weißlichen Rand, die übrigen aber ganz schwarz. Die Füße sind rostfärbig, die hintern Schenkel und Schienbeine aber an den Gelenken schwarz.

Wont in England.

Der Zweizahn. Ichn. bidentatorius.
Fabr. S. E. 21.

Sein Kopf ist schwarz, und die Stirne gelb: die Fülhörner oben schwarz und unten gelblich. Der Brustschild ist schwarz, mit einem gelben Punkt unter den Flügeln und einem gelben Schildlein, das hinten auf beiden Seiten einen Zahn hat. Der Hinterleib ist schwarz, der zweite und dritte Ring aber vorne gelb.

Findet sich in Europa.

Das Widder. Ichn. aries.   ng. 4.
Länge 7 Linien.

Ein schwarzer Ichneumon mit krummem gelbgeflektem Hinterleib.

Der Kopf ist schwarz, die Augen braun mit aschgrauen Flekken: die Freßzangen gelb mit schwarzen Spizzen und gelben Freßspizzen. Die Fülhörner sind fadenförmig, schwarz mit einem dikken kurzen Grundgelenk, worauf gegen 50 zarte Glieder sich befinden, die sich wie ein Widderhorn ringeln oder schlingen, wenn das Insekt todt ist. Das Bruststük ist hökkerig, schwarz, und hat auf dem Schild hinter den Flügeln einen erhabenen gelben Punkt. Der Hinterleib ist sichelförmig one verlängerten Leibhals und hat sieben Ringe, wovon die vier ersten anfangs schwarz, sodann roth schattirt und gelb eingefaßt sind. Die übrigen drei Ringe sind schwarz und ganz plattgedrukt, daß sie oben
und

Tab. 33. und unten ganz schneidend sind. Die Füße sind rötlichgelb, und die Flügel haben einen dergleichen Randflek.

fig. 7.

Der Doppelschild. Ichn. bimaculatus.

Länge 3 und eine halbe Linie.

Ein kleiner schwarz und roter Ichneumon. — Kopf, Bruststük und die leztern Ringe des Hinterleibes sind schwarz, die übrigen Ringe sind roth, nebst den Füßen. Auf dem Schildlein ist ein gelber Punkt, und dahinter ein weißer. Der Stachel ist klein und die Flügel haben einen subtilen Randflekken.

Der Zweifler. Ichn. dubitorius.

Fabr. S. E. 25.

Ein schwarz und gelber Ichneumon von mittelmäßiger Größe, mit ganz schwarzem Kopf, vorgestrekten schwarzen Fühhörnern: schwarzem Brustschild, dessen ganzer Saum gelb ist. Der Hinterleib ist gelb, die zwei lezten Ringe aber schwarz. Der schwarze Stachel stehet vor und ist kurz. Die Füße sind gelb, die hintern aber schwarz, und die Schienbeine an den Knien gelblich.

Aus Neuholland.

Tab. 34.
fig. 1.

Der Gieser. Ichn. fusorius.

Linn. S. N. 21. & Fn. Sv. 1598.

Fabr. S. E. 26.

Länge 11 Linien.

Ein schwarzer Ichneumon mit gelbem Hinterleib. Der Kopf und das Bruststük ist schwarz: die Fühhörner gleichfalls, die lang sind und gegen 50 kleine Glieder haben. Die Augen haben gegen die innere Fläche des Kopfs eine gelbe Einfassung. Das Bruststük ist dik, etwas hökkerig, und hat auf dem Schild gegen den Hals zu einen Bogeneinschnit. Neben auf ieder Seite desselben ein kleines gelbes Pünktchen und ein solches unter dem Gewerbknopf der Flügel. Zwischen den Flügeln in der Mitte ist ein gelber Flek. Der Leibhals ist schwarz und keulförmig, und der daranhängende Hinterleib hat sechs oben und unten gelbe Ringe. Die Hüftbeine und Schenkel sind schwarz, die Schienbeine und Fußblätter an den mitlern und vordern Füßen sind oben schwarz und unten rötlichgelb, an den hintern aber durchaus rötlichgelb. Die Flügel sind bräunlichgelb und haben braune Adern.

Der Sichelleib. Ichn. falcatorius.

Fabr. S. E. 29.

Er hat einen schwarzen Kopf mit schwarzen Fühhörnern, die unten gelb sind: unter denselben einen gelben Punkt, in der Mitte eine schwarze Linie und zwei solche Punkte. Der Brustschild ist schwarz und gelb geflekt: der Hinterleib kurz, rostfärbig, an der Wurzel und der Spizze schwarz, und die Füße gelb.

Findet sich bei Koppenhagen.

Der Unruhige. Ichn. sollicitorius.
Tab. 34.
Fabr. S. E. 30.

Sein Kopf ist schwarz, die Stirne gelb, die Fülhörner schwarz und vorausgestrekt. Der Brustschild ganz schwarz. Der Hinterleib schwarz und die drei ersten Ringe roth, wie auch die Füße.

Aus Neuholland.

Der Gürtler. Ichn. cinctorius.
Fabr. S. E. 31.

Kopf und Brustschild sind ganz schwarz: die Fülhörner schwarz und das Grundgelenk unten gelb. Der Hinterleib ist schwarz, und hat der zweite Ring oben einen abgeschossenen Punkt, und der sechste eine schneeweiße Binde. Der hervorstehende Stachel ist kurz, die Füße rostfärbig.

Wont in England.

Der Gelbsüchtige. Ichn. ictericus.
fig. 2.
Länge 8 und eine halbe Linie.

Ein gelber Schneumon mit schwarzem After und schwarzen Fülhörnern.

Der Kopf ist ganz gelb, mit allen seinen Teilen, nur die Augen schwarz und die drei Ocellen. Die Fülhörner haben ein kurzes dikkes Grundgelenk und darauf gegen 40 schwarze Glieder. Der Brustschild ist oben braunroth und hinten gelb mit einem braunroten Punkt. Der längliche Hinterleib hat einen linienlangen Leibhals und sechs Ringe, wovon die ersten vier gelb, die zwei lezten aber schwarz sind. Die Füße sind ganz gelb, nur die Knie der hintern Füße haben oben einen schwärzlichen Flekken. Die Flügel sind gelblich mit einem gelben Randflekken, und an der Spizze einen leichten Schatten.

Der Zierliche. Ichn. decoratorius.
Fabr. S. E. 32.

Ein kleiner Schneumon mit schwarzen vorausgestrekten Fülhörnern, dessen ganzer Körper dunkel rostfärbig ist, mit einem gelben Schildlein. Seine Flügel sind grünlich, und etwas gelblich.

Wont in Neuseeland.

Der Schwarzafter (mit schwarzen Fülhörnern). Ichn. ramidulus.
fig. 3.
Länge 10 Linien.

Ein schwarz und gelber Schneumon mit ganz kurzem Stachel. —

Der Kopf ist schwarz mit einem gelbroten Ring um die schwarzen Augen, ein gelbes Strichlein zwischen den Fülhörnern, und ein gelbes Maul und Freßspizzen.

Tab.34. spizzen. Die Fühlhörner sind schwarz. Das Brustſtük ſchwarz mit einem rot-gelben Schildchen. Der Hinterleib iſt rotgelb, ſichelförmig, ſehr dünne, und mit einem zweigliedrigten Leibhals, davon das zweite Gelenk oben einen ſchwarzen Strichen hat. Der After iſt abgeſtuzt, und ſind die Ringe zunächſt demſelben ſchwarz, der dritte Ring halb ſchwarz, und der zweite neben etwas ſchwarz. Die Füße ſind gelb, die kurzen dikken Afterſchenkel aber glänzend ſchwarz. Die Flügel metallgelb mit gelben Adern. — Er iſt ſehr gemein.

Der Blutpunkt. Ichn. pulchellus.

Fig.4.   Länge 7 Linien.

Ein ſchwarzer Ichneumon mit halbrotem Hinterleib. — Kopf, Fühlhörner, Augen und Brustſtük ſind ſchwarz. Das Schildchen iſt gelb und dahinter eine mondförmige gelbe Linie. Die Grundfarbe des Hinterleibes iſt ſchwarz, aber der zweite und dritte Ring iſt roth, mit gebogter ſchwarzer Einfaſſung. Die übrigen Ringe haben eine krumme gelbe Linie, und die Afterſpizze iſt auch gelb. Die Füße ſind an den Schenkeln ſchwarz und haben an den Knien einen gelbroten Flekken. Die Schienbeine und Fußblätter ſind rötlichgelb, aber ſämmtliche Glieder an den Gelenken ſchwarz. Die Flügel ſind ein wenig ſchwärzlich, und haben einen halb roten und halb ſchwarzen Randflekken.

Der Dunkle. Ichn. veſpertinus.

Länge 6 Linien.

Ein ganz aſchgrauſchwarzer Ichneumon, mit gelbem Schildchen, ſchwarzen Schenkeln und Afterſchenkeln, gelben Schienbeinen mit ſchwarzen Enden, und rötlichen Fußblättern. Die Flügel ſind regenbogenfarbig mit einem Randflekken.

Der Kämpfer. Ichn. luctatorius.

Linn. S. N. 13. & Fn. Sv. 1590.

Fabr. S. E. 15.

Geoffr. Inſ. 2. 347. 59.

Er hat ein gelbliches Schildlein, geflektes Brustſtük, und den zweiten und dritten Ring des Hinterleibes gelb. —

Geoff. beſchreibt ihn ſchwarz mit gelber Stirne, gelber Spizze am Bruſt-ſchild, in der Mitte des Hinterleibes gelb, und die Schienbeine zum Teil gelb.

Aus Schweden. — Der Neuſeeländiſche hat unter den Flügeln einen weißen Punkt.

Tab.34.

Der Wälzer. Ichn. volutatorius.
Linn. S. N. 14. & Fn. Sv. 1591.
Fabr. S. E. 18.

Das Bruststük ist bunt, und alle Ringe sind oben gelb: die Füße roth. —

Fabric. der Brustschild habe vor den Flügeln ein gelbes Linchen, und unter dem Schildlein zwei gelbe Punkte, und Fühbrner, die unten gelb sind.

In Schweden.

Der Scheidenstekker. Ichn. vaginatorius.
Linn. S. N. 15. & Fn. Sv. 1592.
Fabr. S. E. 19.

Das Schildlein ist gelblich, das Bruststük geflekt. Die Ringe des Hinterleibes haben einen gelben Rand, den ersten und fünften ausgenommen, welche einfärbig sind. Die Füße sind rostfärbig, und die hintern schwarz geringelt. Etliche haben auf dem vierten Ring einen schwarzen Punkt. —

Fabr. das Schildlein weiß: fünf weiße Binden auf dem Hinterleib, davon der dritte unterbrochen. Einige haben auf dem ersten Ring zwei weiße Punkte.

Die Strichwespe. Ichn. lituratorius.
Linn. S. N. 17.

Das Bruststük ist geflekt und das Schildlein gelblich. Der Hinterleib ist schwarz, aber die vier mitlern Ringe sind gelb, und die Füße rostfärbig.

Wont in Europa.

Der Zeichendeuter. Ichn. designatorius.
Linn. S. N. 18. & Fn. Sv. 1595.
Fabr. S. E. 23.

Er gleicht dem Schänder. — Der Hinterleib ist schwarz. Die vier ersten Ringe haben auf ieder Seite einen weißen Punkt. Die Hinterfüße sind schwarz: der Stachel nicht sehr deutlich.

Der Befelshaber. Ichn. edictorius.
Linn. S. N. 19. & Fn. Sv. 1596.
Fabr. S. E. 24.

Das Bruststük hat an ieder Seite zwei Punkte, die Spizze desselben ist weiß, der Hinterleib schwarz und alle Schenkel der Füße, wie auch die Fußblätter sind weiß.

Wont im nördlichen Europa.

Tab. 34.

Der Phantasirer. Ichn. deliratorius.
Linn. S. N. 20. & Fn. Sv. 1597.
Fabr. S. E. 27.

Das Bruststük hat an ieder Seite drei Punkte. Der Hinterleib ist ganz schwarz, und die Schienbeine sind weiß. — Er gränzt an den Müller.

Der Graber. Ichn. fossorius.
Linn. S. N. 22. & Fn. Sv. 1599.
Fabr. S. E. 28.

Der ganze Hinterleib ist schwarz: der Brustschild ungeflekt und die Füße roth. — Er gleicht dem Forscher.

B. Mit einem gefärbten Bruststük und geringelten Fülhörnern.

fig. 6.

Der Flikker. Ichn. sarcitorius.
Linn. S. N. 3. & Fn. Sv. 1580.
Fabr. S. E. 3.
Rajus Inf. 255. 15.
Sulz. Inf. tab. 18. fig. 15.

Eine Schlupfwespe mit weißem Schildchen und einem weißen Fülhornband. — Der Kopf, die Fülhörner und der Brustschild sind schwarz, das Schildchen aber weißgelb, und ein gelber Punkt unter dem Gewerbknopf der Flügel. Der Leibhals ist schwarz. Die zwei ersten Leibringe rostfärbig, doch ist die Wurzel des leztern schwärzlich. Daher scheint der rostfärbige Teil des Leibes gleichsam mit einer Querlinie gezeichnet zu sein. Die vier übrigen Ringe sind schwarz, die Füße rostfärbig, allein die hintersten sind an den Schenkeln und an der Spizze der Schienbeine schwarz. Das Fülhornband ist gelblich, die Spizze schwarz.

Raj. nennet ihn die Ichneumonswespe von schwarzem Hinterleib mit zwei gelben Ringen.

In Europa.

Der Betrüger. Ichn. deceptor.
Scop. E. Carn. 746.

Eine schwarze Schlupfwespe mit gelblichem Schildchen und weißgeringelten Fülhörnern. — Sie hat einen rotgelben Hinterleib mit einem schwarzen After, an dessen Ende ein weißer Punkt befindlich ist. Auf dem Bruststük ist unter den Vorderflügeln ein gelblicher Punkt. Die Füße sind auch rotgelb, die Schenkel ausgenommen, welche eine schwarze Farbe haben. Die Flügel haben einen rostfarbigen Randflek.

Ist in Europa zu Haus.

Der Tausendfleck. Ichn. centummaculatus.

Länge 10 Linien.

Ein schwarz und gelbgeflekter Ichneumon mit einem kurzen Leibhals. — Die Grundfarbe an diesem Ichneumon ist schwarz und hat allenthalben am Leibe und Gliedern eine Menge gelber Flekken. Die Augen sind mit gelben Ringen und Flekken umgeben. Die Oberlippe ist gelb, und die lange fadenänliche Fülhörner haben erstlich sechs schwarze Glieder, dann acht gelbe, und darauf wieder viele kleine schwarze Glieder. Das Bruststük hat oben auf dem Schild zwei gelbe Linien, unter den Flügeln zwei gelbe Flekken, hinter denselben vier, auf der Brust zehn, auf dem Schild in der Mitte einen starken, und gleich dahinter einen kleinen gelben Flek. Der Hinterleib, welcher an einem kleinen Leibhals stehet, hat auf iedem Ring zu den Seiten zwei gelbe Flekken, die immer kleiner werden. Die Füße sind gelbgeflekt: die Flügel sind hell und haben an der Spizze einen ganz leichten Schatten und einen schwarzen Randflekken.

Der Zweiflende. Ichn. Dubitatorius.

Sulz. T. I.

fig 8.

Länge 10 Linien.

Ein schwarz und gelber Ichneumon, mit gelbem Schildlein und weißgeringelten Fülhörnern. — Er hat einen schwarzen Kopf, und Brustsük, das aber außer dem gelben Schildlein hinter demselben zwei gelbe Querlinien und vorne an der Brust gegen die Flügel zu zwei feine gelbe Linien hat. Der Hinterleib ist schwarz, und hat der zweite und dritte Ring neben einen gelblichen Flekken. Die Afterschenkel und Schenkel sind schwarz, das Knie aber weiß. Die Schienbeine und Fußblätter gelblich: die Flügel gelblich mit braunen Adern.

Aus der Schweiz.

Die Erbsenwespe. Ichn. pisorius.

Linn. S. N. 12.

Schaef. Inf. t. 22. f. 8. t. 114. f. 1. & t. 70. f. 6. t. 6. f. 12.

Eine schwarz und weiße Schlupfwespe. Sie ist eine der größten Arten, welche als Larve in den Raupen der Nachtphalänen lebt. Linne traf sie in der Raupe der Phalaena pisi an, und gab ihr daher obigen Namen. — Ihr Kopf ist schwarz, die Fülhörner auch, welche spiralförmig eingebogen sind, und in der Mitte einen weißen Ring haben: der Brustschild ist schwarz mit einer weißen Linie auf beiden Seiten, und zwar vom Hals bis an die Flügel. An der Wurzel der Flügel stehet ein weißlicher Punkt. Das Schildchen ist gelblich. Der Hinterleib hat eine Rostfarbe, der Leibhals aber ist schwarz. Alle Schenkel sind schwarz, die Schienbeine und Fußblätter aber blaßrostfärbig. Die Flügel haben einen rostfärbigen Randflekken. — Es gibt Abänderungen, welche einen ganz rostfärbigen Leib, solche Fülhörner und Schenkel haben. Siehe

oben

Tab.34. oben citirte fig. Schäff. — Meiſt gleichet er vollkommen dem Gieſer, nur unterſcheidet er ſich durch den weißen Fülhörnerring.

Der Dehner. Ichn. extenſorius.

Linn. S. N. 4. & Faun. Suec. 1581.

Fabr. S. E. 4.

Schaef. Icon. tab. 43. fig. 1. 2.

Raj Inſ. 253. 8.

Eine Schlupfweſpe mit einem gelblichten Schildchen und ſchwarzen Fülhörnern mit einem weißen Ring. — Der Hinterleib iſt ſchwarz, aber der zweite und dritte Ring deſſelben roſtfärbig, und der After weiß. Die Füße ſind gelb, die Schenkel ſchwarz und die Flügel blaulicht. —

Rajus beſchreibt ſie als die Ichneumonsweſpe mit ſchwarzem Bruſtſchild mit einem weißen Punkt auf dem Rükken, und einem Hinterleib, der vorne roth und hinten ſchwarz iſt, mit roten Füßen.

Iſt in Deutſchland zu Haus.

Tab.35.
fig.1.

Der Doppelgürtel. Ichn. Bicinctus.

Länge 10 Linien.

Ein ſchwarzer Ichneumon, mit gelbem Bruſtſchild und geringelten Fülhörnern. — Der Kopf iſt ſchwarz und rau mit vertieften und erhabenen Punkten an der Oberlippe, welche über dem Maul auf ieder Seite einen ſehr vertieften Punkt hat, die wie zwei Naſenlöcher ausſehen. Das Maul ſelbſt hat zwei Paar ſtarke gegliederte und behaarte rotbraune Freßſpizzen. Die Freßzangen ſind gerändet und von vertieften Punkten rau. Die Augen ſind ſchwarz und haben dunkel aſchgraue Flekken. Die Ocellen aber ſind rötlichbraun. Die Fülhörner, welche hoch über der Oberlippe und in einer ſtarken Vertiefung ſtehen, ſind borſtenartig, gekrümmt und laufen von Glied zu Glied dünner zu, daß ſie zu äußerſt wie eine Nadelſpizze werden. Sie beſtehen aus einem kurzen und dikken ſchwarzen Grundgelenk, und darauſſtehenden 45 Gliedern, wovon die vier unterſten ſchwarz, die folgenden 10 gelblich weiß, und die übrigen dunkel rothbraun ſind. — Das Bruſtſtük iſt ſchwarz, ſtark, und der Schild erhaben. An dem Gewerbknopf der Flügel iſt ein ſchwefelgelber ſtarker Punkt zu beiden Seiten, und zwiſchen den Wurzeln der Flügel ein Einſchnit, hinter welchem in der Mitte des Bruſtſchilds ein gelber Flek befindlich. Der Hinterleib, welcher mit der Bruſt durch einen anderthalb Linien langen ſchwarzbraunen Leibhals zuſammenhängt, beſtehet aus ſechs Ringen. Die zwei erſten ſind die größten, und oben und unten bräunlichroth: der dritte iſt oben ſchwarz und unten roth. Die drei leztern darauf folgende, die ſich ſehr zuſpizzen, ſind ſchwarz und haben ieder oben in der Mitte einen blaßgelben Flekken. Die Füße haben ſehr dikke braunſchwarze glänzende Afterſchenkel oder Hüftbeine, welche oben einen großen gelben Flekken haben. Die Schenkel ſind auch braunſchwarz.

Die

Die Schienbeine sind rötlichgelb, gegen das Gelenk, bei den zwei starken Dor-Tab.35.
nen aber rötlichbraun, und am Gelenk ringsum mit kleinen Stacheln besezt, so
wie auch die sämmtlichen Glieder der rötlichen Fußblätter. Die Flügel sind
gelbrötlich und haben außen einen dunklen Schatten.

Der Proteus. Ichn. Proteus. fig.2.
Länge 10 Linien.

Ein ganz schwarzer Ichneumon mit gelbem Schildchen und geringelten
Fülhörnern. —

Der Kopf ist schwarz und die Oberlippe ist mit Härchen bebrämt. Die
Augen haben eine gelbe Einfassung, und die Fülhörner gleichen Fig. 1. dieser
Tafel, mit welcher er in seinem Gliederbau auch übrigens übereinkommt. Die
drei ersten Ringe des Hinterleibes haben auf ieder Seite einen vertieften Punkt.
Die vördern Füße sind inwendig weißlichgelb: die Flügel schwärzlich und haben
gegen außen einen dunklen Schatten.

Das Rothorn. Ichn. rubricornutus. fig.3.
Länge 10 Linien.

Ein schwarzbrauner Ichneumon mit verlängertem Leibhals und halbroten
Fülhörnern. —

Der Kopf und die Augen sind rötlich dunkelbraun, und leztere mit einem
rotgelben Ring ganz umgeben. Die Oberlippe ist rötlichgelb, wie auch die
Freßzangen und die Freßspizzen. Die Fülhörner sind sehr groß, fadenförmig und gehen an dem äußersten Ende sehr spizzig zu. Das Grundgelenk ist rötlichbraun: auf demselben stehen 50 Glieder, wovon die erste 17 gelblichroth,
die übrigen braun sind. Die Ocellen sind hellglänzend und rötlich. Das Bruststük ist erhaben, rötlich dunkelbraun und hat auf dem Schild zwei rotgelbe
Linien, die vom Gewerbknopf der Flügel aus gegen den Hals in einen Winkel
laufen, und hinter den Flügeln einen gelben erhöheten Flekken. Der Hinterleib
hänget mit einem verlängerten keulförmigen schwarzen Leibhals an dem Bruststük, und hat sechs Ringe, wovon die zwei ersten und größten gelbroth, und
die übrigen schwarz sind, die drei leztern spizzulaufenden aber in der Mitte einen
weißrötlichen Flekken haben. Die Füße sind glänzend und gelbroth, die Hüftbeine und Schenkel roth, an den Knien aber und oben am Gelenk gelb. Die
Schienbeine haben zwei Dorne. Die Flügel sind metallgelb und haben an
der Spizze einen Schatten.

Der Schuster. Ichn. sutor. fig.4.
Länge 10 Linien.

Ein schwarzer Ichneumon mit einem Leibhals und weißgeringelten Fülhörnern.

Der Kopf und dessen Teile sind schwarz. Die Fülhörner haben auf dem
kurzen schwarzen Grundgelenk erstlich vier schwarze, dann 10 weißgelbliche und
endlich

Tab.35. endlich wieder 24 schwarze Glieder. Das Bruststük ist schwarz und hat gelbe Flügelgewerbknöpfe, und zwischen den hintern Flügeln auf dem Brustschild einen gelben Flek. Der Hinterleib hat einen keulförmigen Leibhals, und die zwei ersten Ringe sind gelbroth, die übrigen schwarz. Die Füße sind gelbrötlich, und haben schwarze Schenkel, und iedes Hüftbein ist oben weiß und unten schwarz. Die Flügel sind schwärzlich.

fg.5.

Die Maske. Ichn. larvatus.

Länge 8 Linien.

Ein schwarzer Ichneumon. — Er hat einen schwarzen Kopf, der aber vorne sonderbar gezeichnet ist, und einer Maske änlich siehet. Um die Augen herum ziehet eine gelbe Einfassung bis an die Wurzel der Freßzangen zwischen den Augen. Unter einem ieden Fülhorn gehet ein Strichlein auf einem Punkt zusammen: die Oberlippe hat auf ieder Seite einen gelben Flek. Die Freß= zangen sind in der Mitte auch gelb und haben braunrote Zäne und Spizzen. Die Freßspizzen am Maul sind rotgelb. Die Fülhörner sind fadenförmig, haben ein kurzes dikkes Grundgelenk, und darauf 48 kleine Glieder, davon die ersten acht schwarz, die folgenden vier gelb, und die übrigen gegen die Spizze zu sich verdünnende 36 Glieder wieder schwarz. Das Bruststük ist hökerig, schwarz, und hat in der Mitte hinter den Flügeln auf dem Schild einen gelben runden Flek: unter den Gewerbknöpfen der Flügel ein kleines gelbes Strichlein: weiter oben hin gegen den Hals zu auf ieder Seite wieder einen zarten gelben Punkt. Der Hinterleib, welchen der Ichneumon wie eine Bachstelze ihren Schwanz trägt, hängt an einem einer Linien langen Leibhals, ist ganz schwarz und hat sechs Ringe. Die Füße sind sämmtlich gelb, und haben sehr dikke kuglichte Afterschenkel, die inwendig schwarz und außen gelb sind. Die hintern Beine sind ziemlich lang. Die Flügel sind etwas schwärzlich und haben einen schwarzen Randflekken.

fg.6.

Der Müller. Ichn. molitor.

Linn. S. N. 10. & Fn. Sv. 1588.
Fabr. S. E. 12.

Eine schwarze Wespe mit gelblich geslekten Füßen. Der Kopf ist schwarz und klein, glänzend und mit keinen Haren besezt. Die Freßzangen sind bräun= lichroth, die Augen schwarz: die Ocellen gelblich und hell. Die Fülhörner sind fadenförmig mit einem kurzen dikken schwarzen Grundgelenk, und darauf 34 Glieder, wovon die ersten sechs schwarz, die folgenden sechs gelb, und die übrigen wieder schwarz sind. Das Maul hat Freßspizzen. Das Bruststük ist schwarz, und das Schildchen gelb. Der Hinterleib, welcher durch einen Leibhals mit dem Bruststük zusammenhängt, ist glänzend schwarz, und hat sechs Ringe, wovon die zwei leztern am Ende ein kleines weißgelbes Flekchen in der Mitte haben, und der vorhergehende Ring einen ganz kleinen dergleichen Punkt. Die Schenkel der Füße sind glänzend schwarz, Schienbeine halb gelb, und die

andere

andere Hälfte gegen das Fußblat zu schwarz. Die Fußblätter sind rötlich Tab. 35?
braun. Die Flügel sind gegen das Ende schwärzlich.

— Fabric. sagt, die Füße variiren in der Farbe, und seien bald schwarz bald roth, bald mit weißem Gelenk an den Schienbeinen.

Ist einheimisch.

Der Rotgürtel. Ichn. sanguineus.

Länge 7 Linien.

Ein schwarz und roter Ichneumon, von Statur und Zeichnung wie fig. 4. der vorhergehenden Tafel. —

Er hat ein gelbes Schildlein, und übrigens ein ungeflektes schwarzes Brust= stük: die Fülhörner sind rotgelb geringelt: die zwei rote Ringe des Hinterleibes sind nicht gebogt. Die Füße haben eine änliche Zeichnung, nur sind die After= schenkel ganz schwarz, die rechten Schenkel aber nur am Knie. Die Flügel sind schwärzlich one Randflekken.

Der Wanderer. Ichn. ambulatoriur.
Fabr. S. E. 10.

Ein schwarz und gelber Ichneumon mit einem schwarzen Kopf und Fülhör= nern, die über der Mitte gelb sind: schwarzem Brustschild, das vorne eine gel= be Linie, einen gelben Punkt vor den Flügeln und ein gelbes Schildlein hat. Der Hinterleib ist schwarz, der zweite Ring roth, die drei folgenden haben weiße Einfassung und die Füße sind roth.

Wont in England.

Der Beweger. Ichn. motatorius.
Fabr. S. E. 14.

Ein kleiner Ichneumon mit schwarzen Fülhörnern und einem weißen Ring. Kopf und Brustük ist ganz schwarz, nur das Schildlein weiß. Der Stachel ist ganz kurz.

Von Koppenhagen.

Der Dreifarbige. Ichn. tricoloreus.

fig. 8?

Länge 6 Linien.

Ein gelb und roter Ichneumon mit einem Leibhals. — Der Kopf ist roth, die Augen schwarz, die Fülhörner fadenförmig, und haben unten 12 gelbe und gegen außen hin noch gegen 30 schwarze Glieder. Der Brustschild ist am Hals roth, in der Mitte schwarz mit einem großen gelben Flekken, und hinten am Schluß des Bruststüks roth. Der Hinterleib hat einen roten keulförmigen Leibhals von einer Linie lang. Darauf folgen drei Ringe, davon der erste gelb

ist,

Tab.35. ist und an der Wurzel mit einer roten Einfaſſung. Der andere hat eine breitere rote Einfaſſung, und der dritte iſt ganz roth. Die übrigen drei Ringe ſind ineinander geſchoben. Die Füße ſind gelb mit braunroten Schenkeln und die Flügel gelblich.

Der Wankende. Ichn. nutatorius.
Fabr. S. E. 7.

Ein ſchwarz und gelbgeflekter Ichneumon. — Seine Fühlhörner haben in der Mitte einen breiten weißen Ring, und die Grundgelenke unten gelb. Kopf und Bruſtſchild iſt ſchwarz, und gelb geflekt. Die Ringe des Hinterleibes ſämmtlich ſchwarz mit gelben Einfaſſungen. Der hervorſtehende Stachel hat ſchwarze Scheiden, er ſelbſt aber iſt rötlich. Die Füße ſind roth, und die Knie der Hinterbeine ſchwarz, die Fußblätter aber weiß.

Wont in Neuholland.

fig.9.
Der Rotglänzer. Ichn. nitens.
Länge 6 Linien.

Ein ſchwarz und roter Ichneumon mit gelbem Bruſtſchildlein und gelbgeringelten Fühlhörnern. Der Kopf, das Bruſtſtük, die Füße, der Leibhals und der After ſind ſchwarz, die übrigen Ringe aber roth. Die Flügel ſind hell und haben einen ſchwarzen Randflek.

Der Wäſſerer. Ichn. irroratorius.
Fabr. S. E. 8.

Ein kleiner Ichneumon mit ſchwarzem Kopf, weißer Stirne und Augenkreiß: ſchwarze vorausſtehende Fühlhörner, die vor der Spizze weiß ſind. Der Bruſtſchild iſt erhaben, ſchwarz, vorne mit zwei weißen Punkten, vor den Flügeln zwei, unter denſelben drei weiße Punkte, einem weißen Schildlein und drei weißen Punkten unter demſelben. Der Hinterleib iſt keulförmig, ſchwarz, der erſte Ring eingebogen oben mit einem weißen Punkt, die übrigen Ringe ſind am Rand weiß. Der Stachel iſt ſo lang als der Leib, und unter dem Stachel raget ein kurzer ſpizzer Dorn hervor. Die Füße ſind weiß, und die hinteren Schenkel und Schienbeine ſchwarz.

Aus Amerika.

Der Schänder. Ichn. sugillatorius.
Linn. S. N. 1. & Fn. Sv. 1578.
Fabr. S. E. 1.
Geoff. Inſ. 2. 345. 54.

Das Bruſtſtük iſt ungeflekt und das Schildlein gelb. Des Hinterleib iſt ſchwarz,

schwarz, und die drei vordersten Ringe sind an ieder Seite mit einem weißen Tab.25.
Punkt besezt.

— Geoff. beschreibt ihn als einen schwarzen Ichneumon mit rostfärbigen
Füßen, weißer Schildspizze und vier weißen Flekken auf dem Hinterleib
und weißen Fülhörnerringen.

Wont in Europa.

Der Rauber. Ichn. raptorius.

Linn. S. N. 2. & Fn. Sv. 1579.

Fabr. S. E. 2.

Geoff. Inf. 2. 342. 49.

Das Schildlein ist gelb, und übrigens das Bruststük ungeflekt. Die Ringe
des Hinterleibes sind weißpunktirt, der zweite und dritte aber gelb. Die mitlern und hintern Schenkel sind schwarz.

— Geoff. beschreibt ihn schwarz, vorne am Hinterleib rostfärbig, hinten
schwarz mit drei weißen Punkten, weißem Brustschild und weißgeringelten Fülhörnern.

Der Forscher. Ichn. quaesitorius.

Linn. S. N. 5. & Fn. Sv. 1582.

Fabr. S. E. 5.

Das Bruststük ist geflekt, und die drei lezten Ringe des Hinterleibes haben
oben einen gelben Flekken. Der hintere Rand des zweiten Ringes ist ein wenig rostfärbig.

Aus Schweden.

Der Tadler. Ichn. culpatorius.

Linn. S. N. 6. & Fn. Sv. 1583.

Fabr. S. E. 6.

Das Bruststük ist geflekt, das Schildlein gelb, der zweite und dritte Ring
des Hinterleibes rostfärbig, und die übrigen schwarz.

— Fabric. beschreibet die Seinige auf dem Bruststük ungeflekt.

Von da.

Der Brecher. Ichn. fractorius.

Linn. S. N. 7. Mull. Zool. D. pr. 1754. Fn. Sv. 1584.

Fabr. S. E. 9. Ichn. infractorius.

Eine von den kleineren Arten. — Er ist schwarz. Der Rand der Augen
gelb: das Bruststük geflekt, das Schildlein gelb, und vor den Flügeln eine zarte

Tab 35. te gelbe Linie, und ein ſolcher Punkt über den Füßen. Die ſämmtlichen Ringe des Hinterleibes ſind weißgelblich eingefaßt: die Füße gelb und die Knie des hinterſten Paares ſchwarz.

Fabric. beſchreibet ſie mit geſchlungenen in der Mitte weißgeringelten Fühlhörnern, deren Grundgelenk unten gelb iſt: ſchwarzen Bruſtſchild, vorne mit einem gelben Lincchen, und einem gelben Punkt unter den Flügeln und gelbem Schildlein: ſchwarzen Hinterleib mit fünf gelben Binden: gelben Füßen und ſchwarzen Schenkeln.

Wont in Europa.

Der Knetſcher.   Ichn. conſtrictorius.
Linn. S. N. 8.

Das Bruſtſtük iſt zweizakfig und etwas geflekt. Das Schildlein aber gelblich. Der zweite Ring des Hinterleibes iſt roſtfärbig.

Der Füller.   Ichn. ſaturatorius.
Linn. S. N. 9. Fn. Suec. 1586.
Fabr. S. E. 11.
Schaef. Icon. tab. 61. f. 4.
De Geer Inſ. 1. tab. 23. f. 6.

Hat eine ungeflekte Bruſt und gelbliches Schildlein. Der ganze Hinterleib iſt ſchwarz, und der lezte Ring weiß. Das Inſekt iſt klein, und leget viele Eier in die Raupen der Weidenbäume.

Sämmtlich aus Schweden.

Der Kräußler.   Ichn. crispatorius.
Linn. S. N. 10. & Fn. Sv. 1588.
Fabr. S. E. 13.

Dieſer Ichneumon hat ein etwas geflektes Bruſtſtük, gelbes Schildlein, einen roſtfärbiggelben Hinterleib, der an der Spizze bräunlich iſt.

C. Ichneumons, welche kein gefärbtes Bruſtſchild und geringelte Fühlhörner haben.

Die Jungfer.   Ichn. libellula.
Tab. 36. fig. 1.
Drury Tom. 2. tab. 40. f. 4.
Länge 2 Zoll 4 Linien.

Ein ganz ſeltener, und der einzige in ſeiner Art zur Zeit bekannte Ichneumon mit ausgedehnten Gliedern des Hinterleibes. — Er iſt durchaus an allen Gliedern

dern glänzend schwarz, nur die Augen etwas kastanienbraun. Das Maul hat Tab.36.
vier Freßspizzen und stark kreuzende krumme Freßzangen. Die Fülhörner sind
gelbgeringelt und lang, ob sie schon nur acht Glieder auf einem kurzen dikken
Grundgelenk haben: allein diese acht Glieder haben eben das Verhältniß, wie
die Glieder des Hinterleibes, und sind außerordentlich lang und dünne. Das
Bruststük ist hökkerig und stark. Der Hinterleib bestehet aus fünf langen runden, etwas weniges keulförmigen Röhrchen, und einem ganz kleinen spizzen,
welches der Afker ist, worinnen der Stachel befindlich: das erste Stük dieses
Hinterleibes zunächst am Bruststük ist allein etwas dikker als die übrigen. Die
Füße sind auch sonderbar beschaffen. Die Afterschenkel sind kurz und dik, die
Schenkel sehr dünne und lang, die Schienbeine aber an den Hinterfüßen sehr dikke, rund und lang, und haber zwei Dorne. Die Flügel sind klein, besonders
aber die untere Flügel so gering, daß sie fast nicht größer sind als einer Stubenfliege. Sämmtliche Flügel sind bräunlich, und haben die großen einen schwarzen Randflekken. Bei Drury sind sie zwar gelb ausgemalt, aber diese Beschreibung ist von einem wohlbehaltenen Original.

Sein Vaterland ist Jamaika.

Der Rostige. Ichn. rubiginosus.

Länge 7 Linien.
Stachel 6 Linien.

fg.2.

Ein schwarzer Ichneumon mit dunkelrotem Hinterleib und langem Stachel.

Der Kopf und dessen Teile sind schwarz. Die Fülhörner sind borstenförmig und haben unten an der Wurzel fünf schwarze, in der Mitte vier gelbe
und oben 10 schwarze kleinere Glieder. Der Brustschild ist ganz schwarz, und
etwas erhaben. Der Leibhals ist schwarz und keulförmig. Auf diesen folgen
drei dunkelrote Ringe und alsdenn die drei leztern schwarzen Ringe. An dem
dritten Ring unten in der Mitte des Leibes fängt ein Stachel an, der einen halben Zoll lang, und vorne an der Spizze gefeilt ist. Die Füße sind roth, aber
die Schienbeine und Fußblätter der hintern Füße sind schwarz. Die Flügel
sind hell und haben einen schwarzen Randflekken.

Der Verjager. Ichn. profligator.

Fabr. S. E. 39.
Geoff. Ins. 2. 341. 46.

Ein kleiner Ichneumon mit schwarzen Fülhörnern, die in der Mitte rostfärbig sind: Kopf und Brustschild schwarz, der Hinterleib rostfärbig, der Stachel kurz und schwarz.

Der Besiznehmer. Ichn. Usurpator.

Scop. E. C. 743.

Ein schwarzer Ichneumon mit roten Augen, gelbem Hinterleib, dessen
vier leztere Ringe aber schwarz sind: schwarzen Füßen und gelben Schenkeln:

und

Tab.36. und rotem Stachel. — Das Männchen ist kleiner und hat einen viel geschmeidigern Hinterleib und grünliche Flügel.

Der Fechter. Ichn. Gladiator.
Scop. E. C. 744.

Dieser ist auch schwarz one gefärbtes Schildlein mit einem weißen Ring um die Fülhörner, die so lang sind als der Körper, und der Stachel noch einmal so lang. Seine Schenkel sind gelb, die Schienbeine schwarz und die hintern Fußblätter weißlich mit schwarzen Klauen.

Bede aus Ungarn.

Fig.3.

Der Begleiter. Ichn. comitator.
Linn. S. N. 24. & Faun. Suec. 1600.
Fabr. S. E. 34.
Geoff. Inf. 338.
De Geer Inf. 1. t. 24. f. 10.
Länge 7 Linien.

Ein ganz schwarzer Ichneumon mit gelbgeringelten Fülhörnern, und rötlichen Füßen. Die Flügel sind gelblich mit einem Schatten am Ende.

Der Ergänzer. Ichn. restaurator.
Fabr. S. E. 35.

Ein kleiner schwarzer Ichneumon mit weißgeringelten Fülhörnern, schwarzen Kopf, Bruststük und Hinterleib, der hinten einen weißen Strich hat. Der hervorstehende Stachel ist kurz und schwarz: die Füße sind rostfärbig.

Der Schwänzer. Ichn. caudator.
Fabr. S E. 36.

Ein mittelmäßiger Ichneumon mit weißgeringelten Fülhörnern, schwarzem glänzenden Kopf und Bruststük: schwarzem dünnem Hinterleib, der an der Spizze dik ist und die drei ersten Ringe vorne bleichgelb: der Stachel roth.

Aus Neuholland.

Der Bekrieger. Ichn. debellator.
Fabr. S. E. 37.

Dieser ist etwas größer; seine Fülhörner unten gelblich; der erste und lezte Ring des Hinterleibes schwarz: alle Schenkel kurz und keulförmig.

Aus Schweden.

Der Blutige. Ichn. cruentatus.

Tab. 36.
fig. 4.

Länge 5 Linien.

Ein schwarz und roter Ichneumon mit gelbgeringelten Fülhörnern. — Kopf und Bruststük sind ganz schwarz, die drei ersten Ringe des Hinterleibes sind roth, und zwar die zwei mitlern gebogt, mit schwarzer Einfassung, die übrigen Ringe aber sind schwarz. Die Füße auch, und die Flügel schwärzlich, gegen außen dunkel schattig.

Der Wächter. Ichn. incubitor.

fig. 5.

Linn. S. N. 26. & Fn. Sv. 1602.

Fabr. S. E. 40.

Scop. E. C. 745.

Geoff. Inf. 2. 341. 48. tab. 16. f. 1.

Länge 4 Linien.

Ein kleiner schwarz und roter Ichneumon mit roten Füßen.
Der Kopf und das Bruststük ist durchaus schwarz. Die Fülhörner sind borstenförmig und haben ein dikkes kurzes Grundgelenk und 28 bis 30 kleine Glieder, welche gegen die Spizze hin immer abnemen und kleiner werden. Sie sind schwarz, um der Mitte aber befinden sich drei Glieder, welche gegen oben hin weiß sind, auf der andern Seite aber schwarz. Das Maul hat unter den Freßzangen zwei größere und zwei kleinere Fülspizzen. Das Bruststük ist rau von erhabenen Punkten. Der Hinterleib hat einen langen dünnen Leibhats, der bis gegen den ersten Ring am Leib schwarz ist. Die zwei ersten Ringe des Hinterleibes sind bräunlichroth, der dritte schwarz und neben auf beiden Seiten roth, die übrigen aber ganz schwarz, nebst dem Legestachel, der drei Linien lang ist, und unten am Bauch bis an den zweiten Ring reichet. Die Füße sind roth. Die sämmtlichen Gelenke derselben aber und die Afterschenkel und Hüftbeine schwarz. Die Schienbeine haben zwei Dorne. Die Flügel, welche durchaus punktirt scheinen und stark Regenbogenfarben schillern, haben einen dunklen Randflekken.

Der Widerstreber. Ichn. reluctator.

Linn. S. N. 27. & Fn. Sv. 1603.

Fabr. S. E. 33.

Ein schwarzer Ichneumon, und in der Mitte des Hinterleibes pechartig, der Stachel ist roth und lang: die vordern Schienbeine sind keulförmig.

Der Wahrsager. Ichn. ariolator.

Linn. S. N. 23.

Fabr. S. E. 4?.

Ein kleiner schwarz und roter Ichneumon. — Er hat am Kopf zwischen den Augen eine weiße Linie, schwarze Fülhörner mit einem weißen Band: das Bruststük

Tab.36. stük ist rostfärbig, und die zwei am Ende desselben ausstehende scharfe Ekken sind weiß. Der Hinterleib ist schwarz, hat aber vier weiße Ringe. Die vordern Flügel sind weiß und haben in der Mitte und an der Spizze ein braunes Band. Die untern Flügel aber sind ganz weiß.

Fabric. beschreibet ihn one weiße Fülhörnerringe, und sezzet ihn daher unter eine andere Abteilung.

Aus Amerika.

Der Reisende. Ichn. peregrinator.

Linn. S. N. 25.
Fabr. S. E. 38.
Geoff. Insf. 2. 243. 50.

Länge 1 und eine halbe Linie.

Ein kleiner schwarz und roter Ichneumon, der einen rostfärbigen Hinterleib hat, dessen zwei leztere Ringe schwarz sind, aber der After weiß. Die Füße sind ein wenig keulförmig. —

Fabric. beschreibet den seinigen one weiße Afterspizze und one keulförmige Füße.

D. Mit einem gefärbten Brustschild und gelben einfärbigen Fülhörnern.

fg.6.

Das Perlenaug. Ichn. perlatus.

Länge 1 Zoll und 2 Linien.
Mit dem Stachel 2 Zoll 10 Linien.

Ein braun und gelber buntschekkiger Ichneumon mit sehr langem Stachel. — Der Kopf ist gelb, nebst den Fülhörnern, die Augen braun. Das Bruststük ist schekkig, gelb und braun mit einem runden gelben Schildchen. Der Hinterleib hat einen gelben Leibhals, die Ringe sind braun, und hat ieder eine zarte Einfassung, und auf ieder Seite einen gelben länglichen Flekken. Schon an dem vierten Ring gehet der lange rötlichbraune Stachel mit einem Absaz aus. Die Füße sind durchaus rostfärbig. Die Flügel hell und rötlich mit einem rostfärbigen Randflekken.

fg 7.

Der Gaukler. Ichn. histrio.

Länge 1 Zoll 2 Linien.

Ein rot und gelbgeschekter Ichneumon mit langen gelbroten Fülhörnern und gelbem Schildchen. — Der Kopf und das Maul sind gelb: die Augen schwarzbraun. Das Bruststük schwarz: aber vom Hals an ziehen auf ieder Seite zwei braungelbe Linien gegen die Flügel und Füße: das Schildchen ist gelb, und dahinter eine zarte gelbe Querlinie: unter den Flügeln ist ein gelber Punkt, und

den

den Schluß des Bruſtſtüks machen zwei rotgelbe erhabene Flekken. Der Hinter=
leib iſt glänzend braunroth, lang, und ieder Ring fängt mit einer ſchwarzen
Einfaſſung an und endiget ſich mit einer verkehrten gelben Spizze in der Mitte.
Die Füße ſind roſtfärbig, mit etwas ſtarken Afterſchenkeln, die Klauen der
Hinterfüße ſind ſchwarz. Die Flügel ſind metallglänzend mit einem braun=
roten Randflek.

Der Stolze. Ichn. superbus.
Tab.37.
fig.1.

Länge 10 Linien.

Ein rotgelber Ichneumon mit ſchwarzbraunem Bruſtſtük.

Der Kopf iſt gelb und auf der Stirne bräunlichroth. Oberlippe, Fül=
ſpizzen und Freßzangen ſind gelb, und leztere haben eine ſchwärze Spizze.
Die Fülhörner ſind fadenförmig, braunroth und ihr kurzes Grundgelenk iſt unten
gegen den Kopf zu gelb. Der kleinen Glieder ſind gegen 40. Der Bruſtſchild
iſt dunkelrotbraun, und hat in der Mitte einen gelben erhabenen Flekken; von
den Flügeln aus laufen zwei ſchräge rotgelbe Linien gegen den Hals, und von
da zwei ſenkrechte gegen den gelben Flek, der in der Mitte befindlich iſt. Das
hintere Teil des Bruſtſtüks iſt braunroth. Der Hinterleib hat einen linienlan=
gen keulförmigen Leibhals und ſechs Ringe, welche alle rötlichgelb ſind, und
in der Mitte eine dunkelrote Schattirung haben. Die Füße ſind durchaus rot=
gelb, und die Flügel gelblich mit einem gelben Randflekken, und einem violet=
ten zarten Schatten an dem Saum und Spizze derſelben.

Der Zauberer. Ichn. Cunctator.
Scop. E. C. 752.

Ein harigter ſchwarzer Ichneumon mit einem weißen Punkt auf dem Schild=
lein. Seine rote Fülhörner haben nicht über 30 Glieder. Der Hinterleib hat
einen kurzen Leibhals. Das äußerſte Glied der Fülſpizzen iſt roth. Der Sta=
chel iſt kurz und ſeine Klappen behaart.

Aus Ungarn.

Der Schwarzafter (mit roten Fülhörnern). Ichn. ramidulus.
fig.2.

Linn. S. N. 56.

Länge 9 Linien.

Ein ſchwarz und gelber Ichneumon mit ſichelförmigem Hinterleib. — Kopf
und Bruſtſtük iſt ſchwarz, die Augen mit einem ſchmalen gelben Saum einge=
faßt. Unter den Fülhörnern lauft eine gelbe Linie gerade auf die kleine gelbe
Oberlippe. Die Freßzangen ſind an der Wurzel ſchwarz und an der Spizze
gelb. Die zwei Paar Fülſpizzen ſind auch gelb. Die rotgelbe Fülhörner ſind
fadenförmig mit einem ſchwarzen kurzen Grundgelenk und darauf 50 Glieder.
Der Bruſtſchild iſt erhaben und hat in der Mitte zwiſchen den hintern Flügeln
ein gelbes Schildchen, und neben auf ieder Seite unter den Flügeln einen gelben
Punkt. Der Hinterleib iſt ſichelförmig und hat die vier erſten Ringe rotgelb, und
die

Tab.37. die leztern zwei schwarz. Der Legstachel mit seiner zweiteiligen Scheide ist ganz kurz hervorstehend. Die Füße sind gelb, die Hüftbeine aber glänzend schwarz, und an den Hinterfüßen ist das Knie und das mit einem Dorn bewafnete Gelenk des Schienbeins schwarz. Die Flügel sind gelblich und haben einen gelben Randflekken.

fig.3.

Der Fuchs.   Ichn. Vulpes.

Länge 5 Linien.

Ein kleiner rotgelber Ichneumon mit einem zwo Linien langen Legstachel, und gelbem Schildchen.

Alle Glieder des Leibes sind an diesem Ichneumon rothgelb, nur die Augen braun und der dreiteilige Stachel schwarz. Die Fülhörner sind fadenförmig von etlich und 20 Gliedern. Die Flügel sind gelblich und haben einen kleinen gelben Randflekken.

fig.4.

Der Verstümmelte.   Ichn. mutillatus.

Länge 4 und eine halbe Linie.

Ein kleiner schwarz und gelber Ichneumon mit abgestuztem gebogenem Hinterleib.

Das Ober= und Hinterteil des Kopfs und die Augen sind schwarz, neben denselben aber gegen hinten ist eine gelbe Einfassung, und vorne am Kopf ist die ganze Fläche gelb bis an die Augen und Fülhörner, und unter den hellen Ocellen gehen zwei gelbe Linien wie ein V zwischen die Fülhörner. Diese sind fadenförmig, unten rotgelb und oben schwarz. Außer dem also gezeichneten kurzen dikken Grundgelenk haben sie gegen 45 zarte Glieder. Auf d e gelben Oberlippen ziehet ein schwarzer Strich zwischen den Fülhörnern her, und unten beim Maul ist auf derselben auf ieder Seite ein tiefer schwarzer Punkt. Die Freßzangen sind gelb und haben schwarze Zäne. Die Freßspizzen sind rötlich. Der Brustschild ist hökkerig schwarz, und hat oben zwei gelbe Flekken, und so klein sie sind, so sind sie doch vollkommen herzförmig. Hinter den Flügeln in der Mitte ist ein starker gelber Flek, als das Schildchen, und hinter demselben drei dergleichen zarte Punkte. Der Hinterleib ist etwas sichelförmig und am After abgestuzt. Er bestehet aus acht schwarzen Ringen, die sämmtlich eine zitronengelbe Einfassung haben, von welchen aber die drei lezten ganz ineinandergeschoben sind. Der ganze Leib aber scheint wie ein Plätchen zusammengedrukt zu sein. Die Füße sind hochgelb mit glänzend schwarzen Flekken. Die Schenkel der vördern Füße haben oben in der Mitte einen schwarzen Strich, der mitlern und hintern Füße aber sind sie an beden Enden gelb und in der Mitte um und um schwarz. Die Hüftbeine der hintern Füße sind ganz schwarz, der mitlern und vördern aber halb schwarz und halb gelb. Die Flügel sind zart und hell.

E. One gefärbtes Brustschild und gelben einfärbigen Fülhörnern.

Der amerikanische Gelbschnabel. Ichn. luteus americanus.

fig.5.

Drury Tom. I. tab. 43. f. 5.

Länge 1 Zoll 3 Linien.

Ein großer durchaus rotgelber oder pomeranzenfärbiger Ichneumon. Seine Augen

Augen sind schwarz, groß und etwas länglich, und die Ocellen glänzend bräun= **Tab. 37.**
lich. Die Fühhörner sind sehr lang und rotgelb. Der sichelförmige Hinterleib hat
sechs Glieder, wovon das erste an der Wurzel ganz dünne oder spiz ist, aber
immer größer werden, so daß das lezte und Afterstük das dikste ist, und wie mit
einem Messer abgeschnitten. Die Füße haben auch bemeldte Farbe, und die
Flügel sind gelblich, glänzend und hell durchsichtig.

Ist in Neuyork zu Haus.

Der Gelbschnabel. Ichn. luteus. (germanus)   fig. 6.
        Linn. S. N. 55. & Fn. Sv. 1628.
        Fabr. S. E. 75.
        Geoff. Inf. 2. 330.
        Rajus Inf. 253. 6.

Länge 8 Linien.

Ein ganz rötlichgelber Ichneumon mit Fühhörnern von 50 Gliedern, grü=
nen Augen und besonders schönen erhabenen Ocellen, welche auch viele Jahre nach
dem Tode des Insekts, wie Demant glänzen. Der Hinterleib ist sichelförmig.
Die Schienbeine haben sämmtlich zwei Dorne. Die Flügel spielen Regenbogen=
farben und haben einen gelben Randflekken. —

Das **Männchen** unterscheidet sich in nichts, als daß es keinen Legestachel
hat. — Es kommt im Grund und Art mit dem vorhergehenden ameri=
kanischen überein, und zeigt sich hier der Unterschied der Ausländer ge=
gen die unsrigen Insekten oft nur in der Größe.

Der Grünflügel. Ichn. glaucopterus.
        Linn. S. N. 57. & Fn. Sv. 1630.
        Fabr. S. E. 79.
        Schaef. Icon. tab. 82. f. 3.

Ein schwarzer Ichneumon mit gelber Brust, sichelförmigem Hinterleib,
und schwarzen After.

Die Schwarzspizze. Ichn. bicolorus.
        Linn. S. N. 58.

Ein schwarz und roter Ichneumon. — Der Kopf ist rostfärbig und die Au=
gen schwarz: das Bruststük oben rostfärbig und miten schwarz. Der Hinterleib,
der einen langen Leibhals hat, ist gerade und fast zilindrisch, rostfärbig, die
drei lezten Ringe aber schwarz. Die Füße sind auch rostfärbig, aber die beiden
Hinterschenkel schwarz. Die Flügel sind hell, aber die Spizzen schwarz.

Aus Afrika.

                                     Der

Tab. 37.

Der Sichelbogen. Ichn. circumflexus.

Linn. S. N. 59. & Fn. Sv. 1631.

Fabr. S. E. 80.

Ein schwarzer Ichneumon mit sichelförmigem Hinterleib, der vorneher gelb ist. Uebrigens ist die Farbe schwarz, und auch die Hinterfüße schwarz gegliedert.

Wont in Schweden.

Der Schwarzgürtel. Ichn. cinctus.

Linn. S. N. 60. & Fn. Sv. 1632.

Fabr. S. E. 83.

Geoff. Inf. 2 359. 85.

Ein schwarzer Ichneumon mit rostfärbigen Füßen und Fühlhörnern, und weißen Flügeln, die zwei schwarze Binden haben.

Die Wespenameise. Ichn. formicatus.

Linn. S. N. 61.

Fabr. S. E. 81.

Ein schwarzer Ichneumon, der die Gestalt einer kleinen Ameise hat. — Seine Fühlhörner sind rostfärbig und kurz. Der Hinterleib ist keulförmig und hat einen etwas langen rostfärbigen Legstachel. Die Füße sind rostfärbig, die hintern Schenkel aber schwarz. Die Flügel haben einen schwarzen Randflekken.

Aus Schweden.

Der Gelbe. Ichn. flavus.

Fabr. S. E. 76.

Dieser kommt seiner Gestalt nach mit fig. 6. überein. Der Kopf ist rotgelb mit einem schwarzen Punkt auf dem Wirbel : die Fühlhörner sind blaßgelb, wie auch der Leib, dessen zwei leztere Ringe braunschwärzlich sind. Die Flügel grünlich mit einem kleinen gelben Randpunkt.

Wont in Amerika.

Der Rothgelbe. Ichn. fulvus.

Fabr. S. E. 77.

Drury.

Seine Größe ist mittelmäßig, und seine Farbe ganz gelb. Der Hinterleib stößt am Bruststük an. Die Flügel sind schwarz mit einem kleinen gelben Randpunkt.

Ebenfalls in Amerika zu Haus.

Der Bekleidete. Ichn. amictus.

Fabr. S. E. 78.

Ein großer schwarzer Ichneumon mit schwarzem Kopf, gelbem Flek auf der Stirne, gelben Fühlhörnern, schwarzem Brustschild: krummem rostfärbigem Hinterleib: rostfärbigen Füßen, mit weißlicher Spizze, und dunklen Flügeln.

Hält sich in England auf.

Der Verstümmler. Ich. mutillarius.

Fabr. S. E. 82.

Ein ganz gelblicher Ichneumon, dessen Brustschild nur etwas dunkler ist. Der Hinterleib hat einen Leibhals, und seine mitleren Ringe sind schwarz. Der Stachel ist so lang als der Leib.

F. One gefärbtes Brustschild, und schwarzen einfärbigen Fühlhörnern.

Die Langschwanz. Ichn. manifestator.

Tab. 38. fig. 1.

Linn. S. N. 32. & Fn. Sv. 1608.

Fabr. S. E. 51.

Scop. E. Carn. 751.

Geoffr. Inf. 2. 323. 5.

Raj. Inf. 256. 19.

de Geer Inf. 1. t. 36. f. 9.

Länge 1 Zoll 2 Linien.
Mit dem Stachel 2 und 1 halben Zoll.

Ein schwarzer Ichneumon mit einem langen Stachel. Kopf, Bruststük und Hinterleib ist ganz schwarz, wie auch die fadenförmige acht Linien lange Fühlspizzen; die Freßspizzen aber sind rötlich. Der lange Hinterleib hat acht Ringe. Vom sechsten gehet der lange Stachel aus, mit seiner zweiteiligen Scheide. Der Stachel selbst ist vorne an der Spizze dikker und mit feilenänlichen scharfen Einschnitten versehen. Die Füße sind durchaus roth, und die Flügel gelblich mit einem gelben Randflekken.

Wont in sandigen Gegenden. — Er bohrt in die zusammengewikkelte Weidenblätter ein Loch, und kundschaftet die zwischen denselben verborgene Raupenlarven aus.

Der Landstreicher. Ichn. proficiscator.

Fabr. S. E. 43.

Ein gelber Ichneumon mit schwarzen vorausgestrekten Fühlhörnern, schwarzem Kopf, rotgelben großen Augen, gelblichem Brustschild und Hinterleib: kurzem

Tab.38. zem ſchwarzem Stachel, rotgelben Füßen, an welchen die Fußblätter der hintern Beine braunſchwarz ſind: gelbe Flügel, mit einer bräunlichen Spizze, und über- das mit braunſchwarzen Binden in der Mitte der vordern Flügel.

Aus Neuholland.

Der Wirth. Ichn. hoſpitator.
Fabr. S. E. 44.

Auch ein gelber Ichneumon von der Geſtalt des vorhergehenden, aber noch einmal ſo klein, mit zwei ſchwarzen Ringen am Ende des Hinterleibes, gelben Vorderflügeln, die braunſchwarze Binden und eine ſchwärzliche Spizze haben.

Von da.

Der Vertheidiger. Ichn. defenſor.
Fabr. S. E. 45.

Von der Geſtalt des vorhergehenden. — Kopf und Bruſtſtük ſind ganz roſt- färbig: der Hinterleib blaßfärbig und der After ſchwarz: die vordern Füße roſt- färbig und die hintern ſchwarz: die Flügel dunkel, und die vordern mit einem ſchwarzen Randflek. — Bisweilen finden ſich mit ganz ſchwarzen Füßen.

Aus Neuholland.

Der Fänger. Ichn. capitator.
Fabr. S. E. 46.

Ein ſchwarzer Ichneumon mitlerer Größe. — Der Kopf iſt ganz roth, die Fülhörner ſchwarz und das Bruſtſtük: die Ringe des Hinterleibes auch, haben aber weißliche Einfaſſungen. Der Stachel iſt ſchwarz nebſt den Füßen und Flügeln.

Der Wechſler. Ichn. mutator.
Fabr. S. E. 47.

Dieſer iſt größer, hat borſtenformige ſchwarze Fülhörner, ſchwarzen Kopf, ganz rotes Bruſtſtük, ſchwarzen Hinterleib, der unten blaßgelb iſt, einen klei- nen hervorſtehenden Stachel, ſchwarze Füße und bräunliche Flügel.

Bede aus Neuholland.

Der Anreizer. Ichn. Irritator.
Fabr. S. E. 53.

Kopf und Fülhörner ſind ſchwarz: der Bruſtſchild erhaben, ſchwarz, mit einem gelben Punkt unter den Flügeln: der Hinterleib roſtfärbig, der erſte Ring ganz ſchwarz, und die übrigen auf beiden Seiten mit einem ſchwarzen Punkt, ausgenommen den leztern. Der Stachel iſt ſchwarz, und ſo lang als der Körper:

per: die Füße roſtfärbig, die hintern Schenkel ſchwarz und die vördern Schien=Tab.38.
beine gelb: die Flügel grünlich mit einem ſchwarzen Randflek.

Wont in Amerika.

Der Verlängerer. Ichn. elongator.
Fabr. S. E. 55.

Ein ſchwarzer Ichneumon von mittelmäßiger Größe, mit einem langen zi=
lindriſchen ſchwarzen Hinterleib: deſſen zweiter, dritter und vierter Ring roth
iſt: die Füße ſind auch roth und die vier hintern Schenkel ſchwarz.

Iſt in England zu Haus.

Der Beflekker. Ichn. maculator.
Fabr. S. E. 59.

Dieſer iſt ſchwarz, der Hinterleib zilindriſch und ſtößt nahe an das Bruſtſtük:
ſeine Ringe haben einen weißlichen Rand, und die Seiten des Hinterleibes ſind
roth: der Stachel ſchwarz: die Füße roth und die hintern Schienbeine weiß ge=
flekt: die Flügel grünlich mit einem ſchwarzen Randflek.

Wont in Deutſchland.

Der Scharfſichtige. Ichn. oculator.
Fabr. S. E. 61.

Ein ganz kleiner ſchwarzer Ichneumon, deſſen Bruſtſchild rau und hinten
ſtumpf iſt, auf beiden Seiten mit einem ſtarken Zahn bewafnet. Das Schild=
lein iſt erhaben, hökkerig und dreiekkig. Der Hinterleib länglich, auf beiden
Seiten mit einem großen gelben runden Punkt bezeichnet: die Füße roth: die
Flügel grünlich mit einem gelben Randflek.

Sein Vaterland iſt England.

Der Meſſer. Ichn. menſurator.
Fabr. S. E. 65.

Ein ſchwarzer mittelmäßig großer Ichneumon, deſſen zweiter und dritter
Ring des Hinterleibes roth iſt, und auf iedem dieſer Ringe oben ein ſchwarzes
Dreiek hat. Der Stachel iſt länger als der Körper und ſchwarz. Die Füße
roſtfärbig: die Flügel grünlich, mit einem rotgelben Randflek.

Findet ſich in Sachſen.

Der Schillerer. Ichn. variegator.
Fabr. S. E. 66.

Er iſt ganz ſchwarz, die Fülhörner aber ſind unten gelblich, die Stirne gelb
mit einer ſchwarzen Linie in der Mitte. Der Bruſtſchild iſt ſchwarz und gelb
ſchillernd.

Tab.38. schillernd. Der Hinterleib kurz, keulförmig, mit drei unten und oben gelben Binden: die Füße gelb und die Flügel grünlich.

Aus Schweden.

Der Bogenleib. Ichn. falcator.
Fabr. S. E. 69.

Schwarz von Kopf, Fühörner, Brustftük, das vor den Flügeln einen kleinen gelben Punkt hat: sichelförmigen Hinterleib, der in der Mitte roth ist: rote Füße und schwarze Schenkel.

Wont auch in Schweden.

Der Bethauete. Ichn. irrorator.
Fabr. S. E. 71.
Geoff. Inf. 2. 337. 36.

Dieser Ichneumon hat einen schwarzen Körper, nezartigen, keulförmigen Hinterleib, dessen Spizze mit einem goldgelben Flek glänzet. Die hintern Schienbeine sind am Knie rostfärbig: die Flügel grünlich, die vordern an der Spizze braunschwarz mit einem ganz kleinen weißen Punkt.

Ist in Norden zu Haus.

Der Schreiter. Ichn. pedator.
Fabr. S. E. 44. - 45.

Sein Kopf ist gelb, der Wirbel und die Fühörner schwarz: der Brustschild gelb, vorne mit drei schwarzen Punkten und unter dem Schildlein mit zwei dergleichen besezt. Der Hinterleib ist gelb, und auf beiden Seiten eines ieden Ringes ein schwarzer Punkt, nur den sechsten und lezten ausgenommen. Der Stachel ist schwarz: die Füße gelb, und die Knie der hintern schwarz: die Flügel grünlich.

Der Florflügel. Ichn. crispus.

Fig.2.

Länge 9 Linien.

Ein ganz schwarzer Ichneumon mit roten Füßen, einem langen Stachel, der mit einem Absaz unter der Mitte des Leibes ausgehet, schwärzlichten Flügeln mit einem Randflek und brauner Rippe.

Der Keßler. Ichn. faber.

Fig.3.

Länge 7 Linien.

Ein schwarzer Ichneumon mit roten Füßen, welche glänzend schwarze Afterschenkel haben, und die hintern Füße dik, fuglich und glänzend sind, auch die Fußblätter sind schwärzlich. Der Hinterleib hat acht Ringe und einen kurzen
Stachel.

Stachel. Die Flügel sind etwas bräunlich und haben einen schwarzen Randflek, Tab. 38. und schwarze Rippen.

Der Schweber. Ichn. fluctuans. fig. 4.

Länge 6 Linien.

Ein schwarzer Ichneumon mit langem Stachel, der unter der Mitte des Leibes mit einem Absaz ausgehet, roten Füßen und schillernden Flügeln mit einem schwarzen Randflekken.

Der Köhler. Ichn. carbonarius. fig. 5.

Länge 4 Linien.
Mit dem Stachel 10 Linien.

Ein kleiner schwarzer Ichneumon, mit langem Legstachel, gelben langen Füßen, und schillernden Flügeln.

Der Rotrok. Ichn. coccineus. fig. 6.

Länge 3 Linien.

Ein kleiner schwarz und roter Ichneumon mit einem Stachel, der so lang ist als der Leib. — Kopf und Bruststük ist schwärzlich roth. Der Leibhals schwarz, die übrigen Ringe roth, und der After schwarz und abgestuzt, indem der Stachel am dritten Ring mit einem Absaz ausgehet. Die Füße sind ebenfalls roth, und die Flügel haben einen subtilen Randflekken.

Der Zweifelhafte. Ichn. truncatus.

Scop Ent. Carn. 768. Sphex truncata.

Ein rostfärbiger Ichneumon, den zwar Scopoli unter die Spheren zälet, der sich aber in den Puppen der Nachtschmetterlinge, absonderlich des Ringelfußes und des Wollafters fortpflanzet und sein Ei in dieselbe sticht. — Er hat einen sichelförmigen zusammengepreßten Leib, der wie der vorhergehende an dem After abgestumpft und schwarz ist, mit einem kurzen Stachel: die Augen sind braun und die Ocellen schwarz.

Der Negerschwarze. Ichn. nigerrimus.

Scop. Ent. Carn. 784. Sph. nigerrima.

Diesen kleinen ganz schwarzen Ichneumon rechnet Scopoli ebenfalls unter die Spheren, ob er ihn schon aus einer Puppenhülse erhalten. Er hat lange Fühörner; Freßzangen mit drei Zänen: einen kurzen Leibhals, einen kleinen Hinterleib von etlichen Linien lang. Die mitlern und hintern Schenkel haben an der Wurzel einigen Silberglanz. Die Flügel haben braunschwarze Spizzen.

Tab. 38.

Der Einschwärzer. Ichn. denigrator.

Linn. S. N. 28. & Fn. Sv. 1604.

Fabr. S. E. 48.

Geoff. Inf. 2. 352. 69.

Schaeff. Icon. tab. 20. fig. 4. 5.

Ein schwarz und roter Ichneumon, mit einem ziegelfärbigen Hinterleib, der etwas weniges vom Bruststük abgesondert ist, und schwarzen Flügeln, die einen hellen halbmondförmigen Flekken haben.

Der Vergulder. Ichn. rutilator.

Linn. S. N. 30. & Fn. Sv. 1607.

Fabr. S. E. 50.

Das Bruststük ist schwarz, die Grundgelenke der Fülhörner, der Hinterleib und die vördern und mitlern Füße sind roftfärbig.

Der Schimmerer. Ichn. coruscator.

Linn. S. N. 31. & Fn. Sv. 1606.

Fabr. S. E. 49.

Ein ganz schwarzer Ichneumon, dessen Flügel braun sind.

Wont in Europa.

Der Aufwiegler. Ichn. Excitator.

Scop. E. C. 748.

Ein schwarzer Ichneumon mit harigtem Kopf und Brustschild, welcher an der Wurzel einen roten Punkt hat. Der Hinterleib hat oben vier weißliche Quer= linien, und unten eine hohle Schuppe oder Schale, wie eine Pflugschar gestaltet. Der Stachel ist kürzer als der Leib: die Füße roth, die vördern und mitlern aber an der Wurzel schwarz: die Freßspizzen roth und die Flügelrippen braunschwärzlich, mit einem roten Randflek.

Aus Ungarn.

Der Bohrer. Ichn. Terebrator.

Scop. E. C. 749.

Ein schwarzer Ichneumon mit rotgelben Füßen, deren hintere Schenkel dik und lang sind, und an schwarzen Afterschenkeln stehen. Der Stachel gehet un= terhalb dem Hinterleib aus, und hat einen Absaz oder Hökker. Die Spizzen der Flügel sind schwärzlich.

Der Schlicher. Ichn. Visitator.
Scop. E. Carn. 750.

Ein schwarzer Ichneumon mit schwarzem Schildlein, dessen Hinterleibes Spizze eine Art von Zahn hat. Der Stachel ist so lang, als der Leib, und die Füße gelb.

— Dieser Ichneumon lauft beständig auf den Blättern der Bäume und Pflanzen herum.

Der Spion. Ichn. Speculator.
Scop. E. C. 753.

Ein ganz roter und glänzender Ichneumon, mit einem kurzen Stachel. Seine hinteren Schenkel sind keulförmig, länger und dikker als die übrigen, und seine Flügel rostfärbig.

Der Forscher. Ichn. Inquisitor.
Scop. E. C. 754.

Ein ganz schwarzer Ichneumon mit gelbroten Füßen, deren hintere Schienbeine gelb sind und schwarz geringelt, und einem Hinterleib, der nahe am Bruststük sizzet. Die Flügel sind grünlich und haben die vördern einen rostfärbigen Randflek.

Der Gabelschwanztödter. Ichn. Vinulae.
Scop. E. C. 755.

Ein ganz roter Ichneumon mit sichelförmigem Hinterleib und kurzem Stachel.

— Er pflanzt sich vorzüglich in der Phaläne fort, welche der Gabelschwanz heißt. Scopoli meldet das Besondere von seiner Larve, daß sie frühzeitig die Weidenrinde benagt, und sich aus den abgenagten Spänen vermittelst ihres eigenen zähen Safts, ein längliches gelbes Gehäus bereitet. Wenn man solches nach etlichen Wochen öfnet, so findet man darin fünf bis sieben längliche Zellen, in welchen so viel weiße Larven, voll von gelbem Saft, befindlich, da dann im Mai folgenden Jahres rostfärbige Ichneumons mit schwarzen Augen, sichelförmigem Hinterleib mit einem Leibhals, und abgestumpftem After, und grünlichten Flügeln hervorkommen.

Der Ueberwinder. Ichn. Victor.
Scop. E. C. 757.

Ein schwarzer Ichneumon mit langen Fühlhörnern und rotgelben Füßen, und am Hinterleib ist der zweite, dritte und vierte Ring gelb: der Stachel kurz, und nur eine halbe Linie lang: die hintern Schenkel schwärzlich, die Flügel grünlich, mit einem schwarzen Randflek.

Tab.38.

Der Betrüger. Ichn. Impostor.

Scop. E. C. 758.

Ein schwarzer Ichneumon mit gelben Augen, glänzendem harigten Brustschild, rotem eiförmigem Hinterleib, kurzem schwarzem Stachel, schwarzen
Füßen und schwärzlichten Flügeln.

Der Umschweifer. Ichn. Vagator.

Scop. E. C. 759.

Ein schwarzer Ichneumon mit einem eirunden Hinterleib, der oben braunschwarz und unten gelb ist, kurzen Stachel, mit grün und rötlichen Flügeln,
die gegen die Spizze blasser sind.

Der Hanffliegentödter. Ichn. cannabis.

Scop. E. C. 760.

Ein schwarzer Ichneumon, mit gelblichem Schildlein, rötlichen Hinterleib-
wurzel und Füßen, und grünlichten Flügeln mit einem Randflek.

— Pflanzt sich in der Puppe der Musca cannabis fort.

Der Mükkenmörder. Ichn. Tipulae.

Scop. E. C. 761.

Auch schwarz mit einem eirunden, glänzenden, nahe am Bruststük stehenden Hinterleib: rotem After und gelblichen Füßen.

— Er legt seine Eier in die Larve der *tipula boleti*.

Die Pfauenfeind. Ichn. Pavoniae.

Scop. E. C. 762.

Ein schwarzer Ichneumon, dessen Fühhörner an der Wurzel, und die Füße
rosfarbig sind.

— Er macht sich in der Puppe unter andern der Phaläne, der kleine
Pfau genannt, ein dünnes länglichtes, braunrotes Bälglein.

Tab.39.
fig.I.

Der Stecher. Ichn. compunctator.

Linn. S. N. 33. & Fn. Sv. 1609.

Fabr. S. E. 52.

Geoff. Ins. 2. 324. 6.

Länge 10 und eine halbe Linie.

Ein schwarzer Ichneumon mit langem schmächtigem Hinterleib. — Der
Kopf ist schwarz mit seinen Teilen, nur stehet inwendig an den Augen ein
zarter

zarter gelber Saum, und die Freßspizzen am Maul sind weißlichgelb. Die Tab.39.
Fülhörner äußerst zart fadenförmig schwarz. Das Bruststük ist schwarz und
der lange Hinterleib, welcher sieben Ringe oder vielmehr Stükke hat, die sehr
dünne und schmal sind. Die Füße sind sämmtlich roth, nebst den dikken Hüft=
beinen, aber die Schienbeine und Fußblätter an den hintern Füßen sind schwarz.
Die Flügel haben einen schwarzen Randflekken.

Das Männchen. —

Diese Art wird meist in den Puppen der Tagschmetterlinge erzeugt. Das
Weibchen hat einen langen Stachel und schwarze bürstenartige Fülspizzen.

Der Zusammengedrukte. Ichn. compressus. fig. 2.

Länge 9 Linien.

Ein schwarz und gelber Ichneumon mit schwarzem After und kurzem Sta=
chel. Der Hinterleib, welcher an einem schwarzen geradstieligten Leibhals
hängt, glatt und ganz platt gedrukt ist, hat die ersten drei Ringe rotgelb. Die
Schenkel haben zur Hälfte gegen das Knie eben diese Farbe, und die Schien=
beine und Fußblätter sind blaßgelb: die Flügel gelblich.

Die Motte. Ichn. tinea. fig. 3.

Länge 3 und eine halbe Linie.

Ein kleiner schwarzer Ichneumon mit spindelförmigen und gelben Flügeln.

Dieser Ichneumon ist durchaus schwarz am Kopf, Leib und Füßen. Die
Fülhörner sind fast so lang, als der Leib, und haben über 40 sehr kleine Glie=
der. Die Flügel sind gelb und der äußere Teil schwarz. Der Hinterleib ist
spindelförmig.

Der Hurtige. Ichn. agilis. fig. 4.

Länge 5 Linien.

Eine kleine schwarze Wespe mit rotem Hinterleib und Leibhals. — Der Kopf
ist schwarz mit glänzend schwarzen hervorspringenden Augen, und die Ocellen
rötlich. Die Fülhörner sind fadenförmig und schwarz. Das Bruststük ist
auch ganz schwarz, nebst dem kleinen Leibhals. Der länglichte Hinterleib be=
stehet aus sechs Ringen, wovon die drei ersten roth, die drei leztern aber schwarz
sind. Die Füße sind schwarz glänzend und die Flügel haben einen schwarzen
Randflekken.

Der Verminderer. Ichn. imminuitor. fig. 5.

Länge 7 Linien.

Ein schwarzer Ichneumon mit gelbem Bauch. — Der Kopf ist schwarz,
hat lange bürstenartige schwarze Fülhörner. Das Bruststük ist ebenfalls
schwarz; der Leibhals ist ganz kurz und dünne. Der Hinterleib ist spindelför=
mig, oben schwarz und unten am Bauch hochgelb. Der Stachel ist nur 1 und
eine

Tab.39. eine halbe Linie lang. Die Füße ſind pomeranzengelb, und die **Flügel** haben einen ſchwarzen Randflek, und ſind gegen die Wurzel hin gelblich.

Das **Männchen** kommt im Bau und Zeichnung ſeines Körpers ganz damit überein. —

Dieſer Ichneumon ſtrebt beſonders den Puppen der ſchädlichen Ringelraupen nach und legt in dieſelben ſeine Eier. Iſt eine ſolche Puppe ſteif, daß ſie ſich nicht bei einem ſanften Druk am Schwanz beweget, ſo befindet ſich beſagter fremde Inwoner darinnen. Wenn

fig. a   man alsdenn eine ſolche Ringelraupenpuppe fig. a öfnet, ſo findet
fig. b   man die Ichneumonspuppe fig. b darin eingeſchloſſen, als welche alles Eingeweide der Schmetterlingslarve verzeret und nichts als die Hülſe übriggelaſſen hat.

fig 6.   Der **Wachſame.**   Ichn. vigilans.

      Das **Weibchen.**

Länge 8 Linien.

Ein änlicher ſchwarzer Ichneumon, der auch einen ſchwarzen Kopf, Bruſtſtük und Leib hat, auf ieder Seite aber einen hellgelben Streifen, gelbrote Füße und Flügel, die von der Wurzel an bis in die Mitte gelbbraun ſind, und einen ſchwarzen Randflekken haben. — Aber

fig.7.   Sein **Männchen**

iſt ganz ſchwarz, und hat einen geſchmeidigern Hinterleib.

Dieſer Ichneumon legt gerne ſein Ei in die Puppe eines Tagſchmetterlings, wenn ſie noch zart und weich iſt.

fig 8.   Der **Abtrünnige.**   Ichn. Deſertor.

     Linn. S. N. 29. & Fn. Sv. 1605.

     Fabr. S. E. 41.

Länge 6 Linien.
Mit dem Stachel 1 und einen halben Zoll.

Ein roter Ichneumon mit ſehr langem Legſtachel. Dieſer ſeltſamgeſtaltete Ichneumon hat einen ganz roten runden Kopf, braune Augen, und Ocellen, welche leztere auf einem ſchwarzen Flek im Dreiek beieinander ſtehen. Die Freßzangen ſind roth und die zwei Paar Fülſpizzen desgleichen. Die Fülhörner ſind rötlichſchwarz, lang, und wie ein feines Haar. Der Bruſtſchild hat vorne drei glänzende ſchwarze Flekken, und iſt übrigens ganz roth. Die Bruſt aber iſt glänzend ſchwarz. Der längliche ſchmale Hinterleib iſt ganz roth und hat ſechs Ringe, unter deren beiden leztern ein Zoll langer Stachel hervorgehet, davon die zwei Teile der Scheide ſchwarz und der Stachel an ſich

roth

roth iſt. Die Füße ſind ſämmtlich roth: die Schenkel der Hinterfüße aber Tab.39.
und deren Hüftbeine ſchwarz. Die Flügel ſind rötlichſchwarz, und haben die
größern in der Mitte zwei weiße Flekken.

Die Ungewiſſe. Ichn. incertus.

fig.9.

Länge 4 Linien.

Ein ſchwarz und roter Ichneumon. — Der Kopf, die langen Fülhörner,
das Bruſtſtük und die Füße ſind ſchwarz: der Hinterleib aber roth. Der Stachel
iſt kurz: die Flügel ſchwarz und haben in der Mitte einen hellen Flekken.

Der Dünnſchwanz. Ichn. pendula.

fig.10.

Länge 2 Linien.

Ein ſchwarz und roter kleiner Ichneumon mit langem Legſtachel. Das
Bruſtſtük iſt vorne weißlich. Der Leibhals iſt lang geradſtielig. Die Füße
ſind ſchwarz und die Flügel grünſchillernd.

Die Eßigweſpe. Ichn. acetimuſcarum.

Länge 1 und eine halbe Linie.

Ein kleiner ſchmaler roſtfärbiger Ichneumon. — Sein Kopf iſt braunglän-
zend, die Augen und Ocellen ſchwarz: die Fülhörner bräunlich, ſehr lang und
haben zum äußerſten Glied ein ſchwarzes glänzendes Knöpfchen. Das Bruſtſtük
iſt bräunlichroſtfärbig. Der lange Leibhals rötlich und der Hinterleib an der
Wurzel roſtfärbig, und das übrige bräunlich. Der Stachel iſt wenig ſichtbar:
Die Füße ſind roſtfärbig und haben keine Klauen. Die Flügel ſpielen ſehr ſchön
Regenbogenfarben, und haben einen ſtarken ſchwarzen Randflekken, der an der
Wurzel hellweiß iſt.

Dieſer Ichneumon legt ſein Ei in die Puppen der kleinen roten
Eßigfliegen, und kommt mit dem früheſten Jahr zum Vorſchein.

Der Spötter. Ichn. deluſor.

Linn. S. N. 34. & Fn. Sv. 1609.

Fabr. S. E. 54.

Sein Bruſtſtük iſt ſchwarz, der Hinterleib roſtfärbig, aber an der Wurzel
und After ſchwarz: die Füße roſtfärbig, und die Knie an den Hinterſchenkeln
ſchwarz.

Der Kizler. Ichn. Titillator.

Linn. S. N. 35. & Fn. Sv. 1611.

Fabr. S. E. 56.

Dieſer gleicht dem vorigen, nur ſind die Hinterfüße ſchwarz und die Fußblätter weiß.

Tab. 39.

Der Jäger.   Ichn. venator.

Linn. S. N. 36. & Fn. Sv. 1612.

Fabr. S. E. 57.

Ein schwarzer Ichneumon, dessen Hinterleib untenher hochroth ist, und die Füße rostfärbig; hat einen verborgenen Stachel. —

Fabr. beschreibet ihn mit etwas sichelförmigem Leib.

Der Rekker.   Ichn. extensor.

Linn. S. N. 37. & Fn. Sv. 1613.

Fabr. S. E. 58.

Geoff. Inf. 2. 359. 86.

Ein schwarzer Ichneumon, so klein als eine Mükke. — Sein Hinterleib ist zilindrisch. Der Stachel ist länger als der Körper. Die Füße roth. —

Geoff. beschreibt ihn mit keulförmigen Schenkeln.

Aus Schonen.

Der Bohrer.   Ichn. punctator.

Linn. S. N. 38.

Ein gelber Ichneumon, in der Größe einer kleinen Wespe, aber etwas schmäler. — Das Bruststük ist obenher schwarz geflekt. Das Schildlein hat zwei schwarze Punkte. Der Hinterleib ist zilindrisch, sizt dichte am Bruststük an, und hat sechs Paar schwarze Punkte, so daß auf iedem von drei Ringen ein Paar stehen. Der Legstachel stehet hervor. Die Füße sind gelb und haben 1 bis 2 schwarze Punkte.

Sein Vaterland ist Indien.

Der Pflüger.   Ichn. exarator.

Linn. S. N. 39.

Ein pechschwarzer kleiner Ichneumon, schmal mit langen Füßen und langem Legstachel: der Hinterleib ist keulförmig wie auch die Schenkel. Die Flügel haben einen weißen und einen schwarzen Flekken.

Die Mottenwespe.   Ichn. turionellae.

Linn. S. N. 40. & Fn. Suec. 1615.

Fabr. S. E. 60.

Ein schwarzer Ichneumon mit langen Fülhörnern, zilindrischem Hinterleib, hervorstehendem Legstachel, rostfärbigen Füßen, deren mitlere und hintere Schien-

Schienbeine braun und weiß geringelt sind, das aber nur an dem Weibchen statt ^{Tab 39?} findet.

Dieser Ichneumon legt seine Eier in die Larven der Anflugmotte.

Die Tannenwespe. Ichn. strobilellae.
Linn. S. N. 41.

Ein schwarzer Ichneumon mit sehr langem Legstachel, gelblichen Füßen, deren hinteren Schienbeine nebst den Fußblättern schwarz sind und dabei weiß geringelt.

Diese Art leget ihre Eier in die Zapfenmotten und Anflugsmotten-raupe.

Der Steurer. Ichn. moderator.
Linn. S. N. 42.

Ein schwarzer Ichneumon mit einem Leibhals, und an den Seiten gedruktem Hinterleib. Seine Füße sind blaß, und der Legstachel etwas kürzer als der Leib.

Er legt auch seine Eier in die Zapfenmottenraupe, und wenn die Larve sich verwandlen will, so bauet sie ein Bläschen in die ausgefressene Hirnschale der Raupe.

Die Harzmottenwespe. Ichn. resinellae.
Linn. S. N. 43. & Fn. Sv. 1618.
Fabr. S. E. 1618.

Ein schwarzer Ichneumon mit sehr langen Fühhörnern, die an der Wurzel gelb sind. Sein Körper ist schmal und lang: der Hinterleib zilindrisch und one Hals, und die Füße gelb.

Sie pflanzet sich in der Harzmottenraupe fort.

Der Austeiler. Ichn. praerogator.
Linn. S. N. 44 & Fn. Sv. 1619.
Fabr. S. E. 63.

Ein schwarzer Ichneumon mit kurzen Fühhörnern, einem länglichen aber abgestumpften Hinterleib und gelben Füßen.

Nistet sich in die Ringelfußraupe.

Der Gebieter. Ichn. mandator.
Linn. S. N. 45.

Ein schwarzer Ichneumon, dessen dritter und vierter Ring am Hinterleibe rostfärbig, iedoch oben auf der Spizze weiß ist.

Tab 10.
Der Bäher. Ichn. fomentator.
Linn. S. N. 46.

Fabr. S. E. 64.

Ein ſchwarzer ſehr kleiner Ichneumon, kaum etwas größer als eine Laus, mit einem keulförmigen krummen Hinterleib, der an der Wurzel ſehr dünn, und deſſen dritter und vierter Ring an der Wurzel gelb iſt. Das Maul iſt wollig, und die Fühlhörner kurz. Die Füße aber ſind ziegelfärbig.

Aus Schweden.

Der Schwächer. Ichn. enervator.
Linn. S. N. 47.

Er iſt auch ſchwarz, die drei erſten Ringe des Hinterleibes ſind roth und oben auf der Spizze weißgeringelt.

Der Schwängerer. Ichn. gravidator.
Linn. S. N. 48. & Fn. Sv. 1632.

Fabr. S. E. 68.

Ein ſchwarzer Ichneumon, deſſen erſter Ring des Hinterleibes, der die Hälfte deſſelben ausmacht, roſtfärbig iſt.

Der Stampfer. Ichn. inculcator.
Linn. S. N. 49. & Fn. Sv. 1623.

Fabr. S. E. 68.

Geoff. Inſ. 2. 357. 80.

Ebenfalls ſchwarz, mit einem ſichelförmigen roſtfärbigen Hinterleib.

— Geoff. beſchreibet ihn noch mit roſtfärbigen Füßen.

Er legt ſeine Eier in eine Bürſtenraupe, die auf den Kaſtanienbäumen wont.

Der Fechter. Ichn. pugillator.
Linn. S. N. 50. & Faun. Suec. 1624.

Fabr. S. E. 70.

Geoff. Inſ. 2. 332. 24.

Rajus Inſ. 255. 17.

De Geer Inſ. 1. tab. 6. f. 12.

Er iſt auch ſchwarz, die Stirn ausgenommen, die gelb iſt, und hat einen ſichelförmigen Hinterleib, deſſen zweiter, dritter und vierter Ring roth ſind, die die Füße aber dünn und roſtfärbig.

Kommt aus der Raupe des Zikzakſchmetterlings.

Die Ichneumons.

Der Spührer. Ichn. ruspator.

Linn. S. N. 51. & Fn. Sv. 1625.

Fabr. S. E. 72.

Geoff. Inf. 2. 326. 12.

Tab. 32.

Das Bruſtſtük deſſelben iſt ſchwarz, der Hinterleib etwas zilindriſch, und der Legſtachel ſo lang als der Körper: die Füße roſtfärbig, die Schenkel keulförmig, wovon die hintern gezänelt ſind.

Der Pfeiltrager. Ichn. iaculator.

Linn. S. N. 52. & Fn. Sv. 1626.

Fabr. S. E. 73.

Geoff. Inf. 2. 328. 16.

Raj. Inf. 253. 5.

De Geer Inf. 1. tab. 39. f. 10.

Ein ſchwarzer Ichneumon, der ſeinen Hinterleib im Flug ſenkrecht über den Flügeln in der Höhe trägt. Der zweite, dritte und vierte Ring ſind roth, die hintern Schienbeine keulförmig.

Er legt ſeine Eier in die Larven der Mauerbienen.

Der Aeffer. Ichn. affectator.

Linn. S. N. 53. & Fn. Sv. 1627.

Fabr. S. E. 74.

Scop. E. C. 756.

Er iſt dem vorigen änlich, aber noch einmal ſo klein; der zweite, dritte und vierte Ring des Hinterleibes iſt nur an den Seiten roth.

Der Akkermann. Ichn. agricolator.

Linn. S. N. 54.

Er iſt ſchwarz, ſo groß wie eine Mükke. Der Kopf iſt rötlich roſtfärbig und die Augen ſchwarz. Der Hinterleib ſchließet dichte am Bruſtſtük an, und der Stachel iſt ſo lang als der Leib. Die Füße ſind glänzend ſchwarz, und die Vörderſchenkel keulförmig.

Er ſticht ſeine Eier in den Rokkenwurm.

G. Ungeflügelte Ichneumons. Ichn. Mutillae.

Die Gartenſchlupfmutille Ichn. Mutilla hortenſis.

Länge 2 und eine halbe Linie.

Der Kopf iſt ganz ſchwarz. Die Fülhörner ſind bis in die Mitte roth

und

Tab. 39. und die Hälfte obenhinaus schwarz; sie sind wie gewönlich lang, und haben ein dikkes kurzes Grundgelenk. Die Fülspizzen sind schwarz. Der Brustschild ist rostfärbig, unten die Brust aber schwarz. Der keulförmige Leibhals ist roth, nur an der Wurzel etwas weniges schwarz. Die zwei ersten Ringe des Hinterleibes sind roth, nur der zweite davon hat eine schwarze Einfassung; die vier lezteren Ringe sind ganz schwarz. Der schwarze Legstachel ist eine halbe Linie lang. Die Füße sind sämmtlich roth, die Gelenke an den Hinterfüßen sind schwarz, so wie auch das Klauenstük an allen Füßen. Von Flügeln ist gar keine Spur. Die Fülhörner und der Hinterleib sind in einer beständigen Bewegung.

Ihre Oekonomie ist noch unbekannt, und was für Insekten sie ihre Eier anvertrauet, oder worinn sie sich fortpflanzet.

Der Milbenfresser. Ichn. Mut. acarorum.

Linn. S. N. 9. Mutilla acarorum.

Fabr. S. E. 99. Ichn. acar.

Ein glatter ungeflügelter roter Ichneumon mit einem schwarzen Kopf, und dessen zwei ersten Ringe des Hinterleibes roth, die übrigen aber schwarz, und die Füße rostfärbig sind. —

Ist in Norden zu Haus.

Der Ameisenbohrer. Ichn. Mut. formicarius.

Linn. S. N. 10. Mutilla formicaria.

Fabr. S. E. 101. Ich. form.

Dieser ungeflügelte Ichneumon ist noch einmal so groß, als der vorige, auch glatt und rötlich, der Kopf und Hinterleib aber schwarz, und etwas rauchharig. —

Fabric. beschreibt ihn mit rotem Kopf und Hinterleib.

Der Hurtige. Ichn. Mut. agilis.

Fabr. S. E. 97.

Ein kleiner schwarzer Ichneumon, dessen Ringe des Hinterleibes unten blaßroth, und die Füße roth sind.

In Schweden.

Der Laufende. Ichn. Mut. cursitans.

Fabr. S. E. 98.

Ein schwarzer Ichneumon mit gelben Fülhörnern, deren Spizzen schwarz sind. Kopf und Brustschild ist auch schwarz. Der Hinterleib ist unten rot an der Spizze schwarz und der Legstachel kurz. Die Füße sind rostfärbig.

Der Fußgänger. Ich. Mut. pedeſtris. Tab. 39.
Fabr. S. E. 100.

Dieſer iſt auch ſchwarz, hat aber am Hinterleib den zweiten und dritten Ring roth, und die Füße auch roth.

Sämmtlich aus Schweden.

H. Zinipsichneumons.

Hierunter verſtehen wir die allerkleinſten Gattungen Schlupfwespen oder Ichneumons, deren Geſtalt meiſtens nur durch das Vergrößerungsglas zu erkennen iſt. — Wir benennen ſie füglich mit dieſem Namen, weilen ſie nicht nur meiſt ihre Eier zu den Larven der Zinips legen, und von deren Larven ihre Jungen ſich nären, ſondern auch vielfältig im Bau ihrer Glieder, beſonders an den Fülhörnern, Flügeln ꝛc. nahe an dieſelbigen gränzen. Sie legen zum Teil ihre Eier in die kleinſten Eier der Schmetterlinge, in die Ringelraupeneier, in die Blatläuſe ꝛc. Einige verpuppen ſich in dieſen kleinen Gehäuſen, andere verlaſſen ſie und ſpinnen ſich ſelbſt ein Bläschen außerhalb, ie nachdem iedes ſeine Oekonomie füret. Manche haben becherförmige Fülhörner, beſonders die Weibchen, andere körnerichte, andere ſtachlichte ꝛc. Meiſtens iſt ihre Farbe goldgrün oder ſchwarz, gewönlich aber ſind die Männchen glänzender und ſchöner als die Weibchen. — Auch in der Haushaltung dieſer kleinen Inſekten, die ſo wenig menſchliche Augen ſehen, entdekt man die herrlichſten Spuren der Weisheit des großen Schöpfers, und wie unendlich groß auch im Kleinen derienige ſeie, der die Himmel mit der Spannen faßt: kein menſchlicher Verſtand kann die Naturtriebe dieſer ſo kleinen und gewönlich verachteten Inſekten erklären. Wir müſſen nur die Abſicht, die Vorſicht, die Weisheit und Ordnung bei ihrer Oekonomie bewundern, und den großen Baumeiſter dieſer kleinen belebten Stäubchen anbetend verehren.

Linne nennet dieſe Gattungen Ichneumons mit dratförmigen Fülhörnern, deren Hinterleib eiförmig iſt, und dicht an das Bruſtſtük anſchließt. Da aber in beden Kennzeichen große Verſchiedenheit herrſchet, ſo wollen wir ſie lieber aus obangefürten Gründen Zinipsichneumonen nennen, zumal dieſe Benennung keine Verwirrung verurſacht, ſondern vielmehr zu mehrerer Deutlichkeit dienet. — Geoffroi beſchreibet zwar auch Cynipes Ichneumonum und hält ſie für Nebenbuler der kleinen Ichneumonslarven,

von

von welchen sich iene nären, daß es nemlich Zinips seien, welche ihre Eier zu den Ichneumonslarven legen, und sodann diese von den Zinipslarven aufgezehret würden. Allein diese Entdekkung habe ich nie machen können, sondern immer das Gegenteil gefunden, wie unter andern häufig bei den Bedeguaris in den Schlafäpfeln rc. da auch der Zinips Natur, (denen einmal Linne diesen Namen beigeleget, und derselbe durchgängig angenommen ist,) nicht zu sein scheint, von anderer Fleisch und Blut zu leben, sondern vielmehr vom Saft der Pflanzen. Man findet zwar wol auch kleine Ichneumons, die ihre Eier zu andern ihrer Gattung legen, da denn eins davon das Nest behaupten muß, aber es sind keine eigentliche Zinips.

Tab. 40.
fig. I
& I*

Der Pflanzenlauszwikker.   Cynipsichneumon aphidum.

Linn. S. N. 72. & Fn. Sv. 1643.
Fabr. S. E. 96.
Frisch Ins. XI. no. 19.
Geoff. Ins. 2. 322. 4.

Das Weibchen.

Länge zweidrittel Linie.

Dieses kleine Insekt hat einen schwarzen Kopf, grüne Augen, und die Ocellen stehen in gerader Linie auf der Stirne. Die Fülhörner haben ein rötliches Grundgelenk, und darauf fünf schwarze becherförmige behaarte Glieder, davon obenhinaus immer eines noch einmal größer ist, als das andere. Das Bruststük ist schwarz, mit Haren besezt. Der Hinterleib, der nahe am Bruststük stehet, ist schwärzlich grünglänzend, unbehaart und besteht aus sechs Ringen; der Stachel verborgen. Die Füße sind blaßgelb, die Schienbeine aber, welche einen starken Dorn haben, und die Schenkel sind schwarz. Die Flügel spielen stark Regenbogenfarben, und sind am Rand mit Härchen besezt.

Linne beschreibet sein Exemplar mit gelber Wurzel am Hinterleib, Frisch beschreibet die kolbige Fülhörner mit 20 Gliedern.

Das Männchen.

Dieses ist fast von gleicher Größe und durchaus grüngoldglänzend. Seine Fülhörner sind nur halb so lang als des Gatten. Sein Bruststük und Hinterleib ist unbehaart. Die Fußblätter sind dunkler gelb, als beim Weibchen. Die Schenkel sind goldgrün, und die Schienbeine haben einen schwärzlichten Flekken. Die Klauen sind gering, aber die Ballen stark. Die Flügel sind wie bei dem Weibchen.

Außer dieser Art Schlupfwespen in den Pflanzenläusen ist auch folgende, Tab. 40.
die seltener ist:

Grüner Pflanzenlauszwikker. Cym. Ichneumon Aphidum viridis. fig. 2. & 2*
Frisch Inf. 4. 19.
Größe dreiviertel Linie.

Sein Kopf und Bruststük ist braun mit Grün vermengt, der Hinterleib aber spindelförmig und goldgrün, so wie die übrigen Glieder des Leibes: nur die Augen sind schwarz.

Ihre Oekonomie.

Unter den Blatläusen, welche bekanntlich im Pflanzenreich oft sehr großen Schaden tun, indeme sie den Pflanzen ihren Saft aussaugen, sie krank machen, und sich dabei unglaublich vermeren, findet man im hohen Sommer z. B. auf den Rosenblättern einzelne todte, welche gelb aussehen und auf dem Rükken eine zirkelrunde Oefnung haben. Und aus diesen sind obige Zinipsichneumons bereits ausgeschlüpft. — Man findet aber auch lebendige Blatläuse, welche kenntlich sind, daß sie mit Zinipsichneumonslarven geschwängert, und diese in ihren Eingeweiden wülen. Solche kriechen einsam herum, sind glänzend, dikgespannt und matt, endlich bleiben sie sizzen und werden in wenig Stunden strohgelb und trokken. In solchen befindet sich entweder der Wurm oder die Larve des Zinipsichneumons fig. a* oder fig. a* das seiner Verwandlung nähere Insekt fig. b* welches alsdenn ganz b* pomeranzengelb wird.

Es gehet aber mit der Fortpflanzung dieses Schlupfwespeninsekts also zu: Wenn die Blatlaus sich zum leztenmal gehäutet hat, so bort das Schlupfwespenweibchen mit seinem Legstachel sein Ei in den Leib der Blatlaus. Diese lebt noch einige Tage unter der Gesellschaft fort, bis das Würmchen aus dem Ei in ihrem Leib ausgekrochen. Alsdenn fängt sie allmälig an auszuzehren, weil das Würmchen in seinen Eingeweiden wütet. Wenn nun die Blatlaus den Abgang ihrer Lebenskräfte spüret, dabei sie ihre grüne Farbe verändert und strohgelb wird, so trennt sie sich von der Gesellschaft, such einen bequemen Ort, meist unterhalb des Blats, und bereitet allda durch ihren Tod in ihrer ausgezehrten Haut eine sichere und dabei bequeme Hülle. Damit aber der Wind und Regen solche nicht wegführen und

der

Tab.40.

der neue Inwoner nicht Gefar laufe, umzukommen, so beißt die darin wonende Larve unten am Bauch der Blatlaus durch, und klebet
dieselbe am Blat durch Spinnung einer zähen Seide an, welche sogleich troknet und vom Wasser nicht aufgelöset wird. Zugleich tapezi-
ret auch die Larve, wenn sie ausgefressen und die Säfte der Blatlaus
verzeret hat, inwendig den Leib derselben mit solcher weißen Seide
aus, um sich ein reinliches und bequemes Lager zu bereiten. —
Nach zehn Tagen frißt sich das verwandelte Insekt auf dem Rükken
der Blatlaushülse zwischen den zwei Saftrören mit seinen Freßzangen
durch, und fängt dieses Geschäft seiner Mutter auch an.

Bei diesen sonderbaren Vorgängen in dem Leibe einer einzigen kleinen verächtlichen Blatlaus, mag sich der Verstand des Gelehrtesten er-
schöpfen, um nur einige wenige Fragen gründlich zu erläutern: z. E.
Wer sagt der kleinen Fliege, und woran erkennt sie, daß die Blatlaus
ihre lezte Häutung ausgestanden? - - Denn früher wird keine ange-
stochen, weil sonst ihre Säfte und Eingeweide weder reif genug noch
hinreichend wäre zur Ernärung und Erziehung des Ichneumons.
— Wer sagt dem Ichneumon und woran erkennt er, daß nicht bereits ein anderer sein Eichen in die Blatlaus abgelegt habe, da sich
nicht zwei von ihr ernären könnten? — Wer lehret der kleinen Larve,
ihre Wiege, nemlich das Gerippe der Blatlaus, am Zweig oder Blat
zu bevestigen, anzuleimen und anzuspinnen, daß sie nicht ein Spiel
des Windes werde ꝛc. —

fig.3.
& 3*
Der Zinipsichneumon der Minierräupchen. Cinipsich. foliincolarum.

Größe eine halbe Linie.

Dieser kleine Ichneumon spiegelt unter dem Vergrößerungsglas wie ein
Pfau an seinem ganzen Leibe mit dem schönsten grünen Gold, und ist in seinen
vertieften Punkten wie mit unzälichen glänzenden Smaragden besezt. — Seine
nezförmige Augen sind groß und schwarz, und die im Dreiek stehende Ocellen
hell und glänzend. In dem Gewerb nopf der Fülhörner stehen fünf gleichsam
an einen Faden gereihete harigte Glieder nach Art der Becherchen, die aber fast
in gleicher Dikke sind, wovon das äußerste sich zuspizzet. Das Bruststük rün-
det sich hinten etwas eiförmig zu, und verbindet mit sich durch einen röhrförmi-
gen Leithals einen runden Hinterleib, der aber flach ist und dessen Ringe so
lukker über einander geschoben zu sein scheinen, daß sich ein ieder an den Seiten vom andern etwas abstehend zeiget, und als mit so vielen Zakken besezt
scheinet. Auch ist der Hinterleib mit sehr feinen Härchen besezt. Die Füße
schimmern ebenfalls grüngold, sind sehr harig, und die Schienbeine iedes mit
                                                                    einem

einem Stachel versehen, das lezte Glied aber des Fußblats mit zwei zarten Tab. 40.
Klauen. Die Flügel, welche groß sind und über den Leib gehen, spielen die
schönsten Regenbogenfarben und sind mit den feinsten Härchen besezt, deren
iedes in einem Bläschen stehet.

Seine Oekonomie.

Die Naturgeschichte der Minierräupchen, welche zwischen den zwei
Häutchen eines Blates, (besonders sehr häufig auf den Kirschbaum-
blättern im Junius und Julius) wonen, vom Mark desselben sich nären, sich darin häuten und endlich in einen kleinen Schmetterling oder
Phaläne verwandlen, der unter dem Vergrößerungsglas wegen seiner
Pracht und Schönheit Bewundrung und Erstaunen verursacht,
schließet auch dieses Unerwartete in sich, daß dieser kleine Inwoner
eines Blats, auch mitten in seiner Vestung, zwischen dessen geschlos-
senen Häutchen den schlauen Nachstellungen ienes vorhinbeschriebenen
noch kleinern, aber ebenfalls sehr prächtigen Ichneumons ausgesezt ist,
und sich dieser der Larve des kleinen Schmetterlings auch mitten in seiner Mine zu bemächtigen wisse, sein Eichen in dessen Eingeweide zu
boren. Die Schmetterlingsraupe lebet zwar fort bis zur Verpuppung: Sodann aber ist die Ichneumonslarve aus ihrem Ei gekro-
chen, und so stark, daß sie ienes weiche Masse nach und nach verzehrt,
und also auf Kosten ihres Lebens, wie bei den vorhergehenden gemeldet worden, bis zur Verwandlung sich ernäret.

Der Eierbrüter. Cynipsichn. ovulorum.
Fabr. S. N. 73.

Tab 40.
fig. I.
& 1*

Das Weibchen.
Größe ein drittel Linie.

Dieser außerordentlich kleine Inipsichneumon ist grünlich schwarz. Seine
Fühhörner sind besonders vor andern. Anstatt des Grundgelenks sind vier
keulförmige Glieder, und anstatt der obern Glieder ein rohrpilzen änliches Stük,
das zwar seine Ringe hat, die aber dicht in einander gegliedert und wegen den
häufigen Haren nicht zu zälen sind. Der Hinterleib, der am Bruststük an-
schließet, hat neben an den Seiten zwei sonderbare hervorstehende blasenänliche
Blätter, welche bräunlich aussehen. Der Stachel ist kurz, aber sichtbar. Die
Flügel sind äußerst fein, regenbogenfarbig, und sowol um den Rand als auch
in der ganzen Fläche mit Härchen besäet, davon iedes in seinem Narungs-
bläschen stehet.

Das Männchen.

Tab. 41.
fig. 2*.

Dieses unterscheidet sich sowol in seiner Farbe, welche grün schimmert, als vornemlich in seinen Fülhörnern und an seinem Hinterleib. — Die Fülhörner sind becherförmig. Das Grundgelenk ist ein kleines Keulchen, auf welchem neun behaarte Glieder, wie Becherchen gestaltet, gleichsam wie an einem Faden gereihet, stehen. Der Hinterleib ist schmäler und spindelförmiger als der Leib des Weibchens. Er hat aber auch die braune Blätchen neben an den Seiten desselben.

Linne beschreibet die Art Eierbrüter als ein schwarzes Insekt mit roten Füßen und sehr langen dratförmigen Fülhörnern.

Ihre Naturgeschichte.

Die Harmonie der Natur ist im Kleinen so schön und herrlich als im Großen. Je schädlicher ein Insekt, und je häufiger es sich vermehrt, desto mehrere Feinde sind ihm zugeordnet, um es im Gleichgewicht zum Ganzen zu erhalten. — Dieses kleine Wespchen leget ein Ei sogar in die Eier der Schmetterlinge. Absonderlich ist es den Ringelraupeneiern zugeordnet. Es ist bekannt, wie viel Schaden an Obst und Kraut diese Raupen, welche die Larven von einem Nachtschmetterling (Phalaena castrensis) sind, verursachen, und wie häufig sie sich vermehren. An einem Birnstiel, oder an einem Reißchen

fig. 4.

fig. 4. von einer Strohalmendikke und zwei Messerrükken breit, stehen über 200 Raupeneier, welche von der Mutter aufs vesteste verkittet sind. Gleichwol sticht diese außerordentlich kleine Wespe seine Eier in diese wolbesorgte Eierchen, daß öfters die Hälfte Schlupfwespchen heraus kommen. Das Junge, welches in dem Saft des Raupeneies ausschliefet, findet daran nach Verhältnis seiner Größe hinlänglichen Unterhalt bis zu seiner Verwandlung, zu welcher es zugleich eine anbemessene Wiege an der Hülse des Eies findet. Sind seine Gliedmaßen vollkommen, so beißt es das Dekkelchen durch und anstatt eines Räupchens, fliegt dieses Wespchen heraus.

fig. 3.
&3*

Die Hainbuttenwespe. Cynipsichn. bedeguaris.

Linn. S. N. 36. & Fn. Sv. 1634.
Fabr. S. E. 85.
Geoff. Inf. 2. 296. I.

Das Weibchen.

Länge 1 und eine halbe Linie.

Sein Kopf ist schwarz nebst den Fülhörnern, welche bürstenartig sind von

30 Gliedern. Das Bruſtſtük iſt auch ſchwarz nebſt dem langen Leibhals. **Tab. 41.** Der Hinterleib hat fünf Ringe, wovon die erſten drei ziegelroth, und die zwei leztern ſchwarz ſind. Der Bauch aber iſt gelb, und neben mit ſchwarzen Flekken eingefaßt. Der Legſtachel iſt groß und hervorſtehend. Die Füße ſind rötlich= gelb, die Hinterbeine aber haben ſchwarze Schenkeln. Die Flügel haben einen gelben Gewerbknopf und einen ſtarken Randſlekken.

Das Männchen

Iſt von gleicher Größe und Geſtalt. Nur ſind die Fühörner etwas ſtär= ker: der Hinterleib wie natürlich one Legſtachel und die Flügel haben ſtärkere Regenbogenfarben.

Linné beſchreibet ſie mit grünem Bruſtſtük und einem verguldeten Hin= terkörper. Der Stachel ſo lang als der Körper.

Ihre Oekonomie.

Dieſe Art legt ihre Eier in die Gallen unterſchiedlicher Zinips, ſonderheitlich aber zu den Larven der Roſenbohrer, von welchen ſie ſich nären, und ſie nach und nach aufzehren, wie bei den andern gezeigt worden. Sie ſind leicht zu erziehen, und trift man in allen Schlaf= äpfeln unter ihren Zinips deren an. Die Larven dieſer Ichneumons **fig. a.** fig. a. ſind von den Würmchen der Zinips fig. b. wenn ſie auch **fig. b.** noch nicht angefreſſen ſind, dadurch zu unterſcheiden, daß iene an dem einen Ende, welches das Maul iſt, viel ſpizziger, auch viel lebhafter ſind, als die Würmchen der Zinips, auch etwas weißlicher. Sie ſchlingen ſich um dieſe Würmchen und ſaugen ſie nach und nach aus. Mit ihrer Verwandlung gehet es eben ſo zu, wie bei den Zinips.

Der Wolfsmilchraupenmörder. Cinipsichn. Sphingis Euphorbiae.

Fabr. S. N. 66. Der Puppenmörder. Ichn. puparum.

Fabr. S. E. 88.

Scop. E. C. 765. Ichn. Antiopae.

de Geer Inſ. tab. 30. f. 8.

Ob ſchon die Arten der Ichneumons häufig bei einer Art Raupen oder Puppen bleiben, in denſelben ſich fortupflanzen, ſo erwälen ſie doch auch öf= ters änlichartige Raupen und Puppen zu Gegenſtänden ihrer Einquartirung. Die verſchiedenen Arten der Ichneumons, die ſich in den Puppen der Wolfs= milchraupen öfters finden, ſcheinen ſolches zu beſtätigen.

Tab. 42.
fig. I.
& 1*

1) Goldgrüne.

Das Männchen.

Größe dreiviertel Linie.

Es ist sehr prächtig von Farbe, und ganz glänzend Goldgrün. Der Kopf und das Bruststük ist punktirt, und gleichet mattgearbeitetem Gold: der Hinterleib aber, der sechs Ringe hat, erscheinet glatt und polirt. Die Fülhörner haben auf einem langen Grundgelenk fünf rotgelbe Glieder. Die Augen sind schwarz und die Ocellen gleichen drei Rubinen. Die Füße sind ganz rotgelb: die Flügel regenbogenfarbig.

Das Weibchen.

Dieses ist größer, und etwas dunkler von Farbe, und schwärzlichgrün, auch nicht so glänzend. Die Fülhörner haben ein kurzes gelbes Grundgelenk, und darauf acht Glieder, die schwärzlich sind. Die Füße sind auch dunkel, und nur die Fußblätter gelblich.

Dieser Gattung erzog ich über 100 in einer Puppe. Bei einigen Weibchen war der Eierstok ausgetretten, welches ein Kügelchen von unzälichen Eiern war, und zeigte, daß diese Wespe, wenn sie ihre Eier der Raupe unter die Haut bringt, solches mit einem Stich auf einmal bewerkstelliget. — Wenn sie ihrer Verwandlung nahe sind, so bereiten sie kein Gespinst um sich, sondern verwandlen sich untereinander in der ausgezehrten Puppenhülse, die ihnen ein sicheres Behältnis ist. Ihre Verwandlung erfolgt im Sommer in 14 Tagen; aber in einer Puppe, welche eine Raupe im Herbst verfertiget, und deren Schmetterling im Früiahr ausgekommen wäre, bleiben sie auch den Winter hindurch verpuppet und im Schlaf liegen, und werden erst im Früiahr lebendig und beißen sich hindurch.

fig. 2.
& 2*

2) Blaulichstahlfarbe.

Das Männchen.

Solches hat einen schwarzen Kopf, braunrote Augen, und kolbigte Fülhörner. Das Bruststük und der Hinterleib sind blaulichstahlfarb, und die Füße gelblich.

Das Weibchen.

Ist durchaus schwärzlichter von Farbe, und hat auch keinen sichtbaren Legstachel.

3) Mit schwarzem Bruststük und gelbem Hinterleib.

fig. 3.
& 3*

Der Kopf ist glänzend schwarz, und die Fülhörner sehr lang und borstenartig. Das Bruststük ist ebenfalls glänzend schwarz. Der Hinterleib ist gelb,

an

an der Wurzel aber und am After grau: die Füße gelb, die Flügel regenbo= Tab 42.
genfarbig mit einem dreieckigten Randflekken. — Das Weibchen hat keinen
sichtbaren Legstachel.

Diese Art legen häufig ihre Eier auf die Haut und in die Hare der
Raupen, und vermöge eines zähen Küts bleiben sie hängen. Die
Würmchen, welche bald ausgehen, haben einen spizzen Kopf, wie
eine Nadel, und durchboren sodann die Haut der Raupe, und zehren
alsdann von ihrem Saft. Oefters lebet die Raupe noch so lange,
daß sie ein dünnes Gehäus um sich spinnet. Wenn man nun nach
einigen Tagen das Gespinnst ein wenig zurükschlägt, so siehet man
den leren Raupenbalg und eine Menge kleiner Ichneumonslarven.   fig. 2

Der Zapfenraupenmörder. Cynipsichn. strobinellae.   fig. 4.
Größe 1 und eine halbe Linie.

Dieser kleine Ichneumon ist ganz schwarz, nur die Füße sind rotgelb, und
die Flügel haben einen schwarzen Randflekken, und stehen über sich. Die Fül=
hörner sind borstengleich und meist in die Höhe gerichtet und rüklings gebogen.
Der Legstachel ist nicht sichtbar.

Seine Naturgeschichte.

Er leget seine Eier auf die Haut der Raupen, sonderlich der gros=
sen Zapfenraupen, wenn sie ihr halbes Wachsthum erreichet. Haben
die Ichneumonslarven 14 Tage in der Raupe sich genähret, so krie=
chen sie wieder heraus, machen an einem Reischen des Astes, wo sich
die Raupe befindet, iede ein kleines eiförmiges Gehäus fig. 5. welches fig. 5.
mit einem breiten Band umgeben zu sein scheint, das sehr hart und
schwärzlichbraun ist. Es ist so vest angeheftet, daß es weder von der
Nässe aufgeweicht noch leicht losgemacht werden kann. — Ist sie nun
darin zur Puppe worden, so kommt sie in 3 Wochen verwandelt her=
für, stößt mit ihrem Kopf das Klappdekkelchen des Gehäuses, das
gleichsam ein Scharnier hat, auf, und fliegt davon.

Die Wollenschlupfwespe. Cynipsichn. lanaris.   fig. 6.
& 6*
Ledermüllers mikroscopische Ergözzungen.
Größe 1 und eine halbe Linie.

Ein seltener brauner Ichneumon. — Er hat einen runden Kopf mit großen
goldgrünen Augen, und Ocellen. Die Freßzangen sind spiz und kreuzen sich.
Die Fülhörner sind länger als das Insekt, und haben gegen 50 behaarte Glie=
der

Tab. 42. der, welche bräunlich sind, und ein kurzes Grundgelenk. Der Kopf stehet durch einen sichtbaren Hals vom Bruststük ab. Dieses ist schwarzbraun und hökkerig. An einem kurzen etwas gekrümmten Leibhals hanget der Hinterleib, der aus 10 Ringen bestehet, die gelblichbraun aussehen, und aus dem lezten ein kurzer Legstachel hervorstehet. Die Füße sind hellbräunlich, an sämmtlichen Gliedern mit Dornen besezt, und das äußerste mit zwei zarten Klauen. Die Flügel sind groß, mit starken Adern, und der Pracht der Regenbogenfarben, welche sie spielen, ist nicht zu beschreiben.

fig. 7. & 7*   Sie wurde in der Wolle gefunden, da fig. 7 u. 7* die halbausgewachsene Puppe von der Seite des Rükkens vorstellet. — Ob sich das Insekt von seinem Larvenstand an von der Fettigkeit der Wolle ernäret, oder ob es aus einer Schaflaus ausgekrochen ꝛc. wird nicht gemeldet.

Tab 43. fig. 1. & 1*   Der Mauerbrecher. Cynipsichn. balista.

Länge 3 Linien.

Der ganze Körper dieser Schlupfwespe ist fuchsroth. Nur die Augen sind goldgrün, und auf der Stirne stehen die hellen Ocellen in einem grünen Flek. Die Freßzangen haben braune Zäne, und das Maul zwei Paar Freßspizzen. Die Fülhörner sind lang und sonderbar beschaffen. Sie haben ein ovalrundes Grundgelenk, worauf 15 Glieder oder Ringe stehen, wovon iedes nicht nur kurz behaart ist, sondern auch bei ieder Fuge und Eingliederung sechs, wie Stralen geradaußstehende Dörnchen hat. Das äußerste Glied aber hat solche nicht, sondern in der Mitte, als dem Kern des Fülhorns, ist eine helle Erhöhung, die einem der Ocellen vollkommen änlich siehet. Das Bruststük ist hökkerig und hat verschiedene Einschnitte. Zwischen den Flügeln ist im Rükken eine Vertiefung, wie ein förmlicher Sattel. Der Hinterleib ist gebogen und hat einen keulförmigen Leibhals, woran sechs Ringe befindlich, wovon der lezte der breiteste und abgestuzt ist. An demselben ist ein ganz kurzer brauner Legstachel mit einer seltenen Scheide, die am Ende rundlich und dik, und durchaus sehr behaart ist. Die Füße haben dikke Afterschen el, und die Schienbeine zwei starke lange Dorne. Die Wurzeln der großen Flügel stehen ungewönlich weit von den kleinen ab. Sie sind so lang als die ganze Wespe, und spielen sehr schöne Regenbogenfarben. Am Rande befindet sich ein gelblicher Flekken: die Adern aber sind braun.

Sie strebt besonders den Weidenraupen nach.

fig. 2. & 2*   Der Verstolene. Cynipsichn. callidus.

Länge 3 Linien.

Der Kopf ist zwischen den Fülhörnern nebst der Oberlippe zitronengelb, die Stirne aber, worin die Ocellen stehen, schwarz, wie auch die Augen. Die Freßzangen sind gelb, und die Zäne schwarz: Die Freßspizzen gelb, die Fülhörner

Fühlhörner schwarz fadenförmig, mit einem Grundgelenk, das inwendig gelb, **Tab. 43.** oben schwarz ist, und darauf 26 behaarte Glieder. Das Bruststük ist hökkerig und schwarz. Die Gewerbknöpfe der Flügel zitronengelb. Der Leibhals ist groß, keulförmig von zwei Gelenken und rötbraun. Der Hinterleib ist hochgelb und die leztern Ringe oben braunschwarz. Der Legstachel ist braun, und von einer seltenen Scheide begleitet, die wie eine Sichel gekrümmet und am Ende dik ist, wie ein Sak, und stark behaart. Die Füße sind braunroth, und an den Gelenken schwarz, die Afterschenkeln gelb und die Hüftbeine schwarzbraun. Die Flügel sind etwas klein, haben gelbe Adern, einen Randflekken, und spielen stark Regenbogenfarben.

Die Kegelfliege. Cynipsichn. conicus.

Fabr. S. E. 93. Ichn. con.

Ein kleiner ganz schwarzer Ichneumon mit einem sehr spizzen konischen Hinterleib, keulförmigen rostfarbigen Schenkeln und dunklen Flügeln.

Aus Dännemark.

Der Verborgene. Cynipsichn. occultus.

Länge 2 und eine halbe Linie.

fig. 3. & 3*

Ein schwarzer Zinipsichneumon mit rotgelben Füßen. — Die Fühlhörner sind fadenförmig und etwas körnerig. Das Grundgelenk ist kurz und schwarz, darauf stehen 23 Glieder, wovon die ersten eilf rötlichbraun und die übrigen schwarz sind. Das Bruststük hat verschiedene Einschnitte. Der Hinterleib ist gebogen, hat einen starken keulförmigen Leibhals, der unten gelblich und oben schwarz ist. Der Legstachel ist länger als der Hinterleib. Die zween vördern Füße sind bräunlichgelb, die mitlern und hintern aber sind zur Hälfte schwarz, die Wurzeln aber bräunlichgelb. Die Flügel sind regenbogenfarbig.

Die Zikade. Cynipsichn. cicada.

Länge 2 und eine halbe Linie.

fig. 4. & 4*

Ein schwarzer Zinipsichneumon mit spindelförmigem Hinterleib und roten Füßen. — Die Fühlhörner haben ein langes Grundgelenk, worauf sich vier fast becherförmige Glieder befinden. Kopf, Bruststük, Hinterleib und die Afterschenkel sind schwarz, die übrigen Teile der Füße aber roth. Die Flügel sind groß und reichen über den Leib hinaus. Sie spielen stark Regenbogenfarben.

Der Grünschild. Cynipsichn. clypeatus.

Länge 2 Linien.

fig. 5. & 5*

Ein kleiner schwarz und roter Ichneumon. — Der Kopf ist schwarz und hat um die Augen einen grünen Ring. Die Fühlhörner haben ein kurzes dikkes schwarzes Grundgelenk, und darauf 16 fadenförmige bräunliche Glieder, wovon das lezte das größte, und etwas kolbig ist. Das Maul hat zwei Paar

harigte

Tab.43 hárigte Freßſpizzen. Der Hals iſt verlängert. Das Bruſtſtük iſt ſchwarz, und hat ein vierekkigtes grünes Schildchen, und dahinter eine dergleichen kurze Quer⸗ linie und zwei gelbe Flügelgewerbknöpfe. Der Hinterleib iſt ſpindelförmig, von acht Ringen, davon die drei erſten, deren ieder in der Mitte eine Furche hat, roth ſind, ſo wie auch der vierte zur Hälfte, die andere Hälfte aber, ſo wie auch die übrigen Ringe ſind ſchwarz. Hinten iſt ein ſehr kurzer Legſtachel her⸗ vorſtehend in einer behaarten Scheide. Die zwei erſteren Paar Füße ſind roth, nebſt den Schenkeln der hintern Füße; aber die Schienbeine ſind am Knie ſchwarz, ein Stük darauf ganz weiß, denn ein ſchwarzer Ring und der übrige Teil roth, nebſt den zwei Dornen. Das Fußblat iſt wieder ſchwarz. Die Flügel haben gelbe Adern, am Rand einen Flekken, der gegen die Wurzel zu ſchwarz, dann zitronengelb, und zulezt braun iſt.

fig. 6.
& 6*
Der Gallenmörder mit roten Fülhörnern.
Cynipsichn. rubicornutus.

Länge 2 Linien.

Dieſer kleine Zinipsichneumon iſt ſehr ſchön, und am Kopf, Bruſtſtük und Hinterleib goldglänzend blaugrün. Seine Augen ſind rotbraun und die Fülhörner keulförmig und roth. Der Hals iſt geſtrekt. Die Füße ſind gelb⸗ lich, und die Flügel hell und rötlich. Der Legſtachel iſt ſehr lang und gehet von der Afterſpizze aus.

Das Männchen gleichet ihm völlig, und iſt nur etwas kleiner. —

Dieſer Jchneumon iſt ſonderheitlich den Eichengallenweſpen ſehr gefärlich und legt ſeine Eier zu den Larven in die Gallen, wor⸗ innen ſie ſich auch verpuppen und nach der Verwandlung durchfreſſen.

fig. 7.
& 7*
Der Gallenmörder mit ſchwarzen Fülhörnern.
Cynipsichn. nigricornutus.

Länge 2 Linien.

Dieſer Jchneumon gleichet dem vorhergehenden ſehr. Nur iſt er etwas hochgrüner goldglänzend, hat rote Augen, ſchwarze kolbige Fülhörner, die kür⸗ zer ſind, als die vorigen. Das Gewerb ſeines Legſtachels ſtcht unter dem erſten Ring ſeines Hinterleibes.

Das Männchen unterſcheidet ſich nur dadurch, daß es etwas kleiner iſt und längere Fülhörner hat.

Dieſer Jchneumon pflanzt ſich auch bei den Larven der Eichen⸗ gallenweſpen fort, abſonderlich der Cyn. quercus folii, ſauget die⸗ ſelbigen aus und verzehret ſie wie iener.

Die Fliegenwespe. Cynipsichn. muscarum.   Tab. 43.

    Linn. S. N. 62. & Fn. Sv. 1636.

    Fabr. S. E. 84.

    De Geer Inf. 1. t. 32. f. 19. 20.

              Länge dreiviertel Linie.

Dieser kleine Zinipsichneumon ist gleichfalls niedlich und prächtig gezeichnet, dunkelgrün mit einem Goldglanz, mit schwarzen Fühlhörnern und gelben Springfüßen.

Er leget seine Eier in die Larven derienigen Ichneumons, welche sich in die Pflanzenläuse einquartiren.

Der Gallenstecher. Cynipsichn. gallarum.

    Linn. S. N. 64. & Fn. Sv. 1638.

    Fabr. S. E. 86.

Er ist kupferglänzendbraun, am Hinterleib schwarz und an den Schenkeln weiß.

Er pflanzt sich in den Larven der Eichelgallenwespen fort.

Der Wachholderstecher. Cynipsichn. iuniperi.

    Linn. S. N. 65. & Fn. Sv. 1635.

    Fabr. S. E. 87.

Er ist grün mit Gold, hat schwarze Fühlhörner und einen roten Punkt auf den Flügeln.

Ist der Feind der langfüßigen Fliege, die auf dem Wachholderbaum wonet.

Der Larventödter. Cynipsichn. larvarum.

    Linn. S. N. 67.

Diese Art ist blau mit Gold, am Hinterleib glänzendgrün, und hat blasse Füße.

Sie wonet in den Puppen der Schmetterlinge und Fliegen.

Die Gallenbrut. Cynipsichn. cynipedis.

    Linn. S. N. 68. & Fn. Sv. 1639.

    Fabr. S. E. 89.

Diese Art gleichet der vorigen, und ist grün und verguldet, am Hinterleibe braun,

Tab. 42. braun, und an der Wurzel mit einem blaßen Ring umgeben. Die Füße sind gelb.

Die Larven der Weidengallwespe und der Schmetterlinge sind der Aufenthalt dieser Brut.

Der Schildlausborer. Cynipsichn. coccorum.

Linn. S. N. 69. & Fn. Sv. 1640.

Fabr. S. E. 90.

De Geer Inf. 1. t. 35. f. 17.

Er ist schwarz mit einem Kupferglanz, hat einen blaulichen Hinterleib, mit braunblaulichen Füßen.

Der Kornwurmstecher. Cynipsichn. secalis.

Linn. S. N. 70. & Fn. Sv. 1641.

Fabr. S. E. 91.

Er ist schwarz, hat einen roten Kopf und grüne Augen.

Der Hautschänder. Cynipschn. subcutaneus.

Linn. S. N. 71. & Fn. Sv. 1642.

Fabr. S. E. 92.

De Geer Inf. 1. t. 30. f. 21.

Er ist schwarz, hat harige Flügel mit einem schwarzen mondförmigen Flekken.

Der Wollensak. Cynipsichn. globatus.

Linn. S. N. 74. & Faun. Suec. 1647.

Scop. E. C. 766.

Fabr. S. E. 94.

Geoff. Inf. 2. 320. I.

Rajus Inf. 255. 13.

Frisch Inf. 6. t. 10.

Ein schwarzes Insekt mit rostfärbigen Füßen.

Wont in den Halmen in einem gemeinschaftlichen baumwollenartigen Tönnchen, welches weiß und einigermaßen rund ist.

Der Zotenbalg. Cynipsichn. glomeratus. Tab. 42.

Linn. S. N. 75. & Fn. Sv. 1646.
Scop. E. C. 767.
Fabr. S. E. 95.
Geoff. Inf. 2. 321. 2.
De Geer Inf. 1. T. 16. fig. 6.

Dieser ist ebenfalls schwarz, hat aber gelbe Füße.

Er legt seine Eier in frisch eingesponnene Schmetterlingspuppen, und wenn die Larven ausgefressen haben, spinnet sich iedes in ein gelbes Bläschen ein, um sich zu verwandlen.

Das Federhorn. Cynipsichn. pectinicornis.

Linn. S. N. 77. & Fn. Sv. 1647.
Scop. E. C. 763.

Ein schwarzer Zinipsichneumon, mit ästig gefederten Fülhörnern. —

Scopoli beschreibet ihn nach Kopf und Brustschild grüngülden: den Hinterleib eisenschwarz, die Füße hellgelb. Die Fülhörner des Weibchens mit blaßgrünlichen Grundgelenken, und des Männchens von fünf knotigen Gliedern.

Sein Aufenthalt ist in den Eichenraupen.

Die Milbenwespe. Cynipsichn. atomus.
Linn. S. N. 76.

Dieser kleine Ichneumon mag wol der allerkleinste sein, denn man kann ihn kaum mit bloßen Augen und nur durch die Bewegung sehen. — Er ist braunbunt und blaß.

Der Grashüpfer. Cynipsichn. graminum.
Scop. E. C. 764.

Ein kleiner kupferbrauner Ichneumon mit einem glänzenden spizzen Hinterleib, der nahe am Bruststük sizzet, braunen Augen und weißen Schienbeinen, one sichtbaren Stachel, regenbogenfarbigen Flügeln.

Man siehet öfters an den Grashalmen über der Mitte einen weißlichen Grind, halbzolllang, der um den Halmen herum befindlich ist.

Auf

Tab.43. Auf dessen Grund bauet sich die Puppe dieses kleinen Ichneumons ein zelligtes Gewebe, das länglich und schwammig ist, worin sie sich verwandelt und im Monat Junii hervorkommt.

Der Trauermanteldieb. Ichn. Antiopae.
Scop. E. C. 765.

Ein grüngoldener glänzender Ichneumon, mit rostfärbigen Füßen. — Er hat schwarze Fülhörner und seine Flügel einen braunschwarzen Randflek.

Aus einer Puppe des Schmetterlings, der Trauermantel genannt, kommen öfters über 200 dieser Ichneumons hervor. Sie sind sehr lebhaft, und puzzen immer mit den Füßen ihren Leib und Fülhörner.

Die
Goldwespe.

Chrysis.

IV. Abschnit.

Von den Goldwespen,

auch

Leimenwespen

genannt.

Chrysis, *La Guêpe dorée.* Linn. S. N. 246. Geschlecht.

Naturgeschichte der Goldwespen.

Diese Wespenart ist vorzüglich wegen ihrer besondern Schönheit und Pracht der Farben, den die Natur an diesem kleinen Insekt verschwendet hat, merkwürdig. Bei Abbildung desselben muß die Kunst des geschiktesten Pensels verstummen, und kein Maler ist im Stand, den vortreflichen Goldglanz zu schildern, der auf so mancherlei Art, in vielerlei Farben auf demselben pranget. Ihre Schönheit und Pracht erscheinet unter dem Vergrößerungsglas noch reizender, wie überhaupt bei dergleichen Schönheiten der Natur, da im Gegentheil dasjenige, was die Kunst hervorbringt, unter demselben gar heßlich dargestellet wird. Viele unter den Goldwespen verändern dem Auge ihren Goldglanz in einen ganz andern, wenn man sie vom Kopf gegen den Hinterleib betrachtet. Viele haben nur an dem Kopf und Brustük den Glanz von gediegenem Golde, der Hinterleib aber ist mit einer simplen Farbe bemalet: aber iederzeit ist sodann die Farbe eine der prächtigsten. Die meisten haben an verschiedenen Teilen des Körpers das Ansehen eines mattgearbeiteten Goldes, welches von den vertieften Punkten herrühret, womit ihr Panzer besezzet ist, die aber den Glanz erhöhen, weil sie einander ihren Glanz und Schimmer, wie ein Spiegel dem andern zuwerfen.

Die Goldwespen sind ihrer Lebensart nach eine Art von Spheren und Jchneumons, denn sie legen ihre länglichte Eier zu andern Insekten, von denen sich ihre Larven nären; besonders streben sie den ganz kleinen Biepen,

die

die in den Wurmlöchern der Breter in Leimenwänden und Rizzen der Mauern bauen, sehr nach; und findet man sie auch bisweilen in den Gallen. Man siehet sie daher auch in beständiger Bewegung mit ihren vorausgestrekten Fülhörnern, und alle Löcher auskriechen und visitiren.

Sie haben die Hauptkennzeichen des Wespengeschlechts an ihren drei Ocellen, ein Maul mit Freßzangen one Rüssel mit Freßspizzen: vier Flügel die flach liegen und einen verborgenen Stachel. Nach den besondern Kennzeichen ihrer Art außer dem Goldglanz, haben sie einen Kopf, der gewönlich in der Form wie der Kopf einer Stubenfliege ist: wie sie denn auch meist nicht viel größer, und die größten von acht Linien etwas selten sind. Die Fülhörner stehen nahe an der Oberlippe über dem Maul in einer Vertiefung. Das Grundgelenk an den Fülhörnern ist etwas verlängert, iedoch dik und hat einen Goldglanz, die Glieder darauf aber sind gewönlich schmuzzig schwarz, fadenförmig und meist von zwölf Gliedern. Das Bruststük stehet ganz dichte am Kopf one verlängerten Hals, und hat zwei Quereinschnitte, welche den Brustschild in drei Teile, in den obern, mitlern und untern Teil, einteilen. Vielfältig und meist hat das Bruststük am Ende bei dem Hinterleib zwei scharfe ausstehende Ekken, und ist also, wie sich einige Entomologen ausdrükken, gedörnt. Der Hinterleib, welcher auch dichte am Bruststük stehet, unterscheidet sich in etwas von dem gewönlichen Bau der Bienen und Wespen, welche ihre mit Haut und Nerven verbundene bewegliche Ringe haben, die sie ineinander schieben und ausdenen können: aber die Goldwespen haben eine glänzende gewölbte Schale, welche zwar dennoch zu einiger Bewegung drei Abschnitte oder vielmehr nur Teile hat, wovon der zweite Schalenring iederzeit der größeste ist. Bei vielen ist der dritte Schalenring gezänt mit 2. 3. 4. bis 5 Spizzen. Unter dieser dreiteiligen Schale aber, welche unten am Bauch ganz flach und platt und vielfältig one Goldglanz ist, liegen eigentlich die Teile ihres Hinterleibes, und am lezten Rand der Schale kann sie verschiedene Ringe ihres verborgenen Hinterleibes, womit sie sich wie eine Kugel zusammenrollen können, und solches thun, wenn sie nicht mehr entfliehen können, hervorstrekken, und das geschiehet hauptsächlich, wenn sie den Stachel hervorschießet läßet. Die Härchen, womit die Goldwespen besezzet sind, sind sehr zart und dem bloßen Auge unsichtbar.

Fabricius zälet sie unter seine Synistata, und Scopoli unter Aculeata. — Herr von Linne beschreibt 7 Arten der Goldwespen, allein es gibt deren viele.

Einteilung

der

Arten von Goldwespen.

A. Mit gedörntem Brustschild und ungezaktem Hinterleib.

B. Mit gedörntem Brustschild und gezaktem Hinterleib.

C. Mit ungedörntem Brustschild und gezaktem Hinterleib.

D. Mit ungedörntem Brustschild und ungezaktem Hinterleib.

Beschreibung der Arten.

A. Mit gedörntem Brustschild und ungezaktem Hinterleib.

Der Kaiser. Chrysis Caesar. Tab. 44: fig. I.
Länge 8 Linien.

Eine sehr schöne Goldwespe großer Gattung. — Die Hauptfarbe, worin sie durchaus schillert, ist die grüne, und dann die blaue Farbe. — Der Kopf ist nicht groß, und die Augen sind bräunlich. Die drei im Triangel stehende Ocellen sind hell und gelblich, und stehen in einer Fläche, die grün goldfarb ist. Die Freßzangen sind schwarz. Die Fühlhörner stehen nahe am Maul, und haben 10 Glieder und das Grundgelenk. Der Kopf stehet ganz am Bruststük, welches dik und groß ist, in der Mitte erhaben, und von einer sonderbaren Zeichnung und Schönheit. Es hat glatte und matte Zierraten oder punktirte Flächen. Am Ende des Brustschildes sind in der Mitte zwo kleine Spizzen, die auf den Hinterleib gehen, und neben hat das Bruststük auch Ekken oder Spizzen. Der Hinterleib ist dik, oval, und bestehet wie gewönlich aus einer kurzen Anfangsdekke, einem großen gewölbten Schild, und sodann etlichen Halbringen, darunter sich der Leib vor sich bewegen kann, wenn er besonders anglen will. Vermittelst

Tab.44. telſt dieſer Ringe kann ſie ſich wie ein Wurm zuſammenkrümmen. Die Füße ſind zart, ebenfalls goldgrün, und endigen ſich die Fußblätter in zwo Klauen. Die Flügel haben ſchwarzbraune Adern.

Iſt an den malabariſchen Ufern zu Hauſe.

fig. 2.
Der Doppelzahn.   Chr. bidentata.

Linn. S. N. 2.

Fabr. S. E. 7.

De Geer. Guêpe dorée bleue à tache noire.

Länge 6 Linien.

Eine grünblaue Goldweſpe, welche ihren Namen hat von den zween Bruſtſchilddornen, ob zwar ſchon andere Arten dergleichen auch meiſtens haben. — Der Bruſtſchild iſt oben goldfarbig, hinten blau. Der Hinterleib beſtehet nur aus drei Ringen. Der erſte Ring iſt golden und an der Wurzel blau: der zweite Ring iſt ganz golden: der dritte hat keine Zäne und iſt abgerundet.

Sie iſt unter andern in einer Fichtengalle gefunden worden.

Die Leuchtende.   Chr. lucidula.

Fabr. S. E. 9.

Eine kleine grünglänzende Goldweſpe mit grünem Kopf, ſchwarzen Augen und Freßzangen. Der Bruſtſchild iſt grün, vorne roth und hinten auf beiden Seiten gedörnt. Der Hinterleib iſt rotgülden und ungezänt: die Flügel braunſchwärzlich, mit einem ſchwarzen Randflek.

Iſt einheimiſch.

fig. 3.
Die große Goldweſpe.   Chr. grandior.

Pallas Reiſen I. Anh. n. 76.

Länge 5 Linien.

Eine grüne Goldweſpe mit roten Schalen. — Dieſe Weſpe hat am Kopf, Bruſtſtük und Anfang des Hinterleibes eine grüne Goldfarbe mit rauen vertieften Punkten. Der Kopf iſt um die Fühlhörner zwiſchen den Augen und bis zum Maule mit weißen glänzenden Silberhärchen beſezt. Die Augen ſind braun und die Ocellen gelb. Um dieſelbige iſt die Stirne wie mit Goldſtaub beſtreuet. Die ſich krümmende Fühlhörner, welche nahe am Maul ſtehen, ſind braun, und zwar das länglichte Grundgelenk glänzend braun und die darauf ſtehende 12 Glieder mit weißen Silberhärchen beſezt. Die Freßzangen ſind dunkelbraunroth und mit ſcharfen Zänen bewafnet. Der Rüſſel iſt lang nach Art der Bienerüſſel, und deswegen das Maul one Freßſpizzen. An dem Bruſtſchild bildet oben gegen den Hals zu ein ſtarker Quereinſchnit einen wulſtigen Saum, der an beiden Efken am Hals mit weißen Silberhärchen beſezt iſt, und das übri=

Tab 44.

ge gleichsam mit Goldstaub bestreuet zu sein scheint. Das Bruststük endiget sich
neben mit zwei scharfen Ekken, und in der Mitte stehet auch ein scharfes Ek in
die Höhe. Die Schalen, welche den Hinterleib bedekken, bestehen gleichsam
aus vier Ringen. Der erste ist grüngold und hat einen gelblichweißen Saum
am Rand: der zweite und dritte Ring ist roth mit einem änlichen Rand und
die vierte Schale gehet fast rund über die bewegliche Teile des darunter bedekten Hinterleibes und hat in seiner Vertiefung eine unterbrochene Reihe weißer
glänzender Silberhärchen, womit auch die drei erstern Schalenringe neben an
den Seiten gezieret sind. Die Hüftbeine und Schenkel sind schwärzlich, unten
aber mit einem Goldglanz, und die mit Dornen bewafnete Schienbeine, nebst
den eben damit besezten Fußblättern goldgelb und oben mit feinen Silberhärchen
bewachsen. Die Flügel sind zur Hälfte bräunlich, und die andere Hälfte gegen
das Ende hat einen blauschillernden leichten Schatten. Die Gewerbknöpfe der
Flügel haben eine gelbrötliche freistehende Schuppe zur Bedekkung, welche an der
Wurzel schwärzlich ist.

Diese Art findet sich um Samara.

Der Goldbauch. Chr. aurata.

fig. 4.

Linn. S. N. 4. & Fn. Sv. 1666.

Fabr. S. E. 10.,

Geoffr. la Guêpe dorée.

Länge 3 und eine halbe Linie.

Eine grüne Goldwespe mit rotem kuglichtem Hinterleib.

Der Kopf hat hauptsächlich einen blauen Goldglanz, der mit Grün spielt.
Die Augen, so wie auch die Ocellen sind bräunlich, und die Fülhörner, welche, wie bei diesem Geschlecht gewönlich, nahe am Maul in einer Vertiefung hervorstehen, haben ein langes, aber dikkes Grundgelenk, welches auch blaugold
spielet, die darauf befindliche zarte Glieder aber, an der Zahl eilf, sind schwarz
und krümmen sich wie gewönlich. Die Freßzangen sind schwarz, gefurcht und
haben eine scharfe etwas gekrümmte Spizze oder Zahn, wol dahinter aber noch
zwei kleinere Auskerbungen. Darunter stehen am Maul zwei langgegliederte
Paar Freßspizzen von schwarzbräunlicher Farbe. Das Brustfük ist grüngold mit vertieften Punkten, hat zwei Quereinschnitte auf dem Schild, und das
Brustfük hat am Ende zwei ausstehende scharfe Ekke. Der Hinterleib ist etwas rund, hat einen roten Goldglanz, der die Hauptfarbe ist, welche etwas ins
Metallgelbe schillert. Die Füße haben grüngoldglänzende Schenkel und Schienbeine, und leztere Dorne. Die Fußblätter aber sind schwarz. Die Flügel
sind etwas dunkel und bräunlich.

Ist einheimisch, wont in Mauern.

Tab. 44.
fig. 5.

Die Scopolische Edelwespe.　Chr. nobilis Scopol.

Scop. E. Carn. 792. Sphex nobilis.

Fabr. Chrysis lucidula.

Länge 4 und eine halbe Linie.

Eine grüne Goldwespe mit hellrotem Bruststük und rotem rundem Hinterleib.

Der Kopf ist grün. Der Brustschild hat vier Einschnitte, wovon die ersten zwei hochroth, und die andern grüngold sind. Das Bruststük hat am Ende auf den Seiten ausstehende scharfe Ekke. Der Hinterleib ist sehr rundlich, sämmtliche drei Schalenringe wie ein Rubin. Die Brust, die Schenkel und Schienbeine, auch der Kopf auf der innern Seite, und die Fühlhörnergrundgelenke schimmern grün und blau. Die Flügel sind dunkel und braun.

fig. 6.

Der Rotgürtel.　Chr. succincta.

Linn. S. N. 3.

Fabr. S. E. 8.

Länge 3 und eine halbe Linie.

Eine dergleichen grüne Goldwespe mit rotem Hinterleib.

Der Kopf ist auf der Stirne roth und auf der Fläche grüngold. Die vordere Hälfte des Brustschilds ist hauptsächlich roth und die andere Hälfte grün, überhaupt aber in verschiedenen Abteilungen ein solcher Schimmer von roth, violet, grün, gelb und blau, daß die Beschreibung des Prachts dieses kleinen Insekts unter dem Vergrößerungsglas sehr umständlich ausfallen mußte. Das Bruststük endiget sich in zwei ausstehende Ekken. Der Hinterleib ist fast rund, roth wie ein Rubin und auf der Wölbung violet. Die Flügel ziemlich braun, Brust und Füße grüngold.

Linne beschreibet diese Wespe mit dreizanigtem After, so aber etwa das andere Geschlecht sein dörfte.

fig. 7.

Der Schwarzflek.　Chr. punctata.

Länge 2 und einviertel Linie.

Eine Gattung der kleinsten Goldwespen. — Der Kopf ist oben dunkelblau; der Brustschild ist in vier Teile durch drei Quereinschnitte geteilt, wovon die zwei erstern in der Mitte dunkelblau und die zwei leztern grüngold haben, auf dem lezten aber ist in der Mitte ein schwarzer Flek, der keinen Goldglanz hat; die danebenausstehende scharfe Ekke aber sind goldgrün. Die drei Schalen des Hinterleibes, der kuglichrund ist, sind rothgold, und oben auf der Wölbung ganz dunkelroth. Die Fläche am Bauch, die Füße, Brust und Fühlhörnergrundgelenke sind grüngold. Die Flügel sind an der äußern Hälfte braun und haben einen Randflekken.

B. Mit gedörntem Brustschild und gezaktem Hinterleib. Tab. 44.

Die Glanzgoldwespe. Chrysis splendida. fig. 8.
Fabr. S. E. 1.

Länge 6 Linien.

Eine grüne Goldwespe mit ekkigtem Brustschild und gezäntem Hinterleib. — Diese Goldwespe ist sehr schön nach Zeichnung und Glanz. Der eigentliche Goldglanz ist grün. Wenn man sie gerade vor das Gesicht hinlegt, so ist der Schiller von Kopf und Bruststük blau und von der Dekke des Hinterleibes roth; die unter derselben hervorragenden Leibringe aber ganz blau. Sie hat im Gold allenthalben vertiefte Punkten, in deren iedem ein fales Härchen stehet, so aber dem unbewafneten Auge nicht sichtbar ist. Uebrigens ist der Kopf klein und die Augen rotbraun und oval. Zwischen diesen ist eine etwas flache Höllung, welche ein vertieftes goldenes Schildchen vorstellet, in welchem eines der rubinroten glänzenden Ocellen stehet, die übrigen zwei aber befinden sich oberhalb. Die sich krümmende zarte Fühlhörner, stehen in zwei braunen vertieften Punkten. Ihre Grundgelenke sind lang und befinden sich darauf 12 kurze gleichdünne Glieder. Das Grundgelenk ist Gold, nebst den zwei ersten Gliedern, die übrigen 10 aber sind wie die Augen rotbraun. Die Oberlippe ist grüngold, wie auch die Freß-zangen, deren Zäne und Spizzen aber rotbraun und stark sind. Unter denselben befinden sich Freßspizzen von gleicher Farbe. Der Kopf stehet an dem Brust-schild. Dieser hat oben zwei scharfe Ekke und noch zwei breitere gegen den Hinterleib zu, und in der Mitte am Schluß des Brustschilds ein kleines ausgehöltes hervorstehendes Schildchen. Oben gegen den Hals zu gehet ein Quereinschnit über den Rükken und ein dergleichen zwischen den Wurzeln der Flügeln her, und zwei darauf laufende perpendikulare scheinbare Einschnitte bilden ein besonderes Schildchen. Der Hinterleib wird wie gewöhlich mit einer gewölbten Schale bedekt, welche oben noch unter einem halben ausgebogten Stük geschoben ist. Unter der Schale ragen die zwei lezten bläulichen Ringe des Hinterleibes hervor, wovon der lezte vier Zäne hat, und unter welchem ein scharfer Stachel in einer fein behaarten Scheide verborgen ist. Die Flügel sind etwas gelblich, mit starken braunen Adern, welche durch ihr Zusammenlaufen am Rand einen scheinbaren Flekken bilden.

Ist an den malabarischen Ufern und in Neuholland zu Hause.

Die sibirische Goldwespe. Chr. calens. fig. 9.
Fabr. S. E.

Länge 5 und eine halbe Linie.

Eine blaue Chryse mit ganz rotem Hinterleib.

Der ganze Kopf und das Brustük schimmert dunkelblau Gold: Auf dem mitlern Stük des Brustschilds aber ist zu beiden Seiten an den Flügeln grün-gold und in der Mitte dazwischen blau. Das Brustük hat oben zwei Ekken und ist nicht gerundet, und am Ende zwei scharfe ausstehende Ekke. Der Hinterleib ist ganz rotgold und spielet etwas ins Metallgelbe. Die flache Platte

auf

Tab.44 auf dem Bauch spielet an der obern Hälfte schön roth und gelbgold, wie ein Regenbogen; der After endet sich in drei Zäne. Die Füße an den Schenkeln und Schienbeinen und die Grundgelenke sind grün. Die Flügeln haben braune Adern.

Fabricius beschreibet sie mit vier Afterzänen, diese aber hat nur drei.

Die Fleischrote.   Chr. carnea.
Fabr. S. E. 5.

Sie hat die Größe einer Stubenfliege, nur etwas länger. — Der Kopf ist grün mit einer harigten silberglänzenden Lippe: die Fühlhörner schwarz. Der Brustschild grün, rau von Punkten und mit zwei Dornen. Die Gewerbknöpfe der Flügel sind erhaben und fleischroth. Das Schildchen ragt hervor und ist stumpf. Der Hinterleib fleischfarbig, glänzend, der erste Ring grün, der After von subtilen Zänchen sägicht.

Wont in Italien.

Das Goldauge.   Chr. oculata.
Fabr. S. E. 3.

Eine große Art. — Der Kopf ist grün, die Fühlhörner schwarz, die Augen braun: das Brustschild hökkerig, punktirt und hat auf beiden Seiten einen Dorn. Der Hinterleib ist grün, rundlich, und gegen das Ende auf beiden Seiten mit einem glänzenden goldenen Flekken gezeichnet. Der After ist sechszänigt, die Fußblätter braun, übrigens aber die Füße grün.

An den malabarischen Küsten.

fig.10.   ### Der Schimmerbauch.   Chr. fulgida.
Linn. S. N. 7.
Fabr. S. E.

Länge 5 und eine halbe Linie.

Eine blaue Goldwespe mit halbrotem Hinterleib.

Diese Chrise hat den Bau des Kopfs und Brutstüks wie gewönlich. Der Kopf hat auf der Stirne einen dunkelbrauen Goldglanz, aber die Fläche zwischen den schwarzbraunen Augen und unten die Brust glänzen von grünem Gold. Der ekkigte Brustschild aber hat einen dunkelblauen Goldglanz Der Hinterleib ist länglich. Der erste Ring der Schale ist dunkelblau gold, und die zwei leztern rubinroth und spielen ein wenig ins Metallgelbe. Der lezte Ring ist gezänt mit vier Spizzen. Die langen Grundgelenke der Fühhörner und die Schenkel und Schienbeine spielen mehr grün als blaugold, und die übrigen Teile sind schwarz. Die Flügel sind schwärzlich.

Die Schimmerwespe.   Chr. nitidula.
Fabr. S. E.

Der ganze Körper ist glatt, grün, glänzend, der Brustschild hinten mit zwei und der After mit vier Zänen versehen.

Das Blauauge. Chr. lincea.

Tab. 44.

Fabr. S. E. no. 4.

Es ist eine afrikanische Art, welche an beiden Seiten des zweiten Rings des Hinterleibes ein kleines blaues Auge mit rotgelber Pupille stehen hat. Uebrigens ist sie grün und glänzend, die Fülhörner braunschwarz, das Bruststük bökkerig, das Schildchen scharf und fast dornicht. Der After ist bläulich und viermal gezänt. An den Füßen sind die Fußblätter schwarz.

Der Blaubauch. Chr. cyanaea.

fig. 11.

Linn. S. N. 5. & Fn. Sv. 1667.

Fabr. S. E. 11.

Scop. E. Carn. 697.

Länge 5 Linien.

Eine blaue Goldwespe. — Der Hauptgoldglanz derselben ist eine schöne dunkelblaue Farbe, welche im Licht etwas ins Grüne spielt, vorzüglich aber am Unterleib und an den Füßen. Der Bau ihres Körpers gleichet der vorhergehenden.

Die Augen sind schwarz, die Ocellen gelblich. Das Grundgelenk der Fülhörner hat einen blauen Goldglanz, und die zwei ersten daran befindlichen Glieder oberhalb; die übrigen 10 aber sind schwärzlich. Die Freßzangen sind klein und haben schwarze Zäne. Das Maul hat Freßspizzen. Das Bruststük hat eben die Einschnitte und Ekke wie fig. 9. Der Hinterleib aber hat nur drei Ringschalen, wovon die mitlere etwas weniges beträchtlicher ist, als die zwei übrigen. Der etwas weniges hervorstehende Hinterleib ist am After in fünf Zakken ausgebogt. Die Gewerbknöpfe der Flügel haben keine Schuppe zur Bedekkung. Die am Rand der Flügel zusammenstoßende Adern bilden auf iedem zwei Punkte.

Das Festkleid. Chr. ornatrix.

fig. 12.

Länge 5 und eine halbe Linie.

Eine grüne Goldwespe mit blau und rotem Hinterleib. —

Der Kopf hat oben Dunkelblau und auf der Fläche zwischen den Augen gründgold. Das länglichte Bruststük, welches sich bei dem Hinterleib in zwei ausstehende scharfe Ekke endigt, hat drei Einschnitte, und ist gleichsam in vier Stükke geteilet. Das erste ist grün, das zweite zwischen den Flügeln dunkelblau, und die zwei übrigen grängold. Von den drei Schalen des Hinterleibes ist die erste Anfangs blau in einem halben Bogenzirkel, und das übrige grün. Der zweite große in der halbzirkelrunden Fläche dunkelblau und dahinter roth, und der dritte ganz rubinrotgold, und ist dieser gezänt mit vier Spizzen. Der Bauch, die Brust, die Füße außer den Fußblättern, die Fülhörnergrundgelenke sind grüngold. Die Flügel bräunlich.

Tab. 45.

C. Mit ungedörntem Brustschild und gezaktem Hinterleib.

Fig. 1.

Die Glutwespe.   Chr. ignita.

Linn. S. N. 1. & Fn. Sv. 1665.
Fabr. S. E. 6.
Degeer Guêpe dorée à ventre cramoisi.
Scop. E. C. 791. Sphex ignita.

Länge 5. und eine halbe Linie.

Eine grüne Goldwespe mit blauem Kopf und rotem Hinterleib.
Der Kopf ist oben dunkelblaugold. Das Bruststük, welches der vorigen Einschnitte hat, ist grün, und die drei Schalenringe des Hinterleibes goldkarmoisinroth mit einem metallgelben Schiller, und der lezte ist mit vier Spitzen gezänt und ausgebogt. Der Bauch schimmert gelb und roth. Die Füße außer den Fußblättern, und die Grundgelenke der Fühörner sind grüngold und die Flügel sind bräunlich.
Ist inländisch.

Die Amethystwespe.   Chr. amethystina.

Fabr. S. E. 12.

Eine grünglänzende Chrise mit blaugoldenem Hinterleib und vierzänigtem After. Die Fühörner sind braun, aber das Grundgelenk grün. Das Schildchen ragt hervor und ist konkav. Die Flügel sind dunkel.
Aus Neuholland.

Die Smaragdwespe.   Chr. smaragdula.

Fabr. S. E. 2.

Sie kommt der Splendida nahe, ist grünglänzend, der After aber blau mit sechs Zänen.
Ist in Nordamerika zu Hause.

Der Sechszahn.   Chr. sexdentata.

Sie ist von mitlerer Größe. Kopf und Brustschild sind rötlich blau: der Hinterleib grünglänzend, von drei Ringen, deren lezterer sechs Zäne hat.
Wont in Deutschland.

Der Grünbauch.   Chr. viridula.

Fig. 2.

Linn. S. N. 6.

Länge 4 und eine halbe Linie.

Eine grün und rotglänzende Chrise. — Der Kopf ist grünglänzend, so wie auch das Bruststük, der Brustschild aber hat einen ins Rote schimmernden Goldglanz, so wie auch die zwei ersten Ringe des Hinterleibes, welche sich in vier Spizzen endigen. Füße und Fühörner sind schwarz.

D. Mit ungedörntem Brustschild und ungezaktem Hinterleib. Tab. 45.
Die Sulzerische Edelwespe. Chr. nobilis Sulz. fig. 3.
Sulz. Gesch. t. 17. f. 7.

Länge 6 Linien.

Eine grüne Goldwespe von beträchtlicher Größe. — Der Kopf ist rötlich, der Brustschild und After schillert blau; das übrige des Leibes gelb und grüngold. Die Flügel sind schwärzlich.

Die Iris. Chr. Iris. fig. 4.
Länge 5 und eine halbe Linie.

Eine grüne Goldwespe mit blau und grünem Hinterleib. —

Der Kopf und das Bruststük haben grüngold und schimmern in etwas Dunkelblau. Die drei Ringe der Hinterleibschale sind dunkelblaugold, die zwei ersten Ringe aber spielen am Rand ganz grün. Die untere Fläche auf dem Bauch ist durchaus grüngoldfärbig. Die Schenkel, Schienbeine und Grundgelenke der Fülhörner ebenfalls. Die Flügel sind bräunlich.

Die Morgenröte. Chr. aurora. fig. 5.
Länge 4 und dreiviertel Linie.

Eine rote Goldwespe mit blauem After. — Der Hauptglanz auf dem Brustschild und den zwei ersten Ringschalen ist rubinrotes Gold, etwas ins Grünlichte spielend, der dritte Schalenring aber und das Hinterteil des Kopfs blaues Gold ins Grünlichte spielend, die Fläche des Kopfs aber, die Füße und der ganze Unterleib grüngold. Die Augen sind schwarz; die Ocellen gelblich; die langen Grundgelenke der Fülhörner grüngold, die 12 Glieder aber sämmtlich braunrötlich one Glanz. Die Einschnitte des roten Brustschilds sind wie gewönlich. Ober den Flügeln ist ein Quereinschnit und zwischen deren Wurzeln einer, und weiterhin ein dritter. Der erste rote Schalenring schillert oben grün, und hat einen blauen Saum oder Rand. Der dritte blaue Schalenring ist auch gezakt, aber nicht wol in die Augen fallend. Die Flügel sind bis gegen die äußere Hälfte bräunlich.

Der Grünling. Chr. virens. fig. 6.
Länge 4 und eine halbe Linie.

Eine grün und blau schillernde Goldwespe. — Der Kopf schillert vorzüglich blau: der Brustschild vorne und hinten grün und in der Mitte blau: der Hinterleib grün, mit einem metalligen Goldglanz. Füße und Fülhörner sind schwarz, und die Flügel haben einen kleinen Randflek.

Die Lampe. Chr. Lampas. fig. 7.
Länge 4 Linien.

Kopf und Bruststük glänzen blau goldfarb, und der Hinterleib karmoisinrot. Füße und Fülhörner sind schwarz. Die Flügel haben einen subtilen Randflekken.

Die Violetwespe. Chr. violacea.
Scop. E. Carn. 793. Sphex violacea.

Eine ganz blauglänzende Chrise. Der Hinterleib ist unten grün, der After

rund

Tab. 44. rund one Zäne: die Flügel sind an der Spizze bräunlich, und der Körper besonders kurz.

Die Ungarin. Chr. hungarica.

Scop. Ann. V. p. 122.

Der Kopf ist grün, die Fühörner schwarz: das Brustschild ist grün, aber ein
Band darüber feuergülden. Die Ringe des Hinterleibes haben eine grüne glänzende Farbe, aber die zwei hintersten sind feuergülden. Uebrigens ist sie klein, unten
grünglänzend, der Bauch aber braungülden: die Füße schwarz und der Leib one
Zäne.

Die Angenehme. Chr. suavis.

fig. 8.
Länge 3 und eine halbe Linie.

Eine kleine sehr schöne Chrise, in der Größe einer Stubenfliege. Der Kopf
ist oben glänzendblau und vorne grün, die Augen und Fühörner aber schwarz.
An dem Bruststük ist oben ein solcher grüner Saum, das Bruststük selbst aber
glänzet grün und blau, und hat am Schluß einen ganz blauen Saum. Der Hinterleib bestehet aus vier purpurroten und gleich einem Rubin glänzenden Schalen,
unten aber hat der Leib grüne Goldfarbe. Die Füße sind glänzend blau.

Das Männchen.

fig. 9.
Dieses ist von dem vorhergehenden Weibchen in nichts unterschieden, als in
Ansehung der Größe, worin es von demselben um den dritten Teil übertroffen wird.

Die Brennende. Chr. fervida.

fig. 10.
Fabr. S. E.

Länge 3 Linien.

Eine kleine ganz grüne Goldwespe, deren Schönheit das Vergrößerungsglas
in einem hohen Grade vorstellet.

Der Kopf gleichet mattgearbeitetem grünem Golde, die Augen, Ocellen,
Freßzangen und Fühörner aber sind schwarz, das Grundgelenk an leztern aber
ist grün. Das Bruststük ist sehr niedlich gebauet und ist gleichsam aus vier
Stükken zusammengegossen. Das erste ist in der Mitte in einem halben Zirkel
glatt, und die obere Einfassung matt oder mit vertieften Punkten, an welchem
Stük unten die zwei Vörderfüße stehen. Das andere Stük ist ganz glatt, wie polirt, das dritte wieder punktirt, und das vierte Stük, welches unter die Flügel
lauft, eben so. Auf dem zweiten glatten Stük stehen die Flügel auf einem erhabenen glatten Knopf, der aber wieder mit einem rau oder punktirt gearbeitetem Band
eingefasset ist, welches selbst in dem Lauf der Punkte seine besondere Schönheit und
Regelmäßigkeit hat, welche Einfassung zugleich das glatte Bruststük zierlich umgibt. Der Hinterleib hat drei Schalen zur Bedekkung, davon die mitlere die
größte ist, welche glatt sind, grün glänzen und ins Purpurrote schimmern. Jede
Schale oder Ring hat neben an beden Seiten einen starken Punkt mit Vertiefung und Erhöhung, und einer veränderten Goldfarbe, als wenn solche mit sechs
Nägeln aufgenagelt wären. Die Füße sind ebenfalls glänzendgrün, die Schienbeine haben Dorne, und die Fußblatter endigen sich in zwei Klauen. Die Flügel
sind bräunlich und haben einen Schatten.

Die
Holzwespe.
Sirex.

V. Abschnit.

Von der Holzwespe,

oder

Schwanzwespe.

Sirex. *L'Urocere.* Linn. S. N. 243. Geschlecht.

Naturgeschichte der Holzwespe.

Von vielen Entomologen wird dieses Geschlecht die Schwanzwespe (*) genennet, wegen ihren langen Borstacheln, welche die Weibchen führen, auch die Männchen eine kurze Spizze oder Schwanz am After haben. Holzwespe aber heißet sie, weil die Larve derselben in und vom morschen Holze lebet, und sich darinnen zum fliegenden wespenänlichen Insekt verwandelt. Man findet im weichen Holz, besonders Tannen und Kiefern viele und öfters große Würmer, welche demselben bisweilen beträchtlichen Schaden zufügen. Die meisten davon verwandlen sich in Käfer nach ihrer Art; viele aber auch in Wespen. Das Weibchen von leztern hat hinten am After ein horizontalliegendes Spießchen oder Schwanz, unter welchem ein langer zwischen zwei Bedekkungen und Scheiden liegender doppelt gezähter Stachel sich befindet, nach Art vieler Ichneumons. Mit diesem Stachel bohrt es in abgestorbenes oder faules Tannen- oder Fichtenholz, und macht dadurch eine bequeme Oefnung für das Eichen, welches es dahin legen will. Es sezzet nemlich die Lochsäge, wie ein Schreiner, in einem rechten Winkel auf, und sägt in gar geringer Zeit ein tiefes Loch, in welches es ein oder mehrere Eier unter Beihülfe des hornartigen kürzeren Spießchens zu bringen weiß. Auf diese Art entlediget es sich nach und nach aller seiner Eier. Die Eier schliefen zwar bald aus, und werden Würmer mit sechs Füßen und einem Schwanz, (wie Tab. XLVI. fig. a. zu sehen) welche das Holz durch-

Tab.46. fig. 2.

(*)Scopoli nimmt sie unter die Ichneumons auf, wohin sie aber eigentlich nicht gehören.

Tab 46. durchlöchern und sich davon nären, aber sie bekommen erst in dem zweiten Jahr ihr reifes Alter, sich verpuppen und verwandlen zu können, nachdem sie sich in dieser Zeit auch öfters gehäutet. Sie umspinnen sich sodann mit einem dünnen und weißlichten Gewebe. In demselben leget der Wurm sogleich darauf seine Wurmhaut ab, indem sie ihm auf dem Rükken entzweiplazt, und iederzeit im Gespinnste zusammengeschrumpfet liegen bleibt.

Fig.b. Fig. b. zeiget die Puppe mit allen ihren künftigen Gliedmaßen. Fällt diese Verpuppung im Sommer vor, so sind drei Wochen hinlänglich zur vollkommenen Entwiklung des Insekts. Geschiehet sie aber im Herbst, so bleibt es über Winter liegen und kommt erst im Früiahr als eine Wespe hervor.

Die Holzwespe ist sehr kenntlich, sowol an ihrer Gestalt als im Flug an ihrem starken verdumpften Gesumme, dessen ongeachtet man sie one Gefar fangen kann, und ist sie auch nicht sehr scheu. Sie hat einen starken Kopf, keine große Freßzangen, noch große Augen, und meist lange fadenförmige Fülhörner von vielen Gliedern: Einige aber haben auch keulförmige Fülhörner mit 12 Gliedern. Das Maul hat zwei Paar Freßspizzen, wovon das äußere wie gewönlich das längste, und gegen die äußern Gelenke hin dikker ist. Das breite Bruststük und der meist aus acht Ringen bestehende Hinterleib stehen nahe aneinander und laufen in gleicher Dikke fort. Jenes ist oben am Hals an beiden Seiten etwas ekkig und vom Kopf abstehend. Die Flügel sind breit und liegen flach auf dem Rükken und kreuzen sich. Sie haben die besondere Einrichtung, daß die großen und kleinen Flügel in einer Linie hintereinander stehen, da die der andern Wespen gewönlich etwas untereinander eingegliedert sind. An den Füßen sind die Schenkel kurz und die Riste lang. Die Schienbeine haben kleine Dorne oder gar keine.

Einteilung der Arten.

Herr von Linne beschreibt nur sieben Arten.
Wir machen von ihnen drei Unterabteilungen:

A. Mit keulförmigen Fülhörnern.

B. Mit langen fadenförmigen Fülhörnern.

C. Kleine mit sehr spizzigem Hinterleib.

Beschreibung der Arten.

A. Mit keulförmigen Fülhörnern.

Das Riesenkameel. Sirex Camelogigas.

Länge 1 Zoll und 2 Linien.

Tab. 46.
fig. 1.

Linne hat diese Wespe, welche eine der größten Arten ist, nicht beschrieben, und ich habe ihr den Namen Riesenkameel beigelegt, weil sie in vielen
Stükken, sonderlich in der Größe mit der Riesenwespe (Sir. Gigas) und in Ansehung der schwarzen Fülhörner mit der Bukkelwespe (Sir. Camelus Linn.)
übereinkommt. —

Der Kopf ist schwarz und stark mit rötlichen Haren besezt. Die Augen
sind schwarzbraun und haben hinter denselben dunkelbraunrote Flekken. Die
Freßzangen sind spizzig, gekreuzt und kurz. Das Maul ist stark behaart und
ganz bartig. Die Fülhörner haben ein schmales, kleines, doch keulförmiges
Grundgelenk, das braunroth ist. Auf diesem stehen eilf schwarze Glieder, die
eine Keule bilden. Die fünf untersten Glieder sind inwendig braunroth, und
das oberste Glied, das sich zurundet, hat auch diese Farbe. Ein iedes dieser
Glieder ist oben, worin das folgende eingegliedert ist, auf dem ganzen Rand
herum mit spizzen Dörnchen besezt. Das Brustſtük ist schwarz; der Bruſtſchild ist oben braunroth bis fast an die Wurzel der Flügel. Zwischen diesen ist es
ſchwarz, und darhinter auf beiden Seiten ein dreiekkigter Flekken. Der Hinterleib hat acht oder neun Ringe, denn bei dem ersten doppeltgebogten schwarzen
Ring läßt sich nicht unterscheiden, ob er zum Brustſtük gehört, oder zum Hinterleib. Darauf folgen acht dunkelgelbe Ringe, davon der erste einen ganz zarten
ſchwarzen Saum hat, der andere einen ſtärkern, und die übrigen breitere schwarze Bänder, die etwas ungleich breit sind. Der siebente Ring macht einen langen elliptischen Bogen, darhinter in der Mitte auf dem lezten Ring eine ovale
Ver-

Tab.46. Vertiefung ist mit einem scharfen Rand.   Der braunrote Leg- und Sägestachel gehet unten am Bauch vom fünften Ring aus, und ist von da an acht Linien lang, raget aber nur drei Linien lang vom Leibe hervor, und hat 12 Zäne zum Sägeblat, womit sie meisterlich sägen kann.   Die mitlern und vordern Füße haben rote Schenkel, und die hintern Füße schwarze.   Die Schienbeine sind an den Knien weißgelblich und das übrige, nebst den fernern Teilen der Füße roth. Die Klauen haben Afterklauen, die Schienbeine keine Dorne.   Die Flügel sind metallgelb und haben rote Adern.

B. Mit langen fadenförmigen Fülhörnern.

Der Neuyorker.   Sirex americana.
Drury Tom. 2. tab. 38. f. 2.

Länge 1 Zoll 6 Linien.

Eine braune Holzwespe mit schwarzem Hinterleib und gelben Leibränden, von änlicher Gestalt und Größe. — Der Kopf ist gelblichbraun nebst den Fülhörnern, welche 16 Glieder haben, und so lang sind als das Bruststük.   Die Augen sind länglich und schmal : das Bruststük gelbbraun und der Hinterleib schwarz mit sechs gelben Bändern umgeben, so wie auch die Afterspizze gelb ist. Unterhalb des Hinterleibes gehet der gezänte Legstachel wie gewönlich aus mit einer gelbbraunen Scheide bedekt.   Die Füße haben die Farbe des Bruststüks und an den Schienbeinen starke Dorne.   Die Flügel sind dunkelbraun und fast schwarz, schmal und ungefaltet.

Aus Neuyork.

Die Riesenwespe.   Sirex gigas.
Linn. S. N. 1. & Fn. Suec. 1573.

Fabr. S. E. 1.

Scop. E. C. 739. Ichn. gigas.

Sulz. Inf. t. 18. fig. 114.

Geoff. Urocere. Inf. 2. t. 14. f. 3.

Das Weibchen.

Länge 1 Zoll und 4 Linien.

Diese Holzwespe hat wenige Härchen, und am Kopf, Bruststük und Hinterleib gar keine.   Der Kopf ist schwarz, hinter den großen Augen aber befinden sich zwei glänzende gelbe Flekken, welche man nicht für die Augen ansehen muß. Die Augen schließen an diese Flekken und sind an sich nicht groß, rötlichschwarz, und die drei Ocellen auf der Stirne schwarz.   Die schwarze Freßzangen sind zwar kurz, aber sehr stark mit scharfen krummen Zänen bewafnet.   Die Fülhörner sind gelb und bestehen aus 22 Gliedern, welche immer verhältnismäßig abnemen und kleiner werden, one das kurze etwas weniges dikke Grundgelenk und dem Gewerbknopf.   Das Bruststük ist ganz schwarz, rau und etwas mit

kurzen

kurzen Härchen besezt. Der Hinterleib befindet sich ganz enge an dem Brust= Tab.46.
stük. Er bestehet aber aus acht Ringen und dem Schwanzstük. Die zwei er=
sten Ringe sind pomeranzengelb, die vier folgenden Ringe schwarz, der sibbente
und achte wieder gelb, und das Schwanzstük auch. Dieses lezte erstrekket sich
mit dem braunroten Legstachel unten an dem Leib bis an den fünften Ring, und
sind folglich die drei leztern Ringe nur Dekken des Stachelstüks. Dieses ist
dreiviertel Zoll lang bis an die Wurzel. Von dem Schwanzstük oben geht ein
gelbes Spießchen aus, das dem Legstachel und dem Schwanzstük eine gewisse
Federkraft mitteilet. Die Schenkel der sämmtlichen Füße sind schwarz bis ge=
gen das Gelenk, davon noch ein Teil gelb ist. Die Schienbeine und Fußblät=
ter aber sind gelb; leztere endigen sich in zwo Klauen, welche in der Mitte ein
Häkchen haben, aber one Ballen. Die Flügel sind gelb und haben rote Adern.

Diese Art Holzwespen ist bei uns sehr gemein, und deswegen auch
seine Larve fig. a. genau bekannt. Dieser Holzwurm ist oft un=
gleich an Größe, auch bei seiner Verwandlung, deswegen auch oft
eine größere, oft eine kleinere Holzwespe daraus entstehet. Seine
Farbe ist blaßgelb. Der Kopf hat eben diese Farbe und ist sehr rund,
nicht groß, und hat zwei kleine braune Freßzangen. Der Leib ist
fast durchaus gleich dik, rund und bestehet aus 13 Ringen, wovon
aber der hinterste dikker und größer ist, und viele Falten hat, die oben
in der Mitte zusammenlaufen, am Ende aber eine kurze, harte und
scharfe Spizze, die schwarzbraun ist, und in der Mitte noch eine Af=
terspizze hat. Dieses Glieds bedienet sich der Wurm, wenn er sich
in seinen ausgehölten Gängen fortbewegt, indem er sich damit ober=
halb anstämmet. Seine sechs Füße sind kurz, und stehen an den
drei ersten Ringen. Ehe sich aber der Wurm in die Puppe fig. b.
verwandelt, so bereitet er sich schon den Weg, um als die vollkom=
mene Wespe dereinst durch das dikke Holz one Aufenthalt zu kommen,
welches ihr in diesem Zustand sehr schwer, ja unmöglich fallen würde.
Noch vor seiner Einspinnung bort er sich bis an die äußere Fläche des
Holzes durch, und bleibt entweder alda bei der Türe seines Gefäng=
nisses, um sogleich durchbrechen zu können, oder wenn er tiefer im
Holz stekken bleibt, so verstopft er seinen ausgehölten Kanal zu äußerst
mit Spänen.

Die Riesenwespe. Sir. gigas. fig.3.
Das Männchen.

Länge 1 Zoll.

Der Kopf ist schwarz mit vertieften Punkten, hat aber hinter den braun=
roten Augen zwei weißgelbe glänzende Flekken. Die Fülhörner sind fadenför=
mig.

Tab 46   mig, gelb, und haben außer dem kurzen Grundgelenk 20 Glieder. Die Freß-zangen sind klein, rau mit vertieften Punkten, und haben eine scharfe Spizze. Das Maul hat Freßspizzen. Der Kopf ist behaart, so wie auch das schwarze Bruststük, welches auf dem Schild nahe am Ende desselbigen zwei zarte gelbe Punkte hat. Der Hinterleib hat die zwei ersten Ringe schwarz und die fünf folgenden rothgelb, in der Mitte am Rand mit einem schwärzlichen Flekchen und neben an den Seiten schwarze Ekken vom Bauch her. Der lezte Ring ist schwarz und der After auch schwarz; unten aber ist der Bauch durchaus braun-schwarz. Die vördern und mitlern Füße sind ganz gelb, außer die Schenkel schwarz, die hintern Füße aber haben schwarze Schenkel, und die Schienbeine am Knie einen Teil gelb, das übrige auch schwarz, aber keine Dorne, und der Rist am Fußblat ist auch am untern Gelent etwas schwarz, die übrigen Glieder desselben gelb. Die flachen Flügel sind gelblich, haben braunrote Adern und einen schmalen Randflekken.

Man trift diese Art häufig in den Fichten- und Tannenwäl-dern an, wo sie öfters sogar auf die Kleider fliegen. Und da dieses Holz viel in den Bergwerken zu den Schachten gebraucht wird, so verwandlen sich darinnen die Larven und Würmer, da alsdenn diese Wespen den Bergleuten in die Lichter fliegen und sie auslöschen.

Tab 47
fig. 1.
Der ungarische Ochs.   Sirex hungaricus
Das Männchen.

Länge 1 Zoll 2 Linien.

Eine sehr große Holzwespe. — Der Kopf kommt mit iener der Riesen-wespe ziemlich überein. Die nezförmigen Augen sind klein und schwarzbraun, haben aber hinter denselben zu beiden Seiten einen großen gelben glänzenden Flekken, und einen dergleichen etwas dunklern über dem Maul gerade unter den Fühlhörnern. Die Ocellen sind weißlichgelb und wie gewönlich hell. Die Fül-hörner sind fadenförmig und haben ein kleines Grundgelenk, welches von der Wurzel an über die Hälfte schwarz, der übrige Teil aber gelb ist, wie denn auch der darauf befindliche Gewerbknopf gleiche Zeichnung hat; die darauf stehende 28 Glieder aber sind rötlich gelb. Das Bruststük ist harig und schwarz. Der Hinterleib bestehet aus acht rotgelben Ringen, welche neben an den Seiten ge-gen unten ieder ein schwarzes Flekchen hat. Die Afterspizze ist schwarz, so wie auch der Bauch, doch hat ieder Ring daran in der Mitte einen bräunlichgelben Flekken. Die Füße haben schwarze Schenkel und gelbe Schienbeine und Fuß-blätter, aber an dem hintersten Paar sind die Schienbeine auch schwarz und nur an den Knien gelb. Die Flügel sind ein wenig gelblich mit braunen Adern, und haben an den Enden einen geringen Schatten.

Das Weibchen.

Ist merklich dikker als das Riesenwespenweibchen und 1 Zoll 4 Linien lang, und kommt in der Zeichnung von Brust und Kopf mit dem vorhin beschriebenen

Männchen

Männchen überein, nur daß die Ocellen schwarz, der gelbe Flekken auf dem Tab.47. Maul ganz dunkel und schwarz, und die Fühlhörner mit ihrem Grundgelenk gelb, auch nicht so lang sind. Die fünf ersten Ringe des sehr dikken Hinterleibes sind schwarz und die übrigen drei bräunlichgelb, der After hat aber nicht das Spießchen, wie die Riesenwespe. Der Legestachel, welcher vom fünften Ring des Hinterleibes am Bauch ausgeht, und von da an fast 1 Zoll lang ist, hat eine besonders merkwürdige Einrichtung zu seinem Dienst. Schon die gelbbraune Scheide hat ihre Sägezäne und macht das erste Loch. Alsdann gebraucht sie das andere Werkzeug, welches dünner ist, nemlich den innern schwarzen Stachel, mit welchem sie tiefer feilt. Zu dem Ende ist er nicht nur glatt, und wie mit Fett beschmiert, sondern auch vorne bei der Spizze etwas dikker als gegen den Leib hin, wie der Borer eines Werkmeisters, damit nicht durch die dazwischen kommende Späne der Borer gedrängt gehe, und die Arbeit mühsam oder gar gehindert werde. Die äußerste Spizze aber ist sehr dünne und wie eine Feile geschnitten. Diese scharfe Einschnitte, welche wie bei einer Feile vor sich zu stehen, gehen ringsherum und laufen oberhalb des Stachels immer fort, sind aber nach und nach immer weiter von einander entfernt, je näher sie gegen den Leib zu kommen, weil sie dahin so häufig nicht mehr nötig sind, sondern die hintern Zäne oder Einschnitte nur ein wenig nachzuhelfen haben. Unterhalb dieses Stachels oder Borers aber, oder vielmehr dieser Feile, an der dikken Gegend bei der Spizze stehen etliche Sägezäne, wie Widerhaken, die folglich schräg gegen den Leib zu stehen, und also die gegenseitige Richtung von den Feileneinschnitten haben. Diese Zäne müssen nun dazu dienen, daß sie die Späne, welche im Holz von der Feile abgemahlen sind, herausschieben, damit immer Raum bleibe, den Borer immer tiefer und so tief als nötig einzudringen, welches gewißlich bei diesem künstlichen und meistermäßigen Werkzeug in wenigen Augenblikken geschehen ist. Die Füße sind an dem Weibchen durchaus gelb, nur die Schenkel sind von den Hüftbeinen an halb schwarz, und die kurzen Schenkel an den hintern Füßen ganz schwarz. Die Flügel sind etwas gelber als bei dem Männchen.

Sein Vaterland ist Ungarn.

Der Schwarzafter. Sir. Mariscus.
Linn. S. N. 6 & Fn. Sv. 1577.
Fabr. S. E. 6.

fig. 2.

Länge 1 Zoll.

Eine Holzwespe mit schwarzem After. —

Der Kopf ist gestaltet, wie bei der Riesenwespe, schwarz, harig mit rotbraunen Augen und dahinter zwei gelbe glänzende Flekken, die größer sind als die Augen. Die Freßzangen wie gewönlich klein und spizzig, gekreuzt und schwarzglänzend. Die Fühlhörner sind fadenförmig, haben ein schwarzes kurzes Grundgelenk und darauf 22 gelbrote Glieder. Das Bruststük ist ganz schwarz. Der Hinterleib hat acht Ringe, wovon die ersten zwei schwarz, die fünf mitlern ziegelroth, und der lezte und größte Ring, wie auch der After, der darunter hervorstehet, schwarz ist; auch ist der ganze Bauch schwarz. Die vördern und mitlern

Tab.47. Iern Füße sind gelb, haben aber schwarze Schenkel, die Hinterfüße aber haben auch schwarze Schienbeine, die aber nur an den Knien etwas gelb sind, und der Rist der Fußblätter ist auch schwarz und nur an dem obern Gewerb ein wenig gelb; die übrigen Glieder des Fußblats sind gelb. Die Flügel sind hell, haben einen schmalen Randflekken und gegen außen einen zarten Schatten, besonders die untern Flügel.

Die Schwindsüchtige.   Sir. tabidus.

Fabr. S. E. 8.

Eine sehr kleine schwarze Holzwespe mit fadenförmigen Fühlhörnern, schwarzem Brustschild, auf welchem hinten ein grünlicher Flekken befindlich ist. Der Hinterleib ist etwas zusammengepreßt, und hat an den drei leztern Ringen auf beiden Seiten einen gelben Punkt. Die Füße sind schwarz und die vördern Schienbeine rotbraun.

Sie hält sich in England auf.

fig.3.
Der Kurzangel.   Sirex Juvencus.

Linn. S. N. 4.
De Geer Inf. 1. T. 36. fig. 7.
Scop. Carn. 741.

Das Weibchen.

Länge 9 Linien.

Diese Holzwespe ist am Kopf, Bruststük und Hinterleib glänzend blaustahlfarb. Der Kopf ist behaart, sonderlich sehr stark am Maul. Die Augen sind braunroth, die Ocellen gelblich, die Fühlhörner schwarz, nebst den Freßzangen, welche drei Zäne haben. Das Brustschild ist rau, weniger glänzend und etwas schwärzer. Der Hinterleib hat außer dem doppelten Bogenring noch acht Ringe, one die Afterspizze, welche Ringe sich in ihrer Stahlfarbe auch in etwas unterscheiden, indeme die mittelsten fünf Ringe mehr violet glänzend, und also rötlichblau und die übrigen schwarzblau sind, wenn man sie recht genau bezeichnen will. Der Sägestachel ist fünf und eine halbe Linie lang, vom sechsten Ring an, wo er am Bauch eingegliedert ist. Die Füße sind durchaus gelb, nur das Klauenstük ist schwarz. Die Klauen sind breit und haben drei
fig.2*. Spizzen fig. 2*. Die Flügel sind etwas violet, und haben gegen die Enden einen leichten Schatten und einen Randflekken. Ueberdas hat ein ieder Flügel hinter dem Gewerbknopf ein weißes undurchsichtiges Häutchen, womit er als mit einem Band an dem Leibe angewachsen ist, daß sie sich also im geringsten nicht falten können.

fig.4.
Sein Männchen.

Länge 9 Linien.

Dieses unterscheidet sich von seinem Gatten durch die Zeichnung gar merklich. Denn der Kopf und das Bruststük sind schwarz: der Hinterleib ist braunroth.

roth, und nur die erstern Ringe desselben sind blaustahlfarb, die Füße braun Tab.47.
und die Flügel violet.

Die Larve dieser Wespe lebt auch in den Tannenbäumen.

Das Gespenst. Sir. Spectrum.

fig. 5.

Linn. S. N. 3. & Fn. Sv. 1574.
Fabr. S. E. 3.
Scop. E. C. 740.
De Geer Inf. 1. t. 36. f. 6.

Eine schwarze Holzwespe. — Der Kopf ist glänzendschwarz und hat rotbraune Augen, und hinter denselben einen gelben Flekken: rotgelbe helle Ocellen: schwarze glänzende kurze und breite Freßzangen mit drei Zänen, fadenförmige schwarze Fühlhörner mit einem kurzen dikken Grundgelenk und darauf eilf Glieder. Das Bruststük ist rau, und gehet vom Hals her bis an die Wurzel der großen Flügel an den Seiten ein gelber Strich. Der Hinterleib hat außer dem After mit seinem Spießchen acht Ringe, welche sämmtlich glänzend schwarz sind. Die Füße haben sämmtlich rote Schenkel, schwarze Schienbeine, die am Knie roth sind, und der Rist oder das erste lange Glied des Fußblats oben einen schwarzen Strich, übrigens aber gelb, nebst den Fußblättern. Die Flügel haben einen schmalen Randflekken.

Die Gelegenheit, woher diese Holzwespe, deren Wurm im halbfaulen Holz lebt, den Namen des Gespenstes von Herrn von Linne bekommen, gab eine Bäuerin in Schweden, als welcher der Wurm dieser Wespe, der in ihrer Spule saß, täglich ihren gesponnenen Faden zerbiß, um sich eine bequeme Wonung zu verfertigen. Sie hielte solches anfänglich für Zauberei, und gebrauchte nach der damaligen Sitte sogleich allerhand aberglaubische Mittel, bis sich endlich das Geheimnis entdekte.

Das Täubchen. Sirex columba.

Linn. S. N. 2.
Fabr. S. E. 2.

Diese Holzwespe, welche bisweilen von der Größe der Riesenwespe ist, hat kurze schwarze Fühlhörner, mit einem rostfärbigen Grundgelenk. Der Brustschild ist harig, unten schwarz und oben rostfärbig mit einem schwarzen Ring um den Rükken. Der Hinterleib ist zilindrisch, schwarz, auf beiden Seiten mit sechs gelben Randflekken, unten schwarz mit gelben Strichen. Das Spießchen ist kurz, spizzig, konisch und gelb von Farbe. Der Stachel rostfärbig, die Füße gelb

Tab.47. gelb und die hintern Schenkel schwarz: die Flügel braunschwärzlich, außen mit einem gelblichen Rand.

Wont in Amerika.

Die Buffelwespe.   Sir. Camelus.
Linn. S. N. 5. & Fn. Sv. 1576.
Fabr. S. E. 5.
Scop. E. C. 742.

Sie ist schwarz, hat ein glattes Bruststük, einen schwarzen spizzigen Hinterleib, der an den Seiten sämmtlicher Ringe weise Flekke hat, und schwarze Fühlhörner: die Füße aber sind roth.

Diese Wespe fliegt auch vielfältig in den Bergwerken, und kommt aus dem Tannen- und Fichtengehölz.

C. Kleine, mit sehr spizzigem Hinterleib.

Die Zwergwespe.   Sir. Pygmeus.
Linn. S. N. 7.
Fabr. S. N. 7.

Diese ganz kleine Art schwarzer Holzwespen von der Größe einer Mükke, hat einen sehr spizzen Hinterleib, dessen erster Ring mit zwei Paar gelben Punkten, der zweite mit einem gelben Saum, der dritte wieder mit einer dergleichen und zwar unterbrochenen Einfassung, und der sechste mit einem einzigen gelben Flek gezeichnet sind. Der vierte Ring aber ist ganz ungeflekt, und der übrige Körper ganz schwarz. Die Hälfte der Flügel gegen außen ist schwarz.

Die
Blatwespe,
Tenthredo.

VI. Abschnit.

Von den Blatwespen,

von einigen

Schlupfwespen

genannt.

Tenthredo. *Le Frelon.* Linn. S. N. 242. Geschlecht.

Naturgeschichte der Blatwespen.

Bei diesem Wespengeschlecht ist durch die verschiedene deutsche Benennungen schon einige Verwirrung entstanden, wenn nicht iedesmal der ursprüngliche lateinische Name des Linne uns zurechtwiese. Herr Müller bedienet sich hiebei in seiner deutschen Uebersezzung des Linne, so wie auch Sulzer des Worts Schlupfwespe, weil die Larve dieser Wespe in die Erde schlupft, sich allda zu verwandlen. Herr Houttuin, und die meisten Entomologen nennen sie Blatwespen, weilen ihre Larven in Gestalt der Raupen, (welche Afterraupen heißen) sich bis zu ihrer Verwandlung von Blättern verschiedener ihrer Art dienlicher Pflanzen nären. Dieser Name wäre auch für sie wol der schiklichste, weil es diesem Geschlecht Wespen eigen ist, die erste Periode ihres Lebens auf den Blättern zuzubringen; der Name Schlupfwespe aber im allgemeinen Verstande wol auf mehrere Geschlechter passet, wie unter andern auf die Raupentödter, (Sphex) welche als Mütter zum Teil in die Erde oder in Rizzen der Mauren schlupfen, um allda ihre Generationen zu vermehren. Da es inzwischen auf die übersezte Namen nicht ankommt, und die Benennung Blatwespe sich mehr für dieses Geschlecht schikket, so behalten wir diesen Namen bei. Im Französischen heißt diese Wespe Mouche à Scie, weil das Weibchen derselben einen sägeförmigen Legstachel hat, der zwar am Ende des Hinterleibes verborgen ist. — Fabricius nimmt dieses Wespengeschlecht unter die Klasse der Synistata auf, weil ihr Maul Kiefer oder Freßzangen und keinen Rüssel hat.

Die Hauptkennzeichen, worin die Arten dieses Geschlechts übereinkommen, sind: ein etwas breiter Kopf, fast wie der Honigbienen,
welche, wie dieser seine drei im Triangel stehende Ocellen und ovale etwas
erhöhete große nezförmige Augen hat: — starke, gekrümmte und gezänte
Freßzangen: — eine dreieckigte Oberlippe, wie der Wespen, deren
Farbe sich gewönlich nach der Farbe der Füße richtet. Das Maul hat
zwei Paar Freßspizzen, davon wie gewönlich das innere kleiner ist, als
das äußere Paar. Die Flügel sind durchsichtig und haben einen Randflekken; öfters sind sie gefärbt. Besonders aber sind sie flach, etwas auf-
geschwollen und liegen lüftig aufeinander. Der Brustschild ist stark und
uneben, und sind auf demselben gewönlich zwei von einander abgesonderte
Körnchen. Meist schließt er dicht an den Kopf; bei einigen aber zeiget
sich der fleischigte Hals etwas mehr. Der länglichte, gleichdikke Hinterleib, der vielfältig wanzenartig ist, schließt auch dicht an das Bruststük
an, und ist etwas plattgedrukt, bei einigen aber fast zilindrisch. Die
Füße sind ziemlich stark: die vördern stehen nahe am Hals an einem besondern Stük, wie bei den hökkerigten Wespen, und haben oft lange Afterschenkel: Die vier Hinterfüße aber sind am Ende des Bruststüks. Die Fußblätter haben fünf Glieder und das lezte davon zwei Häkchen.

Das Weibchen der Blatwespe hat einen merkwürdigen Stachel,
der sägeförmig und verborgen ist, doch siehet man auf der untern Seite
die hornartige Schneide dieser Säge etwas hervorstehen. Die Scheide
thut sich in zwei Schalen von einander, wenn man den Hinterleib drükt,
und zeigen die Säge, so dazwischen liegt. Die Säge ist doppelt, und
iede breit und flach, gezänt, und am Ende spizzig gekrümmt. Der große
Zergliederer Reaumür hat dieses künstliche Werkzeug dieses Insekts nach
allen Teilen und Verschiedenheiten nach Würden beschrieben. — Mit dieser Säge macht diese Wespe Einschnitte und Oefnungen in die Blätter oder zarte Rinden, legt ihre zarte und länglichte Eier nach der Länge
hinein und verklaistert alsdann die Spalte wieder mit einem klebrigten Saft,
den sie bei sich führet.

Die Männchen haben statt der Säge zwei hornartige krumme Haken, womit sie sich bei der Begattung an dem Weibchen fest halten, zwischen welchen Haken, wie bei den Hummeln Tab. III. fig. 9. das Zeugungsglied befindlich ist.

Sie sind, wie die Wespen überhaupt, Raubinsekte, und nären sich von kleinen Insekten. Weder Männchen noch Weibchen sind sehr scheu, und lassen sich gar leicht fangen. Man kann sie, wo sie sizzen, besonders bei ihrem Eierlegen sogar mit dem Vergrößerungsglas betrachten.

Aus ihren Eierchen kommen Raupen, welche anfänglich, so lang sie noch klein sind, in Gesellschaft auf den Blättern leben, aber wenn sie weiter heranwachsen und größer werden, sich trennen. Man sieht sie beim ersten Anblik für wahre Raupen, für Schmetterlingsraupen an, und häuten sich auch wie diese; sie unterscheiden sich aber doch, genau betrachtet, von denselben, besonders in Ansehung der größern Anzal Füße. Sie heißen deswegen auch in der Insektologie Afterraupen oder unächte Raupen, weil sie sich nicht in Schmetterlinge verwandlen. Einige haben außer ihren gewönlichen drei Paar Vorderfüßen noch fünf Paar Bauchfüße, und ein Paar Hinterfüße, oder Afterfüße, und also achtzehn Füße: andere haben drei Paar Vörderfüße, sechs Paar Bauchfüße und ein Paar Afterfüße, zusammen zwanzig Füße. Andere haben auch 20 Füße, aber keine Afterfüße, sondern nur außer den gewönlichen vördern noch sieben Paar Bauchfüße. Wieder andere haben drei Paar Vörderfüße, sieben Paar Bauchfüße und ein Paar Afterfüße, überhaupt 22 Füße. Noch andere haben blos die sechs Vörderfüße und also übrigens weder Bauch= noch Afterfüße. — Sie unterscheiden sich aber auch sonst noch an ihrem Körper von den wahren Raupen. Ihr zwar runde und glänzende Kopf hat in der Mitte einen Scheitel, eine zarte Fuge von der Stirne herunter= laufend, auf deren ieden Seite ein schwarzes Auge befindlich ist. Das Maul hat gezänte Freßzangen und fast unmerkliche Freßspizzen. Die Vörderfüße sind auseinandergespreitet, gegliedert, hornartig und kegelförmig und haben am Ende einen Haken; aber die Bauch= und Afterfüße sind von diesen ganz verschieden, als welche zilindrisch und dik sind, ohne Haken, doch am Ende dünner und daselbst etwas hohl, welches ihnen dazu dient, daß sie sich, an= statt mit den Haken anzuklammern, ansaugen. — Der Leib ist rund ge= wölbt, aber allezeit runzlichter als bei den wahren Raupen, und scheinet da= her aus sehr vielen Absäzzen oder Ringen zu bestehen, haben aber eigentlich wie bei den Schmetterlingsraupen nur 12 Ringe. Gegen das Hinterteil lauft er etwas geschmeidiger zu, und die Raupe fürt das äußerste etwas ein= gekrümmt. An den Seiten haben sie, wie die rechten Raupen neun schwar= ze sichtbare Luftlöcher. Wenn man sie nur im mindesten berürt, so schnellen sie sich sogleich in eine ~~Schnekkenlinie fest~~ zusammen und sprizzen viele zu=
gleich

gleich aus den Luftlöchern ein weißes Waſſer öfters ¼ Schu weit von ſich.
— Ob ſchon dieſer Saft auf der Haut nicht ſchädlich iſt, ſo ſcheinet er ih‐
nen doch nebſt ihren ſchnellen Zuſammenkrümmungen, in welchen ſie eine
ziemliche Zeit unbeweglich liegen bleiben, von der gütigen Natur zu Waf‐
fen gegen die Ichneumons verliehen zu ſein, indem ſie auch wie die
Schmetterlingsraupen dem Schikſal unterworfen ſind, daß ſie denſelben öf‐
ters zum Neſt und Narung ihrer Brut dienen müſſen. Dieſer ausgeſprizte
Saft mag alſo den Ichneumons ſchädlich ſein, worüber noch die Verſuche
anzuſtellen ſind. — Wann ſie freſſen, ſo umfaſſen ſie den Rand der Blät‐
ter mit ihren hornartigen Vörderfüßen, ſtrekken den Leib etwas in die Hö‐
he, und nagen ſehr emſig, iederzeit von oben gegen die Füße hin. Doch
gibt es auch unter ihnen, welche bald in einer geraden, bald etwas gekrümm‐
ten Lage die Fläche des Blats wie ein Sieb durchfreſſen. — Die oben er‐
wänte Afterraupen one Bauchfüße halten ſich anfänglich unter einem
Seidengeſpinſt geſellig auf, wie verſchiedene Raupen gemeiner Schmetter‐
linge. Ihre Häutungen gehen leicht und geſchwind von ſtatten, und ſind
dieſe Afterraupen von ſtärkerer Natur als die Schmetterlings‐ und Sei‐
denraupen. — Wann dieſe Häutungen vorbei, und ſie ausgefreſſen und
ihre gehörige Größe erlanget haben, ſo gehen ſie in die Erde, oder unter die
Rinden und Rizzen der Baumſtämme, und umſpinnen ſich mit einem gelb‐
braunen, zwar ſteifen, aber durchſichtigen und dünnen Geſpinſt, und ver‐
wandlen ſich darinnen, ia einige, auch one Geſpinſt um ſich zu haben.
Einige verpuppen ſich auch an den Zweigen, wo ſie ſich genäret haben,
machen eine hartſchaligte Wonung um ſich und beveſtigen ſie an den Zwei‐
gen. — Die ſich im Sommer verpuppen, verwandlen ſich in 4 Wochen;
die vom Herbſte her aber nicht eher, als das nächſte Früiahr. — Sie ſind
ſehr mühſam zu erziehen, weil ſie in der Erde die gehörige Feuchtigkeit ha‐
ben, welche wir nicht immer richtig treffen.

Herr von Linne beſchreibet 55 Arten davon, und teilet ſie nach ih‐
ren Fülhörnern, welche ſehr verſchieden ſind, ab. Nemlich: 10 Arten mit
abgeſtuzten oder keulförmigen Fülhörnern: 3 Arten mit ungeglieder‐
ten Fülhörnern: 2 Arten mit gekämmten Fülhörnern. 1 Art mit geglie‐
derten und etwas abgeſtuzten Fülhörnern. 23 Arten mit fadengleichen
Fülhörnern, die 7 bis 8 Glieder oder Gelenke haben, und 16 Arten mit
borſtenartigen Fülhörnern.

Einteilung

der

Arten der Blatwespen.

A. Mit keulförmigen Fühlhörnern.

B. Mit fadenförmigen ungegliederten Fühlhörnern.

C. Mit kammartigen Fühlhörnern.

D. Mit gegliederten und etwas abgestuzten Fühlhörnern.

E. Mit dratförmigen Fühlhörnern von 7 — 8 Gliedern.

F. Mit borstenartigen Fühlhörnern mit vielen Gliedern.

Beschreibung der Arten.

A. Mit keulförmigen Fühlhörnern.

Der Gelbschlupfer. Tenthredo lutea.   Tab. 48. fig. 1.
    Linn. S. N. 3. & Fn. Suec. 1534.
    Fabr. S. E. 3.
    Scop. E. C. 719.
    Frisch Inf. 4. t. 25.

Das Weibchen.

Länge 10 Linien.

Sein Kopf ist ziemlich groß, mehr platt als gewölbt, von rötlichgelber Farbe, die aber gegen das Maul mehr ins Gelbe fällt. Die eirunden Augen sind ziemlich groß, schwarz und stehen mehr vorne als seitwärts. Die Freßzangen sind kastanienbraun, stark und kreuzen sich. Die Fühlhörner sind pomeranzengelb, etwas lang, gegliedert und endigen sich keulförmig. Das Bruststük ist braunroth und hat in der Mitte viele Vertiefungen und glänzende Erhöhungen. Der Hinterleib ist oval, ziemlich dik und seine erstern Ringe ganz schwarz, die übrigen haben eine blasse, schwefelgelbe Farbe, über welche verschiedene schwar-

Jc

Tab. 48. leib matt schwarzgrau, an dem Bauch aber und den Schienbeinen und Fußblättern okkergelb ist, und bis in den May entwikkelt sie sich zum vollkommenen Insekt.

Der Dotter. Tenth. Vitellinae.
Linn. S. N. 5. & Fn. Sv. 1535.
Fabr. S. E. 6.

Eine ánliche aschgraue Blatwespe, mit rotem After und schwarzen Rükken. Die hintern Schenkel sind gezáuelt und nebst den Fúßen gelb, davon sie den Namen hat.

Sie wont auf den Weiden und Birken.

Der Dikbauch. Tenth. crassiventer.
Drury Tom. II. tab. 37. f. 4.

Wahrscheinlich hat Drury eine Blatwespe beschrieben. — Ihr Kopf und Bruststúk sind rötlichbraun, und behaart. Das Maul hat keinen Rússel. Die Augen sind schwarz und die Fúlhörner. Der dikke Hinterleib ist schwarz und harig, so wie sämmtliche Fúße, die Flúgel gelblich und durchsichtig, aber die großen haben außen einen dunklen Schatten und eine starke braune Flúgelrippe. — Der Serus ist an Größe sehr verschieden.

Aus Senegal.

fig. 2.
Der Glanzschlupfer. Tenth. nitens.
Linn. S. N. 10. & Fn. Sv. 1539.
Fabr. S. E. 8.
Scop. E. C. 721.

Das Weibchen.

Lánge 5 Linien.

Eine blaulichgrún glänzende Blatwespe. —

Sie hat Kopf, Bruststúk und Hinterleib von einer blaulichgrúnen Farbe glänzend. Die Augen und Fúlhörner sind schwarz, und hat einen schwarzen länglichten Flekken úber dem vierten, fúnften, sechsten und siebenden Ring des Hinterleibes. Die Fúße sind gelb, die Flúgel bräunlichgelb, und haben ieder der großen drei schwärzlichte Flekken.

Das Männchen.

Der Kupferbauch. Tenth. sericea.
Linn. S. N. 8.

Dieses hat einen kupferglänzenden Kopf, schwarze Augen und Fúlhörner
mit

mit einer gelben Kolbe. Das Bruststük ist schwarz, glatt und ungeflekt: der Tab. 49: Hinterleib rund, kupferglänzend und an der Wurzel der vordern Ringe bläulich. Die Füße sind ziegelroth und die Schenkel schwarz: der Rand der Flügel etwas dik und ebenfalls ziegelfärbig.

Wont in Europa.

Die Dunkle. Tenth. obscura.
Fabr. S. E. 9.

Diese Blatwespe ist kleiner als die vorhergehende, hat keulförmige Fühhörner, einen ganz schwarzen glatten Leib, und die Flügel sind weißlich.

Wont in Schweden.

Der Weißrand. Tenth. marginata.
Linn. S. N. 2.
Fabr. S. E. 5.

Eine schwarz und weiße Blatwespe in Gestalt einer Honigbiene. — Die Kolben der Fühhörner sind gelb, das übrige aber schwarz, wie auch der Kopf, das Bruststük und der Hinterleib. Der Kopf und das Bruststük aber sind von weißgrauen Haren ganz zotig; und am zweiten Ring des Hinterleibes ist am Rand ein weißer Flekken, der dritte hat eine weiße Einfassung, die in der Mitte unterbrochen ist: die vier folgenden aber haben eine ganz weiße Einfassung. Die Füße sind schwarz, und die Schenkel gelblicht.

Der Buschkriecher. Tenth. lucorum.
Linn. S. N. 6.
Fabr. S. E. 2.
Gleditsch Forstw. I. 560. Die schwarze harige Eisenblatwespe mit kolbigten Fühhörnen.

Ihre Fühhörner sind keulförmig, schwarz, stumpf und haben sechs Glieder. Der Leib ist rundlich, niedergedrukt, sehr behaart, schwarz, so wie der Kopf und Brustschild. Die Füße sehen rostfärbig, haben rötliche Adern und einen schwarzen Randflekken — Manche haben statt schwarzer Fühhörnerkeule eine rostfärbige. Ihre Größe kommt dem Schweber nahe.

Aus Lappland.

Der Braunrand. Tenth. fasciata.
Linn. S. N. 7.
Fabr. S. E. 7.
Gleditsch Forstw. II. 764. 113. Die schwarze und glatte Blatwespe mit der braunen Binde in den Oberflügeln.

Eine schwarze glatte Blatwespe, welche schwarze Fühhörner, und über den weißen Vorder=

Tab.49. Vorderflügeln ein braunes Band hat. An der Wurzel des ersten Ringes befindet sich eine kleine weiße Binde. Die Hinterflügel sind ungeflekt. — Man findet sie im Julius auf der **roten Weide.**

Der Amerikaner.   Tenth. Americana.
Linn. S. N. 9.

Hat keine vollkommen keulförmige Fülhörner: ein schwefelgelbes Bruststük, blauen Hinterleib, schwärzliche Flügel, die an der Wurzel blau sind. Die Füße haben die Farbe des Bruststüks, aber die Schienbeine der hintern Füße sind schwarz.

Aus Amerika.

B. Mit fadenförmigen ungegliederten Fülhörnern.

Eigentlich bestehen diese Fülhörner aus drei Stükken, nemlich aus zwei ganz kurzen Gliedern am Kopf, auf welche das dritte und längste, meistens keulenförmige ungegliederte Stük folgt. Im übrigen sehen die Gattungen dieser Abtheilung den andern Blatwespen gleich.

Hierher werden folgende gerechnet:

fig.3. ### Das Glatthorn. (Die träge Drathblatwespe.) T. enodis.
Linn. S. N. 11.
Fabr.

Die Fülhörner sind keulenförmig, glatt und schwarz, das ganze Insekt aber mit Flügeln und Füßen schwarzblau, oder glänzend stahlblau, von Größe der T. Pini. — Die Larve ist grün mit einem weißgelblichen, aufgeworfenen, runzlichten Streifen an ieder Seite. Der Rükken ist mit schwarzen Punkten bedekt, in deren ieden ein Härchen stehet. Sie hat sechs Vorderfüße, zehn Mittel- und zwei Hinterfüße, welche 12 leztere Füße sehr klein sind. Gewönlich sizt sie nur auf den Vorderfüßen und streft den Hinterleib in die Höhe. Ihr Futter ist die Salweide. Sie geht zur Verwandlung in die Erde, macht ein weißgraues, ovales, vestes Gespinnst, liegt darinnen über Winter und geht im folgenden Junius aus.

Das Haarhorn.   T. ciliaris.
Linn. S. N. 12.

Sie ist so groß als die vorige, aber ganz schwarz, die hinterste Schienbeine ausgenommen, welche weiß sind. Die Fülhörner sind fadenförmig und unten mit kurzen Härchen besezt, davon sie den Namen hat.

Ist in Deutschland zu Haus.

Die Blatwespen.

Keulförmige amerikanische Drathblatwespe. T. clavicornis. Tab.49.
Fabr.

Die keulenförmige Fülhörner sehen gelblich aus, an der Wurzel aber
schwarz. Kopf und Brustschild sind schwarz und ungeflekt, der Leib gelb und
der After schwarz: die Füße gelb, die Schenkel aber schwarz. Die Vorderflügel haben einen braunschwarzen Randflekken.

Die Zweifarbige Drathblatwespe. Tenth. bicolor.

Sie hat die Größe der Tenth enodis. — Die Fülhörner werden auswärts
dikker, und haben außer den kleinen Wurzelgliedern, keine weitere Glieder. Sie
sind mit dem Kopf, Brustschild, Schenkel, After und einem großen Flekken
am äußern Rand der Mitte der Vorderflügel schwarzblau. Diese Flügel sind
ferner von der Wurzel bis zur Hälfte gelb, das übrige wasserfarbig; beide Farben trennt der obige Flekken, mit einem entgegengesezten gleich einer Binde.
Der Hinterleib und Schienbeine sind gelb.

Das Brandmahl. Tenth. ustulata.
Linn. S. N. 13.

Das Bruststük ist schwarz, der Hinterleib bläulich, die Schienbeine blaß-
farbig, die Flügel etwas rötlich mit einem braunen Brandmahl.

Ist in Europa zu Haus.

Die Bergblatwespe. Tenth. montana.
Scop. E. C. 724.

Das Männchen.

Solches ist schwarz, hat zwei gelbliche oder weißliche Hökker unter dem
Schildchen und eine schwarze Flügelrippe. Das Maul und die Freßspizzen sind
weiß. Die zwei Vorderfüße haben durchaus eine bleiche gelbe Farbe, hingegen
sind die hintersten nur an der Wurzel der Schenkel gelb. Der Hinterleib endiget
sich mit einer weißen Linie, und die Zeugungsglieder sind weiß bedekt.

Das Weibchen.

Uebertrift das Männchen an Größe. Auf beiden Seiten des Bruststüks
ziehet von der Wurzel der Flügel eine gelbe Linie gegen den Hals zu. Das
Maul ist gelb und die Fülspizzen weißlich. Wo die Füße bei dem Männchen
weißlich sind, haben sie bei dem Weibchen eine gelbe Farbe: an der Wurzel des
Hinterleibes befindet sich eine gelbe Binde und zwei Flekken auf beiden Seiten.
Endlich bedekken zwei gelbe Hökker das Zeugungsglied.

Tab. 49.

fig. 4.

C. Mit kammartigen Fülhörnern.

Der Wacholderfresser. Tenth. Iuniperi. Linn. S. N. 15.
Linn. S. N. 15. & Fn. Sv. 1541.

Die Tannensägfliege. Schaef. Abhandl. von Insekten.
Fabr. S. E. 10.
Sulz. Inf. t. 18. f. 110.

Das Männchen.

Länge 2 und eine halbe Linie.

Ist eine sehr kleine ganz schwarze Blatwespe mit gelben Füßen. Ihre Fülhörner, welche schwarz und federartig oder gekämmt sind, haben einen sonderbaren Bau und Einrichtung, wie in der vergrößerten fig. a* zu sehen. Sie haben einen starken Stamm, woran die Federn oder Seitenäste sich befinden. Diese sind in der Mitte am längsten, und nemen gegen oben und untenhin immer
mehr ab, daß der lezte Seitenast nur eine kleine Spizze ist. Die Flügel sind
nach Verhältnis des kleinen Insekts groß, kreuzen sich in der Ruhe und gehen
sodann über den Hinterleib hinaus. Sie sind durchsichtig und haben in der
Mitte einen schwarzen Flekken.

Das Weibchen.

Länge 4 Linien.

Ist dem Männchen gar unänlich. Es ist nicht nur größer, und hat einen
dikkern Hinterleib, sondern ist auch durchaus gelb und hat keine solche feder-
änliche Fülhörner, sondern sie sind sägeförmig und anstatt der Federn oder Seitenäste unter dem Vergrößerungsglas nur gezänelt, iedoch auch schwarz.

Das Merkwürdigste an demselben ist sein Geburtsglied, oder vielmehr das Werkzeug, das Messer und die Säge, womit es die Ober-
rinde des Tannen- oder Wacholderreißes aufzuschneiden und unter dieselbe eines seiner Eier in solchen Sägeschnit einzulegen pflegt, wie solches in der Vergrößerung an seinem lezten Teil des Hinterleibes fig.
b* c und d vorgestellet ist.

Dieses Werkzeug bestehet in einem Sägeblat und einem Messer,
so aber auch vorne an der Spizze etwas gezänt ist. Das Messerblat c
ist dikker als das untere Sägeblat, oben etwas gekrümmt und laust
spizzig aus. Vorne aber hat es eine Rinne, in welcher das Sägeblat einschließt und außer dem Gebrauch liegt. Das äußere Ende ist
mit ganz zarten Zänen eingeschnitten oder gekerbt, und man kann mit
dem Finger das Scharfe deutlich empfinden, wenn man daran auf-
und

und abfäret. Auch kann dieses Messer, das vorne eine solche Feile Tab.49.
hat, sich im Gebrauch auf= und abbewegen.

Will nun die Blatwespe ein Ei unter die zarte Rinde des Tannen=
zweigs sicher bringen, so sezt es die Spizze des Messers c fest auf,
oder bort sich vielmehr mit derselben eine kleine Oefnung in die Ober=
rinde. Alsdann sezt sie das andere Sägeblat d in Bewegung, und
macht den tiefern Einschnit auf das geschwindeste, legt sogleich das Ei
hinein, und begibt sich darauf auf andere Zweige, um gleiche Arbeit
zu verrichten, bis sie sich ihrer Eier sämmtlich entlediget hat.

Nach wenigen Tagen kommt aus dem Ei eine kleine Raupe, wel=
che sich heraus und auf die Tannen= oder Wacholdernadeln begibt,
wovon sie bis zu ihrer dritten Lebensperiode sich näret. — Der Kopf
dieser Afterraupe oder Larve des Wacholderfressers fig. e. ist rund= fig. e.
lich und glänzend schwarz. Der Leib hat 12 Ringe, die aber voller
Runzeln sind; die Grundfarbe ist grünlich, und mit schwarz gedüpfel=
ten und die Länge hinablaufenden Streifen gezeichnet. An den ersten
drei Ringen befinden sich unten die sechs spizzigen Füße, die schwarz
sind, und an den übrigen Ringen neun Paar stumpfe fleischige Füße
von gelblicher Farbe. — Diese Raupen leben in Gesellschaft, wie
viele Arten Schmetterlingsraupen; und zu dem Ende legt auch die
Blatwespe viele Eier in einen Tannen= oder Wacholderzweig, obschon
abgesondert, zu gleicher Zeit ein. Ihre Häutungen verrichten sie im
Freien, wobei sie sich an eine Tannen= oder Wacholdernadel festsezzen,
und nach und nach den Balg abstreifen.

Haben sie ausgefressen und ihr Alter erreicht, so verwandlen sie sich
an dem nemlichen Zweig. Die Raupe spinnet und klebet vermittelst
eines bei sich führenden vom Regen nicht aufzuweichenden Leimes an
einen Tannenzweig ein walzenförmiges, pergamentartiges und halb=
durchsichtiges Gehäuse fig. f. vest, und verschließt solches mit einem fig. f.
Dekkelchen. In diesem Gehäus gehet nun ihre Verwandlung im
Verborgenen vor sich, und wenn die Zeit ihrer neuen und lezten Auf=
erstehung vorhanden ist, so öfnet sie den Dekkel ihres Grabes, und
kommt als das vollkommene Insekt hervor.

Tab. 49.

Der Kienfresser.   Tenth. pini.

Linn. S. N. 14. & Fn. Sv. 1540.
Fabr. S. E. 11.
Geoff. Inf. 2. 286. 33.

Das Männchen.

Diese Blatwespe hat die Größe einer Wanze, ist schwarz, und hat braungelbe Schenkel und Schienbeine. Die Fülhörner haben eine spießförmige Gestalt und sind an den Seiten kammartig.

Das Weibchen.

Ist noch einmal so groß und greiß, und siehet dem Männchen nicht änlich. Das Brustftük ist etwas zotig. — Die Larve oder Raupe ist blau, an beiden Seiten braungelb, und näret sich auf den Fichtenbäumen.

Aus Schweden.

D. Mit gegliederten und etwas abgestuzten Fülhörnern.

Tab. 50.
fig. 1.

Der Kolibri.   Tenth. Colibri.

Länge 3 Linien.

Eine kleine gelbe Blatwespe mit breiten Flügeln. —
Der Kopf hat schwarze Augen und Ocellon, eine gelbe Oberlippe, die oben einen aufgeworfenen Saum hat: gelbe Freßzangen mit braunroten Zänen und Fülspizzen. Die schwarze Fläche des Kopfes, wie auch neben die Oberlippe und die Wurzel der Freßzangen sind mit kurzen glänzenden äußerst subtilen Silberhärchen besezt. Die schwarzen Fülhörner sind etwas kolbenförmig one Grundgelenk mit 11 Gliedern, davon das äußerste das dikfte ist. Der Brustschild ist schwarz, aber am Hals rotgelb und in der Mitte hat er einen größern gelben Flekken und darunter einen kleinern; die Bruft aber ist ganz gelb. Der Hinterleib ist mit dem Bruftftük verbunden und gleichsam zusammengewachsen Er ist breit und oval, ganz gelb und bestehet aus acht gleichen Ringen. Vom sechsten Ring gehet unten eine kurze Stachelscheide vor und reicher ein sehr weniges über den Leib. Das äußerste davon ist schwarz und ganz behaart, an der Wurzel aber gelb. Die Füße find auch gelb, aber iedes Gelenk der Füße vom Schienbein an, das zwei Torne hat, ist mit einem ganz schwarzen Flek umgeben. Die Klauen sind sehr zart, aber der Saugballen desto stärker. Die Flügel sind sehr groß und breit, und betragen drei und eine halbe Linie. Die großen Flügel sind am Rand von der Wurzel aus bis in den Flekken schwarz.

Der Landstreifer.   Tenth. rustica.

Linn. S. N. 16.
Geoff. Tom II. Tab. XIV. f. 5.

Eine schwarze Blatwespe mit gelben Leibringen. Sie hat ein weißliches
Maul,

Maul, auf dem Bruſtſtük neben an den Ekken bei dem Hals zwei gelbe Flek= Tab.50.
ken, einen dergleichen auf dem Schild, und einen ſchwarzen Hinterleib, deſſen
zweiter, fünfter und ſechster Ring gelbe Binden haben, wovon die beiden leztern
in der Mitte unterbrochen ſind. Die Füße ſind auch gelb und nur die hintern
Knie ſind ſchwarz.

E. Mit dratförmigen Fülhörnern von 7 — 8 Gliedern.

Dieſe Familie von Blatwespen iſt die zahlreichſte, aber auch eine
ſolche, wobei man ſehr vorſichtig ſein muß, daß man nicht aus einer
Gattung mehrere mache, weil ſie in ihren Farben ſehr variiren, beſon=
ders was den Sexus betrift. — Die Afterraupen, woraus ſie ent=
ſtehen, haben bald 20 bald 22 Füße.

Die Glukhenne. Tenth. pleiades. fig.2.

Eine ſchwarze Blatwespe mit roſtfärbigem Hinterleib. — Ihr Kopf iſt rot=
gelb mit braunroten Augen und einer aufgeworfenen roten Oberlippe, aber die
Freßzangen haben eine ſchwarze Spizze. Die Fülhörner haben 10 rote Glieder.
Das Bruſtſtük iſt ſchwarz und hat gegen innen am Hals einen rotgelben Saum.
Der Hinterleib hat ſieben Ringe, davon der erſte ſchwarz iſt, die übrigen aber
roſtfärbig und die Afterſpizze ſchwarz. An derſelben erſcheinen beim Männchen
drei ſubtile Zakken, und am Weibchen ein kleiner Stachel. Die Füße ſind roth
und haben ſchwarze Schenkeln, und die Flügel, welche groß ſind, glänzen dunkel=
blau und außen violet.

Iſt ausländiſch.

Der Grünrükken. Tenth. Viridis. fig.3.
Linn. S. N. 27. & Fn. Sv. 1554.
Fabr. S. E. 14.
Scop. Tenth. meſomela.

Länge 6 Linien.

Eine gelbgrüne Blatwespe von mitlerer Größe. — Die Augen ſind ſchwärz=
lich. Zwiſchen denſelben liegt ein großer ſchwarzer Flekken, und in demſelben
zwei gelbe Punkte nebeneinader. Die Fülhörner, welche gegen die Spizze ſich
verringern, ſind oben ſchwarz, unten und an der Wurzel etwas grüngelb. Der
Bruſtſchild iſt oben ſchwarz, an den Seiten gelbgrün, und in der Mitte mit
einigen gelben Strichen. Das Schildchen iſt gelb, oder erſtlich ein runder großer
gelber Punkt, unter dieſem ein dreiekkigter, und zu ieder Seite deſſelbigen ein
kleiner gelber Punkt, oft auch noch ein oder zwei kleine Punkte hinter dem Dreiek.
Der Rükken des Hinterleibes wird mit einem ſchwarzen Streifen bedekt. Der
ganze Körper unten und an den Seiten iſt grüngelb, wie auch die Füße, über
welche auf der Oberſeite eine ſchwarze ſchmale Linie nach der Länge ziehet. Die
Fuß=

Tab.50. Fußblätter sind schwarz geringelt. — Es finden sich auch welche, die auf dem Leibrükken keinen schwarzen Streif haben.

Der Ringelschlupfer.   Tenth. Bicincta.

Fig.4.

     Linn. S. N. 31.
     Fabr. S. E. 24.

           Länge 6 Linien.

Eine schwarz und gelbe Blatwespe. — Der Kopf ist schwarz, aber das Maul ist pomeranzengelb: Das Bruststük schwarz, wie auch der Hinterleib, die zwei mitlern Ringe aber pomeranzengelb, und an dem hintersten Ring ist das gelbe Band unterbrochen. Der After ist schwarz, wie auch die Füße, deren Schienbeine aber gelb sind.

Der Duzzent-punkt.   Tenth. 12 punctata.

Fig.5.

     Linn. S. N. 39.

Eine schwarzblaue Blatwespe, welche auf dem Hinterleib 12 weißliche Punkte hat. Die Schenkel sind rötlichgelb, die Fußblätter schwarz. Die Flügel haben einen Randflek.

Der Rosenriecher.   Tenth. rosae.

Fig.6.

     Linn. S. N. 30. & Fn. Sv. 1555.
     Fabr. S. E. 26.
     Scop. E. C. 722.
     Geoff. Inf. 2. 272. 4.

Das Weibchen.

           Länge 6 Linien.

Dieses hat einen kleinen schwarzen Kopf und schwarze keulförmige Fühhörner, (ob es schon Linne unter die mit dratförmigen Fühhörnern sezt). Das Bruststük ist auch schwarz, aber der Hinterleib ist pomeranzengelb, glatt und glänzend. Eben diese Farbe haben auch die Flügel, sind hell und durchsichtig, aber die Hauptnerve derselben ist schwarz.

Das Männchen.

Kommt mit diesem ganz überein, nur daß der Hinterleib geschmeidiger und nicht so dikke ist als des Weibchens. — Diese Blatwespe hat ihre Varietäten nach Größe und Zeichnung. Einige haben gelbe Ränder an schwarzen Ringen des Hinterleibes.

Diese Blatwespe macht mit ihrer im After verborgenen doppelten Säge in die Zweige der Rosenstökke, uns bis veilen in die Stachelbeerhekken hin und wieder einen Einschnitt, und oft in ziemlicher An-

zahl, in deren ieden sie ein einiges Ei legt. Aus demselben kommt Tab.56.
anfänglich eine grüne Afterraupe, welche bei ihrer onleztern Häutung blaulichgrün wird, mit neun Paar pomeranzengelben Flekken auf dem Rükken, und vielen erhabenen schwarzen Punkten dazwischen, und auch sonsten am Leibe, nebst einem gelben Kopf, wie fig. a. zei- fig. a. get. Bei der allerlezten Häutung aber wird sie ganz pomeranzengelb, behält aber ihre schwarze Punkte, nach fig. b. Diese After- fig. b.
raupe hat nebst den sechs schwarzen Vorderfüßen, die lang und aus-
gespreitet sind, noch zehn grünliche sehr kurze Bauchfüße und zwei
grüne Afterfüße. — Im Fressen und Benagen der Blätter, hält sie
den Leib stark in die Höhe, im Kriechen aber legt sie ihn gekrümmt
um das Blat, und hält sich dadurch veste.

Hat diese Afterraupe bis in Herbst gefressen, und ihre gehörige
Größe und Alter erreicht, so kriecht sie in die Erde, aber nicht tief,
und macht sich nächst bei der Oberfläche ein gelbbraunes eiförmiges
und hartes Gehäuse, fig. c., in welchem ein kleineres stekket, das fig. c.
man herausnemen kann, und ein zärteres und weißeres Gewebe ist(*).
Darinnen bleibet die Raupe den Winter über bis in den April,
Da sie ihren Raupenbalg vollends ablegt, und eine gelblichweiße
Puppe wird, die sich immer mehr färbet, und entwikkelt, bis sie nach
drei oder vier Wochen im Mayen als die vollkommene Wespe hervür-
kommt.

Jii 3

(*) Aus der Analogie der Naturtriebe der Insekten ist mutmaßlich, daß sich
diese Afterraupe durch ihr doppeltes Gehäuse für den Nachstellungen der
Ichneumons, die mit ihren Fühörnern wie die Buschklöpfer die Rizzen der
Mauren und Oefnungen der Erde untersuchen und ausspähen, sicher zu stellen sucht: so wie die sorgfältige und mütterliche Natur die Raupen verschiedener Arten Schmetterlingspfauen die Kunst gelehret hat, ihre Ver-
wandlungshülsen in Gestalt eines Trichters oder einer Fischreuse zu spinnen. In diese Fischreuse ist inwendig noch eine zweite Reuse sehr passend
angebracht, und zwar so sind die Fäden der innern nicht nur viel stärker als
der äußern, und gleichsam übersponnen oder gefranzet und steif, sondern sie
liegen auch alle nach einerlei Richtung und endigen sich an der Oefnung,
mit dem weiten Ende aber sind sie gegen das Inwendige der Hülse gekehrt,
so daß sich die Reuse dem Schmetterling, wenn er entwikkelt ist und heraus
will, eben so darstellet, als unsere Fischreusen den hineingehenden Fischen.
Folglich stellet sie sich dem Raubinsekt von außen so dar, wie die Fischreusen
den Fischen, die heraus wollen, aber nicht heraus können.

Tab. 50.
fig. 7.

Die Kleine. Tenth. minuta.

Eine der kleinsten Blatwespen, mit rötlichen Fülhörnern, schwarzem Kopf, Bruststük und Hinterleib und roten Füßen. Die Flügel sind zart und haben einen schwarzen Randflek.

Tab. 51.
fig. 1.

Die Randwespe. Tenth. marginata.
Länge 6 Linien.

Eine schwarz und gelbe Blatwespe. —

Die hervorspringende aufgeschwollene Augen sind schwarz, wie auch die Ocellen: die Stirne ist auch schwarz nebst den äußern Gliedern der Fülhörner. Diese haben ein kurzes ziemlich dikkes schwarzes Grundgelenk, welches auf einem schwefelgelben Gewerbknopf stehet. Auf dem Grundgelenk ist ein länglichtes schwarzes Gelenk, auf welchem sieben lange Glieder stehen, die aber nach und nach abnemen, so daß das äußerste nur den vierten Teil so groß ist, als das unterste. Die Vertiefung des Kopfes, worinnen die Fülhörner stehen, ist gelb, so wie auch die innere Seite des Kopfes und die Oberlippe, unter welchen zwei Freßzangen sich kreuzen, die ebenfalls schwefelgelb sind, und eine schwarze Spizze haben. Die zwei Paar Freßspizzen am Maul sind auch gelb. Der hökkerigte Brustschild ist schwarz innerhalb dem bogenförmigen Einschnit, der gegen den Kopf zu lauft, außerhalb demselbigen aber sind die Seiten gelb, so wie die ganze Brust und der Bauch. Hinter den Flügeln hat der Brustschild einen gelben Flekken und daran eine gebogte Querlinie und dahinter drei gelbe Punkte. Der platte Hinterleib ist mit dem Brustschild ganz zusammengewachsen, und hat acht schwarze Ringe mit einer gelben Bogeneinfassung. Die Füße sind an den Hüftbeinen ganz gelb: die Schenkel, und Schienbeine, die zwei Dorne haben, sind unten gelb und oben schwarz, wie auch die Fußblätter an den vördern Füßen, aber an den mitlern und hintern sind die Fußblätter ganz schwarz. Die Flügel sind gegen außenhin etwas bräunlich und haben einen schmalen Randflekken.

Ist in der Provence zu Haus.

Die Flügelrippe. Tenth. costalis.
Fabr. S. E. 25.

Eine kleine schwarze Blatwespe, mit siebengliedrigten Fülhörnern: einem schwarzen Leib, auf dessen After einige weißliche Striche befindlich. Die Rippe der Vorderflügel sind von der Wurzel bis zum braunschwarzen Randpunkt rostfärbig.

Wont in Deutschland.

Die Abartige. Tenth. degener.
Länge 7 und eine halbe Linie.

Eine schwarze Blatwespe mit rotem Hinterleib. —

Der Kopf ist schwarz, die eiförmige Augen dunkelbraun. Die Oberlippe,
welche

welche voll vertiefter Punkte und ganz rau ist, fängt schon oben auf der Stirne Tab. 51.
an: allda auf dem Wirbel stehet eine Erhöhung wie ein Schopf, worauf zwei
Linien, iede mit fünf erhabenen Punkten, sind, in deren vertieften Mitte, ein
kleines Aug und hinter denselben auf ieder Seite die zwei andern Ocellen befindlich sind. Die Oberlippe hat an den Nebenseiten an den Augen ein gelbes
Strichlein. Die Fülhörner kommen ganz ungewönlich unter der Oberlippe am
Maul hervor. Sie haben zwar ein kurzes, dikkes, schwarzes Grundgelenk, aber
machen doch keine fadenförmige noch lange Fülhörner, sondern es stehet auf dem
Grundgelenk ein beträchtlicher Gewerbknopf, in welchem sich sieben ungleich gestaltete Glieder bewegen, die etwas platt gedrukt und keulförmig sind. Die drei
ersten Glieder sind gelblichweiß, die drei folgenden schwarz und das äußerste an
der Spizze roth. Dieses lezte ist das längste und dikkeste, es hat oben zur Seite
einen Auswuchs, der gerade in die Höhe stehet und stumpf ist. Von den weißlichen Gliedern ist das dritte mitten unter den andern Gliedern das kürzeste.
Die Freßzangen stehen auch nicht, wie sonsten eingegliedert, sondern kommen
aus dem Maule gerade hervor, wie ein Rüssel und schließen wie eine hole Zange,
oder wie zwei aufeinandergelegte Hohlbohrer, und sind unten mit gelben glänzenden Haren besezt. Das Maul hat schwarze Freßspizzen. Das schwarze Bruststük hat auf dem Schild verschiedene Einschnitte. Unter andern laufen zwei von
den Wurzeln der Flügel an gegen den Kopf zu und machen einen spizzen Winkel,
und zwei laufen hinter den Flügeln auch in einem spizzigen Winkel zusammen.
Der fast zilindrische Hinterleib ist so mit dem Bruststük zusammengewachsen,
daß man fast nicht bestimmen kann, wo er anfängt. Es zeigen sich acht Ringe,
wovon die zwei ersten schwarz sind, und die übrigen sechs bräunlichroth. Die
zwei lezten haben unten am After einen regulären länglichten schwarzen Flekken,
mit einer starken Furche, in welcher ein zarter zwei Linien langer braunroter
Legestachel liegt, der von oben nur ein wenig zu sehen ist. Die Füße haben
schwarze Schenkel, aber ein weißes Knie. Die Schienbeine sind oben weiß,
und unten schwarz; an dem vordern Paar Füße aber gehet der weiße Strich nur
bis an die Mitte, sämmtlich haben einen kurzen Dorn, mehrere klenere aber
sind an der Kante der Schienbeine her. Die Fußblätter sind bräunlichroth.
Die Flügel sind an der äußern Hälfte dunkel und schwärzlich, und haben eine
weißliche helle Spizze und zwei dergleichen zusammenfließende Flekken in der
Mitte des schwarzen Teils.

Aus der Provence.

Der Rotfuß. Tenth. rufipes. Fig. 3.

Länge 5 Linien.

Eine schwarze Blatwespe mit zinnoberroten Füßen. — Der Kopf und das
Bruststük ist schwarz, und der Hinterleib dunkelviolet glänzend: die Augen
sind hoch und stark hervorspringend. Die Oberlippe ist gedoppelt; die obere ist
glänzendschwarz, und die untere ist gelb. Die Fülhörner haben zwar ein kurzes
Grundgelenk, sie sind aber doch nicht fadenförmig, sondern haben sieben Glieder, davon das erste ziemlich lang ist, und die übrigen sich gegen außen hin
etwas dikker machen. Der schmale Hinterleib ist mit dem Bruststük in einer

Dikke

Tab.51. Dikke zusammengewachsen und hat acht Ringe, wovon der lezte sich zuspizzet. An dem sechsten Ring am Bauch gehet ein kleiner Legstachel hervor. Die Füße haben sehr dikke glänzendschwarze Hüftbeine und zinnoberrote Schenkel und Schienbeine, und schwarze Fußblätter. Die Flügel haben einen Rand=flekken.

Die Bandwespe.   Tenth. fasciata.
Scop. E. C. 727.

Eine schwarz und gelbe Blatwespe. — Die Fülhörner sind an der Wurzel gelb, wie auch die Fülspizzen, das Maul und zwei Punkte unter dem Schild=chen. Auf dem ersten Ring des Hinterleibes ist ein gelbes halbzilindrisches Band, das unten nicht herumgehet, und die Hälfte dieses Ringes einnimmt: auf dem fünften Ring ist ein anderes gelbes Band, das den Ring oben und unten bedekket. Die Füße sind gelb, ausgenommen die hintersten Knie schwarz.

Der Blutschild.   Tenth. haemotodes.
Schr.
Länge 3 und eine halbe Linie.

Sie ist ganz schwarz, der Brustschild auf beiden Seiten vor den Flügeln roth. Die Flügel haben schwarze Adern und einen solchen Randflek.

Der Weißring.   T. livida.
Linn. S. N. 32. & Fn. Sv. 1557.
Fabr. S. E. 22.

Hieher mag auch des Fabricius T. albicornis und Scopoli T. solitaria gehören. — Das Bruststük ist schwarz, um den Hinterleib aber gehet ein weiß=ser Gürtel.

Sie hält sich auf den Rosenstökken auf.

Der Nezflügel.   T. nassata.
Linn. S. N. 38.
Fabr. S. E. 16.

Sie ist orangegelb: die Augen und Ocellen schwarz: die Fülhörner, wel=che aus sieben Gliedern bestehen, rostfärbig: der Mund gelblich: das Schild=chen weiß, und unter demselben schwarze Flekken mit vier weißen Punkten. Die Flügel blaß und braungeadert, mit einem weißen Randflek, dabei ein größerer schwarzer ist. Die Füße sind gelb.

Die Braunfliege.   Tenth. punicea.
Mouche à Scie à larve noire.
Dageer Inf. II. t. 38. fig. 2 — 4.

Diese Blatwespe hat beinahe die Größe der Stubenfliege und ist ganz braunroth.

braunroth. — Die Augen und Fülhörner sind schwarz, leztere halb so lang Tab.51. als das Inſekt. Am Bruſtſchild iſt oben und unten ein großer ſchwarzer Flek, und auf dem Vorderteil ſchwarze Querſtreifen. Die Füſſe ſind dunkelgelb, die Fußblätter braun. Die Flügel haben einen länglichten dunkelgelben und grüngelblichen Randflek.

Die Afterraupe dieſer Blatwespe hat 20 Füße, iſt ſchwarz, die Füße aber weißgraulich. Sie frißt an den Ränden der Salweidenblätter, und ſpinnt ſich in ein ovales, dünnes, braunes Geſpinnſt in einem Blat auf der Erde ein.

Der Braunwurzſchlüpfer. T. Scrophulariae.
Linn. S. N. 17. & Fn. Sv. 1545.
Fabr. S. E. 12.
Müll.

Eine ſchwarz und gelbe Blatwespe, welche im Junius zum Vorſchein, von Geſtalt und Größe wie eine Weſpe. — Der Kopf iſt ſchwarz, das Maul oben gelb und eine gelbe Linie unter iedem Auge. Die Fülhörner haben ſieben Glieder, ſind keulförmig und rotgelb. Der Bruſtſchild iſt ſchwarz mit einer gelben Linie zu beiden Seiten vor den Flügeln; an den Wurzeln derſelben iſt ein gelber Punkt und unter dem Flügelgewerb ein gelber Flek. Die Spizze des Bruſtſchildes hat einen doppelten gelben Flek, einer hinter dem andern. Die neun Ringe des Hinterleibes, der zweite und dritte ausgenommen, haben einen gelben Saum, aber unten am Bauch ſind ſie alle gelb eingefaßt. Die Schenkel ſind ſchwarz, die hintern Schenkel aber haben an der Wurzel einen gelben Flekken. Die Schienbeine ſind roth. Die Flügel haben eine rotgelbe Randader und ſolchen Randflek.

Das Männchen,
Hat an den Hinterſchenkeln innerhalb eine gelbe Linie, das Weibchen einen kurzen Stachel.

Die Larve iſt wie ein Federkiel dik, weiß mit einem ſchwarzen Kopf, und hat 22 Füße. Ihr ganzer Rükken iſt mit ſchwarzen Punkten beſezt. — Sie frißt auf der Braunwurz, und verwandelt ſich in der Erde. Um Johannis durchbricht ſie ihr Gehäus.

Der Nordſchlupfer, die breitfüßige Blatwespe. T. septentrionalis.
Linn. S. N. 36. & Fn. Suec. 1558.
Fabr. S. E. 28.
Degeer Inſ. II. t. 37. f. 24 — 28.

Eine ſchwarze Blatwespe mit braunrotem Hinterleib, die ſich im May
zum

Tab.51. zum erstenmal zeigt. — Der Kopf und die Fülhörner, welche so lang als der Körper, sind schwarz, desgleichen der Brustschild. Der Hinterleib ist braunroth, an der Wurzel schwarz, oft auch am After schwarz. Die Füße sind braunroth. Die hintersten Schienbeine sind an der Wurzel weiß, an der Spizze breit und schwarz, auch die Fußblätter sind breit und schwarz.

Die Afterraupe hat 20 Füße und ist meergrün, der erste und lezte Ring aber gelb, der Kopf und der After schwarz. Ueber und unter den Luftlöchern hat sie rundliche erhobene schwarze Punkte. — Sie wont gesellig auf den Birken, gehet in die Erde und spinnt sich allda zu ihrer Verwandlung ein einfaches, schwarzes, ovales Gespinnste, das sie im May durchbricht.

Der Buntflügel.   Tenth. flava.
Scop. E. C. 731.
Fabr. S. E. T. flavicornis.

Eine schwarz und gelbe Blatwespe, welche viel änliches mit T. abietis Linn. hat. — Der Kopf ist schwarz, die Fülhörner und das Maul orangegelb. Der Brustschild ist roth mit etwas schwarz eingefaßt, unten die Brust aber schwarz. Die fünf ersten Ringe des Hinterleibes sind orangegelb und der After schwarz. An der Wurzel der Hinterschenkel stehet ein weißlicher Punkt. Die Flügel haben gegen außen einen dunklen Schatten.

Die dikke Blatwespe.   T. crassa.
Scop. E. C. 730.

Sie ist schwarz und hat einen dikken Körper. Die Spizzen der Fülhörner und die Fülspizzen sind roth, und unter dem Brustschild sind zwei rote Punkte. Vor der Wurzel sämmtlicher Schenkel stehet ein weißgrünlicher Flekken. Die Schienbeine und Fußblätter sind roth. Die Flügel sind gegen das Ende dunkler.

Der Dikschenkel.   T. dealbata.

Eine schwarz und weiße Blatwespe. — Auf dem schwarzen Brustschild stehet vor dem Flügelgewerb ein weißer Flek. Die schwarzen Ringe des Hinterleibes sind sämmtlich an den Seiten breit weißgerändelt, unten aber hat der Bauch einige weiße Ringe. Die Füße sind rostfärbig, und die Schenkel an der Wurzel schwarz. Die hintersten Schenkel sind dik, weiß und an der Wurzel schwarz.

Das gelbe Doppelband.   Tenth. bicincta flava.
Geoffr. La Mouche à Scie à deux bandes jaunes.

Eine schwarz und gelbe Blatwespe. — Der Kopf ist schwarz, das Maul und die Wurzel der Fülhörner gelb. Auf dem Brustschild ist vor dem

dem Flügelgewerb ein gelber Strich. Der Hinterleib ist schwarz, der fünfte Tab. 51. Ring aber und der Rand des ersten gelb, so wie auch der Bauch. Die Füße sind gelb, die Knie aber schwarz. Die Flügel haben schwarze Adern.

Man siehet sie hauptsächlich auf den Schirmblumen.

Die dunkle Blatwespe. T. opaca.
Fabr. S. E. 31.

Sie hat die Statur der T. blanda, und ist ganz schwarz, nur hat sie einen roten dreiekkigten Flekken auf beiden Seiten an der Spizze des Brustschildes.

Sie ist in Schweden zu Haus.

Die durchsichtige Blatwespe. T. pellucida.
Müller.

Sie ist schwarz, die Spizze der Fülhörner weiß, der Hinterleib und Füße rostfarbig. S. Schäffers Ins. t. 115. fig. 4.

Die Ellernblatwespe. T. alneti.
Länge 5 Linien.

Eine schwarz und gelbe Blatwespe. — Der Brustschild ist rotgelb, der Hinterleib oben schwarz und an den Seiten gelb, die Spizze des zweiten Ringes aber ganz gelb. Die Füße sind gelb. — Sie hat viel änliches mit T. viridis und Rapae.

Der Erlennager. T. Alni.
Linn. S. N. 29.
Fabr.
Müll.

Eine Blatwespe mit ganz schwarzem Hinterleib. — Kopf und Brustschild ist roth: die Vorderfüße ziegelfarbig. — Sie kommt der T. ovata sehr nahe.

Die Larve ist auf den Erlen, siehet gelb, hat einen schwarzen Kopf und 20 Füße.

Die englische Blatwespe. T. blanda.
Fabr. S. E. 20.

Eine schwarze Blatwespe mit rotem Hinterleib. — Sie ist eine von den großen — Der Kopf ist schwarz, und dessen Glieder, aber unter den Fülhörnern liegt ein blasser Flekken. Der zweite, dritte, vierte und fünfte Ring des
Hinter=

Tab.51. Hinterleibes ſind vorne roth. Die Hinterſchenkel haben an der Wurzel einen länglichen weißen Flekken.

Wont in England.

Der Feldſtreicher.   T. campeſtris.

Linn. S. N. 25.

Eine ſchwarze Blatweſpe von mitlerer Größe. — Die Fülhörner ſind orangegelb, und vor den Augen iſt ein Roſtpunkt. Der Bruſtſchild iſt orangegelb. Der Hinterleib iſt gleichfalls gelb, die Wurzel aber und der After ſchwarz. Die Schenkel ſind ſchwarz, die Schienbeine und Fußblätter orangegelb. Die Flügel haben einen roſtfarbigen Randflek.

Der Tannennager.   Tenth. abietis.

Linn. S. N. 18. & Fn. Sv. 1545.

Scop. Ent. Carn. Tenth. ſolitaria.

Fabr. S. E. 20.

Die Fülhörner haben ſieben Glieder. Das Bruſtſtük iſt ſchwarz, und über den Hinterleib gehen vier roſtfärbige Bande, die bei einigen pomeranzengelb ſind. —

Ihre Larven und Raupen nären ſich von Fichten und Tannen.

Der Mohr.   T. nigra.

Linn. S. N. 34.

Fabr. S. E. 32.

Sie iſt von mitlerer Größe und ganz ſchwarz. — Degeer Inſ. II. II. t. 39. f. 1 — 11. beſchreibet auch eine kleine ſchwarze Blatweſpe, die aber gelbe Füße hat und verweiſet auf Linnei Faun. Suec. edit. 1. n. 943.

Die Bandweſpe.   T. ligata.

Müll.

Eine ſchwarz und rote Blatweſpe. — Der Hinterleib iſt roth, an der Wurzel aber und dem After ſchwarz. — Sie variirt teils mit ganz ſchwarzen Schienbeinen und Fußblättern, teils mit roſtfarbigen an den Vorderfüßen. Von dieſer Art, welche einen roten Ring um den Leib haben, gibt es mehrere und ſcheint alſo dieſe zu einer oder der andern Art zu gehören.

Die Gelbader.   T. fulvivena.

Schrank.

Sie iſt ſchwarz und die Spizzen der Ringe des Hinterleibes haben eine bleiche Milchfarbe. Die Oberlippe, der äußere Rand der Vorderflügel und der Randflek ſind ſafrangelb. —

Schrank hält Fabricii T. coſtalis für dieſe.

Das Merkmahl.   T. notata.
Müll.

Sie hat orangegelbe Farbe: der Kopf und der Bruſtſchild oben und unten einen ſchwarzen Flekken. —

Sie kommt viel mit Linnes T. Roſae überein.

Die Gelbfüßige.   Tenth. flavipes.
Geoffr. La Mouche à Scie à ventre & pattes fauves.

Das Männchen hat gelbe, das Weibchen ſchwarze Fülhörner und einen ſchwarzen Kopf mit gelbem Maul. Beide haben einen ſchwarzen Bruſtſchild mit einigen gelben Punkten am Ende, doch hat das Männchen mehrere. Der Zinterleib iſt roſtfärbig, bei dem Weibchen ſind aber die erſten Ringe ſchwarz. Die Bruſt unten iſt bei dem Männchen gelb, bei dem Weibchen ſchwarz. Die Füße haben die Farbe des Leibes. Die Adern der Flügel und der Randflek ſind ſchwarz.

Die Ringelweſpe.   T. cingulata.
Scop. E. C. 726.

Länge 3 und dreiviertel Linie.

Eine ſchwarz und gelbe Blatweſpe. — Das Maul iſt ſchwarz, die Fülſpizzen aber gelb. Auf dem Bruſtſchild ſind unterhalb zwei gelbe Punkte. An der Wurzel des Zinterleibes befindet ſich ein dreieckigter gelber Flekken, und der fünfte Ring iſt gleichfalls gelb. Die Zinterſchenkel ſind auf der obern Seite gelb, die Schienbeine roth.

Der Weißringel.   T. annularis.
Schr.

Geofr. La mouche à Scie à antennes blanches au bout.

Länge 6 Linien.

Sie hat einen walzenförmigen Leib und iſt glänzend ſchwarz. — Die Fülhörner ſind an der Spizze weiß. An der Wurzel des Zinterleibes iſt ein weißer Flek: desgleichen einer an der Wurzel der Zinterſchenkel. Die übrigen Schenkel ſind roſtfärbig.

Die Zeichenweſpe.   T. Signata.
Scop. E. C. 732.

Länge 4 Linien.

Sie iſt ſchwarz und hat zwei gelbe Punkten unter dem Bruſtſchild, und einen weißen Flekken an der Wurzel der Zinterſchenkel. Die Vorder- und Hinterſchenkel mit den Fußblättern der leztern ſind gelblich. Die Hauptader der Flügel iſt braun.

Tab.51.

Der Halbgürtel.   T. semicincta.

Schr.

Eine schwarz und gelbe Blatwespe. — Das Maul ist gelb. Der ganze dritte Ring des Hinterleibes ist gelblich, der vierte aber nur an der Seite, und der After ist gelblich. Die Füße sind gelb. Die Schenkel haben obenher eine schwarze Linie und die hintersten Schienbeine eine schwarze Farbe.

Der Kirschblatwikler.   T. Cerasi.

Linn. S. N. 20.

Fabr. S. E. 15.

Müll.

Degeer Inf. II. II. p. 269. n. 23. t. 38. f. 16 — 25.

Schr. Die gelbfüßige Blatwespe, T. flavipes.

Eine schwarze Blatwespe, deren Füße aber sämmtlich eine bleiche oder gelbe Farbe haben. Linne fügt noch ein gelbes Schildchen hinzu, welches andere nicht angeben.

Die Afterraupen dieser Art, welche auf Kirschen, Weißdorn, Birnbäumen rc. vorkommen, sehen kleinen, schwarzen, nakkenden Schnekken änlich, daher sie auch Degeer Mouche à Scie de la larve limace nennet. Obenher sind sie dunkelgrün, der Kopf schwarz, sonst mit einer klebrichten Feuchtigkeit überzogen, welche einen üblen Geruch hat, womit sie sich vor der Sonne schüzzen und an den Bäumen vesthälten. Sie haben 20 Füße, und verwandlen sich im October in der Erde, da sie im folgenden Jahr als Blatwespen hervorgehen.

Die Kohlwespe.   T. carbonaria.

Scop. E. C. 733.

Sie ist ganz und glänzend schwarz. — Die Fülhörner sind ein und eine halbe Linie lang. Jeder Ring des Hinterleibes ist oben auf ieder Seite mit einem eingedrukten Punkt bezeichnet. Der Stachel ist roftfärbig und gerade. Die Flügel sind braun, durchsichtig und haben einen schwarzen Randflek. — Im April läßt sie sich auf dem Helleborus sehen.

Der Braunflek.   T. nigricans.

Mouche à Scie à larve dos verd. Degeer Inf. II. II. t. 38. f. 8 — 10.

Der Kopf und die Fülhörner sind graublaßgelblich; auf dem Kopf selbst stehet ein brauner Flek. Der Brustschild und Hinterleib sind obenher braunschwarz,

schwarz, unten und an den Seiten graublaßgelblich. Die Flügel haben einen Tab.5x. kleinen gelben Randflek.

Die Afterraupe hat 20 Füße; frißt im August in der Mitte der Birkenblätter. Sie ist hell und durchsichtig grün, der Kopf blaß okkergelb mit zwei schwarzen Augen. Die Ringe sind fein weiß gerimpelt. Sie gehen in die Erde zur Verwandlung und im folgenden Jahr als Blatwespen hervor.

Die Tannenblatwespe. T. abietina.

Mouche à Scie du Sapin. Degeer Inf. II. II. t. 38. f. 5 — 7.

Diese Blatwespe ist klein, hat aber lange Fülhörner. Sie ist obenher schwarz, unten grünlich. Die Fülhörner sind schwarz und an ieder Seite des Brustschilds, nahe am Kopf ist ein grünlicher Flek. Die Füße sind grünlich mit Schwarz gemischet. Die Flügel sind schwärzlich. — Die Männchen sind grüngelblicher als die Weibchen.

Die Afterraupe, welche im May auf Tannen frißt, hat 20 Füße. Sie ist dunkelgrün und sehr runzlicht. Sie geht im Junii in die Erde und im folgenden Jahr als Blatwespe hervor. An den Tannen thut die Larve großen Schaden.

Die Rosenblatwespe. T. temula.

Scop. E. C. 725.

Sie ist schwarz. Das Maul gelb, unter dem Schildchen sind zwei gelbe Punkte. Auf dem schwarzen Hinterleib ist der dritte Ring gelb, und der vierte hat neben einen dergleichen Flek. Die Vorder- und Mittelschenkel haben nebst den sämmtlichen Schienbeinen eine gelbliche Farbe. Der Bauch ist durchaus schwarz. Die Vorderflügel haben eine schwarze Randlinie, und die Hauptnerve ist rostfärbig.

Die Rostwespe. T. ferruginea.

Müll. S. Schäfers Inf. t. 191. f. 2. 3.

Sie ist fuchsroth, und die Spizze der Fülhörner weiß. Der Kopf, der gelbgeflekte Brustschild und die Hinterschenkel sind schwarz.

Der Rotbauch. T. fulviventris.

Scop. Ent. Carn. 736.

Fabr. S. E. 21. T. germanica.

Der Kopf und die Fülhörner fallen ins Stahlblaue. Der Brustschild und

Tab.51. und der Hinterleib ſind roth und die Bruſt und die Füße ſchwarz. — Scopoli gibt dieſer Art bald einen roten, bald ſchwarzen, bald ſchwarz und roten Bruſt‌ſchild, und den Schienbeinen eine rote Farbe.

Der Gelbfuß.   T. fulvipes.

Scop. E. C. 728.

Eine ſchwarz und gelbe Blatweſpe. — Die Fülhörner ſind oben ſchwarz unten aber rotgelb. Eine Linie um die Augen, die Wurzel der Freß‌zangen, die Fülſpizzen und die Oberlippe ſind blaßgelb. Der Bruſtſchild hat auf ieder Seite vor den Flügeln eine gelbe Linie, und unter dem Schild‌chen zwei gelbe Punkte. Der Hinterleib hat an den Seiten eine gelbe Linie, der dritte, vierte, fünfte und die Hälfte des ſechſten Ringes ſind rotgelb und etwas durchſichtig. Die Schenkel und Schienbeine haben eben dieſe Farbe, die Fußblätter aber eine ſchwärzliche. Zwiſchen den vordern und mitlern Schenkeln ſteht auf ieder Seite ein gelber Punkt. Die Flügel haben einen kleinen ſchwar‌zen Randflek.

Der Rotfuß.   T. rufipes.

Linn. S. N. 24.

Eine ſchwarze Blatweſpe mitlerer Größe mit zwei Leibringen. — Die Oberlippe iſt gelb und zugeſpizt. Der Hinterleib hat zwei Ringe, der erſtere iſt rotgelb, der hinterſte orangegelb. Die Füße ſind rotgelb, die Fußblätter aber ſchwarz. Die hinterſten Schienbeine ſind an der Wurzel ſchwarz.

Das Rotknie.   T. nigrata.

Müll.

Fabr. T. Gonogra.

Geoffr. La Mouche à genoux fauves.

Länge 4 Linien.

Sie iſt ſchwarz mit einem aſchgrauen Schimmer. Die Schenkel ſind von der Mitte bis an das Knie und die Schienbeine von da bis in die Mitte roth.

Die Kreuzweſpe.   T. cruciata.

Geoffr. La Mouche à Scie porte-cœur.

Der Kopf und die Fülhörner ſind ſchwarz, die Oberlippe aber gelb. Der Bruſtſchild iſt ſchwarz, und hat an der Spizze einige weiße Punkte, erſt einen großen und darunter vier kleinere in einem Kreuz. Die drei erſten Ringe des Hinterleibes ſind ſchwarz, das übrige rotgelb, wie auch die vier vorderſten Füße mit ein wenig Schwarz gemiſcht; die Hinterfüße aber ſind ganz ſchwarz. Die Flügel haben braune Adern und dergleichen Randflek. — Auch dieſe Art variiret ſehr. Es gibt einige, die einen völlig rotgelben Leib, Füße und Fülhör‌ner haben, andere, welche zwar ſchwarze Fülhörner, aber ſechs rotgelbe Füße haben.

Der Rübenschlupfer.   T. Rapae.
Linn. S. N. 35.

Tab.51.

Diese Art ist klein und schwarz. — Der Kopf und Brustschild ist schwarz und mit Weiß geschekt, die Fülhörner aber ganz schwarz. Die Leibringe sind an den Randen subtil gelb, der Bauch unten größtenteils weiß. Die Füße sind weiß, von außen aber schwarz. Der Rand der Flügel ist bis an den Punkt oder gewönlichen Flek schwarz.

Der Kessel.   T. fuliginosa.
Schr.

Länge 3 Linien.

Sie ist ganz schwarz, die Füße braun, die Flügel rußig, und die Abern nebst dem Randflek schwarz. — Schrank hält sie für T. Morio Fabr. 41.

Die Schwarzblaue.   Tenth. violacea.
Geoffr. La mouche à Scie noire.

Die Fülhörner sind schwarz, der übrige Körper schwarzblau. Der erste und lezte Ring des Hinterleibes haben oben in der Mitte einen gelben Flek. Die Füße und die Oberflügel sind gelb, mit ein wenig Rotgelb.

Der Köler.   T. atra.
Linn. S. N. 26. & Fn. Sv. 1554.
Fabr. S. E. 23.
Sulz. T. I. tab. 18. f. 112.
Scop. E. C. 729.
Geoff. Inf. 2. 283.

Eine ganz schwarze Blatwespe von mitlerer Größe. — Sie hat lange Fülhörner, eine gelbe Oberlippe, auf ieder Seite des Brustschildes ein gelbes Strichlein vor den Flügelgewerben. Die Fußblätter sind schwarz. Der Gewerb= knopf der Flügel ist so, wie die Flügel selbst, rotbraun.

Der Schwarzrükken.   T. Mesomela.
Linn. S. N. 22.
Scop. E. C. 723.

Die Augen und die Fülhörner sind schwarz. Die Spizze des Schild= chens ist weißgelb, worin ein gelber Flekken und zu dessen Seiten zwei kleine blas= se Punkte stehen. Der Leib ist unten gelb, oben schwarz mit blassen Linienbo= gen, oder ieder Ring ist mit einem großen halbzirkelförmigen Flekken, der am Hintern und Seitenwand blaß eingefaßt ist, bedekt. Die Schenkel und Schien= beine sind blaß, nach hinten schwarz. Die Flügeladern und der längliche Randflek sind schwarz. —

Tab. 51. Scopoli's Beschreibung weichet in verschiedenem von der Linneischen ab. Die Seinige hat einen gelben Kopf, schwarze Augen, einen schwarzen Flek zwischen den Augen, worinnen zwei gelbe Punkte befindlich. Der Brustschild ist oben schwarz und gelb geflekt. Das Schildlein gelb und auf beiden Seiten darunter ein gelber Punkt. Der Hinterleib ganz gelb, aber oben in der Mitte eine schwarze Linie herunter. Die Füße sind gelblichgrün. Die Flügelrippe gelblich.

Der Gelbflügel. Tenth. crocipennis.

GEOFFR. La Mouche à Scie noire à ailes jaunes.

Der Körper ist schwarzblau. Die Schienbeine und Fußblätter und die Vorderflügel safrangelb, der Randflek braun.

Das Dreiband. T. tricincta.

GEOFFR. La Mouche à Scie à trois bandes jaunes.

Die Oberlippe, ein Strichgen vor den Flügeln an den Seiten des Brustschildes, der erste, fünfte, sechste und lezte Ring des Hinterleibes und die Füße sind gelb. Die Knie und die Fußblätter der Hinterfüße sind schwarz. Die Flügel braun.

Das Schwarzband. T. nigricincta.

GEOFFR. La Mouche à Scie à deux bandes noires sur le ventre.

Die Fühlhörner sind an der Wurzel gelb, ingleichen die Oberlippe, ein Flekken vor den Flügeln an der Seite des Brustschildes, ein Punkt an der Spizze desselben, und die Ringe des Leibes, den zweiten, dritten und fünften ausgenommen, die ganz schwarz sind und zwei schwarze Bänder formiren. Die Füße sind gelb, die Fußblätter schwarz, auch die Adern der Flügel haben eine rotgelbe Farbe.

Der Gelbstrich. Tenth. lineata.

GEOFFR. La Mouche à Scie à ventre rayé.

Kopf, Fühlhörner, daran das Grundgelenk etwas gelb ist, Brustschild, zu dessen Seiten vor dem Gewerbe der Flügel ein gelbes Strichlein, und an der Spizze zwei gelbe Punkte stehen, und der Hinterleib, daran alle Ringränder gelb sind, haben eine schwarze Farbe. Die Füße sind auch rotgelb. Die Wurzel schwarz. Die Flügeladern und der Randflek schwarz.

Das Gelbband. T. flavifasciata.

GEOFFR. La Mouche à Scie noire à pattes rouges.

Die Oberlippe ist gelb: vor den Flügeln an den Seiten des Brustschildes ist ein gelbes Strichlein: auf den lezten Leibringen stehen einige gelbe Flekken.

Der

Der dritte und vierte Ring aber ist ganz rotgelb. Die Füße sind roth mit gel=Tab.51. ber Wurzel. Die hintersten Fußblätter sind schwarz.

Der Rotring. T. flavida.

GEOFFR. La Mouche à Scie noire à pattes jaunes.

Die Fühlhörner und Oberlippe und ein Strichgen vor dem Gewerbknopf ber Flügel sind gelb. Auf dem ersten und den zwei lezten Leibringen sind gelbe Flekken. Der dritte, vierte und fünfte Ring aber sind rotgelb.

Die Ungeflekte. T. incolorata.

GEOFFR. La Mouche à Scie noire bleuâtre.

Sie ist ganz schwarzblau, und die Flügel schwarz.

Der Rundrükken. T. Ovata.

Linn. S. N. 28. & Fn. Sv. 1553.
Fabr. S. E. 17.
Degeer Inf. II. II. t. 35. f. 1—10.

Länge 4 Linien.

Eine schwarze Blatwespe mit einem großen braunroten Flek auf dem Brustschild. — Der Körper ist kurz und dik, eiförmig, schwarz, nur der Brust= schild hat oben einen großen braunroten und die Schenkel bei dem Gelenke einen weißlichen Flek. Die Adern der Flügel und der Randflek sind schwarz.

Die Afterraupe hat 22 Füße, wont auf der untern Seite der Erlenblätter, die sie mitten durchschneidet, ist seladongrün, oben ganz dicht mit einer weißen zarten Wolle bedekt, die sich abpinseln läßt, auf dem Kopf ist ein großer schwarzer runder Flek und schwarze Augen. Bei der lezten Häutung hat sie kein wolligtes Wesen mehr, geht aber bald darauf in die Erde, sich einzuspinnen. Das geschiehet im August. Im September kommt die Blatwespe hervor, die spätern liegen über Winter.

Die Puderwespe. T. pulverulenta.

Mouche à Scie poudrée.
Degeer Inf. II. I. t. 34. f. 20—23.

Die Fühlhörner sind kurz und schwarz. Alle Ringe des Hinterleibes sind weiß gerändet, und an ieder Seite scheidet ein weißer Streif den Rükken von dem Bauch. Die Schenke sind braunroth, die Schienbeine und Fußblätter hell= braun: die Flügeladern und Randflek gelblich.

Tab. 51.   Die Larve hat 22 Füße, wohnt auf den Erlen, ist seladongrün und weiß gepudert.   Nach der lezten Häutung siehet man kein Puder mehr, sie ist alsdann agatgrau, der Kopf hellbraun mit einem großen schwärzlichen Flek.   Sie gehet in die Erde zu ihrer Verwandlung, und liegt über Winter.

Die Gürtelwespe.   Tent. zonata.
Mouche à Scie à ceinture rouſſée.
Degeer Inſ. II. II. t. 35. f. 14 — 18.

Kopf, Fühhörner und der Hinterleib sind schwarz.   Die zwei Mittelringe und die Hälfte des dritten sind gelbbraunroth.   Die Schenkel sind schwarz, an beiden Enden weiß.   Die Schienbeine und Fußblätter braunroth, die Flügel etwas bräunlich, der Rand der obern braun und auch dessen ovaler Flek.

Die Larve hat 22 Füße, und frißt an Rosen.   Ihr Kopf ist okkergelb, die Augen schwarz, der Rükken dunkelgrün, der Bauch weißgraulich, übrigens mit vielen weißen Körnern in Querlinien besezt.   Im September gehet sie in die Erde, und die Blatwespe kommt im Junius hervor.

Der Braunflek.   T. fuscata.
Mouche à Scie à larve à mamelons.
Degeer Inſ. II. II. t. 37. f. 1 — 11.

Sie hat einen schwarzen Kopf und gelbe Oberlippe.   Die Fühhörner sind braun.   Der Brustschild ist schwarz mit einem gelben Streif an den Seiten.   Der Leib ist okkergelb, oben mit einer Reihe brauner Flekken, die dicht aneinander liegen.   Die Füße sind dunkelgelb, und die hintersten schwarz.

Die Larven haben 20 Füße, leben gesellschaftlich an den Salweiden.   Sie sind hellgrün und grüngelb, über den Rükken ziehen drei schwarze aus Flekken zusammengesezte Streifen.   An den Seiten sind sie schwarz punktirt, der Kopf glänzend schwarz, die Vorderfüße grün und schwarz geflekt, die übrigen grüngelblich.   Bei ihrer Berürung stoßen sie unten zwischen den fünf ersten Paar Bauchfüßen fünf orangegelbe Warzen hervor, welche einen üblen Geruch von sich geben, zum Gebrauch wider ihre Feinde.   Auf dem Schwanz ist ein großer glänzender schwarzer Flekken und am Ende zwei schwarze Spizzen.   Sie gehen im August in die Erde und liegen über Winter.

Die Birkenblatwespe. T. betulae. Tab. 51.
Mouche à Scie du bouleau.
Degeer Inf. II. II. t. 37. f. 23. larva.

Diese Blatwespe sieht völlig der T. salicis änlich, nur ist sie kleiner. Allein ihre Larven weichen ab. — Ihr Körper ist seladongrün, unter den Luftlöchern orangegelblich, sonst glatt one Punkte und Flekken, und alle Füße sind hellgrün. Sie ist gesellig auf den Birken. Im August und September verwandelt sie sich in einem einfachen Gespinst, da die T. salicis ein doppeltes macht. — Ein Beweis, wie schwer es ist, die Arten zu bestimmen, wenn man nicht ihre völlige Geschichte weiß.

Die Salweidenwespe. Tenth. Salicis.
Mouche à Scie des galles rondes du Saule.
Degeer Inf. II. II. t. 38. f. 26 — 31.

Diese Blatwespe ist klein, schwarz unter den Fülhörnern gelblich und am Bauch.

Die Larve hat 20 Füße, wont in Gallen der Salweiden, ist weiß oder schieferfarbig mit grauem Kopf, der zwei schwarze Flekken hat.

Die späte Blatwespe. T. ferotina.
Müll.

Sie ist schwarz, die Fülhörner in der Mitte gelb, so wie auch zwei Punkte am Schildchen. Die Füße sind rostfärbig, die Schienbeine an der Wurzel gelb, bisweilen auch in der Mitte weiß.

Die Stachelbeerenwespe. T. Ribesii.
Scop. E. C. 734.

Sie ist schwarz: die Fülhörner von der Länge des Leibes, und gemeiniglich unten gelblich. Der Leib ist hinten breit, etwas ekkig, die Füße und der Bauch gelblich.

Die Larve frißt an Johannis- und Stachelbeeren, ist blaßgrün mit kleinen harigten schwarzen Warzen besezt. Der Kopf ist schwarz. Sie spinnt sich an einem Aestchen ein und geht nach vierzehn Tagen aus.

Die wespenartige Blatwespe. T. vespiformis.
Schr.

Sie ist schwarz, hat gelbe Fülhörner, gelbes Maul, Schildchen und ein
Strichlein.

Tab.5 L. Strichlein vor dem Gewerbknopf der Flügel an den Seiten des Brustschildes. Alle Leibringe sind gelb gerändet. Die Füße sind gelb, aber die Schenkel am hintersten Teil und die lezten ganz schwarz. An der Wurzel der hintersten Schenkel steht ein gelber Flek.

Der Tannennager.   T. abietis.

Linn. S. N. 18.
Fabr.
Müll

Sie hat vorn lauter rötliche Ringe, und die hintersten sind schwarz. Die Füße sind rötlich und die Flügel schwärzlich.

Die Unreine.   T. impura.

Scop. E. C. 737.

Eine schwarze Blatwespe. — Die drei lezten Glieder der Fülhörner sind rötlich, die hintersten Schenkel länger und dikker, sonst ganz schwarz, die Schienbeine, Fußblätter und Adern der Flügel rötlich, die Spizze der Flügel braun.

Der Vogelkirschnager.   T. padi.

Linn. S. N. 19.
Müll

Diese Blatwespe hat einen schwarzen Kopf, Fülhörner, die sieben Glieder haben, Brustschild und Hinterleib. Die Schenkel und Schienbeine sind weiß, die Fußblätter aber, vornemlich die hintersten sind schwarz.

Die Larve frißt die Blätter der Vogelkirschen von unten wie ein Sieb aus.

Der Weidenfresser.   T. salicis.

Linn. S. N. 21. & Fn. Sv. 1548.
Fabr. S. E. 13.
Mouche à Scie jaune & noire du Saule.
Degeer Inf. II. II. t. 37. f. 12 — 21.

Diese Blatwespe ist orangegelb. — Die Fülhörner sind schwarz, und nach außen etwas dünner und mit kleinen Härchen besezt. Der Kopf ist an der Stirne auch schwarz, die Fläche desselben aber gelb. Das Bruststük ist rötlich gelb, am Hals schwarz und in der Mitte desselben befindet sich ein schwarzer großer Flekken, und unten und zwischen dem ersten und zweiten Paar Füße ein oder zwei schwarze Flekken. Die Flügel sind etwas bräunlich und haben einen schwarzen Randflek. — Die Männchen sind kleiner, obenher schwarz und nur auf dem Leib mit einigen gelben Querstreifen gezeichnet.

Die Larve hat 20 Füße, ist gesellig, seladongrün mit großen Fab.51. gelben Flekken und schwarzen Punkten an der Seite, und einem schwarzen Kopf: am After braun, wie auch an den drei vördern Ringen. Der Rükken hat nach der Länge einige punktirte Striche. Man findet sie im Julius und August auf den glattblätterigen Salweiden, und andern Weiden. Sie verwandelt sich in der Erde.

Der Weißstrich.   T. levcomela.
Müll.

Eine schwarze Art. Die Seiten des Leibes sind weiß und unten weiß gestreift.

Der Weißgürtel.   T. albicincta.
Geoffr. La Mouche à Scie noire à pattes argentées.

Sie ist glänzend schwarz, die Oberlippe blaß. Auf ieder Seite des Brustschildes vor dem Gewerbe der Flügel ein weißes Linchen. Das Schildchen und der Rand des ersten Leibringes sind weiß. An der Wurzel der Hinterschenkel stehet ein weißer Punkt. Die Füße selbst sind mit Weiß unterbrochen. Die Spizze des Leibes endiget sich mit einem weißen Flekchen.

Das Weißmaul.   T. carbonaria.
Linn. S. N. 37.
Fabr.

Sie ist schwarz, das Maul weiß, die Vorderfüße ziegelfarbig. —

Wont in den südlichen Teilen von Europa.

Der Weißring.   T. cincta.
Müll.

Sie ist kleiner als T. bicincta, ganz schwarz, der Leib hat einen weißen Ring. Die Wurzeln der Schenkel sind weiß, die Schienbeine roth und an der Wurzel weiß. —

Sie findet sich auf Rosen.

Der Weißpunkt.   T. punctum album.
Linn. S. N. 23.
Fabr.

Diese schwarze Blatwespe ist von mitlerer Größe. — Sie hat vor dem Flügelgewerb auf ieder Seite des Brustschildes einen gelben Flekken. Die zwei Paar Vorderfüße haben schwarze Schenkel und gelbe Schienbeine und Fußblätter.

Tab.52.ter. Das lezte Paar, das viel länger ist, ist an der Wurzel mit einem weißen Flek auf der Seite bezeichnet. Die Schenkel sind roth, die Schienbeine und Fußblätter schwarz.

Die Gestreifte. T. lateralis.

Sie ist schwarz, die Mitte des Rükkens roth, und die Seiten weiß.

Die Wienerische. T. Viennensis.

Schrank.

Sie ist schwarz: die Fülhörner sind an der Wurzel rotgelb. An dem Gewerbknopf der Flügel stehet an der Seite des Brustschildes ein gelber Punkt und anstatt des Schildchens zwei gelbe beisammenliegende Punkte. Der Leib hat fünf schmale gelbe Bänder, davon eins nahe an der Wurzel, hierauf nach einem großen Zwischenraum zwei nahbeisammenliegende und endlich zwei andere an der Spizze liegen. Die Füße sind gelb mit schwarzen Schenkeln. Der Flügelrand ist rußig.

Der Zweipunkt. T. bipunctata.

Müll.

Die Hauptfarbe ist schwarz, die Spizze, das Maul und zwei Punkte an der Wurzel des Leibes sind weiß. Einige haben rostfarbige Schenkel und Schienbeine.

Der Duzzendpunkt. T. 12 punctata.

Linn. S. N. 39.

Fabr.

Müll.

Sie ist ganz schwarz. Ein Flekken vor den Flügeln auf ieder Seite des Brustschildes, das Schildchen, ein Flekken an drei Ringen auf ieder Seite an derselben; die Spizze des lezten Ringes und ein Flekken an dem zweiten Paar Füße sind weiß. Die Schienbeine haben einen gelben Ring, die Oberlippe ist gelb.

Die blaulichte Blatwespe. T. coerulescens.

Fabr. S. E. 18.

Die Fülhörner sind kurz und schwarz. Kopf und Bruststük dunkelviolet, ungeflekt und glänzend. Der Leib ist gelb, der After violet. Die Vorderflügel haben einen großen braunen Randflekken, welcher beinahe eine Binde bildet. Die Ader aber von der Wurzel bis an diesen Flekken ist gelblich. Die Füß sind schwarz; die Schienbeine und Wurzel der Hinterschenkel rostfarbig. — Sie ist mit der T. rosae verwandt. —

Wont in England.

Tab.54

Der Braunbauch. Tenth. lurida.

Linn. S. N. 33. & Faun. Suec. 1557.
Fabr. S. E. 22.
Müll. Zool. Dan. pr. 1729.

Der Kopf und das Brustſtük iſt ſchwarz: das Maul weiß: der Hinterleib aber oben und unten blaulichbraun, an der Wurzel aber ſchwarz. Die Schenkel ſind roth, und obenher braun, die hinterſten Fußblätter ſchwarz. — Das Männchen hat an den Fülhörnern einen weißen Ring, und am Anfang des Hinterleibes auf beiden Seiten einen weißen Punkt, ſo man bei dem Weibchen nicht wahrnimmt.

Die Schüchterne. Tenth. pavida.

Fabr. S. E. 19.

Sie iſt größer als die Tannenwespe, hat einen ſchwarzen Kopf mit weißlichem Mund; ſiebengliedrigte Fülhörner: ein ſchwarzes Schildlein, das auf beiden Seiten einen ſubtilen roſtfärbigen Punkt hat: einen ſchwarzen Hinterleib, an welchem der dritte, vierte und fünfte Ring roſtfärbig ſind, wie auch die Füße, deren Schenkel auswendig ſchwarz ſind.

Die Einſame. Tenth. ſolitaria.

Scop. E. C. 738.

Eine ſchwarz und gelbe Blatwespe. — Sie hat einen gelben Mund, und an den Fülhörnern die vier leztern Glieder weißlichgelb. Die drei Mittelringe des Hinterleibes ſind roth. Die Schienbeine an den Vorderfüßen ſind gelb, und an den mitlern gelbroth. Die hintern Schenkel haben an der Wurzel zwei weißliche Punkte, und die Flügelrippen ſind ſchwarz.

F. Mit borſtenartigen Fülhörnern mit vielen Gliedern.

Borſtenblatwespen werden diejenigen Gattungen Blatwespen genennet, deren Fülhörner wie eine ſich zuſpizzende Borſte auslaufen und aus mehreren Gliedern beſtehen als die fadenförmigen. Indeſſen hat ſelbſt Linne, ongeachtet er dieſes Kennzeichen angegeben, nicht allemal darauf Rükſicht genommen, und Gattungen in dieſe Abteilung gebracht, welche keine borſtenförmige Fülhörner haben. Ja einige Entomologen haben oft nicht einmal die Geſtalt der Fülhörner angegeben, daß man nicht weiß, welcher Gattung man ſie zuzälen ſoll.

Die Milchſtraße. Tenth. ſtellata.

fig.4.

Länge 6 und eine halbe Linie.

Ihr Kopf iſt ſehr flach und die Stirne niedrig, die Grundfarbe iſt ſchwarz,
hat

Tab.51. hat aber viele gelbe Flekchen. Die größten stehen um die Augen, welche klein und fast rund sind. Auf der Stirne stehen sechs gelbe Strichlein, und in der Mitte derselben die Ocellen im Dreiek. Sogleich über der gelben Oberlippe stehen die zwei sehr zarten Fülhörner, welche wie ein Härchen sind, ein kurzes schwarzes Grundgelenk und darauf gegen 40 kleine Glieder haben, die gegen der Spizze hin immer sich verringern und kleiner werden. Die Freßzangen sind gelb und haben drei schwarze Zäne. Die Fülspizzen sind auch gelb. Der Brustschild ist schwärzlich und hat oben einen gelben Flek, und am Schluß zwei nebeneinander. Auf der schwarzen Brust aber befinden sich zwischen iedem Paar Füße ein gelblicher länglicher Flek. Der Hinterleib ist ganz mit dem Bruststük zusammengewachsen und platt gedrukt, neben wie mit einer flachen leeren Haut umgeben, und am Ende krümmet sich der Hinterleib in die Höhe. Er zeiget sechs Abschnitte, die man aber nicht für Ringe erklären kann. Sie sind bräunlich und haben rötliche Einfassungen. Die Füße sind rötlichgelb, und die Schienbeine haben zwei Dorne, wie gewönlich an dem Gelenk, außer diesen aber mitten an dem Schrenbein auf der Kante hat das erste Paar Füße einen eben so großen Dorn, das andere Paar zwei, und das dritte drei Dorne. Die Flügel sind durchsichtig, wie ein Nez mit Adern durchflochten, und haben einen schmalen gelben Randflekken.

Ist in der Provence zu Hause.

Die Waldblatwespe.　T. silvatica.
Linn. S. N. 41. & Fn. Sv. 1561.
Fabr. S. E. 34.

Eine schwarze Blatwespe, deren Füße und Bruststük aber mit gelben Zeichnungen besezt sind.

Die Buschblatwespe.　T. nemoralis.
Linn. S. N. 42.

Das Bruststük ist auch schwarz, die Ringe des Hinterleibes aber sind an den Seiten weiß.

Der Hainbuttenlekker.　T. cynosbati.
Linn. S. N. 43. & Fn. Sv. 1563.
Fabr. S. E. 35.
Geoff. Ins 2 287. 36.

Der Körper ist schwarz, und die Füße rostfärbig, das hinterste Paar aber schwarz und weiß geringelt. —

Auf den Blättern der Hekkenrosen.

Die Blatwespen.

Tab. 51.
fig. 5.

Der Hieroglyph. Tenth. hieroglyphica.

Länge 6 und eine halbe Linie.

Eine änliche Blatwespe von fig. 4. mit gelbem Hinterleib und Flügeln. — Der Kopf ist schwarz, nebst den Augen, Oberlippen und Gellen: die Freßzangen aber gelb, und die zwei Zäne an ieder rotbraun. Die Fülhörner, welche eben die Beschaffenheit haben, als die der vorigen, sind gelb. Das Bruststük ist durchaus schwarz und hat auf dem Schild in der Mitte eine gelbe Einfassung. Die Ringe des Hinterleibes sind gelblich, ganz hell und durchsichtig, nur ist der Hinterleib an seiner Wurzel schwarz, und hat am Ende einen großen schwarzen Flekken. Die Füße sind gelb, die Schenkel aber schwarz. Die Flügel sind metallgelb mit einem schwarzen Flekken in der Mitte.

Aus der Provence.

Der Weidennager. Tenth. capreae.

Linn. S. N. 55. & Fn. Sv. 1572.
Fabr. S. E. 27.
Geoffr. Inf. 2. 281.

Eine gelbe Blatwespe, deren Kopf und Bruststük obenher schwarz ist. Die Fülhörner haben nur neun Gelenke. —

Die Raupe ist blau, ihre drei ersten und lezten Ringe aber braungelb und mit neun Reihen schwarzer Flekken besezt. Sie hat 20 Füße und wonet auf den Bruch= und Palmweiden.

Der Pappelnschleicher. T. populi.

Linn. S. N. 44.
Fabr. S. E. 36.

Eine blaulichschwarze Blatwespe von mitlerer Größe, an der Brust auf beiden Seiten gelb, mit einem hochgelben Rand. Der Hinterleib ist auch gelb, auf dem Rükken aber mit dunklen schwarzen Querflekken besezt. Die Freßspizzen und die vordern Schienbeine sind gleichfalls gelb. —

Die Raupe närt sich auf den Pappeln.

Der Nezflügel. T. reticulata.

Linn. S. N. 46.

Die Flügel sind braun und blaßfärbig bunt, dazu aber mit erhabenen weißen Rippen gleichsam nezförmig gestrikt.

Wont in Finnland.

Tab. 51.

Die Spizbübin.   T. vafra.

Linn. S. N. 45.
Fabr. S. E. 37.

Eine der vorigen änliche Art, aber nur etwas kleiner, der Kopf wenigstens, welcher weiß und schwarzbunt ist, kommt mit derselben ganz überein, das Schildlein aber ist an dieser zur Seiten gelb. Die Füße sind ziegelfärbig und nicht schwarz: die Flügel braun und ungeflekt.

Der Rotkopf.   Tenth. erythrocephala.

Linn. S. N. 40. & Fn. Sv. 1560.
Fabr. S. E. 33.
             Länge 5 Linien.

Eine blaue Blatwespe mit rotem Kopf und bürstenartigen schwarzen Fülhörnern. — Das Männchen ist ganz schwarz und hat nur ein gelbes Maul und an den vordern Füßen gelbe Schienbeine.

Wont auf den Fichten.

Der Birkensteiger.   T. betulae.

Linn. S. N. 47. & Fn. Sv. 1565.
Fabr. S. E. 38.

Diese Art ist roth, hat ein schwarzes Bruststük, schwarze Augen, Fülhörner von 24 Gliedern und einen schwarzen After: die Flügel aber sind grünlich und hinten braun. —

Auf den Birken in Schweden.

Der Jäger.   T. saltuum.

Linn. S. N. 48. & Fn. Sv. 1566.
Fabr. S. E. 39.

Dieser Körper ist schwarz, nur der Hinterleib gelb, und die Flügel schwarz.
Aus Schweden.

Der Rostflek.   T. flava.

Linn. S. N. 49.

Diese Blatwespe ist dikbäuchig und ganz gelb, hat aber auf den Flügeln einen rostfärbigen Flekken. Ihre Größe ist wie einer kleinen Ameise.

Der Marksauger.   T. intercus.

Fabr. S. E. 50.

Diese Blatwespe ist so groß als eine Stubenfliege, hat einen vollkommen=
ovaten

ovalen Hinterleib, weiße Füße und Fülhörner, die einigermaßen keulförmig Tab.51. sind. Die Flügel sind metallfärbig und haben einen gelben Randflek. —

Die kleine Raupe hält sich auf den Blättern der Klette, Wolfs= kirsche ꝛc. auf, und frißt sich in das Mark zwischen den beiden Häut= lein der Blätter hinein.

Der Sauerlekker. T. rumicis.
Linn. S. N. 51.

Diese Art hält sich auf dem Sauerampfer auf, wird aber von Linne nicht weiter beschrieben.

Der Ulmenschaumer. T. Ulmi.
Linn. S. N. 52.

Diese wonet auf den Ulmenblättern und kommt aus einem Tönnchen zum Vorschein, welches aus verdorretem Schaum zu bestehen scheint.

Der Pflaumenborer. T. pruni.
Linn. S. N. 53.

Eine sehr kleine Art, gelb, mit Grün und Braun melirten Flügeln. Die Larve ist dornig.

Der Geißblatschleicher. T. lonicerae.
Linn. S. N. 54.

Diese Blatwespe hat fast keulförmige Fülhörner. — Die Raupe hat 20 Füße.

Die Hainblatwespe. Tenth. lucorum.
Fabr. S. 7. 41.

Sie hat die Größe der Tannenwespe. Ihr Kopf und Fülhörner sind schwarz, und der Mund gelblich. Das Brustschild schwarz mit einem weißen Lin= chen vor den Flügeln und weißem Schildlein. Der Hinterleib ist schwarz, der dritte, vierte und fünfte Ring aber roth: die Füße roth: die Flügel grünlich, mit einem gewönlichen schwarzen Randflek, worinnen ein weißer Strich befindlich. Wont in England.

Die Seltsame. Tenth. paradoxa.
fig. 7.

Länge 10 Linien.

Eine gelbe Blatwespe mit langem Hinterleib und kleinen Füßen. — Dieses ist eine sonderbar gestaltete Wespe, die in dem Bau ihrer Glieder von den

Tab.51 den übrigen ihres Geschlechts mannigfaltig abweicht, und durchgängig rötlichgelb ist. — Der Kopf ist klein und hat nach Art der Schmetterlinge runde, sehr
gewölbt vorstehende, glänzende schwarze Augen, welche die beden Seiten des
Kopfes ausmachen, und sich hintenherum gegen den Hals ziehen. Die drei zu
oberst des Kopfes stehende Ocellen sind rötlich. Die Fläche des Kopfes ober den
Fülhörnern ist etwas gewölbt und mit grüngelblichen kurzen Härchen, die
Oberlippe aber, welche wenig sichtbar ist, und unter die Freßzangen läuft,
mit goldgelben glänzenden Haren besezt. Die braunrote glänzende Freßzangen sind ganz flach und dünne, und bilden blos zwei polirte Schalen, die sich
mit der Spizze etwas kreuzen. Sie haben keine Zäne, und ongeachtet ihres
Glanzes sind sie mit goldgelben Härchen hin und wieder oben bewachsen. Die Fülhörner sind zart, borstenartig, und haben ein braunrotes, etwas langes Grundgelenk, worauf eilf gelbe Glieder in ihrem Gewerbknopf stehen. Der Kopf stehet zunächst am Bruststük und lässet keinen Hals sichtbar. Das Bruststük ist
dik und erhaben mit feinen Härchen besezt. Der erste Ring des Hinterleibes
bestehet aus einem runden behaarten Knopf: die übrigen Ringe sind wurmartig,
rund und sehen durch die äußerst feine goldgelbe Härchen etwas schillernd aus, der
lezte Ring aber ist glänzend und hat sichtbare goldgelbe Hare. An diesem Ring
stehen zwei bräunlichte Zangen des männlichen Gliedes hervor. Die braunroten
Füße dieses Insekts sind auch besonders. Sie sind nicht nur nach Maasgabe
des Körpers sehr klein und zart, sondern haben auch einen wunderbaren Glie-
fig.a* derbau. Jeder Fuß hat einen hohlen Afterschenkel oder Hüftbein fig a*, welches eine ausgewölbte hohle Schale vorstellet. Die offene Hölung stehet obenhin gegen den Rükken zu und ist glatt, die untere Seite oder halbe Rundung
aber behaart. Die glänzende braunrote Schenkel, die zwar breit, aber dünne,
wie ein feines Papier, sind, stehen so an den hohlen Schalen, daß die obere
scharfe Kante gerade in die Mitte der offenen Hölung siehet. Die Schienbeine
sind sehr schmal und zart, rund und haben drei Dörnchen. Die Glieder der
Fußblätter haben auch ihre Dörnchen, und das lezte Glied zwei zarte Häkchen und den Ballen. Die Flügel gleichen fast den Flügeln der Ameisen,
nur daß sie nicht die Größe derselben haben. Sie sind nemlich stärker
und dichter, als gewönlich der Wespen und haben starke Nerven, die den Lauf
der Nerven oder Adern in den Ameisenflügeln füren.

Die
Gallenwespe,
Cynips.

VII. Abschnit.
Von den Gallenwespen,

von einigen

Gallapfelwurm

genannt.

Cynips. *Mouche des Galles*, *le Cinips*. Linn. S. N. 241. Geschlecht.

Naturgeschichte der Gallenwespe.

Man findet an gar vielen Bäumen, Stauden, Pflanzen und deren iungen Trieben, Augen, Stengeln, Blättern, und andern Teilen, ia öfters an ihren Früchten allerhand Auswüchse von unterschiedenen Gestalten, welche bald Aepfelchen, Nüssen, Beeren, Blättern ꝛc. gleichen, bald rund, halbrund, eckig, höckerich, bald wollig und wie mit Moos bewachsen, aussehen. Dergleichen Auswüchse nun kommen von sehr kleinen wespenänlichen aber meist schön glänzenden Insekten her, die man nur durch das Vergrößerungsglas genau betrachten kann, welchen der Ritter Linne den Namen Cynips beigelegt, von Kynips, einem Wort der Alten, womit sie eine Art Schnaken benennet haben. Herr Prof. Müller übersezt sie in Linne's N. S. Galläpfelwürmer, und Houttuin nennet sie Gallenwespen, von Gallen und Blasen. — Diese Insekten haben vielfältig, was die Weibchen sind, einen spiralgewundenen Stachel, der iederzeit länger ist, als der Leib, sich aber in dem Leib gleichsam aufwinden kann, und bei einigen ganz, bei andern nur zum Teil verborgen ist, bisweilen aber aus dem Hinterleib weit hervorstehet. Mit diesem boren oder sägen sie in Aeste, Blätter, Stiele ꝛc. und legen ihre dem bloßen Auge ganz unsichtbare Eier hinein. In diese Wunde und Oefnung ziehet sich der Saft der Pflanze vorzüglich, wie nach einem entzündeten Ort, welchen Zufluß der Wurm, der aus dem Ei auskriecht und sich von dem Mark näret, immer unterhält und vergrößert. Durch diesen Zufluß der Säfte
schwillt

schwillt der Ort zu einer meist runden Figur an (*). In der Mitte derselben bleibt die Larve, und wie diese wächset und um sich nagt, so wächset auch der Auswuchs oder der Gallapfel, und wenn das Insekt darinnen verdirbt, so verdirbt auch der Gallapfel, oder bleibt wenigstens klein, wird uneben, hökkerig und voll Narben.   Der Wurm ist zu dem Ende am Kopf mit zwei krummen, braunen Freßzangen versehen. Er hat übrigens keine Füße, und liegt allezeit gerundet, kann sich aber vermittelst Ausdrükkung verschiedener auf dem Rükken in der Haut stekkender Wärzchen drehen und wenden, wie er es nöthig findet.

Wenn

(*) Der scharffinnige Herr von R e a u m ú r hat in seinen Mém. pour servir à l'histoire des Insectes Tom. III. sehr warscheinlich dargetan, daß die Gallen ihre besondere Beschaffenheit und Wachstum, wie ihre Herkunft, von den Insekten haben. Er sagt: wenn ein fremder Körper in das Fleisch der Pflanze kommt, so kann er, wie ein Splitter, Dorn u. dgl. in dem Fleisch der Tiere, ein Aufschwellen verursachen. Die Pflanze bleibt aber doch gesund, weil der darin wonende Wurm, den dahin austretenden Saft verzehret und davon genäret wird, ia auch anfangs sogar sein Ei, oder der im Ei stekkende Wurm, wie in der Gallen oder Beulen in der Haut und Fleisch der Ochsen und anderer Tiere, welche ebenfalls ein stechendes Insekt verursacht, kein Eiter entstehen kann, oder dem Tier zu merklichem Schaden gereicht, weil der in der Wunde wonende Wurm sich von der Feuchtigkeit, die die Wunde innerlich von sich gibt, oder der Wurm dahin ziehet, so lange er darin ist, näret und ihn verzehret. Wie ferner die blasenänliche Gallen, in welchen sich die Baumläuse aufhalten, von denselben formiret werden und wachsen, iemehr sie ausgesogen werden, so können auch die Galläpfel desto größer werden, iemehr die Larve des Gallinsekts wächset, und iemehr Säfte sie zu ihrer Narung braucht, und folglich durch ihr Abnagen mehr herbeiziehet. Er widerleget zugleich sehr bescheiden den Herrn Malpighi, der meinet, daß die Wespe nicht allein einem Teil der Pflanze sein Ei anvertraue, sondern auch zugleich in die gemachte Wunde einen Saft fließen lasse, der in selbiger eine merkliche Gärung und dadurch den Ursprung und Wachstum der Galle verursache, wie bei dem Stich der Bienen und Wespen augenbliklich eine Geschwulst entstehe, durch die äzzende Feuchtigkeit, welche er in die Wunde ergießet.

Aber R e a u m ú r zeiget die Schwierigkeiten, die bei dieser Meinung, (welcher auch S u l z e r geneigt zu sein scheinet,) statt finden, teils wegen dem langsamen und zugleich langandaurenden Wathstum vieler Gallen, teils wegen dem undenklich kleinen Tröpfchen der Feuchtigkeit, so dabei statt finden müßte: teils weil man sodann eine gar große Verschiedenheit von Gärung annemen müßte, nach welcher die vielen Gestalten und Formen von Gallen bewirkt würden. Es ist aber Herrn von Reaumúrs Meinung die natürlichste, da bekannt ist, daß der Rand an der Rinde der Bäume, wo ein Einschnit gemacht worden, mehr als die übrige Rinde sich erhebe, und die um diesen Schnit sich befindlichen Teile mehr wachsen als die andern, weil der Saft häufiger dahin dringt, wo er den wenigsten Widerstand findet. So erheben sich die Lippen der Wunde, in welche das Ei des Insekts geleget wird, laufen auf und machen den Anfang zur Galle, und ie größer die inwendige Hölung ist, desto mehr ziehet sich der Saft dahin.

Wenn der Wurm ausgewachsen, und zur Verwandlung reif ist, so verpuppt er sich in der Galle oder dem blasenförmigen Auswuchs. Solches geschiehet bei verschiedenen Pflanzen zu verschiedener Zeit; einige Gallwespenpuppen bleiben über Winter und erhalten ihr sichtbares Leben und ihre Kräfte sich durchzufressen im Früiahr, wie in den Rosenäpfeln und andern: andere im September und Oktober, wie in den Eichengallen, welches die eigentliche Galläpfel genennet werden, und deren man sich bekanntlich zur schwarzen Farbe, zur Dinte und vielem andern Gebrauch bedienet.

Was die Gestalt und Beschaffenheit der Gliedmaßen dieser Gallenwespen betrift, so haben sie auf dem Kopf gewönlich wie die eigentliche Wespen, borsten- oder keulförmige Fülhörner mit einem langen Grundgelenk, und darauf 6 oder 10 bis 12 kurze Glieder, und am Maul zwei gute Freßzangen, die sich entweder kreuzen oder doch gegeneinander greifen, und darunter zwo Fülspizzen von zwei Gelenken. Ihre Ocellen oder drei kleine Augen stehen hoch auf der Stirne und meist am Rand des Kopfes gegen den Hals zu. Das Bruststük ist hökkerig und erhaben, und der Hinterleib oval, hat vielfältig unten einen scharfen Rükken oder Schneide, wann die Nebenseiten der Ringe etwas zusammengedrukt sind. Die Flügel sind nicht gefaltet. — Da bei einigen der Legestachel am Leib hervorstehet, so gleichen solche gar sehr den kleinen Ichneumons. Sie unterscheiden sich aber von solchen dadurch, daß bey den *Cynips* der Stachel von innen aus dem After herausgehet, bei ienen und den andern Gattungen Wespen aber unten am Hinterleib und entweder vom lezten Ring an, oder am dritten Ring vom Bruststük aus oder vom vierten ꝛc. anfängt und allda sein Gewerb hat zu seiner Lenkung und Richtung. — So gibt es selbst, wie oben bereits gezeigt worden, unter den Gallenwespen kleine sehr listige Ichneumons, die ihren Eiern und Larven nachstreben, und ihre Eier zu den Eiern oder Larven der Zynips in die Gallen legen, die sodann auf dieser Unkosten leben, und als Larven die Larven oder Würmer der Zynips verzehren, und auffressen. Denn wenn das Ei der Gallenwespe ausgeschlupft ist, und sich der Wurm eine Zeitlang von dem Mark der Galle genäret hat, so schlupft alsdann auch das Ichneumonsei aus, und der Wurm desselbigen frißt alsdann den Zynipswurm an, und zehret und näret sich von seinen Eingeweiden. Der Ichneumonswurm verpuppt sich sodann zu seiner Zeit in der Galle, und beißt sich nach seiner Entwiklung, wie ein Zynips aus der Galle, daß man alsdann leicht kann betrogen werden, eine Gallenwespe erzogen

erzogen oder beobachtet zu haben, da es doch ein Ichneumon derselbigen ist. Bisweilen aber verlassen sie als Würmer die Gallen, und begeben sich zur Verwandlung in die Erde. Eben diese kleine Zynipsichneumon legen auch öfters ihre Eier zu den Ichneumonslarven in den Blatläusen, ia sogar in den Schmetterlingseiern. Wenn nun zuerst der Ichneumonswurm ausschließt, und sich von den Eingeweiden der Blatlaus, oder von dem Saft des Schmetterlingseies genäret hat, so schließt alsdann der Zynipsichneumon aus, und näret sich sodann von dem Wurm oder der Larve des Blatlausichneumons, welche zuvor den Grund zur Zerstörung der Blatlaus oder des Insekteneichens gelegt hatte.   Diese Zynipsichneumonslarven aber verwandlen sich nicht allemal in dem Insekt selbsten, in welchem sie gelebet haben, sondern öfters kriechen sie heraus und begeben sich zur Verwandlung zwischen ein Paar Blätter und spinnen sich allda ein und verpuppen sich.

Es gibt viele Arten von Galläpfelwürmern oder Gallenwespen, die noch zu untersuchen sind. Linne beschreibet insonderheit 19 Arten derselbigen, worunter die vornemste und uns genau bekannte ist:

Beschreibung der Arten

der

Gallenwespen.

Tab. 52.
fig. 1.

Die Eichenstielgallwespe. Cynips quercus gemma.

Linn. S. N. II.

Roesel Tom. III. p. 211. aus den Gallen zwischen dem
Blat und Reiß.

Diese Gallenwespe hat einen kleinen, hellbraunen und unter sich gebeugten
Kopf, borstenänliche zarte Fühbörner von zehn Gliedern, erhabene längliche
Augen, welche nebst den Ocellen schwarz sind. Das Bruststük ist stumpf und
erhaben, und sein Schild hellbraun mit zarten schwarzen nach der Länge laufen=
den Linien durchzogen, mit einem leichten Quereinschnit zwischen den Wurzeln
der Flügel. Der Hinterleib ist fast kuglich und sehr dik, glatt und glänzend.
Die erstern Ringe sind schwärzlich und die leztern pomeranzengelb, so wie auch
die Füße. Die Flügel reichen über den Leib hinaus, sind fein und sehr durch=
sichtig. Der Legstachel ist im Leibe verborgen. — Das Männchen gleichet
dem Weibchen sehr, nur daß lezteres einen dikkern Hinterleib hat.

Diese Wespe leget im September oder Oktober vermittelst ihres
langen holen Legstachels ihre Eier in das Innerste der Knospen der iun=
gen Triebe und Sommerschosse. Die Oefnung wächset bald wieder
zu, und verwaret das anvertraute Ei auf das folgende Jahr, und
wenn alsdenn der Saft in die Aeste tritt, und die Blätter treiben, so
kommt zwar ein Blat an demselben zum Vorschein, aber der iunge
Schoß bleibet zurük und bildet eine Afterfrucht oder Aepfelchen, das
aber im Junius und Julius erst wie eine Erbse groß ist, und wo zwei,
drei oder vier Galläpfel beisammen stehen, da waren auch so viel Au=
gen. Leget aber die Gallenwespe in ein solches Auge mehrere Eier=
chen, so entstehet nur ein Gallapfel, aber dieser bekommt inwendig
vom Mittelpunkt aus so viele länglichte Hölen und reguläre Fächer=
chen mit Scheidewänden, als Würmchen darin auskommen, daß wenn
man einen solchen Gallapfel in der Mitte von einander schneidet, der=
selbe nach fig. a. die Gestalt hat, wie ein in die Quere verschnittener **fig. a.**
Apfel, in Ansehung der Lage seiner Kerne und deren Fächerchen. Al=
lermeist

Tab. 52. lermeist aber wird nur ein Eichen in ein Auge gelegt, und entstehet alsdann auch nur eine einige und zwar runde Hölung in dem Aepfelchen.

In diesem Aepfelchen nun wächset der aus seinem Ei geschloffene Wurm, und nagt zu seiner Narung nach und nach inwendig von dem Mark desselben, von außen aber wächset das Aepfelchen nach Verhältniß des Wachstums des Wurmes in seiner Höle, als welcher immer mehrern Zufluß des Saftes durch sein Nagen herbeiziehet. — Diejenigen Galläpfel, welche noch klein und ganz grün und gelblich sind, sind unzeitig und enthalten Würmerchen, die noch ganz klein sind: in den okkergelben und größern sind die Larven etwas herangewachsen und ihrer Verwandlung nahe: die größten Galläpfel aber, welche eine schönere Goldfarbe haben, und an der gegen die Sonne zugekehrten Seite mit Roth vermenget sind, enthalten teils völlig entwikkelte Gallwespen, teils sind sie, wenn das runde Loch zu sehen, das iederzeit nur an der Seite befindlich ist, wirklich verwandelt und ausgeflogen. Der Gallapfel hat alsdann seine vollkommene Reife, verlieret wieder seine schöne Farbe und fället ab.

Der Wurm oder die Larve selbst fig. b. ist weiß und von gleicher Dikke one Füße. Wenn er heranwächset, so zeiget sich gegen das Hinterteil zu ein dunkler schwärzlichter Streif, der am Ende etwas breiter wird. Dieser entstehet von der Narung aus dem Gallapfel; und zeiget den Abgang davon in dem Mastdarm an, wovon man zwar keinen Auswurf davon in der Hölung findet, warscheinlich aber, weil er nur ein flüßiger Unrath ist, sich in den Gallapfel ziehet, und deswegen derselbige auch gegen innen etwas dunkler von Farbe gefunden fig. c. wird. Die Puppe fig. c. ist anfänglich gelblich und wird zulezt dunler und an dem dikkern und rundern Hinterteil pomeranzengelb.

Im September gewönlich bekommt der Wurm seine Zeitigung, und gegen das Ende desselben oder zu Anfang des Oktobers ist die Verwandlung geschehen. Die Wespe frißt sich sodann durch den harten Gallapfel: doch bleibt sie noch so lange in demselbigen, bis ihre Freßzangen hart genug worden, und dann hat sie gleichwol noch einige Tage zu tun, bis sie mit der Eröfnung ihres bisherigen Gefängnisses zu Stande gekommen. Das abgenagte Gemürbel schiebt die Wespe dabei immer hinter sich, und wann sie endlich durch diese harte und

dikke

Tab.53.

dikke Mauer durchgebrochen, so ruhet sie alsdann etwas aus, puzt ihre Flügel und leget sie in Ordnung, und flieget darauf davon. Allein sie lebet nicht lange und nur wenige Wochen in diesem vollkommenen Stand. Sie lässet daher sogleich ihre Sorge sein, sich zu begatten und ihre Eier zu legen, worauf sie alsdann stirbt.

Die Stielnuß. Cyn. quercus petioli.

Linn. S. N. 7. & Fn. Sv. 1523.

Fabr. S. E. 6.

Scop. E. C. 716.

Geoff. Inf. 2. 301. II.

Linne nennet solche Gallnüsse, die hohl an den Eichenstielchen sizzen, und auf beden Seiten rund sind, und mögen one Zweifel diejenigen sein, welche an den Eicheln selbst wachsen, indem man allezeit etwas von der Eichel an ihnen findet. Sie sind den Färbern unter dem Namen Knoppern wol bekannt, und zum Färben fast besser als die eigentlichen Galläpfel. Aus Ungarn und Mähren werden sie häufig zu uns gebracht.

Die Zinipswespe ist schwarz und hat weiße Füße und braune Schenkel.

Die Eichenblatwespe. Die Gallnuß. Cyn. quercus folii.

fig. 1. & 1*

Linn. S. N. 5. & Fn. Sv. 1521.

Fabr. S. E. 4.

Scop. E. C. 717.

Geoff. Inf. 2. 309. I.

Diese Gallenwespe, von welcher die an der untern Fläche der Eichenblätter hangenden Galläpfel herkommen, hat zwar viele Aenlichkeit mit der vorhergehenden, ist aber dennoch in vielem sehr unterschieden und eine ganz andere Art. Der Kopf und das Bruststük ist iener gleich, doch sind dieser Fühhörner länger als iener. Der Hinterleib ist schwarzbraun und glänzend, und hat auf ieder Seite einen hellblauen glänzenden Flek. Die Wespe ist etwas kleiner als die vorhergehende, aber die Füße und die Flügel sind länger und haben einen dunklen Randflek. Das Sonderbarste aber ist, und eine Ausname von der Regel, daß man an dem Weibchen dieser Zinips keinen Legstachel finden kann, sondern nur an der untern Fläche des Hinterleibes um die Mitte einen kleinen Spalt, um welchen einige Härchen stehen. Wie nun die Wespe ihre Brut in die Adern der Eichenblätter bringe, ob sie ihre Eier nur auf die Fläche des Blats lege und anklebe, darauf die ausgeschloffene Würmchen sich selbst hineinfressen, und alsdann erst die Gallen entstehen; oder ob sie mit ihren Freßzangen eine Oefnung machen und ihre Eier hineinlege, oder was für eine Kunst sie die Natur gelehret habe, ist noch nicht entdekket. — das Weibchen ist von dem Männchen durch nichts unterschieden, als durch den dikkern Hinterleib.

Tab. 53.

Die Galläpfel, welche diese Wespe verursacht, sind von denen, die die vorhergehende Art hervorbringt, nach ihrer vollkommenen Reife und wann sie abgefallen sind, nicht zu unterscheiden, sondern nur am Baum, da sie auf der Seite gegen die Sonne zu, röter von Farbe, etwas gelblich gefekt und one einige Stiele nur blos an der untern Fläche der Blätter befindlich sind, und zwar meistens an den Seitenästen der mitlern Hauptrippe veste sizzen, iene aber aus einem Auge hervorgewachsen sind und zwischen dem Aestchen und dem Blat stehen.

Im Monat Julius und August sind die Gallen ganz grün und so klein als eine Erbse: innerhalb 14 Tagen sind sie merklich größer und schon gelb und rötlich. Mit Anfang des Septembers aber kommen sie zu ihrer Reife und Größe, welche unterschiedlich ist, auch einige bisweilen Warzen bekommen, andere rund und glatt sind, aber doch aus sämmtlichen eine Wespe sich entwikkelt.

Wenn der Wurm erwachsen ist, so unterscheidet er sich von der Larve der vorhergehenden Gallenwespe nur darinnen, daß er kein braunes Zangengebiß hat, sondern nur eine weiße hervorstehende Saugwarze in dem Vergrößerungsglas zeiget.

Da die Eier dieser Insekten auch an einem Blat nicht alle zugleich an= oder eingesezt werden, so verwandlen sie sich auch nicht alle zu gleicher Zeit. Einige kommen frühe zur Verwandlung und werden durch die Wärme der Witterung herausgelokt, andere legen ihre Puppenhaut später ab und bleiben in ihrer vollkommenen Gestalt den Winter über ruhig in ihrer hölzernen Wonung und einem nach Art der allermeisten Insekten narungsfreien Winterschlaf, bis auf das wärmere Früiahr liegen, da sie dann in der vorhinbeschriebenen Gestalt hervorkommen und ihre Oekonomie aufs neue anfangen.

Die Artischokkengallwespe. Der Schuppenapfel.
Cynis quercus gemma ciparaformis.

Tab. 54.
fig. 1*

Linn. S. N. 11.

Dieser Zinips ist sehr klein, und hat in der Vergrößerung einen kupferfärbigen Hinterleib und braune Füße, und ist übrigens schwarz. —

Seine Gallenäpfel werden artischokkenförmig, oder wie eine Hopfendolde. Sie kommen allezeit an dem äußersten Ende eines kleinen Reises entweder einzeln oder auch zweifach und dreifach hervor.

Das Blütennüßchen. Cynips quercus peduncull.   Tab. 54.

Linn. S. N. 8. & Fn. Sv. 1524.
Fabr. S. F. 7.
Geoffr. Inf. 2. 302. 16.

Dieser Zinips ist auch nur so groß wie ein Floh, siehet grau aus, und hat auf den Flügeln ein strichförmiges Kreuz.

Er sticht in die männliche Blüte der Eichen, und verursacht Gallen, welche klein sind, und wie die Johannisträubchen aneinander hangen. Die Oefnung, wodurch es sich herausfrißt, ist wie von einer Steknadel gestochen.

Die Rothnuß. Cyn. quercus inferus.   Tab. 55.
fig. 1.

Linn. S. N. 6.
Fabr. S. E. 5.

Dieser Zinips ist ebenfalls schwarz und nur so groß als sein Floh, die Fülhörner und Füße aber sind blaß und etwas ziegelfärbig, und die Flügel zart und one sichtbare Nerven.

Dieses Insekt verursacht an den Eichenblättern halbkuglichte, erhabene, etwas längliche und raue Gallen, welche mit ihrer platten Seite an der untern Fläche des Eichenblats veste sizzen, und wenn sie ihrer Zeitigung nahe, schön gelb und mit hochroten nach der länge laufenden Streifen gezieret sind. So finden sie sich auf vielen unserer Eichbäume in den Herbstmonaten, und wachsen nicht an den Hauptrippen der Blätter, sondern an den davon entspringenden Seitenrippen, und haben ein schönes Ansehen und verschiedene Größe. Beim ersten Wachstum sind sie gelbgrünlich, werden aber bald hellgelb mit karminroten Streifen. Allein diese Schönheit verlieren sie mit dem Blat, wenn die herbstliche Kälte eintrit und die Bäume entlaubt werden; iedoch fallen sie nicht von den Blättern ab. Der darin befindliche Wurm bleibt meistens den Winter über in seiner Zelle unverwandelt liegen, und Schnee und Kälte schaden ihm nicht.

Diese vier Arten Zinips, nemlich Tab. LII. LIII. und LV. bringen die beträchtlichsten und hauptsächlich gebräulichen Galläpfel hervor, womit großer Handel getrieben wird. — Die völlig reifen und brauchbaren Galläpfel sind von dunkelgrauer Farbe, wenn sie iung sind, schwer, voll und von der besten Kraft, und one löcher, weil die
Wespe

Tab. 55.

Wespe nicht vollkommen zur Entwiklung gelanget und sich also nicht durchfressen können, wie häufig geschiehet. Und diese sind die vorzüglichsten. Die älteren Galläpfel hingegen, die durch die kleine Oefnung zu erkennen geben, daß das Insekt schon ausgeflogen ist, sind viel schlechter, leicht, inwendig ausgefressen, und nur im halben Preiß der erstern. Man kann sie unter andern an ihrer blassen Farbe, die gelblich ist, unterscheiden. Man sucht daher öfters den Betrug zu spielen, daß man sie blau färbt, um ihnen die Farbe und das Gewicht der iungen zu geben. Indessen wird gewönlich die Farbe zu stark, und die Löcher unterscheiden sie auch.

Die Eichenbeere. Cynips quercus baccarum,

Linn. S. N. 4. & Fn. Sv. 1522.

Fabr. S. E. 3.

Geoffr. Inf. 2. 300. 9.

Dieses kleine Insekt, welches mitten im Sommer auszuschlupfen pflegt, ist schwarz, hat aber gelbliche Füße und die Grundgelenke der Fülhörner sind auch gelblich.

Die Gallen desselben sizzen ebenfalls unten an den Eichenblättern und sind nicht größer als Beere oder kleine Erbsen und ganz rund.

Das Rindenbecherchen. Cynips quercus cortcis.

Linn. S. N. 9.

Diesen Zinips, welcher becherförmige, oben hohleingedrukte Gallen in den Eichenrinden macht, habe ich nicht können zu Gesicht bekommen.

Die Wollennuß. Cynips quercus ramuli.

Linn. S. N. 10. & Fn. Sv. 1527.

Fabr. S. E. 8.

Dieser Zinips hat schwarze Augen und Ocellen, einen blaßfärbigen Brustschild und schwarzen Hinterleib.

Er macht an den zarten Aestchen der Eichen weiße wollige Gallen, die schwammartig und weich anzufülen sind. Im Sommer sind sie voll Würmer und Wespenlarven und im Herbst ganz durchlöchert.

Fig. 2.

Der Palmweidenhökker. Cyn. populi.

Linn. S. N 12.

Die Gallen an diesen Blättern befinden sich an der Wurzel des Blatstiels,

Blatstiels, deren Wespen aber beschreibet Linne nicht, und sind Tab.55. sonst noch nicht bekannt gemacht.

Der Buchenborer. Cyn. fagi.

Linn. S. N. 12. & Fn. Sv. 1528.
Fabr. S. E. 9.
Frisch Ins. Il. 24. t. 5. Buchenblatwespe.
Gled. Forstw. I. 601. Die Gallenfliege der Rotbuche.

Dieses Wespchen ist schwarz und kaum eine Linie groß. Die Fülhörner gleichen einem Paar Würstchen und stehen auf einer Erhöhung. Die großen Flügel, die länger als der Leib, und wie bei den Eulenschmetterlingen nieder= hängend sind und einen Randflek haben, sind aderig und fast drei Linien lang.

Die Gallen, welche dieses Insekt verursachen, sind Wärzchen an der Oberfläche der Buchblätter, von länglicher und fast birnförmi= ger Gestalt, und haben eine Art Stiel. Diese Wärzchen sehen blaß= grün, wie an den Weiden, sind inwendig voller Fasern, die vom Stiel in die Höhe steigen. In solchen stekken oft 20 und mehr Würm= chen, die endlich onweit dem Stiel insgesammt aus einem Loch her= ausschliefen, das eines derselben zuerst geboret hat. — Eben dieses Insekt wont auch auf den Rüstern.

Die Unbekannte. Cyn. ignota. fig.3.
Das Männchen.
Länge 4 und eine halbe Linie.

Dieses hat einen kleinen runden schwarzen Kopf, dikke schwarzbraune Augen, in welchen gelbe Flekken und Striche befindlich. Zwischen denselben sind lange fadenförmige schwarze Fülhörner, welche ein kurzes, dikkes behaar= tes Grundgelenk haben, auf welchem gegen 50 kleine Ringe oder Glieder ste= hen. Die Ocellen darüber sind schwarz. Die kleine Oberlippe und ein Saum um die Augen an derselben hin ist rotgelb, wie auch die kleinen Freßzangen, welche über sich stehen und schwarze Zähne haben. Das äußere Paar Freßspiz= zen ist sehr groß, das innere aber wie gewönlich klein. Das Bruststük ist sowol gegen den Kopf als gegen den Hinterleib schmal, und von Farbe hoch= roth. Der Brustschild hat in der Mitte einen schwarzen Flekken, der bis an den Einschnit zwischen den Wurzeln der Flügel reichet, und ein schwarzer Flek= ken ziehet neben auf ieder Seite von dem Hals an, bis an die Flügel. Auf dem Gewerbknopf derselben ist auch ein schwarzer Punkt, und unter den Flü= geln noch ein dergleichen Flekken. Der Hinterleib bestehet aus sechs hochrot= färbigen Ringen, von welchen der zweite in der Mitte einen schwarzen Flekken hat, der dritte und vierte aber einen doppelten erhabenen Saum, welcher mit goldglänzenden gelben Härchen besezzet ist. Die Hüftbeine, Schenkel und
Schien=

Tab. 55. Schienbeine sind gleichroth und haben zwei Dorne. Die Fußblätter der zwei erstern Paar Füße sind zwar auch roth, aber mit goldgelben glänzenden Härchen besezt, und die Fußblätter der hintersten Füße sind an den Gelenken schwärzlich. Die Klauen und Ballen sind schwarz. Die Flügel sind braunschwärzlich und viel größer als der Hinterleib und sind an dem Rande von der Wurzel an roth, in der Mitte aber ist ein ganz schwarzer Punkt, auf welchen ein roter treiekkigter Flekken folgt, und hinter demselben stehen durchsichtige weiße Flekken.

fig. 4.   ### Das Weibchen.

Länge 4 und eine halbe Linie.

Diese Gallenwespe hat einen kleinen schwarzen Kopf, wie sein Gatte, und alle übrigen Teile desselben; nur daß die Fülhörner gegen 80 Glieder haben, und hinter den Augen ein sehr zartes, dem bloßen Auge unsichtbares rotes Strichlein. Das Bruststük ist erhaben, sehr glänzend schwarz, und der Hinterleib breiter und runder als des Männchens, zinnoberroth von Farbe und aus sechs Ringen bestehend. Der Bohr- und Legstachel ist wunderbar gebauet. Er siehet aus dem lezten Ringe zwei und ein Drittel aus dem Leibe hervor, etwas unter sich gekrümmt. Am Ende wird er breiter und legt sich von da in einem Gewerbe wieder zurük bis an den After. Man siehet, daß das Aeußerste dieses Stachels, welches schwarz erscheinet, nur die Scheide seie, denn man siehet den rotbraunen glänzenden Stachel darinnen liegen, da sich die Scheide oben ein wenig voneinander teilet, ob sie schon nicht gedoppelt ist, sondern nur wie eine Rolle den Stachel umschließt. Dieser äußere Umschlag aber ist durchaus mit scharfen Widerhäkchen und zurükstehenden Dornen besezt, welche an der gerade ausgehenden Hälfte gegen das äußere Teil des Stachels zu liegen, an dem zurüklaufenden Teil des Stachels aber stehen sie eben so, daß also diese bede Hälften ihre Widerhaken gegeneinander richten würden, wenn der Stachel gerade ausgestrekt würde. Die Füße sind glänzend schwarz und die Schienbeine haben zwei Dorne. Die Flügel sind dunkel, braun und schillern gegen die Wurzel zu schwärzlichblau.

In was für Pflanzen diese große und besondere Art Gallenwespen sich fortpflanzen, habe ich noch nicht entdekken, noch irgend eine Beschreibung derselben finden können.

Tab. 56.   ### Der Rosenborer. Cynips rosae.

Linn. S. N. 1. & Fn. Sv. 1518.
Fabr. S. E. 1.
Scop. E. C. 713.
Geoff. Inf. 2. 310. 2.

An den einfachen Hekkenrosen, oder sogenannten wilden Rosen siehet man vielfältig an ihren Zweigen harichte Auswüchse, wie ein **fig. I.**   Büschgen Moos fig. I., die unter dem Namen der Schlafäpfel

bekannt

Tab. 56.

bekannt sind, weil man ehedem irrig glaubte, sie verursachten Schlaf, wenn sie unter den Kopf gelegt würden. Sie sind anfänglich grün bis gegen Herbst, da die darin wonenden Insekten ausgefressen haben, und alsdenn diese faserichten Auswüchse braunroth und dürre, die unter den Fasern befindlichen Gehäuse aber sehr hart werden wie eine Nußschale. In diesen Gehäusen sind viele abgesonderte kleine Hölungen, in deren ieder ein Würmchen oder Larve von Zinips wonet, und kann man dergleichen in einem solchen Rosen= oder Schlafapfel einer Baumnuß groß über 50 Larven zälen. Dabei sind immer etliche Ichneumonslarven, welche oben unter dem Namen *Ichneumon Bedeguaris* vorkommen. Diese kann man daran von ienen unterscheiden, daß sie weißer, und nicht so gelblich, auch spizziger und viel lebhafter sind als die Zinipslarven, um welche sie sich schlingen und sie nach und nach aussaugen.— Wenn die Zinipslarven ihrem Nimphenstand nahe sind, so werden sie gelblich, oben breit, und unten spiz, in der Mitte zusammengebogen, und haben am Oberteil, der der Kopf wird, zwei schwarzen Punkte, welche die Augen werden. Sie spinnen kein Gewebe oder Haut um sich, sondern verwandlen sich unbedekt in ihren runden und glatten Löchlein. Wenn man daher die Würmchen, nachdem sie ausgefressen haben, ausschneidet und in ein Glas leget, so verwandlen sie sich nach und nach so ganz im Freien, im Früiahr, und kann man täglich den Gang und Wirkung der Natur beobachten.

Die Inwoner der Rosenäpfel sind nicht einerlei Gattung, sondern verschieden. Jedoch trift man in einem Rosenapfel nur Eine Gattung an, die Ichneumons ausgenommen, deren sich iederzeit einige dabei finden.

Der rostfärbige Rosenborer. Cynips rolae.
fig. 2.
Linn. S. N. 1.
Das Weibchen.

Länge 1 und dreiviertel Linie.

Hat einen schwarzen Kopf und Fülhörner, welche nebst dem etwas dikken kurzen Grundgelenk und dem darauf befindlichen Gewerbknopf aus 12 Gliedern bestehen, wovon das unterste noch einmal so lang ist, als ein anderes. Die Füße sind auch rostfärbig, und die obern Flügel haben einen schattigten Randflek. Das Bruststük ist auch schwarz. Der Hinterleib ist herzförmig, und unten am Bauch schneidig. Er ist glänzend, und anfangs bräunlichroth oder rostfärbig, gegen den After zu aber schwarz. Er teilt sich gegen oben und unten in zwei Klappen, wenn der Legestachel fig. 2* hervortritt. Dieser ist gegen die
fig. 2*.
Spizze

Tab.56. Spizze gebogen, und liegt im Leibe zwischen diesen beden Klappen verborgen, gestaltet wie eine Spiralfeder, und ist ausgedehnt länger als das ganze Insekt. Betrachtet man aber diesen Stachel unter einer sehr starken Vergrößerung, so ist er zur Verwunderung künstlich gebauet und eingerichtet. Er bestehet eigentlich aus drei Teilen, aus zwei Sägeblättern und einem Röhrchen, welches der Kanal ist, durch welches die Eier herabgelassen werden. Jeder Zahn der Sägen bestehet wieder aus andern spizzigen Zähnchen, und der Raum zwischen zweien ist auch mit scharfen Zähnen besäet. Auch die Seiten der Säge sind stark mit Zähnen besezt, die aber nur vermittelst einer beweglichen Membrane aufsizzen und sich folglich verschieben lassen. Mit diesem Werkzeug kann dieses so kleine Insekt nicht nur einen Spalt in den Rosenzweig machen, sondern auch die Holzfasern zerreissen, die ihm an der Arbeit hinderlich sind. Es bedient sich aber beider Sägenblätter nicht auf einerlei Art. Indem es mit dem einen aufwärts fähret, so fähret es mit dem andern unterwärts und umgekehrt. — Wenn es sich seiner Eier entledigen will, so sucht es allemal diejenigen Zweige dazu aus, die noch zart und im besten Wachstum sind. Auf einen solchen Zweig sezt es sich, und zwar mehrenteils auf die Seite nach Mitternacht zu, damit die Austroknung von den Sonnenstralen verhindert wird, strekt den Stachel aus dem Leibe, sezt ihn an, und indem es die Wunde in den Rosenzweig macht, legt es ein Ei nach dem andern hinein. Es hat einen so starken Trieb zu dieser Arbeit, daß es darüber seine eigene Sicherheit vergißt. Denn man kann es über der Arbeit mit der Hand wegnehmen, one daß es fortfliegt. Ist es mit seiner Arbeit fertig, so siehet man auch die Wunde oder den Schnit mit einer glänzenden etwas zähen Feuchtigkeit benezzet, welche die getrennten Teile auseinander hält, daß sie sich nicht wieder zusammenfügen. Wenn die Wunde noch frisch ist, sieht man die Eier nicht; macht man aber die Mündung der Wunde etliche Tage darnach auf, so wird man sie alle an der Oberfläche iedes in seiner besondern Zelle gewahr, daß sich das Auge nicht satt sehen kann. Jedem Eichen hat der Stachel sein Zellchen besonders ausgehölet, es von dem anliegenden durch eine Scheidewand abgesondert, und durch eine andere Wand die sämmtlichen Zellen der Länge nach zierlich in Reihen geteilet.

Das Männchen.

Ist nur halb so groß, und einem Floh gleich, ganz schwarz mit glänzend schwarzem Hinterleib, rostfärbigen Füßen, die ein schwarzes Klauenstük haben. Die Flügel haben keinen Randflek, und die Fülhörner nebst dem dikken Grundgelenk und dessen Gewerbknopf nur 10 Glieder.

Der geschwänzte Rosenborer.   Cyn. rosae caudata.

Ein schwarzer Zinips mit langem Legestachel. —

Dieser hat gleiche Gestalt und Größe mit dem vorhergehenden, ist aber ganz schwarz und hat rötlichgelbe Füße, von welchen das zweite Paar schwarze Schenkel, das dritte Paar aber schwarze Schenkel und Schienbeine hat. Die Gewerbknöpfe der Flügel sind gelblich, so wie auch die äußere Nerven derselben, und one Randflekken.

Diese Art Rosenborer verursacht gewönlich keine großen Auswüch- Tab. 56. se an den Rosenzweigen, und kommen etwas früher als die andern zum Vorschein.

Der güldene Rosenborer. Cyn. rosae aurata. fig. 3.

Länge 2 Linien.
Mit dem Legstachel 3 und 1 halbe Linie.

Dieses ganze Insekt glänzet wie gediegenes Gold und zwar, so ist der Kopf und Bruststük grün mit einem blauen Schiller, der Hinterleib aber mit einem roten Glanz. Die Fülhörner sind schwarz von neun keulförmigen Gliedern, und die Grundgelenke rötlich gelb, so wie sämmtliche Teile der Füße, die nur das Klauenstük schwarz haben. Die Augen sind roth. Der Legestachel ist schwarz und wie gewönlich dreiteilig, wenn er geöfnet wird, und fast so lang als das Insekt. Die Flügel haben einen kleinen Randflekken und spielen Regenbogenfarben.

Das Männchen.

Ist nur halb so groß, aber von gleichem Farbenglanz und Gestalt: nur sind die Schenkel und Afterschenkel grüngold glänzend, die Flügel zärter und nicht so stark regenbogenfarbig.

Der Rotweidenborer. Cyn. salicis amerinae. Tab. 57. fig. 1.

Linn. S. N. 16. & Fn. Sv. 1530.
Fabr. S. E. 13.

Diese kleine Gallenwespe hat gelbe kolbigte Fülhörner und gelbe Füße, ist aber übrigens schwarz von Leibe. Die Flügel sind rötlich und haben einen schwarzen Randflekken. — Das Weibchen hat einen verborgenen sägeförmigen Stachel.

Seine Oekonomie.

Dieses legt in die iungen Triebe und noch zarten Blätter der Rotweide vermittelst seines Stachels sein Eichen, darauf sich eine anfangs sehr kleine Galle oder Warze erzeugt, die anfänglich grün, hernach gelb ist und endlich hochroth wird, und sowol die untere als die obere Fläche des Weidenblats einnimmt. Der darin sich närende Wurm oder Afterraupe ist geschmeidig, gelb, hat einen schwarzen Kopf, sechs Klauenfüße und zwölf stumpfe Bauchfüße. Dem ongeachtet kommt die Afterraupe nicht aus ihrem Gehäuse und Speißkammer, sondern kommt darin zu seiner Zeitigung. Sie verpuppet sich darin,

und

Tab. 57.   und bleibt über Winter auf der Erde liegen, bis sie im Früiahr sich gänzlich verwandelt und hervorkommt.

Der Bandweidenborer.   Cyn. salicis viminalis.

Linn. S. N. 13. & Fn. Sv. 1529.

Fabr. S. E. 10.

Mit der vorhergehenden Weidengallwespe kommt diese fast überein, nur ist sie etwas kleiner und hat keine kolbigte Fülhörner; auch ist die Afterraupe davon nur halb so klein, und hat keinen schwarzen Kopf: ist ihr aber übrigens vollkommen änlich. Er spinnt sich ebenfalls in seinem Behältnis ein und entwikkelt sich im May folgenden Jahres zur vollkommenen Wespe.

Sie befinden sich in Beulen an den Blättern der Bindweiden, welche rund und beerenförmig sind, nur an der untern Fläche des Blats hangen, nicht weit von der Mittelribbe, und keinen Stiel haben. Man siehet den angewachsenen Teil oben an dem Blat durch einen gelben runden Flekken. Sie sind auch von Anfang grün, dann gelb, und endlich karminroth.

fig. 2.   ### Der Gundermann. Cynips glechomae.

Linn. S. N. 5. & Fn. Suec. 1520.

Fabr. S. E. 2.

Scop. E. C. 715.

Geoff. Inf. 2. 303. 20.

Länge 1 Linie.

An dem niedrigwachsenden Gundelrebenkraut (Hedera terrestris) fig. 2, verursacht ein Zinips runde raue Aepfelchen, der ganz schwarz ist, fadengleiche Fülhörner von 15 Gliedern mit einem kurzen runden Grundgelenke hat: die äußersten fünf Glieder sind rötlich und die übrigen schwarz. Das Bruststük schillert ins Blaue und ist hökkerich. Der Hinterleib ist lang und hat acht Ringe. Die Füße sind rötlich, die Fußblätter aber schwärzlich. Die Flügel sind schön violetblau und schillern Regenbogenfarben.

Ferner beschreibet Linne folgende, die ich noch nicht zu erziehen, oder genau zu beobachten Gelegenheit gefunden:

Der Habichtsborer. Cynips hieracii.

Linn. S. N. 2. & Fn. Sv. 1519.

Scop. E. C. 714.

Dieser verursacht einen in Gestalt einer Eichel mit weißer Wolle oder Härchen besezten Auswuchs an dem raublätterigten Habichtskraut.

Der Palmweidenborer. Cyn. salicis capreae.

Linn. S. N. 14. & Fn. Sv. 1531.

Fabr. S. E. 11.

Frisch Insl. 4. 39. t. 22.

Ein glänzendgrüner Zinips mit blassen Füßen. —
Seine braunroten Gallen sizzen wie Gerstenkörner mitten auf den Blättern und Augen der Aestchen der Palmweide.

Der Zapfenstecher. Cyn. salicis strobili.

Linn. S. N. 15. & Fn. Sv. 1532.

Fabr. S. E. 12.

Scop. E. C. 718.

Ein kleiner schwarzer Zinips mit einem grünen Brustschild. Ihr Flug ist hüpfend, wie der kleinen Eßigfliegen. — Sie machen auf den niedrigen Weiden einen Auswuchs, der einem Zäpfchen gleicht und mit dem Hopfen eine Aenlichkeit hat.

Der Feigenstecher. Cyn. psenes.

Linn. S. N. 17.

Fabr. S. E. 14.

Ein roter Zinips mit weißen Flügeln. — Dieser befruchtet die Feigen in Ostindien und auf den Inseln Griechenlands, indem es auf seinen Flügeln den Samenstaub der männlichen Feigenbäume in die weiblichen Feigen trägt.

Der wilde Feigenborer. Cyn. Sycomori.

Linn. S. N. 18.

Fabr. S. E. 15.

Dieser Zinips, der in Egypten zu Hause ist, ist braun: hat kurze, an der Wurzel dikke und spizzig auslaufende Fühlhörner und ein Bruststük, das so lang ist als der Hinterleib, welcher glatt und schwarz ist. —

Die Larve wont in der wilden oder pharaonischen Feige.

Tab.57.

Der Hohlbauch. Cyn. inanita.

Linn. S. N. 19.

Ein schwarzer Zinips in der Größe einer roten Gartenameise, mit bürstenartigen kurzen Fühörnern. Das Bruststuk ist etwas rau. Der Hinterleib
ist besonders gebäuet und hat keine Ringe oder Einschnitte, sondern ist von
unten einwärts gewölbt, als ob keine Eingeweide darin wären. Auf beiden
Seiten gegen die Wurzel zu ist ein durchsichtiger heller weißer Flek. Die Füße
sind rostfarbig, aber die Schenkel schwarz.

Dritte Hauptabteilung.

Naturgeschichte

der

Insekten

vom

Ameisengeschlecht.

Dritte Hauptabteilung.

Von den

Ameisen.

Formica. *La Fourmi.* Linn. S. N. 249. Geschlecht.

Naturgeschichte der Ameisen.

Schon von Jahrtausenden her sind die Ameisen ein Gegenstand der Verwunderung und ein Bild des Fleißes und der Emsigkeit gewesen, deswegen sie auch in der deutschen Sprache den Namen der Aemse oder Ameise bekommen. Allein die Kenntniß ihrer Naturgeschichte war sehr lange in der Dunkelheit und mit vielen irrigen Meinungen überschattet. Und was noch in unsern neuen Natursystemen und Beschreibungen von den Ameisen befindlich, ist so wenig befriedigend, daß ich mir seit verschiedenen Jahren desto mehr Mühe gegeben, sie so zu beobachten, als ob ich nichts von ihnen wüßte, auch vielfältig gefunden habe, daß viele Unrichtigkeiten in ihrer Naturgeschichte von einer Beschreibung in die andere übergetragen worden. — Die Zuverläßigkeit dessen, was ich hier von ihnen berichte, wird ein ieder Naturforscher, der sich gleiche Mühe um sie geben will, erkennen. Ich habe iegliches Umstand nicht nur einmal, sondern öfters beobachtet. Keine Hypothesen waren mir Gewißheit, sondern ich mußte Erfahrungsbeweise haben, und mit eigenen Augen sehen. Bei dem allen ist noch gar vieles in ihrer Naturgeschichte nachzuholen und zu untersuchen, um mehreres Licht zu erhalten. Wir kennen sie noch weit nicht so genau als z. E. die Bienen. Allein, weil freilich ihr Fleiß uns nicht einen solchen ökonomischen Nutzen bringt, als diese Honig- und Wachsfabrikanten, so finden sie auch nicht so viele genaue Beobachter. Ueberdas füren sie ihre Haushaltung hauptsächlich in der Dunkelheit und in der Erde, welches nebst ihrem kleinen Körper eine ununterbrochene und ganz zuverläßige Beobachtung sehr erschweret. Indessen verdienen sie sowol als die Bienen eine ganz besondere Aufmerksamkeit. Ihre republikanische Verfassung

grenzet

grenzet sehr nahe an die der Bienen: ia die Anzahl des Volks einer solchen Kolonie ist weit stärker, als bei den Bienen. In ihren Geschlechtsgattungen sind sie mit diesen und den gesellschaftlichen Wespen gleichförmig, indem bei einer ieden Ameisenkolonie Weibchen, Männchen und Geschlechtlose sind. Sie haben aber nicht etwa nur ein Weibchen, wie die Bienen, sondern etwas mehrere, iedoch nicht viele, deren Serail von Männchen aber mit den Geschlechtlosen oder Arbeitsameisen ihrer Zahl nach nicht in Vergleich kommen.

Die geschlechtlosen Ameisen, die also die allergrößte Menge ausmachen, sind die kleinsten, und haben keine Flügel, und zwar so werden sie durchaus one Flügel geboren, so wie die Weibchen der Mutillen. Die eigentliche Gestalt der gemeinsten Ameise habe ich in der Vergrößerung Tab. LIX. fig. 1* vorgestellet. Ueberhaupt ist die Gestalt der Ameisen sehr kenntlich. Man könnte nur leicht einige Arten Mutillen oder ungeflügelte Bienen mit ihnen verwechseln; was nemlich die größern Arten Ameisen sind. Aber der Hauptkarakter der Ameisen ist ein zwischen der Brust und dem Hinterleibe geradeaufstehendes Schüpchen oder schalenartiges Blätchen, bei einigen Arten auch statt dessen ein runder Knopf. Die geflügelten Ameisen, könnte man bisweilen für Bienen oder Wespenarten versehen, allein die Flügel selbst der Ameisen haben ein sehr unterscheidendes Kennzeichen vor letten darin, daß sie iederzeit viel größer als der Hinterleib sind, und meist noch einmal so lang über denselben hinausreichen. Sodann sind sie noch einmal so dicht als der Bienen Flügel, und mehr pergamentänlich und zäher. Endlich sind die Flügeladern und Nerven bei den Ameisen stärker und weniger als bei ienen, und haben fast alle einerlei lauf, der aber bei den Bienen- und Wespenflügeln oft gar sehr verschieden ist. Diese drei Kennzeichen der Flügel sind untrüglich.

Der Kopf der Ameisen ist etwas herzförmig und dreieckigt, von einer breiten Stirne, unter welcher sich die Fühlhörner befinden, welche niemals ein kurzes Grundgelenk haben, sondern es ist solches iederzeit entweder eben so lang, als die darauf stehenden Glieder zusammen, oder wenigstens drei Teile so lang, und machen immer eine ellenbogenförmige Beugung, und meistens einen rechten Winkel. Alle Glieder sind mit zarten, aber dem bloßen Auge unsichtbaren Härchen besetzet. — Auf der Stirne stehen die drei Ocellen im Triangel. — Die nezförmigen Augen sind ründ und ziemlich klein. — Die Freßzangen, welche vorstehen, schließen

wie

wie eine breite Zange zuſammen, und hat ieder Teil ſieben gleiche gekerbte
und ſcharfe Zähne. — Einige Arten haben einen ſehr kleinen, einige einen
außerordentlich großen Kopf, und iſt daher bei dieſen das Bruſtſtük viel
ſchmäler, bei ienen aber viel dikker als der Kopf. Bei den gemeinen Ameiſ
ſen und bei den meiſten andern endiget ſich das Bruſtſtük in ſechs ſcharfe
Ekken. Der Hinterleib iſt eiförmig und hat verſchiedene Ringe, die allent=
halben mit Haren beſezt ſind. Er hängt mit dem Bruſtſtük durch ein
Stielchen zuſammen, auf welchem das bemeldte Schüpchen ſtehet, bis=
weilen in der Mitte, bisweilen näher am Bruſtſtük und manchmal nahe an
der Wurzel des Hinterleibes. — Im After liegt ein verborgener feiner ho=
ler Wehrſtachel, womit ſie zugleich in die kleine Wunde eine beiſſende
und auch zugleich kleine Geſchwulſt erregende Feuchtigkeit ergießen können.
— Ihre ſechs Füße ſind etwas lang, und die Schenkel bei der Wurzel
etwas dik und keulenähnlich, und befinden ſich an den Hüftbeinen oder
Afterſchenkeln, die eine glänzende ſchwarze Farbe haben. — Das Schien=
bein, welches länglich iſt, hat zwei Dörnchen und das Fußblat endiget
ſich mit zwei ſpizzigen gewölbten Klauen one Fußballen.

Die Männchen, (wovon Tab. LIX. fig. 2. eine Vergrößerung zu
ſehen) haben Flügel, aber keinen Stachel. Sie ſind etwas größer als die
Geſchlechtloſen oder Arbeitsameiſen, und wie bei den Männchen der Honig=
bienen die Freßzangen und Zähne kleiner ſind, als bei den Arbeitsbienen,
ſo haben auch die Ameiſenmännchen etwas kleinere Zähne als die Geſchlecht=
loſen. Wie ferner iene, die männliche Bienen, größere Augen haben, als
die Geſchlechtloſer, ſo ſind auch bei den Ameiſenmännchen die Augen viel
größer als bei den Arbeitsameiſen. Ein fernerer noch merklicherer Unter=
ſchied zeiget ſich an dem Bruſtſtük dieſer beden Gattungen Ameiſen. Und
endlich iſt der Hinterleib nicht nur größer, ſondern auch ſchwärzer von
Farbe als der Arbeitsameiſen.

Dieſe Männchen verrichten weder Haus= noch Feldgeſchäfte, ob ſie
ſchon Flügel haben und dem Anſchein nach die Lebensmittel leicht auſſu=
chen und herbeibringen könnten. Allein ſie ſcheinen von der Natur wie die
Männchen der Honigbienen nur beſtimmet zu ſein, für die Begattung und
die Bevölkerung der Kolonie zu ſorgen. Die Geſchlechtloſen aber verrich=
ten alle Arbeiten, und dieſe ordentlich und mit dem äußerſten Fleiß und
Emſigkeit.

Die Ameisenweibchen, (welche Tab. LIX. fig. 3* vergrößert vorgestellet) sind nicht nur größer als die Männchen, und besonders zur Legezeit viermal größer als die geschlechtlosen Ameisen, haben einen viel dikkern Hinterleib und weichen von denselben ab nach dem Bau und Farbe des Bruststüks, welche rötlicher ist als der Arbeitsameisen, aber heller als der Männchen, am Hinterleib aber ganz glänzend schwarz sind, sondern haben auch keine Flügel, aber einen Stachel. —

Hier findet sich bei den meisten Naturbeschreibern der Ameisen ein wichtiger Irtum, daß man die größern geflügelten Ameisen für lauter Weibchen angibt, da es doch Männchen sind. Ich will mich hiebei nicht auf den bewärten Naturforscher Swammerdam beziehen, der besonders auch dieses Insekt anatomisch untersucht hat, und bezeuget, daß er nur bei den großen ungeflügelten vorhinkeschriebenen Ameisen die Eier angetroffen, sondern ich kann mich desfalls auf meine eigene häufige und vielfältige Erfarung berufen. Nicht nur bei meinen besondern deshalb angestellten Untersuchungen, sondern auch vorzüglich bei Gelegenheit, da ich öfters die Ameisenpuppen für meine Nachtigallen ausheben ließ, um welche Zeit der Eierlage die Ameisenweibchen am größesten und sehr kenntlich sind, fand ich öfters solche, die mir die kleinen doch kenntlichen Eier in die Hand fallen ließen, wenn ich sie hielte. Ich habe deren verschiedene geöfnet und mit dem Vergrößerungsglas untersuchet; ich zählte unter andern bei einem über 1000 Eier, und mehr als 6000 waren übrig, die ich nicht mit der Nadel absondern konnte, weil sie zu flüßig waren: aber unter allen geflügelten Ameisen, deren ich gar viele zergliedert habe, konnte ich zur Zeit nicht eine finden, die eine Spur von Eierstok gehabt hätte. — Da inzwischen viele behaupten wollen, daß sie geflügelte Ameisen mit geflügelten hätten sich paren sehen, so muß ich zur Zeit dahin gestellet sein lassen, ob nicht etwa unter den ganz kleinen oder roten Ameisen geflügelte Weibchen befindlich sein dörften, das ich iedoch noch nicht entdekken können, und mir auch der Analogie der Natur dieses Insekts nach nicht wahrscheinlich vorkommt.

Aus ienem Versehen aber, daß die Ameisenweibchen sämmtlich geflügelt seien, flossen natürlich die ferneren Irtümer: daß die Ameisenweibchen vor Winter mit den Männchen aus- und davon flögen, und Väter und Mütter von den Kindern veriagt würden, da doch solches nur von den Männchen, wie bei den Honigbienen, wahr ist: — ferner daß die Eier zur Brut auf das künftige Jahr vor dem Auszug der Weibchen in die Ameisenwonungen

ſenwonungen gelegt wurden, und ſolche über Winter in den unterirdiſchen Kammern liegen blieben, bis ſie im folgenden Jahr zum Ausſchlieſen kämen. = = Ich habe, ehe ich hinter die Wahrheit der Sache gekommen, vor Winter öfters ſechs ſtarke Ameiſenhaufen nacheinander umſtürzen und ausgraben laſſen, und mit äußerſtem Fleiß und mit dem Glas durchſucht, aber niemals ein einziges Eichen, (die zwar freilich ſehr klein ſind) finden können. Allein um dieſe Zeit iſt freilich das Suchen vergeblich, da die ungeflügelten Ameiſenweibchen, welche in ihren Wonungen bleiben, erſt im Frühiahr zu legen anfangen und das Eierlegen bis in Sommer fortdauert.

Hier findet ſich die größte Aenlichkeit mit den Bienen. Wie die Bienenmutter über Winter befruchtet bleibt, und one Männchen im erſten Frühiahr fruchtbare Eier leget, ſo legen auch die Ameiſenweibchen im Frühiahr fruchtbare Eier, one daß man in vielen Ameiſenhaufen zur Winterszeit ein einiges Männchen, d. i. eine Ameiſe mit Flügeln findet. — Wie ferner die Bieneneier nicht über drei Tage alt werden, one daß alsdann der Bienenwurm zum Vorſchein kommt, ſo hat mich auch die Fortpflanzung der Ameiſen, das Wachstum ihrer Larven, deren verſchiedene Größe und mehrere Umſtände überzeuget, daß das Ameiſeneichen nicht länger als etliche Tage liegen kann, one daß das Ameiſenwürmchen heraus komme. Wie denn alle Inſekten, die ſich durch ihre Jungen alſo fortpflanzen, daß ſolche den Winter über als unverwandelt in ihren Gehäuſen liegen bleiben, ihre Eier noch ſo zeitlich legen und anſezzen, daß das Junge noch vor Winter ſich einſpinnen und verpuppen kann. Denn bloße Eier würden wegen ihrem flüßigen Inhalt den Winter über verfaulen und verderben, aber als Puppen iſt die Flüßigkeit ausgedünſtet. — Man erwäge zugleich die öfteren Wanderungen oder Errichtung neuer Kolonien von den iungen Ameiſen im Sommer hindurch, deren öfters drei von einem Haufen geſchehen, wie ſolche warſcheinlich ſein könnten, wenn die Eierchen eine lange Zeit liegen müßten. Ferner: da die Eierlage bis in den Auguſt fortdauert, und man in den drei Sommermonaten viermal die Puppen ausheben kann, die geflügelten Ameiſen aber teils ſchon im May, und Anfang des Juniuſ, bei einigen auch im Juliuſ aus= und fortziehen, wo ſollten — wenn die Weibchen alsdann ſchon mit fortzögen, — ſo viele Eier oder Puppen bis Ende Auguſt herkommen?

Allein es zeigt ſich hierbei, was die Puppen betrift, wie bei vielen Arten Weſpen und anderer Inſekten, eine Verſchiedenheit. Einiger Ameiſen sengattungen Puppen bleiben auch über Winter im Haufen liegen und entwiklen sich erst im Früiahr. Z. B. bei den kleinen roten Gartenameisen, welche keine erhabene Haufen und Wonungen machen, sondern gerne unten in der Erde an hölzernen Posten, unter Bretern ꝛc. sich anbauen, habe ich mitten im Winter und den ganzen Winter hindurch, Ameisenlarven gefunden. Wenn man im Winter eine Handvoll solcher roten Ameisen mit ihren Jungen in ein Glas thut, und in einer warmen Stube hält, so erwachen sie und verpflegen ihre Jungen den ganzen Winter hindurch, und man kann ihre Sorgfalt und Emsigkeit für dieselben hier im Kleinen sehr gut beobachten. Sie bilden darin einen Haufen, tragen ihre Jungen unter die gehörige Bedekkung und füren ihre Haushaltung sehr ordentlich. Wird es in der Stube sehr warm, so räumen sie entweder die Erde von den Würmchen hinweg, daß sie blos liegen, oder tragen sie oben hin: wird es wieder küler, so bedekken sie dieselben wieder, oder tragen sie hinunter. Bisweilen muß man die Erde anfeuchten.

Wenn die Ameisen eine neue Wonung anlegen (da sie auch öfters eine alte gänzlich verlassen), so suchen sie sich zuvörderst einen bequemen Plaz aus. Die Lage ist gewönlich gegen Mittag, und das Erdreich muß etwas feucht sein, zumal, wenn es sandig ist, damit sie es desto leichter ausheben können, one daß es wieder über ihnen zusammenfalle. Jedoch sichern sie sich vor Wassersgefahr und lassen sich gerne an einer abschüssigen Lage oder Rain, oder an dem Fuße eines Baumes, in einem hohlen und faulen Strok ꝛc. ꝛc. nieder. Sie erhöhen und wölben auch zu dem Ende ihre Wonung, damit das Regenwasser auf allen Seiten absiessen könne. Ist der Plaz zu ihrer Niederlassung bestimmt, so teilen sie sich in zwo Kolonnen; die eine beschäftiget sich mit Ausgrabung der Höhlen und Gänge, und also mit dem eigentlichen Bau, die andere aber trägt unaufhörlich die Erde heraus. Denn ihre Wonung bestehet aus lauter hohlen Gängen und Kammern, die alle eine Gemeinschaft zusammen haben. Diese sind verschieden, weil sich die Ameisen ieberzeit nach der Beschaffenheit des Erdreichs richten. Ist das Erdreich vest und zusammenhaltend, so gleichet ihre Wonung öfters einem Schwamm, und die Kammern und Gänge sind so nahe aneinander, und untereinander verbunden, daß die Wände und Fußpfäde ganz dünne sind, und man sich über die erstaunende Arbeit und Geschiklichkeit dieser kleinen Tierchen vergnügen muß, wenn man mit Behutsamkeit eine solche Wonung senkrecht durchschneidet. Von dieser Art Wonung sind sonderheitlich der großen roten Ameisen, welche gerne an hohe

Raine

Raine von vester Erde bauen, und also keinen sehr merklichen Haufen formiren, sondern ihre Wonungen an die Füße der Raine oder deren Mitte
einhölen. Ist hingegen das Erdreich lokkerer oder sandig, so machen die
Ameisen die Höhlen und Gänge viel weiter von einander entfernt, und also
sehr dikke Wände. — Diese ihre Kammern und Wonungen bedekken sie
oben in einem wölbenden Haufen mit einer Menge von allerhand Materialien. Holzsplitter, Reißchen, Stükchen Stroh, Tannen, Fichten-, Wach-
holdernadeln, Grasfäserchen und allerlei kleine Körper werden zum Obdach
herbeigeschleppet.

Von der Wonung aus werden von ihnen Straßen angelegt, die im
Grase sehr merklich und sichtbar sind, indem sie solches zum Teil abbeißen,
und wenn Bäume in der Nähe stehen, so führet iede Straße auf die Mitte
eines Baumes: gewisse Pfade führen wieder in die Wonung, und sind angelegt, damit die Ausgehenden und die mit Provision beladenen Einziehenden
einander nicht hinderlich sein mögen. In diese Straßen darf keine Ameise
von einer andern Kolonie gehen, sonst wird sie sehr heftig angefallen, und
wol gar erwürgt. Außer denselben aber, wenn sie sonst einander als fremd
begegnen, weichen sie einander friedlich aus (*). So erstaunend groß öfters die Anzahl einer Kolonie ist, so kennen sie sich doch untereinander gar
wol (**). Gleichwie die Ameisen überhaupt von einem starken und geistigen Geruch sind, so sind sie auch in Absicht auf ihre erwähnte Straßen und
Pfade sehr empfindlich. Wenn sie auf denselben hin- und herziehen, und
man streifet nur mit einem Finger quer durch, so stuzzen sie an diesem
Strich und fremden Geruch, werden etwas irre und stehen ein wenig stille.

(* Die großen Ameisen in den Haufen haben an den kleinen schwarzen Eroamei-
sen, welche in keiner sehr großen Gesellschaft leben, rechte Todfeinde. Wann solche eine große Ameise oder mehrere einzeln antreffen, so hängen sie sich mit ihren
scharfen Freßzangen an ihren Leib, reißen ihnen den Bauch auf, und ermorden sie
also, schleppen sie fort und fressen sie. Sie schleppen auch ihre Puppen fort, wenn
man deren unter sie wirft. Diese kleinen Kannibalen hüten sich aber wol, keiner ganzen Kolonie oder Haufen großer Ameisen zu nahe zu kommen.

(**) Daß die gesellschaftliche Insekten überhaupt einander kennen, und die fremden
zu unterscheiden wissen, dazu mag wol der Geruch vieles und vielleicht das meiste beitragen. — In Absicht auf das Geschlecht aber kann der Körper auch äußerlich viele natürliche Karaktere haben, die aber freilich wir nach dem Bau unserer Augen nicht unterscheiden, aber die Insekten bei ihren zusammengesetzten und vervielfältigten Augen
gar leicht und sogar im Flug warnemen können. Denn wo vielmals wesentliche Unterscheidungszeichen sind, werden wir nicht gewahr, und sind für unsere Sinnen zu
klein.

Die Erzeugung und Versorgung ihrer Jungen und ihre Fort=
pflanzung und Anrichtung neuer Kolonien ist merkwürdig, und hat wieder
mit den Honigbienen vieles gemein. Die Weibchen sezzen ihre Eier im
Merz und April, ie nachdem die Witterung im Früiahr ist und die Wär=
me in den Boden dringt, in den unterirrdischen Kammern an: sie sind aber
sehr klein. Fig. 1. Tab. LVIII. stellet im schwarzen Felde ein solches Amei=
seneichen in natürlicher Größe vor und ist die eigentliche Gestalt fig. 1*
in der Vergrößerung zu sehen. Diese Eier sind etwas länglich, ganz glatt,
eben, weiß und one alle Zeichnungen.

Die Larve, welche aus diesem Eichen in wenigen Tagen kommt, ist
ein Würmchen mit zwölf subtilen Einschnitten. Wie solches von den ge=
schlechtlosen Ameisen genäret wird, läßt sich in der Erde nicht sehen. In
zehen bis vierzehn Tagen ist es ausgewachsen und seinem Puppenstand
nahe. Die Larve spinnt sodann ein weißes zartes, iedoch zähes Häutchen
oder Bälglein um sich, darin sich die Glieder deutlicher entwiklen, und
diese Puppen haben in der Natur die Gestalt fig. 3. und unter der deutli=
chern Vergrößerung fig. 3* siehet man die Puppe mit borstenänlichen zar=
ten Härchen ganz umgeben (*). Das Insekt liegt darin, wie gewönlich
mit dem Kopfe auf die Brust geneigt und ist weiß, wie geronnene Milch.
Sind seine Glieder bald zur Vestigkeit gekommen, und nahe an ihrer Voll=
kommenheit, so siehet man nach Absonderung der Hülle das Ameisenkind
mit seinen Gliedern (wie die vergrößerte Fig. 5* zeiget), liegen (**).

(*) Diese Puppen werden von dem gemeinen Manne uneigentlich Ameiseneier ge=
nannt, und sind bekanntlich die Speise der Fasanen, Nachtigallen und anderer Vö=
gel. Sie halten sich nicht lange frisch und gut, sondern müssen in Baköfen gedörret
werden, wenn man sie auf den Winter aufbehalten oder weit versenden will. Ehe
sie hernach gefüttert werden, pflegt man sie in warme Milch oder Wasser einzuwei=
chen. — Man kann diese sogenannte Ameiseneier des Jahrs viermal aus einem Hau=
fen ausheben, wenn der Ort ihrer Wonung nicht zerstöret wird. Mit Ausgang des
Augustmonats gehen diese Eier zu Ende, und findet man nachher keine mehr. Die
wenigen aber, die man noch findet, tragen die Ameisen nicht mehr fort, wenn sie
aus ihrem Haufen genommen werden, wie sie im Sommer thun, und achten solche
nichts mehr. Ein merkwürdiger und deutlicher Beweis, daß sie die Natur wol ge=
lehret hat, daß solche zur Bevölkerung ihrer Kolonie nicht mehr tauglich seien, weil
die Zeit vor Winter zu ihrem Wachstum zu gelangen, nicht hinreicht. — Uebrigens
findet man bei der allerersten Brut im Früiahr, daß diese Erstlinge von Puppen lau=
ter fliegende Ameisen sind. Diese Puppen oder uneigentlich sogenannte Ameiseneier
sind dreimal so groß, als die andern, daraus die Arbeitsameisen kommen. Unter
diesen Erstlingen und großen Puppen befinden sich aber auch dieienigen, daraus die
Weibchen kommen.

(**) In Beziehung auf dasienige, was vorhin von der Erzeugung umständlicher gesagt
worden, ist also das Ei, der Wurm, die Nimphe und endlich die Ameise ein
und

Ist nun aber die Ameise durch diese Lebensstufen und Veränderungen zu ihrer Vollkommenheit gelanget, so ist sie, wie alle andere Insekten, die also erzeugt werden, keiner weitern Veränderung mehr fähig; iedoch hat die Ameise vor vielen sich verwandlenden Insekten das Besondere, daß sie noch Jahr und Tage in ihren, obgleich vollkommen gebildeten Gliedmaßen fortwächset und größer wird, welches von den meisten dergleichen Insekten nicht bekannt ist, sondern solche gleich nach ihrer Verwandlung ihre vollkommene Größe und sozusagen, auch ihre männliche Stärke haben und nicht mehr wachsen.

Indessen besorgen die geschlechtlosen Ameisen die Puppen mit einer ganz unerhörten Liebe und Sorgfalt, und bringen sie aus der Gefahr in Sicherheit, so, daß, wenn man auch eine Ameise in der Mitte entzweischneidet, sie dennoch mit verstümmeltem Leibe noch sechs bis acht Ameisenpuppen fortschleppet. — Ob nun schon diese iungen unvollkommenen Ameisen in diesem Lebensperioden keine Narung nötig haben, wie alle Puppen, so wechslen doch bei ihnen andere Bedürfnisse ab, die den Arbeitsameisen unaufhörliche Beschäftigung geben, und welcher sie mit größtem Eifer obliegen. Sie müssen nemlich einen gewissen Grad von Feuchtigkeit, sie müssen Wärme und Würkungen der Sonnenstralen haben, iedoch vor der auffallenden Hizze sowol, als der Nässe gesichert sein. Ihre Pflegemütter bringen sie daher bei drohendem Regen tief in ihre Kammern, und beim erquikfenden Sonnenscheine wieder in die Höhe, iedoch nicht den Stralen derselben ausgesezt, damit ihre Säfte nicht ausgetroknet, und ausgezehret werden. Daher siehet man, mit welcher Emsigkeit die Ameisen ihre Puppen aus der Sonne unter die Erde oder an schattigte Plätze zu schleppen bemühet sind, wenn

---

und eben dasselbe Insekt und nur nach seinem Stufenalter durch einige zufällige Erscheinungen der Oberfläche verschieden. Die erste Hülle nemlich, welche den belebten Keim, die Ameise, die schon selbst da ist, umschließt, heißt das Ei; die zweite heißt der Wurm, und ist die Hülle durch ringförmige Einschnitte bezeichnet: wann diese Hülle abgeworfen ist, so erscheint die Dritte, die in einem zarten Gewebe bestehet, da dann das Insekt Nimphe genennet wird; in welcher Gestalt die Ameise durch Ausdünstung der überflüßigen Feuchtigkeit nach und nach vollkommen wird, die Elementen der Fibern zusammentreten, die Gliedmaßen sich deutlich zeigen, hart und zum Gebrauch und Leben des Tiers dienlich werden.

Daß nun in diesem Gang die Natur arbeite, und ihr Werk zur Vollkommenheit bringe, wissen wir zu unserem Vergnügen und Bewunderung der höchsten Weisheit: wie aber dieses alles eigentlich zugehe und bewerkstelliget werde, bleibt allein der ewigen Allmacht kund, in welches unzugängliche Licht einzudringen, uns endlichen Geschöpfen unmöglich und ein ewiges Geheimniß bleibet.

wenn man mit den Füßen einen Ameisenhaufen etwa entblößet. Noch deutlicher kann man alle diese Warnemungen machen, wenn man eine große irdene Schüssel voll Ameisen und Erde macht, und in dieselbe einen breiten Rand mit Wasser gefüllt anbringt, daß sie nicht entfliehen können. Je mehr die Erde von oben hinunter trokken wird, desto tiefer werden die Ameisen ihre Jungen auf den Grund bringen. Gießt man Wasser auf sie, daß sie naß werden, so werden sie die Jungen mit der größten Geschwindigkeit auf die trokkenen Plätze fortschleppen. Befeuchtet man aber die Erde nur ein wenig, so bringen sie die Jungen an den benetzten Ort, bewegen sie sachte, damit sie die Feuchtigkeiten gleichsam einsaugen können. Wie nun die jungen Ameisen, wenn sie ihre Nimphenhaut ablegen, nicht wie die allermeisten Insekten, die sich als Puppen verwandeln, in ihrer eigentlichen Größe hervorkommen, sondern ein oder zwei Jahr lang wachsen; so kann man die alten und die ältesten sowol an ihrer viel dunklern Farbe als auch an ihrer Größe erkennen. Wenn man vor Winter oder nach Winter einen Ameisenhaufen aufgräbt, so wird man kleine, mittelmäßige und große Ameisen finden; ist es eine Art schwarzer Ameisen, so werden die kleinern oder Jungen rötlich und hellbraun und die größesten am schwärzesten sein. Aus diesen und andern Merkmalen wurde ich auch überzeugt, daß das Lebensalter einer geschlechtlosen Ameise und einer Mutterameise wenigstens drei oder vier Jahre seie. Was aber die Männchen betrift, so verlassen solche alle Jahre teils zu Ende des Mayen, teils Anfangs Junius, selten im Julius, (ausgenommen von den neu errichteten Kolonien) sammt und sonders ihre Wonung und fliegen davon, daß man nicht Eine geflügelte Ameise oder wenigstens äußerst selten darin findet. Ob sie schon keinen Wintervorrath zu verzehren haben, so ist es doch warscheinlich, daß sie von den Geschlechtlosen wie die Drohnen von den Arbeitsbienen ausgetrieben werden. Warum aber ihr Naturtrieb und ihre ökonomische Verfassung dahin gehet, ist noch zur Zeit nicht näher zu erklären; bei tieferer Einsicht in ihre Naturgeschichte aber dörfte es sich mit der Zeit deutlicher zeigen. — Indessen ist dieser Auszug auch sehr merkwürdig. Die geflügelten Ameisen sammlen sich alsdann öfters etliche Fäuste dik zusammen oben auf den Haufen, und fliegen davon wie ein Bienenschwarm: ja es vereinigen sich öfters eine Menge dergleichen Ameisenschwärme, daß sie eine Wolke bilden. So saße ich vor etlichen Jahren im Monat Julius Abends gegen sechs Uhr bei Frankfurt eine unbeschreibliche Menge Ameisen in einer ganzen Wolke vorbeifliegen und zwar von Mitternacht gegen Mittag. Ich wurde einiger davon habhaft, und waren diese von der ganz kleinen Gattung von schwar-

zer

zer Farbe, die ich vor die kleine Schwarmameise hielt. — Wo sie hin-
kommen, ist unbekant. Vermutlich aber werden sie von Wind und Wetter aufgerieben, von Vögeln gefressen, oder hat sie vielleicht die Natur den
Fischen zur Speise gewidmet, dergleichen änliche Beispiele wir in dem allgemeinen Sistem der Natur zur Genüge finden.

Die Fortpflanzung der Ameisenkolonien in neuer Anrichtung derselben hat mit den Bienenschwärmen oder deren Auszug zu neuen Haushal-
tungen und Republiken viel änliches. Von diesem wichtigen Umstand ihrer
Naturgeschichte und Haushaltung habe ich noch nirgends eine Beschreibung
finden können, aber ihn desto öfters mit Augen angesehen, und mich nicht
wenig dabei vergnügt. — Im Julius ist ihre Zeit, da sich die erstern im
Merz oder April angesezten Jungen von ihrem Mutterhausen trennen, und
zu Anrichtung einer neuen Haushaltung einen feierlichen Auszug halten,
wenn anders die ersten Eier zu allerhand Gebrauch nicht aus dem Ameisen-
hausen genommen, oder sie sonst in ihrer Haushaltung nicht gestöret worden. Dieser Auszug geschiehet meist Vormittags, wann die Witterung
gut und nicht allzuheiß ist. Bei Regenwetter veranstalten sie diese Veränderung niemals, sonst aber mag es auch etwas trüb oder helles Wetter
sein, so sind sie nicht so gar pünktlich, wie die Honigbienen; doch kommen
sie diesen dabei sehr nahe. Es kommen sodann ganze Heerzüge aus dem
Mutterhausen hervor, lauter iunge Ameisen, die kleiner und heller von
Farbe und sehr kenntlich sind. Dabei befinden sich voran verschiedene
Weibchen, die größer und glänzender von Farbe sind, als die Arbeitsameisen, und einen viel dikkern Hinterleib haben. Geflügelte Männchen sind
keine dabei; auch tragen sie keine Ameisenpuppen mit sich. Sie ziehen nicht
weit, und ich habe noch keine über zwanzig Schritte weit wandern sehen.
Ob sie nicht eine Zeit zuvor sich den Plaz ausgesucht, läßt sich nicht wohl
bestimmen, denn sie kriechen überall herum, auch außer ihren gebanten
Straßen. Sind sie indessen mit dem vördern Zug, wobei die meisten
Weibchen befindlich, auf einem schiklichen Plaz zu ihrer neuen Pflanzstätte
angekommen, so macht derselbe Halt, und der Nachzug versammelt sich dazu. Sobald wird unter den Füßen der Weibchen die Arbeit mit größtem
Eifer angefangen, und Tag und Nacht mit unbeschreiblicher Emsigkeit fort-
gefahren, daß man mit Vergnügen zusiehet und nicht anders meinen sollte,
als sie hätten eine verständliche Sprache untereinander. Ein Teil gräbet
die Kammern und Gänge aus, und der andere trägt ununterbrochen die
Erde heraus, und wenn diese Hauptarbeit zu Ende, so bringet eine Kara-
vane

vane zur obern Bedekkung ihre gewönlichen Materialien von Stoppeln, Reißig, Hälmchen, und dergleichen, eine andere trägt Lebensmittel herbei, und ihre Haushaltung wird sodann fortgeführet. — Schon im August findet man bei solchen iungen Ausgewanderten eine Menge Ameisenpuppen, welche die Leute, so die sogenannten Ameiseneier für die Fasanen und Nachtigallen sammlen, Afterameiseneier nennen. Ich habe beobachtet, daß ein alter Ameisenhaufen, wenn er ruhig geblieben, und ihm keine Eier (oder vielmehr Puppen) genommen worden, drei frische neue Haufen oder Kolonien in seiner Gegend in einer Entfernung von ungefehr zwanzig Schritten angelegt und ausgesezzet hat.

Hiebei muß ich noch einige merkwürdige Beobachtungen anzeigen, deren nähern Aufschluß ich sehr wünschte. Die Erzeugung unterschiedener Arten Goldkäfer in den Ameisenhaufen ist gewißlich etwas sonderbares. Daß so ganz verschiedene Insekten von beträchtlicher Größe, gegen die kleinen Ameisen gerechnet, Insekten, deren Larven und Würme vor und nach ihrer Verwandlung den Ameisen zur Narung dienen könnten, in der innersten Wonung derselben geduldet, ia wie Kinder einer Familie verpfleget und mit der größten Sorgfalt besorget werden, muß allerdings die Wißbegierde eines Naturforschers reizen. — Von einer kleinen Gattung Goldkäfer habe ich folgende Wahrnemungen gemacht. Ich habe nemlich vielfältig und fast immer in alten Ameisenhaufen um die Herbstzeit einen weißen Wurm, zu Anfang des Winters solchen in der Puppe, und im Sommer in einen glänzenden Käfer verwandelt mitten unter den Ameisen gefunden. Der Wurm ist einen halben Zoll lang, weich, rötlichweiß, mit zwölf Ringen, welche mit unsichtbaren zarten Härchen hin und wieder besezzet sind. Der erste Ring zunächst am Kopfe ist braunrötlich und stärker mit Haren besezt. Der Kopf ist rotbraun mit einer hornartigen rauen punktirten breiten Stirne, hat eine erhabene und buklichte Nase, und auf beiden Seiten zwei schwarzbraune scharfe gegeneinanderschneidende mit goldglänzenden Härchen besezte Freßzangen mit drei schwarzen Zähnen. Ober denselben stehet auf ieder Seite ein kegelförmiger Auswuchs, welcher ganz warscheinlich bei seiner Verwandlung die Fülhörner hergibt. Unten an den zwei ersten Ringen befinden sich sechs Füße, welche aus dreien langen artikulirten Teilen bestehen. Der erste ist der Schenkel, der rötlichweiß siehet, wie der übrige Körper; das zweite Glied, welches das Schienbein vorstellen kann, ist rotbraun, und das dritte, welches das Fußblat ist, endiget sich mit einer einfachen langen, etwas gekrümmten Klaue. Sämmtliche

liche Glieder ſind mit gelben goldglänzenden zarten Härchen beſezt. Uebri=
gens aber hat der Wurm oder die Käferlarve keine Bauchfüße. — Dieſer
Wurm macht ſich ſehr zeitlich vor Winter eine Hülle von Erde einen hal=
ben Zoll lang, worin er ſich verpuppet. Sie iſt oben am dikkern Teil
nach der Länge gerieft, ſchwarzgrau und ſehr dünne und zerbrechlich, und
aus bloßer Erde gemacht, iedoch fein und artig gearbeitet. Bei ſeiner
Verwandlung aber zeiget ſich ein gewiſſer Unterſchied von vielen andern
Inſekten darin, daß der Wurm nicht gleichſam in ſo tiefem Schlaf und Un=
bewegſamkeit liegt. Wenn man eine ſolche Puppe ein wenig in der warmen
Hand hält, ſo nagt der Wurm in einem Augenblik das vördere Dekkelchen
ab, welches eine zirkelrunde, einer Erbſen große Oefnung gibt, ſtrekket den
Kopf heraus, um zu ſehen, was vorgeher, und ziehet ſich wieder zurük, gehet
auch zuweilen ganz heraus, und iſt ſehr munter und geſchwind. Wenn
man gegen Ende des Jenners ein ſolches Wurmgehäuſe zerbricht, ſo iſt der
Wurm im Anfang ſeiner Verwandlung, der Hinterleib iſt dik und ge=
krümmt und unbeweglich, der Kopf aber und die Füße bewegen ſich in der
Wärme ſehr munter. Im Monat May iſt der Käfer noch nicht vollkom=
men, aber im Julius findet man ſie am allermeiſten, iedoch nicht bei iungen
Ameiſenhaufen, welche erſt dieſes Jahr ihre Kolonie errichtet haben.

Was mich indeſſen bei dieſem Käfer und ſeiner Larve aufmerkſam mach=
te, war dieſes, daß, da ſonſt die Ameiſen von dergleichen Inſekten leben,
und ſeine Beſchaffenheit ſo iſt, daß es ſcheinen ſollte, als ob er ihnen eine
angeneme Speiſe ſein mögte, ſie ihm nicht nur kein Leid zufügen, ſondern
auch noch überdas viele Liebe und Achtung gegen ihn bezeigen. Wenn ich
den Wurm aus ſeiner Hülle nahm, und auf den Ameiſenhaufen legte, ſo
trügen ſie ihn mit aller Vorſicht unter die Erde, und ſchienen ſehr um ihn
beſorgt zu ſein: legte ich den Käfer, wenn er auch noch nicht vollkommen
reif war, auf den Haufen, ſo nahmen ihn die Ameiſen gar vergnügt auf,
bemüheten ſich ihm Plaz zu machen, raumten Reiſig und Geniſt aus dem
Wege, und halfen alle mit zuſammengeſezten Kräften, daß er tief in den
Haufen einſchlupfen und in Sicherheit kommen konnte, wie er denn auch
gewönlich tief unten im Haufen ſich aufzuhalten pflegt.

Was nun der Käfer für eine weitere Verwandſchaft mit dem Ameiſen=
geſchlecht habe, und warum ſolche ſo viele Achtung, Liebe und Vorſorge
für ihn äußern, habe ich zur Zeit noch nicht erforſchen können. Es ſcheint
mir eben das Räthſel zu ſein, als oben bei den Hummeln Tab. XI. fig. 8.
welche

welche die Mutillen oder ungeflügelte Bienen (Mutilla Europaea Tab. XII. fig. 1. 2.) bei und unter sich leben lassen, und sie als Brüder Einer Familie ansehen und halten.   Die Beobachtung von den Ameisen, wenn sie die in Gesellschaft beisammenlebenden Blattläuse besuchen, mögte vielleicht eine Anleitung geben zur Untersuchung, ob nicht etwa der Auswurf der Arten Goldkäfer den Ameisen zur besonders angenemen Speise dienen mögte. Denn von den Ameisen siehet man, daß sie den Blattläusen, die ihnen doch zur Speise dienen könnten, kein Leid zufügen, sondern sie den ganzen Tag über belagern, auf ihnen herumkriechen und nur den Honig ablekken, den sie, die Blattläuse durch die auf dem Hinterleib stehende Röhre ausspritzen.

Die Narung der Ameisen anbelangend, so leben sie hauptsächlich von Insekten und von allerhand Süßigkeiten.   Das Fleisch ist ihnen eine ganz gute Kost.   Will man ein schönes Skelett von einem Frosch, von einer Maus oder dergleichen haben, so darf man ein solches Tier nur in eine durchlocherte Schachtel sperren und in einen Ameisenhaufen stekken; sie werden bald alles Fleisch von den Beinen rein abnagen.   Ihre liebste Kost und lekkerspeise aber ist Zukker oder Honig, denne sie sehr nachstreben, und wenn man nicht bald dahinter kommt, nachdem sie dergleichen etwas entdekt haben, solches in kurzer Zeit unsichtbar machen.   Ihren meisten Honig genießen sie von den Blattläusen.   Sie belagern solche den ganzen Tag, wo sie eine Gesellschaft dieser Insekten antreffen, und bedekken sie, one sie im geringsten zu beleidigen.   Sie belekken sie aber beständig, um den Honig, den die Blattläuse von sich geben, zu genießen.   Können sie einen schwachen oder abgängigen oder gar verlassenen Bienenstok besuchen, so machen sie reine Arbeit, aber in einen volkreichen und gesunden Stok wagen sie sich nicht, ob sie schon außerdem sehr beherzt sind. — Reifes und süßes Obst ist ihnen auch sehr angenehm. — Fruchtkörner, Gesäme und dergleichen greifen sie nicht an, und ist solches ihre Kost gar nicht, sie müßten sich denn im äußersten Mangel befinden, und wenn man irgend in oder auf ihrer Wonung und Haufen einige Getreidekörner anträfe, so haben sie solche bloß als Baumaterialien hingeschleppet. — Außerdem leben sie von todten Insekten, nur sind ihnen todte und stinkende Fische eine Pest, die sie fliehen, und womit man sie wie mit Petersilien vertreiben kann, dessen Geruch ihnen äußerst zuwider ist.

Die Ameisen sammlen nicht den geringsten Wintervorrath, denn sie sind Winterschläfer, und liegen in dieser kalten Zeit erstarret tief in

ihren

ihren Gängen, in Klümpchen zusammengeklammert, bis sie der erquikken=
de Lenz wieder hervorruft, und sie wieder ihre Haushaltung fortsezzen
können.

Die Ameisen lieben sehr die wohlriechenden Harze, und sammlen sie
mit vieler Mühe, um sie in ihre Wonungen zu bringen. Daher findet
man in den Ameisenhaufen der Tannen= und Fichtenwälder öfters eine
ziemliche Menge Harzklümpchen, die zum Räuchern dienen können. Die=
se Mastix= und Waldrauchharze müssen also ihrer Natur sehr gemäß sein
und ist nicht bekannt, ob sie wol gar bisweilen davon genießen. Wenig=
stens enthalten die Ameisen eine saure Feuchtigkeit, flüchtiges Salz und Oel
in sich. Wenn man mit einem Stok in einem Ameisenhaufen herumrühret,
so empfindet man einen Geruch, der dem frisch überzogenen Vitriolgeist än=
lich ist, und ein Tuch, worin man einen Teil vom Ameisenhaufen trägt,
riecht acht Tage lang schweflich und scharf. Bringt man einen lebendigen
Frosch in einen Ameisenhaufen, so stirbt er in wenig Minuten. Dieser
saure Dunst wirket so heftig, daß, wenn man eine große Menge von Amei=
sen in eine Flasche thut, dieselbe wegen diesem erstikkenden Dunst nicht in
die Höhe kommen können, sondern wenn sie ein wenig hinaufgeklettert sind,
sogleich wieder zurükfallen.

Die Säure der Ameisen gleicht dem Eßig, vermöge der damit ange=
stellten Versuche, obgleich die Natur derselben von den Chemisten noch
nicht ganz vollkommen ins Licht gesezzet ist. Wenn man die Ameisen mit
Weingeist überzieht, so erhält man die saure Feuchtigkeit aus ihnen,
welche in der Medizin Aqua magnanimitatis heißt, und wird in dem
Schlag, der von wässerigen und schleimigen Feuchtigkeiten entstehet, ge=
braucht, wie auch in Schwindel, Lämungen ꝛc. Man kann auch durch
das Wasserbad aus den zerstossenen und faul gewordenen Ameisen einen
Spiritus bereiten. Die Ameisen mit ihrem Nest und sogenannten Eiern
in Wasser gelinde gekocht, werden als ein Bad bis an den halben Leib, um
die Muskeln und Nerven zu stärken gebraucht, und man bedient sich dess
selben in der Lämung, Gicht, Podagra, Zittern ꝛc.

Auch erzeuget sich in den Haufen dieser Ameisen ein medizinischer Stein,
welcher der Wurmstein genennet wird, und ein bewärtes Mittel ist bei
der Wurmkrankheit der Pferde und des Rindviehes, als welchem, wenn
es mit dieser Krankheit behaftet ist, ein Loth davon, nachdem er zu Pulver
zerstoßen,

zerstoßen, in einem halben Schoppen Waſſer eingegeben wird. — Es iſt ein leicht zerbrechlicher grauer und roter Stein, der voller kleiner Löcher iſt, als wenn er von Würmern durchfreſſen wäre; auch ſelbſt in dieſen Löchern findet ſich ein Gemüll, das eine Aenlichkeit mit Unrath oder Auswurf eines Inſekts hat, und wird, wenn man es mit Waſſer anfeuchtet, zu einem Brei; ich habe aber iedoch zur Zeit noch kein Inſekt darin entdekken können. Dieſer Wurmſtein liegt zu unterſt in dem Ameiſenhaufen, und iſt öfters ſo groß, wie ein Laib Brod, und wird das Loth mit zwei Kreuzer bezahlet. Man kann aber ſolchen Stein nicht zu ieder Jahreszeit in ſeiner Härte und Kraft bekommen, ſondern man muß ihm um Lichtmeß nachgraben, ehe der Schnee verſchmilzt; denn mit Anfang des Früiahres verfällt der Stein unter dem Ameiſenhaufen, und man gibt ſich in der übrigen Jahreszeit hindurch vergebliche Mühe darnach.

Die Oekonomie der Ameiſen iſt wie der Bienen eine republikaniſche Verfaſſung. Ob ſie ſchon keinen Fürſten noch Herrn haben, ſo iſt einem ieden Glied der Geſellſchaft die gemeine Wolfart das ſtrengſte Geſez, welches ſie alle insgeſammt einmütig und ein iedes für ſich aufs genaueſte beobachten, und wird kein Mitglied iemals dawider handlen. Wenn ſie, (wie auch alle bisher beſchriebene geſellſchaftliche Inſekten unſerer V. Klaſſe) einen freien Willen hätten, der aber Vernunft voraus ſezzet, ſo würden ſie ſämmtlich einen Stand der Unſchuld vorſtellen. Entfernt ſind ſie ein Bild, wie glüklich das Leben der Menſchen wäre, wenn ein iedes Mitglied dasienige aus allen Kräften beitrüge, was zum gemeinen Beſten gereichen könnte, und abgeneigt wäre, etwas zu thun, das andern Mitgliedern nachteilig ſein kann. — Der Naturtrieb iſt ihr Geſez, das der Schöpfer in dieſe kleine Maſchinchen gelegt hat, nach welchem ſie handlen, und nicht anders handlen können, und da ſolchergeſtalt ihr Zuſtand den Grad der Vollkommenheit hat, den er haben kann, ſo würde unſer Zuſtand in ſeinem Maas vollkommen ſein, wenn das geoffenbarte Geſez die einzige Richtſchnur aller Handlungen der Menſchen wäre, als ob ſie nicht dawider handlen könnten.

Uebrigens ſind die Ameiſen kühn, trozzig, unruhig und geraten oft in Streit mit den Nachbarn. Mit unbeſchreiblichem Troz ſezzen ſie ſich ihrem Feind entgegen, und zwar gemeinſchaftlich: ſprizzen nicht nur einen ſauren Saft von ſich, ſondern ſchlagen aus allen Kräften ihre ſcharfen Freßzangen ein. Ihr Stachel kann wenigſtens bei den kleinen Ameiſen der

Haut

Haut des Menschen nichts anhaben. Bei Beunruhigung eines Ameisenhaufens vermehret sich der scharfe Geruch, der ihnen eigen ist, eben so wie bei den Bienen, wenn sie entrüstet sind, und man es genau riechen kann, wenn sie gestochen haben.

Den Ameisen wird manche Schädlichkeit an den Gewächsen zur Last gelegt, welches man bei genauer Untersuchung auf die Rechnung der Kränklichkeit solcher Pflanzen und anderer zusammenlaufender Umstände schreiben sollte. Sie tun freilich auch hie und da Schaden, wie sie unter andern die Blüte der früheblühenden Obst- und Zwergbäume anfressen und verderben, um den Honig aus dem Nektargefäße oder Kelche der Blume herauszuholen: allein wie alles in der Natur gut ist, so haben sie auch ihren Nuzzen, und wenn man sie in ihrer Naturgeschichte und Eigenschaften recht genau kennte, so würde man sie vielleicht zu manchem besondern Nuzzen anwenden und unter andern auch zu Polizeidienern bei sich bisweilen eräugnendem Ueberfluß und daher entstehenden merklichen Schaden anderer Insekten gebrauchen können. Ueberhaupt aber findet man die Spur der großen Weißheit des Schöpfers in der Einrichtung, daß die Insekten, die doch ein für allemal eben so viel Recht zum Leben haben, als wir Menschen, gleichwol ihre Narung meist nur an solchen Gewächsen suchen müssen, die onedem schon krank und verdorben, und also dem Menschen zu seinem Gebrauch entweder unnüz oder doch undienlich sind. Dieses ist ein Beweis der großen Achtung, welche die Natur bei der Einrichtung der Welt gegen den Menschen geäußert hat, daß sich die Insekten meist nur auf die kranken Bäume und Pflanzen begeben, um ihre Narung zu suchen, keinesweges aber den Pflanzen ihre Krankheit erst verursachen. So vorteilhaft werden diese Tiere in unser Eigentum einquartirt, daß sie wenig von dem uns nüzlichen Vorrath aufzehren, sondern sich an das halten, was uns doch unnüz oder gar schädlich sein würde. Wir können zwar das nicht von allen den sogenannten Landplagen aus dem Tierreiche sagen. Allein außer den Raupen, Käfern, Sperlingen, Erdrazzen ꝛc. die sich das Beste, das wir gern mögen, ebenfalls wol schmekken lassen, indem sie auch einen Anspruch auf die Wohltaten der Schöpfung haben, und nicht alles für uns allein ist, finden wir auch der Analogie der Natur gemäß, daß iedes Tier, iede Pflanze und ieder Baum eine eigene Art von Tieren in seiner Versorgung habe, die sich von ihm nähren und an dasselbe einen gewissen Tribut bezahlen müssen, der gleichsam eine Bedingung des Daseins aller Geschöpfe ist. Wir machen öfters den armen Kreaturen das Leben und ihre Narung so

sauer

sauer und bitter.   Vielleicht hätten wir mehr Mitleiden mit ihnen, wenn
wir besser einsähen, wie wenig wahren Schaden uns die meisten zufügen.
Wir würden vielleicht der Ameisen, der Frösche, der Schnekken, der Regenwürmer, Maulwürfe, Sperlinge, Fliegen, Blattläuse und tausend
anderer unschuldiger Geschöpfe schonen, wenn wir nur durch Beobachtungen und Versuche genau erforschen wollten, ob sie sich aller der Verbrechen
wirklich schuldig machen, die ihnen eine Sage, die auf Unwissenheit und
Vorurteil beruhet, gemeiniglich beizumessen pflegt.

Es gibt viele und sonderbare Arten von Ameisen, davon uns noch
viele unbekannt sind.   Unsere größten Ameisen sind nicht viel über einviertel
Zoll lang : bauen sich iedoch Hügel von drei bis vier Schuen hoch.   In
Amerika aber hat es Ameisen, die über einen Zoll lang sind, und kleine
Berge von acht bis zehen Schu hoch aufthürmen, und ganze Ziegen und
Schafe tödten und aufzehren. — Indessen wollen wir unsere einheimische
näher kennen lernen, und die bekannt gewordenen ausländischen anführen
und beschreiben.

Beschreibung der Arten
vom
Ameisengeschlecht.

Die Rasenameise. Formica cespitum.
Linn. S. N. 11. & Fn. Sv. 1526.
Fabr. S. E. 14.
Scop. F. C. 837.

Diese bekannte und gewönliche kleine Art Ameisen soll uns vor andern dazu dienen, den eigentlichen Körperbau der Ameisen, ihre Erzeugung, Wachstum und sonstige Beschaffenheit genauer kennen zu lernen, und in den Tafeln LVIII. und LIX. anschaulich zu machen.

Tab. LVIII.

Tab. 58.

Fig. 1. stellet das eigentliche Ameisenei in seiner natürlichen Größe vor; es ist weißlich, ausgespannt, glatt, one einigen Einschnitt oder Zeichnung: es ist die erste Hülle, in welcher der Ameisenwurm eingeschlossen ist. Fig. 1* unter dem Sternzeichen ist es durch das Mikroskop vergrößert vorgestellet. *(fig. 1. fig. 1*)*

Fig. 2. zeiget die Größe des äußerst zarten Eichens, oder Häutchens, aus welchem der Ameisenwurm eben auskriechen will. *(fig. 2.)*

Fig. 3. stellet den Ameisenwurm vor, wie er zuerst seine Hülle verlassen hat, und fig. 3* vergrößert. *(fig. 3. fig. 3*)*

Sein Kopf ist etwas auf die Brust geneigt, und hat der Wurm 12 Ringe oder Einschnitte, welche aber in der folgenden Figur nach erlangter mehrerer Größe deutlicher zu unterscheiden sind. Uebrigens ist der Wurm mit borstenänlichen Härchen bewachsen.

Fig. 4. stellet den Ameisenwurm vor, wie er zu seiner vollkommenern Größe erwachsen; fig. 4* vergrößert. — Bei diesem Wachstum nemlich dehnen sich allmälig die Gliedmaßen der zukünftigen Ameise unter der Haut aus, die von einer wässerigten Feuchtigkeit ausgespannt ist, und bei diesem Wachtum wird auch die Bewegung immer geringer. *(fig. 4. fig. 4*)*

Fig. 5. zeiget die Ameisennimphe, die zu werdende Ameise in ihrer zweiten Lebensperiode, nachdeme der Wurm sich in eine Hülle oder Haut, die überall gleich dichte und zähe ist, eingesponnen hat. In dieser Hülle ziehet er seine Wurmhaut aus, seine Glieder entwikeln sich sichtbarer, als in dem weichen *(fig. 5.)*

Brei

Tab.58. Brei im Wurmstande. Die Farbe ist anfänglich wie geronnene Milch, bis sich nach und nach die Gliedmaßen färben und zugleich härter werden.

fig.5* Fig. 5* stellet sie vergrößert vor und zwar von der Seite, welche am Kopf die Augen, Freßzangen, Fühlhörner, an der Brust die zusammengelegten Füße, und an dem Hinterleib seine zukünftige Ringe oder ringförmige Einschnitte zeiget.

fig.5** Fig. 5** zeiget eben diese Ameisennimphe von vorne.

Tab. LIX.

Tab.59. Fig. 1. stellet die Arbeitsameise vor, und fig. 1* vergrößert, wie sie einen
fig.1. eingesponnenen Ameisenwurm (so man gewöhnlich, aber unrecht, Ameisenei nen=
& 1* net) zwischen den Zähnen oder Freßzangen one einige Verletzung fortträgt.

Die Freßzangen, welche außerhalb dem Kopf befindlich sind, bestehen aus zwei Zähnen, welche sich im Bogen, wie eine Zange gegeneinander schließen. Jeder dieser Zähne hat sieben Einschnitte, und bilden gleichsam sieben kleine Zäh= ne. Die Augen sind schwärzlich. Die Fühörner, welche etwas unter den Augen hervorgehen, sind braunroth, und bestehen aus 12 Gliedern. Das erste, so zunächst am Auge stehet, ist das längste und macht mit den übrigen eine ellen= bogenförmige Beugung, das äußerste aber ist das dikste. Alle Glieder daran sind mit sehr zarten Härchen oder kleinen Borsten besezt. Der Kopf und das Brust= stük scheinen gar zierlich aus lauter Fasern von Horn zusammengesezt zu sein. Die Fugen des Bruststüks endigen sich in sechs scharfen Eken, die neben ausstehen. Der Leibhals bestehet aus drei runden Gewerbknöpfen, die überall mit Börst= chen besezt sind. Die Füße bestehen aus vier starken Gliedern, wovon das lezte oder das Klauenstük wieder vier Abteilungen oder Glieder hat, und in zwei Klauen sich endiget. Der Hinterleib hat eine dunklere kastanienbraune Farbe, als das übrige des Körpers und glänzet, wie ein Spiegel, und ist hin und wieder mit bor= stenähnlichen Härchen besezt. — Uebrigens werden bei dieser Arbeitsameise, wie bei den Arbeitsbienen weder männliche noch weibliche Teile gefunden, und schei= net sie nur zur Arbeit und Besorgung der Jungen bestimmt zu sein.

fig.2. Fig. 2. und 2* vergrößert, stellet das Männchen der Ameise vor, so vier
& 2* Flügel hat. Die Fühlhörner und Freßzangen kommen mit denen der Arbeits= ameisen überein, nur daß die Freßzangen, wie bei den männlichen Bienen kleiner sind als iener. Aber die Augen sind größer als der Arbeitsameisen, auch größer als der Weibchen ihre, wie ebenfalls bei den Dronen oder Männchen der Bienen anzutreffen. Vorzüglich aber unterscheidet sich das Männchen von den Arbeits= ameisen durch die drei Ocellen, oder kleine im Dreiek stehende Augen auf der Stirne, und noch mehr an dem Bau des Bruststüks und dessen Fugen der Teile, und an den vier Flügeln, davon das vordere Paar größer und stärker ist, als das andere, und endlich weichet auch der Hinterleib einigermaßen von dem der Ar= beitsameisen ab, und der ganze Körper ist größer und schwärzer als iener.

Diese männliche Ameise trift man nur vom Frühiahr bis in den Julius bei den Haufen an. Denn wenn das Geschäft der Erzeugung der Jungen vorbei ist, so werden sie, wie die männlichen Bienen, von den Arbeitsameisen ausgetrie= ben. Sie tragen in der Republik nichts bei, als in Absicht der Zeugung oder
Be=

Befruchtung der Weibchen. Auch in dieser Republik findet, wie bei den Bienen, Tab. 59. keine monarchische oder despotische Regierungsform statt: bloß die Eintracht, Liebe und der starke Trieb zur Fortpflanzung, sizzet am Ruder.

Fig. 3. stellet das Ameisenweibchen vor und fig. 3* vergrößert. Dieses fig. 3. ist größer als das Männchen und die Arbeitsameise, und hat einen viel dikkern & 3* Hinterleib, darin man leicht, wenn man es geschikt zergliedert, die Eier ent- dekken kann. Es hat auch die drei Ocellen auf der Stirne, wie das Männchen, dadurch es auch leicht von der Arbeitsameise kann unterschieden werden. Der Bau des Bruststüks ist ferner von dem der Arbeitsameise wie auch des Männ- ches unterschieden. Auch ist es bräuner als bei der Arbeitsameise und heller als der glänzenden Männchen.

Die Bukkelameise. Form. tuberum.
Fabr. S. E. 15.

Eine roth und schwarze Ameise. — Sie ist etwas kleiner als die vorherge- hende, hat einen schwarzen Kopf mit roten Fühlhörnern, die an der Spizze schwarz sind. Das Bruststük ist rostfarbig, hinten zweizänig, der Leibhals zweiknotig und der Hinterleib schwarz.

Wont in Schweden.

Die Smaragdameise. Formica Smaragdina.
Fabr. S. E. 1—2.

Tab. 60. fig. 1.

Länge 8 Linien.

Eine apfelgrüne fliegende Ameise. — Der Kopf ist grün und durch die sich gerade aufschließende mit vielen Zähnen besezte braunrötliche Freßzangen spiz. Die zusammengesezte Augen sind nicht groß, schwarz, und die Ocellen ganz oben am Kopfe scheinen wie drei Goldpünktchen im Triangel. Zwischen den Fühlhörnern lauft eine Erhöhung gegen die Oberlippe, woran diese stößt. Die Fühlhörner haben ein langes grünes Grundgelenk, worauf elf körnige Glieder stehen, die gegen außen hin sich verkürzen, und rötlich sin*. Das Bruststük teilet sich von oben in drei Stükke. Das erste ist flach, und gehen auf demselben neben zwei lange gelbe Striche bis an den ersten Einschnit, und zwei gelbe Flek- ken stehen am Hals. Au gedachtem ersten Einschnit stehen die Wurzeln der großen Flügel. Bei dem zweiten Abschnit weiter hinunter gehen die zwei kleine- ren Flügel hervor, und dann gehet der Absaz hinabwärts, woran unten die zwei lezteren Paar Beine nahe beisammen stehen. Der Hinterleib hänget mit dem Bruststük durch einen knopfigten Leibhals zusammen. Der Hinterleib hat sechs Ringe, wovon die zwei leztern stark eingezogen sind. Das Insekt ist durchaus un- behaart. Die Füße sind auch grün, und die kurzen Gelenke des Fußblats röt- lich. Solches endiget sich in zwei Klauen und einen starken Saugballen. Das vordere Paar Füße stehen nahe beim Hals, die andern zwei Paar aber beisam- men beim Leibhals. Die Flügel sind nach Art der Ameisen sehr groß, und überreichen den Hinterleib zweimal. Die großen sind neun Linien lang, sehr hell.

Tab.60 helle, und haben starke braune Hauptadern, one Nebenadern, am Rand einen braunen Flek, und schillern ein wenig ins Rote.

Wont in Indien.

Die Grünliche.   A. virescens.
Fabr. S. E. 9.

Diese Ameise hat einen grünlichen Kopf, gelbliche Fülhörner und Freßzangen: ein schmales gelbliches Bruststük: einen verlängerten Leibhals mit einem geringen Knoten, einen grünlichen rundlichen Hinterleib und blasse Füße.

Sie wont in Neuholland.

Der Rothfuß.   Form. rufipes.
Fabr. S. E. 2.

Eine schwarze Ameise mit roten Füßen. — Sie ist groß, hat einen starken, eirunden, hinten etwas gespaltenen schwarzen Kopf, der mit rötlichen Haren stark besezt ist. Die Fülhörner sind an der Spizze rotbraun. Das Bruststük ist rauhärig, schwarz, und hinten schmal. Der Hinterleib eiförmig, rauh, und schwarz. Das Schüpchen ist stumpf oval: die Füße roth.

Ist in Brasilien zu Hause.

Der Zweikopf.   Form. binodis.
Fabr. S. E. 13.

Eine mittelmäßig große schwarze Ameise mit einem sehr dikken Kopf. — Ihr dikker Kopf ist ganz roth: das Bruststük sehr schmal und schwarz. Der Leibhals bestehet aus zwei Knöpfchen, davon, wie gewöhnlich, das erste am größten ist. Der Hinterleib ist klein, rundlich und schwarz: die Füße roth und die Schenkel rostfärbig.

Wont in Egypten.

Die Südische.   Form. australis.
Fabr. S. E. 16.

Eine schwarze Ameise! — Ihr Körper ist ganz schwarz, mittelmäßig groß, mit aschfarben Härchen stark besezt und etwas glänzend. Das Schüpchen ist verlängert, dik, stumpf, und hat zwei starke krumme Dorne.

Aus Neuholland.

Der Doppelschild.   Form. biscutata.
Fabr. S. E. 17.

Sie hat einen pechschwarzen Kopf, der hinten zwei Spizzen hat. Das Bruststük ist erhaben, hökferig und hinten zweigezähnt. Der Leibhals bestehet

aus

aus zwei kurzen ovalen Schüpchen. Der Hinterleib ist kuglich, pechschwarz, **Tab. 60.** oben mit einer unterschiedenen schwarzen Linie bezeichnet. Die Flügel sind etwas rostfärbig.

Wont in Cajenne.

Die Knotigte. Form. clavata.
Fabr. S. E. 18.

Eine schwarze große Ameise. — Ihr Kopf ist breiter als das Bruststük, und hat starke hohle Freßzangen. Das Bruststük ist hökkerig und in der Mitte zweigezähnt. Der Leibhals hat einen erhabenen Knopf, und unter demselben einen starken spizzen Zahn. Der Hinterleib ist eirund, und der erste Ring kuglicht.

Hat Indien zum Aufenthalt.

Die Afterrüsselkäferartige. Form. attelaboides.
Fabr. S. E. 19.

Eine große Ameise mit rauem, ganz schwärzen und hinten schmalen Kopf, geschmeidigem schwarzen Brustsük, das hinten rostfärbig ist, mit zwei starken krummen Dornen. Das Schüpchen ist oval, dik und stumpf. Der Hinterleib ist braunschwarz, mit feinen Härchen besezt, und die Füße rostfärbig.

Wont in Brasilien.

Die Hornameise. Form. Ammon.
Fabr. S. E. 20.

Eine schwarze Ameise mit kleinem ovalen Kopf, schmalem ausgerändeten Brustsük, das oben mit goldgelben glänzenden Härchen besezt ist, hinten mit zwei starken geradausstehenden Dornen. Das Schüpchen ist oval, stumpf mit zwei sehr krummen Dornen. Der Hinterleib ist rundlich, schwarz, mit goldgelben Härchen besezt: die Füße schwarz.

Aus Neuholland.

Der Graber, die Salomonische Ameise. Form. Salomonis.
Linn. S. N. 9.
Länge 7 und eine halbe Linie. **fig. 1.**

Eine große roth und schwarze Ameise mit Flügeln. — Sie hat einen nach Verhältniß des übrigen Körpers sehr kleinen schwarzen Kopf, der aber allenthalben und besonders unten mit roten Härchen besezt ist. Die braunroten Freßzangen gleichen einer bekannten Nagelzange, womit man die Nägel an den Fingern abzwikket. Sie sind jede mit zehen scharfen Zähnen bewafnet, die gegeneinander laufen. Die Augen springen hervor und sind gegen die Regel bei den Ameisen erhoben, und gewölbt, da sie sonst gewönlich ziemlich flach sind. Die

Ocellen

Tab.60. Ocellen sind gelb. Die Fühlhörner haben ein langes schwarzes Grundgelenk, und darauf 12 zarte gelbe Glieder, wovon die vier äußersten aber dikker sind als die übrigen. Das Maul hat Freßspizzen. Das Bruststük ist dik und sehr gewölbt, daß der kleine Kopf zwischen den Vorderfüßen zu hängen scheint. Die Schuppe auf dem Leibhals ist nahe am Hinterleib. Dieser bestehet aus fünf Ringen und dem After, welcher sich in vier Teile trennet, wenn er sich öfnet. Die Ringe haben sämmtlich einen schmalen rötlichen Saum, und der erste ist der größte. Die Füße sind zwar zart, aber lang, besonders die hintersten, welche ausgestrekt acht Linien messen. Sie sind sämmtlich schwarzbraun, aber die Fußblätter blaßgelb. Die Flügel sind gelb mit braunroten Adern, und die großen zehen und eine halbe Linie lang.

Sie ist in Arabien, Egypten und dem gelobten Lande zu Haus.

fig.3. ### Der rote Dikkopf. Form. erythrocephala.
Fabr. S. E. 3.

Länge 7 Linien.

Eine große schwarze Ameise mit außerordentlich dikkem Kopf und rötlichen Füßen.

Es unterscheidet sich diese Ameise von des Linne Form. barbara, wie auch der Cephalotes durch die Schuppe und ist also eine andere Art. Sie hat einen monströsen Kopf, der breiter und größer ist, als der ganze Hinterleib. Beide Ekken beugen sich gegen den Brustschild und machen also den Kopf oben gekrümmt. Die Augen sind klein, und ungeachtet sich viele vertiefte Punkte auf der Stirne finden, aus deren iedem ein goldgelbes Härchen strak in die Höhe stehet, und besonders in der Mitte zwischen den Augen eine starke Vertiefung ist, so findet sich doch keine Spur von Ocellen. Die Fühlhörner haben an der Wurzel der schwarzen langen Grundgelenke einen roten Gewerbknopf und die eilf äußern Glieder sind rötlich gelb. Die Freßzangen sind glänzend schwarz, breit und haben zwei Reihen zusammenschneidender ausgezakter Zähne in ieder Reihe sechs. Das Bruststük ist klein, schmal und keulförmig. Der Leibhals hat kein Knöpfchen, sondern eine gerad in die Höhe stehende dikke Schuppe. Der eiförmige Hinterleib bestehet aus fünf schwarzen Ringen, wovon aber nur vier sichtbar sind, indem der lezte oder das mit goldgelben Haren besezte Afterstük unter dem vierten stekt. Sämmtliche Ringe haben, genau betrachtet, einen rötlichen goldglänzenden Rand oder Einfassung. Die Füße sind sowol an den Afterschenkeln als übrigen Gliedern braunrötlich. Sie sind nicht groß, und ist besonders, daß die vördern Füße bei dieser Ameise die größten, und ihre Hüftbeine die stärksten und dikksten sind, da sonst gemeiniglich die hintersten als die längsten erscheinen. Allein die gütige Natur, so für die Bequemlichkeit aller Teile und Glieder ihrer Geschöpfe gesorgt hat, gab diesem Insekt die größte Stärke der Füße dem vördern Paar, weil diese den schwersten Teil des Körpers, nemlich den ungeheuren Kopf tragen muß, welcher desto mehr Gewicht verursacht, weil der Kopf freihängend und vorausgebeugt ist. Die Füße haben sämmtlich große und kleine Dorne.

Sie ist in Neuholland zu Hause.

Der Doppelhake. Form. bihamata. Tab 60.
fig. 4.

Fabr. S. E. 21.

Drury Exot. 2. T. 38. f. 7.

Eine sonderbare Ameise aus Madagaskar mit einer ankerförmigen Schuppe. — Diese Ameise hat einen kleinen Kopf, fast rund, unbewafnet, und die Fühlhörner fast so lang als der Körper. Der Brustschild ist zusammengedrukt, rostfärbig, vorn auf beiden Seiten mit einem hervorstehenden verlängerten gekrümmten Dorn, in der Mitte mit zwei zurükgekrümmten sehr spizzen Dornen, und hinten zwei Hökkern. Die Schuppe hat ein Stielchen und stehet hervor. An der Wurzel ist sie zilindrisch, rostfärbig, über der Mitte in zwei gekrümmte schwarze Dorne gespalten. Der Hinterleib ist fast eirund und schwarz, an der Wurzel aber rostfärbig. Die Füße sind etwas lang, schwarz, und die Schenkel rostfärbig.

Aus der Insel St. Johannis und Madagaskar.

Die Egyptierin. Form. Aegyptiaca.

Fabr. S. E. 12.

Eine schwarze Ameise mit rotem Bruststük. — Sie ist klein, hat einen braunschwarzen großen Kopf mit rostfärbigen Fühlhörnern. Das Bruststük ist schmal, braunschwarz, und hinten zweizakig: der Hinterleib braunschwarz: die Füße rostfärbig und die Schenkel etwas keulförmig.

Wont in Egypten.

Die graue Ameise. Form. obsoleta. fig. 5.

Linn. S. N. 6. & Fn. Sv. 1724.

Fabr. S. E. 7.

Scop. E. C. 835. Form. Libera.

Länge 8 Linien.

Eine große schwarz und röthliche Ameise. —
Ihr Körper ist oberhalb glänzendschwarz, oder vielmehr braunroth, an der Brust, den Füßen und Anfang des Unterleibes aber etwas heller roth. Die Augen sind etwas grau und die Ocellen gelb. Die Grundgelenke der Fühlhörner sind lang, und der daran befindlichen kurzen Glieder sind eilf. Die vier Ringe des Hinterleibes haben einen roth und gelben Goldsaum, und der After ist mit goldgelben Härchen besezt. Die Flügel sind bräunlich und haben braune Adern und dergleichen Randflekken. Die Schienbeine haben starke Dorne. Die perpendikuläre Schuppe auf dem Leibhals ist klein und stehet nahe am Hinterleib, wie sie hingegen bei vielen zunächst dem Bruststük stehet, bei andern in der Mitte.

III. Hauptabteilung.

Tab 60.
fig. 6.

Die schwarze Ameise. Form. nigra.

Linn. S. N. 5. & Fn. Sv. 1723.

Fabr. S. E. 6.

Geoff. Inf. 2. 429.

Scop. E. Carn. 834.

Raj. Inf. 69.

Ein Männchen.

Länge 5 Linien.

Sie ist ganz schwarz und hat rotgelbliche Füße. — Der Kopf ist klein; die Fühlhörner haben, außer dem langen Grundgelenk 12 Glieder: die Freßzangen nur zwei Zähne, die behaart sind. Die Augen sind schwarz und die Ocellen gelb. Das Bruststük ist hökkerich und hat auf ieder Seite unter den Wurzeln der Flügel ein schwarzes glänzendes Knöpfchen. Die Schuppe des Leibhalses stehet nächst dem Bruststük, und der Hinterleib hat sechs sichtbare Ringe. Die Füße sind rotgelblich, aber die Hüftbeine schwarz, nebst den zwei äussersten Gliedern des Fußblats. Die Flügel sind schwarzbräunlich und haben einen schwarzen Randflekken.

fig. 7.

Die rote Ameise. Form. rufa.

Linn. S. N. 3. & Fn. Sv. 1721.

Fabr. S. E. 4.

Scop. E. C. 836.

Geoffr. Inf. 2. 428.

Raj. Inf. 69.

Länge 5 und eine halbe Linie.

Eine gewönliche roth und schwarze Ameise. — Sie hat einen schwarzen Kopf und Augen, aber rote Ocellen, die in einem geräumigen Dreiek stehen. Die Oberlippe, die untern und Nebenseiten des Kopfes sind roth: in der Mitte der Oberlippe ist ein bräunlichrotes Flekchen. Auch die Freßzangen sind roth, und haben schwarzbraune Zähne, welche mit langen goldgelben glänzenden Haren besezt sind. Das Maul hat vier Freßspizzen. Die Fühlhörner haben ein rotes Grundgelenk, die darauf stehenden eilf Glieder aber sind schwarz. Das Bruststük ist länglich, schmal und erhaben, roth, aber der Brustschild schwarz. Der rote Leibhals hat eine perpendikularstehende rote Schuppe. Der fast runde Hinterleib ist schwarz und hat vier Ringe, nebst dem mit Härchen besezten kleinen Afterstük, welches nebst dem Bauch roth ist, so wie der erste Ring an der Wurzel zur Hälfte roth ist. Die Füße sind auch roth: die Schienbeine mit ihren Dornen und die Fußblätter fallen ins Schwärzliche.

fig 8.

Das geflügelte Männchen.

Ist der vorhinbeschriebenen sehr änlich; seine Flügel haben braune Adern und einen

einen dergleichen starken Randflekken, auch sind die Flügel von der Wurzel an Tab. 60. etwas bräunlich.

Diese Art, wie auch fig. 10. werden auch sonst Roßameisen, auch Buschameisen genennt. Sie wälen gerne alte große Baumstökke, um darin ihre Wohnungen anzulegen, welche bis unter die Wurzeln reichen. Bede Gattungen haben besonders ein starkes schweflich riechendes Oel bei sich und werden vorzüglich zu Bädern gebraucht. Wenn man mit der Hand ein wenig im Haufen herumwület und alsdann mit der flachen Hand darauf schläget, so wird man an der Hand den geistigen Geruch stark empfinden. — Bede Arten werden auch von den Dachsen und Füchsen aufgesucht und gefressen, und sind ihre Eier für Nachtigallen rc. die gesundesten und besten.

Die Fahle. Form. pubescens.
Fabr. S. E. 5.

Eine schwarze Ameise mit kalem Hinterleib. — Sie hat die Gestalt der vorhergehenden. Der ganze Körper ist reur schwarz, nur der Hinterleib ist mit aschfärbigen zarten Härchen besezt.

Sie nistet in Ungarn.

Die Gefräßige. Form. gulosa.
Fabr. S. E. 25.

Eine rote Ameise mit schwarzem After. — Sie ist groß, hat einen ovalen roten Kopf, mit vorausstehenden blassen Freßzangen. Das Bruststük ist roth, und in der Mitte schmal: der Leibhals verlängert, und hat einen großen rundlichen Knoten. Der Hinterleib ist roth, glänzend, an der Spizze schwarz: der erste Ring kurz, und glokkenförmig: die Füße roth.

Wont in Neuholland.

Die Langkiefrige. Form. maxillosa.
Fabr. S. E. 27.

Sie hat einen sehr großen gelblichen Kopf, schwarze Augen, und sehr lange geradausstehende und gleichlaufende Freßzangen. Das Bruststük hat drei Paar Dorne: die vordern zwei sind stark, die mitlern geringer und die hintersten sehr kurz. Der Hinterleib ist rundlich, und braunschwarz.

Aus Indien.

Der europäische Dikkopf. Form. cephalotes Europaea.
Länge 5 Linien.

fig. 9.

Eine rötliche Ameise mit schwarzem Hinterleib und dikkem Kopf. — Sie
weichet

Tab.60. weichet von der Amerikanischen des Linne darinnen ab, daß der Hinterleib schwarz ist und das Brustſtük keine Dorne hat.

Der 9te Kopf dieser Ameise ist breiter und beträgt fast mehr als der Hinterleib. Die Augen sind schwarz und sehr klein. Die Ocellen sind dem bloßen Auge nicht sichtbar, aber durch die Linse siehet man auf der Stirne drei schwarze Pünktchen, welche aber nicht die Ocellen selbſten sind, sondern diese stehen oberhalb an diesen Pünktchen und sind gelb und helle. Die Fühhörner sind roth, und haben ein langes etwas gebogenes Grundgelenk, worauf 12 gleich= dikke Glieder stehen. Die Wurzeln der Fühhörner gehen nahe am Maul aus. Die Freßzangen haben viele und scharfe schwarze Zähne, wovon die äußerſten, oder die Spizzen lang sind und sich stark kreuzen. Sie sind so, wie die kleinen Zähne mit etlichen langen goldgelben glänzenden Härchen besezt. Das Maul hat zwei Paar stark behaarte Freßspizzen. Das Brustſtük ist schmal und über= das in der Mitte durch eine starke Verschmälerung gleichsam in zwei Teile ge= teilet, wovon am erſten die zwei vördern und am andern die vier folgenden Füße stehen. Das Knöpfchen auf dem Leibhals ist roth: der eiförmige Hinterleib aber, welcher aus fünf Ringen beſtehet, wovon der After mit Härchen besezzet ist, ist schwarz. Die Füße sind bräunlichroth, lang, und haben ein kurzes, länglichrundes starkes Hüftbein oder Afterschenkel, an welchem sich ein besonders Gewerb oder länglichter Knopf befindet, woran der eigentliche Schenkel stehet und sich darin beweget. Die Schienbeine haben außer ihren großen Dornen, durchaus viele kleinere, wie auch alle Glieder der Fußblätter mit einer Menge dergleichen bewafnet sind, und endigen sich in zwei scharfe Klauen.

fig.10.   Die Roſtameise, Tannenameise. Form. ferruginea.

Länge 5 und eine halbe Linie.

Eine gewöhnliche schwarze Ameise, mit rotem Brustſtük und Leibhals. —
Sie bauet nebſt fig. 7. Tab. LX. am liebſten ihre Wonungen in Tannen= und Fichtenwäldern auf, besonders an abgehauenen Baum= ſtümpfen, allwo sie über zwei bis drei Schu hohe Häufen aufwirft, und darein viel Harz trägt, so zum Rauchwerk zu gebrauchen.

fig.11.   Die Schweiferin. Form. vaga.

Scop. E. C. 833.

Länge 4 Linien.

Sie hat Kopf, Brustſtük und Hinterleib ganz schwarz, aber braungelbliche Füße und ist eine bekannte Ameise. Ihr Hinterleib ist oval und mit Härchen besezt.

fig.12.   Die braune Ameise. Form. fusca.

Linn. S. N. 4.

Länge 4 Linien.

Eine geflügelte schwarzbraune Ameise mit gelblichen Füßen.
Der Kopf hat schwarze Augen und weiße Ocellen. Die Freßzangen sind roth

roth und kreuzen sich mit den vordern spizzen Zähnen. Die Grundgelenke der Tab.60.
Fülhörner sind roth, und die eilf kleinen Glieder mit weißen grauen, das
Maul aber mit roten glänzenden Härchen besezt. Das Bruststük ist hökkerig
und das Schüpchen auf dem Leibhals stehet in der Mitte gerade auf. Der Hin-
terleib hat fünf Ringe. Die Schienbeine und Fußblätter sind gelblich, die
Schenkel aber braunroth. Die Flügel sind sehr zart und weiß.

Diese Art macht ihre Wonung aus Sand und zwar unter Rasen.
Sie sind nicht böse, und stechen nicht leicht.

Die Trauerameise. Form. tristis. fig.13.
Länge 4 und eine halbe Linie.

Eine schwarze geflügelte Ameise mit schmalem Hinterleib. — Sie ist ganz
schwarz, nur die 12 kleinen Glieder der Fülhörner und die Fußblätter sind rötlich.
Der Kopf ist klein, und die Freßzangen gehen spiz zusammen. Die Grundgelenke der Fülhörner sind schwarz und fast so lang als die übrigen Glieder zusammen. Das Bruststük ist hökkerig mit einem Einschnit ober und einem hinter den
Flügeln. Die Schuppe an dem Leibhals liegt an dem ersten Ring des Hinterleibes, deren sich fünf zeigen. Die Flügel sind gelblich mit gelben Adern durchflochten.

Die kleine rote Ameise. Form. rubra.
Linn. S. N. 7.

Es ist dieses die bekannte Ameise in Gärten und Feldern, mit schwarzen Augen und einem schwarzen Punkt unter dem Hinterleib. — Sie stechen sehr empfindlich, und ihr Stich macht Geschwulst wie die Brennnesseln. Sie machen sich
Wonungen von hartem Sand, one besondere Hügel; besonders in Gärten an
Holz, Bretern rc. so in die Erde geschlagen sind. —

Bei dieser Art Ameisen findet man ihre Puppen mitten im Winter.

Die weißpunktirte Ameise. Form. quatuorpunctata.
Fabr. S. E. 8.
Länge 2 Linien.

Eine bekannte schwarze Gartenameise. — Sie hat einen schwarzen Kopf,
rotes Bruststük und glänzend schwarzen Hinterleib, auf dessen ersten Ring zwei
weiße Punkte, und auf dem zweiten Ring auch zwei dergleichen befindlich sind,
die aber etwas weiter voneinander abstehen. Die Schenkel sind schwarz und die
übrigen Teile der Füße roth. — Bei den jungen und noch kleinen Ameisen dieser
Art sind die erstern zwei weiße Punkte wenig sichtbar.

Die kleine ganz schwarze Ameise. Form. nigerrima.
Länge 2 und eine halbe Linie.

Eine Art kleiner Gartenameisen, deren Kopf, Bruststük und Hinterleib
glänzend schwarz ist. Nur die Fußblätter sind gelbrötlich.

Tab.60.

Die Pferdameise, Herkulesameise. Form. herculeana.

Linn. S. N. 1. & Fn. Sv. 1720.
Fabr. S. E. 1.
Scop. E. C. 832.

Eine schwarze Ameise, fast so groß als eine Biene, die größte unter den europäischen Ameisen. —

Sie hat einen schwarzen Körper, nur die Schenkel sind rostfärbig. Die Freßzangen haben jede fünf Zähne: die Fühhörner ein kurzes Grundgelenk, worauf 12 Glieder befindlich, wovon das erste so lang ist, als die 11 übrigen, die klein und alle gleich sind. Der Hinterleib ist eirund, und übrigens der ganze Körper glatt und glänzend.

Ihre Wonungen bauen sie tief unter Bäumen, besonders hohlen Bäumen, und werden sie auch in Nordamerika gefunden. Ihren Namen Pferdameise haben sie von ihrem schnellen Gang. Sie kommen auch in die Häuser, besonders wo sie Süßigkeiten finden können, wornach sie sich auch unter den Dielen einen Weg bahnen.

Unter die Ausländischen gehören ferner:

Der Algierer. Form. barbara.

Linn. S. N. 2.
Fabr. S. E. 11.

Eine schwarze und eben so große Art als vorhergehende. — Diese Ameise hat einen großen Kopf, der schwärzlichrostfärbig ist, wie auch die Fühhörner, wovon aber das lange Grundgelenk schwarz ist. Der Leibhals bestehet aus zwei Knoten, anstatt der Schuppe. Der Hinterleib hat drei Ringe. Die Füße sind schwarz und das Fußblat rostfärbig.

Aus der Barbarei.

Der Egyptier, die pharaonische Ameise. Form. Pharaonis.

Linn. S. N. 8.

Eine sehr kleine rote Ameise, deren Hinterleib bräunlich ist, und nur so groß als ein Floh, und so dik als ein Pferdshaar.

Der Zukkerfresser. F. Saccharivora.

Linn. S. N. 10.
Fabr. S. E. 10.

Eine schwarze Ameise von geringer Größe. —

Der Kopf ist schwarz, die Fülhörner und Freßzangen aber braunroth. Tab.60. Das Brustſtük und der Hinterleib iſt mit weißlichen Härchen beſezt.

Sie wont in Amerika, unter dem Zukkerrohr und thut darin großen Schaden.

Der Vielfraß, die Hausameiſe. Form. omnivora.
Linn. S. N. 12.

Eine ziegelrote Ameiſe. —

Ihr Bruſtſtük hat zwo Spizzen und der Leibhals zwei Knöpfchen. Das Bruſtſtük iſt glatt und hat einige erhabene Punkte. Der Hinterleib iſt klein, braun und mit zarten weißen Härchen beſezt.

Ihr Vaterland iſt Amerika, wo ſie in den Häuſern an allerlei Arten Eßwaaren großen Schaden thut, und auch andere Sachen verwüſtet. Ihr Stich iſt ſehr empfindlich.

Der Doppelzahn. Form. bidens.
Linn. S. N. 13.

Der Kopf iſt eiförmig. Die Fülhörner roſtfärbig, das Grundgelenk aber ſchwarz. Auf dem Bruſtſtük befinden ſich in der Mitte zwei Zähne oder Hökker.

Iſt im mittägigen Amerika zu Haus.

Die weiße amerikaniſche, auch die guineiſche Ameiſe. Form. fatale.
Eine kleine Ameiſe von der Größe eines Gerſtenkorns. —

Sie bauen veſte und ſpizzige Haufen von Erde, welche ſie hoch aufwerfen, zugleich aber lange gewölbte Höhlen in dem Boden haben, welches ſie wegen ihrer großen Anzahl in vieler Eile verfertiget haben. Sie kommen aber auch in die Häuſer und Magazine der Kaufleute, da ſie ſehr ſchädlich ſind, und faſt alles verderben. Die Waarenkiſten werden daher auf Fäſſer geleget, die ſtark mit Theer beſtrichen ſind. — In Oſtindien, Zeylon ꝛc. wird dieſe Gattung Ameiſen Vakos, und in Japan do Taos oder Bohrer genennet, weil ſie alles durchbohren.

Der Sechszahn. Form. ſexdens.
Linn. S. N. 14.
Fabr. S. E. 23.

Der Kopf iſt hinterwärts geteilt und gehet auf beiden Seiten in eine einfache

Tab.60 fache Spizze aus. Das **Bruſtſtük** hat hinten drei Paar Dorne oder ſcharfe ausſtehende Eſken. Der Leibhals beſtehet aus zwei Knöpfchen.

Wont in Surinam.

Der Diſkopf. Form. cephalotes.

Linn. S. N. 15. Degeer Inſ. III. p. 392. T. 31. f. 11.

Fabr. S. E. 22.

Eine dunkelrotbraune Ameiſe. — Der Kopf iſt gleichſam geſpalten und gehet hinten in zwei ſcharfe Eſken aus. Das Bruſtſtük hat zwei Paar Spizzen oder Dorne. Ein Paar ſtehet vorne, weit auseinander gerichtet, und ein Paar befindet ſich hinten dichte beiſammen. Der Leibhals beſtehet aus zwei Knöpfchen.

Sie iſt im mittägigen Amerika zu Hauſe.

Die ſchwarze Ameiſe, auch braſiliſche Ameiſe. Form. atrata.

Linn. S. N. 16.

Fabr. S. E. 24.

Länge 5 Linien.

Eine ganz ſchwarze Ameiſe. — Ihr Kopf iſt platt und gerändelt, und gehet an beiden Seiten, da er am Hals ſehr gebogt ausgeſchnitten iſt, in zwei ſcharfe Eſken oder Stacheln aus. Die Freßzangen ſind kurz. Das Bruſtſtük hat vier Dorne. Der Leibhals beſtehet ſtatt der Schuppe aus zwei Knöpfchen. Der Hinterleib iſt rund.

Sie wonet im mittägigen Amerika, und lebet von Fleiſch, Fiſchen, Skorpionen, Skolopendern und dergleichen.

Die Purpurameiſe, Blutameiſe. F. haematoda.

Linn. S. N. 17.

Fabr. S. E. 26.

Länge 10 Linien.

Eine große dunkelrote Ameiſe mit Flügeln. — Ihr Kopf iſt länglich, niedrig, gedrukt, glatt und hinten zweiteilig. Die Freßzangen ſind roth, hervorſtehend und laufen parallel, zangenartig one eingeferbte Zähne. Das Bruſtſtük hat keine Dorne. Der Leibhals beſtehet aus einer ſcharfen kegelförmigen Schuppe, die an einem Stiel ſizzet. Der Hinterleib iſt etwas ſchwärzlich, und die Füße ſind gelb: die Flügel wie gewönlich glasartig und durchſichtig.

Sie iſt ebenfalls im mittägigen Amerika zu Hauſe.

Die Stinkameiſe. Form. foetida.

Linn. S. N. 18.

Länge 1 Zoll.

Eine ſchwarze große Ameiſe mit langen Füßen. — Ihr Kopf iſt oben mit drei erhabenen Punkten bezeichnet. Die Freßzangen laufen gerade aus, ſind

lang

lang und scharf gezähnt. Das Bruststük ist glatt und unbewafnet. Der Leib/ Tab. 60. hals bestehet aus einem Hökker, der vorne und hinten etwas gedrukt, und besonders am hintern Ende in die Quere gestreift ist. Der Hinterleib ist am ersten Ringe etwas schmal und eingezogen, und hin und wieder mit Härchen besezt, so wie auch die Füße, welche groß und stark sind.

Sie wont im mittägigen Amerika und Surinam. Sie frißt die kleinen und iungen Spinnen, und wird hingegen wieder von den großen Spinnen gefressen.

Der Verderber. Form. devaſtator.

Eine sehr verderbliche Art Ameisen in Ostindien, welche fast die Größe eines kleinen Fingers haben. Sie sind so schädlich, daß die Einwoner nichts von Kleidung oder Leinwand auf der Erde lassen dürfen. Sie bedienen sich daher an ihren Bettstellen, Kästen rc. vier langer Stollen, welche in Gefäßen stehen, die mit Wasser angefüllet und sorgfältig von den Wänden abgerükt sind.

Der Felddieb. A. perniciofa.

Eine afrikanische Ameise, die in Guinea den bepflanzten Aekkern sehr schädlich ist. Sie hat scharfe Freßzangen und Zähne, womit sie die iungen Blätter von den Gewächsen abschneidet.

Die Gastameise, Visitenameise, Surinamische laufende, wandernde Ameise, auch Zugameise genannt. Form. viſitatrix.

Merian de Inſect. Surinam. Edit. lat. Tab. 18.

Eine große schwarze Ameise mit großen Beinen. —

Diese haben die Gewonheit fast alle Jahre sich aus ihren Wonungen in die Häuser zu begeben, alle Winkel derselben zu durchsuchen, um Ratten, Mäuse, Spinnen, Kakerlaken und dergleichen zu vertilgen. Die Einwoner machen ihnen deswegen Plaz, verlassen ihre Häuser, nachdem sie ihnen alle Türen geöfnet. Sobald sie ein Haus von dem Ungeziefer gereiniget, so verlassen sie es und gehen in ein anderes. — Eben diese Art entblättern auch gewisse Bäume, und sind im Stande, in einer Nacht einen Baum kahl zu machen. Ein Teil verfüget sich auf denselben, und beißen die Blätter, wie mit einer Scheere abgeschnitten, ab: die meisten bleiben unten am Baum, fangen die Blätter auf, und tragen sie in ihre Wonung. Wenn sie von einem Ast zum andern gehen, so beißen sich einige an der Spizze desselben ein, hängen sich an; an diese klammern sich andere, und an diese hängen sich wiederum andere, daß sie solchergestalt eine Kette und Brükke formiren, worauf die übrigen auf und ab, und von einem
nem

Tab. 60.

nem Aſt zum andern mit dem nächſten Weg kommen können, ſo, wie die Bienen tun, wenn ſie einen leeren Stok anfangen zu bebauen, als welche auch dergleichen Ketten und Brüken machen, da ſich immer eine an die andere hänget, und die aus dem Feld kommenden darauf an= und ablaufen.

Die Guineiſche Hundsameiſe, auch Baumlaus, Baumameiſe.
Form. pediculus.

Sie iſt klein und weißlichbraun. —

Sie haben zerſtoſſen einen unangenemen flüchtigen Geruch, werden aber doch von den Vögeln, Eidechſen und dem Hausgeflügel gerne gefreſſen. Sie ſind dadurch ſehr ſchädlich, daß ſie Löcher in die Bäume freſſen, die Balken in den Häuſern zerſtören und beſonders auch Kleider, Bücher und dergleichen verderben. Sie machen gewölbte Gänge, und zwar öfters in den Fußböden und Tafelwerk der Häuſer, in denen ſie wonen, und die ſie ſehr ſorgfältig wieder ausbeſſern, ſobald ſie nur im geringſten Schaden leiden.

Die Zeyloniſche, Siamiſche rote Baumameiſe. F. Siamica rubra.

Eine große rote Ameiſe, die in den Äſten größer Bäume niſten, beſonders in der Barbarei auf den Kakaopflaumenbäumen, da ſie diejenigen, welche von ſolchen Bäumen Pflaumen abpflüken wollen, heftig anfallen und beißen, von welchem Biß und Stich eine Art Brandblaſen am ganzen Leibe entſtehen.

Die Zeyloniſche weiße Ameiſe. F. Siamica alba.

Sie findet ſich auch in Senegal.

Die große Amerikaniſche Skorpionameiſe. F. Scorpio maior.

Eine ſchwarze Baumameiſe, deren Stich für ſo ſchädlich gehalten wird, als der Skorpionenbiß.

Die kleine Amerikaniſche Skorpionameiſe. F. Scorpio minor.

Sie iſt auch ſchwarz, aber nicht ſo giftig als die größere Art. Sie halten ſich in großer Menge auf den Bäumen auf.

Die Indianiſche fliegende Ameiſe. F. volitans.

Dieſe Art iſt roth, und flieget auf den Bäumen und Blumen herum, aus deren Saft ſie das Gummilak verfertigen, wie die Bienen das Wachs.

Register

der

Geschlechter, Gattungen und Arten

der beschriebenen Insekten

vom

Bienen, Wespen- und Ameisengeschlecht.

Linn. S. N. V. Klasse. V. Ordnung.

Hymenoptera: mit häutigen Flügeln.

Inhalt und Register.

Erste Hauptabteilung.
Das Bienengeschlecht.

Die Bienen. Apes, Linn. S. N. 248. Geschlecht.
I. Abschnit.
Tab. I. II. & III. Die Honigbiene. Apis mellifica.
Naturgeschichte und Beschreibung der Honigbienen.

II. Abschnit.
Die wilden Bienen. Apes terrestres.
Einteilung der Bienengattungen.
A.) Apes bombinatrices. Hummelbienen.
Naturgeschichte der Hummeln. Einteilung der Arten. Beschreibung derselben.

a.) Mit gebrochenen Fühlhörnern.
Tab. IV. fig. 1 & 2. Ap. bomb. hirtus. Bärenbien.
— alpina. Berghummel.
fig. 3. ap. bomb. latipes, Breitfuß.
4. — acervorum. Erdwühler.
5. — violacea. Violethummel.
— argillacea. Tonhummel.
— nigrita. Morenhummel.
Tab. V. fig. 1 & 2. - brasiliana. Brasilianer.
3. — nemorum. Forsthummel.
4. — caffra. Kaffer.
5. — aestuans. Heißländer.
6. — virginica. Virginier.
Tab. VI. fig. 1. - bostoniana. Bostonianerin.
2. — virens. Grünling.
3. — mystacea. Knebelbart.
4. — chrysitis. Messingvogel.
— bryorum. Baummooshummel.
5. — subterranea. Erdkriecher.

Tab. VI. fig. 6. A. bomb. tropica. Afrikaner.
— antiguensis. Antiguenser.
— americanorum. Amerikaner.
— senilis. Grauhummel.
7. — surinamensis. Surinamer.
Tab. VII. fig. 1. - lapidaria. Steinhummel.
— silvarum. Waldhummel.
— carolina. Karoliner.
2. — terrestris. Erdhummel.
3. — bistriata. Zweibandirte.
4. — ruderata. Schuthummel.
— cryptarum. Klufthummel.
— lucorum. Buschhummel.
— cardui. Distelhummel.
— rufa. Rote.
6. — pascuorum. Heidehummel.
Tab. VIII. fig. 1. — scylla. Scylla.
2. — azurea. Violetflügel.
3. — muscorum. Grashummel.
4. — iris. Iris.
5. — nasuta. Nasenbiene.

Tab.

B.) Apes Mutillae. Mutillen, oder ungeflügelte Bienen.
Linn. S. N. 250. Geschlecht.

Naturgeschichte der Mutillen.

Beschreibung der Arten.

C.) Apes Chrysides. Metallbienen.

D.) Apes

Zweite Hauptabteilung.

Das Wespengeschlecht.

I. Abschnit.

Die Wespe. Vespa. Linn. S. N. 247. Geschlecht.

Naturgeschichte der Wespen.

Einteilung der Wespengattungen.

Beschreibung der Arten.

A. Die Horniffen. Vespae Crabrones.

III. Abſchnit.

Ichneumons. Schlupfwespen. Linn. S. N. 244. Geſchlecht.

Naturgeschichte der Ichneumons.

Einteilung der Arten.

Beschreibung der Arten.

IV. Abschnit.

Chrysides. Goldwespen. Linn. S. N. 246. Geschlecht.

Naturgeschichte der Goldwespen.

Einteilung der Arten.

Beschreibung.

VII. Abschnit.

Cynipes. Gallenwespen. Linn. S. N. 241. Geschlecht.

Naturgeschichte der Gallenwespen.

Beschreibung der Arten.

Dritte Hauptabteilung.

Das Ameisengeschlecht.

Formicae. Linn. S. N. 249. Geschlecht.

Naturgeschichte der Ameisen.

Beschreibung der Arten.

HYMENOPTERA

LINN. S.N.V. CLASS. V. ORD.

BIENEN, WESPEN,

UND

AMEISEN.

H. Müller, pinx. & sculps. Hanov.

J. L. Christ. del.

Tab. I

Fig. 1.

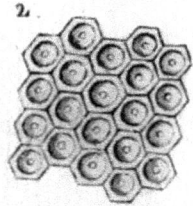

2.

3.

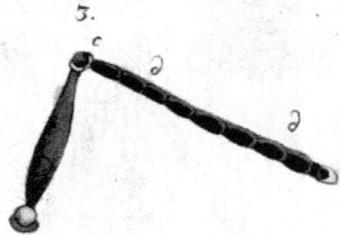

5.

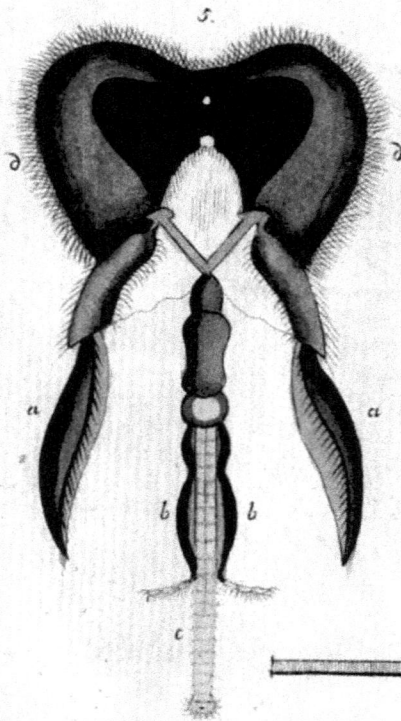

4.

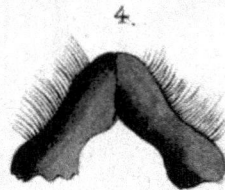

1. Pariser Zoll 2.

Müller delin. & sculps.

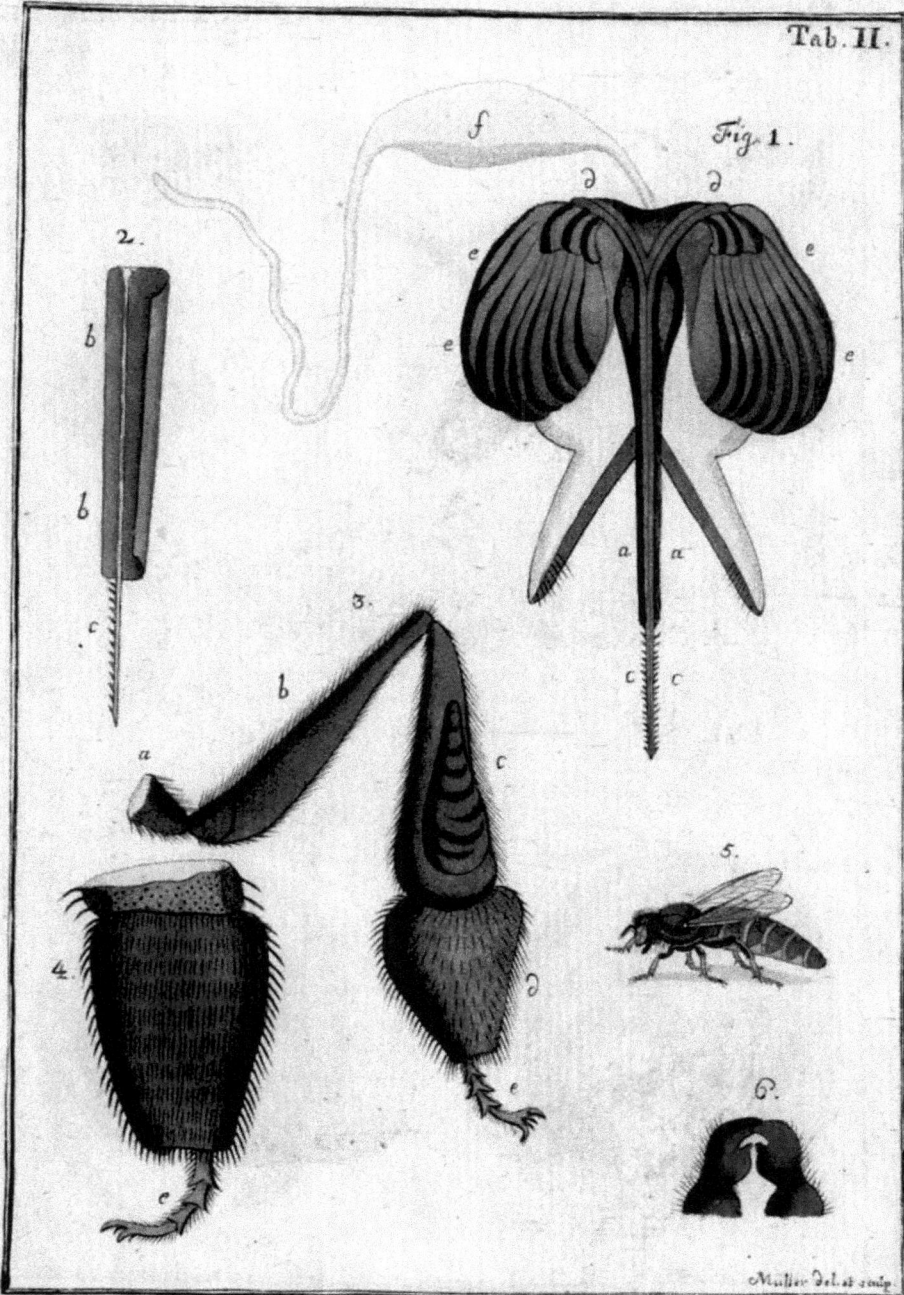

Tab. II.

Fig. 1.

Tab. III.

F. 1.

2

4

3

7

6

5

8

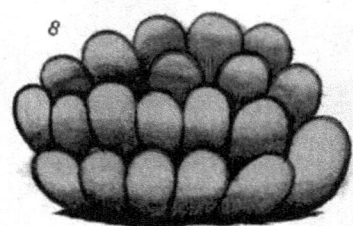

9

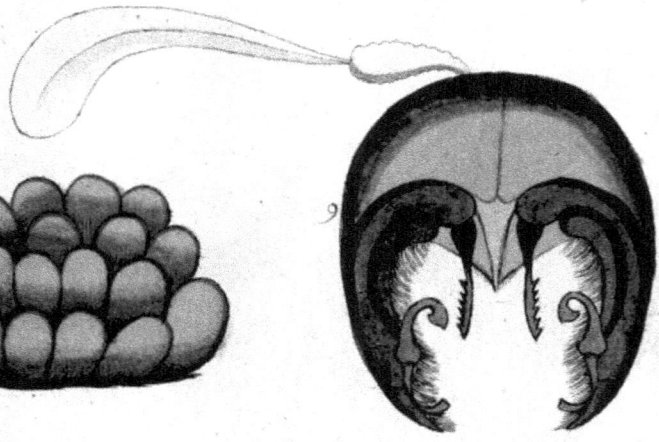

Fig. 1

Tab. IV.

2.

Fig. 1.

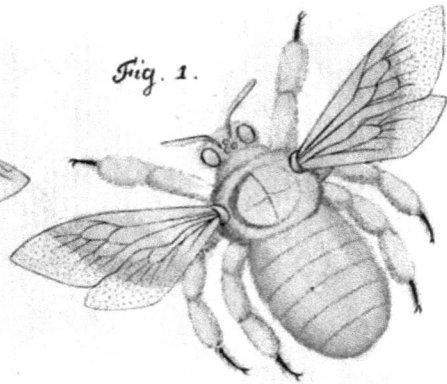

3

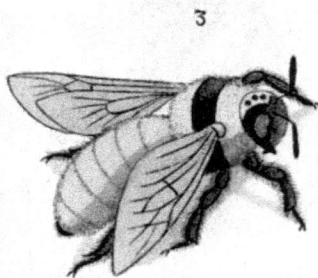

4

5

6

Tab.VI.

Fig. 1

2

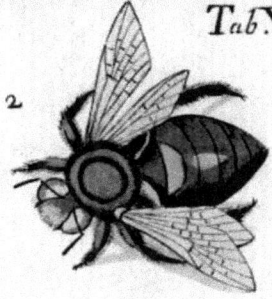

a

5

3

4

7

6

Fig. 1.

Tab. VII.

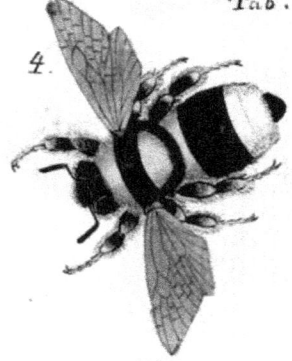

4.

2.

6.

5.

3.

Fig. 1

Tab. VIII.

Tab. IX.

Fig. 1.

2

3

6

4

5

7

8

Tab X.

Fig. 1.

a

Tab. XI.

*Tab.*XIII.

Tab. XIV.

4

3

2

5

1

7

8

6

10

9

Tab. XV.

1

2

3

4

5

7

6

10

8

9

Tab. XVI.

1

3

2

4

5

6

8

7

9

10

12

11

Tab. XVII.

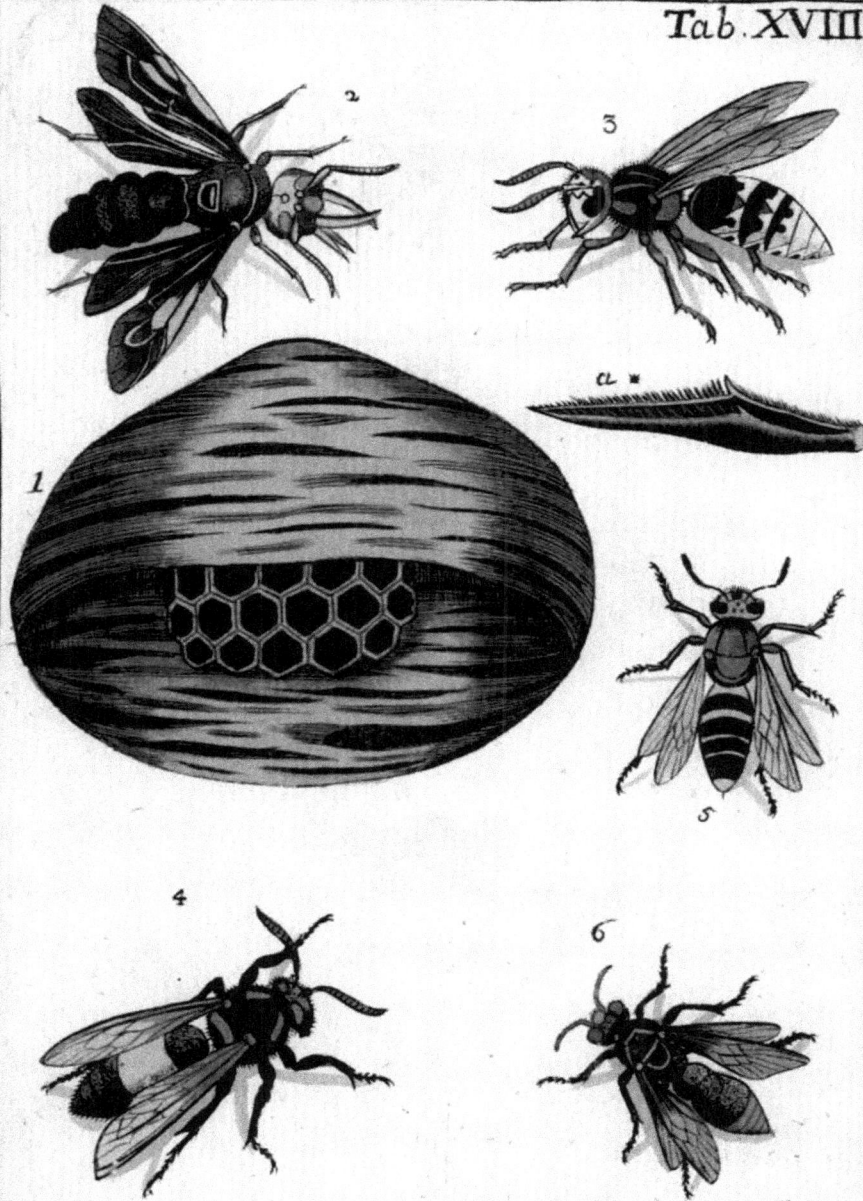

Tab. XVIII.

Tab. XIX.

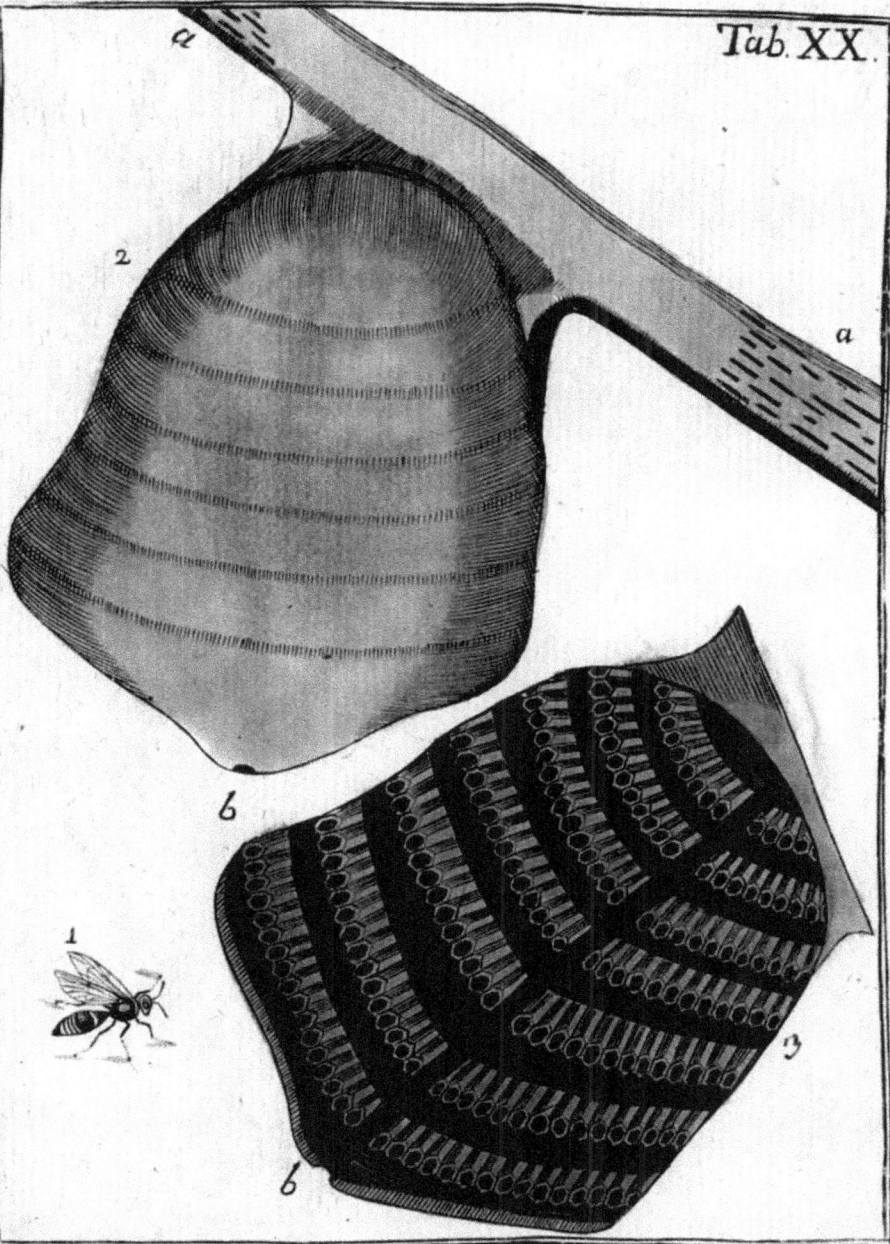

Tab. XX.

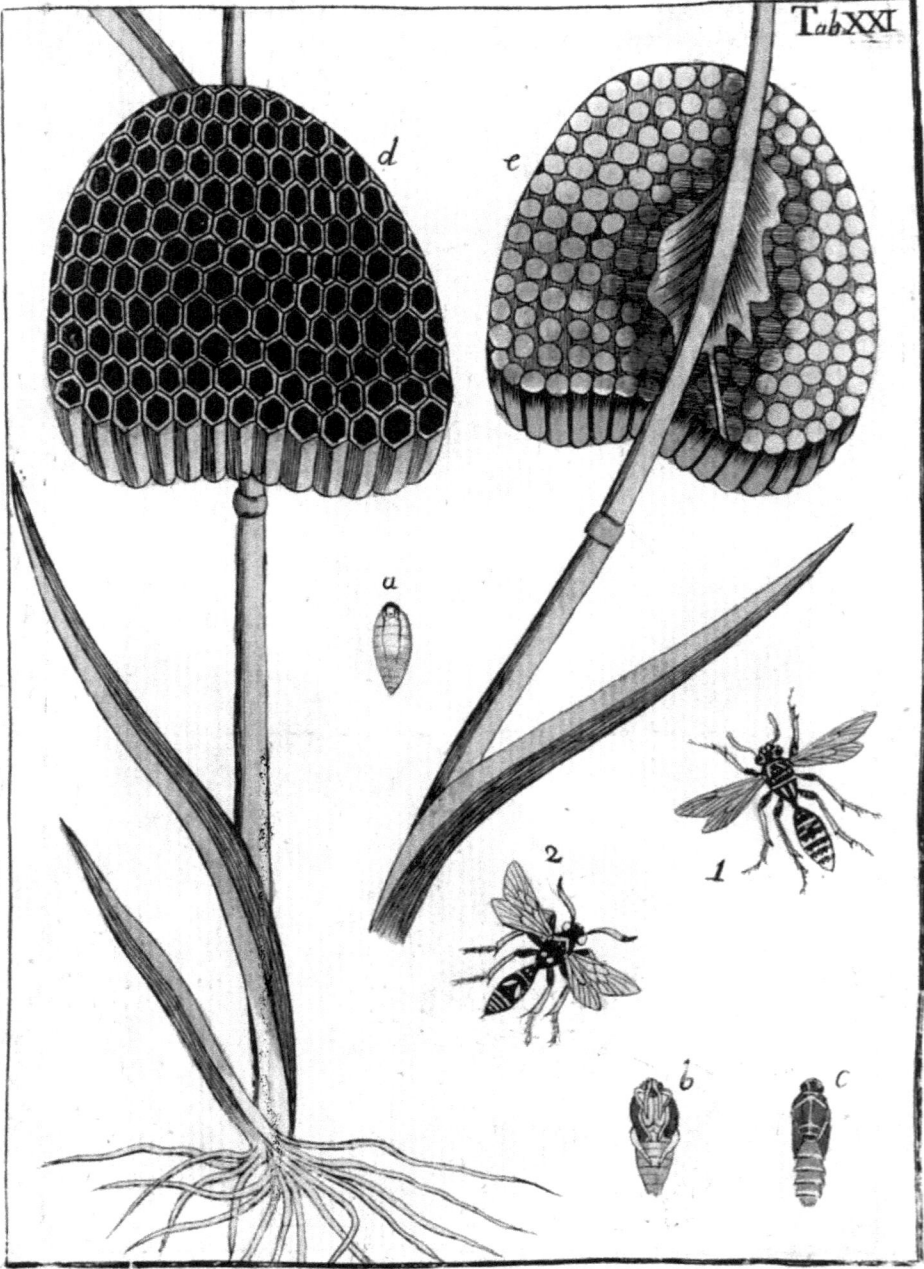

Tab.XXI

Tab. XXII

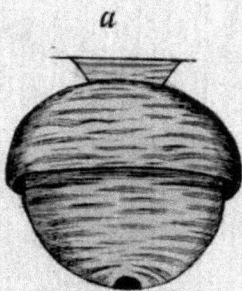

Tab. XXIII

Tab. XXV

Tab. XXVI

Tab. XXVII

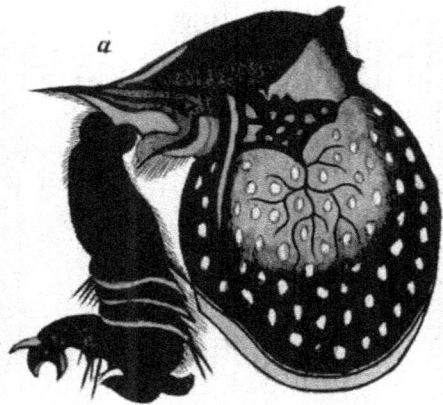

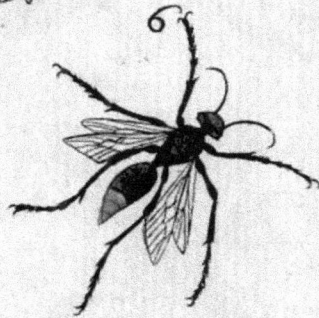

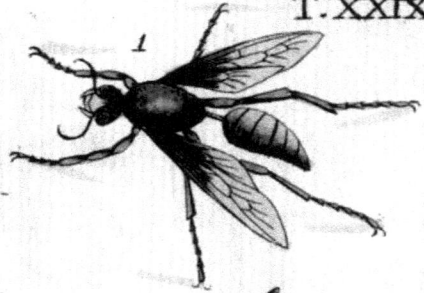

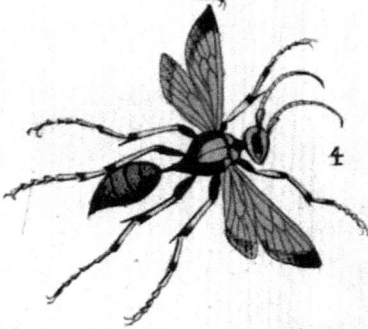

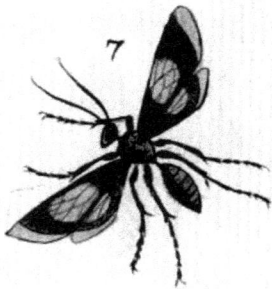

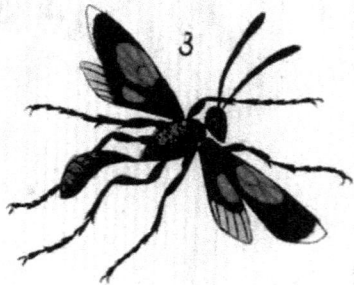

Tab. XXX

Tab. XXXI

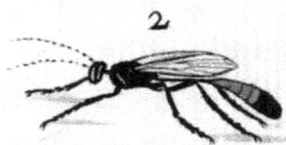

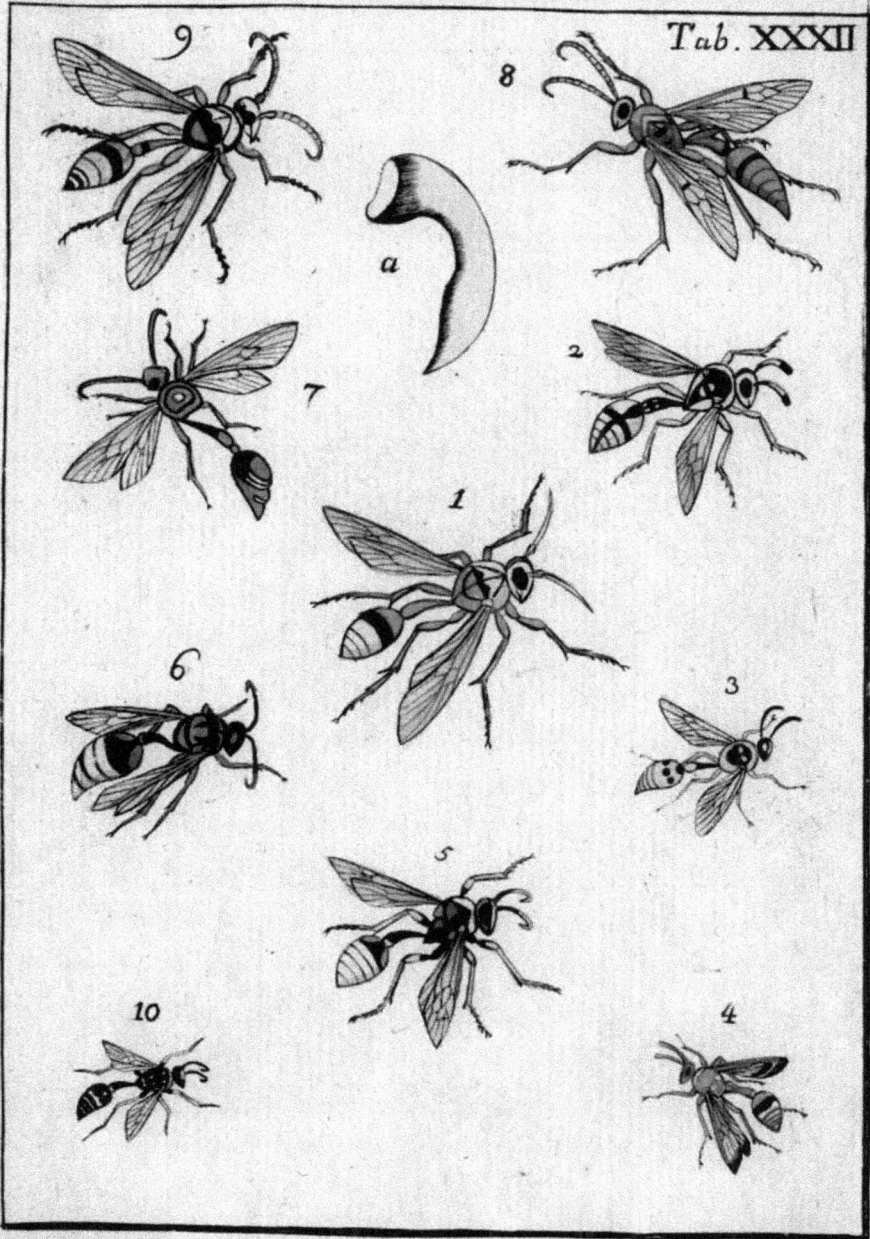

Tab. XXXII

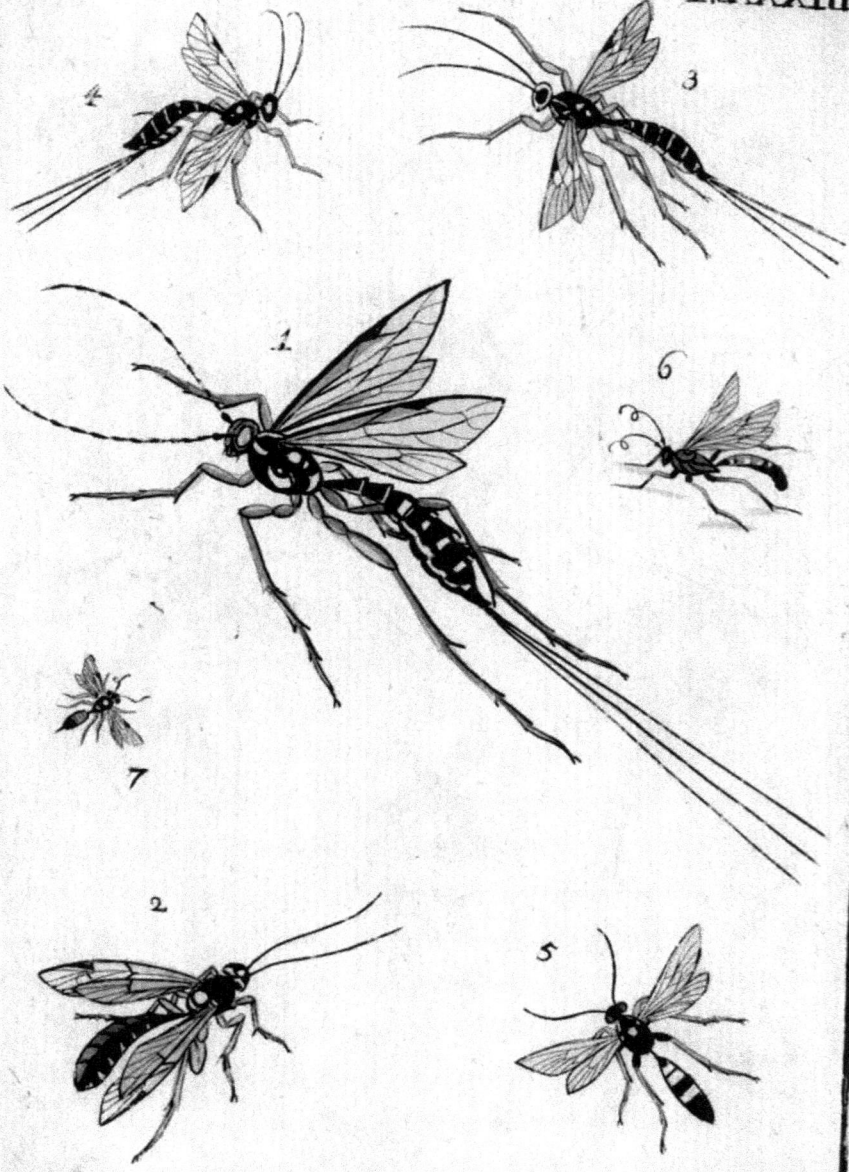

T. XXXIII

Tab. XXXIV

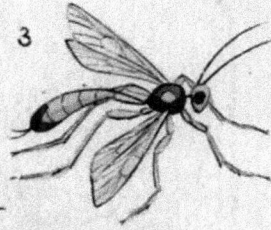

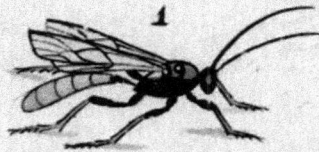

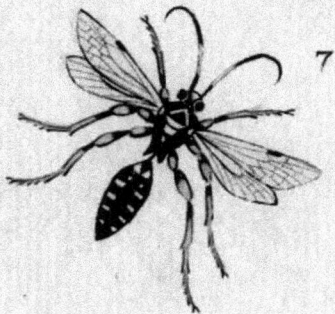

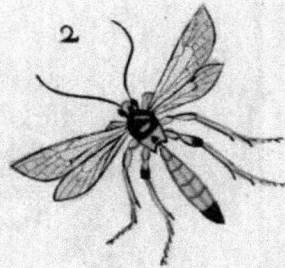

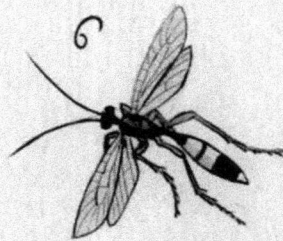

Tab. XXXV

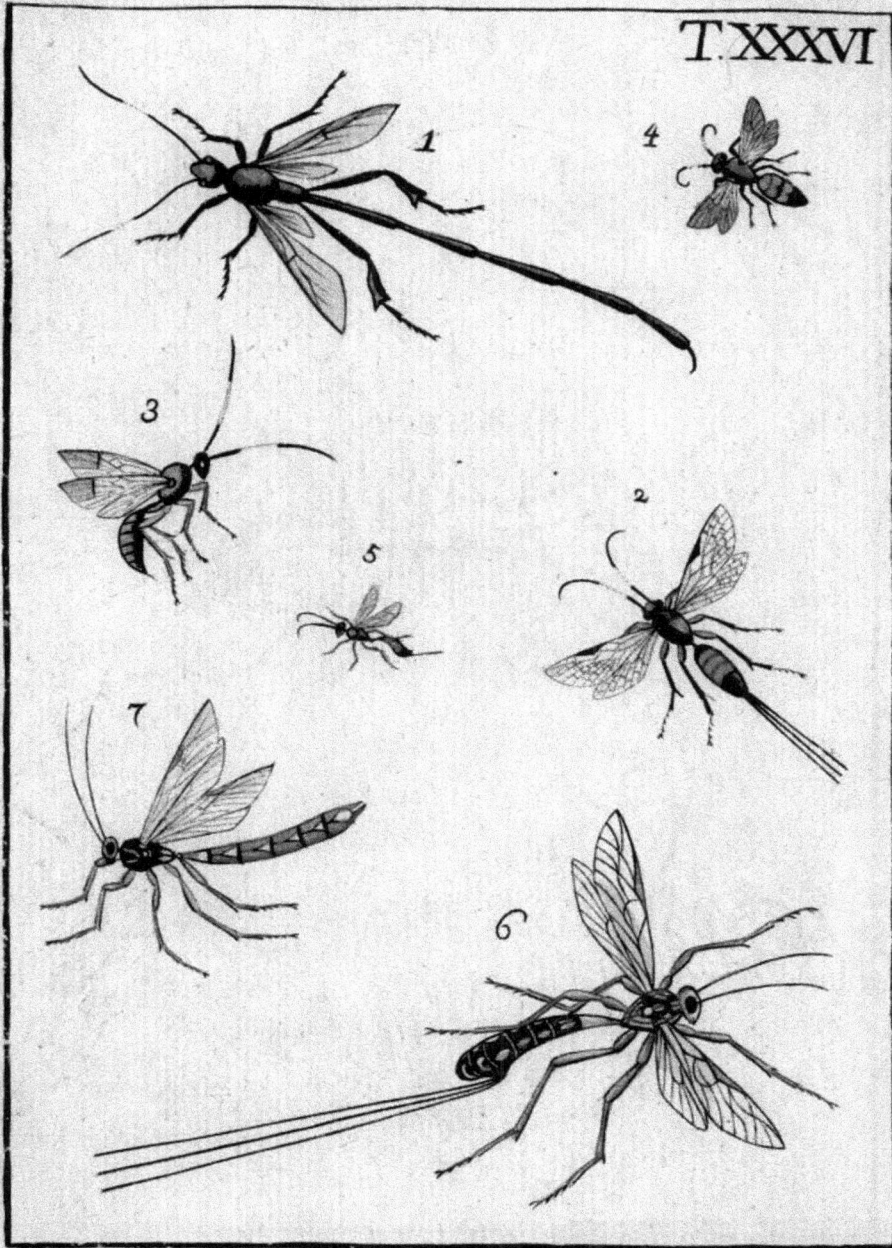

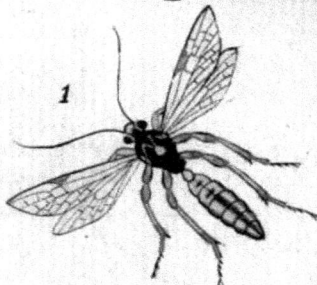

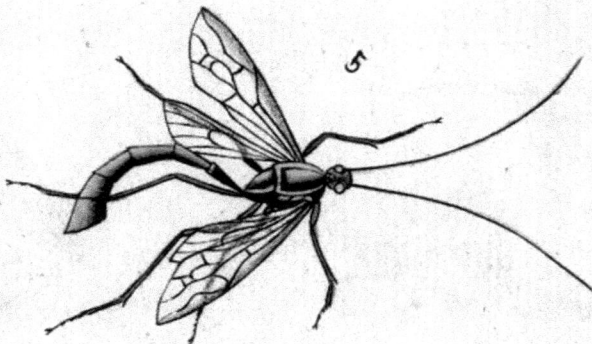

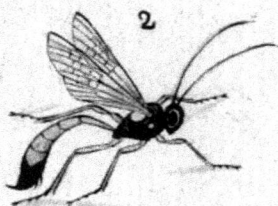

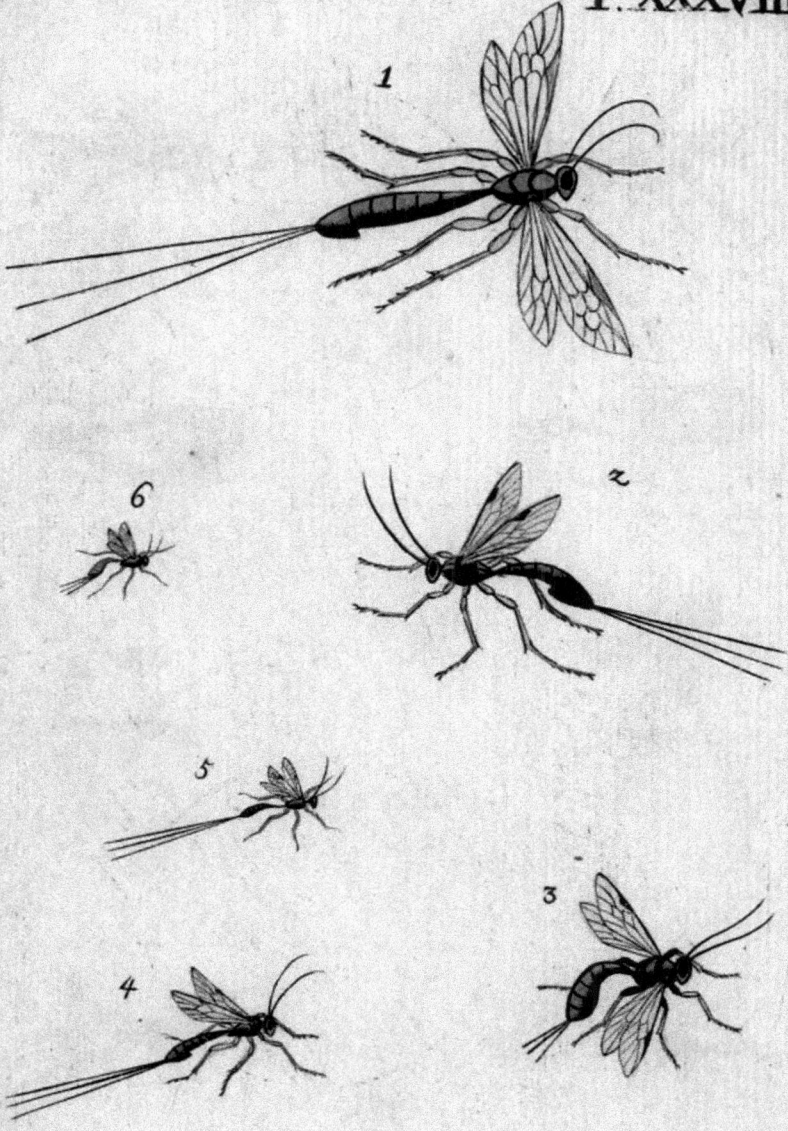

T. XXXVIII

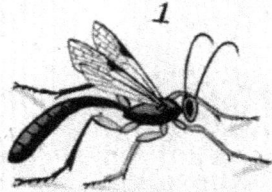

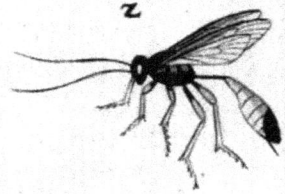

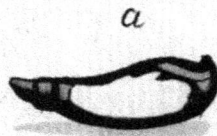

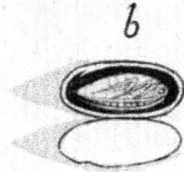

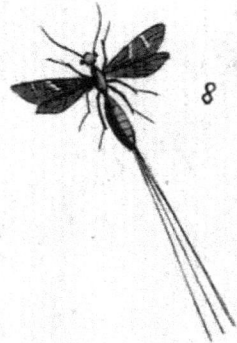

1

2

1 *

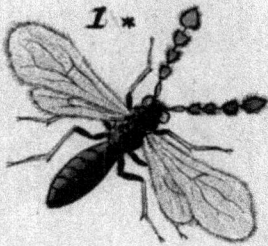

2 *

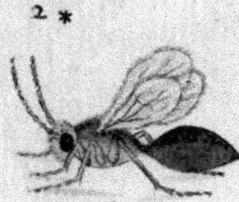

3 *

3

b

a

b *

a *

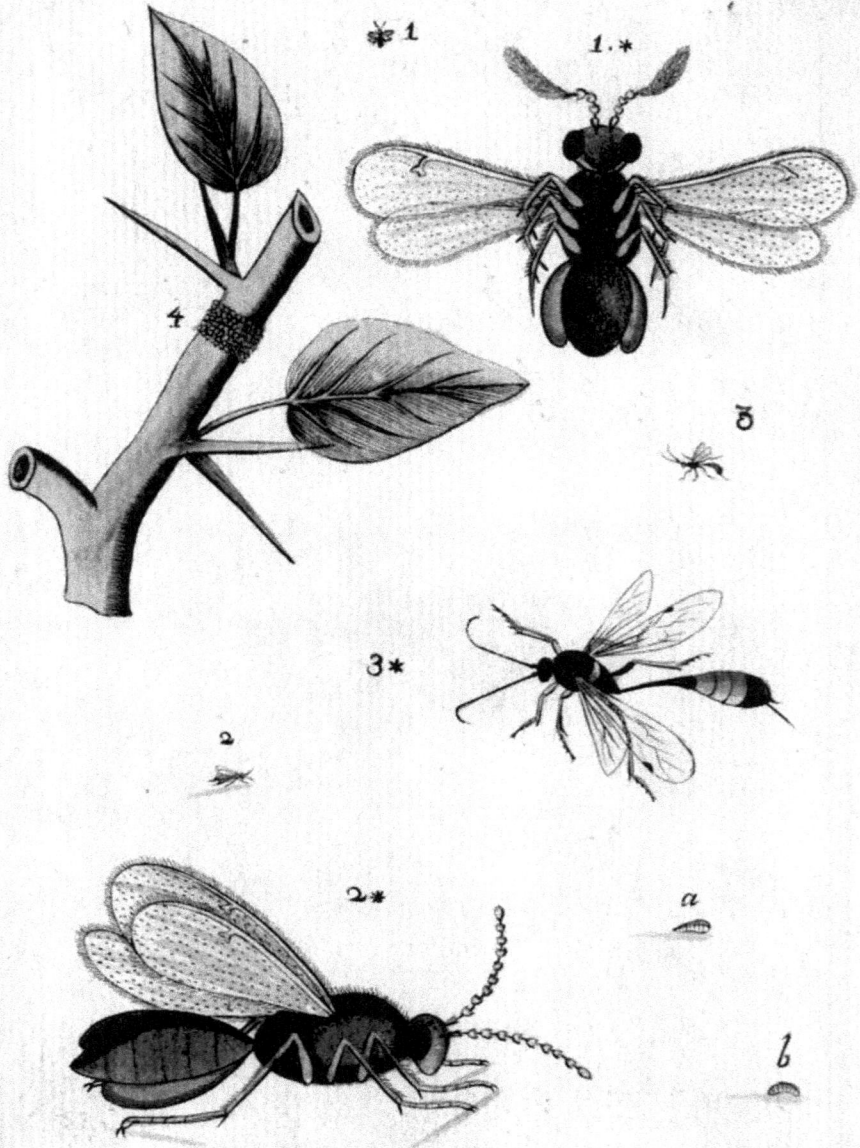

T. XLI

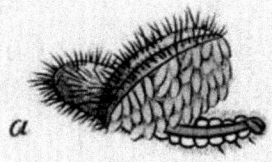

5

4

1

a

6*

6

1*

7

3

2

3*

7*

2*

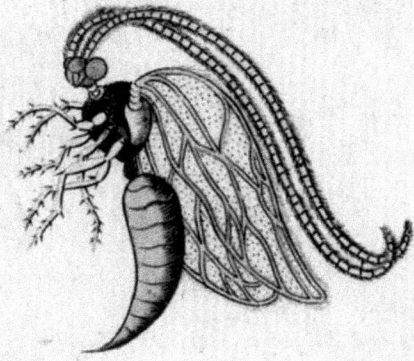

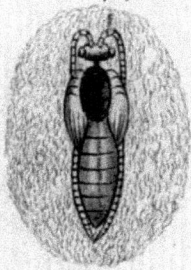

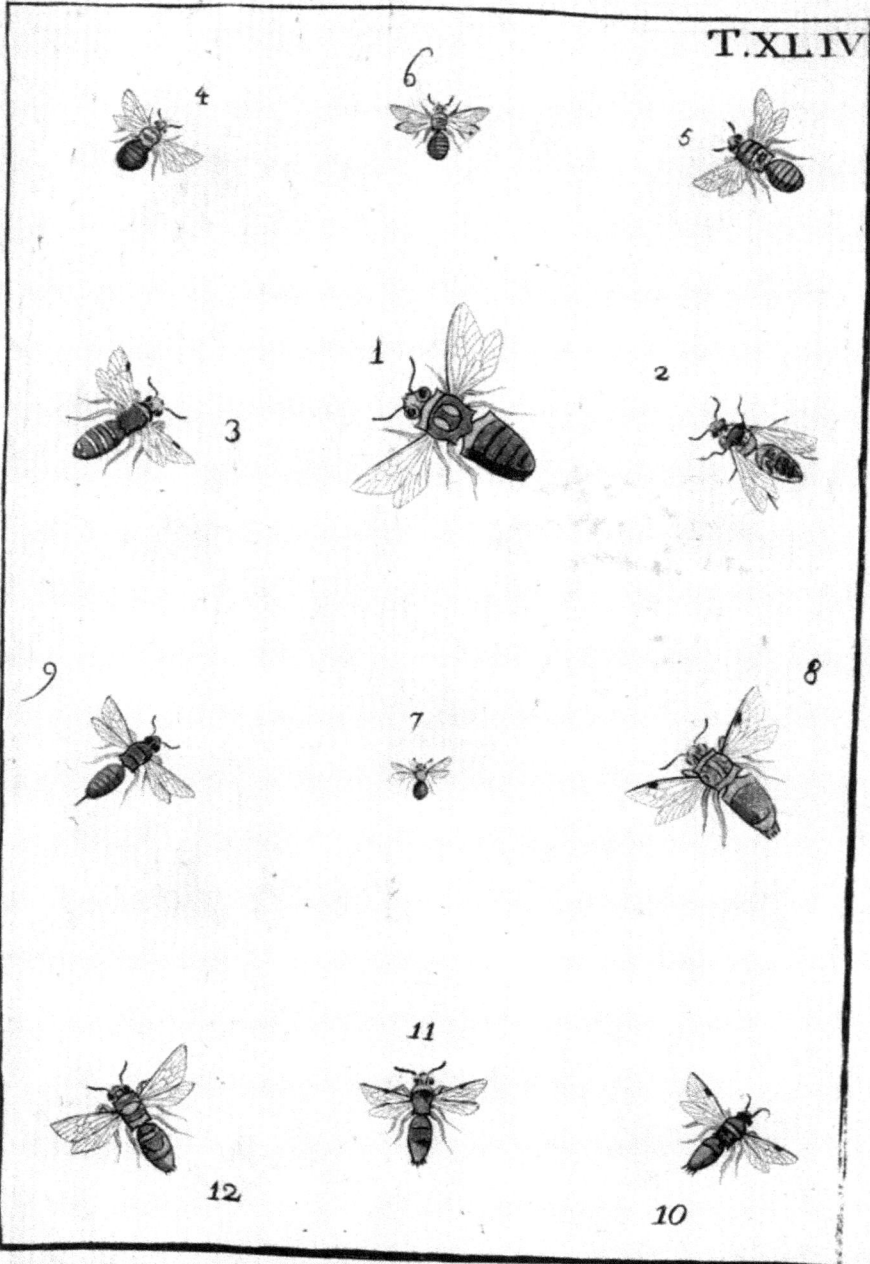

T. XL IV

2

3

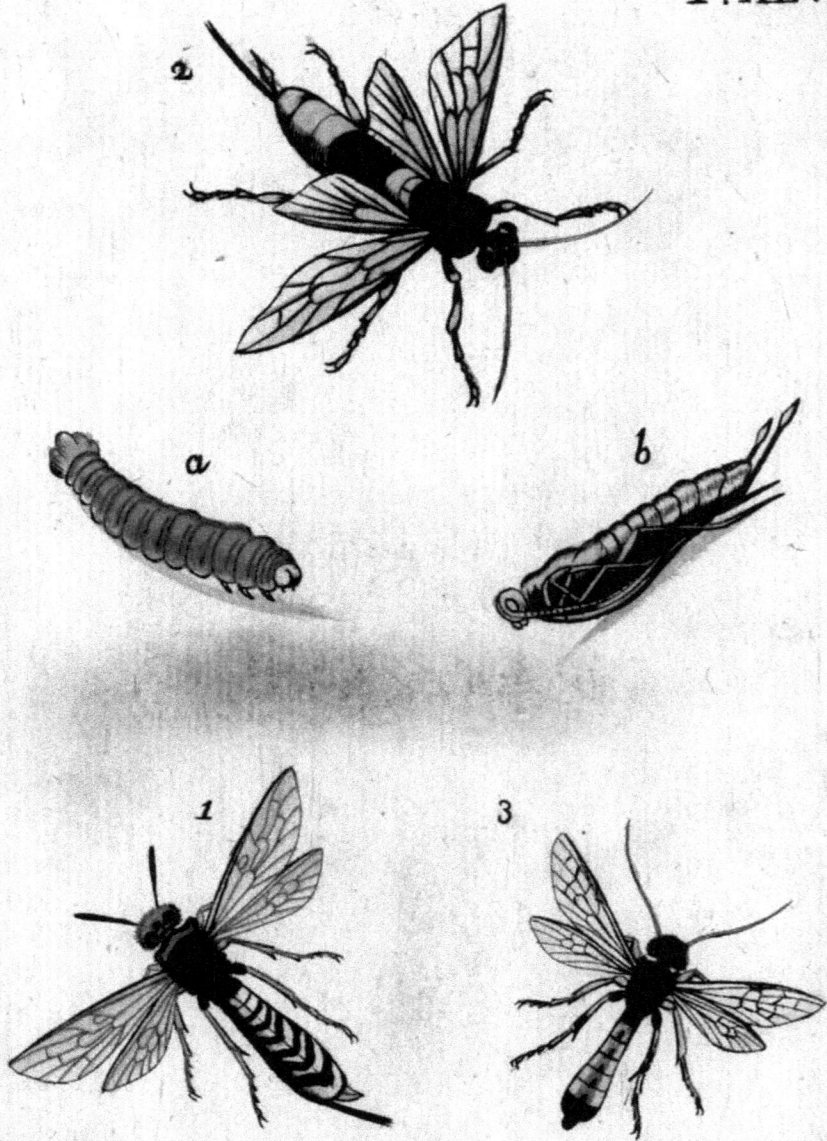

a

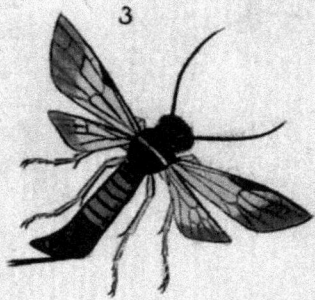

3

2

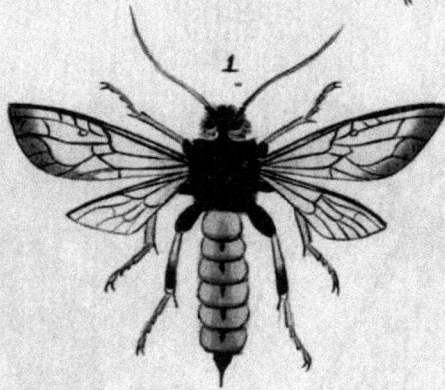

1

4

5

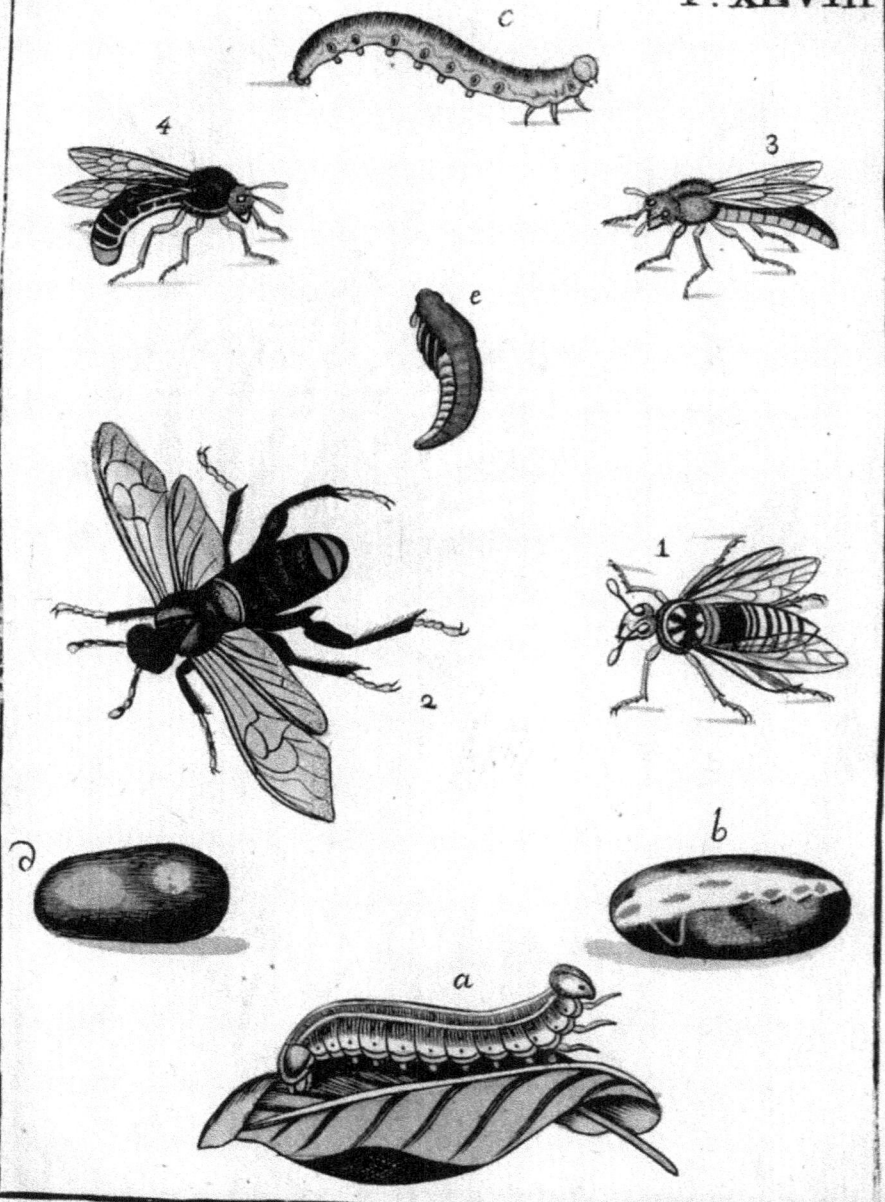

T. XLVIII

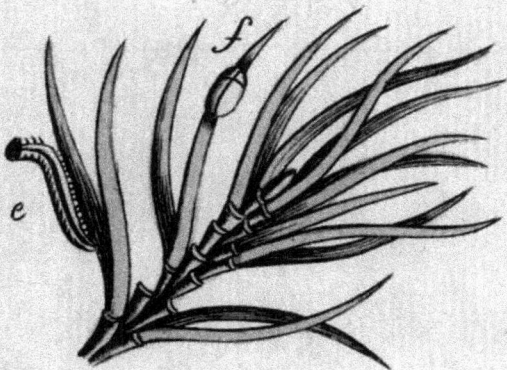

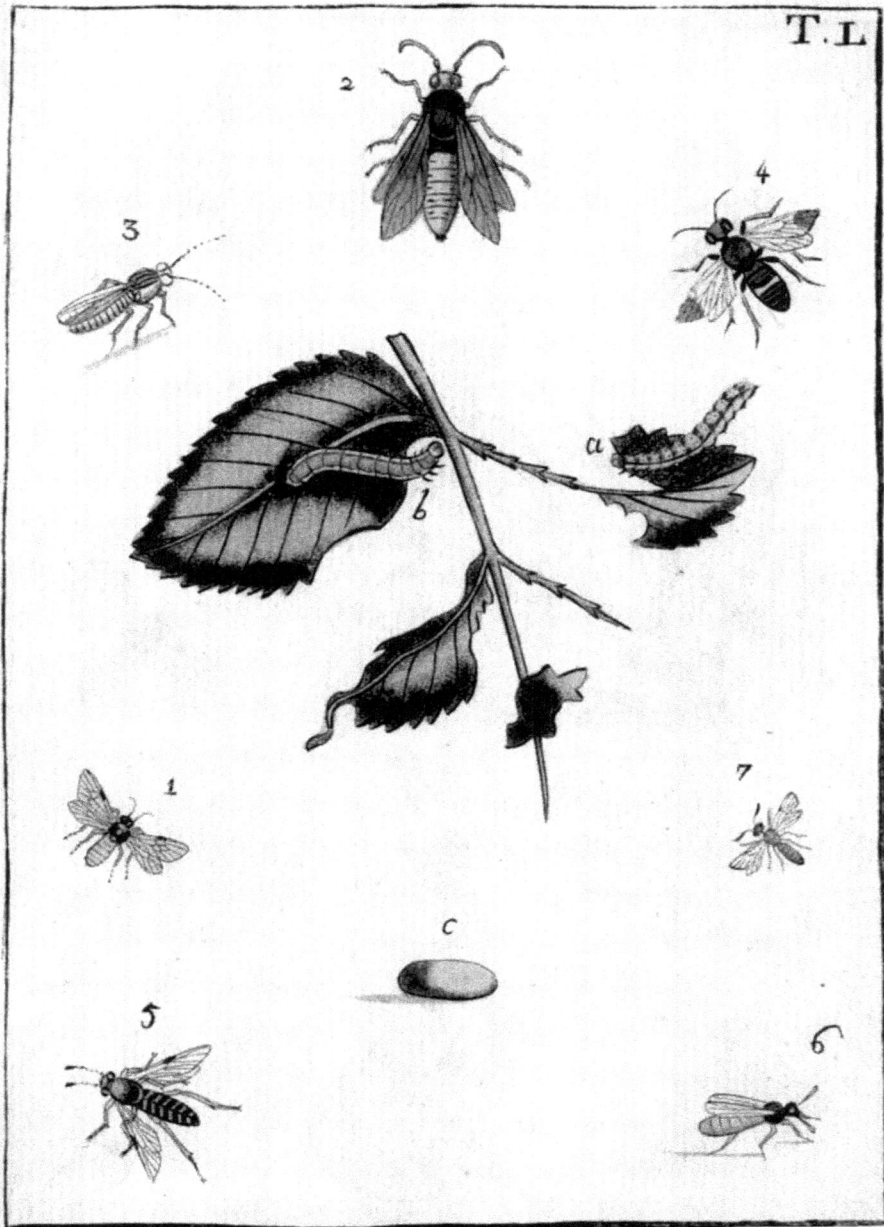

2

1

a *

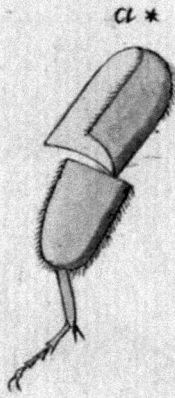

4

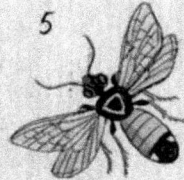

5

6

3

7

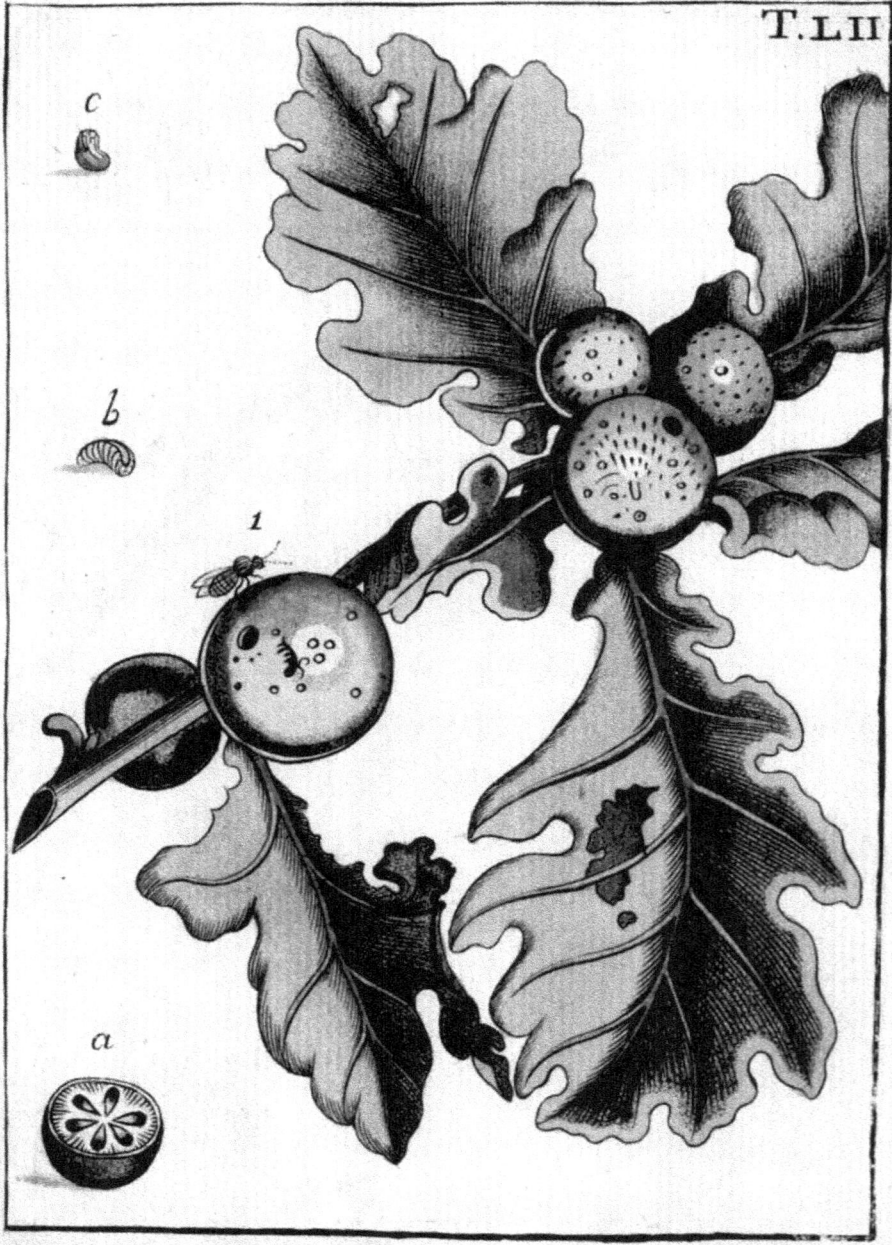

c

b

1

a

1 *

1

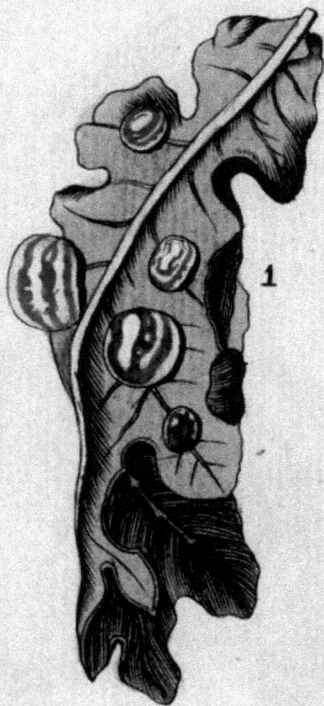

1

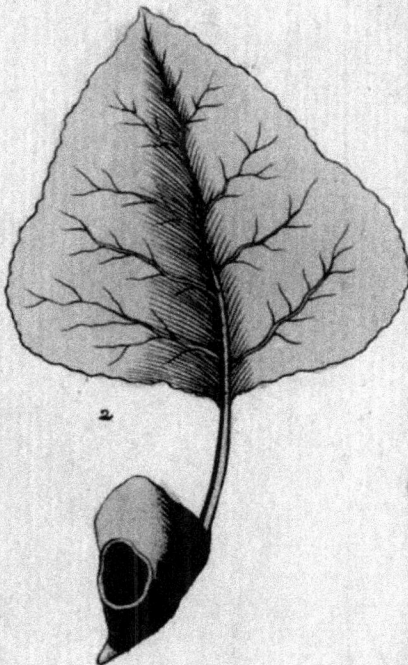

2

3

4

a *

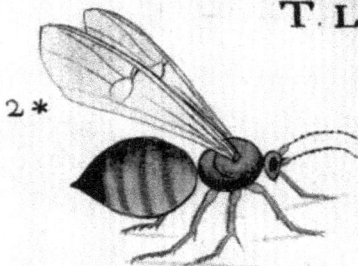

2 *

1

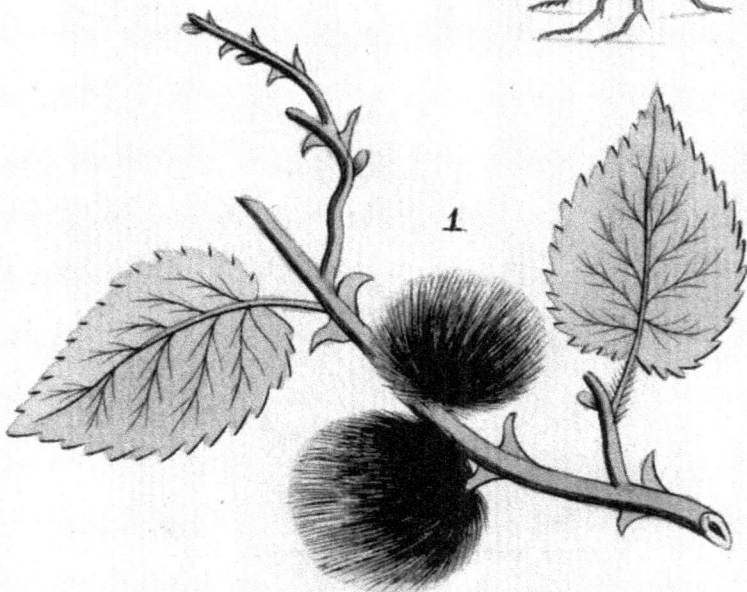

3

3 *

2

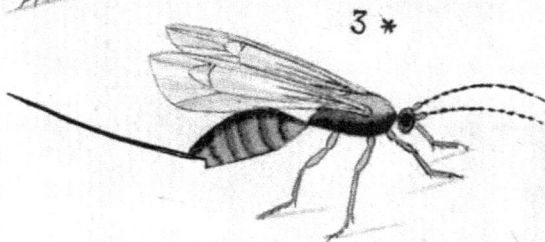

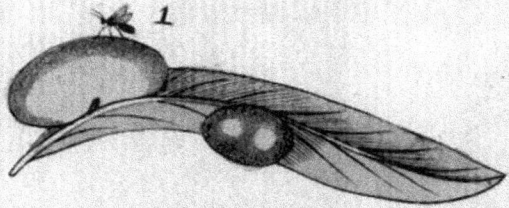

5 **

2

1

3

3 *

4 *

1 *

5

4

5 *

1*

1

2 2*

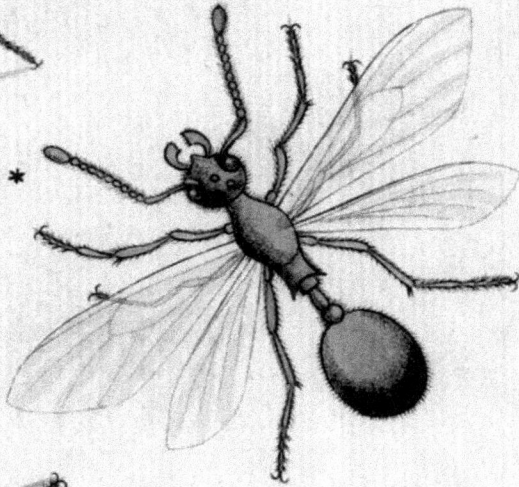

3*

3

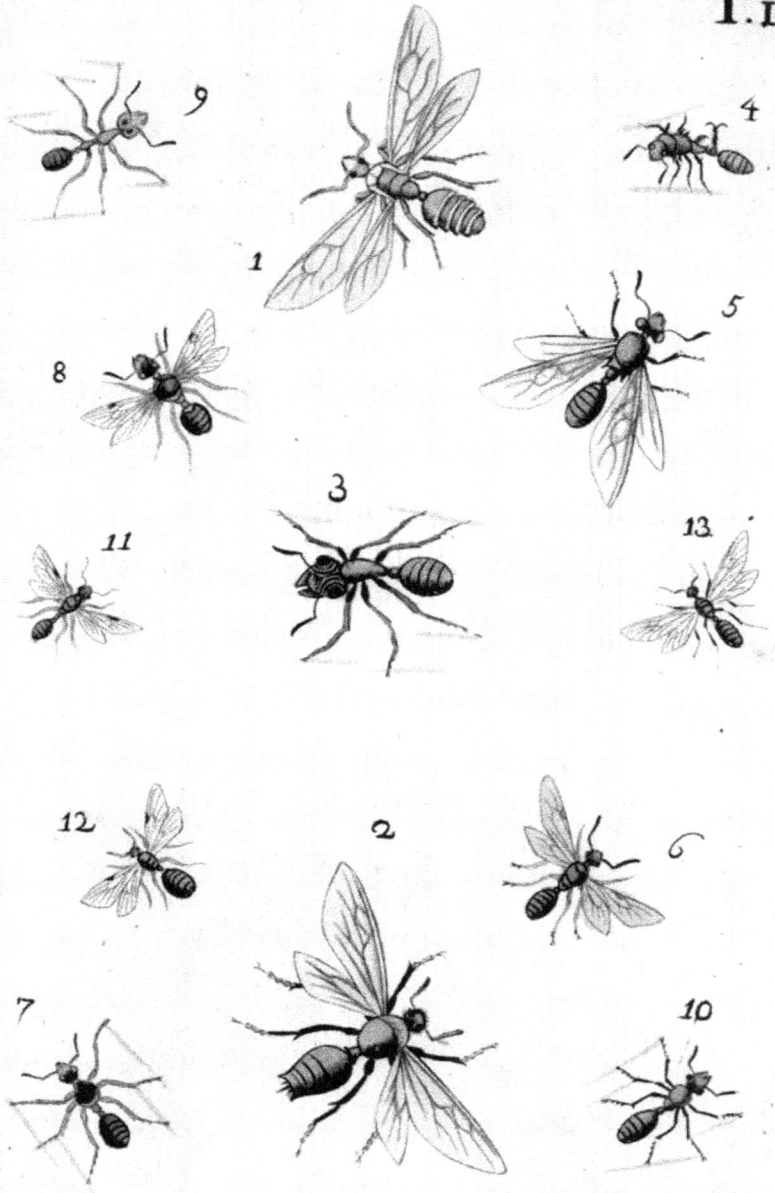

www.ingramcontent.com/pod-product-compliance
Lightning Source LLC
Chambersburg PA
CBHW081213220326
41598CB00037B/6768